中 国 国 家 标 准 汇 编

2010 年修订-33

中国标准出版社　编

中国质检出版社
中国标准出版社
北　京

图书在版编目（CIP）数据

中国国家标准汇编：2010年修订. 33/中国标准出版社编. —北京：中国标准出版社，2011

ISBN 978-7-5066-6478-3

Ⅰ. ①中… Ⅱ. ①中… Ⅲ. ①国家标准-汇编-中国-2010 Ⅳ. ①T-652.1

中国版本图书馆CIP数据核字(2011)第187931号

中国质检出版社
中国标准出版社 出版发行

北京市朝阳区和平里西街甲2号(100013)
北京市西城区三里河北街16号(100045)

网址：www.spc.net.cn

总编室：(010)64275323 发行中心：(010)51780235

读者服务部：(010)68523946

中国标准出版社秦皇岛印刷厂印刷

各地新华书店经销

*

开本 880×1230 1/16 印张 37.5 字数 1 129 千字

2011年12月第一版 2011年12月第一次印刷

*

定价 220.00 元

出 版 说 明

1.《中国国家标准汇编》是一部大型综合性国家标准全集。自1983年起，按国家标准顺序号以精装本、平装本两种装帧形式陆续分册汇编出版。它在一定程度上反映了我国建国以来标准化事业发展的基本情况和主要成就，是各级标准化管理机构，工矿企事业单位，农林牧副渔系统，科研、设计、教学等部门必不可少的工具书。

2.《中国国家标准汇编》收入我国每年正式发布的全部国家标准，分为"制定"卷和"修订"卷两种编辑版本。

"制定"卷收入上一年度我国发布的、新制定的国家标准，顺延前年度标准编号分成若干分册，封面和书脊上注明"20××年制定"字样及分册号，分册号一直连续。各分册中的标准是按照标准编号顺序连续排列的，如有标准顺序号缺号的，除特殊情况注明外，暂为空号。

"修订"卷收入上一年度我国发布的、修订的国家标准，视篇幅分设若干分册，但与"制定"卷分册号无关联，仅在封面和书脊上注明"20××年修订-1，-2，-3，……"字样。"修订"卷各分册中的标准，仍按标准编号顺序排列(但不连续)；如有遗漏的，均在当年最后一分册中补齐。需提请读者注意的是，个别非顺延前年度标准编号的新制定的国家标准没有收入在"制定"卷中，而是收入在"修订"卷中。

读者配套购买《中国国家标准汇编》"制定"卷和"修订"卷则可收齐上一年度我国制定和修订的全部国家标准。

3.由于读者需求的变化，自1996年起，《中国国家标准汇编》仅出版精装本。

4.2010年我国制修订国家标准共2846项。本分册为"2010年修订-33"，收入新制修订的国家标准18项。

中国标准出版社

2011年8月

目　　录

目　录

ICS 65.020.20
B 05

中华人民共和国国家标准

GB/T 20014.25—2010

良好农业规范
第25部分:花卉和观赏植物控制点与符合性规范

Good agricultural practice—
Part 25:Flowers and ornamentals control points and compliance criteria

2010-06-30 发布　　2011-01-01 实施

中华人民共和国国家质量监督检验检疫总局
中国国家标准化管理委员会　发布

前　　言

GB/T 20014《良好农业规范》分为以下部分：

——第1部分：术语；
——第2部分：农场基础控制点与符合性规范；
——第3部分：作物基础控制点与符合性规范；
——第4部分：大田作物控制点与符合性规范；
——第5部分：水果和蔬菜控制点与符合性规范；
——第6部分：畜禽基础控制点与符合性规范；
——第7部分：牛羊控制点与符合性规范；
——第8部分：奶牛控制点与符合性规范；
——第9部分：猪控制点与符合性规范；
——第10部分：家禽控制点与符合性规范；
——第11部分：畜禽公路运输控制点与符合性规范；
——第12部分：茶叶控制点与符合性规范；
——第13部分：水产养殖基础控制点与符合性规范；
——第14部分：水产池塘养殖基础控制点与符合性规范；
——第15部分：水产工厂化养殖基础控制点与符合性规范；
——第16部分：水产网箱养殖基础控制点与符合性规范；
——第17部分：水产围拦养殖基础控制点与符合性规范；
——第18部分：水产滩涂、吊养、底播养殖基础控制点与符合性规范；
——第19部分：罗非鱼池塘养殖控制点与符合性规范；
——第20部分：鳗鲡池塘养殖控制点与符合性规范；
——第21部分：对虾池塘养殖控制点与符合性规范；
——第22部分：鲆鲽工厂化养殖控制点与符合性规范；
——第23部分：大黄鱼网箱养殖控制点与符合性规范；
——第24部分：中华绒螯蟹围栏养殖控制点与符合性规范；
——第25部分：花卉和观赏植物控制点与符合性规范。

本部分为GB/T 20014的第25部分。本部分应与第2部分、第3部分结合使用。

本部分由中国国家认证认可监督管理委员会提出。

本部分由中国国家标准化管理委员会归口。

本部分起草单位：中国国家认证认可监督管理委员会注册管理部、中国质量认证中心、中国花卉协会、云南出入境检验检疫局、昆明杨月季园艺有限责任公司。

本部分主要起草人：游安君、程正华、张文、孔海燕、刘先德、杨志刚、杨碧、魏璞、伙秀丽。

引　言

作为重要的农产品之一，花卉和观赏植物的种植过程直接影响其消费的安全水平。为使花卉和观赏植物的种植符合法律法规和相关标准的要求，满足消费者的质量和安全需求，促进农业的可持续发展，提出以下要求：

0.1　安全危害的管理

本标准采用危害分析与关键控制点（HACCP）方法识别、评价和控制消费安全危害及环境保护的要求。针对花卉和观赏植物种植生产过程的特点，提出了繁殖材料、土壤与栽培基质管理、肥料的使用、采收、采后处理等方面的要求。

0.2　农业可持续发展的环境保护要求

本标准提出了环境保护的要求，规定了种植者应遵守环境保护的法规和标准，从而营造花卉和观赏植物生产过程的良性生态环境，协调生产和环境保护的关系。

0.3　员工的职业健康、安全和福利要求

本标准提出了员工职业健康、安全和福利的要求。

本标准将内容条款的控制点划分为3个等级，并遵循表1原则。

表1

等级	级别内容
1	基于危害分析与关键控制点（HACCP）的消费安全及环境保护要求
2	基于1级控制点要求的环境保护、员工福利的基本要求
3	基于1级和2级控制点要求的环境保护、员工福利的持续改善措施要求

良好农业规范 第25部分：花卉和观赏植物 控制点与符合性规范

1 范围

GB/T 20014的本部分规定了花卉和观赏植物生产良好农业规范的要求。

本部分适用于对花卉和观赏植物生产良好农业规范的符合性判定。

2 规范性引用文件

下列文件中的条款通过GB/T 20014的本部分的引用而成为本部分的条款。凡是注日期的引用文件，其后所有的修改单(不包括勘误的内容)或修订版均不适用于本部分，然而，鼓励根据本部分达成协议的各方研究是否可使用这些文件的最新版本。凡是不注日期的引用文件，其最新版本适用于本部分。

GB/T 20014.1 良好农业规范 第1部分：术语

GB/T 27025 检测和校准实验室能力的通用要求

国际农药供销和使用行为守则(FAO)

中华人民共和国植物新品种保护条例(中华人民共和国国务院令第213号)

3 术语和定义

GB/T 20014.1所确立的术语和定义适用于GB/T 20014的本部分。

4 要求

4.1 繁殖材料

4.1.1 品种或根茎的选择

序号	控制点	符合性要求	等级
4.1.1.1	种植者应了解客户对质量的要求和规定，并完全遵守。	客户与种植者之间，随时都可以以书面形式来签署双方的质量协议。种植者应能证明已遵守协议中的规定。全部适用。	2级
4.1.1.2	种植者与主要客户就品种的来源达成一致。	客户与种植者有书面协议，且花卉和观赏植物品种的来源，符合客户的质量要求。	3级
4.1.1.3	当种植者与经销商就品种与根茎达成一致，应就有关品种的规格形成书面文件。	客户与种植者有书面协议，且花卉和观赏植物品种的规格，应符合客户的质量要求。	3级
4.1.1.4	花卉和观赏植物的种植应与书面规定一致。	应提供文件记录，且记录应符合客户的要求。	3级
4.1.1.5	品种与根茎应符合《中华人民共和国植物新品种保护条例》的规定和要求。	提供书面文件证明所种植品种，符合《中华人民共和国植物新品种保护条例》的要求。全部适用。	1级

4.1.2 抗虫性与抗病性

序号	控制点	符合性要求	等级
4.1.2.1	种植者应了解所种植品种对病虫害的敏感程度。	种植者应提供花卉和观赏植物品种,对病虫害敏感程度的书面证明。	3级

4.2 土壤与栽培基质管理

4.2.1 土壤熏蒸(如果不进行土壤熏蒸,则不适用)

序号	控制点	符合性要求	等级
4.2.1.1	应对选择和使用土壤熏蒸剂的理由作出书面说明。	提供书面证据和理由,包括土壤熏蒸剂的名称、有效成分、使用地点、日期、剂量、使用方法及操作人。不应使用溴甲烷及其他禁止使用的土壤熏蒸剂。全部适用。	1级
4.2.1.2	应遵循种植前间隔期的要求。	种植前间隔期应记录。全部适用。	2级
4.2.1.3	在采用化学熏蒸剂前应评估替代化学熏蒸的方法。	通过专业知识、书面证据或普遍认同的当地生产实践,生产者应能够对替代土壤熏蒸的方法进行评估。	3级

4.2.2 栽培基质(如果不使用栽培基质,则不适用)

序号	控制点	符合性要求	等级
4.2.2.1	适宜时,生产者应实施栽培基质循环再利用计划。	生产者应保存基质的循环使用记录,包括循环使用数量及日期,如发票和装载记录。如果未进行基质的循环使用,则应对此进行解释。	3级
4.2.2.2	如采用化学药品对再利用的基质进行消毒,应对消毒地点、日期、化学药品类型、使用方式、操作人员姓名以及消毒和种植的间隔期进行记录。	如基质在生产基地进行消毒,则应记录消毒田地、温室等的名称。如不在生产基地消毒,则应记录消毒处理者的名称及所在地。应记录以下信息:消毒日期(年/月/日);药剂名称及有效成分;消毒器械(如:1000L-容器,等);方法(如:浸泡、喷雾);消毒处理者姓名以及种植间隔期。	1级
4.2.2.3	当重复使用基质时,应采用蒸汽消毒的方法。	当重复使用基质时,应有文件证明采用了蒸汽消毒的方法。	3级
4.2.2.4	天然来源的基质应可溯源,且不来自自然保护区。	有记录证实正在使用的天然基质的来源,应不来自自然保护区。	3级

4.3 肥料的使用

4.3.1 养分需求

序号	控制点	符合性要求	等级
4.3.1.1	应制定栽培管理计划或土壤保护计划,提高养分的利用率。	种植者应在风险分析和土壤分析的基础上,制定栽培管理计划及施肥计划(时间、频率及用量),提高养分的利用率。	3级
4.3.1.2	应在通过计算养分需要量和对土壤肥力、营养状况、成分进行分析的基础上来决定肥料的使用。	采收后至少应进行一次土壤养分检测。对连续采收,应定期进行土壤养分检测(如:每两周一次)。	3级
4.3.1.3	应保证所用的肥料满足花卉和观赏植物的需要,并维持土壤的肥力。	肥料的使用量应符合施肥计划。应定期进行土壤养分分析。全部适用。	2级

4.3.2 肥料储存

序号	控制点	符合性要求	等级
4.3.2.1	浓酸和其他物品应分开储存。	浓酸和其他物品应分开储存。	2级
4.3.2.2	浓酸应单独储存于能上锁的地方。	根据植保产品储存的有关规定，浓酸应单独储存在能上锁的地方。	2级

4.4 采收

4.4.1 卫生

序号	控制点	符合性要求	等级
4.4.1.1	员工在工作中应能就近使用到洁净的卫生间及洗手设备。	生产场所应配备便于员工使用的固定或可移动式，卫生间和洗手设备，且卫生状况良好。全部适用。	2级
4.4.1.2	包装物应妥善储存，以避免啮齿类动物、害虫、鸟类，以及物理和化学危害的损害或污染。	所有的包装用品和存放场所，应具有控制措施，以避免储存过程中受到啮齿类动物、害虫、鸟类以及物理和化学因素的损害或污染。全部适用。	2级
4.4.1.3	重复使用的容器应保持清洁，并应及时重复清洗，以去除异物。	适宜时，容器应清理干净，并且提供相关的清洁计划，以确保不含异物。	2级

4.5 采后处理

4.5.1 采后用水质量

序号	控制点	符合性要求	等级
4.5.1.1	应对采后用水的水质进行风险评估。	应将以下因素作为风险评估的内容予以考虑，即检测频率、水源、资源利用、水源的可持续利用以及化学物质、矿物质、有毒有害物质、微生物等环境因素对水污染的可能性。可持续水源是指在常规情况下，能提供充足的用水量。	2级
4.5.1.2	采后清洗应避免使用未经处理的污水。	未经处理的污水不得用于采后处理。根据风险分析，对微生物污染（如大肠杆菌）进行记录。全部适用。	1级
4.5.1.3	进行水质分析的实验室应符合有关规定。	对清洗产品的用水进行分析的实验室，应获得GB/T 27025的认可，或有文件证实其正处于接受认可的过程中。	3级
4.5.1.4	应制定水源应急预案，在发生意外情况时，根据预案采取措施。	有采取措施及其效果的记录。	3级

4.5.2 采后处理

序号	控制点	符合性要求	等级
4.5.2.1	只有在没有其他方法确保产品质量的情况下，才进行采后处理。	应对所有采后处理方案进行评估，只有在无可行性技术方案替代的情况下，才使用化学品进行处理。	2级
4.5.2.2	应遵守所有植保产品标签上的使用说明。	应有明确的操作规程和记录，如采后处理植保产品使用记录，被处理产品包装、发货日期记录等，以证明采后处理符合标签上的使用说明的要求。	1级

序号	控制点	符合性要求	等级
4.5.2.3	采后处理时，应使用国家注册的植保产品。	所有采后处理使用的生物杀灭剂和植保产品，都应得到官方注册或得到相关的政府机构许可，并参照GLOBALGAP准则及《国际农药供销和使用行为守则》的要求。	1级
4.5.2.4	出口的产品，进行采后处理时，不应使用出口目的国禁用的植保产品。	有文件记录证明，出口的产品，在最近12个月内，没有使用出口目的国禁用的植保产品进行采后处理。	1级
4.5.2.5	应保存一份适时更新的、使用在采收后农产品上的、获批准的植保产品清单。	在最近12个月内，所施用的植保产品，有一份适时更新、考虑了我国和国际法规在植保产品方面变化的书面清单，列出植保产品的商品名和有效成分。全部适用。	2级
4.5.2.6	种植者和包装者应了解相关国家对所用化学药品的限制规定。	提供相应文件说明相关国家对所用采后处理的化学药品的限制规定。	2级
4.5.2.7	种植者或包装者应向客户咨询并确认，是否有附加的商业限制。	提供相关文件证实种植者或包装者已要求提供附加限制的信息。	2级
4.5.2.8	负责采后处理的技术人员，应具备使用植保产品的知识和能力。	负责采后处理的技术人员，应接受过正规培训或持有国家认可的证书，证明其具备足够的技术能力。	2级
4.5.2.9	应提供采后处理使用植保产品的记录，包括采收花卉和观赏植物的标识。	所有采后处理中使用植保产品的记录，应包含被处理花卉和观赏植物的批次号。	1级
4.5.2.10	应记录植保产品的使用地点。	所有采后处理使用植保产品的记录，应包括植保产品使用的地理位置、农场名称或具体处理地点。	1级
4.5.2.11	应记录使用植保产品的时间。	所有采后处理使用的生物杀虫剂、蜡和植保产品的记录，应包括准确的使用时间(年/月/日)。	1级
4.5.2.12	应记录使用植保产品的方式。	所有采后处理使用植保产品的记录应包括处理的方式(如:喷雾、浸泡、气体处理等)。	1级
4.5.2.13	应记录所使用的植保产品的商品名。	所有采后处理使用植保产品的记录，应包括商品名及有效成分。	1级
4.5.2.14	应记录植保产品施用的数量。	所有采后处理使用植保产品的记录，应包括使用量(如在每升水或其他溶剂中加入的质量或体积)。	1级
4.5.2.15	应记录植保产品施用者的姓名。	所有采后处理使用植保产品的记录，应包括施用者姓名。	2级
4.5.2.16	应记录使用植保产品的原因。	所有采后处理使用植保产品的记录，应包括所处理的病、虫害的通用名称。	2级

ICS 17.140.50
A 59

中华人民共和国国家标准

GB/T 20441.1—2010/IEC 61094-1:2000
代替 GB/T 11670—1989

电声学 测量传声器 第1部分:实验室标准传声器规范

Electroacoustics—Measurement microphones—
Part 1:Specifications for laboratory standard microphones

(IEC 61094-1:2000,IDT)

2010-12-01 发布 2011-05-01 实施

中华人民共和国国家质量监督检验检疫总局
中国国家标准化管理委员会 发布

前　言

GB/T 20441《电声学　测量传声器》分为7个部分：

——第1部分：实验室标准传声器规范；

——第2部分：采用互易技术对实验室标准传声器的声压校准的原级方法；

——第3部分：采用互易技术对实验室标准传声器的自由场校准的原级方法；

——第4部分：工作标准传声器规范；

——第5部分：工作标准传声器比较法校准方法；

——第6部分：测定频率响应的静电激励器；

——第7部分：实验室标准传声器的自由场灵敏度和声压灵敏度之间的差值。

本部分为GB/T 20441的第1部分。

本部分等同采用IEC 61094-1:2000《测量传声器　第1部分：实验室标准传声器规范》(英文版)。同时根据GB/T 1.1—2000的要求，本部分对IEC 61094-1:2000作了适当的编辑性修改：将IEC前言改为本国前言。

本部分代替GB/T 11670—1989《声学　实验室标准电容传声器的特性与规范》。

本部分与GB/T 11670—1989主要不同点：

a) 删去了CB1aP和CB2aP的尺寸系列。

b) 实验室标准传声器用字母“LS”(即“实验室标准”的英文首字母)表示，而不再用“CB”。

c) 增加了LS2P及其技术指标。

本部分由全国电声学标准化技术委员会(SAC/TC 23)提出并归口。

本部分主要起草单位：中国科学院声学研究所、衡阳衡仪电气有限公司、中国计量科学研究院、中国电子科技集团公司第三研究所。

本部分主要起草人：章汝威、李晓东、刘湘衡、陈剑林、翁泰来、路阳。

本部分所代替标准历次版本的发布情况为：

——GB/T 11670—1989。

电声学 测量传声器 第1部分:实验室标准传声器规范

1 范围

本部分规定了用作实验室标准的电容传声器的机械尺寸和电声特性,使得声压的量值得以实现,并可使声压测量达到最高的测量准确度。本规范确保用互易法作简单易行的原级校准。

本部分规定了按实验室标准电容传声器的机械尺寸和电声特性建立的分类体系,以便于规范校准方法,实现实验室间的比对,包括同一传声器在不同实验室的校准和一给定校准系统下的传声器的互换性。

2 规范性引用文件

下列文件中的条款通过GB/T 20441的本部分的引用而成为本部分的条款。凡是注日期的引用文件,其随后所有的修改单(不包括勘误的内容)或修订版均不适用于本部分,然而,鼓励根据本部分达成协议的各方研究是否可使用这些文件的最新版本。凡是不注日期的引用文件,其最新版本适用于本部分。

IEC 60050(801):1994 国际电工词汇 801章:声学和电声学

ASME B1.1:1989 统一的英制螺纹(UN和UNR螺纹牙形)

3 术语和定义

下列术语和定义适用于本部分。

注:下划线表示复数。

3.1

电容传声器 condenser microphones

利用电容量变化工作的传声器。

注:电容传声器的工作是通过恒定电荷来实现的,这些恒定电荷从外部的极化电压获得,极化电压由具有适当高内阻的电源产生。

3.2

实验室标准传声器 laboratory standard microphone

可用原级校准方法,如密闭耦合腔互易法,校准到很高准确度的电容传声器。考虑随时间的稳定性和对环境条件的依赖性,其机械尺寸和电声特性要满足严格的要求。

3.3

开路电压 open-circuit voltage

传声器除了连接它的接地屏蔽结构(7.2中有结构说明)外,没有其他电负载时,用插入电压技术测得的传声器电输出端的交流电压为开路电压。

单位:伏特,V。

注:电容传声器的电端电压与其负载有关,该负载由传声器到前置放大器之间的机械的和电气的装置产生。所以用来测量传声器开路电压的前置放大器应满足7.2的要求。

3.4

传声器声压灵敏度 pressure sensitivity of a microphone

对给定频率和给定环境条件的正弦声波,传声器开路电压与均匀作用于传声器的膜片上(即传声器的声学端)声压的比值。它是个复数,当不计相位时,可用其模表示。

单位:伏每帕,V/Pa。

3.5

传声器的声压灵敏度级 pressure sensitivity level of a microphone

声压灵敏度的模与基准灵敏度之比的以 10 为底的对数乘以 20。

其表达式为:

$$M_{\mathrm{p}}=20\ \lg \frac{|\underline{M}_{\mathrm{p}}|}{M_{\mathrm{r}}}$$

式中:

M_{p}——传声器声压灵敏度级,单位为分贝(dB);

$|\underline{M}_{\mathrm{p}}|$——传声器声压灵敏度的模,单位为伏每帕(V/Pa);

M_{r}——传声器的基准灵敏度,1 V/Pa。

3.6

传声器自由场灵敏度 free-field sensitivity of a microphone

对给定频率和给定环境条件下的指定入射方向的正弦平面行波,传声器开路电压与在声场中引入传声器前存在于传声器声中心位置处的自由场声压的比值。它是个复数,当不计相位时,可用其模表示。

单位:伏每帕,V/Pa。

注 1:当频率足够低以至于声场受传声器的干扰可忽略时,自由场灵敏度接近于声压灵敏度(见 6.9 的实验限定条件)。

注 2:声中心的位置是频率的函数。

3.7

传声器自由场灵敏度级 free-field sensitivity level of a microphone

自由场灵敏度的模与基准灵敏度之比的以 10 为底的对数乘以 20。其表达式为:

$$M_{\mathrm{f}}=20\ \lg \frac{|\underline{M}_{\mathrm{f}}|}{M_{\mathrm{r}}}$$

式中:

M_{f}——传声器声压灵敏度级,单位为分贝(dB);

$|\underline{M}_{\mathrm{f}}|$——传声器声压灵敏度的模,单位为伏每帕(V/Pa);

M_{r}——传声器的基准灵敏度,1 V/Pa。

3.8

传声器扩散场灵敏度 diffuse-field sensitivity of a microphone

在扩散场中,对给定频率和给定环境条件下的正弦声波,传声器开路电压与在声场中引入传声器前存在于传声器声中心位置处的声压的比值。它是个复数,当不计相位时,可用其模来表示。

单位:伏每帕,V/Pa。

注 1:当频率足够低以至于声场受传声器的干扰可忽略时,扩散场灵敏度接近于声压灵敏度。

注 2:声中心位置是频率的函数。

3.9

传声器扩散场灵敏度级 diffuse-field sensitivity level of a microphone

扩散场灵敏度的模与基准灵敏度之比的以 10 为底的对数乘以 20。其表达式为:

$$M_{\mathrm{d}}=20\ \lg \frac{|\underline{M}_{\mathrm{d}}|}{M_{\mathrm{r}}}$$

式中：

M_d——传声器扩散场灵敏度级，单位为分贝(dB)；

$|\underline{M}_d|$——传声器声压灵敏度的模，单位为伏每帕(V/Pa)；

M_r——传声器的基准灵敏度，1 V/Pa。

3.10

传声器电阻抗　electrical impedance of a microphone

对于给定频率的正弦信号，当传声器与接地屏蔽结构(7.2中有结构说明)连接时，加在传声器电端的电压与其引起的通过该端的电流的复数比值。

单位：欧姆，Ω。

注：传声器电阻抗是膜片声负载的函数。

3.11

传声器声阻抗　acoustic impedance of a microphone

对于给定频率的正弦信号，传声器电端负载为无穷大阻抗时，均匀作用在膜片上的声压与膜片体积速度的复数比值。

单位：帕秒每立方米，$Pa \cdot s/m^3$。

3.12

传声器声压灵敏度级的静压系数　static pressure coefficient of microphone pressure sensitivity level

在给定频率下，传声器声压灵敏度级随静压变化产生的增量与静压增量的比值。

单位：分贝每帕，dB/Pa。

注：静压系数是频率的函数。

3.13

传声器声压灵敏度级的温度系数　temperature coefficient of microphone pressure sensitivity level

在给定频率下，传声器声压灵敏度级随温度变化产生的增量与温度增量的比值。

单位：分贝每开尔文，dB/K。

注：温度系数是频率的函数。

3.14

传声器声压灵敏度级的相对湿度系数　relative humidity coefficient of microphone pressure sensitivity level

对参考温度和静压，传声器声压灵敏度级随相对湿度变化产生的增量与相对湿度增量的比值。

单位：分贝每相对湿度百分比，dB/%。

3.15

传声器声压灵敏度级的稳定性系数　stability coefficient of microphone pressure sensitivity level

传声器存放在典型的实验室条件下，在规定时间内传声器声压灵敏度级的变化率。稳定性由以下两个量表示：

a) 长期稳定性系数(系统漂移)：由回归曲线的斜率表示，这条回归曲线是由一年中不同时间测量得到的声压灵敏度级通过最小二乘法拟合得到。

   单位：分贝每年，dB/year。

b) 短期稳定性系数(可逆变化)：由10 d中不同时间测量得到的声压灵敏度级标准偏差表示。

   单位：分贝，dB。

4　参考环境条件

参考环境条件是：

温度:23 ℃

静压:101.325 kPa

相对湿度:50%

5 实验室标准传声器分类

5.1 概述

给定声场中的声压一般与位置有关,理想情况是由无穷小尺寸和无穷大声阻抗的换能器在某一点上测量。但是,实际的传声器具有一定大小的尺寸和声阻抗,以及传声器的安装,都会使声压的实际测量偏离理想情况。

通过不同的理想声场中定义不同的传声器灵敏度来计及衍射效应,如声压灵敏度,自由场灵敏度和扩散场灵敏度。传声器一般是通过设计使得上述三种灵敏度中的一种在尽可能宽的频率范围内与频率基本无关。

5.2 类型标识

实验室标准传声器用便于记忆的标识来描述,它由字母 LS(英文"实验室"和"标准"的首字母)后接一位表示机械结构的数字,以及表示电声特性的第三个字母构成。第三个字母可以是 P 或 F,分别表示传声器的声压灵敏度或自由场灵敏度在尽可能宽的频率范围内近似地与频率无关。例如,标识为 LS2P,表示机械结构为 2 型,作为频率函数的声压灵敏度近似为常数的实验室标准传声器。

类型标识并不妨碍这些传声器在其他条件下使用,作适当校正后,均可在压力场,自由场或扩散场条件下使用。

注:本部分不包括具有近似恒定扩散场灵敏度传声器的规范。

6 实验室标准传声器特性

6.1 灵敏度

应用互易原理测定实验室标准传声器灵敏度(为频率的函数)的原级方法在本标准中的第 2 和第 3 部分给出。

传声器通常装有保护栅罩,以防止膜片的意外损伤。对实验室标准传声器进行校准或精确测量声压级时,应除去保护栅罩。

6.2 声阻抗

6.2.1 概述

传声器在驻波管或小封闭腔内测量声压时,通常要考虑传声器有限的声阻抗。在耦合腔进行互易校准时,传声器的声阻抗是总的声转移阻抗的主要部分。

声阻抗作为频率函数,应至少在表 3 第 2 项的频率范围内给出。

注:传声器的声阻抗可以通过具有相同谐振频率和低频阻抗的等效单自由度系统的集总参数表示。集总参数可以是声顺,声质量和声阻,也可以用低频时的等效体积、谐振频率和损失因数表示。谐振频率可以理解为在该频率下声阻抗的虚部为零。

6.2.2 传声器的等效体积

传声器的声阻抗通常用参考环境条件下相应的复数空气等效体积来表示。传声器的声阻抗和其等效体积本质上不依赖环境条件。

传声器的等效体积 $\underline{V}_e$(单位:立方米)与声阻抗的关系如下式表示:

$$\underline{V}_e = \frac{\kappa_r p_{s,r}}{j\omega \underline{Z}_a}$$

式中：

κ_r——参考条件下的比热比，在空气中，其值为 1.40；

$p_{s,r}$——参考静压，单位为帕(Pa)；

ω——角频率，单位为弧度每秒(rad/s)；

$\underline{Z}_a$——传声器声阻抗，单位为帕秒每立方米(Pa·s/m³)。

6.3 传声器动态范围上限

动态范围上限用传声器在劲度控制的低频频率范围内产生的总谐波失真为1%的声压级表示。

注：实际测定动态范围上限时，可能会受到传声器前置放大器特性的影响。

6.4 静压对传声器灵敏度的影响

传声器灵敏度与静压有关。静压会影响膜片后空腔内空气的声顺和声质量。

至少在表3第2项所示频率范围内，静压系数应作为频率函数给出，其适用的静压范围至少为80 kPa至110 kPa。

6.5 温度对传声器灵敏度的影响

传声器灵敏度与温度有关。温度会影响膜片后空腔内的空气质量。

较大或较快的温度变化(温度冲击)可能会引起传声器灵敏度的永久性改变，这是由于传声器膜片的机械张力改变所致。

至少在表3第2项所示频率范围内，温度系数应作为频率函数给出，其适用的温度范围至少为18 ℃～25 ℃。

6.6 湿度对传声器灵敏度的影响

传声器灵敏度与相对湿度有关。在温度为23 ℃、静压为101.325 kPa和相对湿度范围至少为25%～80%的条件下，以相对湿度系数来表示。

6.7 绝缘电阻

传声器在温度为23 ℃、相对湿度为80%、静压范围在80 kPa～110 kPa的条件下暴露24 h后的最小电阻为绝缘电阻。

注：该要求适用于传声器的类型规格。执行校准时的环境条件适用于表3第9项在校准时的要求。

6.8 传声器灵敏度的稳定性

传声器即使存放在典型的气候条件下，其灵敏度在一段时间后也会有所变化。

长期稳定性系数应在参考环境条件下，频率为200 Hz～1 kHz范围内某个频率点上(最好取500 Hz)测量。短期稳定性也应在同样条件下表述。

6.9 压力均衡泄漏

膜片后腔通常装有一细的均压管以保证膜片两侧的静压相等。从而当频率非常低时，自由场灵敏度和扩散场灵敏度会明显低于声压灵敏度。压力均衡泄漏可用均压管和后腔构成系统的时间常数或下限频率来表示。下限频率定义为自由场灵敏度级比250 Hz时的声压灵敏度级低3 dB时所对应的频率。

7 规范

7.1 机械尺寸

传声器的机械结构和相应的尺寸及公差，分别见图1和表1。

膜片的直径近似于前腔的直径 d_3，制造者应予说明。

制造者应说明以传声器中心电接触部分上所能承受的最大压力，这个压力不会引起传声器实际电声性能的明显变化。

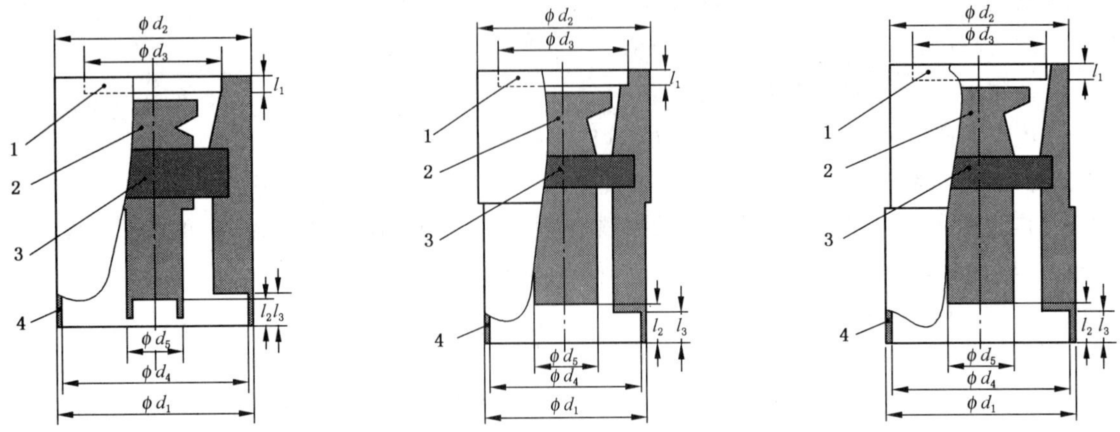

LS1P 型　　　　LS2aP/LS2F 型　　　　LS2bP 型

1——膜片；

2——后极板；

3——绝缘体；

4——螺纹。

图 1　传声器的机械结构

表 1　图 1 所示实验室标准传声器的标称机械尺寸和公差　　　单位为毫米

尺寸标记	LS1P 型	LS2aP/LS2F 型	LS2bP 型
ϕd_1	23.77±0.05	12.7±0.03	12.7±0.03
ϕd_2	23.77±0.05	13.2±0.03	12.15±0.03
ϕd_3	18.60±0.03	9.3±0.03	9.80±0.03
ϕd_4	23.11	11.70	11.70
ϕd_5	<6.0	<5.0	<5.0
l_1	1.95±0.1	0.50±0.05	0.70±0.03
l_2	3.3	3.6	3.2
l_3	>2.5	>2.0	>2.0
螺纹 ϕd_4	60 UNS-2B	60 UNS-2B	60 UNS-2B

注 1：LS2aP 型和 LS2bP 型有相同的电声规范，但有机械上的细微差别(见表 3)。

注 2：对于某些传声器来说，机械结构可能通过一个特殊的转接口来获得，这种情况下外部尺寸 d_2 的公差加倍。

注 3：螺纹使用的是非标准尺寸，d_4 是 2 级内螺纹尺寸的大径(见 ASME B1.1)。

注 4：对于 LS1P 型，内螺纹通常用于前腔，并且给定的直径 d_3 是中径尺寸。当使用螺纹时，螺纹的特征应该根据指定的 60 UNS-2B(见 ASME B1.1)，而 d_3 的公差可增加到±0.1 mm。

注 5：列出的 l_2 的值是推荐的标称值。目前一些传声器可能会与这些标称值有少许的偏差。

7.2　接地屏蔽参考结构

根据 3.3，开路电压测量时应该保证传声器的电接头固定在一个特殊的接地屏蔽结构上面，见图 2 所示，其相应的标称尺寸和公差列于表 2。

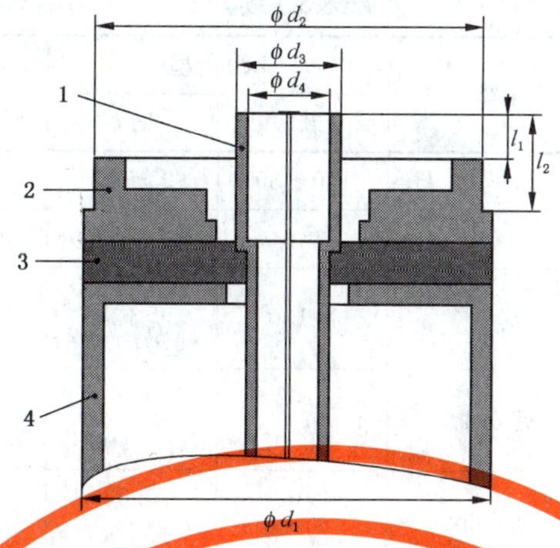

1——屏蔽；

2——传声器安装螺纹；

3——绝缘体；

4——外壳。

图 2　与传声器机械连接的接地屏蔽参考结构

表 2　图 2 所示接地屏蔽结构的标称机械尺寸和公差

单位为毫米

尺寸标记	LS1P 型	LS2P/LS2F 型
ϕd_1	23.77±0.05	12.7±0.05
ϕd_2	23.11	11.70
ϕd_3	11.0±0.1	7.0±0.07
ϕd_4	9.0±0.1	6.5±0.07
l_1	2.5	3.0
l_2	5.0±0.15	5.0±0.15
螺纹 ϕd_2	60 UNS-2A	60 UNS-2A
注：螺纹使用的是非标准尺寸，d_2 是 2 级外螺纹尺寸的大径(见 ASME B1.1)。		

7.3　电声特性

表 3 列出了电声特性规范。传声器应该与接地屏蔽结构(见 7.2)连接。极化电压是 200 V。制造者应按表 3 所列项目给出的所有特性的典型规范(第 12 项除外)，同时，对表 3 中第 1 项和第 2 项，应随每个传声器分别给出实测数据。灵敏度级应以 0.01 dB 分辨率给出，同时说明测量不确定度。

LS1P 型传声器用于低频和中频，此时可以获得一个很高的校准准确度。此类传声器在 8 kHz 以上性能下降，因而不能应用在该频率以上频段。此外，由于在高频区有明显的指向性，在自由声场和扩散声场的测量过程中也会发生性能下降。

LS2P/LS2F 型传声器可以扩展频率到 20 kHz，但是其灵敏度低于 LS1P 型传声器。

表 3　实验室标准传声器的电声特性

	特性	注释	LS1P 型		LS2P 型	LS2F 型	单位
			新[a]	旧[ab]			
1	灵敏度级 (基准值:1 V/Pa)	200 Hz～500 Hz	−26±2	−30±5	−37±3	−38±2	dB
2	频率响应[c]	在 2 dB 之内[d]	10～8 000	10～7 000	10～20 000	10～20 000	Hz

表 3（续）

	特性	注释	LS1P 型		LS2P 型	LS2F 型	单位
			新[a]	旧[ab]			
3	等效体积	200 Hz～500 Hz	150±30	95±55	10±5	9±3	mm^3
4	共振频率		＞8	＞7.5	＞20	＞20	kHz
5	动态范围上限（基准值 20 μPa）	失真 1%	＞130	＞124	＞145	＞145	dB
6	静压系数	见 6.4	−0.02～+0.02	−0.02～+0.02	−0.025～+0.025	−0.05～+0.05	dB/kPa
7	温度系数	见 6.5	−0.02～+0.02	−0.02～+0.02	−0.02～+0.02	−0.035～+0.035	dB/K
8	相对湿度系数	见 6.6	＜0.000 4	—	＜0.000 4	＜0.000 4	dB/%
9	绝缘电阻	最小直流电阻值，见 6.7	$>10^{13}$	$>2\times10^{10}$	$>10^{13}$	$>10^{13}$	Ω
10	均压时间常数[e]		＞0.05	＞0.05	＞0.05	＞0.05	s
11	长期稳定系数	15 ℃～25 ℃ 250 Hz～1 kHz	＜0.02	＜0.02	＜0.02	＜0.02	dB/year
12	短期稳定系数[f]	15 ℃～25 ℃ 250 Hz～1 kHz	＜0.02	＜0.02	＜0.02	＜0.02	dB

a “新”和“旧”分别表示 LS1Pn 和 LS1Po。

b 此列是那些已经停产的传声器的参数。

c 根据类型名称，分别为声压或自由场灵敏度级的频率响应。

d 是所列频率范围内的最大和最小灵敏度级的差值。

e 如果不是用于特殊用途，时间常数不应该大于 1 s，否则达不到短期稳定系数的要求。

f 这些数据来源于总时间超过 10 d 内的至少 5 次测量结果，而且两次测量之间的时间间隔不小于 24 h。

7.4 辨识标志

每个实验室标准传声器都应铭刻制造者规定的型号和各自的出厂编号。

ICS 17.140.50
A 59

中华人民共和国国家标准

GB/T 20441.3—2010/IEC 61094-3:1995
代替 GB/T 6511—1986

电声学 测量传声器 第3部分:采用互易技术对实验室标准传声器的自由场校准的原级方法

Electroacoustics—Measurement microphone—Part 3:Primary method for free-field calibration of laboratory standard microphones by the reciprocity technique

(IEC 61094-3:1995,IDT)

2010-12-01 发布

2011-05-01 实施

中华人民共和国国家质量监督检验检疫总局
中国国家标准化管理委员会
发布

前　言

GB/T 20441《电声学　测量传声器》分为7个部分：

——第1部分：实验室标准传声器规范；

——第2部分：采用互易技术对实验室标准传声器的声压校准的原级方法；

——第3部分：采用互易技术对实验室标准传声器的自由场校准的原级方法；

——第4部分：工作标准传声器规范；

——第5部分：工作标准传声器比较法校准方法；

——第6部分：测定频率响应的静电激励器；

——第7部分：实验室标准传声器的自由场灵敏度和声压灵敏度之间的差值。

本部分为GB/T 20441的第3部分。

本部分等同采用IEC 61094-3:1995《电声学　测量传声器　第3部分：采用互易技术对实验室标准传声器的自由场校准的原级方法》(英文版)。

为便于使用，本标准作了下列编辑性修改：

a) 用小数点“.”代替作为小数点的逗号“,”；

b) 删除了IEC 61094-3:1995的前言；

c) 在5.2中增加了说明字母下划线的数学含义的注。

本部分代替GB/T 6511—1986《采用互易技术对 ϕ23.77 mm标准电容传声器进行自由场校准的精密方法》。

本部分与GB/T 6511—1986的主要不同点如下：

除了基本原理和技术以外在内容、结构、叙述和编排上都有较大的变动；

a) 增加了前言和目次；

b) 原标准只适用于 ϕ23.77 mm的标准电容传声器，本部分规定的原级方法适用于GB/T 20441第1部分规定的实验室标准传声器(包括 ϕ23.77 mm的标准传声器)。因此，在文本中的内容上增加了除 ϕ23.77 mm传声器外，其他实验室标准传声器部分；

c) 文本的内容由4章改为7章。增加了范围、规范性引用文件、参考环境条件、影响自由场灵敏度的因素和校准的不确定度，替代了原来标准中的校准方法和设备、校准的绝对准确度等内容；

d) 增加了附录C传声器灵敏度的环境影响。

本部分的附录A、附录B、附录C为资料性附录。

本部分由中华人民共和国工业和信息化部提出。

本部分由全国电声学标准化技术委员会(SAC/TC 23)归口。

本部分起草单位：南京大学、江苏省电子信息产品质量监督检验研究院、中国测试技术研究院。

本部分主要起草人：沈勇、赵其昌、张志强、郝豫川。

本部分的所代替标准的历次版本发布情况为：

——GB/T 6511—1986。

电声学 测量传声器 第3部分:采用互易技术对实验室标准传声器的自由场校准的原级方法

1 范围

GB/T 20441的本部分规定了测定自由场灵敏度的原级方法,以建立在自由场条件下可再现的和准确的声压测量的基础。

本部分适用于满足GB/T 20441.1要求的实验室标准传声器。校准方法的原理适用于其他类型的传声器。特别是,当安装有规定的转接器,符合GB/T 20441.1要求的传声器可以将转接器除去,按照本部分进行校准。

本部分适用于具有高阅历的技术人员和特殊要求的实验室。

2 规范性引用文件

下列文件中的条款通过GB/T 20441的本部分的引用而成为本部分的条款。凡是注日期的引用文件,其随后所有的修改单(不包括勘误的内容)或修订版均不适用于本部分,然而,鼓励根据本部分达成协议的各方研究是否可使用这些文件的最新版本。凡是不注日期的引用文件,其最新版本适用于本部分。

GB/T 17247.1—2000 声学 户外声传播衰减 第1部分:大气声吸收的计算(eqv ISO 9613-1:1993)

GB/T 20441.1—2010 电声学 测量传声器 第1部分:实验室标准传声器规范(IEC 61094-1:2000,IDT)

SJ/T 10444—1993 电声学术语(eqv IEC 60050(801):1984 Acoustics and Electro-acoustics)

IEC 60027-2:1972 用于电子技术的字母符号 第2部分:电信和电子

IEC 61094-2:1992 测量传声器 第2部分:采用互易技术对实验室传声器的声压校准的原级方法

ISO/IEC 指南:1995 测量不确定度的表述指南(GUM)

3 术语和定义

GB/T 20441.1—2010界定的以及下列术语和定义适用于本部分。

3.1

互易传声器 reciprocal microphone

线性无源的传声器,其开路的正向和逆向转移阻抗(见IEC 60027-2:1972中206)在幅值上是相等的。

3.2

传声器自由场灵敏度的相位角 phase angle of free-field sensitivity of a microphone

对于一给定频率的正弦平面行波,在规定的声入射方向和在给定的环境条件下,开路电压和声压之间的相位角,与传声器不在时,它的声中心的位置有关。

注:单位为度或弧度(°或rad)。

3.3

传声器的声中心 acoustic centre of a microphone

对于发送传声器,给定频率的正弦信号和规定的方向和距离上的一个点,围绕这个点在小范围内观察，从这个点呈现一个发射的近似的球形波阵面。

注1：互易换能器用作接收时的声中心与用作发送时的声中心是一致的。

注2：本定义仅适用于所观察的球形或近似球形波阵面的声场区。

3.4

等效点换能器　equivalent point-transducer

位于传声器声中心位置的一个传声器，在给定方向和距离范围，模拟传声器的发送和接收特性。

3.5

电转移阻抗　electrical transfer impedance

对于2只声耦合的传声器系统，用作接收的传声器的开路电压与用作发送的传声器的电端的输入电流之比的商。

注1：单位为欧姆(Ω)。

注2：这阻抗是为 GB/T 20441.1—2010 中 7.2 给出的接地屏蔽结构而定义的。

3.6

声转移阻抗　acoustical transfer impedance

对于2只声耦合的传声器系统，作用于接收传声器膜片上的声压与用作发送的传声器所产生的短路体积速度之比的商。

注：单位为帕斯卡秒每立方米(Pa·s/m³)。

3.7

传声器的主轴　principal axis of a microphone

通过传声器的声中心并与膜片垂直的一根直线。

3.8

自由场条件　free-field conditions

声波能没有任何干扰地自由传播的条件。

4　参考环境条件

参考环境条件是：

——温度　　$t_r = 23.0$ ℃；

——静压　　$P_{s,r} = 101.325$ kPa；

——相对湿度　$H_r = 50\%$。

注：参考温度选为23 ℃是因为考虑到，实际校准大多在这温度或其附近进行。

5　自由场互易校准原理

5.1　概述

传声器的互易校准可以用3只传声器进行，其中2只必须是互易的，或者用一个辅助声源和2只传声器，其中一只必须是互易的。

注：如果有一只传声器不互易，则它只能用作接收器。

5.1.1　使用3只传声器的原理概述

在自由场条件下，将2只传声器在声学上组成一系统，其中一只作为声源，另一只作为声接收器，测量电转移阻抗。当系统的声转移阻抗已知时，2只耦合的传声器的自由场灵敏度的乘积就可以确定。传声器(1)、(2)和(3)，顺次配对，这样得到3个相互独立的乘积，就可以得到3只传声器中每一只传声器的自由场灵敏度的表达式。

5.1.2　使用2只传声器和一个辅助声源的原理概述

首先，在自由场条件下，将2只传声器在声学上组成一系统，并测定2只传声器的自由场灵敏度的乘积，见5.1.1。其次，将2只传声器轮流在自由场条件下置于辅助声源产生的相同的声压处，则2只传声器的输出电压的比值等于两传声器的自由场灵敏度之比。从两传声器的自由场灵敏度的乘积和比值,就可以推得2只传声器中每一只传声器的自由场灵敏度的表达式。

注:为了得到自由场灵敏度的比值,可以用直接比较法,辅助声源可以是另一个换能器或第3只传声器,它的力学或声学特性与被校准的传声器不同。

5.2 原理的表达式

考虑实验室标准传声器或相似的传声器是互易的,则传声器的换能方程(1)为:

$$\begin{aligned}\underline{U}&=\underline{z}_{11}\underline{i}+\underline{z}_{12}\underline{q}\\ \underline{p}&=\underline{z}_{21}\underline{i}+\underline{z}_{22}\underline{q}\end{aligned} \quad\cdots\cdots(1)$$

式中:

$\underline{p}$——传声器声端(膜片)处的声压;

$\underline{U}$——传声器电端的信号电压;

$\underline{q}$——通过传声器声端(膜片)的体积速度;

$\underline{i}$——通过传声器电端的电流;

$\underline{z}_{11}=\underline{Z}_e$——膜片受挡时传声器的电阻抗;

$\underline{z}_{22}=\underline{Z}_a$——电端开路时传声器的声阻抗;

$\underline{z}_{12}=\underline{z}_{21}=\underline{M}_p\underline{Z}_a$——逆向和正向转移阻抗,$\underline{M}_p$ 为传声器的声压灵敏度。

方程(1)也可以写成:

$$\begin{aligned}\underline{U}&=\underline{Z}_e\underline{i}+\underline{M}_p\underline{Z}_a\underline{q}\\ \underline{p}&=\underline{M}_p\underline{Z}_a\underline{i}+\underline{Z}_a\underline{q}\end{aligned} \quad\cdots\cdots(1a)$$

这构成了传声器的互易方程。

当传声器位于平面行波中,在高频时膜片表面上的声压 $\underline{p}$ 是不均匀的,这时可以通过等效点换能器模拟传声器给出声端的位置。在这情况,对于实际的传声器,通过 $\underline{p}$ 的特殊解释,方程(1)仍是有效的,见5.4和5.5。

注:字母的下划线表示复数,下同。

5.3 插入电压技术

插入电压技术用于确定具有电负载的传声器的开路电压。将一负载阻抗连接到具有确定开路电压和内阻抗的传声器上。为了测量开路电压,将一个比负载阻抗小的阻抗与传声器串接,并在其上施加一个校准电压,交替地施加声压和同频率的校准电压,调节校准电压,使其在负载上产生的电压降与作用于传声器的声压所产生的电压降相等。此时,校准电压的大小即为开路电压。

5.4 传声器的自由场接收特性

设传声器位于自由平面行波的声压为 $\underline{p}_0$ 处。传声器的等效电路如图1,其中 $\underline{p}'_0$ 是膜片受挡时的声压,$\underline{p}$ 是传声器声端的实际声压,$\underline{Z}_{a,r}$ 是传声器的声辐射阻抗。

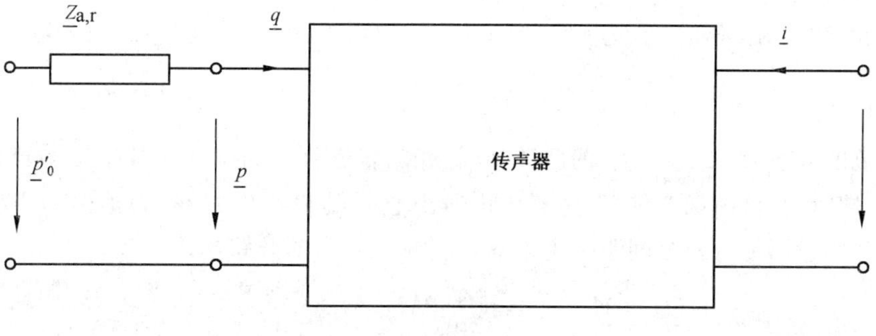

图1 在声场中接收传声器的等效电路

设 $\underline{p}'_0$ 与 $\underline{p}_0$ 之比为：

$$\frac{\underline{p}'_0}{\underline{p}_0}=\underline{S}(f,\theta)$$

上式中，$\underline{S}(f,\theta)$是散射因子，它是频率和入射到传声器膜片上声波入射角的函数。

$\underline{S}(f,\theta)$决定于传声器的几何外形。

由于 $\underline{p}=\underline{p}'_0-\underline{Z}_{a,r}\underline{q}$，传声器的换能方程(1a)可以写成：

$$\begin{aligned}\underline{U}&=\underline{Z}_e\underline{i}+\underline{M}_p\underline{Z}_a\underline{q}\\ \underline{p}'_0&=\underline{M}_p\underline{Z}_a\underline{i}+(\underline{Z}_a+\underline{Z}_{a,r})\underline{q}\end{aligned} \quad \cdots\cdots(2)$$

根据定义，自由场灵敏度为：

$$\underline{M}_f=\left(\frac{\underline{U}}{\underline{p}_0}\right)_{\underline{i}=0}=\underline{M}_p\frac{\underline{Z}_a}{\underline{Z}_a+\underline{Z}_{a,r}}\underline{S}(f,\theta) \quad \cdots\cdots(3)$$

方程(3)表明，声压灵敏度与自由场灵敏度之间的差异，不但决定于通过散射因子 $\underline{S}(f,\theta)$ 反映的传声器的几何形状，而且决定于传声器的声阻抗和辐射阻抗之间的关系。

5.5 传声器的自由场发送特性

假设传声器在自由场条件下处于发送状态，其等效电路如图 2。

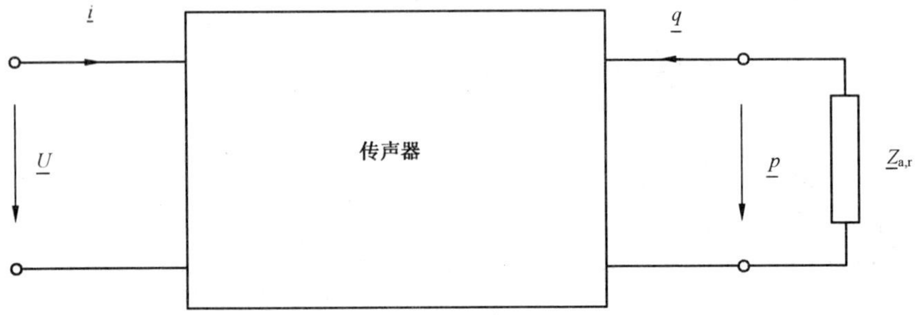

图 2 在自由场条件下发送传声器的等效电路

由于 $\underline{p}=-\underline{Z}_{a,r}\underline{q}$，传声器的换能方程(1)可以写成：

$$\begin{aligned}\underline{U}&=\underline{Z}_e\underline{i}+\underline{M}_p\underline{Z}_a\underline{q}\\ 0&=\underline{M}_p\underline{Z}_a\underline{i}+(\underline{Z}_a+\underline{Z}_{a,r})\underline{q}\end{aligned} \quad \cdots\cdots(4)$$

则

$$-\underline{q}=\frac{\underline{M}_p\underline{Z}_a}{\underline{Z}_a+\underline{Z}_{a,r}}\underline{i}=\frac{\underline{M}_f}{\underline{S}(f,\theta)}\underline{i}$$

根据互易原理，对于远处的某一点，传声器的作用相当于一个声源强度为 $-\underline{q}\underline{S}(f,\theta)=\underline{M}_f\underline{i}$ 的等效点源，在等效点源和远处该点之间的距离为 d 处的声压 $\underline{p}_0$ 为：

$$\underline{p}_0=\mathrm{j}\frac{\rho f}{2d}\underline{M}_f\underline{i}\mathrm{e}^{-\underline{V}d}\mathrm{e}^{\mathrm{j}\omega t} \quad \cdots\cdots(5)$$

上式中：$\underline{V}=\alpha+\mathrm{j}\beta$ 为复传播系数。

注：上面给出的方程(5)的推导是基于传声器的集中参数的表述[见方程(1)]，更严格的推导可以用传声器的积分形式的表述得到。

5.6 互易程序

将自由场灵敏度分别为 $\underline{M}_{f,1}$ 和 $\underline{M}_{f,2}$ 的两传声器，相对置于自由场中并使其主轴重合。当电流 $\underline{i}_1$ 通过传声器(1)的电端时，在自由场条件下，距离传声器中心 d 处将产生方程(5)给出的声压 $\underline{p}_0$。当传声器(2)置入声场，并假设两传声器之间不发生干涉，在传声器(2)的开路电压为：

$$\underline{U}_2=\underline{M}_{f,2}\underline{p}_0=\mathrm{j}\frac{\rho f}{2d_{12}}\underline{M}_{f,1}\underline{M}_{f,2}\underline{i}_1\mathrm{e}^{-\underline{V}d_{12}}$$

上式中：d_{12}是两传声器(1)和(2)的声中心间距。

因此，自由场灵敏度积为：

$$\underline{M}_{f,1}\,\underline{M}_{f,2} = -j\,\frac{2d_{12}}{\rho f}\,\frac{\underline{U}_2}{\underline{i}_1}\,e^{\underline{V}d_{12}} \quad \cdots\cdots\cdots\cdots\cdots\cdots (6)$$

注：方程(6)的右边是系统的电转移阻抗和传声器不在时两声中心处的声转移阻抗之比。

5.7 自由场灵敏度的最终表达式

5.7.1 三传声器法

假设电转移阻抗 $\underline{U}_2/\underline{i}_1$（见 5.6）记作 $\underline{Z}_{e,12}$，其他传声器对的表达式类推。传声器(1)的自由场灵敏度的表达式为：

$$\underline{M}_{f,1} = \left(\frac{2}{\rho f}\,\frac{d_{12}d_{31}}{d_{23}}\,\frac{\underline{Z}_{e,12}\underline{Z}_{e,31}}{\underline{Z}_{e,23}}\,e^{\underline{V}(d_{12}+d_{21}-d_{23})}\right)^{1/2} \quad \cdots\cdots\cdots\cdots\cdots\cdots (7)$$

传声器(2)和(3)可以得到类似的表达式。

如果只对自由场灵敏度的模感兴趣，则只要确定每一个电转移阻抗的模，并用 α 代替 $\underline{V}$ 即可。

每一只传声器的自由场灵敏度的相位角能从电转移阻抗的相位角和 $\underline{V}$ 的组合来确定，在表达式中，出于物理的考虑淡化了 180°相位。

5.7.2 两只传声器和一只辅助声源法

如果仅使用 2 只传声器和一只辅助声源，自由场灵敏度的最终表达式为：

$$\underline{M}_{f,1} = \left(\frac{\underline{M}_{f,1}}{\underline{M}_{f,2}}\,\frac{2d_{12}}{\rho f}\,\underline{Z}_{e,12}\,e^{\underline{V}d_{12}}\right)^{1/2} \quad \cdots\cdots\cdots\cdots\cdots\cdots (8)$$

其中，两自由场灵敏度之比是通过与辅助声源比较来测量的，见 5.1.2。

如果只对自由场灵敏度的模感兴趣，则只要确定电转移阻抗的模和自由场灵敏度的比，并用 α 代替 $\underline{V}$ 即可。

每一只传声器的自由场灵敏度的相位角能从电转移阻抗的相位角，自由场灵敏度之比和 $\underline{V}$ 组合来确定，在表达式中，出于物理的考虑淡化了 180°相位。

6 影响自由场灵敏度的因素

6.1 概述

实验室标准传声器的自由场灵敏度取决于极化电压和环境条件，更进一步地说，自由场灵敏度的定义包含着测量应满足的某些条件。要点是在校准期间能充分地控制这些条件，使之产生小的不确定度分量。

6.2 极化电压

实验室标准传声器的灵敏度近似地正比于极化电压。因此在校准期间实际使用的极化电压应报告。GB/T 20441.1 中推荐极化电压为 200.0 V。

6.3 接地屏蔽参考结构

按照 GB/T 20441.1—2010 中的 3.3，开路电压应当在装有特定接地屏蔽结构的传声器的电端，用插入电压技术（见 5.3 条）测量。实验室标准传声器的接地屏蔽结构的详述见 GB/T 20441.1—2010。

在校准期间，合适的接地屏蔽结构应用于发送传声器和接收传声器，并且屏蔽应与地电位相连接。如果使用任何其他装置，则校准结果应以参考接地屏蔽结构为参照。

如果制造厂规定了加到传声器中心电接触点的最大机械力，则使用时不应超过这限值。

6.4 声学条件

传声器的自由场灵敏度取决于包括前置放大器在内的外壳的几何外形，基于这一原因，传声器和接地屏蔽结构应连接成一圆柱体，它的直径等于传声器的标称直径，见 GB/T 20441.1—2010 中表 1 和表 2。圆柱体的长度应比传声器的直径大。对于具有坡度的逐渐变细的传声器，则推荐最小长度为十倍于传声器的直径。这装置也适用于发送传声器。

传声器自由场灵敏度的定义是指在无干扰的平面行波中的声压。在自由场条件下，位于声源的远场中的声波是球面波，在离开声源足够远的距离处，在限度的范围内可近似为平面波。所以，接收与发送传声器之间的距离应足够大，以确保在接收传声器周围的区域内近似为平面波(见 7.4)。另一方面，消声室内表面的反射影响通常是随两传声器之间的距离的增加而增加。在方程(3)中函数 $\underline{S}(f,\theta)$ 取决于声场的特性，并且只对真实的平面行波才有明确的定义。因此，应该仔细地选择计量条件，并且根据与这些条件有关的校准的不确实度估算一个距离，然后在大于这距离处进行校准，更为可取。

6.5 传声器的声中心

传声器的声中心位置(见 3.3)能够通过测量在自由场中传声器作为一个声源而产生的声压来确定，它是距离传声器的任意选择的一个参考点 r 的函数。在远场限定的区域内，经空气声衰减的修正，声压遵循 $1/r$ 定律，r 是指到传声器声中心的距离。因此，在绘制所测声压的倒数作为到传声器所选的参考点(大多数习惯选膜片的中心)的距离的函数的图时，拟合(即采用最小的二乘法)或通过图上的值作的图是一根直线。这直线和横轴的交点决定了声中心相对于参考点的位置。用于确定 d_{12}(见 5.7)的声中心应该与在自由场校准时的取向和间距有关。

附录 A 中包含有一些传声器结构的声中心位置的典型数据。

6.6 与环境条件有关的属性

6.6.1 概述

声压灵敏度与环境条件的总的属性在 IEC 61094-2:1992 中的 6.5 给出。此外，自由场灵敏度与环境条件的更进一步的关系在方程(3)中给出。在这方程中辐射阻抗是密度和声速的函数，同样函数 $\underline{S}(f,\theta)$ 取决于波长，因而取决于空气中的声速。

6.6.2 静压强

除了 IEC 61094-2:1992 中的 6.5 描述的关系外，由于空气密度随静压强而变化，因此传声器的声阻抗和它的辐射阻抗之间的阻抗关系导致了进一步的依赖性。

附录 C 中包含有静压强对实验室标准传声器的自由场灵敏度影响的资料。

6.6.3 传声器的温度

除了 IEC 61094-2:1992 中的 6.5 的关系外，由于空气密度和声速随温度而变化，因此传声器的声阻抗和它的辐射阻抗之间的阻抗关系，导致了进一步的依赖性。由于空气中的声速随温度变化，导致方程(3)中函数 $\underline{S}(f,\theta)$ 与温度也有些关系。

附录 C 中包含有温度对实验室标准电容传声器的自由场灵敏度影响的资料。

注：如果传声器暴露在极度变化的温度中，灵敏度可能会产生永久性变化。

6.6.4 湿度

虽然传声器膜片后面的腔体处在的空气热力学状态稍许与湿度有些关系，然而，只要不发生冷凝，没有观察到湿度对实验室标准传声器的声压灵敏度的影响。

按照方程(3)空气中密度和声速受湿度的影响，可能会对自由场灵敏度有些影响。

注：传声器壳体与后极之间的绝缘材料的表面阻抗，在过分潮湿的条件下可能会恶化，特别是材料被弄脏时(见 7.5)，表面阻抗对传声器的低频灵敏度有明显的影响，特别是相位响应。

6.6.5 大气条件

如果有可靠的修正数据可利用，则在报告校准结果时宜指出相应的参考环境条件下的自由场灵敏度。并报告在校准期间的实际环境条件。

注：在校准期间传声器的温度可能与大气温度不同。

7 校准的不确定因素

7.1 概述

除了在第 6 章中提及的影响自由场灵敏度的因素外，方法、设备和校准时的小心程度都会引入更多的不确定因素。应该用可行的尽可能高的准确度来测量或计算在已知的方法中影响校准的因素，以减小它们在产生不确定度方面的影响。

7.2 电转移阻抗

测量电转移阻抗达到必要精确度的方法有多种，这里不规定优选的方法。

激励用作声源的传声器的电压的谐波，在确定自由场灵敏度中引起的不确定度应比无规不确定度小。

噪声或其他干扰，如串音，不管是声学的还是其他原因引起的，都不应过多地影响自由场灵敏度的确定。可以用带通滤波器改进信噪比。

电串音的存在会引起 $1/r$ 规律的明显偏离，它具有一个波长的周期性。

7.3 空气中的声衰减

在实践中，声波在自由场中传播，由于分子的弛豫效应和热粘滞损失会引起衰减。

这衰减取决于声波的频率，水蒸气的含量和空气的温度。它由方程(5)中复传播系数 $\underline{V}$ 的实数部分 α，空气衰减系数确定。

空气衰减系数的值用奈培每米表示，应使用附录 B 中给出的方程计算。

7.4 理想的自由场条件的偏离

校准时应满足一定的声学条件(见 6.4)，校准应在自由场中进行。这条件大多是在消声室中得到，这里没有风，空气噪声最小。由于壁面吸声材料的性能不够理想和房间大小的限制，某些频率取决于壁面的反射，并引起声压的模与 $1/r$ 规律发生偏离。这偏离的大小取决于离开声源的距离和指向。在给定频率偏离作为距离的函数，在整个波长的一半处呈现周期性，相应于平行或垂直于直达波的反射波。通常在消声室的中心周围的区域，并且既不平行也不垂直任何一个壁面的方向上偏离最小。然而，带子、栅格装置、电缆和各种支架等物体的存在也将对声场干扰。

这些干扰的影响，在建立校准系统和步骤时只要格外小心，是能够减小到可接受的水平。

校准时，在源和接收传声器之间的区域内，去除空气衰减，声压/距离反比律的偏离，建议不大于 0.05 dB，除非能进行修正。

更一步为了保证在接收传声器周围的合适的区域内的平面波条件，建议校准时两传声器之间的距离应大于传声器标称直径的 10 倍。

7.5 极化电压

为了确定极化电压，可以在传声器的端点直接测量，重要的是从高阻源获得极化电压时，要考虑传声器有限的绝缘阻。有二种方法可供选择，传声器的绝缘阻能够测量和已证实将传声器移去测量极化电压源或在极化电压源的低阻抗部分测量都是有效的，有足够高的准确度。

7.6 物理量

某些描述空气性质的物理量在计算传声器的灵敏度或灵敏度对环境条件的依赖性的表达式中出现，这些量取决于环境条件，如静压强、温度和相对湿度。这些量的数值和它们与环境条件的关系，在 IEC 61094-2:1992 的附录 F 中描述。

7.7 自由场灵敏度级的不确定度

为了确定自由场灵敏度级，在控制的条件下完成互易校准，对于 LS1P 和 LS2P 实验室标准传声器在 1 kHz～20 kHz 和 2 kHz～20 kHz 频率范围内，包含因子为 2 的扩展不确定度分别优于 0.2 dB。

附 录 A
（资料性附录）
传声器的声中心位置的数据

根据定义，传声器声中心位置取决于取向、频率以及观测点到换能器距离。对于足够远的观测点，声中心位置对校准不确定度的影响将减小。在这距离，膜片的中心可以取作为声中心。一般互易校准在 150 mm～600 mm 的距离范围进行，可以应用下列图和表中数据。这些声中心位置的数据是参照主轴并且是相对于膜片的表面给出的，它是频率的函数，适用于 LS1P 和 LS2P 传声器。正的数据表明声中心是在膜片的前方。在图和表中的数据的不确定度在传声器共振频率以下小于 2 mm。这些数据不适用于 LSF 传声器。

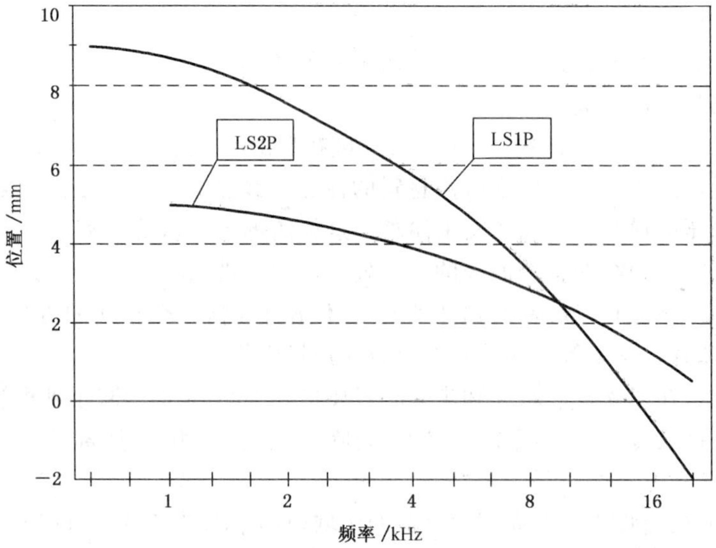

图 A.1 LS1P 和 LS2P 传声器在垂直入射时相对于膜片的声中心位置的评估值，是频率的函数，见表 A.1

表 A.1 LS1P 和 LS2P 传声器在垂直入射时相对于膜片的声中心位置的评估值，是频率的函数

单位为毫米

频率 kHz	0.63	0.8	1.0	1.25	1.6	2.0	2.5	3.15
LS1P	9.0	8.9	8.7	8.4	8.0	7.5	7.0	6.4
LS2P	—	—	5.0	4.9	4.8	4.7	4.4	4.2
频率 kHz	4.0	5.0	6.3	8.0	10.0	12.5	16.0	20.0
LS1P	5.7	5.0	4.2	3.3	2.2	0.9	−0.4	−1.9
LS2P	3.9	3.6	3.2	2.8	2.3	1.8	1.2	0.5

附 录 B
（资料性附录）
空气衰减系数的数据

GB/T 17247.1—2000 中给出了空气声衰减系数的计算方法。它的附录 A 描述了这种现象的物理机理，5.2 和附录 B 给出了衰减系数的计算方式，它是频率、温度、静压强和相对湿度的函数。根据 GB/T 17247.1—2000 中的导则，计算步骤如下：

符号

$T_{20}=293.15\ \mathrm{K}$ 参考热力学温度(K)；

$T_{01}=273.16\ \mathrm{K}$ 水的三相点热力学温度(K)；

T 绝对温度(K)；

P_{s} 静压强(kPa)；

P_{m} 饱和蒸气压强(kPa)；

H 相对湿度(%)；

h 水蒸气的克分子浓度；

f_{rO} 氧的弛豫频率(Hz)；

f_{rN} 氮的弛豫频率(Hz)。

计算步骤

步骤 1

确定饱和蒸气压强：

$$\frac{P_{\mathrm{m}}}{P_{\mathrm{s,r}}}=10^{D}$$

上式中

$$D=4.6151-6.8346\left(\frac{T_{01}}{T}\right)^{1.261}$$

步骤 2

确定水蒸气的克分子浓度：

$$h=\frac{H}{100}\left(\frac{P_{\mathrm{m}}}{P_{\mathrm{s,r}}}\right)\left(\frac{P_{\mathrm{s,r}}}{P_{\mathrm{s}}}\right)$$

步骤 3

确定弛豫频率：

$$f_{\mathrm{rO}}=\left(\frac{P_{\mathrm{s}}}{P_{\mathrm{s,r}}}\right)\left[24+4.04\times10^{6}h\left(\frac{0.2+10^{3}h}{3.91+10^{3}h}\right)\right]$$

$$f_{\mathrm{rN}}=\left(\frac{P_{\mathrm{s}}}{P_{\mathrm{s,r}}}\right)\left(\frac{T}{T_{20}}\right)^{-\frac{1}{2}}\left[9+28\times10^{3}h\exp(-4.170)\left(\frac{T}{T_{20}}\right)^{-\frac{1}{3}}-1\right]$$

步骤 4

确定空气衰减系数 α，单位为奈培每米(Np/m)：

$$\alpha=f^{2}\left[18.4\times10^{-12}\left(\frac{P_{\mathrm{s}}}{P_{\mathrm{s,r}}}\right)^{-1}\left(\frac{T}{T_{20}}\right)^{\frac{1}{2}}+\left(\frac{T}{T_{20}}\right)^{-\frac{5}{2}}\left(0.01275\,\frac{\exp(-2239.1/T)}{f_{\mathrm{rO}}+(f^{2}/f_{\mathrm{rO}})}+0.1068\,\frac{\exp(-3352.0/T)}{f_{\mathrm{rN}}+(f^{2}/f_{\mathrm{rN}})}\right)\right]$$

在下列变化范围内，计算的空气衰减系数的精确度估计为±10%；

空气温度：−20 ℃～50 ℃

静压强:小于 200 kPa

水蒸气的克分子的浓度:$0.5\times10^{-3}\sim50\times10^{-3}$

频率压强比:0.4 Hz/kPa~10^{4} Hz/kPa

表 B.1 给出了按照 GB/T 17247.1—2000 计算的,适合于大多数实验室中进行自由场互易校准的环境条件下空气中的声压衰减的数据。

表中的数据是用分贝每米(dB/m)表示,即 8.686α。

表 B.1 空气中声压衰减的数据(dB/m)

f kHz	t=21 ℃,P_s=101.325 kPa			t=23 ℃,P_s=101.325 kPa			t=25 ℃,P_s=101.325 kPa		
	H=25 %	H=50 %	H=80 %	H=25 %	H=50 %	H=80 %	H=25 %	H=50 %	H=80 %
1.0	0.005 4	0.004 8	0.005 4	0.005 4	0.005 2	0.005 9	0.005 4	0.005 7	0.006 3
1.25	0.007 5	0.005 9	0.006 3	0.007 2	0.006 2	0.006 9	0.007 0	0.006 7	0.007 6
1.6	0.011 1	0.007 5	0.007 7	0.010 4	0.007 8	0.008 3	0.009 9	0.008 2	0.009 1
2.0	0.016 2	0.009 9	0.009 3	0.014 9	0.009 9	0.009 9	0.014 0	0.010 2	0.010 7
2.5	0.024 0	0.013 4	0.011 6	0.022 0	0.013 2	0.012 1	0.020 3	0.013 2	0.012 9
3.15	0.036 5	0.019 2	0.015 3	0.033 2	0.018 4	0.015 5	0.030 4	0.018 0	0.016 1
4.0	0.056 5	0.028 7	0.021 2	0.051 4	0.027 1	0.021 0	0.046 9	0.025 9	0.021 2
5.0	0.084 6	0.042 6	0.029 9	0.077 3	0.039 7	0.029 1	0.070 6	0.037 4	0.028 7
6.3	0.126 7	0.064 9	0.044 1	0.117 0	0.060 1	0.042 1	0.107 6	0.056 1	0.040 7
8.0	0.188 2	0.101 0	0.067 3	0.176 7	0.093 3	0.063 5	0.164 5	0.086 6	0.060 5
10.0	0.264 3	0.152 7	0.101 3	0.253 9	0.141 1	0.094 9	0.240 5	0.130 8	0.089 6
12.5	0.357 8	0.229 2	0.153 5	0.353 7	0.213 1	0.143 4	0.342 9	0.198 0	0.134 7
16.0	0.477 1	0.354 1	0.243 5	0.488 5	0.332 7	0.227 5	0.488 9	0.311 5	0.213 2
20.0	0.592 9	0.513 9	0.368 2	0.626 6	0.490 1	0.345 2	0.646 8	0.464 1	0.324 0
25.0	0.712 3	0.725 6	0.551 4	0.773 7	0.706 1	0.520 7	0.822 4	0.679 4	0.491 0
31.5	0.842 1	1.001 9	0.824 4	0.933 2	0.999 8	0.787 6	1.016 6	0.982 8	0.749 1
40.0	0.994 7	1.344 5	1.219 1	1.113 6	1.379 5	1.184 7	1.232 6	1.391 5	1.141 9
50.0	1.175 8	1.713 5	1.708 3	1.315 7	1.800 7	1.693 0	1.463 6	1.861 2	1.659 4

附 录 C
（资料性附录）
传声器灵敏度的环境影响

本附录给出了静压强和温度对 LS1P 和 LS2P 型传声器的自由场灵敏度影响的资料。目前这些资料还不适用于 LSF 型传声器。

在 IEC 61094-2:1992 的附录 D 中给出了环境条件对传声器的声压灵敏度影响的综述。除这影响外，辐射阻抗和传声器的衍射也与环境条件有关。

传声器的结构的部件决定了环境条件的相对影响。考虑到声速，空气的密度和粘滞是温度和/或静压强的线性函数。所考虑的传声器的静压强和温度系数决定于参考条件下的自由场灵敏度分别与相应的静压强和温度时的自由场灵敏度之比。下述例子适用于声波沿膜的正前方的主轴传播时的自由场灵敏度。

C.1 与静压强的关系

IEC 61094-2:1992 中图 D.1 显示了关于传声器声压灵敏度的静压强系数的例子。因辐射阻抗的附加的影响对这图作了稍许修正，在图 C.1 中显示了参照于自由场灵敏度的静压强系数随频率的一般变化。通常静压强系数决定于传声器结构的部件，并且对于属于同一型号的由不同厂家生产的 2 只传声器可能实际的数据不同。因此，在图 C.1 中显示的静压强系数不宜用于个别传声器。

对于 LS1P 传声器，静压强系数的低频值通常位于－0.01 dB/kPa 和－0.02 dB/kPa 之间，对于 LS2P 传声器位于－0.003 dB/kPa 和－0.008 dB/kPa 之间。

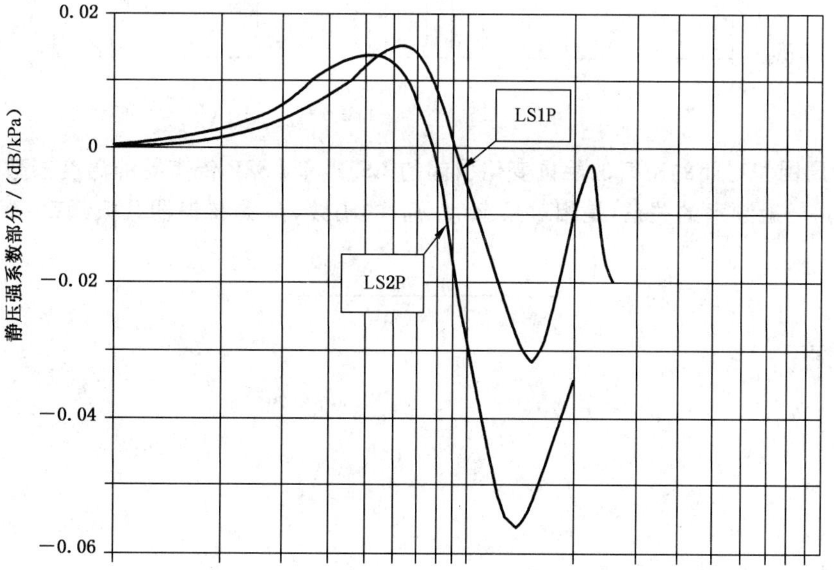

图 C.1 LS1P 和 LS2P 传声器的自由场灵敏度的静压强系数与一般频率的关系，是相对频率（f/f_0）的函数，f_0 为传声器的共振频率

C.2 与温度的关系

IEC 61094-2:1992 中图 D.2 显示了关于传声器声压灵敏度的温度系数的例子。对于自由场灵敏

度,因周围空气的温度变化的附加影响,对这图作了稍许修正。在图 C.2 中显示了参照于自由场灵敏度的温度系数随频率一般变化。

温度对声速的影响,即波长,也影响到散射因子 $\underline{S}(f,\theta)$(见方程(3)),这影响决定了声入射角,并可能在高频某一些对应于灵敏度极小值的角度上导致高的数值。

除了影响周围和封闭的空气外,温度的变化影响到传声器的机械部件。主要的影响通常是改变膜片的张力,于是在劲度控制范围引起灵敏度的恒定变化,并且,共振频率也稍有变化。

通常温度系数决定于传声器的结构的部件,并且对属于同一型号的由不同厂家生产的两只传声器可能实际的数据不同。因此,在图 C.2 中显示的部分温度系数 C_t 不宜用于个别传声器。

对于 LS1P 和 LS2P 传声器,温度系数的低频值通常位于±0.005 dB/K 范围内。

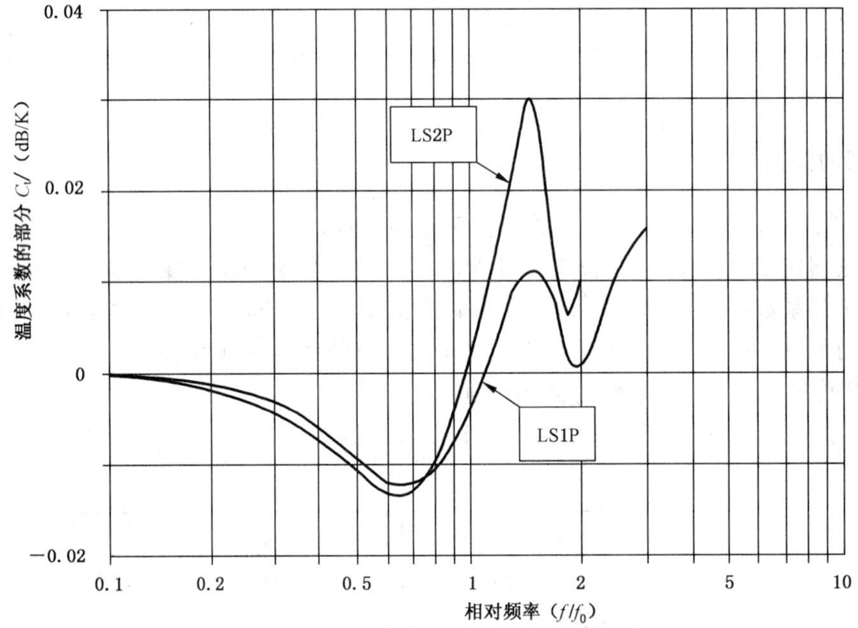

图 C.2 由于周围和封闭的空气的阻抗变化引起的 LS1P 和 LS2P 传声器的温度系数的部分 C_t 与一般频率的关系,是相对频率(f/f_0)的函数,f_0 是传声器共振频率

ICS 17.160
J 04

中华人民共和国国家标准

GB/T 20485.15—2010/ISO 16063-15:2006

振动与冲击传感器校准方法 第15部分:激光干涉法角振动绝对校准

Methods for the calibration of vibration and shock transducers—Part 15: Primary angular vibration calibration by laser interferometry

(ISO 16063-15:2006,IDT)

2010-12-23 发布　　2011-06-01 实施

中华人民共和国国家质量监督检验检疫总局
中国国家标准化管理委员会 发布

前　言

GB/T 20485《振动与冲击传感器校准方法》主要由以下几大类组成：

——第1类：基本概念；

——第2类：绝对法校准(如：激光干涉法振动绝对校准、激光干涉法冲击绝对校准等)；

——第3类：比较法校准(如：振动比较法校准、冲击比较法校准等)；

——第4类：环境模拟校准(如：磁灵敏度、声灵敏度、基座应变灵敏度、横向振动灵敏度等)。

本部分是GB/T 20485第2类中的一个部分。

本部分等同采用ISO 16063-15:2006《振动与冲击传感器校准方法　第15部分：激光干涉法角振动绝对校准》(英文版)。

本部分等同翻译ISO 16063-15:2006。

为使用方便，本部分作了如下编辑性修改：

——用"本部分"代替"本国际标准"；

——删除国际标准的前言；

——用小数点"."代替作为小数点的逗号"，"；

——第11章ISO原文有a)、b)、c)三项，其中b)项在本部分中拆分为"b)安装方法"和"c)放大器的所有设置……"，相应地ISO中原来的c)项变为本部分的d)项；

——对ISO 16063-15:2006中引用的其他国际标准，用等同采用的我国标准代替对应的国际标准。

本部分的附录A、附录B为规范性附录。

本部分由全国机械振动、冲击与状态监测标准化技术委员会(SAC/TC 53)提出并归口。

本部分起草单位：中国航空工业集团公司北京长城计量测试技术研究所、广州市计量检测技术研究院。

本部分主要起草人：薛景锋、李新良、张大治、周伦彬。

振动与冲击传感器校准方法 第15部分:激光干涉法角振动绝对校准

1 范围

GB/T 20485 的本部分规定了绝对法校准角振动传感器如角位移传感器、角速度传感器、角加速度传感器(带放大器或不带放大器)的仪器设备和操作程序,以及采用稳态正弦振动和激光干涉测量法获得角振动传感器复灵敏度的幅值和相移的方法。本部分给出的方法适用于 GB/T 2298 中定义的角位移、角速度和角加速度参量的测量仪器(特别是激光角振动测量仪)和角振动传感器的校准。

本部分适用的频率范围为 1 Hz～1.6 kHz,动态范围(幅值)为 0.1 rad/s^2～1 000 rad/s^2(依频率而定)。

本部分第 3 章规定的测量不确定度覆盖了上述范围。若校准频率低于 1 Hz(如:其他国际标准中的参考频率为 0.4 Hz)和角加速度幅值小于 0.1 rad/s^2,可选用一个合适的低频角振动激励器,并采用本部分规定的方法 3A 或方法 3B。

方法 1A(见第 8 章条纹计数法的 A 型干涉仪)和方法 1B(见第 8 章条纹计数法的 B 型干涉仪)适用于频率范围为 1 Hz～800 Hz 的复灵敏度幅值校准。特殊条件下,可用于较高频率段。方法 2A(见第 9 章最小点法的 A 型干涉仪)和方法 2B(见第 9 章最小点法的 B 型干涉仪)适用于频率范围为 800 Hz～1.6 kHz 的灵敏度幅值校准。方法 3A(见第 10 章正弦逼近法的 A 型干涉仪)和方法 3B(见第 10 章正弦逼近法的 B 型干涉仪)适用于频率范围为 1 Hz～1.6 kHz 的灵敏度幅值和相移的校准。方法 1A、方法 1B 及方法 3A、方法 3B 规定在不同频率点、固定的角加速度幅值下进行校准。方法 2A、方法 2B 则要求在固定的角位移幅值进行校准(其角速度、角加速度幅值随频率变化)。

注 1:与 GB/T 20485.11—2006 类似,方法名称中的数字 1～3 对应激光干涉仪输出信号不同的处理方法:数字 1 代表条纹计数法,数字 2 代表最小点法,数字 3 代表正弦逼近法。每一种信号处理程序可以和本部分详细描述的 A 型和 B 型干涉仪一起使用。

A 型干涉仪是采用迈克尔逊(Michelson)或者马赫-泽德(Mach-Zehnder)干涉原理,后向反射器安装于角振动激励器半径 R 的位置处。这一类型的干涉仪可测量的转角最大为 3°。B 型干涉仪采用测量圆环侧向表面环状衍射光栅的迈克尔逊或马赫-泽德的干涉仪。如果衍射光栅沿圆周(即 360°)粘贴,这种激光干涉仪不受转角的限制,通常是最大角振动受角振动激励器的限制。

注 2:虽然本部分规定的校准方法是用于角度量值的传感器(GB/T 2298 有定义),但也可将角运动量值的测量仪器作为校准对象,为了简化描述,它的特性也按传感器给出。激光角振动测量仪的具体详细指标在 4.11 中给出,见图 11。

2 规范性引用文件

下列文件中的条款通过 GB/T 20485 的本部分的引用而成为本部分的条款。凡是注日期的引用文件,其随后所有的修改单(不包括勘误的内容)或修订版均不适用于本部分,然而,鼓励根据本部分达成协议的各方研究是否可使用这些文件的最新版本。凡是不注日期的引用文件,其最新版本适用于本部分。

GB/T 2298—2010 机械振动、冲击与状态监测 词汇(ISO 2041:2009,IDT)

GB/T 3240—1982 声学测量中的常用频率(neq ISO 266:1975)

GB/T 20485.1—2008 振动与冲击传感器校准方法 第 1 部分:基本概念(ISO 16063-1:1998,IDT)

3 测量不确定度

应用本部分达到的测量不确定度为：

a) 灵敏度幅值

参考条件下，测量值的不确定度为0.5%；

非参考条件下，测量值的不确定度不超过1%。

b) 灵敏度相移

参考条件下，测量值的不确定度为0.5°；

非参考条件下，测量值的不确定度不超过1°。

推荐的参考条件为：

——频率：160 Hz、80 Hz、40 Hz、16 Hz、8 Hz（或角频率 ω 为 1 000 rad/s、500 rad/s、250 rad/s、100 rad/s、50 rad/s）；

——加速度（角加速度幅值或有效值）：100 rad/s^2、50 rad/s^2、20 rad/s^2、10 rad/s^2、5 rad/s^2、2 rad/s^2、1 rad/s^2。

放大器设置的选择应考虑噪声、失真及截止频率的影响，使其达到最佳性能。

根据GB/T 20485.1—2008，测量不确定度表示为测量的扩展不确定度（简称不确定度），包含因子 $k=2$。

4 仪器设备要求

4.1 总则

为了满足第1章中的测量范围及达到第3章中的不确定度要求，本章给出了所需仪器设备的推荐技术指标。

允许有的系统只用于上述测量范围的一部分。通常使用不同的系统（例如激振器）覆盖全部频率及动态范围。

注：本条款所述仪器设备，包含了本部分描述的六种校准方法所涉及到的全部仪器及设备。在特定方法中使用的仪器设备已做了单独注明（见图2～图8和图10）。

4.2 频率发生器和指示器

应满足下列特性要求：

a) 频率不确定度：不超过读数的0.05%；

b) 频率稳定度：测量期间不超过读数的±0.05%；

c) 幅值稳定度：测量期间不超过读数的±0.05%。

4.3 功率放大器和角振动激励器组合

4.3.1 总则

功率放大器和角振动激励器的组合应满足下列特性要求：

a) 总谐波失真：不超过2%；

注1：该指标与被校传感器的输入量有关。

注2：如果采用方法3A或方法3B，允许有较大的谐波失真度。

b) 横向和摇摆角加速度：应当足够小，以避免对校准结果产生过大的影响。对于A型干涉仪，最小角位移时横向运动应小于所要求切向运动的1%。对于B型干涉仪，运动部件（测量台面）以高精度旋转空气轴承支撑的角振动激励器，允许的最大侧向运动（包括偏心运动）为2 μm。

c) 交流声及噪声：比满输出至少低70 dB。

d) 角加速度幅值稳定度：测量期间不超过读数的±0.05%。

4.3.2 电动角振动激励器

电动振动激振器采用的基本原理：当带电载体切割磁场时，洛仑兹力对其产生作用。

与一般电动振动激振器产生直线振动相似，置于磁场中的磁空气间隙的线圈，洛仑兹力激发动态扭矩激励装有被校角振动传感器的测量台面实现角振动。在工作频率范围内(1 Hz～1.6 kHz)，角加速度的幅值与通过线圈的电流成比例。图1所示是角振动激振器的实例，其最大转动幅值是30°(即两倍振幅为1 rad)。参考文献[14]给出了角加速度激励器的另外一个示例(幅值60°，即振幅为1 rad)。

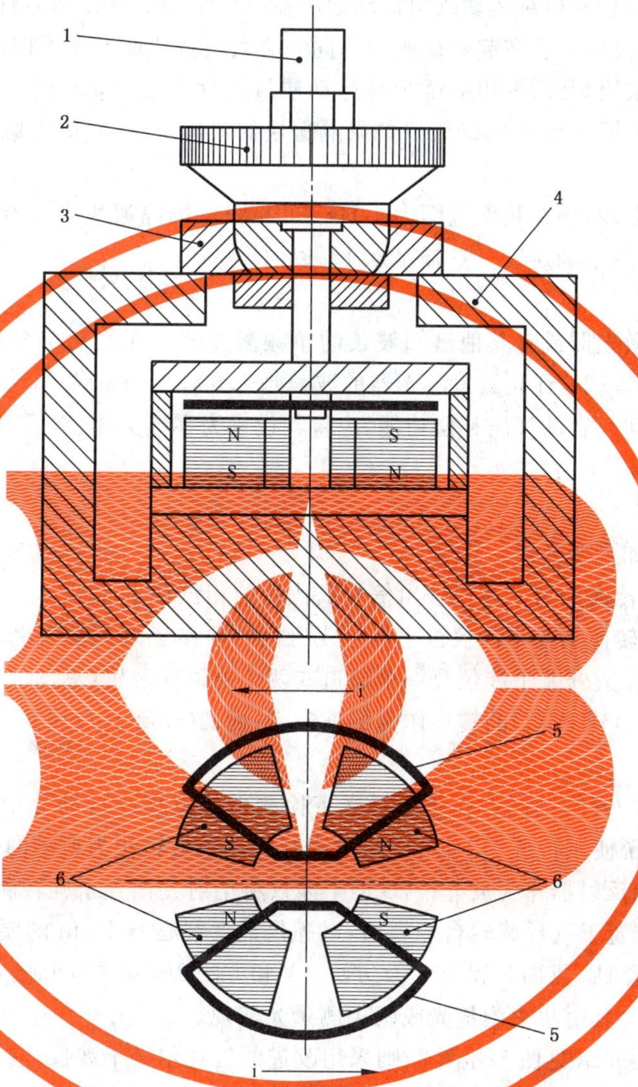

1——角加速度计；
2——衍射光栅；
3——空气轴承；
4——外壳；
5——线圈；
6——磁体。

图1 角振动激励器示例(功能示意图)

4.3.3 基于无电刷电动机的角振动激励器

采用商用电动机设计和制造的特殊角振动激励器，用于角振动传感器的校准。

对于惯性导航传感器的测试，所谓的“速率台”已使用多年，通常装配有电子整流及伺服控制的无刷三相空心轴电机，特别是适合角速度即角速率的运行模式。一般情况下产生不变的角速度，并能获得失真小的正弦角振动。

随着控制技术的进步，使得该类激励器可以产生角加速度。但要求采用和平面线圈型的激励器(见

4.3.2)方式相同的空气轴承。

由于微分会加大失真，角加速度计的校准可能需要对传感器输出信号进行频率选择性的测量，以保证方法3A和方法3B(即正弦逼近法)的使用。

4.4 角振动激励器和激光干涉仪的隔振块

为了避免大地脉动引起的相对运动或角振动激励器支撑结构的反作用力对校准结果产生过大的影响，角振动激励器及干涉仪应安装在起隔振作用的同一个大质量块或两个不同的大质量块上。

如果用一个普通隔振块，其惯性矩应至少是运动质量惯性矩的2 000倍。由此在角振动传感器与干涉仪之间引起的相对角振动小于0.05%。如果隔振块的惯性矩较小，应考虑由角振动激励器引起的隔振块的运动。

为减小大地扰动的影响，用在频率范围为1 Hz～1.6 kHz的隔振块应由专门设计的阻尼弹簧悬挂支承，以使干扰影响带来的不确定度分量降至0.1%以内。

4.5 激光器

应该使用红光氦氖激光器或有其他已知波长的单频激光器。在实验室条件(即:大气压100 kPa，温度23 ℃，相对湿度50%)下，红光氦氖激光器的波长是0.632 81 μm。

如果激光器具有手动或自动气压补偿功能，应将其设置为零或关闭。

4.6 干涉仪

4.6.1 总则

干涉仪可以用来做如下变换：

——将角位移$\Phi(t)$转换为与干涉仪输出信号成比例的相位移$\varphi_M(t)$；

——将角速度$\Omega(t)$转换为与干涉仪输出信号成比例的频移$f_D(t)$(多普勒频率)。

两种转换都可用零差或外差干涉仪及一个通道或两个通道的装置(见图3～图8及图10)实现。

本部分详细说明$\Phi(t)$到$\varphi_M(t)$的转换作为标准步骤，而$\Omega(t)$到$f_D(t)$的转换作为一种可选方案，具体描述见相关文献。

A型和B型干涉仪的基本共同点在于测量光束检测平移位移的运动分量，这样，可使用测量线性振动的干涉仪装置。为了使用传统的干涉仪，将被测旋转运动量转化为典型的平移运动分量，具体做法是:A型干涉仪利用后向反射器作为反光镜，B型干涉仪将衍射光栅置于旋转测量台上。在后一种情况中，光学反射的衍射光栅置于气浮旋转台侧表面，以满足最大偏心率2 μm的要求。

对于方法1A和方法1B(见图3和图4)及方法2A和方法2B(见图5和图6)，采用单个光电接收器的普通迈克尔逊干涉仪。其由单束测量光或两束测量光实现。

对于方法3A和方法3B(见图7和图8)则采用改进的迈克尔逊干涉仪，它具有正交信号输出，并带有两个光电接收器检测干涉信号光束。改进的迈克尔逊干涉仪的结构见图9。1/4波片将入射的线偏振光分成偏振方向相互垂直、相位差为90°的两个测量光束。在与线偏振参考光束发生干涉后，两个正交偏振光束由适当的光学器件分开[例如:沃尔斯顿(Wollaston)棱镜或偏振分光镜]，并由两个光电二极管探测。

改进的迈克尔逊干涉仪的两路输出幅值的偏移量应不超过±5%，相对幅值偏差应不超过±5%，与90°名义角度的偏差应不超过±5°。为确保这些允差，要采用适当的方法调整两路干涉信号的偏移量、幅值大小及角度偏差。

当振动转角较大时，很难保证改进的迈克尔逊干涉仪两路输出信号的幅值偏差不超过上述允差。为使其符合第3章中的测量不确定度的要求，至少在振动转角小于2×10^{-2} rad时要保证上述允差。当角位移较大时，允许增大允差。

示例：转角为2.5×10^{-2} rad(即:频率1 Hz，角加速度幅值1 rad/s^2)时，偏移量和幅值相对偏差的允许误差可增大到±10%，偏离90°名义角度的允差可增大到±20°(见10.2注1)。

上述允差对未对干涉仪正交条纹信号进行修正的情况有效，如果采用Heydemann所述的方法(见文献[6])进行修正,允许更大一些的允差。

方法1A、方法1B、方法2A、方法2B、方法3A或方法3B中使用的(改进的)迈克尔逊干涉仪可用其他适当的干涉仪代替,如(改进的)马赫-泽德外差干涉仪。

A型(见4.6.2)或B型干涉仪(见4.6.3)可以用一个光检测器检测干涉仪信号,其频率响应覆盖必需的带宽。所需最大带宽(频率 f_{max})可由最大角速度幅值 Ω_{max} 计算:

$$f_{max}=\frac{\Omega_{max}R}{\Delta s} \qquad \cdots\cdots(1)$$

式中:

R——有效半径(见4.6.2中A型干涉仪和4.6.3中B型干涉仪的定义);

Δs——干涉仪的位移量化间隔。

对于A型干涉仪,单光束装置中 $\Delta s=\lambda/2$,双光束装置中 $\Delta s=\lambda/4$,λ 是激光波长。对于B型干涉仪,单测量光束装置 $\Delta s=g$,双光束装置中 $\Delta s=g/2$,g 是光栅常数。

4.6.2 A型干涉仪(后向反射器干涉仪)

方法1A和方法2A采用带有后向反射器的迈克尔逊干涉仪,该后向反射器作为测量反射镜使用,光检测器用来检测干涉信号,其频率响应覆盖所需带宽(见4.6.1)。为补偿干扰运动的影响,采用双光束装置(示例见图3和图5),两个后向反射器在距离转轴 R 处对称安装(即移动180°)。

激光器发出的激光束通过分光镜后分成两束,平行射向后向反射器。反射光彼此重合,相干的部分形成的光强变化由光电检测器转变为电信号(简单说来就是干涉信号)。

注:双光束装置不仅可以进行干扰(如地面振动)补偿,还使灵敏度加倍(量化间隔用 $\lambda/4$ 替代 $\lambda/2$)。后向反射器(代替平面镜)补偿(在一定范围,见附录B)转动的倾斜影响。另外,干涉仪允许(在一定范围)横向干扰运动而不影响测量不确定度。

方法3A采用带后向反射器、测量反射镜、参考反射镜的正交干涉仪。如图7和图9所示的零差干涉仪,光源是稳定的单频激光器。激光束的直径由透镜组扩大,以减少光的发散。偏振激光束由分光镜分成参考光和测量光。参考光被后向反射器(参考反射镜)平移反射。由于两次经过 $\lambda/8$ 波片,光程差变为 $\lambda/4$。同时,该反射光被分成两个偏振互相成直角的光(即圆偏振光)。测量光束被测量台面上的后向反射器平移反射,仍然保持线偏振状态。该线偏振测量光和圆偏振参考光重合。当通过与反射测量光偏振方向成45°的沃尔斯顿棱镜,得到两束线偏振光,其偏振方向互相垂直。在空间中分离了两束光后,得到两个不同的干涉系统,彼此间有相移90°的关系。两个光电探测器将光强强弱转换为电信号,显示为反映测量反射镜位移的正弦和余弦波。

4.6.3 B型干涉仪(衍射光栅干涉仪)

干涉仪(如迈克尔逊干涉仪)用衍射光栅作为测量反射镜,光检测器检测干涉信号的频带,其频响覆盖所需带宽(见4.6.1)。

方法1B和方法2B采用带衍射光栅的改进型迈克尔逊干涉仪(见图2、图4和图6)。

用特殊衍射光栅干涉仪测量角加速度,角速度或角位移,该干涉仪基于高分辨率的光栅(例如以全息术制造的2 400线/毫米或3 000线/毫米正弦相位光栅,见参考文献[12]、[13])。光学反射光栅置于角振动激励器的气浮测量台上,环绕于旋转轴(见图2)。由稳频的单频氦氖激光器发出的光分成两束平行光,以一级反射衍射角度(根据斜入射的光栅衍射公式)相对于旋转轴对称地射向光栅并以入射方向衍射返回。两束一级衍射光在光学装置中重合。当运动部分旋转时,光束产生一个数量相等、符号相反、与切线速度成比例的频率变化,因而与角速度也成比例。干涉光光强强度随着转动角度的正弦变化而变化。

方法3B采用带衍射光栅的零差正交干涉仪(见图8)。

在单束测量光装置中,正交衍射光栅干涉仪的光束被分为参考光和测量光。测量光以一级反射衍射角度射向旋转轴承上的光栅并以入射方向衍射返回。两束一级衍射光在光学装置中重合。干涉光光强强度随着转动角度的正弦变化而变化。

对于高精度要求（校准的相对不确定度小于0.5%），对每一个衍射光栅盘测量台，光栅干涉仪都要进行一次校准，以精确测定位移量化间隔 Δs 和转角量化间隔 $\Delta\Phi$（见第7章中的步骤）。

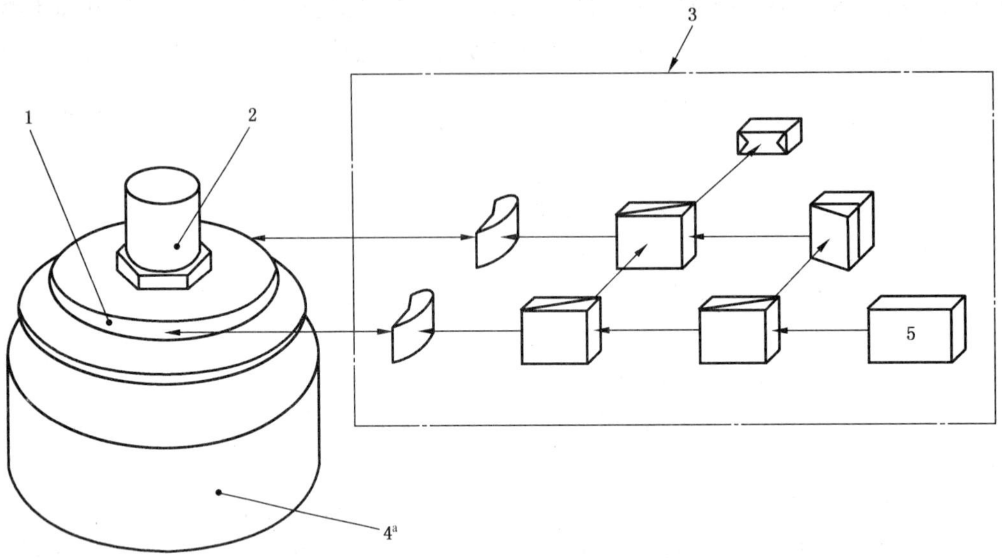

1——衍射光栅；

2——被校传感器；

3——干涉仪；

4——角加速度激励器（[a] 见图1）；

5——激光器。

图2　带衍射光栅干涉仪（零差法）的角加速度激励器

4.7　干涉仪信号处理设备

4.7.1　总则

信号处理设备用作解调光电探测器输出的相位调制电流或电压，以提取所需的振动参数（如正弦角振动的幅值和初相位）。方法1A和方法1B（见4.7.2）、方法2A和方法2B（见4.7.3）以及方法3A和方法3B（见4.7.4）中用到不同的处理技术。

4.7.2　条纹计数法所用仪器（方法1A和方法1B）

应满足下列特性要求：

a)　频率范围：1 Hz到最大所需频率（典型值为20 MHz）；

b)　不确定度：不超过读数的0.01%。

可用具有相同不确定度的频比计数器代替计数器。

4.7.3　零点检测法所用仪器（方法2A和方法2B）

应使用具有以下特性的可调带通滤波器或频谱分析仪：

a)　频率范围：从不大于800 Hz到不小于1.6 kHz；

b)　带宽：小于中心频率的12%；

c)　滤波器斜率：不小于24 dB/Oct；

d)　信噪比：相对于最大信号，大于70 dB；

e)　动态范围：大于60 dB。

用于零点检测的仪器（不用频谱分析仪）可用频率范围从800 Hz到1.6 kHz，该范围应满足检测带通滤波器输出噪声的要求。

4.7.4　正弦逼近法所用仪器（方法3A和方法3B）

可采用带计算机接口的波形记录仪。该记录仪具有模数转换功能，并能存储干涉仪的两路正交输出信号及角振动传感器的输出信号。它的幅值分辨率应足够高、采样频率应足够高及存储容量应足够大，以在校准的幅值范围内，满足第3章中规定的不确定度。通常用于角振动传感器输出的幅值分辨率应不小于10位，用于干涉仪正交输出信号的分辨率应不小于8位。用一个两通道的波形记录仪记录干涉仪输出信号，另一个波形记录仪(具有更高的分辨率和更低的采样频率)记录角振动传感器输出信号。在任何情况下，干涉仪及角振动传感器输出信号的数据转换都应同时开始、同时结束，其不确定度应该使得校准的测量不确定度符合第3章的规定。

当速度最大时，干涉仪输出信号的周期最短。在最短周期内，应保证有足够的采样点数(符合10.3的规定)。对于一个给定的角加速度幅值，当频率降低时，位移幅值会相应增加，这就要求记录仪具有更高的采样频率及更大的存储器。如不能达到上述要求，应减小角加速度幅值。

在振动频率为10 Hz、角加速度幅值为1 000 rad/s^2 的条件下校准角加速度计时，如果采样频率不小于20 kHz，则存储容量应不小于4 M字节。

应使用具有数据处理程序的计算机(针对方法3A和方法3B)，程序应按照10.4中描述的计算过程编制。

4.8 测量传感器输出的真有效值电压表

应满足下列特性要求：

a) 频率范围：从不大于1 Hz到不小于1.6 kHz；

b) 不确定度：不超过读数的0.1%。

用有效值乘以因子$\sqrt{2}$，得到计算公式中的信号幅值(单峰值)。

对于方法1A和方法1B、方法2A和方法2B，应使用有效值电压表。对于方法3A和方法3B，则应按4.7.4使用一种特殊的电压测量仪器；也可以使用有效值电压表(可选)。

4.9 失真度测量仪器

失真度测量仪应能够测量远小于1%～5%的总谐波失真，并且满足下列特性要求：

a) 频率范围：从不大于1 Hz到不小于1.6 kHz，能够测量到5次谐波；

b) 不确定度：失真度范围在0.5%～5%时，不超过读数的10%。

4.10 示波器(可选)

可选用频率范围至少为1 Hz到高频端最小为2 MHz的示波器，以确定干涉仪的最佳特性，监测干涉仪信号及加速度计信号的波形。

4.11 其他要求

被校准的传感器应该是刚性结构。在计算测量不确定度时，应考虑基座应变灵敏度、横向灵敏度以及角加速度计和放大器组成套组(若作为一个整体校准)的稳定性(参见附录A)。

所有影响测量结果的因素都应包含在不确定度计算中。

如果运动参数被标准装置(见4.6和4.7)和待校激光干涉仪同时检测，那么方法1B、方法2B和方法3B还可用于激光角振动测量仪的校准。如果两个测量系统检测运动的时间不同，那么旋转振动幅值必须十分稳定，以符合第3章中测量不确定度的要求。图11中给出激光角振动测量仪的校准装置实例。

5 环境条件

校准应在以下环境条件下进行：

a) 室内温度：23 ℃±3 ℃；

b) 相对湿度：最大75%。

应注意防止外部振动和噪声对测量结果的影响。

6 优选的角加速度及频率值

均匀覆盖角加速度计工作范围的角加速度(幅值或有效值)和频率应按以下系列值优先选用：

a) 角加速度(方法 1A 和方法 1B、方法 3A 和方法 3B)：

——0.1 rad/s^2、0.2 rad/s^2、0.5 rad/s^2、1 rad/s^2、2 rad/s^2、5 rad/s^2、10 rad/s^2、20 rad/s^2、50 rad/s^2、100 rad/s^2、200 rad/s^2、500 rad/s^2、1 000 rad/s^2(1 000 rad/s^2 仅适用于灵敏度幅值的测量)；

b) 频率：

——在 1 Hz～1.6 kHz 范围内，按 GB/T 3240—1982 标准的 1/3 倍频程频率系列进行选取(或由 ω=1 000 rad/s 推算出的角频率系列)。

7 六种测量方法的通用步骤

方法 1A、方法 1B、方法 2A、方法 2B、方法 3A 和方法 3B 共同之处是干涉仪(类型 A 或 B)检测的是距离角振动台圆形测量台面的旋转轴为 R(等效半径)处的位移变化量。位移幅值 $\hat{s}$ 由干涉仪测得，转角幅值由式(2)得到：

$$\hat{\Phi}=\frac{\hat{s}}{R} \qquad \cdots\cdots(2)$$

式中，R 是等效半径，其值可通过特殊干涉仪校准得到，该过程在校准传感器之前完成。在所有的情况下，对 $\hat{s}$ 的测量是与亚微米量级范围内已知精确值的比较得到的。对于 A 型干涉仪，该值是既定的氦氖激光器的激光波长 0.632 81 μm。对于 B 型干涉仪，该精确值是光栅常数 g(刻线宽度，例如，每毫米 3 000 线的正弦相位衍射光栅的光栅常数是 0.333 33 μm)，g 准确已知(可以由光栅生产厂家测得)。

注：如果不准确知道光栅常数 g，那么与干涉信号周期相一致的角度量化间隔 $\Delta\Phi$ 由一种特殊的衍射光栅干涉仪校准测定(见[13])，然后用有位移量化间隔 Δs 的表达式 $\Delta s=R\Delta\Phi$(如图 8 所示的单光束 B 型干涉仪中的 $\Delta s=g$)来约去半径 R，见式(2)，这时，该式不用于计算 $\hat{\Phi}$。

由式(2)得到的振动转角幅值 $\hat{\Phi}$ 适用于所有六种方法，可计算下列参数：

a) 角位移传感器的灵敏度(幅值)S_Φ 由式(3)计算：

$$S_\Phi=\frac{\hat{u}}{\hat{\Phi}} \qquad \cdots\cdots(3)$$

b) 角速度传感器的灵敏度(幅值)S_Ω 由式(4)和式(5)计算：

$$S_\Omega=\frac{\hat{u}}{\hat{\Omega}} \qquad \cdots\cdots(4)$$

其中：

$$\hat{\Omega}=2\pi\times f\hat{\Phi} \qquad \cdots\cdots(5)$$

c) 角加速度计的灵敏度(幅值)S_α 由式(6)和式(7)计算：

$$S_\alpha=\frac{\hat{u}}{\hat{\alpha}} \qquad \cdots\cdots(6)$$

其中：

$$\hat{\alpha}=4\pi^2\times f^2\hat{\Phi} \qquad \cdots\cdots(7)$$

式中：

$\hat{u}$——角振动传感器输出 u 的幅值(例如角加速度计的输出电压)；

$\hat{\Omega}$——角速度 Ω 的幅值；

$\hat{\alpha}$——角加速度 α 的幅值。

角振动传感器复灵敏度的相移只能由方法 3A 和方法 3B 测得，相移校准的通用步骤见 10。

8 条纹计数法(方法 1A 和方法 1B)

8.1 总则

本方法用于频率范围在 1 Hz～800 Hz 的灵敏度幅值校准。

注：在频率 800 Hz、角加速度幅值为 1 000 rad/s^2 时，转角幅值是 4×10^{-5} rad。如果后向反射器或衍射光栅放于离转轴 50 mm 处，相应的位移幅值是 2 μm(即衍射光栅在直径为 100 mm 圆盘的侧表面)。不用特殊方法减小量

化误差（见参考文献[1]和参考文献[11]），利用条纹计数法就可测量最小 2 μm 的位移幅值，其不确定度符合第 3 章的规定。如果减小量化误差（见参考文献[1]和参考文献[11]），方法 1A 和方法 1B 也可用于更小幅值的测量，可以在更高频率指定角加速度传感器幅值（如 1 000 rad/s^2）的情况下进行校准。

对于 A 型和 B 型干涉仪（即方法 1A 和方法 1B），信号周期（如最大强度）数 N 由式(8)给出：

$$N=4\hat{s}/\Delta s \qquad (8)$$

则：

$$\hat{s}=\frac{N}{4}\times\Delta s=\frac{f_{\mathrm{f}}}{f} \qquad (9)$$

式中：

$\hat{s}$——干涉仪测得的位移幅值，该值用于式(2)～式(7)；

Δs——量化间隔，对两种 A 型干涉仪由式(10)和式(11)确定；对两种 B 型干涉仪由式(12) 和式(13)确定；

f——角振动激励器的振动频率；

f_{f}——（平均的）干涉条纹频率。

代入 Δs 的相关表达式，即 A 型干涉仪的式(10)或式(11)、B 型干涉仪的式(12)或式(13)，通过式(2)把位移转化为振动转角，得到振动转角的幅值 $\hat{\Phi}$。角速度幅值 $\hat{\Omega}$ 和角加速度幅值 $\hat{\alpha}$ 分别由式(5)和式(7)计算。角振动传感器的灵敏度由式(3)、式(4)和式(6)计算。

8.2 方法 1A 和方法 1B 的通用测试步骤

将激光干涉仪调整到最佳状态后（见 4.6），在所需角振动频率和角加速度幅值（见第 6 章）下，通过使用计数器(4.7.2)测量干涉条纹频率（使用图 3、图 4 的条纹计数法），或使用频比计数器(4.7.2)测量干涉条纹频率和振动频率的比值的方法，来确定角振动传感器的灵敏度。

8.3 测量结果的表达

见 B.2。

8.3.1 方法 1A（后向反射器干涉仪）

由式(9)得到的干涉条纹频率计算位移幅值。对图 3 中所示的双光束装置用式(10)：

$$\Delta s=\lambda/4 \qquad (10)$$

或对图 7 所示的单光束测量装置用式(11)：

$$\Delta s=\lambda/2 \qquad (11)$$

式中：

λ=0.632 81 μm，红光氦氖激光器的激光波长。

幅值 $\hat{\Phi}$ 和振动转角 Φ 由式(2)计算，角位移传感器的灵敏度幅值 S_{Φ} 由式(3)计算，角速度传感器的灵敏度幅值 S_{Ω} 由式(4)和式(5)计算，角加速度计灵敏度幅值 S_{α} 由式(6)和式(7)计算。

8.3.2 方法 1B（衍射光栅干涉仪）

由式(9)得到的干涉条纹频率计算位移幅值。对图 4 中双光束装置用式(12)：

$$\Delta s=g/2 \qquad (12)$$

对图 8 中单光束装置用式(13)：

$$\Delta s=g \qquad (13)$$

式中：

g——衍射光栅的光栅常数（线宽，即正弦相位衍射光栅的光栅常数为 0.333 33 μm 时每毫米有 3 000 线）。

振动转角 Φ 的幅值 $\hat{\Phi}$ 由式(2)计算，角位移传感器的灵敏度幅值 S_{Φ} 由式(3)计算，角速度传感器的灵敏度幅值 S_{Ω} 由式(4)和式(5)计算，角加速度计灵敏度幅值 S_{α} 由式(6)和式(7)计算。

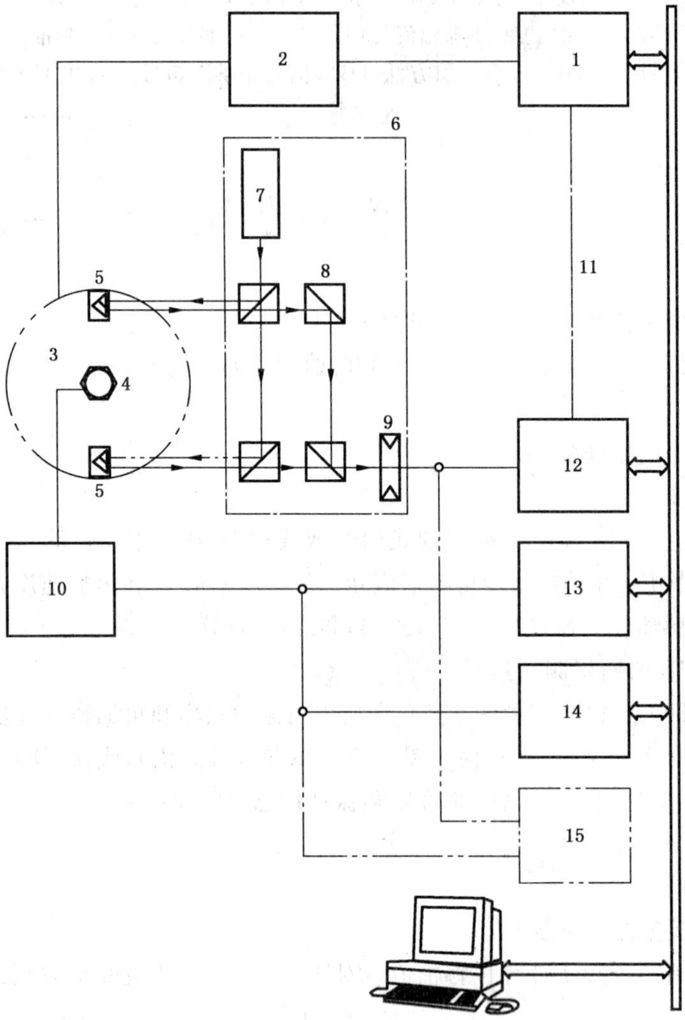

1——频率发生器(4.2)；
2——功率放大器(4.3)；
3——角振动激励器(4.3)；
4——角振动传感器；
5——后向反射器；
6——干涉仪(4.6)；
7——激光器 (4.5)；
8——分光镜；
9——光电接收器；
10——放大器；
11——用于频比计数法(4.7.2)；
12——计数器(或频比计数器) (4.7.2)；
13——电压表(4.8)；
14——失真度仪(4.9)；
15——示波器 (4.10)。

图 3　方法 1A 的测量系统实例(反射式干涉仪,条纹计数法)

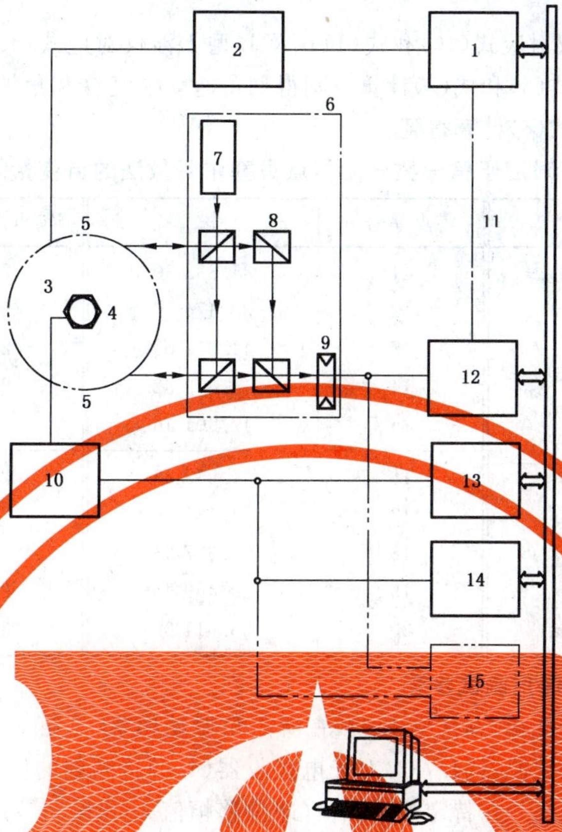

1——频率发生器(4.2)；
2——功率放大器(4.3)；
3——角振动激励器(4.3)；
4——角振动传感器；
5——衍射光栅；
6——干涉仪(4.6)；
7——激光器(4.5)；
8——分光镜；
9——光电接收器；
10——放大器；
11——用于频比计数法(4.7.2)；
12——计数器(或频比计数器)(4.7.2)；
13——电压表(4.8)；
14——失真度仪(4.9)；
15——示波器(4.10)。

图4 方法1B测量系统实例(衍射光栅干涉仪,条纹计数法)

9 最小点法(方法2A和方法2B)

9.1 总则

本方法适用于频率范围为800 Hz～1.6 kHz的角振动传感器灵敏度幅值校准。

本方法是用第一类一阶贝塞尔函数零点对应的自变量值来确定位移。

注：还有一种用第一类零阶贝塞尔函数零点对应的自变量值的等效方法来测量位移,该技术需要对参考镜的位置进行调制(见参考文献[2])。

考虑到光强变化频谱,调节角振动幅值使与振动频率相同的频率成分为零,用干涉仪测量位移幅值,按式(14)计算位移幅值：

$$\hat{s}=\hat{s}_n=x_n\times\frac{\Delta s}{2\pi} \quad \cdots\cdots(14)$$

式中：

$\hat{s}$——激光干涉仪检测得到的位移幅值；

x_n——对应于表1中的贝塞尔函数零值点的自变量；

Δs——位移量化间隔。

详细说明见A型干涉仪对应式(10)和式(11),及B型干涉仪对应式(12)和式(13)。用式(2)得到振动转角幅值的对应值,用式(5)和式(7)计算分别得到角速度幅值$\hat{\Omega}$和角加速度幅值$\hat{\alpha}$,角振动传感器的灵敏度由式(3)、式(4)和式(6)计算得到。

表1 对应于第一类一阶零点贝塞尔函数法的自变量 x_n 值

零点序号 n	x_n	零点序号 n	x_n	零点序号 n	x_n
0	0	11	35.332 30	21	66.753 23
1	3.831 70	12	38.474 77	22	69.895 07
2	7.015 59	13	41.617 09	23	73.036 90
3	10.173 46	14	44.759 32	24	76.178 70
4	13.323 69	15	47.901 46	25	79.320 49
5	16.470 63				
6	19.615 86	16	51.043 53	26	82.462 27
7	22.760 09	17	54.185 56	27	85.604 02
8	25.903 68	18	57.327 53	28	88.745 77
9	29.046 83	19	60.469 45	29	91.887 52
10	32.189 68	20	63.611 36	30	95.029 24

9.2 方法2A和方法2B的通用测试步骤

将激光干涉仪调整到最佳状态后(见4.6),在所需角振动频率(见第6章)和角加速度幅值下确定传感器的灵敏度。通过带通滤波器(4.7.3)对光电接收器(4.6)检测到的信号进行滤波,中心频率等于角振动台的频率。滤波后的信号在特定振动幅值(即位移幅值$\hat{s}_n$和振动转角幅值$\hat{\Phi}_n$)处有一系列最小值点,这些特定振动幅值和表1中的自变量x_n相对应。

设置校准频率,从零开始调节振动台振幅,使滤波后的光电检测信号达到一个最大值后返回到一个最小值。这个最小值是第一个最小点,该点对应的振幅为一规定的值,由激光干涉仪的类型和构造来决定(见9.3)。

最小点法的测量系统见图5和图6。

注1:加速度计的灵敏度也可以由第一类零阶贝塞尔函数得到,方法是调制参考镜的位置并使其振动频率比校准频率小,设定带通滤波器或频率分析仪的中心频率与参考反射镜的调制频率一致(见参考文献[3])。

注2:调制参考反射镜的位置也可改善第一类一阶贝塞尔函数最小点法(见参考文献[4])。

9.3 测量结果的表达

见B.3。

9.3.1 方法2A(后向反射器干涉仪)

由式(14)和相关的自变量值x_n计算得到位移幅值$\hat{s}=\hat{s}_n$。

对图3中所示的双光束装置:

$$\Delta s=\lambda/4\ [见式(10)]$$

对图7所示的单光束测量装置:

$$\Delta s=\lambda/2\ [见式(11)]$$

式中,$\lambda=0.632\ 81\ \mu m$,红光氦氖激光器的激光波长。

注:如果位移幅值$\hat{s}_n$采用表2中的所列的第n个极小点的位移值,就不用式(14)计算。

对于图7中的单光束装置,用式(2)将幅值$\hat{s}$转化为振动转角的幅值,与表2中所列$\hat{s}_n$相同:

$$\hat{s}=\hat{s}_n \qquad \cdots\cdots(15)$$

对于图3中的双光束装置,用式(2)将幅值$\hat{s}$转化为振动转角的幅值,是表2中所列$\hat{s}_n$值的一半:

$$\hat{s}=\frac{\hat{s}_n}{2} \qquad \cdots\cdots(16)$$

9.3.2 **方法 2B(衍射光栅干涉仪)**

由式(14)和关联幅值 x_n 计算得到位移幅值 $\hat{s}=\hat{s}_n$。

对图 6 中所示的双光束装置：

$$\Delta s = g/2 \qquad [见式(12)]$$

对图 8 所示的单光束测量装置：

$$\Delta s = g \qquad [见式(13)]$$

式中：

g——衍射光栅的光栅常数(线宽,即正弦相位衍射光栅的光栅常数为 0.333 33 μm 时每毫米有3 000 线)

注：如果位移幅值 $\hat{s}_n$ 采用表 2 中的所列的第 n 个极小点的位移值,就不用式(14)计算。

对于图 8 中的单光束装置,用式(2)将幅值 $\hat{s}$ 转化为振动转角的幅值,与表 2 中所列 $\hat{s}_n$ 相同[见式(15)];对于图 6 中的双光束装置,用式(2)将幅值 $\hat{s}$ 被转化为振动转角的幅值,是表 2 中所列 $\hat{s}_n$ 值的一半[见式(16)]。

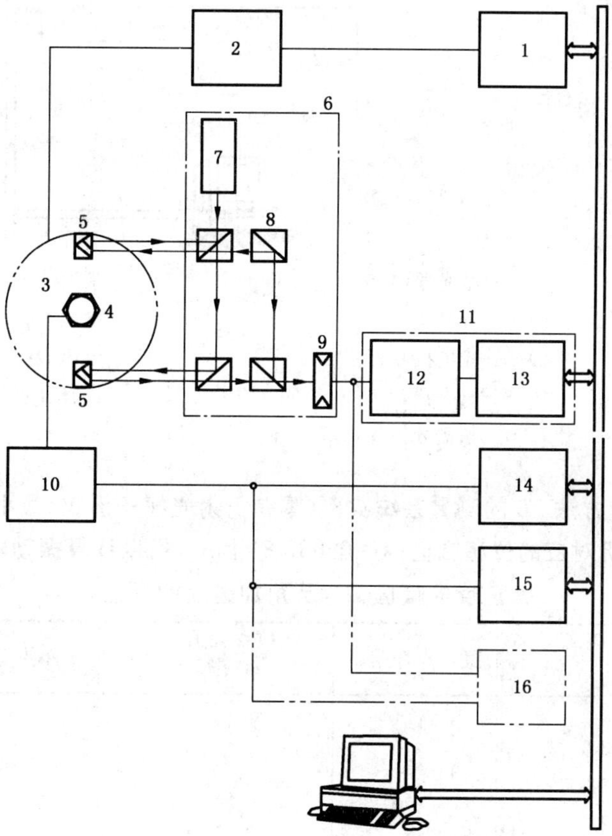

1——频率发生器(4.2)；
2——功率放大器(4.3)；
3——角振动台(4.3)；
4——角振动传感器；
5——后向反射器；
6——干涉仪(4.6)；
7——激光器(4.5)；
8——分光镜；
9——光电接收器；
10——放大器；
11——频谱分析仪(4.7.3)；
12——带通滤波器(调至振动频率)(4.7.3)；
13——电压表；
14——电压表 (4.8)；
15——失真度仪(4.9)；
16——示波器 (4.10)。

图 5 方法 2A 的测量系统实例(零差后向反射器干涉仪,最小点法)

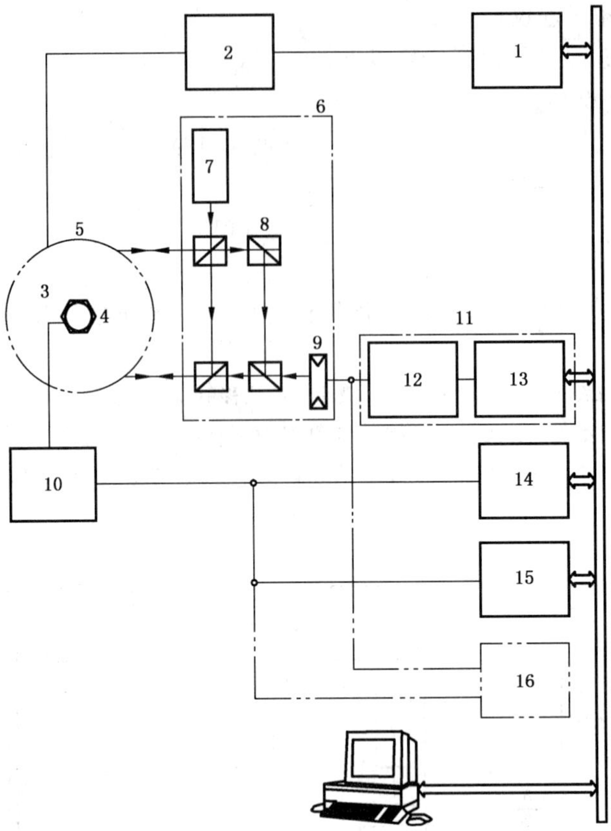

1——频率发生器(4.2)；
2——功率放大器(4.3)；
3——角振动台(4.3)；
4——角振动传感器；
5——衍射光栅；
6——干涉仪(4.6)；
7——激光器(4.5)；
8——分光镜；
9——光电接收器；
10——放大器；
11——频谱分析仪(4.7.3)；
12——带通滤波器(调至振动频率)(4.7.3)；
13——电压表；
14——电压表(4.8)；
15——失真度仪(4.9)；
16——示波器(4.10)。

图6　方法2B的测量系统实例(零差衍射光栅干涉仪,最小点法)

表2　最小点所对应的位移幅值(λ=0.632 81 μm),用以计算振动转角的幅值$\hat{\Phi}$[a],角速度的幅值$\hat{\Omega}$[b],及角加速度的幅值$\hat{\alpha}$[c]

最小点序号 n	位移幅值 $\hat{s}_n$ μm	最小点序号 n	位移幅值 $\hat{s}_n$ μm	最小点序号 n	位移幅值 $\hat{s}_n$ μm
0	0	11	1.779 2	21	3.361 5
1	0.193 0	12	1.937 5	22	3.519 7
2	0.353 3	13	2.095 7	23	3.677 9
3	0.512 3	14	2.253 9	24	3.836 1
4	0.670 9	15	2.412 2	25	3.994 3
5	0.829 4	16	2.570 4	26	4.152 5
6	0.987 8	17	2.728 6	27	4.310 7
7	1.146 1	18	2.886 8	28	4.468 9
8	1.304 4	19	3.045 0	29	4.627 1
9	1.462 7	20	3.203 3	30	4.785 3
10	1.621 0				

a 见式(2)；
b 见式(5)；
c 见式(7)。

按式(2)计算振动转角 Φ 的幅值 $\hat{\Phi}$，按式(3)计算角振动传感器的灵敏度 S_{Φ}(幅值)，按式(4)和式(5)计算角速度传感器的灵敏度 S_{Ω}(幅值)，按式(6)和式(7)计算角加速度计的灵敏度 S_{α}(幅值)。

校准结果报告中的测量扩展不确定度的计算应符合附录 A 的要求。

10 正弦逼近法(方法 3A 和方法 3B)

10.1 总则

本方法适用于频率范围 1 Hz～1.6 kHz 的灵敏度幅值和(或)相移的校准。

注：当使用较宽频率范围的角振动台时，正弦逼近法也适用于频率在 1 Hz 以下及 1.6 kHz 以上的测量。

除用六种方法(见第 7 章)中公式得到校准结果外，方法 3A 和方法 3B 还可测量角振动传感器复灵敏度的相移。

振动转角的初相位 φ_{Φ} 用式(17)给出的位移 $\hat{s}$ 的初相位描述：

$$\varphi_{\Phi}=\varphi_{s} \qquad \cdots\cdots(17)$$

利用激光干涉仪测得 φ_{Φ} 的值，由式(18)计算角速度 Ω 的初相位幅值 φ_{Ω}：

$$\varphi_{\Omega}=\varphi_{\Phi}-\pi/2 \qquad \cdots\cdots(18)$$

由式(19)计算角加速度 α 的初相位 φ_{α}：

$$\varphi_{\alpha}=\varphi_{\Phi}-\pi \qquad \cdots\cdots(19)$$

由式(20)计算角位移传感器的相移 $\Delta\varphi_{\Phi}$ 为：

$$\Delta\varphi_{\Phi}=\varphi_{u}-\varphi_{\Phi} \qquad \cdots\cdots(20)$$

由式(21)计算角速度传感器的相移为：

$$\Delta\varphi_{\Omega}=\varphi_{u}-\varphi_{\Omega} \qquad \cdots\cdots(21)$$

由式(22)计算角加速度计的相移为：

$$\Delta\varphi_{\alpha}=\varphi_{u}-\varphi_{\alpha} \qquad \cdots\cdots(22)$$

在式(20)、式(21)和式(22)中，φ_{u} 是被校传感器输出的初相位。

10.2 方法 3A 和方法 3B 的通用测试步骤

见 B.4。

按照图 7、图 8 和图 9 进行设备的安装。

调节激光干涉仪(见图 7 和图 8 示例)，使其输出为两路相位正交的信号 u_1 和 u_2，其允差满足 4.6 的规定。

调整干涉仪(4.6)到最佳工作状态后，在规定的振动频率和振幅(见第 6 章)下，进行角振动传感器灵敏度幅值和相移的测量。

对传感器施加正弦振动。其位移幅值应该足够大，以使干涉仪输出至少有一个完整的明暗条纹。

注 1：正如 8.1 的注解的所述，当位移幅值不大于 0.5 μm 时，满足 4.6 规定允差的正交输出信号包含多种干扰因素，其综合影响可能会引起灵敏度幅值测量的最大误差不小于 0.3%，相移测量的最大误差不小于 0.3°。按照比 4.6 更严格的允差进行调整(见参考文献[8]或者通过使用参考文献[9]所提供的修正程序)，可以减小该项误差。

注 2：为了实现纳米级小位移振幅范围内的角振动传感器复灵敏度的幅值和相移的测量，可以将正弦逼近法与适宜的外差技术相结合，见参考文献[7]和参考文献[8]。它可以在推荐的适中角加速度幅值下进行高频校准。

注 3：如果采用的正弦逼近法程序已满足第 3 章不确定度的要求，要想提高程序的抑制效率(即干扰信号的影响变小)，可以对位移值或调相值进行加窗处理[12]。

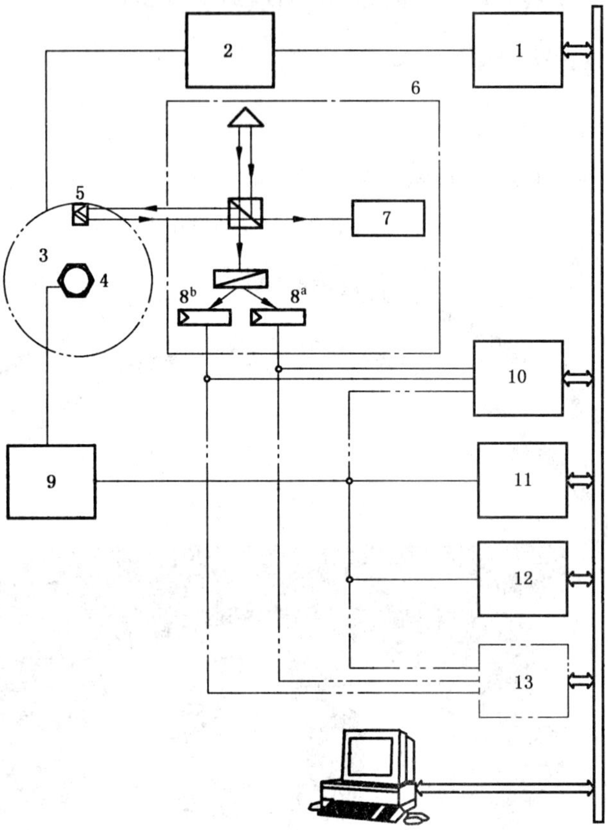

1——频率发生器(4.2)；
2——功率放大器(4.3)；
3——角振动激励器(4.3)；
4——角振动传感器；
5——后向反射器；
6——干涉仪(4.6)；
7——激光器(4.5)；
8——光电接收器；
9——放大器；
10——数字波形记录仪(4.7.4)；
11——电压表(4.8)；
12——失真度仪(4.9)；
13——示波器(4.10)。
a 0°相移；
b 90°相移。

图 7　方法 3A 测量系统实例(零差后向反射器干涉仪,正弦逼近法)

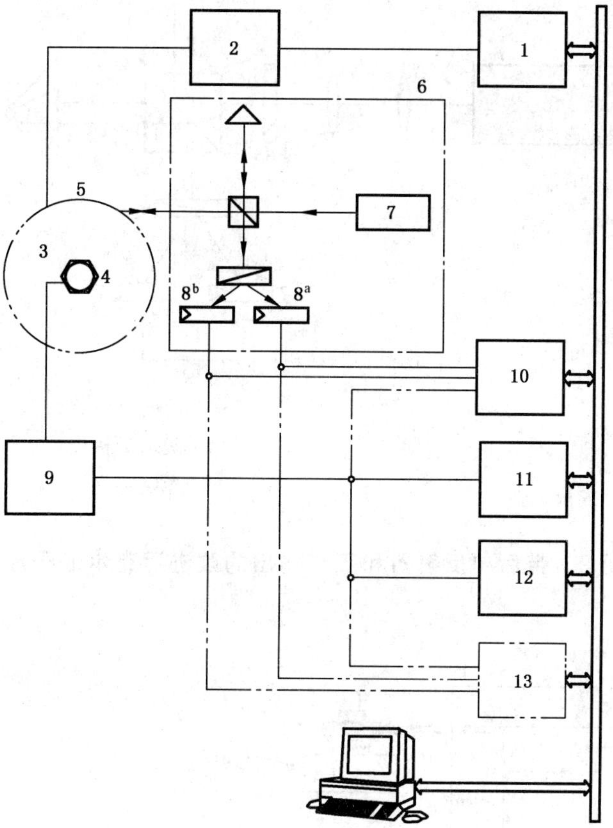

1——频率发生器 (4.2)；
2——功率放大器 (4.3)；
3——角振动激励器 (4.3)；
4——角振动传感器；
5——衍射光栅；
6——干涉仪(4.6)；
7——激光器(4.5)；
8——光电接收器；
9——放大器；
10——数字波形记录仪(4.7.4)；
11——电压表(4.8)；
12——失真度仪(4.9)；
13——示波器 (4.10)。
a 0°相移；
b 90°相移。

图 8　方法 3B 测量系统实例(零差衍射光栅干涉仪,正弦逼近法)

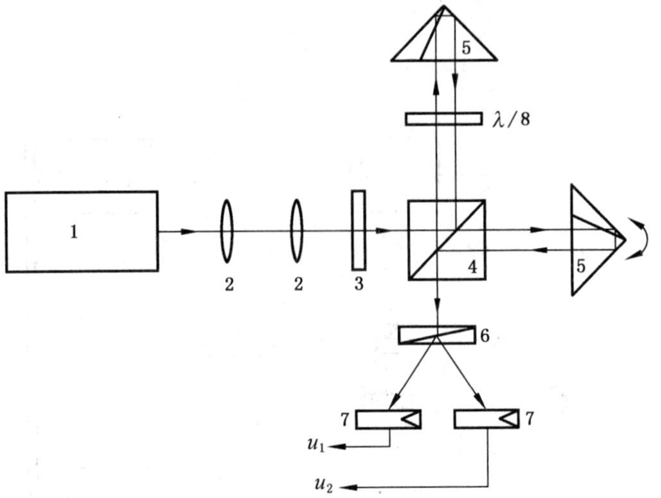

1——激光器；
2——准直镜；
3——偏振片；
4——分光镜；
5——后向反射器；
6——沃尔斯顿棱镜；
7——光电接收器。

图9 带后向反射器和正交输出的改进迈克尔逊干涉仪

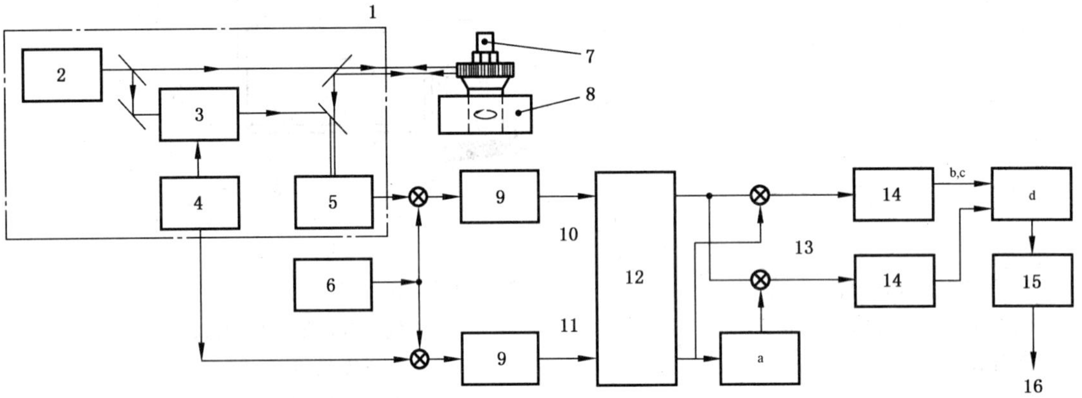

1——干涉仪；
2——激光器；
3——Bragg 盒；
4——晶振；
5——光电接收器；
6——同步信号发生器；
7——角加速度计；
8——角加速度激励器(空气轴承)；
9——低通滤波器；
10——测量信号；
11——参考信号；
12——瞬态记录仪；
13——正交信号混频；
14——数字滤波；
15——算法；
16——测量结果(振动和冲击参数)。

a 90°；

b $y(t_i)$；

c $z(t_i)$；

d arctan $y(t_i)/z(t_i)$。

图10 方法3B使用外差干涉仪的测量系统示例
(带有衍射光栅，频率变换，瞬态记录及数字信号处理的马赫-泽德外差干涉仪)

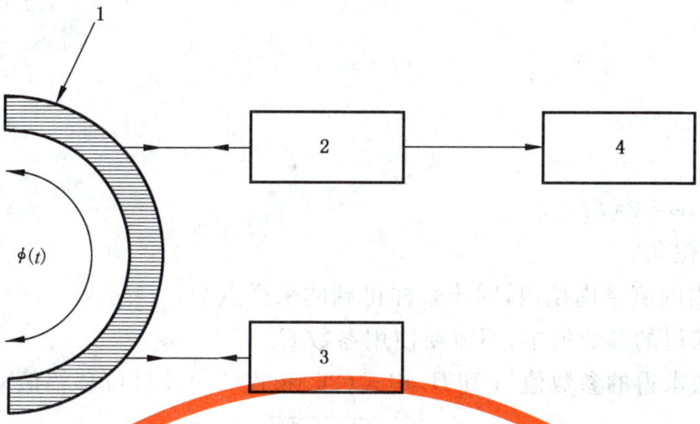

1——衍射光栅；

2——干涉仪(标准)；

3——被校激光角振动测量仪；

4——数据处理系统。

图 11　激光角振动测量仪的校准示例

这里用方法 B，衍射光栅干涉仪使用一个 2 400 线/毫米的正弦光栅，位于圆盘的侧表面，构成直径为 100 mm 的测量台。

10.3　数据采集

应该设置低通滤波器和高通滤波器(如使用)的截止频率，将低通、高通滤波对校准结果的干扰影响控制在允差范围以内(见参考文献[5])。为满足奈奎斯特(Nyquist)定律，采样频率的设置应使最高频率小于采样频率的一半。

可采用与干涉仪输出信号模数转换速率相同的或较低的采样频率，完成角振动传感器输出电压信号的模数转换。三路信号的采样应该同时开始、同时结束，并且至少保证其中干涉仪的两路输出信号采用同一系统时钟进行同步采样。

应在 $t_0<t<t_0+T_{\text{Meas}}$ 测量周期内，对正交信号进行等间隔采样。在 $t_0<t<t_0+T_{\text{Meas}}$ 内采样得到的 $\{u_1(t_i)\}$ 和 $\{u_2(t_i)\}$ 两路测量值序列，其采样间隔 $\Delta t=t_i-t_{i-1}$ 为常数。

角振动传感器输出值的采样序列为 $\{u(t_i)\}$。

将数据传送到计算机的存储器。

10.4　数据处理

10.4.1　通过下列步骤计算出角振动传感器灵敏度的幅值和相移。

10.4.2　利用采样得到的干涉仪输出值 $\{u_1(t_i)\}$ 和 $\{u_2(t_i)\}$，由式(23)计算调相值序列 $\{\varphi_{\text{Mod}}(t_i)\}$：

$$\varphi_{\text{Mod}}(t_i)=\arctan\frac{u_2(t_i)}{u_1(t_i)}+n\pi \qquad\cdots\cdots(23)$$

式中：

n——0，1，2，……。

应适当选择 $n\pi$ 项中的整数 n，以使调相值序列 $\{\varphi_{\text{Mod}}(t_i)\}$ 连续。用于整数 n 计算的程序见参考文献[10]。

用式(24)计算位移值序列 $\{s(t_i)\}$：

$$s(t_i)=\frac{\lambda}{4\pi}\varphi_{\text{Mod}}(t_i) \qquad\cdots\cdots(24)$$

10.4.3　使用最小二乘法，通过解算具有 A、B、C 三个未知数的 $N+1$ 个方程，使其逼近所获得的位移序列，如式(25)所示。

$$s(t_i)=A\cos\omega t_i-B\sin\omega t_i+C \qquad\cdots\cdots(25)$$

式中：

$i=0,1,2,\cdots,N$；

$A=\hat{s}\cos\varphi_s$；

$B=\hat{s}\sin\varphi_s$；

C——常数；

ω——振动角频率，$\omega=2\pi f$；

φ_s——位移的初相位角；

$N+1$——在 10.3 给出的测量周期内，同步采样得到的采样点数。

在“正弦逼近法”求得的参数值中，不需要使用参数 C。

10.4.4 用正弦逼近法求得的参数值 A 和 B，用式(26)和式(27)计算位移幅值 $\hat{s}$ 和位移初相位角 φ_s：

$$\hat{s}=\sqrt{A^2+B^2} \qquad \cdots\cdots(26)$$

$$\varphi_s=\arctan\frac{B}{A} \qquad \cdots\cdots(27)$$

10.4.5 用式(2)和式(17)由 $\hat{s}$ 和 φ_s 计算幅值 $\hat{\Phi}$ 和初相角 φ_Φ。

如果被校的是角速度传感器，由 $\hat{\Phi}$ 和 φ_Φ 用式(5)和式(18)计算角速度的幅值 $\hat{\Omega}$ 和初相位 φ_Ω。

如果被校的是角加速度计，由 $\hat{\Phi}$ 和 φ_Φ 用式(7)和式(19)计算角加速度的幅值 $\hat{\alpha}$ 和初相位 φ_α。

10.4.6 按照 10.4.3 的正弦逼近法逼近采样得到的角振动传感器输出信号序列 $\{u(t_i)\}$。角振动传感器的输出为 u，待解的 $N+1$ 个方程为：

$$\{u(t_i)\}=A_u\cos\omega t_i-B_u\sin\omega t_i+C_u \qquad \cdots\cdots(28)$$

式中：

$A_u=\hat{u}\cos\varphi_u$；

$B_u=\hat{u}\sin\varphi_u$；

C_u——常数；

$\hat{u}$——角振动传感器输出信号的幅值；

φ_u——角振动传感器输出信号的初相位角。

由正弦逼近法得到的参数值 A_u 和 B_u，用式(29)和式(30)计算角振动传感器的幅值 $\hat{u}$ 和初相角 φ_u：

$$\hat{u}=\sqrt{A_u^2+B_u^2} \qquad \cdots\cdots(29)$$

$$\varphi_u=\arctan\frac{B_u}{A_u} \qquad \cdots\cdots(30)$$

如果被校的是角位移传感器，由 10.4.6 得到的 $\hat{u}$ 和 φ_u，由 10.4.5 得到的 $\hat{\Phi}$ 和 φ_Φ，用式(3)和式(20)计算其复灵敏度的幅值 S_Φ 和相移 $\Delta\varphi_\Phi$。

如果被校的是角速度传感器，由 10.4.6 得到的 $\hat{u}$ 和 φ_u，由 10.4.5 得到的 $\hat{\Phi}$ 和 φ_Φ，用式(4)和式(21)计算其复灵敏度的幅值 S_Ω 和相移 $\Delta\varphi_\Omega$。

如果被校的是角加速度计，由 10.4.6 得到的 $\hat{u}$ 和 φ_u，由 10.4.5 得到的 $\hat{\Phi}$ 和 φ_Φ，用式(6) 和式(22)计算其复灵敏度的幅值 S_α 和相移 $\Delta\varphi_\alpha$。

当报告校准结果时，需要根据附录 A 计算校准中的扩展不确定度。在 A.1.1、A.1.2、A.1.3.1 和 A.2.1 中，复灵敏度的幅值表示 S。

11 校准结果报告

在校准结果报告中，除校准方法以外，至少应对下列条件和特性参数给予说明：

a) 环境条件：

——角振动传感器的温度；

——环境空气温度。

b) 安装方法：

——安装表面的材料；

——安装力矩(如果角振动传感器是螺栓安装)；

——油或油脂(如果使用)；

——电缆的固定；

——方向(垂直或水平)。

c) 放大器的所有设置(如果可调)，例如：

——增益；

——滤波器的截止频率。

d) 校准结果：

——校准频率和幅值的量值；

——灵敏度的量值[幅值、相移(如果测量了相移)]；

——测量的扩展不确定度，如果包含因子 k 不等于 2，给出 k 的值。

附 录 A
（规范性附录）
振动和冲击传感器激光干涉法角振动绝对校准的不确定度分量

A.1 在选定校准频率、振幅、设置放大器增益和截止频率的条件下，灵敏度（幅值）测量的相对扩展不确定度和相移测量的扩展不确定度的计算

A.1.1 采用方法1A和方法1B时$U_{rel}(S)$的计算

在选定校准频率、振幅、设置放大器增益和截止频率的条件下，灵敏度（幅值）测量的相对扩展不确定度$U_{rel}(S)$的计算，应根据GB/T 20485.1—2008，按照以下公式进行：

$$U_{rel}(S)=ku_{c,rel}(S) \quad \text{（A.1）}$$

$$u_{c,rel}(S)=\frac{u_c(S)}{S}=\frac{1}{S}\sqrt{\sum_i u_i^2(S)} \quad \text{（A.2）}$$

式中包含因子$k=2$（见表A.1）。

表A.1 采用方法1A和方法1B时的不确定度分量

i	标准不确定度分量 $u(x_i)$	不确定度来源[a]	不确定度分量大小 $u_i(y)$
1	$u(\hat{u}_V)$	角振动传感器输出电压的测量（电压表）	$u_1(S)$
2	$u(\hat{u}_D)$	总谐波失真对角振动传感器输出电压测量的影响	$u_2(S)$
3	$u(\hat{u}_T)$	横向和摇摆运动对角振动传感器输出电压测量的影响（横向灵敏度）	$u_3(S)$
4	$u(\hat{s}_Q)$	位移量化对位移测量的影响	$u_4(S)$
5	$u(\hat{s}_H)$	触发滞后对位移测量的影响	$u_5(S)$
6	$u(\hat{s}_F)$	滤波对位移测量的影响（频带带宽限制）	$u_6(S)$
7	$u(\hat{s}_{VD})$	电压扰动对位移测量的影响（例如：光电测量回路中的随机噪声）	$u_7(S)$
8	$u(\hat{s}_{MD})$	干扰运动对位移测量的影响（例如：总谐波失真；角振动传感器安装参考面和激光干涉仪测量点之间的相对运动）	$u_8(S)$
9	$u(\hat{s}_{PD})$	相位扰动对位移测量的影响（例如：干涉仪信号的相位噪声）	$u_9(S)$
10	$u(\hat{\Phi}_{Int})$	激光干涉仪的功能（将线位移转换为角位移）	$u_{10}(S)$
11	$u(f_{FG})$	振动频率的测量（频率发生器和显示器）	$u_{11}(S)$
12	$u(S_{RE})$	对灵敏度测量的其他影响（例如：重复测量的随机影响；算术平均值的实验标准偏差）	$u_{12}(S)$

[a] 不确定度的来源可以有与上表不同的分类及数量，应当考虑到所有对测量结果有显著影响的分量。

A.1.2 采用方法2A和方法2B时$U_{rel}(S)$的计算

采用A.1.1中所述的公式计算，但其不确定度分量如表A.2所示。

表 A.2 采用方法 2A 和方法 2B 时的不确定度分量

i	标准不确定度分量 $u(x_i)$	不确定度来源[a]	不确定度分量大小 $u_i(y)$
1	$u(\hat{u}_V)$	角振动传感器输出电压的测量(电压表)	$u_1(S)$
2	$u(\hat{u}_D)$	总谐波失真对角振动传感器输出电压测量的影响	$u_2(S)$
3	$u(\hat{u}_T)$	横向和摇摆运动对角振动传感器输出电压测量的影响(横向灵敏度)	$u_3(S)$
4	$u(\hat{s}_Z)$	最小点分辨率对位移测量的影响	$u_4(S)$
5	$u(\hat{s}_{VD})$	电压扰动对位移测量的影响(例如:交流声和噪声)	$u_5(S)$
6	$u(\hat{s}_{MD})$	干扰运动对位移测量的影响(例如:角振动传感器安装参考面和激光干涉仪测量点之间的相对运动)	$u_6(S)$
7	$u(\hat{\Phi}_{Int})$	激光干涉仪的功能(将线位移转换为角位移)	$u_7(S)$
8	$u(f_{FG})$	振动频率的测量(频率发生器和显示器)	$u_8(S)$
9	$u(S_{RE})$	对灵敏度测量的其他影响(例如:重复测量的随机影响;算术平均值的实验标准偏差)	$u_9(S)$

[a] 不确定度的来源可以有与上表不同的分类及数量,应当考虑到所有对测量结果有显著影响的分量。

A.1.3 采用方法 3A 和方法 3B 时 $U_{rel}(S)$ 和 $U(\Delta\varphi)$ 的计算

A.1.3.1 $U_{rel}(S)$ 的计算

采用 A.1.1 中所述的方法来计算,但其不确定度分量如表 A.3 所示。

表 A.3 采用方法 3A 和方法 3B 时的不确定度分量

i	标准不确定度分量 $u(x_i)$	不确定度来源[a]	不确定度分量大小 $u_i(y)$
1	$u(\hat{u}_V)$	角振动传感器输出电压的测量(波形记录仪;如:模数转换器的分辨力)	$u_1(S)$
2	$u(\hat{u}_F)$	电压滤波对角振动传感器输出幅值测量的影响(频带带宽限制)	$u_2(S)$
3	$u(\hat{u}_D)$	干扰电压对角振动传感器输出电压测量的影响(例如:交流声和噪声)	$u_3(S)$
4	$u(\hat{u}_T)$	横向、摇摆和弯曲角加速度对角加速度输出电压测量的影响(横向灵敏度)	$u_4(S)$
5	$u(\hat{\varphi}_{M,Q})$	激光干涉仪正交输出信号扰动对位移幅值测量的影响(例如:偏置,电压幅值的偏差,信号正交性的偏差)	$u_5(S)$
6	$u(\hat{\varphi}_{M,F})$	光电信号滤波对位移幅值测量的影响(频带带宽限制)	$u_6(S)$
7	$u(\hat{\varphi}_{M,VD})$	电压扰动对位移幅值测量的影响(例如:光电测量链的随机噪声)	$u_7(S)$
8	$u(\hat{\varphi}_{M,MD})$	干扰运动对位移幅值测量的影响(例如:漂移;角振动传感器安装参考面和激光干涉仪测量点之间的相对运动)	$u_8(S)$

表 A.3（续）

i	标准不确定度分量 $u(x_i)$	不确定度来源[a]	不确定度分量大小 $u_i(y)$
9	$u(\hat{\varphi}_{M,PD})$	相位扰动对位移幅值测量的影响(如:光电信号的相位噪声)	$u_9(S)$
10	$u(\hat{\Phi}_{Int})$	激光干涉仪的功能(将线位移转化为角位移)	$u_{10}(S)$
11	$u(f_{FG})$	振动频率的测量(频率发生器和显示器)	$u_{11}(S)$
12	$u(S_{RE})$	对灵敏度测量的其他影响(例如:重复测量的随机影响;算术平均值的实验标准偏差)	$u_{12}(S)$
[a] 不确定度的来源可以有与上表不同的分类及数量,应当考虑到所有对测量结果有显著影响的分量。			

A.1.3.2 $U(\Delta\varphi)$的计算

在选定校准频率、振幅、设置放大器增益和截止频率的条件下,灵敏度相移测量的相对扩展不确定度 $U(\Delta\varphi)$的计算,应根据 GB/T 20485.1—2008,按照以下公式进行:

$$U(\Delta\varphi)=ku_c(\Delta\varphi) \quad \cdots\cdots\cdots (A.3)$$

$$u_c(\Delta\varphi)=\sqrt{\sum_i u_i^2(\Delta\varphi)} \quad \cdots\cdots\cdots (A.4)$$

式中包含因子 $k=2$(见表 A.4)。

表 A.4 相移 $U(\Delta\varphi)$的测量不确定度分量

i	标准不确定度分量 $u(x_i)$	不确定度来源[a]	不确定度分量大小 $u_i(y)$
1	$u(\varphi_{u,V})$	角振动传感器输出电压相位测量(波形记录仪;如:模数转换器的分辨力)	$u_1(\Delta\varphi)$
2	$u(\varphi_{u,F})$	电压滤波对角振动传感器输出电压相位测量的影响(频带带宽限制)	$u_2(\Delta\varphi)$
3	$u(\varphi_{u,D})$	电压扰动对角振动传感器输出电压相位测量的影响(例如:交流声和噪声)	$u_3(\Delta\varphi)$
4	$u(\varphi_{u,T})$	横向和摇摆运动对角振动传感器输出电压相位测量的影响(横向灵敏度)	$u_4(\Delta\varphi)$
5	$u(\varphi_{s,Q})$	激光干涉仪正交输出信号扰动对位移相位测量的影响(如:偏移、电压幅值的偏差、与90°名义角度差的偏差)	$u_5(\Delta\varphi)$
6	$u(\varphi_{s,F})$	激光干涉仪信号滤波对位移相位测量的影响(频带带宽限制)	$u_6(\Delta\varphi)$
7	$u(\varphi_{s,VD})$	电压扰动对位移相位测量的影响(例如:光电测量链的随机噪声)	$u_7(\Delta\varphi)$
8	$u(\varphi_{s,MD})$	干扰运动对位移相位测量的影响(例如:漂移;角振动传感器安装参考面和激光干涉仪测量点之间的相对运动)	$u_8(\Delta\varphi)$
9	$u(\varphi_{s,PD})$	相位扰动对位移相位测量的影响(例如:激光干涉仪信号的相位噪声)	$u_9(\Delta\varphi)$
10	$u(\varphi_{\Phi,Int})$	激光干涉仪的功能性(将线位移转化为角位移)	$u_{10}(\Delta\varphi)$
11	$u(\Delta\varphi_{RE})$	对灵敏度测量的其他影响(例如:重复测量的随机影响;算术平均值的实验标准偏差)	$u_{11}(\Delta\varphi)$
[a] 不确定度的来源可以有与上表不同的分类及数量,应当考虑到所有对测量结果有显著影响的分量。			

A.2 在整个频率和幅值范围内，灵敏度（幅值）测量的相对扩展不确定度和相移测量的扩展不确定度的计算

A.2.1 $U_{rel}(S_t)$的计算

按照A.1.1、A.1.2或A.1.3.1计算的灵敏度（幅值）测量的相对扩展不确定度$U_{rel}(S_t)$，只对选定的校准频率、幅值、设置的放大器增益和截止频率有效。对于在整个频率和幅值范围内进行的连续多点的校准过程，灵敏度（幅值）测量的相对扩展不确定度$U_{rel}(S_t)$的计算，应按照以下公式进行：

$$U_{rel}(S_t)=ku_{c,rel}(S_t) \quad \cdots\cdots(A.5)$$

$$u_{c,rel}(S_t)=\frac{u_c(S_t)}{S}=\frac{1}{S}\sqrt{\sum_i u_i^2(S_t)} \quad \cdots\cdots(A.6)$$

式中包含因子$k=2$（参照GB/T 20485.1—2008，见表A.5）。

表A.5 灵敏度（幅值）$U_{rel}(S_t)$测量的不确定度分量

i	标准不确定度分量 $u(x_i)$	不确定度来源[a]	不确定度分量大小 $u_i(y)$
1	$u(S)$	在校准频率、振幅、放大器增益设定的情况下，按照A.1.1、A.1.2或A.1.3.1计算的灵敏度不确定度	$u_1(S_t)$
2	$u(e_{T,A})$	参考放大器跟踪（不同增益设置时的增益偏差）	$u_2(S_t)$
3	$u(e_{L,f,A})$	与参考放大器恒定的幅值-频率特性的偏差	$u_3(S_t)$
4	$u(e_{L,f,P})$	与参考角振动传感器恒定的幅值-频率特性的偏差	$u_4(S_t)$
5	$u(e_{L,a,A})$	振幅对参考放大器增益的影响	$u_5(S_t)$
6	$u(e_{L,a,P})$	振幅对参考角振动传感器灵敏度（幅值）的影响	$u_6(S_t)$
7	$u(e_{I,A})$	参考放大器增益的稳定性、源阻抗对增益的影响	$u_7(S_t)$
8	$u(e_{I,P})$	参考角振动传感器灵敏度（幅值）的稳定性	$u_8(S_t)$
9	$u(e_{E,A})$	环境对参考放大器增益的影响	$u_9(S_t)$
10	$u(e_{E,P})$	环境对参考角振动传感器灵敏度（幅值）的影响	$u_{10}(S_t)$

[a] 不确定度的来源可以有与上表不同的分类及数量，应当考虑到所有对测量结果有显著影响的分量。

A.2.2 $U(\Delta\varphi_t)$的计算

按照A.1.3.2计算的复灵敏度相移测量的扩展不确定度$U(\Delta\varphi_t)$，只对选定的校准频率、幅值、设置的放大器增益和截止频率有效。对于在整个频率和幅值范围内进行的连续多点的校准过程，灵敏度相移测量的扩展不确定度$U(\Delta\varphi_t)$的计算，应按照以下公式进行：

$$U(\Delta\varphi_t)=ku_c(\Delta\varphi_t) \quad \cdots\cdots(A.7)$$

$$u_c(\Delta\varphi_t)=\sqrt{\sum_i u_i^2(\Delta\varphi_t)} \quad \cdots\cdots(A.8)$$

式中包含因子$k=2$（参照GB/T 20485.1—2008，见表A.6）。

表A.6 复灵敏度的相移$U(\Delta\varphi_t)$测量的不确定度分量

i	标准不确定度分量 $u(x_i)$	不确定度来源[a]	不确定度分量大小 $u_i(y)$
1	$u(\Delta\varphi)$	在校准频率、振幅、放大器增益设定的情况下，按照A.1.3.2计算的灵敏度相移不确定度	$u_1(\Delta\varphi_t)$
2	$u(e^*_{T,A})$	参考放大器跟踪（不同增益设置时的相位偏差）	$u_2(\Delta\varphi_t)$

表 A.6（续）

i	标准不确定度分量 $u(x_i)$	不确定度来源[a]	不确定度分量大小 $u_i(y)$
3	$u(e^*_{L,f,A})$	与参考放大器线性相位-频率线性特性的偏差	$u_3(\Delta\varphi_t)$
4	$u(e^*_{L,f,P})$	与参考角振动传感器相位-频率线性特性的偏差	$u_4(\Delta\varphi_t)$
5	$u(e^*_{L,a,A})$	振幅对参考放大器相移的影响	$u_5(\Delta\varphi_t)$
6	$u(e^*_{L,a,P})$	振幅对参考角振动传感器相移的影响	$u_6(\Delta\varphi_t)$
7	$u(e^*_{I,A})$	参考放大器相移的稳定性、源阻抗对相移的影响	$u_7(\Delta\varphi_t)$
8	$u(e^*_{I,P})$	参考角振动传感器相移的稳定性	$u_8(\Delta\varphi_t)$
9	$u(e^*_{E,A})$	环境对参考放大器相移的影响	$u_9(\Delta\varphi_t)$
10	$u(e^*_{E,P})$	环境对参考角振动传感器灵敏度(幅值)的影响	$u_{10}(\Delta\varphi_t)$

[a] 不确定度的来源可以有与上表不同的分类及数量，应当考虑到所有对测量结果有显著影响的分量。

附 录 B
(规范性附录)
角位移 $\boldsymbol{\Phi}$,角速度 $\boldsymbol{\Omega}$,角加速度 $\boldsymbol{\alpha}$ 和角振动传感器的灵敏度
(包括角位移传感器 S_{Φ}、角速度传感器 S_{Ω} 和角加速度传感器 S_{α})的计算公式

B.1 总则

依据 GB/T 3240—1982 和 GB/T 20485.1—2008,振动和冲击传感器的复灵敏度由式(B.1)给出:

$$S = \hat{S}\exp j(\Delta\varphi) \tag{B.1}$$

其中,$\hat{S}$ 为幅值,由式(B.2)给出:

$$\hat{S} = \frac{\hat{u}}{\hat{x}} \tag{B.2}$$

$\Delta\varphi$ 是复灵敏度相对运动量 x 的相移,由式(B.3)给出:

$$\Delta\varphi = \varphi_u - \varphi_x \tag{B.3}$$

式中:

x——代表角位移 Φ、角速度 Ω 或角加速度 α 的运动量;

$\hat{x}$,$\hat{\Phi}$,$\hat{\Omega}$ 和 $\hat{\alpha}$ 则表示这些量值的幅值;

$\hat{u}$——角振动传感器的输出幅值(如角加速度计的输出电压)。

式(B.2)和式(B.3)用于角位移传感器的幅值和相移计算时具体表示为式(B.4)和式(B.5):

$$\hat{S}_{\Phi} = \frac{\hat{u}}{\hat{\Phi}} \tag{B.4}$$

$$\Delta\varphi_{\phi} = \varphi_u - \varphi_{\phi} \tag{B.5}$$

用于角速度传感器时表示为式(B.6)和式(B.7):

$$\hat{S}_{\Omega} = \frac{\hat{u}}{\hat{\Omega}} \tag{B.6}$$

$$\Delta\varphi_{\Omega} = \varphi_u - \varphi_{\Omega} \tag{B.7}$$

用于角加速度传感器时表示为式(B.8)和式(B.9):

$$\hat{S}_{\alpha} = \frac{\hat{u}}{\hat{\alpha}} \tag{B.8}$$

$$\Delta\varphi_{\alpha} = \varphi_u - \varphi_{\alpha} \tag{B.9}$$

本部分由激光干涉仪测量该运动量值,在 1A、1B、2A、2B、3A 和 3B 六种方法中直接得到的是角位移 Φ(即幅值 $\hat{\Phi}$),在方法 3A 和方法 3B 中还得到了初相位 φ_{ϕ}。$\hat{\Phi}$ 和 φ_{ϕ} 由激光干涉仪获得,角速度的幅值 $\hat{\Omega}$ 和初相位 φ_{Ω} 由式(B.10)和式(B.11)计算得到:

$$\hat{\Omega} = 2\pi \times f\hat{\Phi} \tag{B.10}$$

$$\varphi_{\Omega} = \varphi_{\phi} - \frac{\pi}{2} \tag{B.11}$$

角加速度的幅值 $\hat{\alpha}$ 和初始相位 φ_{α} 计算由式(B.12)和式(B.13)计算得到:

$$\hat{\alpha} = 4\pi^2 \times f^2\hat{\Phi} \tag{B.12}$$

$$\varphi_{\alpha} = \varphi_{\phi} - \pi \tag{B.13}$$

本部分中指定了两种类型的激光干涉仪,均采用氦氖红光激光器作为光源,其光谱的中心谱线波长为 0.632 81 μm。在 A 型激光干涉仪中(即后向反射器干涉仪),对于图 3 和图 5 给出双测量光束的布局,Δs 是与位移对应的条纹间隔由式(B.14)给出:

$$\Delta s = \lambda/4 \tag{B.14}$$

对图 7 给出单束测量光束的布局，Δs 由式(B.15)给出：

$$\Delta s = \lambda/2 \tag{B.15}$$

角振动激励器的测量表面在 1.6 kHz 以内的频率段应视作为刚体，因此其初始相位 φ_s 等同于 φ_ϕ，即

$$\varphi_\phi = \varphi_s \tag{B.16}$$

A 和 B 两类激光干涉仪均测量距离角振动激励器台面转轴 R(有效半径)处测量点的位移，这一点上两者是共同的。通过激光干涉仪测得的位移值 $\hat{s}$，角位移幅值由式(B.17)计算：

$$\hat{\Phi} = \frac{\hat{s}}{R} \tag{B.17}$$

该位移由激光干涉仪测得，其有效半径将对两种干涉仪分别给予说明。

对于 A 型激光干涉仪(即后向反射器干涉仪)，三类系统误差会影响振动转角的测量结果，应计入。

后向反射器干涉仪的基本特征是一个非线性的函数：

$$\hat{s} = R\sin\hat{\Phi} \tag{B.18}$$

也就是由激光干涉仪获得的线位移幅值 $\hat{s}$(即入射光束方向上的分量)和待测量的转角幅值之间是非线性的函数。对于 $\Phi \leqslant 3°$ 的小角度测量，由式(B.19)代替式 (B.18)：

$$\hat{s} = R \cdot \hat{\Phi} \tag{B.19}$$

该式与真值间存在一个小于 0.05%的偏差。如果必要的话，其修正值由式(B.20)给出：

$$\sin\Phi \approx \Phi - \frac{\Phi^3}{3} \tag{B.20}$$

如果激光干涉仪能够调整到两束入射光理想平行，后向反射器的入射表面和运动台面的旋转轴与两束入射光组成的平面理想垂直，则上式是成立的。由于光束路径与被测位移之间存在 $\cos\varphi$ 因子的偏差(称作余弦误差)，因此会导致一个系统误差 Δs，由式(B.21)和式(B.22)给出：

$$\Delta s = -s(\cos\varphi - 1) \tag{B.21}$$

$$\Delta\Phi = -\Phi(\cos\varphi - 1) \tag{B.22}$$

此外，由于旋转运动的作用，入射光束与后向反射器运动方向之间夹角 δ 的变化会导致光束入射到光电接收器的位置发生 Δy 的横向移动。

$$\Delta y = 2s \cdot \sin\delta \tag{B.23}$$

由于从参考后向反射器返回到光电接收器的光束行程没有发生变化，因此干涉图样会发生一个横向的变化。本部分(图 3、图 5 和图 7)中所描述的后向反射器干涉仪是利用同心圆的干涉条纹，通过透镜压缩尽可能减小测量光和参考光的发散来减小干涉图样的横向移动。

当被测表面绕着角振动激励器的转轴旋转时，由于测量光束的反射光发生了平移，造成激光干涉仪的失调，从而限制了其对更大旋转角度的测量。

对于 A 型激光干涉仪来说，半径 R 并不是可精确定义的量值。由于采用后向反射器来避免因倾斜对测量结果的影响，因此入射光束和反射光束的位置是相互变化替换的。另外一个不确定度来源是半径 R 的确定。在双光束布局中 R 代表两个后向反射器之间的距离，在单光束系统中，R 代表后向反射器和旋转轴之间的距离。

对于 B 型激光干涉仪来说(即衍射光栅干涉仪)，位移与两个干涉条纹(最大光强度和最小光强度)之间的间隔有关，对于在图 4 和图 6 中给出的双光束布置，由式(B.24)给出：

$$\Delta s = g/2 \tag{B.24}$$

对于如图 8 中给出的单光束布置，由式(B.25)给出：

$$\Delta s = g \tag{B.25}$$

式中，g 是光栅常数，例如：2 400 线/毫米[13]的反射式正弦相位光栅，其凹槽长度 $g = 1/2\ 400$ mm$=$ 0.416 6 μm。式(B.19)和(B.20) 对于两束一级衍射光发生干涉是成立的，并基于式(B.26)

$$k\frac{\lambda}{g}=\sin\alpha_L+\sin\beta_L \qquad \text{(B.26)}$$

式中：

k——衍射级（$k=\pm1$）；

λ——激光波长；

α_L——光束的入射角；

β_L——光束的衍射角。

衍射光栅式激光干涉仪能够测量旋转圆盘侧表面任何一点的位移（即角位移），其角位移幅值的测量范围受到衍射光栅覆盖角度范围的限制——除非在旋转圆盘侧表面均覆盖衍射光栅（即360°）——或者是除了B型激光干涉仪以外的任何技术上的限制（例如角振动激励台的最大转角）。它与A型激光干涉仪相比还有另外一个优势，就是侧面安装衍射光栅的圆盘半径是一个可以精确定义和测量的量值。然而，B型激光干涉仪对于横向运动比A型激光干涉仪需要遵守更加严格的公差要求（最大2 μm的偏心）。

B.2 方法1A和方法1B的计算步骤

在方法1A和方法1B中，对于A型和B型两种激光干涉仪来说，信号周期的数值（例如最大光强）由式(B.27)给出

$$N=4\hat{s}/\Delta s \qquad \text{(B.27)}$$

则

$$\hat{s}=\frac{N}{4}\times\Delta s=\frac{f_f}{f} \qquad \text{(B.28)}$$

式中：

f——角振动激励器的激励频率；

f_f——条纹频率（平均值）；

$\Delta s=\lambda/2$。

代入Δs的表达式，A型激光干涉仪为式(B.14)或式(B.15)，B型激光干涉仪为式(B.19)或式(B.20)，用式(B.17)将线位移转换为角位移，得到角位移幅值$\hat{\Phi}$。角速度幅值$\hat{\Omega}$和角加速度幅值$\hat{\alpha}$则分别由式(B.10)和式(B.12)计算得到。角位移传感器的灵敏度则由式(B.4)、式(B.6)和式(B.8)来计算。

B.3 方法2A和方法2B的计算步骤

测量光强的频谱，调节角振动的幅值使与振动频率相同的（光学信号中的）频率分量为零，计算得到激光干涉仪测量的位移幅值，由式(B.29)给出：

$$\hat{s}=x_n\times\frac{\Delta s}{2\pi} \qquad \text{(B.29)}$$

其中，x_n为对应于贝塞尔函数零点的自变量（如表1）。用式(B.17)计算得到相应角位移幅值。角速度幅值$\hat{\Omega}$和角加速度幅值α则分别由式(B.10)和式(B.12)计算得到。角位移传感器的灵敏度则通过式(B.4)、式(B.6)和式(B.8)来计算。

B.4 方法3A和方法3B的计算步骤

当角振动激励器产生一个正弦位移，在A型和B型激光干涉仪的测量点，即与旋转部件（测量台面）转轴距离R（有效半径）的位置，检测到的位移s如式(B.30)所示：

$$s=\hat{s}\cos(\omega t+\varphi_s) \qquad \text{(B.30)}$$

角位移传感器的输出信号表达式如式(B.31)所示：

$$u=\hat{u}\cos(\omega t+\varphi_u) \quad\cdots\cdots(\text{B.31})$$

第一个光电接收器的输出信号表达式如式(B.32)所示：

$$u_1(t)=\hat{u}_1\cos\varphi_{\text{Mod}}(t)=\hat{u}_1\cos[\varphi_0+\hat{\varphi}_{\text{M}}\cos(\omega t+\varphi_s)] \quad\cdots\cdots(\text{B.32})$$

这里，调制相位由光电接收器输出信号的初相位 φ_0 和调制部分 $\hat{\varphi}_{\text{M}}$ 组成，见式(B.33)：

$$\varphi_{\text{Mod}}=\varphi_0+\hat{\varphi}_{\text{M}}\cos(\omega t+\varphi_s) \quad\cdots\cdots(\text{B.33})$$

φ_{M} 的幅值 $\hat{\varphi}_{\text{M}}$ 与位移成比例关系，见式(B.34)：

$$\varphi_{\text{M}}=\hat{\varphi}_{\text{M}}\cos(\omega t+\varphi_s) \quad\cdots\cdots(\text{B.34})$$

这里，$\hat{\varphi}_{\text{M}}$ 由式(B.35)给出：

$$\hat{\varphi}_{\text{M}}=2\pi\frac{\hat{s}}{\Delta s} \quad\cdots\cdots(\text{B.35})$$

这些关系成立的前提条件是位移 $s(t)$ 和正弦相位调制项 $\varphi_{\text{M}}(t)$ 之间没有相移。

第二个光电接收器输出的正交信号表达式如式(B.32)所示：

$$u_2(t)=\hat{u}_2\cos\varphi_{\text{Mod}}(t)=\hat{u}_2\cos[\varphi_0+\varphi_{\text{M}}\cos(\omega t+\varphi_s)] \quad\cdots\cdots(\text{B.36})$$

这里，$\hat{u}_2=\hat{u}_1$。

在测量时间 $t_0<t<t_0+T_{\text{Meas}}$ 内这两个正交信号的采样时间间隔是相等的。在 $t_0<t<t_0+T_{\text{Meas}}$ 内采样得到两路测量值序列 $\{u_1(t_i)\}$ 和 $\{u_2(t_i)\}$，其采样间隔 $\Delta t=t_i-t_{i-1}$ 为常数。

从这两组正交信号，在测量时间段内依据式(B.37)逐点的计算可得到位移值或序列 $s_i=s(t_i)$：

$$s_i=s(t_i)=\frac{\Delta s}{2\pi}\varphi_{\text{M}}(t_i)=\frac{\Delta s}{2\pi}\left(\arctan\frac{u_2(t_i)}{u_1(t_i)}+n\pi\right) \quad\cdots\cdots(\text{B.37})$$

式中 $n=0,1,2,\cdots$。

这种必要的步骤，尤其是带着连续“相位展开”的反正切函数计算(见参考文献[10])，是数字信号处理的标准程序。从 $s(t_i)$ 的值，通过求解这个 $N+1$ 方程组就可以计算出位移的幅值 $\hat{s}$ 和相位 φ_s：

$$s(t_i)=A\cos\omega t_i-B\sin\omega t_i+C \quad\cdots\cdots(\text{B.38})$$

式中：

$n=0,1,2,\cdots$；

$A=\hat{s}\cos\varphi_s, B=\hat{s}\sin\varphi_s$ ……(B.39)

C——常数。

$N+1$ 表示在测量时间段内同步采样的次数。参数 A、B 和 C 应用最小二乘拟合(正弦逼近)方法计算得到。由此，位移的幅值 $\hat{s}$ 和相位 φ_s 由式(B.40)和式(B.41)得到：

$$\hat{s}=\sqrt{A^2+B^2} \quad\cdots\cdots(\text{B.40})$$

$$\varphi_s=\arctan\frac{B}{A} \quad\cdots\cdots(\text{B.41})$$

用式(B.16)和(B.17)计算得到角位移幅值和初始相位的相应测量结果。角速度幅值 $\hat{\Omega}$ 和角加速度幅值 $\hat{\alpha}$ 分别通过式(B.10)和式(B.12)得到。计算角振动传感器复灵敏度的幅值和相移则可采用式(B.4)和式(B.9)。

上述关系式，都是以现实情况难以达到的理想状态为前提条件，尤其是式(B.26)和式(B.30)。在实际应用中，光电接收器的信号会偏离它们的幅值 $\hat{u}_1$，$\hat{u}_2$ 和名义 $\pi/2$ 相移，并可能产生不同的偏移量 $\hat{u}_{0,1}$，$\hat{u}_{0,2}$。允差符合4.6要求的非理想正交信号对测量的影响，在10.2的注1中也进行了简要的描述(详细说明见参考文献[7])。

参 考 文 献

[1] von Martens H.-J. Interferometric counting methods for measuring displacements in the range 10^{-9} m to 1 m. *Metrologia*,24,No. 4,1987,pp. 163-170.

[2] Robinson D. C. ,Serbyn M. R. and Payne B. F. A description of NBS Calibration Services in mechanical vibration and shock. *NBS Technical Note*,1232,1987.

[3] Schmidt V. A. ,Edelman S. ,Smith E. R. and Pierce E. T. Modulated photoelectric measurement of vibration. *Journal of the Acoustical Society of America*,34,No. 4,1962,pp. 455-458.

[4] Clark N. H. An improved method for calibrating reference standard accelerometers. *Metrologia*,19,1983,pp. 103-107.

[5] Link A. and von Martens H.-J. *Proposed primary calibration method for amplitude and phase response of accelerometers*. ISO/TC 108/SC 3/WG 6 N 59,Sept. 1995.

[6] Heydemann P. L. M. Determination and correction of quadrature fringe measurement errors in interferometers. *Applied Optics*,20,No. 19,1981,pp. 3382-3384.

[7] Link A. ,Gerhardt J. and von Martens H.-J. Amplitude and phase calibration of accelerometers in the nanometer range by heterodyne interferometry. *SPIE*,2868,1996,pp. 37-48.

[8] Wabinski W. and von Martens H.-J. Time interval analysis of interferometer signals for measuring amplitude and phase of vibrations. *SPIE*,2868,1996,pp. 166-177.

[9] Sill R. D. Accelerometer calibration to 50 kHz with a quadrature laser interferometer. *Proceedings NCSL*,*Workshop & Symposium*,*Session 7B*,*Atlanta GA* July 1997,pp. 767-773.

[10] Tribolet J. M. A new phase unwrapping algorithm. *IEEE Transactions on Acoustics*,*Speech*,*and Signal Processing*,ASSP-25,No. 2 April 1977,pp. 170-177.

[11] von Martens H.-J. Investigations into the uncertainties of interferometric measurements of linear and torsional vibrations. *Shock and vibration*,4,No. 5/6,1997,pp. 327-340.

[12] von Martens, H.-J. ; Täubner, A. Interferometric low-frequency calibration of translation and rotation quantity transducers. In: Proceedings of the 7th International Meeting on Low Frequency Noise & Vibration,Edinburgh,Great Britain,1993,pp. 77-82.

[13] Täubner, A. ; von Martens, H.-J. Measurement of angular acceleration, angular velocities and rotation angles by grating interferometry,In: Measurement 24,1998,pp. 21-32.

[14] Schlaak, H.-J. Excitation of low-frequency rotational vibration. In: Journal of Low Frequency Noise, 12,1993,No. 4,pp. 123-127.

[15] von Martens, H.-J. Generalization and analysis of the fringe-counting method for interferometric measurement of motion quantities. In: Measurement 25,1999,pp. 71-87.

[16] Marzolf, J. G. ; Bull, S. J. Angle Measuring Interferometer. In: The Review of Scientific Instruments, Vol. 35, No. 9, 1964, pp. 1212-1215.

[17] ISO 16063-11:1999,*Methods for the calibration of vibration and shock transducers—Part 11: Primary vibration calibration by laser interferometry*.

[18] ISO 5348,*Mechanical vibration and shock—Mechanical mounting of accelerometers*.

[19] BIPM/IEC/IFCC/ISO/IUPAC/IUPAP/OIML,*Guide to the expression of uncertainty in measurement*(*GUM*),1995.

ICS 35.040
A 24

中华人民共和国国家标准

GB/T 20529.2—2010

企业信息分类编码导则
第2部分:分类编码体系

Guide of enterprise information classifying and coding—
Part 2:Classifying and coding system

2010-12-01 发布　　2011-05-01 实施

中华人民共和国国家质量监督检验检疫总局
中国国家标准化管理委员会　发布

前　言

GB/T 20529《企业信息分类编码导则》包括以下3个部分：

——第1部分：原则与方法；

——第2部分：分类编码体系；

——第3部分：分类编码的管理与实施。

本部分为GB/T 20529的第2部分。

本部分的附录A和附录B为资料性附录。

本部分由中国标准化研究院提出并归口。

本部分起草单位：中国标准化研究院、北京信源诚信息技术有限公司、北京第一机床厂。

本部分主要起草人：刘植婷、蒋平、刘国兴、张艺、史立武。

企业信息分类编码导则
第2部分:分类编码体系

1 范围

GB/T 20529的本部分规定了企业信息的有关术语和定义、分类原则与方法、分类体系、代码结构与编码方法。

本部分适用于建立企业内部的信息分类编码体系,也适用于建立行业内企业间所共同遵循的行业信息分类编码体系。

其他需开展信息分类编码工作的单位或部门可参照使用。

2 规范性引用文件

下列文件中的条款通过GB/T 20529的本部分的引用而成为本部分的条款。凡是注日期的引用文件,其随后所有的修改单(不包括勘误的内容)或修订版均不适用于本部分。然而,鼓励根据本部分达成协议的各方研究是否可使用这些文件的最新版本。凡是不注日期的引用文件,其最新版本适用于本部分。

GB/T 4754—2002 国民经济行业分类

GB/T 7635.1—2002 全国主要产品分类与代码 第1部分:可运输产品

GB/T 7635.2—2002 全国主要产品分类与代码 第2部分:不可运输产品

GB/T 8561—2001 专业技术职务代码

GB/T 12402—2000 经济类型分类与代码

GB/T 20529.1—2006 企业信息分类编码导则 第1部分:原则与方法

中华人民共和国职业分类大典

3 术语和定义

GB/T 20529.1—2006中确立的以及下列术语和定义适用于GB/T 20529的本部分。

3.1

资源角色 resource effectiveness

资源在企业经营过程中所起的效用。

3.2

主增值链 business value-added chain

企业经营活动中直接完成资源增值并在市场获得利润的业务活动过程。主增值链构成了企业的主营业务。

3.3

经营性资源 business resource

由主增值链经营活动进行增值变换的企业资源,是企业经营获得利润的载体。

3.4

有形资源 tangible resource

具有固定形态的企业资源。

3.5

无形资源　intangible resource

不具有固定形态的企业资源。

3.6

经营环境　business condition

实现企业经营活动所需要的各种生产和运输设备、设施、经营场所等硬件条件，以及各种技术、知识、信息、资金和品牌等软件条件。

4　分类原则与方法

分类原则与方法遵循 GB/T 20529.1—2006 的规定。

5　分类体系框架

企业信息分类体系框架见图 1。按照企业资源在企业经营中的效用将企业资源信息分为 6 大类。按照业务链关系将企业经营管理信息分为 8 大类。

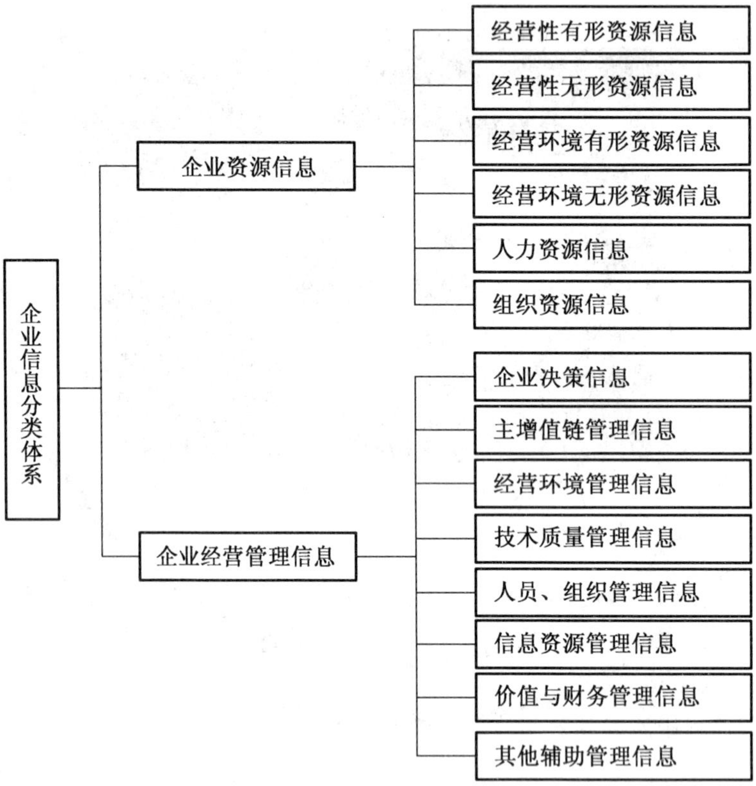

图 1　企业信息分类体系框架

6　代码结构与编码方法

6.1　企业资源信息

6.1.1　总体结构

企业资源信息代码结构由资源角色类别代码和资源类型代码两部分组成，采用字母与数字混合编码，为等长 8 位码，见图 2。其中：

a）第一部分为资源角色类别代码。根据资源在企业经营中的作用和管理方式划分资源角色类别。

b） 第二部分为资源类型代码。根据资源自身特性划分资源类型。

c） 第一、二部分之间的关系根据资源角色类别的不同采用组合关系或隶属关系。

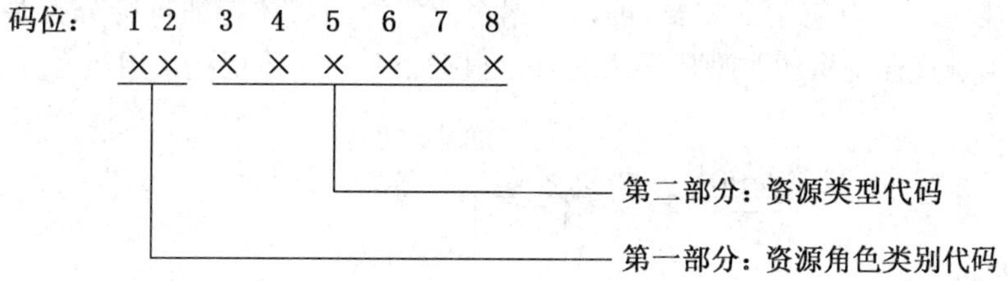

图 2 企业资源信息代码总体结构

6.1.2 资源角色类别代码

资源角色类别代码由资源角色组代码和资源角色代码组成，二者为隶属关系，构成两层线性分类结构，其代码分别采用1位除字母I、O之外的大写英文字母表示，见图3。其中：

a） 资源角色组的划分及其代码见表1；

b） 企业可以根据其具体情况为各个资源角色组添加资源角色，并按照添加的先后顺序为资源角色码位赋以代码A、B、C……。

注：制造业企业资源角色类别代码示例参见附录A。

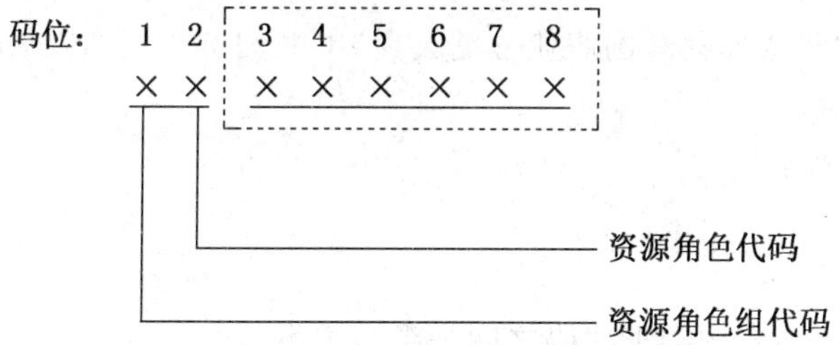

图 3 资源角色类别代码结构

表 1 资源角色组代码

代 码	名 称	说 明
A	经营性有形资源	指企业经营增值的载体，并且具有固定形态的资产
B	经营性无形资源	指企业经营增值的载体，并且不具有固定形态的资产
C	经营环境有形资源	指构成企业经营有形条件的各种设备、材料、厂房等具有固定形态的资产
D	经营环境无形资源	指构成企业经营无形条件的各种技术、知识等不具有固定形态的资产
E	人力资源	指企业经营活动中所涉及的企业内、外部各种人员
F	组织资源	指企业经营活动中所涉及的企业内、外部各种组织、机构

6.1.3 资源类型代码结构

资源类型代码结构根据资源角色组分为三种情况。

6.1.3.1 A、B、C、D 资源角色组

A、B、C、D角色组的资源类型代码，由大类代码、中类代码和小类代码三部分组成，其代码分别采用2位阿拉伯数字表示，大类、中类和小类之间为隶属关系，构成三层线分类结构，见图4。其中：

a） 大类代码根据GB/T 7635.1—2002和GB/T 7635.2—2002中的大类进行分类，并按照大类加入的顺序依次赋码。

b） 中类代码根据GB/T 7635.1—2002和GB/T 7635.2—2002中的小类进行分类，并按照中类加入的顺序依次赋码。

c） 小类代码根据 GB/T 7635.1—2002 和 GB/T 7635.2—2002 中的细类进行分类，并按照小类加入的顺序依次赋码。如果 GB/T 7635.1—2002 和 GB/T 7635.2—2002 没有细类或者列出的细类不能满足企业应用的需要，可以根据企业资源的具体特征自行分类并编码。

d） 资源角色类别代码与资源类型代码之间可以根据企业的具体情况采用组合关系或者隶属关系。

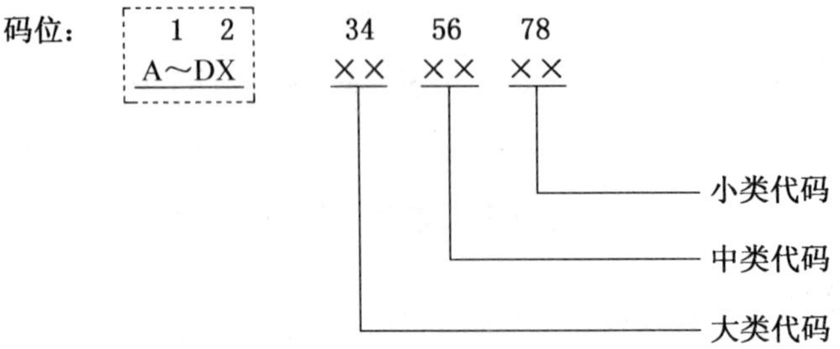

图4 A、B、C、D资源角色组资源类型代码结构

6.1.3.2 E资源角色组

E资源角色组的资源类型代码，由职业代码、职业资质代码、学历代码和用人形式代码四部分组成，其代码分别采用2位、2位、1位和1位阿拉伯数字表示。职业、职业资质、学历和用人形式之间为组合关系，构成四个分类面的面分类结构，见图5。其中：

a） 职业代码根据《中华人民共和国职业分类大典》中的细类进行分类，并按照职业加入的顺序依次赋码；

b） 职业资质代码见表2；

c） 学历代码见表3；

d） 用人形式代码见表4；

e） 资源角色类别代码与资源类型代码之间为组合关系。

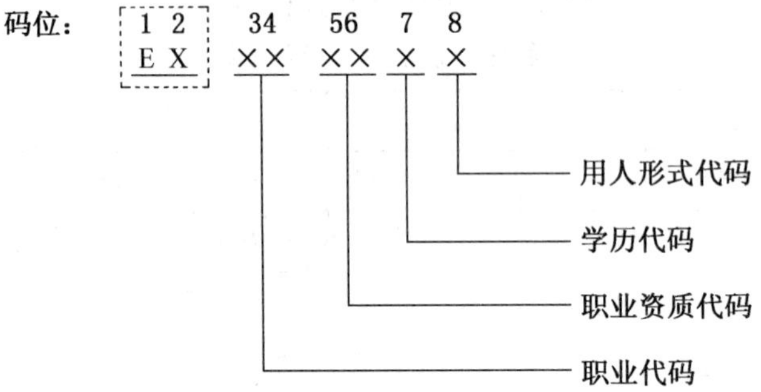

图5 E资源角色组资源类型代码结构

表2 职业资质代码

代　码	名　称	说　明
01	高级技师	非专业技术职业资质参照《国家职业标准制定技术规程》的规定确定
02	技师	
03	高级技工	
04	中级技工	
05	初级技工	
06～09		企业自定的非专业技术职业资质
10～99		专业技术职务资格根据 GB/T 8561—2001 中的系列等级名称进行分类，并按照加入的先后顺序依次赋码

表 3　学历代码

代　码	名　称	代　码	名　称	代　码	名　称
1	博士研究生	4	大学专科	7	初级中学教育
2	硕士研究生	5	中等职业教育	8	小学
3	大学本科	6	普通高级中学教育	9	其他

表 4　用人形式代码

代　码	名　称	说　明
1	订立固定期限劳动合同	企业内部人员
2	订立无固定期限劳动合同	企业内部人员
3	订立完成一定工作任务为期限的劳动合同	企业内部人员
4	劳务派遣	企业内部人员
5	非全日制用工	企业内部人员
7	外聘人员	企业外部人员。从企业外部聘用的人员
8	外协人员	企业外部人员。具有业务关系的非聘用人员
9	其他	

6.1.3.3　F 资源角色组

F 资源角色组的资源类型代码，由所属行业代码、组织性质代码和经济类型代码三部分组成，其代码分别采用 3 位、1 位和 2 位阿拉伯数字表示。所属行业、组织性质和经济类型之间为组合关系，构成三个分类面的面分类结构，见图 6。其中：

a) 所属行业代码由具有隶属关系的 1 位行业门类代码和 2 位行业代码组成。行业门类代码见表 5。行业根据 GB/T 4754—2002 中的小类进行分类，并按照各行业门类的行业加入顺序依次赋码。

b) 组织性质代码见表 6。

c) 经济类型代码采用 GB/T 12402—2000 的中类代码。

d) 资源角色类别代码与资源类型代码之间为组合关系。

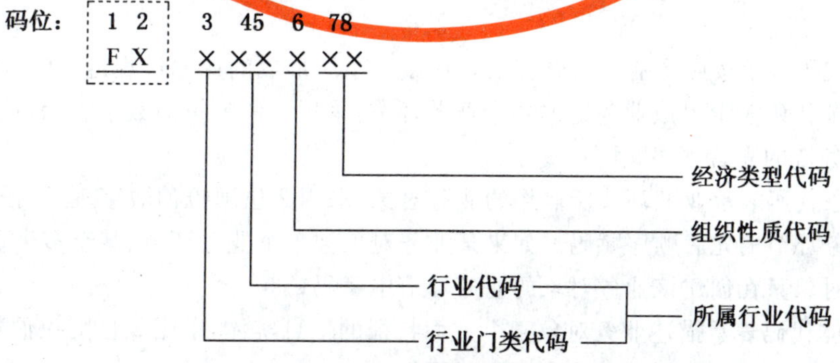

图 6　F 资源角色组资源类型代码结构

表 5　行业门类代码

代　码	名　称	代　码	名　称
A	农、林、牧、渔业	K	房地产业
B	采矿业	L	租赁和商务服务业
C	制造业	M	科学研究、技术服务和地质勘查业
D	电力、燃气及水的生产和供应业	N	水利、环境和公共设施管理业
E	建筑业	O	居民服务和其他服务业
F	交通运输、仓储和邮政业	P	教育
G	信息传输、计算机服务和软件业	Q	卫生、社会保障和社会福利业
H	批发和零售业	R	文化、体育和娱乐业
I	住宿和餐饮业	S	公共管理和社会组织
J	金融业	T	国际组织

表 6　组织性质代码

代　码	名　称	说　明
1	企业集团	具有多家下属或控股法人企业的集团或企业集团
2	法人企业	独立法人企业
3	非法人机构	各种非法人企业或部门
4	事业单位	各种事业单位
5	机关	各种机关
6	社会团体	
7	民办非企业单位	
8	基金会	
9	其他	其他性质的组织

6.2　企业经营管理信息

企业经营管理信息代码由业务链代码、业务环节代码、业务对象代码和业务实体代码四部分组成，采用 8 位字母与数字混合代码。业务链、业务环节、业务对象和业务实体之间为隶属关系，构成四级线分类结构，见图 7。其中：

a）业务链代码表示按照企业经营管理活动衔接关系所形成的业务过程链，其代码见表 7；

b）业务环节代码表示组成业务链的各个业务环节，采用 2 位阿拉伯数字表示，按照业务环节加入所属业务链的先后顺序赋码；

c）业务对象代码表示业务环节所操作的业务对象，采用 2 位阿拉伯数字表示，按照业务对象加入所属业务环节的先后顺序赋码。如果某业务对象被多个业务环节、甚至多个业务链所涉及，则该业务对象只在创建该业务对象的业务环节中赋码；

d）业务实体代码表示描述业务对象某个方面特征的信息实体，采用 2 位阿拉伯数字表示，按照信息实体加入所属业务对象的先后顺序赋码。

注：制造业企业经营管理信息分类代码示例参见附录 B。

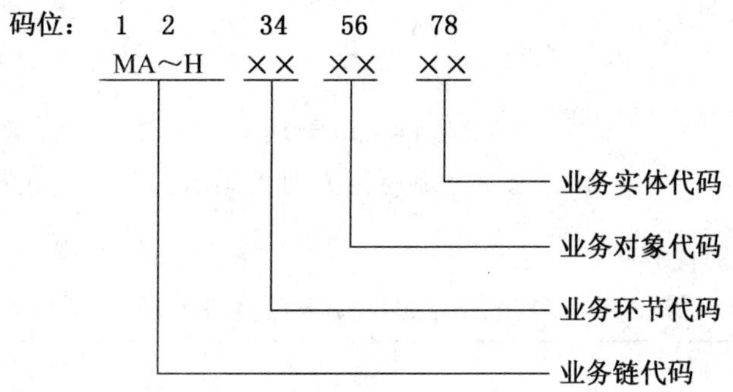

图 7 企业经营管理信息代码结构

表 7 业务链代码

代 码	名 称	说 明
MA	决策过程链	企业整体经营决策、管理模式构造的业务过程。如:企业目标与战略、组织结构设计、业务流程构造、业务规则制定、经营预算、绩效考核等
MB	主增值业务链	主增值链管理的业务过程。如:市场营销与客户关系、销售与分销、供应链管理、采购、生产制造、库存管理等
MC	经营环境业务链	经营环境管理的业务过程。如:设备购置安装、设备运行与维护管理、备品备件管理、环保与安全管理等
MD	技术质量业务链	技术质量管理的业务过程。如:标准化管理、产品技术管理、制造技术管理、服务技术管理、质量标准管理、质量检验管理等
ME	人力、组织业务链	人员与组织管理的业务过程。如:员工管理、干部管理、组织结构管理等
MF	信息资源业务链	企业信息资源管理的业务过程。如:信息资源分类编码维护、信息资源的分析与挖掘等
MG	价值与财务业务链	价值与财务管理的业务过程。如:应收管理、应付管理、库存核算、生产成本管理、费用管理、固定资产管理、现金管理、总账管理等
MH	其他辅助管理业务链	其他辅助管理业务过程

附　录　A
（资料性附录）
制造企业资源角色类别代码示例

制造企业资源角色类别代码示例见表A.1。

表A.1　制造业企业资源角色类别代码示例

代　码	名　　称	说　　明
A	经营性有形资源	
AA	原料	在生产物料清单中直接出现的各种原、燃、材料
AB	辅料	不在生产物料清单中直接出现的各种原、燃、材料
AC	半成品	在生产物料清单中列出的各种中间产出品
AD	在制品	在生产物料清单中列出的各种在线制品
AE	产成品	在生产物料清单中列出的各种最终产出品
AF	废次品	半成品、在制品、产成品中检验不合格的产出品
AG	回收物资	生产过程中所产生的各种衍生性物资
AH	包装物	用于产品包装的各种物资
AJ	能源、动力	直接用于生产过程的各种能源、动力
B	经营性无形资源	
BA	外购服务	向外部服务商购买的各种服务
BB	外销服务	向外部销售的各种服务产品
C	经营环境有形资源	
CA	不动性有形资产	不可运输的有形资产，如：土地、建筑物等
CB	通用生产设备、仪器	生产用的通用设备、仪器和装置
CD	计量、检验设备、仪器	计量和检验用的设备、仪器和装置
CE	专用生产设备	为特定产线、工序所定制的生产设备
CF	工艺装备	生产制造过程中的刀、辅、夹、量、模具
CG	材料	用于构造企业经营硬件环境的各种材料
CH	通用备品备件	用于维护、维修设备的通用备品备件
CJ	专用备件	用于维护、维修设备的专门备品备件
CK	劳保设施	用于生产人员劳动保护的各种设备、器具和设施（属于固定资产）
CL	劳保用品	用于生产人员劳动保护的各种消耗性物品
CM	办公设备	用于经营管理、办公过程的各种设备、器具和设施（属于固定资产）
CN	办公用品	用于管理、办公过程的各种消耗性物品
D	经营环境软件资源	
DA	金融资产	
DB	金融负债	
DC	专利	

表 A.1（续）

代码	名称	说明
DD	商标	
DE	版权	
DF	著作权	
DG	产权	
DH	产品技术	
DJ	制造技术	
DK	管理技术	
E	人力资源	
EA	企业所有者	企业股东、管理者代表
EB	管理人员	
EC	专业技术人员	
ED	专业技术工人	
EF	操作人员	
F	组织资源	
FA	内部决策组织	企业内部承担决策职能的组织，如：投资决策、经营综合决策、市场销售决策等
FB	内部管控组织	企业内部承担管控职能的组织，销售管控、生产管控、采购管控、技术质量管控组织等
FC	内部作业组织	企业内部承担作业、操作职能的组织，销售业务、生产制造、采购业务组织等
FD	内部其他职能组织	企业内部承担其他职能的组织，如：党组织、工会、共青团、科协等
FE	原材料供应商组织	企业的外部原材料供应商组织，如：原燃料供应商、设备与备品备件供应商等
FF	客户组织	企业的外部客户组织，如：分销商、代理商、最终客户等
FG	服务商组织	企业的外部服务商组织，如：设备维护服务商、信息化服务商、物流运输服务商等
FH	行业管理组织	企业外部的行业管理组织，如：工商、税务、行业协会、政府主管部门等

附　录　B
（资料性附录）
制造企业经营管理信息代码示例节选

制造企业经营管理信息分类代码示例节选见表B.1。

表B.1　制造企业经营管理信息分类代码示例节选

代　　码	名　　称	说　　明
MA	决策过程链	
MB	主增值链	
MB01	市场营销	
MB02	客户关系管理	
MB03	销售计划	
MB04	产品销售价格管理	
MB05	产品销售业务管理	
MB0501	客户需求	
MB0502	销售预案	
MB0503	销售合同	
MB050301	销售合同主表	
MB050302	销售产品明细	
MB050303	销售供货计划	
MB050304	销售收款计划	
MB050305	销售统计分析报表	
MB050306	……	
	……	
MB0504	销售提货单	
MB0505	销售送货单	
MB0506	……	
	……	
MB06	产品供货管理	
MB07	销售结算	
MB08	供应商管理	
MB09	采购供应链管理	
MB10	采购价格管理	
MB11	采购计划	
MB12	采购业务管理	
MB13	采购收货管理	
MB14	采购报账	

表 B.1（续）

代　码	名　称	说　明
MB15	入库管理	
MB16	出库管理	
MB17	库存盘点	
MB18	仓库管理	
MB19	生产计划	
MB20	生产领料管理	
MB21	生产加工管理	
MB22	生产质量检验	
MB23	生产入库管理	
MB24	……	
	……	
MC	经营环境业务链	
MD	技术质量业务链	
ME	人力资源业务链	
MF	信息资源业务链	
MG	价值与财务业务链	
MH	其他辅助管理业务链	

参 考 文 献

[1] 原劳动和社会保障部《国家职业标准制定技术规程》
[2] GB/T 4658—2006 学历代码
[3] GB/T 14946.1—2009 全国干部、人事管理信息系统指标体系与数据结构 第1部分:指标体系分类与代码
[4] 全国第二次经济普查表701:法人单位基本情况
[5] GB/T 16502—2009 用人单位用人形式分类与代码

ICS 35.240
L 67

中华人民共和国国家标准

GB/T 20538.2—2010

基于XML的电子商务业务数据和过程 第2部分:业务信息实体目录

Electronic business eXtensible Markup Language (ebXML) business data and process—Part 2: Business information entity directory

2011-01-14 发布 2011-06-01 实施

中华人民共和国国家质量监督检验检疫总局
中国国家标准化管理委员会 发布

前　言

GB/T 20538《基于 XML 的电子商务业务数据和过程》分为下列七个部分：

—— 第 1 部分：核心构件目录；

—— 第 2 部分：业务信息实体目录；

—— 第 3 部分：报文目录；

—— 第 4 部分：业务过程构件目录；

—— 第 5 部分：专用代码；

—— 第 6 部分：技术评审组织和程序；

—— 第 7 部分：技术评审指南。

将来还可能增加新的部分。

本部分为 GB/T 20538 的第 2 部分。

本部分参考了结构化数据标准发展组织（OASIS）制定的国际开放式联盟业务语言 UBL-CommonLibrary 2006 年 12 月 2.0 版的主要技术内容。本部分与 UBL-CommonLibrary 2006 年 12 月 2.0 版的主要差异如下：

——按照 GB/T 1.1—2000 的要求增加了前言、引言以及范围、规范性引用文件、术语和定义、缩略语等章条；

——按照 GB/T 19256.9—2006《基于 XML 的电子商务　第 9 部分：核心构件与业务信息实体规范》中对业务信息实体的要求，对目录的格式进行了修改。

本部分由全国电子业务标准化技术委员会提出并归口。

本部分起草单位：中国标准化研究院、多友科技（北京）有限公司、阿里巴巴（中国）网络技术有限公司。

本部分主要起草人：曹新九、刘颖、陈煌、章建方、孙文峰、胡涵景、隋媛、李佳伟。

引　言

近几年来，可扩展置标语言(XML)被广泛采用，成为用于表达和交换电子商务业务数据和过程的主流技术。基于这一现实，联合国贸易便利与电子商务中心(UN/CEFACT)和OASIS联合众多的国际性大型企业共同开发了基于XML的电子商务(ebXML)标准，并被ISO/TC 154采纳为ISO 15000标准。

我国按照积极采用适宜的国际标准的原则，将ISO 15000标准修改采用为GB/T 19256。其中GB/T 19256.9规定了表达业务数据类型通用语义构筑块的设计方法，以及新业务词汇的生成和现有业务数据的重构方法。GB/T 20538的本部分遵循GB/T 19256.9的相关规定，并参考了OASIS UBL(国际开放式联盟业务语言)2.0版的通用库内容，形成了支持和推动跨业务信息互操作的业务信息实体目录，以便于国际贸易以及电子商务等各行业在设计基于XML报文时使用。

基于 XML 的电子商务业务数据和过程 第 2 部分：业务信息实体目录

1 范围

GB/T 20538 的本部分规定了电子商务业务信息实体的基本信息。

本部分适用于基于 XML 的电子商务报文的设计、使用以及业务信息实体的维护和管理。

2 规范性引用文件

下列文件中的条款通过 GB/T 20538 的本部分的引用而成为本部分的条款。凡是注日期的引用文件，其随后所有的修改单(不包括勘误的内容)或修订版均不适用于本部分，然而，鼓励根据本部分达成协议的各方研究是否可使用这些文件的最新版本。凡是不注日期的引用文件，其最新版本适用于本部分。

GB/T 1836 集装箱代码、识别和标记(GB/T 1836—1997,idt ISO 6346:1995)

GB/T 2260 中华人民共和国行政区划代码

GB/T 2659 世界各国和地区名称代码(GB/T 2659—2000,eqv ISO 3166-1:1997)

GB/T 4880.1 语种名称代码 第 1 部分:2 字母代码(GB/T 4880.1—2005,ISO 639-1:2002,MOD)

GB/T 4880.3—2009 语种名称代码 第 3 部分:所有语种的 3 字母代码(ISO 639-3:2007,IDT)

GB/T 4881 中国语种代码

GB/T 6512 运输方式代码

GB/T 7408 数据元和交换格式 信息交换 日期和时间表示法(GB/T 7408—2005,ISO 8601:2000,IDT)

GB/T 12406—2008 表示货币和资金的代码(ISO 4217:2001,IDT)

GB/T 16472—1996 货物类型、包装类型和包装材料类型代码

GB/T 16711—1996 银行业 银行电信报文 银行标识代码(idt ISO 9362:1994)

GB/T 16833—2002 用于行政、商业和运输业电子数据交换的代码表

GB/T 16962—1997 国际贸易付款方式代码

GB/T 16828—2007 商品条码 参与方位置编码与条码表示

GB/T 18391.3—2009 信息技术 元数据注册系统(MDR) 第 3 部分:注册系统元模型与基本属性(ISO/IEC 11179-3:2003,IDT)

GB/T 18391.5—2009 信息技术 元数据注册系统(MDR) 第 5 部分:命名和标识原则(ISO/IEC 11179-5:2005,IDT)

GB/T 18804—2002 运输工具类型代码

GB/T 19256.9—2006 基于 XML 的电子商务 第 9 部分:核心构件与业务信息实体规范(ISO/TS 15000-5:2005,MOD)

GB/T 20538.6—2006 基于 XML 的电子商务业务数据和过程 第 6 部分:技术评审组织和程序

GB/T 20538.7—2006 基于 XML 的电子商务业务数据和过程 第 7 部分:技术评审指南

GB/T 20543—2006 银行业务和相关金融服务 国际银行账号(IBAN)(ISO 13616:2003,IDT)

3 术语与定义

下列术语和定义适用于 GB/T 20538 的本部分。

3.1

业务信息实体 business information entity;BIE

带有唯一业务语义定义的一条业务数据或一组业务数据。

[GB/T 19256.9—2006,定义 3.1.14]

3.2

基本业务信息实体 basic business information entity;BBIE

表示特定业务语境中特定对象类的单一业务特性的业务信息实体。

[GB/T 19256.9—2006,定义 3.1.9]

3.3

关联业务信息实体 association business information entity;ASBIE

表示特定业务语境中特定对象类的复合业务特性的业务信息实体。

[GB/T 19256.9—2006,定义 3.1.4]

3.4

聚合业务信息实体 aggregate business information entity;ABIE

由相互关联的若干条业务信息组成的集合,它表达了特定语境中清晰的业务含义。如果采用建模语言来表述,它表达了特定业务语境中的一个对象类。

[GB/T 19256.9—2006,定义 3.1.1]

3.5

核心构件 core component

一种用来构建具有一定含义且语义正确的信息交换包的构筑块。它仅包含描述一个特定概念所必需的信息。

[GB/T 19256.9—2006,定义 3.1.33]

3.6

基本核心构件 basic core component

描述了一个特定聚合核心构件(表达一个对象类)的单一业务特征。它具有唯一的业务语义定义。

注:改写 GB/T 19256.9—2006,定义 3.1.11。

3.7

关联核心构件 association core component

描述了一个特定聚合核心构件(表达一个对象类)的复合业务特征。它具有唯一的业务语义定义。

注:改写了 GB/T 19256.9—2006,定义 3.1.6。

3.8

聚合核心构件 aggregate core component

由相互关系的若干条业务信息组成的集合,它表达了清晰的业务含义,独立于任何特定业务语境。如果用建模术语表述,它代表独立于任何特定业务语境的一个对象类。

[GB/T 19256.9—2006,定义 3.1.2]

3.9

业务语境 business context

用一组语境类目的值标识的特定业务环境的形式化描述,可以唯一区分不同的业务环境。

[GB/T 19256.9—2006,定义 3.1.13]

4 缩略语

下列缩略语适用于 GB/T 20538 的本部分。

ADR:关于国际公路运输危险货物的欧洲协定(European Agreement Int Dangerous Goods by Road)

RID:关于国际铁路运输危险货物的欧洲协定(European Agreement Int Dangerous Goods by Rail)

BIC:银行标识码(Bank Indentifier code)

EMS:邮政特快专递服务(Express Mail Service)

EAN:欧洲物品编码(European Article Numbering)

EPC:产品电子代码(Electronic Product Code)

GLN:全球位置码(Global Location Number)

GST:货物与服务税(Goods and Services Tax)

IATA:国际航空运输协会(International Air Transport Association)

ICC:国际商会(International Chamber of Commerce)

IMO:国际海事组织(International Maritime Organization)

IMDG:国际海运危险货物规则(International Maritime Dangerous Goods)

MFAG:危险货物事故医疗急救指南(Medical First Aid Guide For Use in Accidents Involving Dangerous Goods)

NVOCC:无船公共承运人(Non-Vessel Operating Common Carrier)

SOLAS:(联合国 IMO)海上人命安全公约(Convention on the Safety of Life at Sea)

SWIFT:环球银行金融电信协会(Society for Worldwide Interbank Financial Telecommunication)

UUID:通用唯一识别符(Universally Unique Identifier)

UNSPSC:联合国标准产品与服务代码(United Nations Standard Products and Services Code)

UN/EDIFACT:联合国行政、商业与运输电子数据交换(United Nations Electronic Data Interchange for Administration Commerce and Transport)

UCR:唯一托运参考号(Unique consignment reference number)

ULD:成组载货设备(Unit Loading Device)

URL:统一资源定位符(Uniform Resource Locator)

VAT:增值税(Value Added Tax)

XPath:节点路径(XML)

5 概述

下面给出 GB/T 20538 的本部分涉及到的对象的主要特征以及它们之间的相互关系:

a) 业务信息实体是核心构件的语境化。

b) 业务信息实体分为基本业务信息实体、关联业务信息实体或聚合业务信息实体。其中,聚合业务信息实体是具有相互关系的若干业务信息的集合,并表达了特定语境中的一个对象类。基本业务信息实体和关联业务信息实体也是聚合业务信息实体的一部分,它们之间不同的是前者表达了该对象类的一个业务特征,后者表达了该对象类的若干业务特征。同样,关联业务信息实体也是一个聚合业务信息实体在另一个聚合业务实体中的应用。

c) 业务信息实体和核心构件之间的区别是业务语境。业务语境是一种按照核心构件在特定业务环境中的用法对其进行限定和精练的机制。当一个核心构件用在一个真实的业务语境中时,它就变成一个业务信息实体。业务信息实体是核心构件和特定的业务语境相结合的结果。

d) 聚合业务信息实体由聚合核心构件加特定的业务语境派生而来,基本业务信息实体由基本核心构件加特定的业务语境派生而来,关联业务信息实体由关联核心构件加特定的业务语境派生而来。

其中,业务信息实体和核心构件的详细说明以及之间关系见 GB/T 19256.9—2006 中的有关描述。

6 业务信息实体目录字典信息

GB/T 20538 的本部分根据实际应用需要,以 GB/T 19256.9—2006 的相关规则和 GB/T 18391.3—

2009 和 GB/T 18391.5—2009 的定义及命名规则为基础，对每个业务信息实体给出了下列字典信息：

a) 字典条目名称，每个业务信息实体有且仅有一个字典条目名称，名称由下面部分构成，各部分之间用半角符号“.”分割：

1) 对象类词；

2) 特性词；

3) 表示词；

4) 各部分的限定词。

注 1：对于聚合业务信息实体，其特性词和表示词都是“细目”。

注 2：对于关联业务信息实体，表示词为其所相关的聚合业务信息实体的对象类词，特性词为该对象类词加上适当的语义限定词。如下所示：

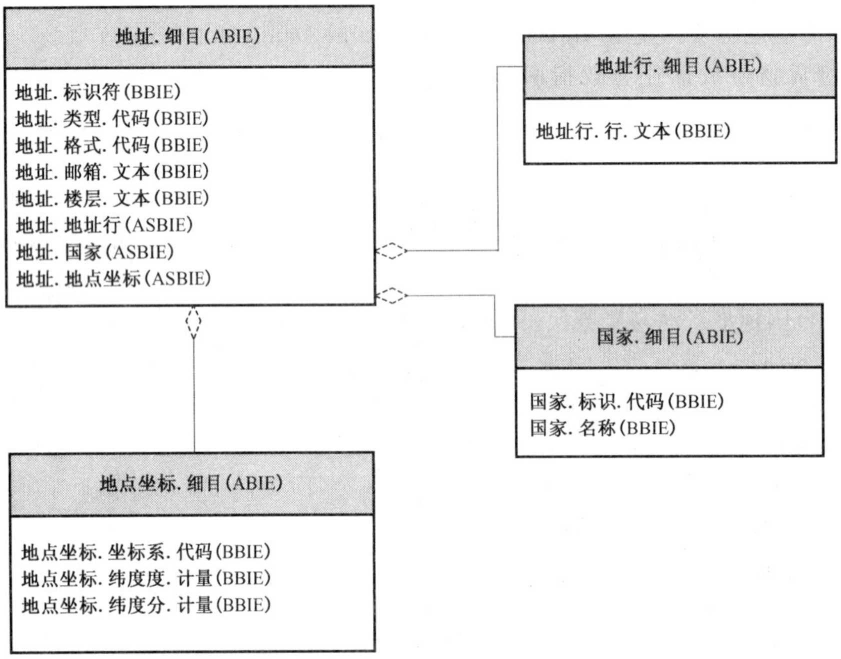

注 3：对于特性词带有下划线的基本信息实体和关联信息实体，其字典条目名称中的中文名称省略下划线。同时，当不影响整个特性词的完整语义时可省略下划线后的部分；反之，则保留下划线后的部分。如：

● 关联信息实体：托运.出口方_参与方.参与方(Consignment. Exporter_Party. Party)可为托运.出口方.参与方；

● 基本信息实体：托运.危险品_指示符.指示符(Consignment. Hazardous Risk_Indicator. Indicator)应为托运.危险品指示符.指示符。

b) 类型，包括三种类型的业务信息实体，即基本业务信息实体(BBIE)、聚合业务信息实体(ABIE)和关联业务信息实体(ASBIE)。

c) 出现次数，指 BBIE 或 ASBIE 在 ABIE 中的出现次数，“0..1”表示可以不出现，最多出现一次；“1..1”表示能且仅能出现一次；“0..n”表示可以不出现，也可出现一次或多次；“1..n”表示最少出现一次，最多不限。

d) 对象类词，指出该业务信息实体的对象类词。

e) 特性词，指出该业务信息实体的特性词。

f) 表示词，指出该业务信息实体的表示词。

g) 相关的对象类，指出与关联业务信息实体相关的聚合业务信息实体的对象类。

h) 定义：业务信息实体的唯一业务语义。

i) 业务术语：通常在特定语境业务中使用的 BIE 的同义词。

j) 备注，给出该业务信息实体的引用代码、示例等信息。

业务信息实体字典信息的详细说明见 GB/T 19256.9—2006 中的有关描述。

7 业务信息实体目录

7.1 地址.细目

见表1。

表1

字典条目名称	类型	出现次数	对象类	相关的对象类	特性词	表示词	定义	业务术语	备注
地址.细目 Address. Details	ABIE		地址		细目	细目	关于一个结构化地址的信息		
地址.标识符 Address. Identifier	BBIE	0..1	地址		标识符	标识符	在登记地址的方案中给予特定地址的唯一标识符	细目关键字	
地址.地址类型代码.代码 Address. Address Type Code. Code	BBIE	0..1	地址		地址类型代码	代码	规定该地址类型的代码,比如:办公地址或家庭地址		见GB/T 16833—2002的数据元3131
地址.地址格式代码.代码 Address. Address Format Code. Code	BBIE	0..1	地址		地址格式代码	代码	规定该地址格式的代码		见GB/T 16833—2002的数据元3477
地址.邮箱.文本 Address. Postbox. Text	BBIE	0..1	地址		邮箱	文本	邮箱号码	邮箱、邮政信箱	如:188号邮箱
地址.楼层.文本 Address. Floor. Text	BBIE	0..1	地址		楼层	文本	建筑物中的可寻址的楼层	房屋号码	如:A座第18层
地址.房间.文本 Address. Room. Text	BBIE	0..1	地址		房间	文本	建筑物的房间、套房或单元	房屋号码	如:A座第18层1008房间
地址.街道名称.名称 Address. Street Name. Name	BBIE	0..1	地址		街道名称	名称	街道的名称	大道、大街	如:海淀区知春路
地址.附加街道名称.名称 Address. Additional_Street Name. Name	BBIE	0..1	地址		街道名称	名称	用于进一步说明街道的附加名称。例如:巷、里弄、胡同等	大道、大街	如:西四北三条
地址.街区名称.名称 Address. Block Name. Name	BBIE	0..1	地址		街区名称	名称	文本表示的街区名称,如:由街道环绕的区域,通常该街区包含多个建筑物		

表 1（续）

字典条目名称	类型	出现次数	对象类	相关的对象类	特性词	表示词	定义	业务术语	备注
地址.建筑物名称.名称 Address. Building Name. Name	BBIE	0..1	地址		建筑物名称	名称	建筑物的名称	建筑物名称	如:西单图书大厦
地址.建筑物编号.文本 Address. Building Number. Text	BBIE	0..1	地址		建筑物编号	文本	建筑物的编号	房屋号码	如:西城区西长安街17号
地址.内部邮箱.文本 Address. In-house Mail. Text	BBIE	0..1	地址		邮箱	文本	建筑物内的特定位置	邮寄地址	
地址.部门.文本 Address. Department. Text	BBIE	0..1	地址		部门	文本	机构中的部门	部门	如:中国标准化研究院高新所
地址.提示标记.文本 Address. Mark Attention. Text	BBIE	0..1	地址		提示标记	文本	文本表示的机构中的部门或个人的名称,对其邮件地址标出为:“收”或“亲启”		
地址.转交标记.文本 Address. Mark Care. Text	BBIE	0..1	地址		转交标记	文本	文本表示的机构或个人的名称,对其邮件地址标出为:“转交”		
地址.片区标识.文本 Address. Plot Identification. Text	BBIE	0..1	地址		片区标识	文本	文本表示的该地址所在片区的唯一标识符,如:片区编码		
地址.市属行政区划名称.名称 Address. City Subdivision Name. Name	BBIE	0..1	地址		行政区划名称	名称	文本表示的该地址所在市的下一级行政区划的名称,如:行政区或镇		
地址.城市名称.名称 Address. City Name. Name	BBIE	0..1	地址		城市名称	名称	城市、乡镇或村庄的名称	所在地名称	如:北京
地址.邮政编码.文本 Address. Postal_Zone. Text	BBIE	0..1	地址		邮政编码	文本	国家邮政服务的一个或多个属性,一组字母加上(或单独是)一组数字加在邮政地址中以便于对邮件进行分类和分拣	邮政编码	如我国的邮政编码采用六位数字表示

表 1（续）

字典条目名称	类型	出现次数	对象类	相关的对象类	特性词	表示词	定义	业务术语	备注
地址.省级行政区划.文本 Address. Country Subentity. Text	BBIE	0..1	地址		省级行政区划	文本	省级行政区划，如：省、自治区和直辖市	行政区、州、地区、郡、县	见 GB/T 2260
地址.省级行政区划代码.代码 Address. Country Subentity Code. Code	BBIE	0..1	地址		省级行政区划代码	代码	代码表示的省级行政区划，如：省、自治区和直辖市的代码	行政区代码、州代码	见 GB/T 2260
地址.区域.文本 Address. Region. Text	BBIE	0..1	地址		区域	文本	可标出地址的区域或若干国家	所在地名称，经济区	如：东盟
地址.区.文本 Address. District. Text	BBIE	0..1	地址		区	文本	国家地理上的区域划分	所在地名称、区	如：东亚
地址.时差.文本 Address. Timezone_Offset. Text	BBIE	0..1	地址		时差	文本	对地址所处时区的时间与世界标准时间偏移量的计量		如：阿根廷 －11、新西兰＋4
地址.地址行 Address. Address Line	ASBIE	0..n	地址	地址行	地址行	地址行	与地址关联		
地址.国家 Address. Country	ASBIE	0..1	地址	国家	国家	国家	与国家关联		
地址.地点坐标 Address. Location Coordinate	ASBIE	0..1	地址	位置坐标	位置坐标	位置坐标	与位置坐标关联		

7.2 地址行.细目

见表 2。

表 2

字典条目名称	类型	出现次数	对象类	相关的对象类	特性词	表示词	定义	业务术语	备注
地址行.细目 Address Line. Details	ABIE		地址行		细目	细目	有关非结构性文本表示的地址行的信息		
地址行.行.文本 Address Line. Line. Text	BBIE	1..1	地址行		行	文本	非结构性文本表示的地址行		

7.3 空运.细目

见表3。

表3

字典条目名称	类型	出现次数	对象类	相关的对象类	特性词	表示词	定义	业务术语	备注
空运.细目 Air Transport. Details	ABIE		空运		细目	细目	与航空器有关的信息		
空运.航空器标识符.标识符 Air Transport. Aircraft Identifier. Identifier	BBIE	1..1	空运		航空器标识符	标识符	标识一个特定的航空器		

7.4 折让费用.细目

见表4。

表4

字典条目名称	类型	出现次数	对象类	相关的对象类	特性词	表示词	定义	业务术语	备注
折让费用.细目 Allowance Charge. Details	ABIE		折让费用		细目	细目	有关费用或折让价格成分的信息		
折让费用.标识符 Allowance Charge. Identifier	BBIE	0..1	折让费用		标识符	标识符	标识折让费用		
折让费用.费用指示符.指示符 Allowance Charge. Charge_Indicator. Indicator	BBIE	1..1	折让费用		指示符	指示符	指示该费用是否是折让费用 是折让费用为T(ture); 非折让费用为F(false)		
折让费用.折让费用原因代码.代码 Allowance Charge. Allowance Charge Reason Code. Code	BBIE	0..1	折让费用		折让费用原因代码	代码	用代码表示的折让费用原因		
折让费用.折让费用原因.文本 Allowance Charge. Allowance Charge_ Reason. Text	BBIE	0..1	折让费用		原因	文本	用文本表示的折让费用原因		

表 4（续）

字典条目名称	类型	出现次数	对象类	相关的对象类	特性词	表示词	定义	业务术语	备注
折让费用. 乘数系数. 数字 Allowance Charge. Multiplier_Factor. Numeric	BBIE	0..1	折让费用		系数	数字	计算折让费用所采用的基本价格系数		如:0.20
折让费用. 预付指示符. 指示符 Allowance Charge. Prepaid_Indicator. Indicator	BBIE	0..1	折让费用		指示符	指示符	指示折让费用是否是预付的 是预付为 T(ture); 非预付为 F(false)		
折让费用. 次序. 数字 Allowance Charge. Sequence. Numeric	BBIE	0..1	折让费用		次序	数字	当多重成分依次叠加应用到一个基准价格上时，标识折让或费用计算的顺序，如果全部成分都应用到一个基准价格，该数字应一直为 1		如:1、2、3、4 等
折让费用. 金额 Allowance Charge. Amount	BBIE	0..1	折让费用		金额	金额	折让费用的金额		如:35 元、23 元等
折让费用. 基准金额. 金额 Allowance Charge. Base_Amount. Amount	BBIE	0..1	折让费用		金额	金额	与乘数系数相乘用来计算折让费用的金额		
折让费用. 记账代码. 代码 Allowance Charge. Accounting Cost Code. Code	BBIE	0..1	折让费用		记账代码	代码	适用于折让费用的买方记账代码		
折让费用. 记账. 文本 Allowance Charge. Accounting Cost. Text	BBIE	0..1	折让费用		记账	文本	文本表示的适用于折让费用的买方记账成本中心		
折让费用. 税目 Allowance Charge. Tax Category	ASBIE	0..n	折让费用	税目	税目	税目	与税目关联		
折让费用. 税总计 Allowance Charge. Tax Total	ASBIE	0..n	折让费用	税总计	税总计	税总计	与税总计关联		
折让费用. 付款方式 Allowance Charge. Payment Means	ASBIE	0..n	折让费用	付款方式	付款方式	付款方式	与付款方式关联		

7.5 附件.细目

见表5。

表5

字典条目名称	类型	出现次数	对象类	相关的对象类	特性词	表示词	定义	业务术语	备注
附件.细目 Attachment. Details	ABIE		附件		细目	细目	有关一个附加单证的信息。该附件可以作为外部引用(用URI元素引用)或内部引用(用MIME元素引用)或包含在单证中(用EmbeddedDocument元素引用)		
附件.嵌入式单证.二进制对象 Attachment. Embedded_Document. Binary Object	BBIE	0..1	附件		单证	二进制对象	包含一个嵌入式单证BLOB(二进制对象)		
附件.外部参考 Attachment. External Reference	ASBIE	0..1	附件	外部参考	外部参考	外部参考	作为一个外部引用的附加单证,或在MIME位置引用,或作为嵌入引用		

7.6 账单参考.细目

见表6。

表6

字典条目名称	类型	出现次数	对象类	相关的对象类	特性词	表示词	定义	业务术语	备注
账单参考.细目 Billing Reference. Details	ABIE		账单参考		细目	细目	与一个关联单证直接相关的信息		
账单参考.发票.单证参考 Billing Reference. Invoice_Document Reference. Document Reference	ASBIE	0..1	账单参考	单证参考	单证参考	单证参考	发票关联的参考		
账单参考.自开发票.单证参考 Billing Reference. Self Billed Invoice_Document Reference. Document Reference	ASBIE	0..1	账单参考	单证参考	单证参考	单证参考	自开发票关联的参考		
账单参考.贷记通知.单证参考 Billing Reference. Credit Note_Document Reference. Document Reference	ASBIE	0..1	账单参考	单证参考	单证参考	单证参考	贷记通知关联的参考		

表 6（续）

字典条目名称	类型	出现次数	对象类	相关的对象类	特性词	表示词	定义	业务术语	备注
账单参考.自开贷记通知.单证参考 Billing Reference. Self Billed Credit Note_Document Reference. Document Reference	ASBIE	0..1	账单参考	单证参考	单证参考	单证参考	自开贷记通知关联的参考		
账单参考.借记通知.单证参考 Billing Reference. Debit Note_Document Reference. Document Reference	ASBIE	0..1	账单参考	单证参考	单证参考	单证参考	借记通知关联的参考		
账单参考.催函.单证参考 Billing Reference. Reminder_Document Reference. Document Reference	ASBIE	0..1	账单参考	单证参考	单证参考	单证参考	催函关联的参考		
账单参考.附件.单证参考 Billing Reference. Additional_Document Reference. Document Reference	ASBIE	0..1	账单参考	单证参考	单证参考	单证参考	附件关联的参考		
账单参考.账单参考行 Billing Reference. Billing Reference Line	ASBIE	0..1	账单参考	账单参考行	账单参考行	账单参考行	账单参考行关联的参考		

7.7 账单参考行.细目

见表 7。

表 7

字典条目名称	类型	出现次数	对象类	相关的对象类	特性词	表示词	定义	业务术语	备注
账单参考行.细目 Billing Reference Line. Details	ABIE		账单参考行		细目	细目	有关账单行参考的信息		
账单参考行.标识符 Billing Reference Line. Identifier	BBIE	0..1	账单参考行		标识符	标识符	账单行的标识符		
账单参考行.金额 Billing Reference Line. Amount	BBIE	0..1	账单参考行		金额	金额	账单行的金额，包含折让费用但不含税		
账单参考行.折让费用 Billing Reference Line. Allowance Charge	ASBIE	0..1	账单参考行	折让费用	折让费用	折让费用	与折让费用关联		

7.8 分支机构.细目

见表8。

表 8

字典条目名称	类型	出现次数	对象类	相关的对象类	特性词	表示词	定义	业务术语	备注
分支机构.细目 Branch. Details	ABIE		分支机构		细目	细目	与分支机构相关的信息		
分支机构.标识符 Branch. Identifier	BBIE	1..1	分支机构		标识符	标识符	一个机构的分支机构的标识符		
分支机构.名称 Branch. Name	BBIE	0..1	分支机构		名称	名称	一个机构的分支机构的名称		
分支机构.金融机构 Branch. Financial Institution	ASBIE	1..1	分支机构	金融机构	金融机构	金融机构	与金融机构关联		
分支机构.地址 Branch. Address	ASBIE	0..1	分支机构	地址	地址	地址	与地址关联		

7.9 卡账户.细目

见表9。

表 9

字典条目名称	类型	出现次数	对象类	相关的对象类	特性词	表示词	定义	业务术语	备注
卡账户.细目 Card Account. Details	ABIE		卡账户		细目	细目	关于借记卡、贷记卡或签账卡的信息		
卡账户.基本账户号码.标识符 Card Account. Primary_Account Number. Identifier	BBIE	1..1	卡账户		账户号码	标识符	卡号;基本账户号		
卡账户.网络.标识符 Card Account. Network. Identifier	BBIE	1..1	卡账户		网络	标识符	卡网络提供商		如:VISA 卡等

表 9（续）

字典条目名称	类型	出现次数	对象类	相关的对象类	特性词	表示词	定义	业务术语	备注
卡账户. 卡类型代码. 代码 Card Account. Card Type Code. Code	BBIE	1..1	卡账户		卡类型代码	代码	卡的类型代码		如：贷记卡、借记卡
卡账户. 有效起始日期. 日期 Card Account. Validity Start Date. Date	BBIE	0..1	卡账户		有效起始日期	日期	卡的有效起始日期		
卡账户. 期满日期. 日期 Card Account. Expiry Date. Date	BBIE	0..1	卡账户		期满日期	日期	卡的期满日期		
卡账户. 签发方. 标识符 Card Account. Issuer. Identifier	BBIE	0..1	卡账户		签发方	标识符	卡签发方的标识符		
卡账户. 签发号码. 标识符 Card Account. Issue Number. Identifier	BBIE	0..1	卡账户		签发号码	标识符	标识签发号码		
卡账户. CV2. 文本 Card Account. CV2. Text	BBIE	0..1	卡账户		CV2	文本	卡的校验值		
卡账户. 芯片代码. 代码 Card Account. Card Chip Code. Code	BBIE	0..1	卡账户		芯片代码	代码	区别芯片卡和磁条卡		
卡账户. 芯片应用. 标识符 Card Account. Chip _Application. Identifier	BBIE	0..1	卡账户		应用	标识符	标识提供信息咨询的芯片卡上的应用(AID)		
卡账户. 持有者. 文本 Card Account. Holder. Text	BBIE	0..1	卡账户		持有者	文本	持卡者的名称		

7.10 目录行项规格更新. 细目

见表 10。

表 10

字典条目名称	类型	出现次数	对象类	相关的对象类	特性词	表示词	定义	业务术语	备注
目录行项规格更新. 细目 Catalogue Item Specification Update Line. Details	ABIE		目录行项规格更新		细目	细目	目录行项规格的详细信息		

表 10（续）

字典条目名称	类型	出现次数	对象类	相关的对象类	特性词	表示词	定义	业务术语	备注
目录行项规格更新.标识符 Catalogue Item Specification Update Line. Identifier	BBIE	1..1	目录行项规格更新		标识符	标识符	该目录中行的唯一标识符		
目录行项规格更新.承包方.客户方 Catalogue Item Specification Update Line. Contractor_Customer Party. Customer Party	ASBIE	0..1	目录行项规格更新	客户方	客户方	客户方	负责目录相关合同的客户方		
目录行项规格更新.卖方.供货方 Catalogue Item Specification Update Line. Seller_Supplier Party. Supplier Party	ASBIE	0..1	目录行项规格更新	供货方	供货方	供货方	与项的卖方关联		
目录行项规格更新.项 Catalogue Item Specification Update Line. Item	ASBIE	1..1	目录行项规格更新	项	项	项	与项本身关联		

7.11 目录行.细目

见表 11。

表 11

字典条目名称	类型	出现次数	对象类	相关的对象类	特性词	表示词	定义	业务术语	备注
目录行.细目 Catalogue Line. Details	ABIE		目录行		细目	细目	目录的基础元素，可订购的商品		
目录行.标识符 Catalogue Line. Identifier	BBIE	1..1	目录行		标识符	标识符	目录行的唯一实例标识符		
目录行.操作代码.代码 Catalogue Line. Action Code. Code	BBIE	0..1	目录行		操作代码	代码	此项与外部库同步所需的操作指示代码		如："替换"、"更新"、"删除"、"增加"

表 11（续）

字典条目名称	类型	出现次数	对象类	相关的对象类	特性词	表示词	定义	业务术语	备注
目录行. 生命周期状态代码. 代码 Catalogue Line. Life Cycle Status Code. Code	BBIE	0..1	目录行		生命周期状态代码	代码	指示行生命周期状态的代码		
目录行. 合同子项. 文本 Catalogue Line. Contract Subdivision. Text	BBIE	0..1	目录行		合同子项	文本	标识合同或标书的子项		
目录行. 注释. 文本 Catalogue Line. Note. Text	BBIE	0..1	目录行		注释	文本	用于一个目录中行非结构化信息的自由文本注释(倾向于人可读的)		
目录行. 可订购指示符. 指示符 Catalogue Line. Orderable_Indicator. Indicator	BBIE	0..1	目录行		指示符	指示符	指明行是否可订购(不仅仅指信息)		TURE 代表可订购，FALSE 代表不可订购
目录行. 可订购单元. 文本 Catalogue Line. Orderable_Unit. Text	BBIE	0..1	目录行		单元	文本	可订购的单元		
目录行. 内容单元. 数量 Catalogue Line. Content Unit. Quantity	BBIE	0..1	目录行		内容单元	数量	按行中规定的计量单位订购的数量		
目录行. 订单数量增量. 数字 Catalogue Line. Order Quantity Increment. Numeric	BBIE	0..1	目录行		订单数量增量	数字	设置订购数量增量的项的数字		
目录行. 最少订单数量. 数量 Catalogue Line. Minimum_Order Quantity. Quantity	BBIE	0..1	目录行		订单数量	数量	可订购的项的最少数量		如:10 箱
目录行. 最多订单数量. 数量 Catalogue Line. Maximum_Order Quantity. Quantity	BBIE	0..1	目录行		订单数量	数量	可订购的项的最多数量		如:1 吨

表 11（续）

字典条目名称	类型	出现次数	对象类	相关的对象类	特性词	表示词	定义	业务术语	备注
目录行. 担保信息. 文本 Catalogue Line. Warranty_Information. Text	BBIE	0..n	目录行		信息	文本	关于物品或服务担保的信息，可以由任何一方提出担保(在担保参与方中描述)		
目录行. 包装层代码. 代码 Catalogue Line. Pack Level Code. Code	BBIE	0..1	目录行		包装层代码	代码	包装层级的代码	消费单位，交易单位	见 GB/T 16833—2002 中数据元 7075
目录行. 承包方. 客户方 Catalogue Line. Contractor_Customer Party. Customer Party	ASBIE	1..1	目录行	客户方	客户方	客户方	负责目录相关合同的客户方		
目录行. 卖方. 供货方 Catalogue Line. Seller_Supplier Party. Supplier Party	ASBIE	0..1	目录行	供货方	供货方	供货方	与项卖方关联		
目录行. 担保方. 参与方 Catalogue Line. Warranty_Party. Party	ASBIE	0..1	目录行	参与方	参与方	参与方	负责担保的一方		
目录行. 担保有效期. 期限 Catalogue Line. Warranty Validity_Period. Period	ASBIE	0..1	目录行	期限	期限	期限	担保生效的期间		
目录行. 行有效期. 期限 Catalogue Line. Line Validity_Period. Period	ASBIE	0..1	目录行	期限	期限	期限	目录行生效的期间		
目录行. 项对照 Catalogue Line. Item Comparison	ASBIE	0..n	目录行	项对照	项对照	项对照	与该项对照信息关联		
目录行. 组件. 相关项 Catalogue Line. Component_Related Item. Related Item	ASBIE	0..n	目录行	相关项	相关项	相关项	与描述任何目录项关联，该目录项可以为该项的组成		
目录行. 附属项. 相关项 Catalogue Line. Accessory_Related Item. Related Item	ASBIE	0..n	目录行	相关项	相关项	相关项	与描述任何目录项关联，该目录项可以是该项的可选附属项		

表 11（续）

字典条目名称	类型	出现次数	对象类	相关的对象类	特性词	表示词	定义	业务术语	备注
目录行. 必需项. 相关项 Catalogue Line. Required_Related Item. Related Item	ASBIE	0..n	目录行	相关项	相关项	相关项	与描述任何目录项关联，该目录项可以是该项的必需项		
目录行. 替代项. 相关项 Catalogue Line. Replacement_Related Item. Related Item	ASBIE	0..n	目录行	相关项	相关项	相关项	与描述任何目录项关联，该目录项可以是该项的替代项		
目录行. 补充项. 相关项 Catalogue Line. Complementary_Related Item. Related Item	ASBIE	0..n	目录行	相关项	相关项	相关项	与描述任何目录项关联，该目录项可以是该项的补充项		
目录行. 所需的项位置数量. 项位置数量 Catalogue Line. Required_Item Location Quantity. Item Location Quantity	ASBIE	0..n	目录行	项位置数量	项位置数量	项位置数量	与项的位置和数量的有关特性说明关联		
目录行. 单证参考 Catalogue Line. Document Reference	ASBIE	0..n	目录行	单证参考	单证参考	单证参考	与单证参考关联		
目录行. 项 Catalogue Line. Item	ASBIE	1..1	目录行	项	项	项	与项本身关联		

7.12 目录定价更新行. 细目

见表 12。

表 12

字典条目名称	类型	出现次数	对象类	相关的对象类	特性词	表示词	定义	业务术语	备注
目录定价更新行. 细目 Catalogue Pricing Update Line. Details	ABIE		目录定价更新行		细目	细目	目录行报价的细目		
目录定价更新行. 标识符 Catalogue Pricing Update Line. Identifier	BBIE	1..1	目录定价更新行		标识符	标识符	目录单证中行的唯一实例标识符		

表 12（续）

字典条目名称	类型	出现次数	对象类	相关的对象类	特性词	表示词	定义	业务术语	备注
目录定价更新行.承包方.客户方 Catalogue Pricing Update Line. Contractor_ Customer Party. Customer Party	ASBIE	0..1	目录定价更新行	客户方	客户方	客户方	负责目录相关合同的客户方		
目录定价更新行.卖方.供货方 Catalogue Pricing Update Line. Seller_ Supplier Party. Supplier Party	ASBIE	0..1	目录定价更新行	供货方	供货方	供货方	与项卖方关联		
目录定价更新行.所需的项位置数量.项位置数量 Catalogue Pricing Update Line. Required_ Item Location Quantity. Item Location Quantity	ASBIE	0..n	目录定价更新行	项位置数量	项位置数量	项位置数量	与项的位置和数量特性说明关联		

7.13 目录参考.细目

见表 13。

表 13

字典条目名称	类型	出现次数	对象类	相关的对象类	特性词	表示词	定义	业务术语	备注
目录参考.细目 Catalogue Reference. Details	ABIE		目录参考		细目	细目	目录的参考		
目录参考.标识符 Catalogue Reference. Identifier	BBIE	0..1	目录参考		标识符	标识符	标识目录单证的参考		
目录参考.UUID.标识符 Catalogue Reference. UUID. Identifier	BBIE	0..1	目录参考		UUID	标识符	ABIE 实例的通用唯一标识符		
目录参考.签发日期.日期 Catalogue Reference. Issue Date. Date	BBIE	0..1	目录参考		签发日期	日期	目录签发的日期		
目录参考.签发时间.时间 Catalogue Reference. Issue Time. Time	BBIE	0..1	目录参考		签发时间	时间	目录签发的时间		

表 13（续）

字典条目名称	类型	出现次数	对象类	相关的对象类	特性词	表示词	定义	业务术语	备注
目录参考. 修订日期. 日期 Catalogue Reference. Revision Date. Date	BBIE	0..1	目录参考		修订日期	日期	目录中信息修订的日期		
目录参考. 修订时间. 时间 Catalogue Reference. Revision Time. Time	BBIE	0..1	目录参考		修订时间	时间	目录中信息修订的时间		
目录参考. 注释. 文本 Catalogue Reference. Note. Text	BBIE	0..n	目录参考		注释	文本	用于一个目录单证中行非结构化信息的自由文本注释(倾向于人可读的)		
目录参考. 描述. 文本 Catalogue Reference. Description. Text	BBIE	0..n	目录参考		描述	文本	目录的描述		
目录参考. 版本. 标识符 Catalogue Reference. Version. Identifier	BBIE	0..1	目录参考		版本	标识符	指示目录当前版本		如:V1.1
目录参考. 前一版本. 标识符 Catalogue Reference. Previous_Version. Identifier	BBIE	0..1	目录参考		版本	标识符	指示目录的前一版本(被现在目录取代的版本)		如:V1.0

7.14 目录要求行. 细目

见表 14。

表 14

字典条目名称	类型	出现次数	对象类	相关的对象类	特性词	表示词	定义	业务术语	备注
目录要求行. 细目 Catalogue Request Line. Details	ABIE		目录要求行		细目	细目	目录的基本元素;可订购的商品		
目录要求行. 标识符 Catalogue Request Line. Identifier	BBIE	1..1	目录要求行		标识符	标识符	目录单证中行的唯一实例标识符		

表 14（续）

字典条目名称	类型	出现次数	对象类	相关的对象类	特性词	表示词	定义	业务术语	备注
目录要求行. 合同子项. 文本 Catalogue Request Line. Contract Subdivision. Text	BBIE	0..1	目录要求行		合同子项	文本	标识合同或标书的一个子项		
目录要求行. 注释. 文本 Catalogue Request Line. Note. Text	BBIE	0..n	目录要求行		注释	文本	用于目录单证中行非结构化信息的自由文本注释(倾向于人可读的)		
目录要求行. 有效期. 期限 Catalogue Request Line. Line Validity_ Period. Period	ASBIE	0..1	目录要求行	期限	期限	期限	目录行生效的期限		
目录要求行. 所需的项位置数量. 项位置数量 Catalogue Request Line. Required_Item Location Quantity. Item Location Quantity	ASBIE	0..n	目录要求行	项位置数量	项位置数量	项位置数量	与项的位置和数量特性说明相关的信息		
目录要求行. 项 Catalogue Request Line. Item	ASBIE	1..1	目录要求行	项	项	项	与项自身关联		

7.15 原产地证书申请表. 细目

见表 15。

表 15

字典条目名称	类型	出现次数	对象类	相关的对象类	特性词	表示词	定义	业务术语	备注
原产地证书申请表. 细目 Certificate Of Origin Application. Details	ABIE		原产地证书申请表		细目	细目	有关原产地证书申请表的信息		
原产地证书申请表. 参考. 标识符 Certificate Of Origin Application. Reference. Identifier	BBIE	1..1	原产地证书申请表		参考	标识符	持有标识发货通知的唯一号码,一般根据卖方系统产生发货通知		

表 15（续）

字典条目名称	类型	出现次数	对象类	相关的对象类	特性词	表示词	定义	业务术语	备注
原产地证书申请表. 证书类型. 文本 Certificate Of Origin Application. Certificate Type. Text	BBIE	1..1	原产地证书申请表		证书类型	文本	原产地证书的类型，包括一般的、普惠制的、加工贸易的、专用的 4 种类型		
原产地证书申请表. 申请状态代码. 代码 Certificate Of Origin Application. Application Status Code. Code	BBIE	0..n	原产地证书申请表		申请状态代码	代码	指定原产地申请表的状态（修订和更换等）		
原产地证书申请表. 最初工作标识符. 标识符 Certificate Of Origin Application. Original_Job Identifier. Identifier	BBIE	1..1	原产地证书申请表		工作标识符	标识符	为原产地证书申请表提供的最初工作号码，以便系统用其跟踪原产地证书于早期申请时所作的修改和取消等信息		
原产地证书申请表. 前工作标识符. 标识符 Certificate Of Origin Application. Previous_Job Identifier. Identifier	BBIE	0..n	原产地证书申请表		工作标识符	标识符	分配给申请表在审查和变化过程中的前一工作号码，以便系统用其跟踪原产地证书于早期申请时所作的修改和取消等信息		
原产地证书申请表. 备注. 文本 Certificate Of Origin Application. Remarks. Text	BBIE	0..n	原产地证书申请表		备注	文本	原产地证书申请表的申请备注信息		
原产地证书申请表. 装运 Certificate Of Origin Application. Shipment	ASBIE	1..1	原产地证书申请表	装运	装运	装运	关于物品项的分装确认信息，在发货人与收货人之间用一种或多种方式来运输		
原产地证书申请表. 签字方 Certificate Of Origin Application. Endorser Party	ASBIE	1..n	原产地证书申请表	签字方	签字方	签字方	提供签字的一方		
原产地证书申请表. 准备方. 参与方 Certificate Of Origin Application. Preparation_Party. Party	ASBIE	1..1	原产地证书申请表	项	项	项	准备原产地证书申请表的出口商		

表 15（续）

字典条目名称	类型	出现次数	对象类	相关的对象类	特性词	表示词	定义	业务术语	备注
原产地证书申请表.签发方.参与方 Certificate Of Origin Application. Issuer_Party. Party	ASBIE	1..1	原产地证书申请表	参与方	参与方	参与方	授权签发原产地证书的机构的细目		
原产地证书申请表.签发国.国家 Certificate Of Origin Application. Issuing_Country. Country	ASBIE	1..1	原产地证书申请表	参与方	参与方	参与方	原产地证书签发国		
原产地证书申请表.单证分发 Certificate Of Origin Application. Document Distribution	ASBIE	0..n	原产地证书申请表	单证分发	单证分发	单证分发	原产地证书的分发		
原产地证书申请表.支持单证参考.单证参考 Certificate Of Origin Application. Supporting_Document Reference. Document Reference	ASBIE	0..n	原产地证书申请表	单证参考	单证参考	单证参考	支持单证的有关参考信息		
原产地证书申请表.签名 Certificate Of Origin Application. Signature	ASBIE	0..n	原产地证书申请表	签名	签名	签名	申请方的个人或多人签名		

7.16 分类目录.细目

见表 16。

表 16

字典条目名称	类型	出现次数	对象类	相关的对象类	特性词	表示词	定义	业务术语	备注
分类目录.细目 Classification Category. Details	ABIE		分类目录		细目	细目	分类目录的信息，分类体系的一部分		
分类目录.名称 Classification Category. Name	BBIE	0..1	分类目录		名称	名称	分类目录的名称	代码表名称	UNSPSC 的门类、系别等

表 16（续）

字典条目名称	类型	出现次数	对象类	相关的对象类	特性词	表示词	定义	业务术语	备注
分类目录. 代码值. 文本 Classification Category. Code Value. Text	BBIE	0..1	分类目录		代码值	文本	分类目录的值	代码值	UNSPSC 编码如：3420001、3273666、HSJJD-213
分类目录. 描述. 文本 Classification Category. Description. Text	BBIE	0..n	分类目录		描述	文本	分类目录的描述	代码名称	
分类目录. 目录化分类. 分类目录 Classification Category. Categorizes_Classification Category. Classification Category	ASBIE	0..n	分类目录	分类目录	分类目录	分类目录	与目录的子目录关联		

7.17 分类体系. 细目

见表 17。

表 17

字典条目名称	类型	出现次数	对象类	相关的对象类	特性词	表示词	定义	业务术语	备注
分类体系. 细目 Classification Scheme. Details	ABIE		分类体系		细目	细目	关于分类体系的信息;该体系定义了对货物或服务分类的方法		
分类体系. 标识符 Classification Scheme. Identifier	BBIE	0..1	分类体系		标识符	标识符	分类体系的标识符		
分类体系. UUID. 标识符 Classification Scheme. UUID. Identifier	BBIE	0..1	分类体系		UUID	标识符	ABIE 实例的通用唯一标识符		
分类体系. 上一次修订日期. 日期 Classification Scheme. Last_Revision Date. Date	BBIE	0..1	分类体系		修订日期	日期	分类体系上一次修订的日期		
分类体系. 上一次修订时间. 时间 Classification Scheme. Last_Revision Time. Time	BBIE	0..1	分类体系		修订时间	时间	分类体系上一次修订的时间		

表 17（续）

字典条目名称	类型	出现次数	对象类	相关的对象类	特性词	表示词	定义	业务术语	备注
分类体系. 注释. 文本 Classification Scheme. Note. Text	BBIE	0..1	分类体系		注释	文本	适用于该分类体系的自由格式文本，本项可含附注或任何确未归属另一结构的其他类似信息		
分类体系. 名称 Classification Scheme. Name	BBIE	0..1	分类体系		名称	名称	分类体系的名称		UNSPSC 编码中名称
分类体系. 描述. 文本 Classification Scheme. Description. Text	BBIE	0..n	分类体系		描述	文本	分类体系的描述		一个公开的全球的多领域的产品和服务分类
分类体系. 维护机构标识符. 标识符 Classification Scheme. Agency Identifier. Identifier	BBIE	0..1	分类体系		维护机构标识符	标识符	标识负责维护分类体系的机构		见 GB/T 16833—2002 的数据元 3055
分类体系. 维护机构名称. 文本 Classification Scheme. Agency Name. Text	BBIE	0..1	分类体系		维护机构名称	文本	负责分类维护体系的机构名称		
分类体系. 版本. 标识符 Classification Scheme. Version. Identifier	BBIE	0..1	分类体系		版本	标识符	标识分类体系的版本		
分类体系. URI. 标识符 Classification Scheme. URI. Identifier	BBIE	0..1	分类体系		URI	标识符	标识分类位置的统一资源标识符(URI)		
分类体系. 体系 URI. 标识符 Classification Scheme. Scheme_URI. Identifier	BBIE	0..1	分类体系		URI	标识符	标识分类体系的统一资源标识符		
分类体系. 语言. 标识符 Classification Scheme. Language. Identifier	BBIE	0..1	分类体系		语言	标识符	标识分类体系的语言		
分类体系. 分类目录 Classification Scheme. Classification Category	ASBIE	1..n	分类目录	分类目录	分类目录	分类目录	与分类目录关联		

7.18 商品分类.细目

见表18。

表18

字典条目名称	类型	出现次数	对象类	相关的对象类	特性词	表示词	定义	业务术语	备注
商品分类.细目 Commodity Classification. Details	ABIE		商品分类		细目	细目	关于商品分类的信息		
商品分类.性质代码.代码 Commodity Classification. Nature Code. Code	BBIE	0..1	商品分类		性质代码	代码	由专门维护机构签发的分类的高级属性，如代码所示		如："木制产品"
商品分类.货物类型代码.代码 Commodity Classification. Cargo Type Code. Code	BBIE	0..1	商品分类		货物类型代码	代码	代码表示的货物类型		见 GB/T 16472
商品分类.商品代码.代码 Commodity Classification. Commodity Code. Code	BBIE	0..1	商品分类		商品代码	代码	为监管（海关和贸易统计）目的而制定的协调国际商品代码	协调制度代码	见 HS 商品编码
商品分类.项分类代码.代码 Commodity Classification. Item Classification Code. Code	BBIE	0..1	商品分类		项分类代码	代码	代码表示的贸易商品分类	UNSPSC 编码	

7.19 通信.细目

见表19。

表19

字典条目名称	类型	出现次数	对象类	相关的对象类	特性词	表示词	定义	业务术语	备注
通信.细目 Communication. Details	ABIE		通信		细目	细目	关于通信方式的信息		
通信.信道代码.代码 Communication. Channel Code. Code	BBIE	1..1	通信		信道代码	代码	代码表示的通信方式		见 GB/T 16833—2002 的数据元 3153

表 19（续）

字典条目名称	类型	出现次数	对象类	相关的对象类	特性词	表示词	定义	业务术语	备注
通信.信道.文本 Communication. Channel. Text	BBIE	1..1	通信		信道	文本	文本表示的通信方式		见 GB/T 16833—2002 的数据元 3153
通信.值.文本 Communication. Value. Text	BBIE	0..1	通信		值	文本	通信值，比如电话号码或邮件地址		如："＋44 1 2345 6789" "president@whitehouse.com"

7.20 托运.细目

见表 20。

表 20

字典条目名称	类型	出现次数	对象类	相关的对象类	特性词	表示词	定义	业务术语	备注
托运.细目 Consignment. Details	ABIE		托运		细目	细目	发货人与收货人之间运输的一种或多种货物项的信息集合。该信息在运输合同中确定。一票托运不仅仅包含一种装运（如：当通过货运代理来进行拼装时）		
托运.标识符 Consignment. Identifier	BBIE	1..1	托运		标识符	标识符	在出口和进口中为货物指定的唯一号码	唯一托运参考号（UCR）	
托运.摘要描述.文本 Consignment. Summary_Description. Text	BBIE	0..n	托运		描述	文本	不属于任何备注的通用描述文本		
托运.发票总额.金额 Consignment. Total_Invoice Amount. Amount	BBIE	0..1	托运		发票金额	金额	在一次运输中发票金额的总计		

表 20（续）

字典条目名称	类型	出现次数	对象类	相关的对象类	特性词	表示词	定义	业务术语	备注
托运.海关申报价值.金额 Consignment. Declared Customs_Value. Amount	BBIE	0..1	托运		价值	金额	整票货物的报关总金额，该票货物不论是否应办理同一海关手续、归入同一税则号列/统计编号、来自同一原产国或同一税收制度		
托运.费率表描述.文本 Consignment. Tariff Description. Text	BBIE	0..n	托运		费率表描述	文本	适用于托运货物的费率表的描述		
托运.费率表代码.代码 Consignment. Tariff Code. Code	BBIE	0..1	托运		费率表代码	代码	规定适用于托运货物的费率表的代码	税则编号	
托运.保费金额.金额 Consignment. Insurance Premium Amount. Amount	BBIE	0..1	托运		保费金额	金额	付给为物品提供保险的保险公司的保费金额	保险费用	
托运.毛重.计量 Consignment. Gross_Weight. Measure	BBIE	0..1	托运		毛重	计量	报关的物品总重量(质量)，包括包装物不包括承运设备	总毛重	
托运.净重.计量 Consignment. Net_Weight. Measure	BBIE	0..1	托运		净重	计量	一票托运的所有物品项的总净重(质量)		
托运.净净重.计量 Consignment. Net Net_Weight. Measure	BBIE	0..1	托运		纯净重	计量	不包括任何包装的物品的重量(质量)		
托运.记费重.计量 Consignment. Chargeable_Weight. Measure	BBIE	0..1	托运		记费重	计量	以记费为基础的物品重量(质量)	记费重，基准计量	
托运.毛体积.计量 Consignment. Gross_Volume. Measure	BBIE	0..1	托运		毛体积	计量	一票托运的所有物品项的总体积	立方	
托运.净体积.计量 Consignment. Net_Volume. Measure	BBIE	0..1	托运		净体积	计量	一票托运的所有物品项的净体积		

表 20（续）

字典条目名称	类型	出现次数	对象类	相关的对象类	特性词	表示词	定义	业务术语	备注
托运.装载长度.计量 Consignment. Loading_Length. Measure	BBIE	0..1			装载长度	计量	运输工具或运输设备的总长，一票托运货物项下的所有货物的最大宽度和高度应在这一长度范围内		
托运.备注.文本 Consignment. Remarks. Text	BBIE	0..n	托运		备注	文本	印在运输单证上的关于整个托运的备注		
托运.危险品指示符.指示符 Consignment. Hazardous Risk_Indicator. Indicator	BBIE	0..1	托运		指示符	指示符	标明该货物是否是国际危险品运输规则规定的货物	危险货物标识符	缺省为负
托运.收货人.参与方 Consignment. Consignee_Party. Party	ASBIE	0..1	托运	参与方	参与方	参与方	接收物品的一方	收货人	
托运.出口方.参与方 Consignment. Exporter_Party. Party	ASBIE	0..1	托运	参与方	参与方	参与方	出口货物的申报人或出口申报的委托人，且是货物所有人或在接受申报后有权处置货物的当事人	出口方	
托运.发货人.参与方 Consignment. Consignor_Party. Party	ASBIE	0..1	托运	参与方	参与方	参与方	托运货物的一方，由订货方在运输合同中所约定	发货人	
托运.进口方.参与方 Consignment. Importer_Party. Party	ASBIE	0..1	托运	参与方	参与方	参与方	进口货物的申报人或报关代理人或其他授权进口申报的委托人，可包括货物所有人或收货人	进口方	
托运.承运人.参与方 Consignment. Carrier_Party. Party	ASBIE	0..1	托运	参与方	参与方	参与方	提供两地之间货物运输的一方	运输公司、航运公司、NVOCC、航空公司、拖曳者、专递公司、承运人（公司）	

表 20（续）

字典条目名称	类型	出现次数	对象类	相关的对象类	特性词	表示词	定义	业务术语	备注
托运.货运代理人.参与方 Consignment. Freight Forwarder_Party. Party	ASBIE	0..1	托运	参与方	参与方	参与方	将较小的单件货物组合为较大单件货物进行装运(称为"拼装")的当事人。反之,货物送达一方拼装经营人的操作则是将拼装货物分解还原	拼装承运商	
托运.被通知方.参与方 Consignment. Notify_Party. Party	ASBIE	0..1	托运	参与方	参与方	参与方	被通知的一方		
托运.原发货方.参与方 Consignment. Original Despatch_Party. Party	ASBIE	0..1	托运	参与方	参与方	参与方	最初发货的一方	原产地	
托运.最终交货方.参与方 Consignment. Final Delivery_Party. Party	ASBIE	0..1	托运	参与方	参与方	参与方	最后交货的一方		
托运.启运国.国家 Consignment. Original Departure_Country. Country	ASBIE	0..1	托运	国家	国家	国家	货物最初出口的国家,且在中转国中不发生任何商业业务		
托运.最终目的地国.国家 Consignment. Final Destination_Country. Country	ASBIE	0..1	托运	国家	国家	国家	货物被交到最终收货人或购买人的国家名称	最终目的地国、最终抵达国、目的地国	
托运.过境国.国家 Consignment. Transit_Country. Country	ASBIE	0..n	托运	国家	国家	国家	最初驶离国和最终目的国之间货物和乘客所经过的国家	行程经过国	
托运.运输合同.合同 Consignment. Transport_Contract. Contract	ASBIE	0..1	托运	合同	合同	合同	与运输合同相关的信息		
托运.启运.运输服务 Consignment. Original Despatch_Transportation Service. Transportation Service	ASBIE	0..1	托运	运输服务	运输服务	运输服务	按照运输合同发货人所提供的服务		

表 20（续）

字典条目名称	类型	出现次数	对象类	相关的对象类	特性词	表示词	定义	业务术语	备注
托运.最终交货.运输服务 Consignment. Final Delivery_Transportation Service. Transportation Service	ASBIE	0..1	托运	运输服务	运输服务	运输服务	按照运输合同收货人所提供的服务		
托运.交货条款 Consignment. Delivery Terms	ASBIE	0..1	托运	交货条款	交货条款	交货条款	买卖双方所认可的任何交货或服务条件，例如：国际贸易术语解释通则中的 CIF、FOB 或 EXW	贸易条款，国际贸易术语	参见 ICC 制定的《INCOTERMS2000》
托运.付款条款 Consignment. Payment Terms	ASBIE	0..1	托运	付款条款	付款条款	付款条款	贸易双方之间的付款条件		
托运.运输折让费.折让费 Consignment. Freight_Allowance Charge. Allowance Charge	ASBIE	0..n	托运	折让费	折让费	折让费	按照运输合同条款规定，无论用何种运输手段，承运人将货物从一个地方运到另一个地方所发生的费用。除运费以外的费用，可以涵盖包装、文件、装载、卸载和保险（在与运费相关的范围内）的费用	运输费用	

7.21 联系.细目

见表 21。

表 21

字典条目名称	类型	出现次数	对象类	相关的对象类	特性词	表示词	定义	业务术语	备注
联系.细目 Contact. Details	ABIE		联系		细目	细目	关于联系人或组织部门的信息		
联系.标识符 Contact. Identifier	BBIE	0..1	联系		标识符	标识符	用于联系的标识符		

表 21（续）

字典条目名称	类型	出现次数	对象类	相关的对象类	特性词	表示词	定义	业务术语	备注
联系. 名称 Contact. Name	BBIE	0..1	联系		名称	名称	联系人(部门)的名称		
联系. 电话. 文本 Contact. Phone. Text	BBIE	0..1	联系		电话	文本	联系人(部门)的电话号码		
联系. 传真. 文本 Contact. Fax. Text	BBIE	0..1	联系		传真	文本	联系人(部门)的传真		
联系. 电子邮件. 文本 Contact. Email. Text	BBIE	0..1	联系		电子邮件	文本	联系人（部门）的电子邮件地址		
联系. 注释. 文本 Contact. Note. Text	BBIE	0..1	联系		注释	文本	当注有“紧急情况”或“非办公时间情况”发生时如何进行联系		
联系. 其他通信. 通信 Contact. Other_Communication. Communication	ASBIE	0..n	联系	通信	通信	通信	与其他通信的关联		

7.22 合同. 细目

见表 22。

表 22

字典条目名称	类型	出现次数	对象类	相关的对象类	特性词	表示词	定义	业务术语	备注
合同. 细目 Contract. Details	ABIE		合同		细目	细目	有关合同的信息		
合同. 标识符 Contract. Identifier	BBIE	0..1	合同		标识符	标识符	标识一个合同		
合同. 签发日期. 日期 Contract. Issue Date. Date	BBIE	0..1	合同		签发日期	日期	合同签发的日期		

表 22（续）

字典条目名称	类型	出现次数	对象类	相关的对象类	特性词	表示词	定义	业务术语	备注
合同.签发时间.时间 Contract. Issue Time. Time	BBIE	0..1	合同		签发时间	时间	合同签发的时间		
合同.合同类型代码.代码 Contract. Contract Type Code. Code	BBIE	0..1	合同		合同类型代码	代码	用代码表示的合同类型		
合同.合同类型.文本 Contract. Contract Type. Text	BBIE	0..1	合同		合同类型	文本	用文本表示的合同类型		
合同.有效期.期限 Contract. Validity_Period. Period	ASBIE	0..1	合同	期限	期限	期限	规定合同有效的日期或期限		
合同.合同单证参考.单证参考 Contract. Contract_Document Reference. Document Reference	ASBIE	0..1	合同	单证参考	单证参考	单证参考	与合同单证参考有关的信息		

7.23 企业注册方案.细目

见表 23。

表 23

字典条目名称	类型	出现次数	对象类	相关的对象类	特性词	表示词	定义	业务术语	备注
企业注册方案.细目 Corporate Registration Scheme. Details	ABIE		企业注册方案		细目	细目	与企业业务注册方案直接相关的信息		
企业注册方案.标识符 Corporate Registration Scheme. Identifier	BBIE	0..1	企业注册方案		标识符	标识符	标识一个方案		
企业注册方案.名称 Corporate Registration Scheme. Name	BBIE	0..1	企业注册方案		名称	名称	用名称标识一个方案		

表 23（续）

字典条目名称	类型	出现次数	对象类	相关的对象类	特性词	表示词	定义	业务术语	备注
企业注册方案. 企业注册类型代码. 代码 Corporate Registration Scheme. Corporate Registration Type Code. Code	BBIE	0..1	企业注册方案		企业注册类型代码	代码	标识方案的类型		
企业注册方案. 辖区. 地址 Corporate Registration Scheme. Jurisdiction Region_Address. Address	ASBIE	0..n	企业注册方案	地址	地址	地址	把注册方案与标识和定位该方案所适用的地理区域相关联		如：中国北京

7.24　国家. 细目

见表 24。

表 24

字典条目名称	类型	出现次数	对象类	相关的对象类	特性词	表示词	定义	业务术语	备注
国家. 细目 Country. Details	ABIE		国家		细目	细目	地缘国家的信息		
国家. 标识代码. 代码 Country. Identification Code. Code	BBIE	0..1	国家		标识代码	代码	国家标识符		见 GB/T 2659
国家. 名称 Country. Name	BBIE	0..1	国家		名称	名称	国家名称		见 GB/T 2659 中的国家名称

7.25　贷记账户. 细目

见表 25。

表 25

字典条目名称	类型	出现次数	对象类	相关的对象类	特性词	表示词	定义	业务术语	备注
贷记账户. 细目 Credit Account. Details	ABIE		贷记账户		细目	细目	为通过分期付款方式进行销售而分配的账户		
贷记账户. 账户标识符. 标识符 Credit Account. Account Identifier. Identifier	BBIE	0..1	贷记账户		账户标识符	标识符	为基于账户目的销售而分配的账户标识		

7.26 贷记行. 细目

见表 26。

表 26

字典条目名称	类型	出现次数	对象类	相关的对象类	特性词	表示词	定义	业务术语	备注
贷记行. 细目 Credit Note Line. Details	ABIE		贷记行		细目	细目	关于贷记行的信息		
贷记行. 标识符 Credit Note Line. Identifier	BBIE	1..1	贷记行		标识符	标识符	标识一个贷记行		
贷记行. UUID. 标识符 Credit Note Line. UUID. Identifier	BBIE	0..1	贷记行		UUID	标识符	ABIE 实例的通用唯一标识符		
贷记行. 注释. 文本 Credit Note Line. Note. Text	BBIE	0..1	贷记行		注释	文本	适用于贷记行的自由格式文本,本项可含附注或任何确未归属另一结构的其他类似信息		
贷记行. 贷记数量. 数量 Credit Note Line. Credited_Quantity. Quantity	BBIE	0..1	贷记行		数量	数量	贷记项的数量		
贷记行. 行扩展金额. 金额 Credit Note Line. Line Extension Amount. Amount	BBIE	0..1	贷记行		行扩展金额	金额	贷记行的总金额,包括折让费但不含税		
贷记行. 计税日期. 日期 Credit Note Line. Tax Point Date. Date	BBIE	0..1	贷记行		计税日期	日期	贷记行的日期,用于指明采用该税率的日期		
贷记行. 记账代码. 代码 Credit Note Line. Accounting Cost Code. Code	BBIE	0..1	贷记行		记账代码	代码	贷记行采用的买方记账代码		
贷记行. 记账. 文本 Credit Note Line. Accounting Cost. Text	BBIE	0..1	贷记行		记账	文本	用文本表示的适用于贷记行的买方记账成本中心		

表 26（续）

字典条目名称	类型	出现次数	对象类	相关的对象类	特性词	表示词	定义	业务术语	备注
贷记行.差异应答.应答 Credit Note Line. Discrepancy_Response. Response	ASBIE	0..n	贷记行	应答	应答	应答	与应答差异有关的信息，作为信用证的解释		
贷记行.发货.行参考 Credit Note Line. Despatch_Line Reference. Line Reference	ASBIE	0..n	贷记行	行参考	行参考	行参考	与发货行参考关联		
贷记行.收货.行参考 Credit Note Line. Receipt_Line Reference. Line Reference	ASBIE	0..n	贷记行	行参考	行参考	行参考	与收货行参考关联		
贷记行.账单参考 Credit Note Line. Billing Reference	ASBIE	0..n	贷记行	账单参考	账单参考	账单参考	与账单参考关联		
贷记行.单证参考 Credit Note Line. Document Reference	ASBIE	0..n	贷记行	单证参考	单证参考	单证参考	与单证参考关联		
贷记行.定价参考 Credit Note Line. Pricing Reference	ASBIE	0..n	贷记行	定价参考	定价参考	定价参考	与定价参考关联		
贷记行.交货 Credit Note Line. Delivery	ASBIE	0..1	贷记行	交货	交货	交货	与交货关联		
贷记行.税总计 Credit Note Line. Tax Total	ASBIE	0..n	贷记行	税总计	税总计	税总计	与税总计关联		
贷记行.项 Credit Note Line. Item	ASBIE	0..1	贷记行	项	项	项	与项关联		
贷记行.价格 Credit Note Line. Price	ASBIE	0..1	贷记行	价格	价格	价格	与价格关联	单位价，基准价	

7.27 客户方.细目

见表 27。

表 27

字典条目名称	类型	出现次数	对象类	相关的对象类	特性词	表示词	定义	业务术语	备注
客户方.细目 Customer Party. Details	ABIE		客户方		细目	细目	有关客户方的信息		
客户方.客户指定账户标识符.标识符 Customer Party. Customer Assigned_Account Identifier. Identifier	BBIE	0..1	客户方		账户标识符	标识符	客户本人指定的客户账户的标识符		
客户方.供货方指定账户标识符.标识符 Customer Party. Supplier Assigned_Account Identifier. Identifier	BBIE	0..1	客户方		账户标识符	标识符	供货方本人指定的客户账户的标识符		
客户方.附加账户标识符.标识符 Customer Party. Additional_Account Identifier. Identifier	BBIE	0..1	客户方		账户标识符	标识符	第三方指定的客户账户的标识符		
客户方.参与方 Customer Party. Party	ASBIE	0..1	客户方	地址	地址	地址	与参与方关联		
客户方.交货联系信息.联系信息 Customer Party. Delivery_Contact. Contact	ASBIE	0..1	客户方	联系信息	联系信息	联系信息	与交货联系信息的关联		
客户方.账户联系信息.联系信息 Customer Party. Accounting_Contact. Contact	ASBIE	0..1	客户方	联系信息	联系信息	联系信息	与账户联系信息的关联		
客户方.买方联系信息.联系信息 Customer Party. Buyer_Contact. Contact	ASBIE	0..1	客户方	联系信息	联系信息	联系信息	与买方联系信息的关联		

7.28 借记行.细目

见表28。

表28

字典条目名称	类型	出现次数	对象类	相关的对象类	特性词	表示词	定义	业务术语	备注
借记行.细目 Debit Note Line. Details	ABIE		借记行		细目	细目	关于借记行的信息		
借记行.标识符 Debit Note Line. Identifier	BBIE	1..1	借记行		标识符	标识符	标识一个借记行		
借记行.UUID.标识符 Debit Note Line. UUID. Identifier	BBIE	0..1	借记行		UUID	标识符	ABIE 实例的通用唯一标识符		
借记行.注释.文本 Debit Note Line. Note. Text	BBIE	0..1	借记行		注释	文本	适用于借记行的自由格式文本,本项可含附注或任何确未归属另一结构的其他类似信息		
借记行.借记数量.数量 Debit Note Line. Debited_Quantity. Quantity	BBIE	0..1	借记行		数量	数量	借记项的数量		
借记行.行扩展金额.金额 Debit Note Line. Line Extension Amount. Amount	BBIE	0..1	借记行		行扩展金额	金额	借记行的总金额,包括折让费但不包括净税额		
借记行.计税日期.日期 Debit Note Line. Tax Point Date. Date	BBIE	0..1	借记行		计税日期	日期	借记行的日期,用于指明采用该税率的日期		
借记行.记账代码.代码 Debit Note Line. Accounting Cost Code. Code	BBIE	0..1	借记行		记账代码	代码	借记行采用的买方记账代码		
借记行.记账.文本 Debit Note Line. Accounting Cost. Text	BBIE	0..1	借记行		记账	文本	用文本表示的应用与借记行的买方记账成本中心		

表 28（续）

字典条目名称	类型	出现次数	对象类	相关的对象类	特性词	表示词	定义	业务术语	备注
借记行. 差异应答. 应答 Debit Note Line. Discrepancy_Response. Response	ASBIE	0..n	借记行	应答	应答	应答	与应答差异有关的信息，作为信用证的解释		
借记行. 发货. 行参考 Debit Note Line. Despatch_Line Reference. Line Reference	ASBIE	0..n	借记行	行参考	行参考	行参考	与发货行关联		
借记行. 收货. 行参考 Debit Note Line. Receipt_Line Reference. Line Reference	ASBIE	0..n	借记行	行参考	行参考	行参考	与收货行关联		
借记行. 账单参考 Debit Note Line. Billing Reference	ASBIE	0..n	借记行	账单参考	账单参考	账单参考	与账单参考关联		
借记行. 单证参考 Debit Note Line. Document Reference	ASBIE	0..n	借记行	单证参考	单证参考	单证参考	与单证参考关联		
借记行. 定价参考 Debit Note Line. Pricing Reference	ASBIE	0..n	借记行	定价参考	定价参考	定价参考	与定价参考关联		
借记行. 交货 Debit Note Line. Delivery	ASBIE	0..1	借记行	交货	交货	交货	与交货关联		
借记行. 税总计 Debit Note Line. Tax Total	ASBIE	0..n	借记行	税总计	税总计	税总计	与税总计关联		
借记行. 项 Debit Note Line. Item	ASBIE	0..1	借记行	项	项	项	与项关联		
借记行. 价格 Debit Note Line. Price	ASBIE	0..1	借记行	价格	价格	价格	与价格关联	单位价，基准价	

7.29 交货. 细目

见表 29。

表 29

字典条目名称	类型	出现次数	对象类	相关的对象类	特性词	表示词	定义	业务术语	备注
交货. 细目 Delivery. Details	ABIE		交货		细目	细目	有关交货的信息		
交货. 标识符 Delivery. Identifier	BBIE	0..1	交货		标识符	标识符	标识交货		
交货. 数量 Delivery. Quantity	BBIE	0..1	交货		数量	数量	一次交货中的数量		
交货. 最少数量. 数量 Delivery. Minimum_Quantity. Quantity	BBIE	0..1	交货		数量	数量	一次交货中的最少数量		
交货. 最大数量. 数量 Delivery. Maximum_Quantity. Quantity	BBIE	0..1	交货		数量	数量	一次交货中的最大数量		
交货. 实际交货日期. 日期 Delivery. Actual_Delivery Date. Date	BBIE	0..1	交货		交货日期	日期	交货实际发生的日期		
交货. 实际交货时间. 时间 Delivery. Actual_Delivery Time. Time	BBIE	0..1	交货		交货时间	时间	交货实际发生的时间		
交货. 最迟交货日期. 日期 Delivery. Latest_Delivery Date. Date	BBIE	0..1	交货		交货日期	日期	买方所允许的最迟交货日期		
交货. 最迟交货时间. 时间 Delivery. Latest_Delivery Time. Time	BBIE	0..1	交货		交货时间	时间	买方所允许的最迟交货时间		
交货. 跟踪标识符. 标识符 Delivery. Tracking Identifier. Identifier	BBIE	0..1	交货		跟踪标识符	标识符	交货的跟踪标识符(为跟踪运输)		
交货. 交货地址. 地址 Delivery. Delivery_Address. Address	ASBIE	0..1	交货	地址	地址	地址	与交货地址关联		

表 29（续）

字典条目名称	类型	出现次数	对象类	相关的对象类	特性词	表示词	定义	业务术语	备注
交货.交货地点.地点 Delivery. Delivery_Location. Location	ASBIE	0..1	交货	地点	地点	地点	与地点关联		
交货.要求交货期限.期限 Delivery. Requested Delivery_Period. Period	ASBIE	0..1	交货	期限	期限	期限	要求交货的期限		
交货.承诺交货期限.期限 Delivery. Promised Delivery_Period. Period	ASBIE	0..1	交货	期限	期限	期限	承诺的交货期限		
交货.预计交货期限.期限 Delivery. Estimated Delivery_Period. Period	ASBIE	0..1	交货	期限	期限	期限	预计交货的期限		
交货.交货方.参与方 Delivery. Delivery_Party. Party	ASBIE	0..1	交货	参与方	参与方	参与方	提供货物或服务的参与方		
交货.发货 Delivery. Despatch	ASBIE	0..1	交货	发货	发货	发货	与发货关联		

7.30 交货条款.细目

见表 30。

表 30

字典条目名称	类型	出现次数	对象类	相关的对象类	特性词	表示词	定义	业务术语	备注
交货条款.细目 Delivery Terms. Details	ABIE		交货条款		细目	细目	有关交货条款的信息		
交货条款.标识符 Delivery Terms. Identifier	BBIE	0..1	交货条款		标识符	标识符	标识交货条款		参见 ICC 制定的《INCOTERMS2000》

表 30（续）

字典条目名称	类型	出现次数	对象类	相关的对象类	特性词	表示词	定义	业务术语	备注
交货条款. 特殊条款. 文本 Delivery Terms. Special _Terms. Text	BBIE	0..1	交货条款		条款	文本	关于交货条款中特殊条件的描述		
交货条款. 损失风险责任代码. 代码 Delivery Terms. Loss Risk Responsibility Code. Code	BBIE	0..1	交货条款		损失风险责任代码	代码	标识在交货条款中对损失风险承担的责任		
交货条款. 损失风险. 文本 Delivery Terms. Loss Risk. Text	BBIE	0..1	交货条款		损失风险	文本	描述与交货条款相关的损失风险的文本		
交货条款. 交货地点. 地点 Delivery Terms. Delivery_Location. Location	ASBIE	0..1	交货条款	地点	地点	地点	与交货地点(如:港口)关联		
交货条款. 折让费用 Delivery Terms. Allowance Charge	ASBIE	0..1	交货条款	折让费用	折让费用	折让费用	与折让费用关联		

7.31 交货单元. 细目

见表 31。

表 31

字典条目名称	类型	出现次数	对象类	相关的对象类	特性词	表示词	定义	业务术语	备注
交货单元. 细目 Delivery Unit. Details	ABIE		交货单元		细目	细目	关于交货单元的信息		
交货单元. 批量. 数量 Delivery Unit. Batch Quantity. Quantity	BBIE	0..1	交货单元		批量	数量	为交货所形成的一批订单项的数量		如:一打、100 个单位量
交货单元. 客户单元. 数量 Delivery Unit. Consumer_Unit. Quantity	BBIE	0..1	交货单元		单元	数量	在交货单元中客户单元的数量		
交货单元. 危险品指示符. 指示符 Delivery Unit. Hazardous Risk_ Indicator. Indicator	BBIE	0..1	交货单元		指示符	指示符	指明交货项是否危险品		缺省为负

7.32 发货.细目

见表32。

表32

字典条目名称	类型	出现次数	对象类	相关的对象类	特性词	表示词	定义	业务术语	备注
发货.细目 Despatch. Details	ABIE		发货		细目	细目	关于发货的信息		
发货.标识符 Despatch. Identifier	BBIE	0..1	发货		标识符	标识符	标识一项发货		
发货.要求发货日期.日期 Despatch. Requested_Despatch Date. Date	BBIE	0..1	发货		发货日期	日期	买方要求发货的日期		
发货.要求发货时间.时间 Despatch. Requested_Despatch Time. Time	BBIE	0..1	发货		发货时间	时间	买方要求发货的时间		
发货.预计发货日期.日期 Despatch. Estimated_Despatch Date. Date	BBIE	0..1	发货		发货日期	日期	卖方或发货方预计发货的日期		
发货.预计发货时间.时间 Despatch. Estimated_Despatch Time. Time	BBIE	0..1	发货		发货时间	时间	卖方或发货方预计发货的时间		
发货.实际发货日期.日期 Despatch. Actual_Delivery Date. Date	BBIE	0..1	发货		发货日期	日期	发货实际发生的日期		
发货.实际发货时间.时间 Delivery. Actual_Delivery Time. Time	BBIE	0..1	发货		发货时间	时间	发货实际发生的时间		
发货.发货地址.地址 Despatch. Despatch_Address. Address	ASBIE	0..1	发货	地址	地址	地址	与发货地址直接相关的信息		
发货.发货方.参与方 Despatch. Despatch_Party. Party	ASBIE	0..1	发货	参与方	参与方	参与方	提供发货的一方		
发货.联系信息 Despatch. Contact	ASBIE	0..1	发货	发货	发货	发货	与联系信息关联		

7.33 发货行.细目

见表 33。

表 33

字典条目名称	类型	出现次数	对象类	相关的对象类	特性词	表示词	定义	业务术语	备注
发货行.细目 Despatch Line. Details	ABIE		发货行		细目	细目	关于发货行的信息		
发货行.标识符 Despatch Line. Identifier	BBIE	1..1	发货行		标识符	标识符	标识一个发货行		
发货行.UUID.标识符 Despatch Line. UUID. Identifier	BBIE	0..1	发货行		UUID	标识符	ABIE 实例的通用唯一标识符		
发货行.注释.文本 Despatch Line. Note. Text	BBIE	0..1	发货行		注释	文本	适用于发货行的自由格式文本,本项可含附注或任何确未归属另一结构的其他类似信息		
发货行.行状态代码.代码 Despatch Line. Line Status Code. Code	BBIE	0..1	发货行		行状态代码	代码	标识与原始情形对照下该行的当前状态		
发货行.已交货数量.数量 Despatch Line. Delivered_Quantity. Quantity	BBIE	0..1	发货行		数量	数量	在该行项上已发货的数量		
发货行.延期交付数量.数量 Despatch Line. Backorder_Quantity. Quantity	BBIE	0..1	发货行		数量	数量	供应商延期交付的数量		
发货行.延期交付原因.文本 Despatch Line. Backorder_Reason. Text	BBIE	0..1	发货行		原因	文本	延期交付的原因		
发货行.尚未交付数量.数量 Despatch Line. Outstanding_Quantity. Quantity	BBIE	0..1	发货行		数量	数量	尚未交付的数量(将以此安排后续发货)		

表 33（续）

字典条目名称	类型	出现次数	对象类	相关的对象类	特性词	表示词	定义	业务术语	备注
发货行. 尚未交付原因. 文本 Despatch Line. Outstanding_Reason. Text	BBIE	0..1	发货行		原因	文本	尚未交付的原因		
发货行. 超额发货数量. 数量 Despatch Line. Oversupply_Quantity. Quantity	BBIE	0..1	发货行		数量	数量	超额发货的数量		
发货行. 订单行参考 Despatch Line. Order Line Reference	ASBIE	1..n	发货行	订单行参考	订单行参考	订单行参考	与订单行参考关联		
发货行. 单证参考 Despatch Line. Document Reference	ASBIE	0..n	发货行	单证参考	单证参考	单证参考	与单证参考关联		
发货行. 项 Despatch Line. Item	ASBIE	1..1	发货行	项	项	项	与项关联		
发货行. 装运 Despatch Line. Shipment	ASBIE	0..n	发货行	装运	装运	装运	与装运关联		

7.34 尺寸. 细目

见表 34。

表 34

字典条目名称	类型	出现次数	对象类	相关的对象类	特性词	表示词	定义	业务术语	备注
尺寸. 细目 Dimension. Details	ABIE		尺寸		细目	细目	关于一个项的计量尺寸的信息		
尺寸. 属性标识符. 标识符 Dimension. Attribute Identifier. Identifier	BBIE	1..1	尺寸		属性标识符	标识符	计量所采用属性的标识符		
尺寸. 计量 Dimension. Measure	BBIE	0..1	尺寸		计量	计量	计量的值		

表 34（续）

字典条目名称	类型	出现次数	对象类	相关的对象类	特性词	表示词	定义	业务术语	备注
尺寸. 描述. 文本 Dimension. Description. Text	BBIE	1..1	尺寸		描述	文本	有关计量属性的描述		
尺寸. 最小计量. 计量 Dimension. Minimum_Measure. Measure	BBIE	0..1	尺寸		计量	计量	计量范围最小值		
尺寸. 最大计量. 计量 Dimension. Maximum_Measure. Measure	BBIE	0..1	尺寸		计量	计量	计量范围最大值		

7.35　**单证分发. 细目**

见表 35。

表 35

字典条目名称	类型	出现次数	对象类	相关的对象类	特性词	表示词	定义	业务术语	备注
单证分发. 细目 Document Distribution. Details	ABIE		单证分发		细目	细目	在业务参与方之间的单证分发的细目		
单证分发. 印制限定符. 文本 Document Distribution. Print_Qualifier. Text	BBIE	1..1	单证分发		限定符	文本	有权分发单证的参与方		
单证分发. 最大副本数. 数字 Document Distribution. Maximum_Copies. Numeric	BBIE	1..1	单证分发		副本数	文本	规定用户最多可以打印单证副本的份数		
单证分发. 参与方 Document Distribution. Party	ASBIE	1..1	单证分发	参与方	参与方	参与方	可获取单证的参与方的细目		

7.36　**单证参考. 细目**

见表 36。

表 36

字典条目名称	类型	出现次数	对象类	相关的对象类	特性词	表示词	定义	业务术语	备注
单证参考.细目 Document Reference. Details	ABIE		单证参考		细目	细目	关于一个单证参考另一个单证的信息		
单证参考.标识符 Document Reference. Identifier	BBIE	1..1	单证参考		标识符	标识符	标识可以参考的单证		如:" PO-001 "" 3333-44-123"
单证参考.副本指示符.指示符 Document Reference. Copy_Indicator. Indicator	BBIE	0..1	单证参考		指示符	指示符	指明一个单证是一个副本还是正本。 “true”表示副本; “false”表示正本		
单证参考.UUID.标识符 Document Reference. UUID. Identifier	BBIE	0..1	单证参考		UUID	标识符	ABIE 实例的通用唯一标识符		
单证参考.签发日期.日期 Document Reference. Issue Date. Date	BBIE	0..1	单证参考		签发日期	日期	由参考单证的分发方指定的,签发该单证的日期		
单证参考.单证类型代码.代码 Document Reference. Document Type Code. Code	BBIE	0..1	单证参考		单证类型代码	代码	用代码表示的单证类型		
单证参考.单证类型.文本 Document Reference. Document Type. Text	BBIE	0..1	单证参考		单证类型	文本	用文本表示的单证类型		
单证参考.XPath.文本 Document Reference. XPath. Text	BBIE	0..n	单证参考		XPath	文本	引用同一单证实例的另一部分		
单证参考.附件 Document Reference. Attachment	ASBIE	0..n	单证参考	附件	附件	附件	一个为外部参考的在 MIME 位置上或嵌入的附属单证		

7.37 单证应答.细目

见表 37。

表 37

字典条目名称	类型	出现次数	对象类	相关的对象类	特性词	表示词	定义	业务术语	备注
单证应答. 细目 Document Response. Details	ABIE		单证应答		细目	细目	有关应答单证的信息(在应用层)		
单证应答. 应答 Document Response. Response	ASBIE	1..1	单证应答	应答	应答	应答	应答一个单证		
单证应答. 单证参考 Document Response. Document Reference	ASBIE	1..1	单证应答	单证参考	单证参考	单证参考	与单证参考关联		
单证应答. 签发方. 参与方 Document Response. Issuer_Party. Party	ASBIE	0..1	单证应答	参与方	参与方	参与方	签发单证的一方		
单证应答. 接收方. 参与方 Document Response. Recipient_Party. Party	ASBIE	0..1	单证应答	参与方	参与方	参与方	单证的预期接收方		
单证应答. 行应答 Document Response. Line Response	ASBIE	0..n	单证应答	行应答	行应答	行应答	对单证中不同行的应答		

7.38 背书. 细目

见表 38。

表 38

字典条目名称	类型	出现次数	对象类	相关的对象类	特性词	表示词	定义	业务术语	备注
背书. 细目 Endorsement. Details	ABIE		背书		细目	细目	单证上背书的细目		
背书. 单证. 标识符 Endorsement. Document. Identifier	BBIE	1..1	背书		单证	标识符	标识背书		
背书. 核准状态. 文本 Endorsement. Approval Status. Text	BBIE	1..1	背书		核准状态	文本	说明背书的状态	识别码	

表 38（续）

字典条目名称	类型	出现次数	对象类	相关的对象类	特性词	表示词	定义	业务术语	备注
背书. 备注. 文本 Endorsement. Remarks. Text	BBIE	0..n	背书		备注	文本	背书方的备注		
背书. 背书方 Endorsement. Endorser Party	ASBIE	1..1	背书	背书方	背书方	背书方	提供背书方的类型		
背书. 签字 Endorsement. Signature	ASBIE	0..n	背书	签字	签字	签字	背书上的一个或多个签字		

7.39 背书方. 细目

见表 39。

表 39

字典条目名称	类型	出现次数	对象类	相关的对象类	特性词	表示词	定义	业务术语	备注
背书方. 细目 Endorser Party. Details	ABIE		背书方		细目	细目	单证背书的一方		
背书方. 角色代码. 代码 Endorser Party. Role Code. Code	BBIE	1..1	背书方		角色代码	代码	提供背书一方的角色，比如：发行人、大使、保险人		
背书方. 顺序. 数字 Endorser Party. Sequence. Numeric	BBIE	1..1	背书方		顺序	数字	所应用背书的顺序		
背书方. 参与方 Endorser Party. Party	ASBIE	1..1	背书方	参与方	参与方	参与方	应用背书一方的细目		
背书方. 签字. 联系信息 Endorser Party. Signatory_Contact. Contact	ASBIE	1..1	背书方	联系信息	联系信息	联系信息	原产地证书在提交发行方之前，由代表出口方的个人签字的细目		

7.40 汇率. 细目

见表 40。

表 40

字典条目名称	类型	出现次数	对象类	相关的对象类	特性词	表示词	定义	业务术语	备注
汇率. 细目 Exchange Rate. Details	ABIE		汇率		细目	细目	关于汇率的信息		
汇率. 源货币代码. 代码 Exchange Rate. Source_Currency Code. Code	BBIE	1..1	汇率		货币代码	代码	汇率的参考货币。进行兑换时所使用的货币		见 GB/T 12406—2008
汇率. 源货币基准比率. 比率 Exchange Rate. Source_Currency Base Rate. Rate	BBIE	0..1	汇率		货币基准比率	比率	用小面额来规定各货币中源货币的单位基准		
汇率. 目标货币代码. 代码 Exchange Rate. Target_Currency Code. Code	BBIE	1..1	汇率		货币代码	代码	汇率的目标货币。进行兑换所得的货币		见 GB/T 12406—2008
汇率. 目标货币基准比率. 比率 Exchange Rate. Target_Currency Base Rate. Rate	BBIE	0..1	汇率		货币基准比率	比率	用小面额来规定各货币中目标货币的单位基准		
汇率. 外汇市场标识符. 标识符 Exchange Rate. Exchange Market Identifier. Identifier	BBIE	0..1	汇率		外汇市场标识符	标识符	标识使用该汇率的货币兑换市场		
汇率. 计算比率. 比率 Exchange Rate. Calculation_Rate. Rate	BBIE	0..1	汇率		比率	比率	将一定金额从一种(源)货币转换为另一种(目标)货币的兑换系数		
汇率. 数学运算符代码. 代码 Exchange Rate. Mathematic Operator Code. Code	BBIE	0..1	汇率		数学运算符代码	代码	代码表示的计算汇率应当使用乘法还是除法的识别符		
汇率. 日期 Exchange Rate. Date	BBIE	0..1	汇率		日期	日期	汇率的日期		
汇率. 外汇合同. 合同 Exchange Rate. Foreign Exchange_Contract. Contract	ASBIE	0..1	汇率	合同	合同	合同	外汇合同的相关信息		

7.41 外部参考.细目

见表 41。

表 41

字典条目名称	类型	出现次数	对象类	相关的对象类	特性词	表示词	定义	业务术语	备注
外部参考.细目 External Reference. Details	ABIE		外部参考		细目	细目	与外部参考直接相关的信息，如:一个存储在远程的单证		
外部参考.URI.标识符 External Reference. URI. Identifier	BBIE	0..1	外部参考		URI	标识符	标识外部文档所在的统一资源标识符		
外部参考.单证的哈希.文本 External Reference. Document Hash. Text	BBIE	0..1	外部参考		单证的哈希	文本	说明外部存贮单证的哈希代码		
外部参考.截止日期.日期 External Reference. Expiry Date. Date	BBIE	0..1	外部参考		截止日期	日期	统一资源标识符中无法继续查询到该单证的日期		
外部参考.截止时间.时间 External Reference. Expiry Time. Time	BBIE	0..1	外部参考		截止时间	时间	统一资源标识符中无法继续查询到该单证的时间		

7.42 财务账户.细目

表 42。

表 42

字典条目名称	类型	出现次数	对象类	相关的对象类	特性词	表示词	定义	业务术语	备注
财务账户.细目 Financial Account. Details	ABIE		财务账户		细目	细目	关于一个财务账户的信息		
财务账户.标识符 Financial Account. Identifier	BBIE	0..1	财务账户		标识符	标识符	财务账户的标识符，银行账户号码		见 GB/T 16711—1996 和 GB/T 20543—2006 中定义的 SWIFT(BIC)和 IBAN

表 42（续）

字典条目名称	类型	出现次数	对象类	相关的对象类	特性词	表示词	定义	业务术语	备注
财务账户.名称 Financial Account. Name	BBIE	0..1	财务账户		名称	名称	财务账户的名称		
财务账户.账户类型代码.代码 Financial Account. Account Type Code. Code	BBIE	1..1	财务账户		账户类型代码	代码	用代码表示的账户类型		
财务账户.货币代码.代码 Financial Account. Currency Code. Code	BBIE	0..1	财务账户		货币代码	代码	用代码表示的该账户所持货币		见 GB/T 12406—2008
财务账户.付款通知.文本 Financial Account. Payment_Note. Text	BBIE	0..1	财务账户		通知	文本	账户所有人付款的自由格式文本描述		
财务账户.金融机构.分支机构 Financial Account. Financial Institution_Branch. Branch	ASBIE	1..1	财务账户	分支机构	分支机构	分支机构	与金融机构的分支机构关联		
财务账户.国家 Financial Account. Country	ASBIE	0..1	财务账户	国家	国家	国家	与国家关联		

7.43 金融机构.细目

见表 43。

表 43

字典条目名称	类型	出现次数	对象类	相关的对象类	特性词	表示词	定义	业务术语	备注
金融机构.细目 Financial Institution. Details	ABIE		金融机构		细目	细目	直接与银行或金融机构相关的信息		
金融机构.标识符 Financial Institution. Identifier	BBIE	0..1	金融机构		标识符	标识符	标识金融机构的代码		见 GB/T 16711—1996
金融机构.名称 Financial Institution. Name	BBIE	0..1	金融机构		名称	名称	金融机构的名称		
金融机构.地址 Financial Institution. Address	ASBIE	0..1	金融机构	地址	地址	地址	与地址关联		

7.44 货物项. 细目

见表 44。

表 44

字典条目名称	类型	出现次数	对象类	相关的对象类	特性词	表示词	定义	业务术语	备注
货物项. 细目 Goods Item. Details	ABIE		货物项		细目	细目	单一产品类型的产品所确定的数量		
货物项. 标识符 Goods Item. Identifier	BBIE	1..1	货物项		标识符	标识符	货物项的标识符		
货物项. 顺序号. 标识符 Goods Item. Sequence Number. Identifier	BBIE	0..1	货物项		顺序号	标识符	在一票托运中用于区分一个特殊货物的顺序号码	货物项号，顺序位置	
货物项. 描述. 文本 Goods Item. Description. Text	BBIE	0..n	货物项		描述	文本	能够充分满足海关统计或运输目的对一个货物项的描述	商品名称	
货物项. 危险品指示符. 指示符 Goods Item. Hazardous Risk_Indicator. Indicator	BBIE	0..1	货物项		指示符	指示符	指明货物项是否包含危险品（危险货物）		缺省为负
货物项. 海关申报价值. 金额 Goods Item. Declared Customs_Value. Amount	BBIE	0..1	货物项		价值	金额	整票货物的报关总金额，该票货物不论是否应办理同一海关手续、归入同一税则号列/统计编号、来自同一原产国或同一税收制度	海关申报价格	
货物项. 运输申报价值. 金额 Goods Item. Declared For Carriage_ Value. Amount	BBIE	0..1	货物项		价值	金额	托运人或其代理人申报的价值，只是为了改变运输合同中承运人对货物灭失或损坏及延期交付的责任程度	货物利益、申报载货价值	
货物项. 统计申报价值. 金额 Goods Item. Declared Statistics_Value. Amount	BBIE	0..1	货物项		价值	金额	一票货物中那些具有相同统计类目货物进行统计所申报的价格	统计值	

表 44（续）

字典条目名称	类型	出现次数	对象类	相关的对象类	特性词	表示词	定义	业务术语	备注
货物项. 离岸价. 金额 Goods Item. Free On Board_Value. Amount	BBIE	0..1	货物项		价值	金额	按照适用的贸易交货计算要求的将要或已付款的货币金额	离岸价(FOB)	
货物项. 保险价值. 金额 Goods Item. Insurance_Value. Amount	BBIE	0..1	货物项		价值	金额	付给为物品提供保险的保险公司的保费金额	被保险值	
货物项. 价值. 金额 Goods Item. Value. Amount	BBIE	0..1	货物项		价值	金额	说明关税/税/费的估算金额	关税/税/费评估基准价	
货物项. 毛重. 计量 Goods Item. Gross_Weight. Measure	BBIE	0..1	货物项		重量	计量	货物的重量，不包括所有包装的重量(质量)，但包括货物通常所带的包装	实际毛重	
货物项. 净重. 计量 Goods Item. Net_Weight. Measure	BBIE	0..1	货物项		重量	计量	一票托运的所有物品项的总净重(质量)		
货物项. 净净重. 计量 Goods Item. Net Net_Weight. Measure	BBIE	0..1	货物项		重量	计量	不包括任何包装的物品的重量(质量)	报关净重	
货物项. 记费重. 计量 Goods Item. Chargeable_Weight. Measure	BBIE	0..1	货物项		重量	计量	用以记费基准的物品毛量(质量)		
货物项. 毛体积. 计量 Goods Item. Gross_Volume. Measure	BBIE	0..1	货物项		体积	计量	通常通过货物项的最大长度、宽度与高度相乘得出的计量	体积、毛计量立方（GMC）、立方	
货物项. 净体积. 计量 Goods Item. Net_Volume. Measure	BBIE	0..1	货物项		体积	计量	货物项的体积，除了任何包装材料的体积		
货物项. 数量 Goods Item. Quantity	BBIE	0..1	货物项		数量	数量	货物项的数量		
货物项. 优惠标准代码. 代码 Goods Item. Preference Criterion Code. Code	BBIE	0..1	货物项		优惠标准代码	代码	说明根据国际贸易协定货物的贸易优惠额		

表 44（续）

字典条目名称	类型	出现次数	对象类	相关的对象类	特性词	表示词	定义	业务术语	备注
货物项.海关要求标识符.标识符 Goods Item. Required_Customs Identifier. Identifier	BBIE	0..1	货物项		海关要求标识符	标识符	说明一类货物的附加税则号令，用于报关、运输和统计或其他管理目的	税则号列扩展号	
货物项.海关状态代码.代码 Goods Item. Customs Status Code. Code	BBIE	0..1	货物项		海关状态代码	代码	出于监管目的海关指定的货物状态	货物报关状态	
货物项.关税数量.数量 Goods Item. Customs Tariff Quantity. Quantity	BBIE	0..1	货物项		关税数量	数量	用于关税、统计或财政目的海关所要求的一个单元中的货物的数量		
货物项.海关进口分类指示符.指示符 Goods Item. Customs Import_Classified Indicator. Indicator	BBIE	0..1	货物项		分类指示符	指示符	指示货物是否经海关作了进口分类		
货物项.项 Goods Item. Item	ASBIE	0..n	货物项	项	项	项	货物或服务说明相关的信息		
货物项.货物项集装箱 Goods Item. Goods Item Container	ASBIE	0..n	货物项	货物项集装箱	货物项集装箱	货物项集装箱	描述与一个单元（如集装箱）的货物运输相关的信息		
货物项.运输折让费用.折让费用 Goods Item. Freight_Allowance Charge. Allowance Charge	ASBIE	0..n	货物项	折让费用	折让费用	折让费用	按照承运合同条款，从一个地方到另一个地方的以任何方式装运产生的费用，除运输费用以外，还可以包括包装、文件、装载、卸载和保险（与运输费用相关的范围内）等费用	运费	
货物项.发票行 Goods Item. Invoice Line	ASBIE	0..n	货物项	发票行	发票行	发票行	与发票行直接相关的信息		
货物项.温度 Goods Item. Temperature	ASBIE	0..n	货物项	温度	温度	温度	与货物任何相关的温度信息		最大温度、储藏温度、最小温度

表 44（续）

字典条目名称	类型	出现次数	对象类	相关的对象类	特性词	表示词	定义	业务术语	备注
货物项.包装货物项.货物项 Goods Item. Contained_Goods Item. Goods Item	ASBIE	0..n	货物项	货物项	货物项	货物项	与本包装项相关的其他任何包装项		
货物项.原产地.地址 Goods Item. Origin_Address. Address	ASBIE	0..1	货物项	地址	地址	地址	货物生产或制造的地区，按照为关税申报、数量限制或任何其他有关贸易措施所发布的标准	原产地	

7.45 货物项集装箱.细目

见表 45。

表 45

字典条目名称	类型	出现次数	对象类	相关的对象类	特性词	表示词	定义	业务术语	备注
货物项集装箱.细目 Goods Item Container. Details	ABIE		货物项集装箱		细目	细目	货物如何分放在运输设备上		
货物项集装箱.标识符 Goods Item Container. Identifier	BBIE	1..1	货物项集装箱		标识符	标识符	标识分放在运输设备上的货物项		
货物项集装箱.数量 Goods Item Container. Quantity	BBIE	0..1	货物项集装箱		数量	数量	在整个托运或部分托运中，装在或装进一件运输设备上的货物项的数量	包装数量	
货物项集装箱.运输设备 Goods Item Container. Transport Equipment	ASBIE	0..n	货物项集装箱	运输设备	运输设备	运输设备	与单一货物项的集装箱相关的信息		

7.46 危险品运输.细目

见表 46。

表 46

字典条目名称	类型	出现次数	对象类	相关的对象类	特性词	表示词	定义	业务术语	备注
危险品运输. 细目 Hazardous Goods Transit. Details	ABIE		危险品运输		细目	细目	关于危险品运输的信息		
危险品运输. 运输应急卡代码. 代码 Hazardous Goods Transit. Transport Emergency Card Code. Code	BBIE	0..1	危险品运输		运输应急卡代码	代码	标识运输应急卡，描述在运输危险品的紧急情况中所采取的行动。可以是由一定权威机构指定的危险应急应答计划的标识编号	限制贸易的环境措施卡	
危险品运输. 包装准则代码. 代码 Hazardous Goods Transit. Packing Criteria Code. Code	BBIE	0..1	危险品运输		包装准则代码	代码	标识用于诸如 IATA/IMDB/ADR/RID 分配的特定危险品运输的包装需求的代码	包装组	
危险品运输. 危险品法规代码. 代码 Hazardous Goods Transit. Hazardous Regulation Code. Code	BBIE	0..1	危险品运输		危险品法规代码	代码	标识一套管理特定危险品运输的法律法规的代码		
危险品运输. 吸入毒性区代码. 代码 Hazardous Goods Transit. Inhalation Toxicity Zone Code. Code	BBIE	0..1	危险品运输		吸入毒性区代码	代码	按照美国运输部的定义，标识危险品的吸入毒性区域的代码		
危险品运输. 授权运输代码. 代码 Hazardous Goods Transit. Transport Authorization Code. Code	BBIE	0..1	危险品运输		授权运输代码	代码	说明危险品运输授权的代码	运输许可	
危险品运输. 最高温度. 温度 Hazardous Goods Transit. Maximum_Temperature. Temperature	ASBIE	0..1	危险品运输	温度	温度	温度	危险品能够安全运输的最高温度		
危险品运输. 最低温度. 温度 Hazardous Goods Transit. Minimum_Temperature. Temperature	ASBIE	0..1	危险品运输	温度	温度	温度	危险品能够安全运输的最低温度		

7.47 危险品项. 细目

见表 47。

表 47

字典条目名称	类型	出现次数	对象类	相关的对象类	特性词	表示词	定义	业务术语	备注
危险品项. 细目 Hazardous Item. Details	ABIE		危险品项		细目	细目	有关危险品项的信息		
危险品项. 标识符 Hazardous Item. Identifier	BBIE	0..1	危险品项		标识符	标识符	危险品项的标识符		
危险品项. 警示符号. 文本 Hazardous Item. Placard_Notation. Text	BBIE	0..1	危险品项		警示符号	文本	与危险商品危险级别相对应的警示符号。也可以是在运输工具上所需的桔黄色标牌的(上方的)危险标识编号		
危险品项. 警示签注. 文本 Hazardous Item. Placard_Endorsement. Text	BBIE	0..1	危险品项		警示签注	文本	用以表明危险商品货运证书的警示签注。也可以用作运输工具上所需的桔黄色标牌的(下方的)编号		
危险品项. 附加信息. 文本 Hazardous Item. Additional_Information. Text	BBIE	0..1	危险品项		信息	文本	关于危险物质的附加信息。可用于保存诸如说明书上规章要求的类型信息		
危险品项. UNDG 代码. 代码 Hazardous Item. UNDG Code. Code	BBIE	0..1	危险品项		UNDG 代码	代码	由联合国制定、作为规则发布的可运输危险货物的标识符	UN 代码	
危险品项. 应急程序代码. 代码 Hazardous Item. Emergency Procedures Code. Code	BBIE	0..1	危险品项		应急程序代码	代码	用代码表示的危险货物应急程序的标识符	EMG 代码、EMS 页码	
危险品项. 医疗急救指南代码. 代码 Hazardous Item. Medical First Aid Guide Code. Code	BBIE	0..1	危险品项		医疗急救指南代码	代码	与特定危险货物相关的医疗急救指南的标识符	MFAG 页码	

表 47（续）

字典条目名称	类型	出现次数	对象类	相关的对象类	特性词	表示词	定义	业务术语	备注
危险品项. 技术名称. 名称 Hazardous Item. Technical_Name. Name	BBIE	0..1	危险品项		名称	名称	特定的危险物质的完整技术名称		
危险品项. 种类. 名称 Hazardous Item. Category. Name	BBIE	0..1	危险品项		种类	名称	项中危险品项的种类名称		
危险品项. 危险品种类代码. 代码 Hazardous Item. Hazardous Category Code. Code	BBIE	0..1	危险品项		危险品种类代码	代码	规定一种物品的危险种类的代码	危险物品分类代码	
危险品项. 上方橙色危险警示标识符. 标识符 Hazardous Item. Upper_Orange Hazard Placard Identifier. Identifier	BBIE	0..1	危险品项		橙色危险警示标识符	标识符	规定要求在运输工具的橙色危险警示牌上方的标识号	危险品标识号（上方）	
危险品项. 下方橙色危险警示标识符. 标识符 Hazardous Item. Lower_Orange Hazard Placard Identifier. Identifier	BBIE	0..1	危险品项		橙色危险警示标识符	标识符	规定要求在运输工具的橙色危险警示牌下方的标识号	物质标识号（下方）	
危险品项. 标记标识符. 标识符 Hazardous Item. Marking Identifier. Identifier	BBIE	0..1	危险品项		标记标识符	标识符	标识危险货物的标记	危险货物标签标记	
危险品项. 危险品类别标识符. 标识符 Hazardous Item. Hazard Class Identifier. Identifier	BBIE	0..1	危险品项		危险品类别标识符	标识符	由有关行政管理部门定义的标识危险货物的危险品等级，如：IMO、SOLAS、IMDG 和 ADR/RID	IMDG 分类号、ADR/RID 分类号	
危险品项. 净重. 计量 Hazardous Item. Net_Weight. Measure	BBIE	0..1	危险品项		重量	计量	危险品项货物的总净重，包含包装的货物重量		

表 47（续）

字典条目名称	类型	出现次数	对象类	相关的对象类	特性词	表示词	定义	业务术语	备注
危险品项.净体积.计量 Hazardous Item. Net_Volume. Measure	BBIE	0..1	危险品项		体积	计量	包含包装和运输设备的危险品项货物的净体积		
危险品项.数量 Hazardous Item. Quantity	BBIE	0..1	危险品项		数量	数量	危险品项货物的数量		
危险品项.联系方.参与方 Hazardous Item. Contact_Party. Party	ASBIE	1..1	危险品项	参与方	参与方	参与方	与危险品项有关的涉及危险事故可联系的个人、团体或实体的详细资料		
危险品项.次要危险品 Hazardous Item. Secondary Hazard	ASBIE	0..n	危险品项	次要危险品	次要危险品	次要危险品	与危险品项有关的次要危险品信息		
危险品项.危险品运输 Hazardous Item. Hazardous Goods Transit	ASBIE	0..n	危险品项	危险货物过境	危险货物过境	危险货物过境	与危险品项有关的危险货物的运输信息		
危险品项.应急温度.温度 Hazardous Item. Emergency_Temperature. Temperature	ASBIE	0..1	危险品项	温度	温度	温度	与危险品项有关的，对于温度须受控的危险货物在处理时紧急程序生效的温度值		
危险品项.闪点温度.温度 Hazardous Item. Flashpoint_Temperature. Temperature	ASBIE	0..1	危险品项	温度	温度	温度	危险品项的闪点，危险货物程序中闪点是指易燃液体的蒸气能在空气中迅速点燃的最低温度		
危险品项.附加温度.温度 Hazardous Item. Additional_Temperature. Temperature	ASBIE	0..n	危险品项	温度	温度	温度	与处理危险货物相关的温度详细资料的信息		

7.48 发票行.细目

见表48。

表 48

字典条目名称	类型	出现次数	对象类	相关的对象类	特性词	表示词	定义	业务术语	备注
发票行. 细目 Invoice Line. Details	ABIE		发票行		细目	细目	发票行的信息		
发票行. 标识符 Invoice Line. Identifier	BBIE	1..1	发票行		标识符	标识符	标识一个发票行		
发票行. UUID. 标识符 Invoice Line. UUID. Identifier	BBIE	0..1	发票行		UUID	标识符	ABIE 实例的通用唯一标识符		
发票行. 注释. 文本 Invoice Line. Note. Text	BBIE	0..1	发票行		注释	文本	适用于发票行的自由格式文本，本项可含附注或任何确未归属另一结构的其他类似信息		
发票行. 已开票数量. 数量 Invoice Line. Invoiced_Quantity. Quantity	BBIE	0..1	发票行		数量	数量	该发票行上所开的货项的数量		
发票行. 行扩展金额. 金额 Invoice Line. Line Extension Amount. Amount	BBIE	1..1	发票行		行扩展金额	金额	行项目的总计货币金额，包括折让费用，但不包括净税		
发票行. 计税日期. 日期 Invoice Line. Tax Point Date. Date	BBIE	0..1	发票行		计税日期	日期	指明发票行的计税日期		
发票行. 记账代码. 代码 Invoice Line. Accounting Cost Code. Code	BBIE	0..1	发票行		记账代码	代码	发票行采用的买方记账代码		
发票行. 记账. 文本 Invoice Line. Accounting Cost. Text	BBIE	0..1	发票行		记账	文本	文本表示的用于发票行的买方记账成本中心		
发票行. 免费指示符. 指示符 Invoice Line. Free Of Charge_Indicator. Indicator	BBIE	0..1	发票行		指示符	指示符	发票行项目是否免费的标志[默认为“否(false)”]		

表 48（续）

字典条目名称	类型	出现次数	对象类	相关的对象类	特性词	表示词	定义	业务术语	备注
发票行.订单行参考 Invoice Line. Order Line Reference	ASBIE	0..n	发票行	订单行参考	订单行参考	订单行参考	与订单行参考关联		
发票行.发货.行参考 Invoice Line. Despatch_Line Reference. Line Reference	ASBIE	0..n	发票行	行参考	行参考	行参考	与发货行参考关联		
发票行.收货.行参考 Invoice Line. Receipt_Line Reference. Line Reference	ASBIE	0..n	发票行	行参考	行参考	行参考	与收货行参考关联		
发票行.账单参考 Invoice Line. Billing Reference	ASBIE	0..n	发票行	账单参考	账单参考	账单参考	与账单参考关联		
发票行.单证参考 Invoice Line. Document Reference	ASBIE	0..n	发票行	单证参考	单证参考	单证参考	与单证参考关联		
发票行.定价参考 Invoice Line. Pricing Reference	ASBIE	0..1	发票行	定价参考	定价参考	定价参考	与定价参考关联		
发票行.发起方.参与方 Invoice Line. Originator_Party. Party	ASBIE	0..1	发票行	参与方	参与方	参与方	与发票相关的订单发起方		
发票行.交货 Invoice Line. Delivery	ASBIE	0..n	发票行	交货	交货	交货	与交货关联		
发票行.付款条款 Invoice Line. Payment Terms	ASBIE	0..n	发票行	付款条款	付款条款	付款条款	与付款条款关联		
发票行.折让费用 Invoice Line. Allowance Charge	ASBIE	0..n	发票行	折让费用	折让费用	折让费用	与折让费用关联		
发票行.税总计 Invoice Line. Tax Total	ASBIE	0..n	发票行	税总计	税总计	税总计	与税总计关联		
发票行.项 Invoice Line. Item	ASBIE	1..1	发票行	项	项	项	与项关联		

表 48（续）

字典条目名称	类型	出现次数	对象类	相关的对象类	特性词	表示词	定义	业务术语	备注
发票行. 价格 Invoice Line. Price	ASBIE	0..1	发票行	价格	价格	价格	与价格关联	单位价、基准价	
发票行. 交货条款 Invoice Line. Delivery Terms	ASBIE	0..1	发票行	交货条款	交货条款	交货条款	与交货条款关联		

7.49 项. 细目

见表 49。

表 49

字典条目名称	类型	出现次数	对象类	相关的对象类	特性词	表示词	定义	业务术语	备注
项. 细目 Item. Details	ABIE		项		细目	细目	直接与项相关的信息	物品、产品、货物项	
项. 描述. 文本 Item. Description. Text	BBIE	0..n	项		描述	文本	用来描述该项文本的自由格式栏		
项. 包装数量. 数量 Item. Pack Quantity. Quantity	BBIE	0..1	项		包装数量	数量	单位包装数量		
项. 包装尺寸. 数字 Item. Pack Size. Numeric	BBIE	0..1	项		包装尺寸	数字	一个包装中所包含货项的数目		
项. 目录指示符. 指示符 Item. Catalogue_Indicator. Indicator	BBIE	0..1	项		指示符	指示符	指明该项的定购是否从目录上而来的指示符。 是为 T(true)；否为 F(false)		
项. 名称 Item. Name	BBIE	0..1	项		名称	名称	对项所指定的可选简短名称，例如来自商品目录的且不同于描述的名称		
项. 危险品指示符. 指示符 Item. Hazardous Risk_Indicator. Indicator	BBIE	0..1	项		指示符	指示符	指明该交付项目是否危险品的标志		缺省为负

表 49（续）

字典条目名称	类型	出现次数	对象类	相关的对象类	特性词	表示词	定义	业务术语	备注
项.附加信息.文本 Item. Additional_Information. Text	BBIE	0..1	项		信息	文本	为项提供更详细的资料[如某一关联网页的地址(URL)]		
项.关键字.文本 Item. Keyword. Text	BBIE	0..n	项		关键字	文本	卖方为项定义的检索字符串。也可为标识项的同义词		
项.商标名称.名称 Item. Brand Name. Name	BBIE	0..n	项		商标名称	名称	项商标的名称		
项.型号名称.名称 Item. Model Name. Name	BBIE	0..n	项		型号名称	名称	项型号的名称		
项.买方.项标识 Item. Buyers_Item Identification. Item Identification	ASBIE	0..1	项	项标识	项标识	项标识	依照买方体系对该项的标识		
项.卖方.项标识 Item. Sellers_Item Identification. Item Identification	ASBIE	0..1	项	项标识	项标识	项标识	依照卖方体系对该项的标识		
项.制造商.项标识 Item. Manufacturers_Item Identification. Item Identification	ASBIE	0..n	项	项标识	项标识	项标识	依照制造商体系对该项的标识		
项.标准项.项标识 Item. Standard_Item Identification. Item Identification	ASBIE	0..1	项	项标识	项标识	项标识	依照标准体系对该项的标识		
项.目录.项标识 Item. Catalogue_Item Identification. Item Identification	ASBIE	0..1	项	项标识	项标识	项标识	依照目录体系对该项的标识		
项.附加项.项标识 Item. Additional_Item Identification. Item Identification	ASBIE	0..n	项	项标识	项标识	项标识	有关该项的其他标识方式		

表 49（续）

字典条目名称	类型	出现次数	对象类	相关的对象类	特性词	表示词	定义	业务术语	备注
项.目录.单证参考 Item. Catalogue _ Document Reference. Document Reference	ASBIE	0..1	项	单证参考	单证参考	单证参考	目录的相关参考		
项.项说明.单证参考 Item. Item Specification_Document Reference. Document Reference	ASBIE	0..n	项	单证参考	单证参考	单证参考	有关提供项描述的单证参考		
项.原产地国 Item. Origin_Country	ASBIE	0..1	项	国家	国家	国家	有关该项的原产地国		
项.商品分类 Item. Commodity Classification	ASBIE	0..n	项	商品分类	商品分类	商品分类	依照商品分类系统对该项的分类		
项.交易条件 Item. Transaction Conditions	ASBIE	0..n	项	交易条件	交易条件	交易条件	与该项相关的所属交易条件		
项.危险品项 Item. Hazardous Item	ASBIE	0..n	项	危险品	危险品	危险品	有关该项的危险品信息		
项.分类税目.税目 Item. Classified_Tax Category. Tax Category	ASBIE	0..n	项	税目	税目	税目	一种或多种税目的分类项		
项.附加项.项特性 Item. Additional_Item Property. Item Property	ASBIE	0..n	项	项特性	项特性	项特性	有关项的附加特性		
项.制造商.参与方 Item. Manufacturer_Party. Party	ASBIE	0..n	项	参与方	参与方	参与方	有关项的制造商		
项.信息内容提供方.参与方 Item. Information Content Provider_Party. Party	ASBIE	0..1	项	参与方	参与方	参与方	有关负责项说明的一方		

表 49（续）

字典条目名称	类型	出现次数	对象类	相关的对象类	特性词	表示词	定义	业务术语	备注
项.原产地.地址 Item. Origin_Address. Address	ASBIE	0..n	项	地址	地址	地址	有关项的原产地的地理区域（不是国家）		
项.项实例 Item. Item Instance	ASBIE	0..n	项	项实例	项实例	项实例	与项实例关联		

7.50 项对照.细目

见表 50。

表 50

字典条目名称	类型	出现次数	对象类	相关的对象类	特性词	表示词	定义	业务术语	备注
项对照.细目 Item Comparison. Details	ABIE		项对照		细目	细目	用于比较基于成本、数量和计量的不同项		
项对照.价格.金额 Item Comparison. Price. Amount	BBIE	0..1	项对照		价格	金额	比较不同项的价格		
项对照.数量 Item Comparison. Quantity	BBIE	0..1	项对照		数量	数量	用于比较其他项价格的数量		如：每单位

7.51 项标识.细目

见表 51。

表 51

字典条目名称	类型	出现次数	对象类	相关的对象类	特性词	表示词	定义	业务术语	备注
项标识.细目 Item Identification. Details	ABIE		项标识		细目	细目	关于项标识的信息		
项标识.标识符 Item Identification. Identifier	BBIE	1..1	项标识		标识符	标识符	一个项的标识符		

表 51（续）

字典条目名称	类型	出现次数	对象类	相关的对象类	特性词	表示词	定义	业务术语	备注
项标识.扩展标识符.标识符 Item Identification. Extended_Identifier. Identifier	BBIE	0..1	项标识		标识符	标识符	项的扩展标识编号，用于标出项的具体特征，如物品 123 为椅子，而物品 123 Ext 45 则为棕色椅子		
项标识.物理属性 Item Identification. Physical Attribute	ASBIE	0..n	项标识	物理属性	物理属性	物理属性	与物理属性相关的信息		
项标识.计量.尺寸 Item Identification. Measurement_Dimension. Dimension	ASBIE	0..n	项标识	尺寸	尺寸	尺寸	与计量尺寸相关的信息		
项标识.签发方.参与方 Item Identification. Issuer_Party. Party	ASBIE	0..1	项标识	参与方	参与方	参与方	与签发方相关的信息，如：负责签发项标识的一方		

7.52 项实例.细目

见表 52。

表 52

字典条目名称	类型	出现次数	对象类	相关的对象类	特性词	表示词	定义	业务术语	备注
项实例.细目 Item Instance. Details	ABIE		项实例		细目	细目	一个项的特殊实例的信息		
项实例.产品跟踪标识符.标识符 Item Instance. Product Trace_Identifier. Identifier	BBIE	0..1	项实例		标识符	标识符	跟踪项的标识号，如无线射频识别设备(RFID)所用的电子产品代码(EPC)编号		
项实例.制造日期.日期 Item Instance. Manufacture Date. Date	BBIE	0..1	项实例		制造日期	日期	项实例的制造日期		
项实例.制造时间.时间 Item Instance. Manufacture Time. Time	BBIE	0..1	项实例		制造时间	时间	项实例的制造时间		

表 52（续）

字典条目名称	类型	出现次数	对象类	相关的对象类	特性词	表示词	定义	业务术语	备注
项实例. 注册标识符. 标识符 Item Instance. Registration Identifier. Identifier	BBIE	0..1	项实例		注册标识符	标识符	项实例的注册标识符		汽车注册号或许可号
项实例. 序列标识符. 标识符 Item Instance. Serial Identifier. Identifier	BBIE	0..1	项实例		序列标识符	标识符	项实例的序列码		汽车的车架号
项实例. 附加项. 项属性 Item Instance. Additional_Item Property. Item Property	ASBIE	0..n	项实例	项属性	项属性	项属性	与附加项特征的关联		
项实例. 批次标识 Item Instance. Lot Identification	ASBIE	0..1	项实例	批次标识	批次标识	批次标识	有关项实例的批次标识符（项实例需要召回时使用的标识符）		

7.53 项位置数量. 细目

见表 53。

表 53

字典条目名称	类型	出现次数	对象类	相关的对象类	特性词	表示词	定义	业务术语	备注
项位置数量. 细目 Item Location Quantity. Details	ABIE		项位置数量		细目	细目	与项的特征以及特定数量和/或特定地点相关的信息		
项位置数量. 前置期. 计量 Item Location Quantity. Lead Time. Measure	BBIE	0..1	项位置数量		前置期	计量	项从订购到交付所需的时间		如：两天、24 小时
项位置数量. 最小数量. 数量 Item Location Quantity. Minimum_Quantity. Quantity	BBIE	0..1	项位置数量		数量	数量	特定价格下可订购的数量下限		如：10 箱、1 吨、1 000 片

表 53（续）

字典条目名称	类型	出现次数	对象类	相关的对象类	特性词	表示词	定义	业务术语	备注
项位置数量.最大数量.数量 Item Location Quantity. Maximum_ Quantity. Quantity	BBIE	0..1	项位置数量		数量	数量	特定价格下可订购的数量上限		如:10 箱、1 吨、1 000 片
项位置数量.危险品指示符.指示符 Item Location Quantity. Hazardous Risk_ Indicator. Indicator	BBIE	0..1	项位置数量		指示符	指示符	定点定量地标出所交付的项是否为危险品		缺省为负
项位置数量.贸易限制.文本 Item Location Quantity. Trading Restrictions. Text	BBIE	0..n	项位置数量		贸易限制	文本	对贸易限制的描述,适用于项或项的数量		如:禁止出口
项位置数量.适用地域.地址 Item Location Quantity. Applicable Territory_Address. Address	ASBIE	0..n	项位置数量	地址	地址	地址	与地域(或地址)的关联		
项位置数量.价格 Item Location Quantity. Price	ASBIE	0..1	项位置数量	价格	价格	价格	与价格的关联		
项位置数量.交货单元 Item Location Quantity. Delivery Unit	ASBIE	0..n	项位置数量	交货单元	交货单元	交货单元	与交货单元的关联		
项位置数量.适用税目.税目 Item Location Quantity. Applicable_Tax Category. Tax Category	ASBIE	0..n	项位置数量	税目	税目	税目	与税目的关联		

7.54 项特性.细目

见表 54。

表 54

字典条目名称	类型	出现次数	对象类	相关的对象类	特性词	表示词	定义	业务术语	备注
项特性. 细目 Item Property. Details	ABIE		项特性		细目	细目	有关项特征的信息		
项特性. 名称 Item Property. Name	BBIE	1..1	项特性		名称	名称	项特性的名称		如:能量等级、衣领尺寸、脂肪含量
项特性. 值. 文本 Item Property. Value. Text	BBIE	1..1	项特性		值	文本	项特性值		如:100 瓦、脂肪含量 20%±5%
项特性. 可用期限. 期限 Item Property. Usability_Period. Period	ASBIE	0..1	项特性	期限	期限	期限	项特性的有效期		
项特性. 项特性组 Item Property. Item Property Group	ASBIE	0..n	项特性	项特性组	项特性组	项特性组	与项特性组的关联		

7.55 项特性组. 细目

见表 55。

表 55

字典条目名称	类型	出现次数	对象类	相关的对象类	特性词	表示词	定义	业务术语	备注
项特性组. 细目 Item Property Group. Details	ABIE		项特性组		细目	细目	项特性组的分类(或分组)集合的信息		
项特性组. 标识符 Item Property Group. Identifier	BBIE	1..1	项特性组		标识符	标识符	项特性组的标识符		
项特性组. 名称 Item Property Group. Name	BBIE	0..1	项特性组		名称	名称	项特性组的名称		

7.56 语言. 细目

见表 56。

表 56

字典条目名称	类型	出现次数	对象类	相关的对象类	特性词	表示词	定义	业务术语	备注
语言. 细目 Language. Details	ABIE		语言		细目	细目	关于语言的信息		
语言. 标识符 Language. Identifier	BBIE	0..1	语言		标识符	标识符	代码表示的语言标识符		见 GB/T 4880.1、GB/T 4880.3—2009 和 GB/T 4881
语言. 名称 Language. Name	BBIE	0..1	语言		名称	名称	语言的名称		见 GB/T 4880.1、GB/T 4880.3—2009 和 GB/T 4881
语言. 地区代码. 代码 Language. Locale Code. Code	BBIE	0..1	语言		地区代码	代码	代码表示的语言适用地区		见 GB/T 2659

7.57 行项. 细目

见表 57。

表 57

字典条目名称	类型	出现次数	对象类	相关的对象类	特性词	表示词	定义	业务术语	备注
行项. 细目 Line Item. Details	ABIE		行项		细目	细目	行项的信息		
行项. 标识符 Line Item. Identifier	BBIE	1..1	行项		标识符	标识符	标识由买方指定的行项		
行项. 销售订单标识符. 标识符 Line Item. Sales_Order Identifier. Identifier	BBIE	0..1	行项		订单标识符	标识符	卖方为行指定的标识		
行项. UUID. 标识符 Line Item. UUID. Identifier	BBIE	0..1	行项		UUID	标识符	ABIE 实例的通用唯一标识符		

表 57（续）

字典条目名称	类型	出现次数	对象类	相关的对象类	特性词	表示词	定义	业务术语	备注
行项. 备注. 文本 Line Item. Note. Text	BBIE	0..1	行项		备注	文本	适用于该行项的自由格式文本，本项可含附注或任何确未归属另一结构的其他类似信息		
行项. 行状态代码. 代码 Line Item. Line Status Code. Code	BBIE	0..1	行项		行状态代码	代码	标识该行与其初始情形相比当前的情况		
行项. 数量 Line Item. Quantity	BBIE	0..1	行项		数量	数量	在该行项上该项的数量		
行项. 行扩展金额. 金额 Line Item. Line Extension Amount. Amountt	BBIE	0..1	行项		行扩展金额	金额	该行项上合计的货币总额，包括折让费用但不含税		
行项. 税总额. 金额 Line Item. Total_Tax Amount. Amount	BBIE	0..1	行项		税金额	金额	该行项上的合计税额		
行项. 最小数量. 数量 Line Item. Minimum_Quantity. Quantity	BBIE	0..1	行项		数量	数量	该行上该项的最小数量		
行项. 最大数量. 数量 Line Item. Maximum_Quantity. Quantity	BBIE	0..1	行项		数量	数量	该行上该项的最大数量		
行项. 最小延期交货. 数量 Line Item. Minimum_Backorder. Quantity	BBIE	0..1	行项		延期交货	数量	该项上允许延期交货的最小数量		
行项. 最大延期交货. 数量 Line Item. Maximum_Backorder. Quantity	BBIE	0..1	行项		延期交货	数量	该项上允许延期交货的最大数量		
行项. 查检方式代码. 代码 Line Item. Inspection Method Code. Code	BBIE	0..1	行项		查检方式代码	代码	代码表示的行项的查检需求		
行项. 部分交货指示符. 指示符 Line Item. Partial Delivery Indicator. Indicator	BBIE	0..1	行项		部分交货指示符	指示符	指明是否允许部分交货		

表 57（续）

字典条目名称	类型	出现次数	对象类	相关的对象类	特性词	表示词	定义	业务术语	备注
行项. 延期交货许可指示符. 指示符 Line Item. Back Order Allowed Indicator. Indicator	BBIE	0..1	行项		延期交货许可指示符	指示符	指明是否允许延期交货		
行项. 记账代码. 代码 Line Item. Accounting Cost Code. Code	BBIE	0..1	行项		记账代码	代码	应用于行项的买方记账代码		
行项. 记账. 文本 Line Item. Accounting Cost. Text	BBIE	0..1	行项		记账	文本	文本表示的应用于行项的买方记账成本中心		
行项. 交货 Line Item. Delivery	ASBIE	0..n	行项	交货	交货	交货	与交货关联		
行项. 交货条款 Line Item. Delivery Terms	ASBIE	0..1	行项	交货条款	交货条款	交货条款	与交货条款关联		
行项. 发起方. 参与方 Line Item. Originator_Party. Party	ASBIE	0..1	行项	参与方	参与方	参与方	订单的发起方		
行项. 订购的装运物 Line Item. Ordered Shipment	ASBIE	0..n	行项	订购的装运物	订购的装运物	订购的装运物	与订购的装运物关联		
行项. 定价参考 Line Item. Pricing Reference	ASBIE	0..1	行项	定价参考	定价参考	定价参考	与定价参考关联		
行项. 折让费用 Line Item. Allowance Charge	ASBIE	0..n	行项	折让费用	折让费用	折让费用	与折让费用关联		
行项. 价格 Line Item. Price	ASBIE	0..1	行项	价格	价格	价格	与价格关联		
行项. 项 Line Item. Item	ASBIE	1..1	行项	项	项	项	与项关联		

7.58 行参考. 细目

见表 58。

表 58

字典条目名称	类型	出现次数	对象类	相关的对象类	特性词	表示词	定义	业务术语	备注
行参考.细目 Line Reference. Details	ABIE		行参考		细目	细目	在一个单证中行的参考		
行参考.行标识符.标识符 Line Reference. Line Identifier. Identifier	BBIE	1..1	行参考		行标识符	标识符	标识一个参考单证中的行		
行参考.UUID.标识符 Line Reference. UUID. Identifier	BBIE	1..1	行参考		UUID	标识符	ABIE 实例的通用唯一标识符		
行参考.行状态代码.代码 Line Reference. Line Status Code. Code	BBIE	0..1	行参考		行状态代码	代码	标识与该行初始情形相比当前的状态		
行参考.单证参考 Line Reference. Document Reference	ASBIE	0..1	行参考	单证参考	单证参考	单证参考	与单证参考关联		

7.59 行应答.细目

见表 59。

表 59

字典条目名称	类型	出现次数	对象类	相关的对象类	特性词	表示词	定义	业务术语	备注
行应答.细目 Line Response. Details	ABIE		行应答		细目	细目	对单证中一个行的应答		
行应答.行参考 Line Response. Line Reference	ASBIE	1..1	行应答	行参考	行参考	行参考	与单证参考关联		
行应答.应答 Line Response. Response	ASBIE	1..n	行应答	应答	应答	应答	与应答关联		

7.60 地点.细目

见表 60。

表 60

字典条目名称	类型	出现次数	对象类	相关的对象类	特性词	表示词	定义	业务术语	备注
地点. 细目 Location. Details	ABIE		地点		细目	细目	关于地点的信息		
地点. 标识符 Location. Identifier	BBIE	0..1	地点		标识符	标识符	地点的唯一标识符，如：国际物品编码协会(EAN)位置编码，全球位置编码(GLN)		见 GB/T 2260、GB/T 16828—2007
地点. 描述. 文本 Location. Description. Text	BBIE	0..1	地点		描述	文本	地点的描述或名称		
地点. 状况. 文本 Location. Conditions. Text	BBIE	0..1	地点		状况	文本	描述地点的状况		
地点. 国家行政区划. 文本 Location. Country Subentity. Text	BBIE	0..1	地点		国家行政区划	文本	国家领土区划的名称，如：县或州	行政区、州、地区、郡、县	见 GB/T 2260
地点. 国家行政区划代码. 代码 Location. Country Subentity Code. Code	BBIE	0..1	地点		国家行政区划代码	代码	用代码表示的国家领土区划，如：县或州	行政区代码、州代码	见 GB/T 2260
地点. 有效期限. 期限 Location. Validity_Period. Period	ASBIE	0..n	地点	期限	期限	期限	地点可用的期限，如：交货地点期限		
地点. 地址 Location. Address	ASBIE	0..1	地点	地址	地址	地址	与地点相关的地址		

7.61 地点坐标. 细目

见表 61。

表 61

字典条目名称	类型	出现次数	对象类	相关的对象类	特性词	表示词	定义	业务术语	备注
地点坐标. 细目 Location Coordinate. Details	ABIE		地点坐标		细目	细目	关于物理(地理)地点的信息		

表 61（续）

字典条目名称	类型	出现次数	对象类	相关的对象类	特性词	表示词	定义	业务术语	备注
地点坐标. 坐标系代码. 代码 Location Coordinate. Coordinate System Code. Code	BBIE	0..1	地点坐标		坐标系代码	代码	所用坐标系的标识符		
地点坐标. 纬度_度. 计量 Location Coordinate. Latitude_Degrees. Measure	BBIE	0..1	地点坐标		度	计量	用度数计量纬度		
地点坐标. 纬度_分. 计量 Location Coordinate. Latitude_Minutes. Measure	BBIE	0..1	地点坐标		分	计量	用分计量纬度		
地点坐标. 纬度方向代码. 代码 Location Coordinate. Latitude Direction Code. Code	BBIE	0..1	地点坐标		纬度方向代码	代码	从赤道开始计量纬度的方向		
地点坐标. 经度_度. 计量 Location Coordinate. Longitude_Degrees. Measure	BBIE	0..1	地点坐标		度	计量	用度数计量经度		
地点坐标. 经度_分. 计量 Location Coordinate. Longitude_Minutes. Measure	BBIE	0..1	地点坐标		分	计量	用分计量经度		
地点坐标. 经度方向代码. 代码 Location Coordinate. Longitude Direction Code. Code	BBIE	0..1	地点坐标		经度方向代码	代码	从子午线开始计量经度的方向		

7.62 批次标识. 细目

见表 62。

表 62

字典条目名称	类型	出现次数	对象类	相关的对象类	特性词	表示词	定义	业务术语	备注
批次标识. 细目 Lot Identification. Details	ABIE		批次标识		细目	细目	关于一个批次（项实例）的信息		
批次标识. 批次编号. 标识符 Lot Identification. Lot Number. Identifier	BBIE	0..1	批次标识		批次编号	标识符	标识一个批次		
批次标识. 失效日期. 日期 Lot Identification. Expiry Date. Date	BBIE	0..1	批次标识		失效日期	日期	批次的失效日期		
批次标识. 附加项. 项特性 Lot Identification. Additional_Item Property. Item Property	ASBIE	0..n	批次标识	项特性	项特性	项特性	与附加项特性关联		

7.63 海运. 细目

见表 63。

表 63

字典条目名称	类型	出现次数	对象类	相关的对象类	特性词	表示词	定义	业务术语	备注
海运. 细目 Maritime Transport. Details	ABIE		海运		细目	细目	描述一个水路(包括海、河和运河)运输船舶		
海运. 船舶标识符. 标识符 Maritime Transport. Vessel Identifier. Identifier	BBIE	0..1	海运		船舶标识符	标识符	标识一个特定船舶	英国劳埃德船级号、注册号	如:国际海事组织的船舶编号
海运. 船舶名称. 名称 Maritime Transport. Vessel Name. Name	BBIE	0..1	海运		船舶名称	名称	船舶的名称	船舶名称	

7.64 金额总计. 细目

见表 64。

表 64

字典条目名称	类型	出现次数	对象类	相关的对象类	特性词	表示词	定义	业务术语	备注
金额总计. 细目 Monetary Total. Details	ABIE		金额总计		细目	细目	关于金额总计的信息		
金额总计. 行扩展金额. 金额 Monetary Total. Line Extension Amount. Amount	BBIE	0..1	金额总计		行扩展金额	金额	行扩展金额总计，该金额不包括税和结算折扣，但包含任何适用舍入金额		
金额总计. 不含税金额. 金额 Monetary Total. Tax Exclusive Amount. Amount	BBIE	0..1	金额总计		不含税金额	金额	不含税的总金额		
金额总计. 含税金额. 金额 Monetary Total. Tax Inclusive Amount. Amount	BBIE	0..1	金额总计		含税金额	金额	含税的总金额		
金额总计. 折让总额. 金额 Monetary Total. Allowance Total Amount. Amount	BBIE	0..1	金额总计		折让总额	金额	所有折让的总金额		
金额总计. 费用总额. 金额 Monetary Total. Charge Total Amount. Amount	BBIE	0..1	金额总计		费用总额	金额	所有费用总金额		
金额总计. 预付金额. 金额 Monetary Total. Prepaid Amount. Amount	BBIE	0..1	金额总计		预付金额	金额	预付金额的总计		
金额总计. 付款舍入金额. 金额 Monetary Total. Payable_Rounding Amount. Amount	BBIE	0..1	金额总计		付款舍入金额	金额	舍入金额(正或负)与计算行扩展总金额相加生成舍入行扩展总金额		
金额总计. 付款金额. 金额 Monetary Total. Payable_Amount. Amount	BBIE	1..1	金额总计		金额	金额	付款总金额		

7.65 订单行.细目

见表 65。

表 65

字典条目名称	类型	出现次数	对象类	相关的对象类	特性词	表示词	定义	业务术语	备注
订单行.细目 Order Line. Details	ABIE		订单行		细目	细目	关于一个订单行的信息		
订单行.替代状态代码.代码 Order Line. Substitution Status Code. Code	BBIE	0..1	订单行		替代状态代码	代码	指明订单行替代状态的代码。订单行中可以指出由买方或卖方(在订单应答中)建议的替代,或由卖方(在订单应答中)已经提出的替代		见 GB/T 16833—2002 的数据元 4457
订单行.注释.文本 Order Line. Note. Text	BBIE	0..1	订单行		注释	文本	与文档中该行有关的任何自由文本信息。此元素中可以包含其他构件中未包括的注释或其他类似信息		
订单行.行项 Order Line. Line Item	ASBIE	1..1	订单行	行项	行项	行项	与行项关联		
订单行.卖方建议替代行项.行项 Order Line. Seller Proposed Substitute_ Line Item. Line Item	ASBIE	0..n	订单行	行项	行项	行项	卖方(在订单应答中)建议的替代行项		
订单行.卖方替代行项.行项 Order Line. Seller Substituted_Line Item. Line Item	ASBIE	0..n	订单行	行项	行项	行项	被卖方替换的商品,原订购的商品数量与价格可能和被卖方替换商品的数量价格不一样,然而,当某项商品被卖方替换时,假设其他的信息如装运条件细节将不改变		

表 65（续）

字典条目名称	类型	出现次数	对象类	相关的对象类	特性词	表示词	定义	业务术语	备注
订单行. 买方建议替代行项. 行项 Order Line. Buyer Proposed Substitute_Line Item. Line Item	ASBIE	0..n	订单行	行项	行项	行项	买方建议的替代行项		
订单行. 目录行参考. 行参考 Order Line. Catalogue_Line Reference. Line Reference	ASBIE	0..1	订单行	行参考	行参考	行参考	目录行的相关参考		
订单行. 报价行参考. 行参考 Order Line. Quotation_Line Reference. Line Reference	ASBIE	0..1	订单行	行参考	行参考	行参考	与报价的行参考关联		
订单行. 单证参考 Order Line. Document Reference	ASBIE	0..n	订单行	单证参考	单证参考	单证参考	与单证参考关联		

7.66 订单行参考. 细目

见表 66。

表 66

字典条目名称	类型	出现次数	对象类	相关的对象类	特性词	表示词	定义	业务术语	备注
订单行参考. 细目 Order Line Reference. Details	ABIE		订单行参考			细目	关于一个订单行参考的信息		
订单行参考. 行标识符. 标识符 Order Line Reference. Line Identifier. Identifier	BBIE	0..1	订单行参考		行标识符	标识符	买方分配的订单行的标识符		
订单行参考. 销售订单行标识符. 标识符 Order Line Reference. Sales Order_Line Identifier. Identifier	BBIE	0..1	订单行参考		行标识符	标识符	卖方分配的订单行的标识符		
订单行参考. UUID. 标识符 Order Line Reference. UUID. Identifier	BBIE	0..1	订单行参考		UUID	标识符	ABIE 实例的通用唯一标识符		

表 66（续）

字典条目名称	类型	出现次数	对象类	相关的对象类	特性词	表示词	定义	业务术语	备注
订单行参考. 行状态代码. 代码 Order Line Reference. Line Status Code. Code	BBIE	0..1	订单行参考		行状态代码	代码	基于参考订单行的原始状态来标识其状态		
订单行参考. 订单参考 Order Line Reference. Order Reference	ASBIE	0..1	订单行参考	订单参考	订单参考	订单参考	与订单参考关联		

7.67 订单参考. 细目

见表 67。

表 67

字典条目名称	类型	出现次数	对象类	相关的对象类	特性词	表示词	定义	业务术语	备注
订单参考. 细目 Order Reference. Details	ABIE		订单参考		细目	细目	关于一个订单参考的信息		
订单参考. 标识符 Order Reference. Identifier	BBIE	0..1	订单参考		标识符	标识符	买方分配的订单标识符		
订单参考. 销售订购标识符. 标识符 Order Reference. Sales Order Identifier. Identifier	BBIE	0..1	订单参考		销售订单标识符	标识符	卖方分配的订单标识符		
订单参考. 副本指示符. 指示符 Order Reference. Copy_Indicator. Indicator	BBIE	0..1	订单参考		指示符	指示符	指明该订单是副本还是一个正本，副本为 T(true)，正本为 F(false)		
订单参考. UUID. 标识符 Order Reference. UUID. Identifier	BBIE	0..1	订单参考		UUID	标识符	ABIE 实例的通用唯一标识符		
订单参考. 签发日期. 日期 Order Reference. Issue Date. Date	BBIE	0..1	订单参考		签发日期	日期	订单的签发日期		

表 67（续）

字典条目名称	类型	出现次数	对象类	相关的对象类	特性词	表示词	定义	业务术语	备注
订单参考. 签发时间. 时间 Order Reference. Issue Time. Time	BBIE	0..1	订单参考		签发时间	时间	订单的签发时间		
订单参考. 客户参考. 文本 Order Reference. Customer_Reference. Text	BBIE	0..1	订单参考		参考	文本	采购卡交易的标签参考		使用购物卡时的客户参考标识符
订单参考. 单证参考 Order Reference. Document Reference	ASBIE	0..1	订单参考	单证参考	单证参考	单证参考	与单证参考关联		

7.68 订购装运. 细目

见表 68。

表 68

字典条目名称	类型	出现次数	对象类	相关的对象类	特性词	表示词	定义	业务术语	备注
订购装运. 细目 Ordered Shipment. Details	ABIE		订购的装运物		细目	细目	与订购的装运物有关的信息		
订购的装运物. 装运 Ordered Shipment. Shipment	ASBIE	1..1	订购的装运物	装运	装运	装运	与装运关联		
订购的装运物. 包装 Ordered Shipment. Package	ASBIE	0..n	订购的装运物	包装	包装	包装	与包装关联		

7.69 包装. 细目

见表 69。

表 69

字典条目名称	类型	出现次数	对象类	相关的对象类	特性词	表示词	定义	业务术语	备注
包装. 细目 Package. Details	ABIE		包装		细目	细目	关于一个包装信息		

表 69（续）

字典条目名称	类型	出现次数	对象类	相关的对象类	特性词	表示词	定义	业务术语	备注
包装. 标识符 Package. Identifier	BBIE	0..1	包装		标识符	标识符	标识一个包装		
包装. 数量 Package. Quantity	BBIE	0..1	包装		数量	数量	一个包装中(项)的数量		
包装. 可返回材料指示符. 指示符 Package. Returnable Material_Indicator. Indicator	BBIE	0..1	包装		指示符	指示符	指明该包装的材料是否是可返回的。 可返回为 T(ture)，不可返回为 F(false)		
包装. 包装层代码. 代码 Package. Package Level Code. Code	BBIE	0..1	包装		包装层代码	代码	规定一个包装层的代码		见 GB/T 16833—2002 的数据元 7075
包装. 包装类型代码. 代码 Package. Packaging Type Code. Code	BBIE	0..1	包装		包装类型代码	代码	规定一个项的包装类型的代码	包装类别代码	见 GB/T 16472—1996
包装. 包装材料. 文本 Package. Packing Material. Text	BBIE	0..n	包装		包装材料	文本	一个项的包装类型描述		
包装. 包含的包装. 包装 Package. Contained_Package. Package	ASBIE	0..n	包装	包装	包装	包装	与内包装关联，用于描述一个包装内的包装		
包装. 货物项 Package. Goods Item	ASBIE	0..n	包装	货物项	货物项	货物项	与货物项关联		
包装. 计量. 尺寸 Package. Measurement_Dimension. Dimension	ASBIE	0..n	包装	尺寸	尺寸	尺寸	包装的计量尺寸的相关描述		
包装. 交货单元 Package. Delivery Unit	ASBIE	0..n	包装	交货单元	交货单元	交货单元	包装中的相关交货单元		

7.70 参与方.细目

见表70。

表 70

字典条目名称	类型	出现次数	对象类	相关的对象类	特性词	表示词	定义	业务术语	备注
参与方.细目 Party. Details	ABIE		参与方		细目	细目	在业务功能中扮演角色的个人、组织或团体		
参与方.转交标记指示符.指示符 Party. Mark Care_Indicator. Indicator	BBIE	0..1	参与方		指示符	指示符	指明一个参与方是否是转交角色		
参与方.提示标记指示符.指示符 Party. Mark Attention_Indicator. Indicator	BBIE	0..1	参与方		指示符	指示符	指明是否致某参与方		
参与方.网址 URI.标识符 Party. Website_URI. Identifier	BBIE	0..1	参与方		URI	标识符	参与方的统一资源标识符(URI)		
参与方.图标参考.标识符 Party. Logo Reference. Identifier	BBIE	0..1	参与方		图标参考	标识符	参与方的图标		
参与方.终点标识符.标识符 Party. Endpoint Identifier. Identifier	BBIE	0..1	参与方		终点标识符	标识符	标识该路由服务的终点。如：国际物品编码协会(EAN)位置编码，全球位置编码(GLN)		
参与方.参与方标识 Party. Party Identification	ASBIE	0..n	参与方	参与方标识	参与方标识	参与方标识	与参与方标识关联		
参与方.参与方名称 Party. Party Name	ASBIE	0..n	参与方	参与方名称	参与方名称	参与方名称	与参与方名称关联		
参与方.语言 Party. Language	ASBIE	0..1	参与方	语言	语言	语言	与语言关联		
参与方.邮政地址.地址 Party. Postal_Address. Address	ASBIE	0..1	参与方	地址	地址	地址	参与方的邮政地址		

表 70（续）

字典条目名称	类型	出现次数	对象类	相关的对象类	特性词	表示词	定义	业务术语	备注
参与方.物理地点.地点 Party. Physical_Location. Location	ASBIE	0..1	参与方	地点	地点	地点	参与方的物理地点		
参与方.参与方纳税方案 Party. Party Tax Scheme	ASBIE	0..n	参与方	参与方纳税方案	参与方纳税方案	参与方纳税方案	与参与方纳税方案关联		
参与方.参与方法人实体 Party. Party Legal Entity	ASBIE	0..n	参与方	参与方法人实体	参与方法人实体	参与方法人实体	与参与方法人实体关联		
参与方.联系信息 Party. Contact	ASBIE	0..1	参与方	联系信息	联系信息	联系信息	与联系信息关联		
参与方.个人 Party. Person	ASBIE	0..1	参与方	个人	个人	个人	与个人关联		
参与方.代理方.参与方 Party. Agent_Party. Party	ASBIE	0..1	参与方	参与方	参与方	参与方	与担当代理的另一参与方关联		如:报关行

7.71 参与方标识.细目

见表 71。

表 71

字典条目名称	类型	出现次数	对象类	相关的对象类	特性词	表示词	定义	业务术语	备注
参与方标识.细目 Party Identification. Details	ABIE		参与方标识		细目	细目	参与方的标识信息		
参与方标识.标识符 Party Identification. Identifier	BBIE	1..1	参与方标识		标识符	标识符	标识一个参与方		

7.72 参与方法人实体.细目

见表 72。

表 72

字典条目名称	类型	出现次数	对象类	相关的对象类	特性词	表示词	定义	业务术语	备注
参与方法人实体. 细目 Party Legal Entity. Details	ABIE		参与方法人实体		细目	细目	与申请参与方的法人注册直接相关的信息		
参与方法人实体. 注册名称. 名称 Party Legal Entity. Registration_Name. Name	BBIE	0..1	参与方法人实体		名称	名称	依法注册的参与方的名称		
参与方法人实体. 公司标识符. 标识符 Party Legal Entity. Company Identifier. Identifier	BBIE	0..1	参与方法人实体		公司标识符	标识符	标识按照公司注册方案进行注册的公司	业务注册号,公司号	
参与方法人实体. 注册地址. 地址 Party Legal Entity. Registration_ Address. Address	ASBIE	0..1	参与方法人实体	地址	地址	地址	与公司注册方案中的参与方的注册地址关联		
参与方法人实体. 公司注册方案 Party Legal Entity. Corporate Registration Scheme	ASBIE	0..1	参与方法人实体	公司注册方案	公司注册方案	公司注册方案	与参与方公司注册方案关联		

7.73 参与方名称. 细目

见表 73。

表 73

字典条目名称	类型	出现次数	对象类	相关的对象类	特性词	表示词	定义	业务术语	备注
参与方名称. 细目 Party Name. Details	ABIE		参与方名称		细目	细目	关于参与方的名称信息		
参与方名称. 名称 Party Name. Name	BBIE	1..n	参与方名称		名称	名称	参与方的名称		

7.74 参与方纳税方案. 细目

见表 74。

表 74

字典条目名称	类型	出现次数	对象类	相关的对象类	特性词	表示词	定义	业务术语	备注
参与方纳税方案. 细目 Party Tax Scheme. Details	ABIE		参与方纳税方案		细目	细目	关于一个参与方的纳税方案信息		
参与方纳税方案. 注册名称. 名称 Party Tax Scheme. Registration_Name. Name	BBIE	0..1	参与方纳税方案		名称	名称	参与方在税务机关注册的正式名称		
参与方纳税方案. 公司标识符. 标识符 Party Tax Scheme. Company Identifier. Identifier	BBIE	0..1	参与方纳税方案		公司标识符	标识符	为税务目的由税务机关指定的参与方的标识符	增值税号	
参与方纳税方案. 税等级代码. 代码 Party Tax Scheme. Tax Level Code. Code	BBIE	0..1	参与方纳税方案		税等级代码	代码	税目中适用于该参与方的部分或角色		
参与方纳税方案. 免税原因代码. 代码 Party Tax Scheme. Exemption Reason Code. Code	BBIE	0..1	参与方纳税方案		免税原因代码	代码	代码表示的参与方免税原因		
参与方纳税方案. 免税原因. 文本 Party Tax Scheme. Exemption_Reason. Text	BBIE	0..1	参与方纳税方案		原因	文本	文本表示的参与方免税原因		
参与方纳税方案. 注册地址. 地址 Party Tax Scheme. Registration_ Address. Address	ASBIE	0..1	参与方纳税方案	地址	地址	地址	注册地址的相关信息(用于税务)		
参与方纳税方案. 纳税方案 Party Tax Scheme. Tax Scheme	ASBIE	1..1	参与方纳税方案	税方案	税方案	税方案	与纳税方案关联		

7.75 付款. 细目

见表 75。

表 75

字典条目名称	类型	出现次数	对象类	相关的对象类	特性词	表示词	定义	业务术语	备注
付款.细目 Payment. Details	ABIE		付款		细目	细目	与一个特定的付款直接相关的信息		
付款.标识符 Payment. Identifier	BBIE	0..1	付款		标识符	标识符	标识一笔付款交易		
付款.已付款金额.金额 Payment. Paid_Amount. Amount	BBIE	0..1	付款		金额	金额	付款的金额		
付款.收到日期.日期 Payment. Received_Date. Date	BBIE	0..1	付款		日期	日期	收到付款的日期		
付款.已付款日期.日期 Payment. Paid_Date. Date	BBIE	0..1	付款		日期	日期	已付款的日期		
付款.已付款时间.时间 Payment. Paid_Time. Time	BBIE	0..1	付款		时间	时间	已付款的时间		
付款.指令标识符.标识符 Payment. Instruction Identifier. Identifier	BBIE	0..1	付款		指令标识符	标识符	标识付款指令		

7.76 付款方式.细目

见表 76。

表 76

字典条目名称	类型	出现次数	对象类	相关的对象类	特性词	表示词	定义	业务术语	备注
付款方式.细目 Payment Means. Details	ABIE		付款方式		细目	细目	关于付款方式的信息		
付款方式.标识符 Payment Means. Identifier	BBIE	0..1	付款方式		标识符	标识符	标识一种付款方式		

表 76（续）

字典条目名称	类型	出现次数	对象类	相关的对象类	特性词	表示词	定义	业务术语	备注
付款方式. 付款方式代码. 代码 Payment Means. Payment Means Code. Code	BBIE	1..1	付款方式		付款方式代码	代码	代码表示的付款方式。		见 GB/T 16962—1997
付款方式. 付款到期日期. 日期 Payment Means. Payment Due Date. Date	BBIE	0..1	付款方式		付款到期日期	日期	以此付款方式支付的款项的到期日期		
付款方式. 付款途径代码. 代码 Payment Means. Payment Channel Code. Code	BBIE	0..1	付款方式		付款途径代码	代码	代码表示的付款途径		
付款方式. 指令标识符. 标识符 Payment Means. Instruction Identifier. Identifier	BBIE	0..1	付款方式		指令标识符	标识符	标识付款指令		见 GB/T 16833—2002 的数据元 4435
付款方式. 指令注释. 文本 Payment Means. Instruction_Note. Text	BBIE	0..1	付款方式		注释	文本	付款的自由格式文本		
付款方式. 付款标识符. 标识符 Payment Means. Payment Identifier. Identifier	BBIE	0..n	付款方式		付款标识符	标识符	标识一个付款		
付款方式. 卡账户 Payment Means. Card Account	ASBIE	0..1	付款方式	卡账户	卡账户	卡账户	与卡账户关联		
付款方式. 付款人财务账户. 财务账户 Payment Means. Payer_Financial Account. Financial Account	ASBIE	0..1	付款方式	财务账户	财务账户	财务账户	与付款人的财务账户关联		
付款方式. 收款人财务账户. 财务账户 Payment Means. Payee_Financial Account. Financial Account	ASBIE	0..1	付款方式	财务账户	财务账户	财务账户	与收款人的财务账户关联。		
付款方式. 贷记账户 Payment Means. Credit Account	ASBIE	0..1	付款方式	贷记账户	贷记账户	贷记账户	与贷记账户关联		

7.77 付款条款. 细目

见表 77。

表 77

字典条目名称	类型	出现次数	对象类	相关的对象类	特性词	表示词	定义	业务术语	备注
付款条款. 细目 Payment Terms. Details	ABIE		付款条款		细目	细目	关于付款条款的信息		
付款条款. 标识符 Payment Terms. Identifier	BBIE	0..1	付款条款		标识符	标识符	标识一个付款条款		
付款条款. 付款方式标识符. 标识符 Payment Terms. Payment Means Identifier. Identifier	BBIE	0..1	付款条款		付款方式标识符	标识符	标识已采用的付款方式		
付款条款. 预付款参考标识符. 标识符 Payment Terms. Prepaid Payment Reference Identifier. Identifier	BBIE	0..1	付款条款		预付款参考标识符	标识符	标识预付款的参考信息		
付款条款. 注释. 文本 Payment Terms. Note. Text	BBIE	1..1	付款条款		注释	文本	适合于付款条件的自由格式文本。它可能包含某种注释或其他类似信息而在其他文档中并未包含进去		
付款条款. 参考事件代码. 代码 Payment Terms. Reference_Event Code. Code	BBIE	0..1	付款条款		事件代码	代码	标准代码表示的事件,该事件在一个时间段中产生的这些条款		
付款条款. 结算折扣百分比. 百分比 Payment Terms. Settlement_Discount Percent. Percent	BBIE	0..1	付款条款		折扣百分比	百分比	在结算期限内提供给一笔付款的结算折扣率(百分比表示)		
付款条款. 罚款追加百分比. 百分比 Payment Terms. Penalty_Surcharge Percent. Percent	BBIE	0..1	付款条款		追加百分比	百分比	由于延期付款被收取的罚款比率(百分比表示)		

表 77（续）

字典条目名称	类型	出现次数	对象类	相关的对象类	特性词	表示词	定义	业务术语	备注
付款条款. 金额 Payment Terms. Amount	BBIE	0..1	付款条款		金额	金额	付款条款的付款金额		
付款条款. 结算期限. 期限 Payment Terms. Settlement_Period. Period	ASBIE	0..1	付款条款	期限	期限	期限	与结算期限关联		
付款条款. 罚款期限. 期限 Payment Terms. Penalty_Period. Period	ASBIE	0..1	付款条款	期限	期限	期限	与罚款期限关联		

7.78 期限. 细目

见表 78。

表 78

字典条目名称	类型	出现次数	对象类	相关的对象类	特性词	表示词	定义	业务术语	备注
期限. 细目 Period. Details	ABIE		期限		细目	细目	有关时间期限的信息		
期限. 开始日期. 日期 Period. Start Date. Date	BBIE	0..1	期限		开始日期	日期	期限的开始日期		
期限. 开始时间. 时间 Period. Start Time. Time	BBIE	0..1	期限		开始时间	时间	期限的开始时间		
期限. 结束日期. 日期 Period. End Date. Date	BBIE	0..1	期限		结束日期	日期	期限的结束日期		
期限. 结束时间. 时间 Period. End Time. Time	BBIE	0..1	期限		结束时间	时间	期限的结束时间		
期限. 持续时间. 计量 Period. Duration. Measure	BBIE	0..1	期限		持续时间	计量	用代码表示的一个持续时间。见 GB/T 7408		

表 78（续）

字典条目名称	类型	出现次数	对象类	相关的对象类	特性词	表示词	定义	业务术语	备注
期限.描述代码.代码 Period. Description Code. Code	BBIE	0..n	期限		描述代码	代码	用代码表示的期限的描述		
期限.描述.文本 Period. Description. Text	BBIE	0..n	期限		描述	文本	用文本表示的期限的描述		

7.79 个人.细目

见表 79。

表 79

字典条目名称	类型	出现次数	对象类	相关的对象类	特性词	表示词	定义	业务术语	备注
个人.细目 Person. Details	ABIE		个人		细目	细目	个人的信息		
个人.名.名称 Person. First_Name. Name	BBIE	0..1	个人		名	名称	个人的名		
个人.姓.名称 Person. Family_Name. Name	BBIE	0..1	个人		姓	名称	个人的姓		
个人.称谓.文本 Person. Title. Text	BBIE	0..1	个人		称谓	文本	个人的称谓，如：先生（Mr）、小姐（Ms）、博士（Dr）		
个人.中名.名称 Person. Middle_Name. Name	BBIE	0..1	个人		中名	名称	个人姓名的中间名/首字母		
个人.人名后缀.文本 Person. Name Suffix. Text	BBIE	0..1	个人		人名后缀	文本	个人人名的后缀，如：某某博士（PhD）		
个人.工作职务.文本 Person. Job Title. Text	BBIE	0..n	个人		工作职务	文本	机构中个人的职业称谓（担当一个特定的角色）		
个人.机构的部门.文本 Person. Organization_Department. Text	BBIE	0..n	个人		部门	文本	个人（担当一个特定的角色）所在的机构的部门或分支机构		

7.80 物理属性.细目

见表80。

表 80

字典条目名称	类型	出现次数	对象类	相关的对象类	特性词	表示词	定义	业务术语	备注
物理属性.细目 Physical Attribute. Details	ABIE		物理属性		细目	细目	有关物理属性的信息		
物理属性.属性标识符.标识符 Physical Attribute. Attribute Identifier. Identifier	BBIE	1..1	物理属性		属性标识符	标识符	标识一个物理属性		如:颜色
物理属性.位置代码.代码 Physical Attribute. Position Code. Code	BBIE	0..1	物理属性		位置代码	代码	用代码表示物理属性的位置		
物理属性.描述代码.代码 Physical Attribute. Description Code. Code	BBIE	0..1	物理属性		描述代码	代码	用代码示物理属性的描述		如“XXL”、“小号”
物理属性.描述.文本 Physical Attribute. Description. Text	BBIE	0..1	物理属性		描述	文本	用文本表示物理属性的描述。		

7.81 价格.细目

见表81。

表 81

字典条目名称	类型	出现次数	对象类	相关的对象类	特性词	表示词	定义	业务术语	备注
价格.细目 Price. Details	ABIE		价格		细目	细目	关于价格的信息		
价格.价格金额.金额 Price. Price Amount. Amount	BBIE	1..1	价格		价格金额	金额	价格的金额	单位价	如:23.45元
价格.基准数量.数量 Price. Base_Quantity. Quantity	BBIE	0..1	价格		数量	数量	适用价格的实际数量		

表 81（续）

字典条目名称	类型	出现次数	对象类	相关的对象类	特性词	表示词	定义	业务术语	备注
价格. 价格变动原因. 文本 Price. Price Change_Reason. Text	BBIE	0..n	价格		原因	文本	文本表示的价格变动原因		如:旧的票据清算,采用新的合同
价格. 价格类型代码. 代码 Price. Price Type Code. Code	BBIE	0..1	价格		价格类型代码	代码	代码表示的价格类型		见 GB/T 16833—2002 的数据元 5375
价格. 价格类型. 文本 Price. Price Type. Text	BBIE	0..1	价格		价格类型	文本	文本表示的价格类型。		如:零售价、批发价、折扣价、合同价
价格. 可订单位系数. 比率 Price. Orderable Unit Factor. Rate	BBIE	0..1	价格		可订单位系数	比率	基准价格单位乘以该系数可转换为订购单位		如:钉子以重量定价,但却以数量订购
价格. 有效期限. 期限 Price. Validity_Period. Period	ASBIE	0..n	价格	期限	期限	期限	与有效期关联		
价格. 价格表 Price. Price List	ASBIE	0..1	价格	价格表	价格表	价格表	对价格表的应用		
价格. 折让费用 Price. Allowance Charge	ASBIE	0..1	价格	折让费用	折让费用	折让费用	与折让费用关联		

7.82 价格表. 细目

见表 82。

表 82

字典条目名称	类型	出现次数	对象类	相关的对象类	特性词	表示词	定义	业务术语	备注
价格表. 细目 Price List. Details	ABIE		价格表		细目	细目	关于价格表的信息		
价格表. 标识符 Price List. Identifier	BBIE	0..1	价格表		标识符	标识符	标识一个价格表		
价格表. 状态代码. 代码 Price List. Status Code. Code	BBIE	0..1	价格表		状态代码	代码	标识价格表是否是原始、复印、修订或取消状态		

表 82（续）

字典条目名称	类型	出现次数	对象类	相关的对象类	特性词	表示词	定义	业务术语	备注
价格表.有效期限.期限 Price List. Validity_Period. Period	ASBIE	0..n	价格表	期限	期限	期限	与有效期关联		
价格表.前一个价格表.价格表 Price List. Previous_Price List. Price List	ASBIE	0..1	价格表	价格表	价格表	价格表	与前一个价格表关联		

7.83　定价参考.细目

见表 83。

表 83

字典条目名称	类型	出现次数	对象类	相关的对象类	特性词	表示词	定义	业务术语	备注
定价参考.细目 Pricing Reference. Details	ABIE		定价参考		细目	细目	价格的参考信息		
定价参考.原始项.项位置数量 Pricing Reference. Original_Item Location Quantity. Item Location Quantity	ASBIE	0..1	定价参考	项位置数量	项位置数量	项位置数量	原始项位置数量的相关信息		
定价参考.替代条件价格.价格 Pricing Reference. Alternative Condition_Price. Price	ASBIE	0..n	定价参考	价格	价格	价格	用术语表示的价格而不是实际价格，如：订货价对协议价，或包装价对每千克价，或每包订货价对每千克协议价		

7.84　报价行.细目

见表 84。

表 84

字典条目名称	类型	出现次数	对象类	相关的对象类	特性词	表示词	定义	业务术语	备注
报价行.细目 Quotation Line. Details	ABIE		报价行		细目	细目	关于报价行的信息		

表 84（续）

字典条目名称	类型	出现次数	对象类	相关的对象类	特性词	表示词	定义	业务术语	备注
报价行. 标识符 Quotation Line. Identifier	BBIE	0..1	报价行		标识符	标识符	标识报价行		
报价行. 注释. 文本 Quotation Line. Note. Text	BBIE	0..1	报价行		注释	文本	适合于报价行的自由文本。它可能包含某种注释或其他类似信息而在其他文档中并未包含进去		
报价行. 数量 Quotation Line. Quantity	BBIE	0..1	报价行		数量	数量	报价项的数量		
报价行. 行扩展金额. 金额 Quotation Line. Line Extension Amount. Amount	BBIE	0..1	报价行		行扩展金额	金额	报价行的总金额，包括折让费用但不含税		
报价行. 税总额. 金额 Quotation Line. Total_Tax Amount. Amount	BBIE	0..1	报价行		税金额	金额	报价行的总税额		
报价行. 单证参考 Quotation Line. Document Reference	ASBIE	0..n	报价行	单证参考	单证参考	单证参考	与单证参考关联		
报价行. 行项 Quotation Line. Line Item	ASBIE	1..1	报价行	行项	行项	行项	与行项关联		
报价行. 卖方建议替代行项. 行项 Quotation Line. Seller Proposed Substitute_Line Item. Line Item	ASBIE	0..n	报价行	行项	行项	行项	与建议替代行项关联		

7.85 铁路运输. 细目

见表 85。

表 85

字典条目名称	类型	出现次数	对象类	相关的对象类	特性词	表示词	定义	业务术语	备注
铁路运输. 细目 Rail Transport. Details	ABIE		铁路运输		细目	细目	火车的说明信息		
铁路运输. 火车标识符. 标识符 Rail Transport. Train Identifier. Identifier	BBIE	1..1	铁路运输		火车标识符	标识符	火车的标识	火车编号	
铁路运输. 轨道车辆标识符. 标识符 Rail Transport. Rail Car Identifier. Identifier	BBIE	0..1	铁路运输		轨道车辆标识符	标识符	标识用作运输工具的单节火车车厢		

7.86 收货行. 细目

见表 86。

表 86

字典条目名称	类型	出现次数	对象类	相关的对象类	特性词	表示词	定义	业务术语	备注
收货行. 细目 Receipt Line. Details	ABIE		收货行		细目	细目	关于一个收货行的信息		
收货行. 标识符 Receipt Line. Identifier	BBIE	1..1	收货行		标识符	标识符	标识一个收货行		
收货行. UUID. 标识符 Receipt Line. UUID. Identifier	BBIE	0..1	收货行		UUID	标识符	ABIE 实例的通用唯一标识符		
收货行. 注释. 文本 Receipt Line. Note. Text	BBIE	0..1	收货行		注释	文本	适合于收货行的自由文本。它可能包含某种注释或其他类似信息而在其他文档中并未包含进去		
收货行. 收到的数量. 数量 Receipt Line. Received_Quantity. Quantity	BBIE	0..1	收货行		数量	数量	给出接收方实际收到的货项的数量		

表 86（续）

字典条目名称	类型	出现次数	对象类	相关的对象类	特性词	表示词	定义	业务术语	备注
收货行. 短缺的数量. 数量 Receipt Line. Short_Quantity. Quantity	BBIE	0..1	收货行		数量	数量	收货时短缺的量。发货所报的数量与收货时实际数量的差		
收货行. 短缺操作代码. 代码 Receipt Line. Shortage Action Code. Code	BBIE	0..1	收货行		短缺操作代码	代码	在所供应的数目短缺后，交货方希望发货方采取的操作，这种操作以代码形式来表示		
收货行. 拒收的数量. 数量 Receipt Line. Rejected_Quantity. Quantity	BBIE	0..1	收货行		数量	数量	拒绝接收的量		
收货行. 拒收原因代码. 代码 Receipt Line. Reject Reason Code. Code	BBIE	0..1	收货行		拒收原因代码	代码	代码表示的拒收原因		
收货行. 拒收原因. 文本 Receipt Line. Reject_Reason. Text	BBIE	0..1	收货行		拒绝原因	文本	文本表示的拒收原因		
收货行. 拒收操作代码. 代码 Receipt Line. Reject Action Code. Code	BBIE	0..1	收货行		拒绝操作代码	代码	通过一个代码给出买方（接收方）拒收一批货项时希望卖方采取的操作		
收货行. 超额供货数量. 数量 Receipt Line. Oversupply Quantity. Quantity	BBIE	0..1	收货行		超额供货数量	数量	过多供货的数量，也就是：超过订购的数量		
收货行. 收货日期. 日期 Receipt Line. Received_Date. Date	BBIE	0..1	收货行		日期	日期	给出服务/货物收到的日期		
收货行. 时间投诉代码. 代码 Receipt Line. Timing Complaint Code. Code	BBIE	0..1	收货行		时间投诉代码	代码	代码表示的关于交货的时间投诉		
收货行. 时间投诉. 文本 Receipt Line. Timing Complaint. Text	BBIE	0..1	收货行		时间投诉	文本	文本表示的关于交货的时间投诉		

表 86（续）

字典条目名称	类型	出现次数	对象类	相关的对象类	特性词	表示词	定义	业务术语	备注
收货行. 订单行参考 Receipt Line. Order Line Reference	ASBIE	0..n	收货行	订单行参考	订单行参考	订单行参考	与订单行参考关联		
收货行. 发货行参考. 行参考 Receipt Line. Despatch_Line Reference. Line Reference	ASBIE	0..n	收货行	发货行参考	行参考	行参考	与发货行参考关联		
收货行. 单证参考 Receipt Line. Document Reference	ASBIE	0..n	收货行	单证参考	单证参考	单证参考	与单证参考关联		
收货行. 项 Receipt Line. Item	ASBIE	0..n	收货行	项	项	项	与项关联		
收货行. 装运 Receipt Line. Shipment	ASBIE	0..n	收货行	装运	装运	装运	与装运关联		

7.87 相关项. 细目

见表 87。

表 87

字典条目名称	类型	出现次数	对象类	相关的对象类	特性词	表示词	定义	业务术语	备注
相关项. 细目 Related Item. Details	ABIE		相关项		细目	细目	关于两个项之间关系的信息		
相关项. 标识符 Related Item. Identifier	BBIE	0..1	相关项		标识符	标识符	标识相关项		如:第一、第二
相关项. 数量 Related Item. Quantity	BBIE	0..1	相关项		数量	数量	关系应用的数量		每千克含 10 毫克
相关项. 描述. 文本 Related Item. Description. Text	BBIE	0..n	相关项		描述	文本	关系的描述		

7.88 催款行. 细目

见表 88。

表 88

字典条目名称	类型	出现次数	对象类	相关的对象类	特性词	表示词	定义	业务术语	备注
催款行. 细目 Reminder Line. Details	ABIE		催款行		细目	细目	有关催款单证中行的信息		
催款行. 标识符 Reminder Line. Identifier	BBIE	0..1	催款行		标识符	标识符	催款行的标识		
催款行. 注释. 文本 Reminder Line. Note. Text	BBIE	0..n	催款行		注释	文本	适合于催款行的自由文本。它可能包含某种注释或其他类似信息而在其他文档中并未包含进去		
催款行. UUID. 标识符 Reminder Line. UUID. Identifier	BBIE	1..1	催款行		UUID	标识符	ABIE 实例的通用唯一标识符		
催款行. 上期结转指示符. 指示符 Reminder Line. Balance Brought Forward _Indicator. Indicator	BBIE	0..1	催款行		指示符	指示符	如与事实相符,则表明催款行包含上期结转		
催款行. 借记行金额. 金额 Reminder Line. Debit_Line Amount. Amount	BBIE	0..1	催款行		行金额	金额	催款行的借记金额		
催款行. 贷记行金额. 金额 Reminder Line. Credit_Line Amount. Amount	BBIE	1..1	催款行		行金额	金额	催款行的贷记金额		
催款行. 记账代码. 代码 Reminder Line. Accounting Cost Code. Code	BBIE	0..1	催款行		记账代码	代码	用在催款行中的买方记账代码		
催款行. 记账. 文本 Reminder Line. Accounting Cost. Text	BBIE	0..1	催款行		记账	文本	文本表示的用在催款行中的买方记账成本中心		

表 88（续）

字典条目名称	类型	出现次数	对象类	相关的对象类	特性词	表示词	定义	业务术语	备注
催款行.催款期限.期限 Reminder Line. Reminder_Period. Period	ASBIE	0..n	催款行	期限	期限	期限	与期限关联		
催款行.账单参考 Reminder Line. Billing Reference	ASBIE	0..n	催款行	账单参考	账单参考	账单参考	与账单参考关联		
催款行.汇率 Reminder Line. Exchange Rate	ASBIE	0..1	催款行	汇率	汇率	汇率	与汇率(在催款行币种和相关单证币种之间的比率)关联		

7.89 汇款通知行.细目

见表 89。

表 89

字典条目名称	类型	出现次数	对象类	相关的对象类	特性词	表示词	定义	业务术语	备注
汇款通知行.细目 Remittance Advice Line. Details	ABIE		汇款通知行		细目	细目	有关汇款通知行的信息		
汇款通知行.标识符 Remittance Advice Line. Identifier	BBIE	1..1	汇款通知行		标识符	标识符	汇款通知行的标识		
汇款通知行.注释.文本 Remittance Advice Line. Note. Text	BBIE	0..1	汇款通知行		注释	文本	适合于汇款通知行的自由文本。它可能包含某种注释或其他类似信息而在其他文档中并未包含进去		
汇款通知行.UUID.标识符 Remittance Advice Line. UUID. Identifier	BBIE	0..1	汇款通知行		UUID	标识符	ABIE 实例的通用唯一标识符		
汇款通知行.借记行金额.金额 Remittance Advice Line. Debit_Line Amount. Amount	BBIE	0..1	汇款通知行		行金额	金额	汇款通知行的借记金额		

表 89（续）

字典条目名称	类型	出现次数	对象类	相关的对象类	特性词	表示词	定义	业务术语	备注
汇款通知行.贷记行金额.金额 Remittance Advice Line. Credit_Line Amount. Amount	BBIE	0..1	汇款通知行		行金额	金额	汇款通知行的贷记金额		
汇款通知行.余额.金额 Remittance Advice Line. Balance Amount. Amount	BBIE	0..1	汇款通知行		余额	金额	汇款通知行的余额		
汇款通知行.供货方账户.供货方 Remittance Advice Line. Accounting_ Supplier Party. Supplier Party	ASBIE	0..1	汇款通知行	供货方	供货方	供货方	与供货方账户关联		
汇款通知行.客户方账户.客户方 Remittance Advice Line. Accounting_ Customer Party. Customer Party	ASBIE	0..1	汇款通知行	客户方	客户方	客户方	与客户方账户关联		
汇款通知行.买方.客户方 Remittance Advice Line. Buyer_Customer Party. Customer Party	ASBIE	0..1	汇款通知行	客户方	客户方	客户方	买方相关信息		
汇款通知行.卖方.供货方 Remittance Advice Line. Seller_Supplier Party. Supplier Party	ASBIE	0..1	汇款通知行	供货方	供货方	供货方	卖方相关信息		
汇款通知行.发起方.客户方 Remittance Advice Line. Originator_ Customer Party. Customer Party	ASBIE	0..1	汇款通知行	客户方	客户方	客户方	发起人相关信息		
汇款通知行.受款方.参与方 Remittance Advice Line. Payee_ Party. Party	ASBIE	0..1	汇款通知行	参与方	参与方	参与方	受款人相关信息		

表 89（续）

字典条目名称	类型	出现次数	对象类	相关的对象类	特性词	表示词	定义	业务术语	备注
汇款通知行.发票期限.期限 Remittance Advice Line. Invoice_ Period. Period	ASBIE	0..n	汇款通知行	期限	期限	期限	发票期限相关信息		
汇款通知行.账单参考 Remittance Advice Line. Billing Reference	ASBIE	0..n	汇款通知行	账单参考	账单参考	账单参考	与账单参考关联		
汇款通知行.单证参考 Remittance Advice Line. Document Reference	ASBIE	0..n	汇款通知行	单证参考	单证参考	单证参考	与单证参考关联		
汇款通知行.汇率 Remittance Advice Line. Exchange Rate	ASBIE	0..1	汇款通知行	汇率	汇率	汇率	与汇率(在汇款通知行货币和相关单证货币之间)关联		

7.90 报价要求行.细目

见表 90。

表 90

字典条目名称	类型	出现次数	对象类	相关的对象类	特性词	表示词	定义	业务术语	备注
报价要求行.细目 Request For Quotation Line. Details	ABIE		报价要求行		细目	细目	关于一个报价要求行的信息		
报价要求行.标识符 Request For Quotation Line. Identifier	BBIE	0..1	报价要求行		标识符	标识符	标识一个报价要求行		
报价要求行.UUID.标识符 Request For Quotation Line. UUID. Identifier	BBIE	0..1	报价要求行		UUID	标识符	ABIE 实例的通用唯一标识符		

表 90（续）

字典条目名称	类型	出现次数	对象类	相关的对象类	特性词	表示词	定义	业务术语	备注
报价要求行. 注释. 文本 Request For Quotation Line. Note. Text	BBIE	0..1	报价要求行		注释	文本	适合于报价要求行的自由文本。它可能包含某种注释或其他类似信息而在其他文档中并未包含进去		
报价要求行. 单证参考 Request For Quotation Line. Document Reference	ASBIE	0..n	报价要求行	单证参考	单证参考	单证参考	与单证参考关联		
报价要求行. 行项 Request For Quotation Line. Line Item	ASBIE	1..1	报价要求行	行项	行项	行项	与行项关联		

7.91 应答. 细目

见表 91。

表 91

字典条目名称	类型	出现次数	对象类	相关的对象类	特性词	表示词	定义	业务术语	备注
应答. 细目 Response. Details	ABIE		应答		细目	细目	关于应答一个单证的信息(在应用层)		
应答. 参考. 标识符 Response. Reference. Identifier	BBIE	1..1	应答		参考	标识符	标识应答的单证的一个节(或行)		
应答. 应答代码. 代码 Response. Response Code. Code	BBIE	0..1	应答		应答代码	代码	应答交易单证说明的代码		
应答. 描述. 文本 Response. Description. Text	BBIE	0..n	应答		描述	文本	交易单证应答的描述		

7.92 公路运输. 细目

见表 92。

表 92

字典条目名称	类型	出现次数	对象类	相关的对象类	特性词	表示词	定义	业务术语	备注
公路运输. 细目 Road Transport. Details	ABIE		公路运输		细目	细目	关于公路运输车辆的描述		
公路运输. 牌照标识符. 标识符 Road Transport. License Plate Identifier. Identifier	BBIE	1..1	公路运输		牌照标识符	标识符	标识特定的交通工具	车辆注册号	

7.93 次要危险品. 细目

见表 93。

表 93

字典条目名称	类型	出现次数	对象类	相关的对象类	特性词	表示词	定义	业务术语	备注
次要危险品. 细目 Secondary Hazard. Details	ABIE		次要危险品		细目	细目	关于次要危险品(与危险品项相关)的信息		
次要危险品. 标识符 Secondary Hazard. Identifier	BBIE	0..1	次要危险品		标识符	标识符	标识一个次要危险品		
次要危险品. 警示符号. 文本 Secondary Hazard. Placard Notation. Text	BBIE	0..1	次要危险品		警示符号	文本	对应于危险品危险等级的标牌警示。也可为运输工具所需橙色标牌(上方)的危险标识号		
次要危险品. 警示签注. 文本 Secondary Hazard. Placard Endorsement. Text	BBIE	0..1	次要危险品		警示签注	文本	危险品运输单证所示的对标牌的认定。也可为运输工具所需橙色标牌(下方)的危险标识号		

表 93（续）

字典条目名称	类型	出现次数	对象类	相关的对象类	特性词	表示词	定义	业务术语	备注
次要危险品.应急程序代码.代码 Secondary Hazard. Emergency Procedures Code. Code	BBIE	0..1	次要危险品		应急程序代码	代码	以代码表示的应急程序	EMG:应急编码；EMGS PAGE:应急系统页编码	
次要危险品.扩展.文本 Secondary Hazard. Extension. Text	BBIE	0..1	次要危险品		扩展	文本	有关危险物质的补充信息，用于说明如危险品所适用规章要求的种类等信息		

7.94 装运.细目

见表 94。

表 94

字典条目名称	类型	出现次数	对象类	相关的对象类	特性词	表示词	定义	业务术语	备注
装运.细目 Shipment. Details	ABIE		装运		细目	细目	关于装运的信息	托运	
装运.标识符 Shipment. Identifier	BBIE	1..1	装运		标识符	标识符	标识一次装运	货运单号	
装运.运输优先级代码.代码 Shipment. Shipping Priority Level Code. Code	BBIE	0..1	装运		运输优先级代码	代码	代码表示的一次装运所需的服务级别和优先级	服务等级、服务优先级	
装运.装卸代码.代码 Shipment. Handling Code. Code	BBIE	0..1	装运		装卸代码	代码	代码表示的装运所需的装卸	特别装卸	
装运.装卸说明.文本 Shipment. Handling Instructions. Text	BBIE	0..1	装运		装卸说明	文本	自由文本格式描述的装运装卸说明		

表 94（续）

字典条目名称	类型	出现次数	对象类	相关的对象类	特性词	表示词	定义	业务术语	备注
装运. 信息. 文本 Shipment. Information. Text	BBIE	0..1	装运		信息	文本	适用于装运的自由格式文本，本项可含附注或任何确未归属另一结构的其他类似信息		
装运. 毛重. 计量 Shipment. Gross _Weight. Measure	BBIE	0..1	装运		重量	计量	装运的总毛重，货物加包装加运输设备		
装运. 净重. 计量 Shipment. Net _Weight. Measure	BBIE	0..1	装运		重量	计量	装运的总净重，货物总量加包装		
装运. 净净重. 计量 Shipment. Net Net _Weight. Measure	BBIE	0..1	装运		重量	计量	除去包装和运输设备后货物的净净重		
装运. 总体积. 计量 Shipment. Gross _Volume. Measure	BBIE	0..1	装运		体积	计量	装运中货物加包装的总体积		
装运. 净体积. 计量 Shipment. Net_Volume. Measure	BBIE	0..1	装运		体积	计量	装运中除去包装后货物加上运输设备的总体积		
装运. 货物项总量. 数量 Shipment. Total_Goods Item Quantity. Quantity	BBIE	0..1	装运		货物项数量	数量	一次装运中所有货物项的合计数		
装运. 运输装卸单元总量. 数量 Shipment. Total_Transport Handling Unit Quantity. Quantity	BBIE	0..1	装运		运输装卸单元数量	数量	一次装运中运输装卸设备的合计，如：货盘数、纸箱数、木箱数	交通运输单元数量	
装运. 保险价值. 金额 Shipment. Insurance_Value. Amount	BBIE	0..1	装运		价值	金额	本次装运的投保金额总数	被保险值	
装运. 海关申报价值. 金额 Shipment. Declared Customs_Value. Amount	BBIE	0..1	装运		价值	金额	一次装运中按照同一海关程序，以及同一税则/统计类目、国家信息和关税体制向海关申报的那些货物的价值		

表 94（续）

字典条目名称	类型	出现次数	对象类	相关的对象类	特性词	表示词	定义	业务术语	备注
装运. 运输申报价值. 金额 Shipment. Declared For Carriage_Value. Amount	BBIE	0..1	装运		价值	金额	托运人或其代理人申报的价值，只用于在货物丢失或损坏，或延期交付的情况下，变更承运人在运输合同中提供的责任级别	申报的运输价值，运送物所涉及利益	
装运. 统计申报价值. 金额 Shipment. Declared Statistics_Value. Amount	BBIE	0..1	装运		价值	金额	为具有相同统计标题的一次装运中货物申报的作统计用途的价值	统计价格	
装运. 离岸价. 金额 Shipment. Free On Board_Value. Amount	BBIE	0..1	装运		价值	金额	依据适当的贸易交货所计算出的必须付或已经付的货币金额	离岸价(FOB)	
装运. 特别说明. 文本 Shipment. Special_Instructions. Text	BBIE	0..n	装运		说明	文本	装运的相关特别说明		
装运. 交货说明. 文本 Shipment. Delivery_Instructions. Text	BBIE	0..n	装运		说明	文本	装运的相关交货说明		
装运. 分装托运指示符. 指示符 Shipment. Split Consignment_Indicator. Indicator	BBIE	0..1	装运		指示符	指示符	指示托运是否是分装运输		
装运. 托运 Shipment. Consignment	ASBIE	1..1	装运	托运	托运	托运	装运的相关托运		
装运. 货物项 Shipment. Goods Item	ASBIE	0..n	装运	货物项	货物项	货物项	与货物项(散货)关联		
装运. 装运阶段 Shipment. Shipment Stage	ASBIE	0..n	装运	装运阶段	装运阶段	装运阶段	与装运阶段关联		
装运. 交货 Shipment. Delivery	ASBIE	0..1	装运	交货	交货	交货	与交货关联		

表 94（续）

字典条目名称	类型	出现次数	对象类	相关的对象类	特性词	表示词	定义	业务术语	备注
装运.运输装卸单元 Shipment. Transport Handling Unit	ASBIE	0..n	装运	运输装卸单元	运输装卸单元	运输装卸单元	用于分解和集装箱化货物的运输装卸单元的相关信息		
装运.原产地.地址 Shipment. Origin_Address. Address	ASBIE	0..1	装运	地址	地址	地址	根据税则标准、数量限制标准或任何其他与贸易有关措施，生产或制造货物的区域相关信息		
装运.第一抵达港.地点 Shipment. First Arrival Port_Location. Location	ASBIE	0..1	装运	地点	地点	地点	标识第一抵达港，可以为海港、空港和从陆路通过的边防站		
装运.最后离港.地点 Shipment. Last Exit Port_Location. Location	ASBIE	0..1	装运	地点	地点	地点	标识最后离开的港口，可以为海港、空港和陆路边境口岸		
装运.出口国.国家 Shipment. Export_Country. Country	ASBIE	0..1	装运	国家	国家	国家	标识货物最初出口的国家，且货物在途经国没有任何贸易交易发生	出口国	
装运.折让运费.折让费用 Shipment. Freight_Allowance Charge. Allowance Charge	ASBIE	0..n	装运	折让费用	折让费用	折让费用	依据运输合同条款，采用任何方式把货物从一个地点移另一地点过程中发生的托货人应付的费用，除运输费用外还可以包括包装、记录、装载、卸载和保险（在运输相关费用的范围内）等基本费用	运费	

7.95 装运阶段.细目

见表 95。

表 95

字典条目名称	类型	出现次数	对象类	相关的对象类	特性词	表示词	定义	业务术语	备注
装运阶段. 细目 Shipment Stage. Details	ABIE		装运阶段		细目	细目	关于装运阶段的信息		
装运阶段. 标识符 Shipment Stage. Identifier	BBIE	0..1	装运阶段		标识符	标识符	标识一个运输阶段		见 GB/T 16833—2002 的数据元 8051
装运阶段. 运输方式代码. 代码 Shipment Stage. Transport Mode Code. Code	BBIE	0..1	装运阶段		运输方式代码	代码	该装运阶段所使用的运输方式		见 GB/T 6512
装运阶段. 运输工具类型代码. 代码 Shipment Stage. Transport Means Type Code. Code	BBIE	0..1	装运阶段		运输工具类型代码	代码	该装运阶段所使用的运输工具类型		见 GB/T 18804—2002
装运阶段. 运输方向代码. 代码 Shipment Stage. Transit_Direction Code. Code	BBIE	0..1	装运阶段		方向代码	代码	该装运阶段的运输方向		见 GB/T 16833—2002 中数据元 8101
装运阶段. 前程运输指示符. 指示符 Shipment Stage. Pre Carriage_ Indicator. Indicator	BBIE	1..1	装运阶段		指示符	指示符	指明该阶段是否在装运的主运输阶段之前		
装运阶段. 续运指示符. 指示符 Shipment Stage. On Carriage_Indicator. Indicator	BBIE	1..1	装运阶段		指示符	指示符	指明该阶段是否在装运的主运输阶段之后		
装运阶段. 运输期限. 期限 Shipment Stage. Transit_Period. Period	ASBIE	0..1	装运阶段	期限	期限	期限	与该装运阶段有关的运输期限		
装运阶段. 承运人. 参与方 Shipment Stage. Carrier_Party. Party	ASBIE	0..n	装运阶段	参与方	参与方	参与方	承运人的相关信息		
装运阶段. 运输工具 Shipment Stage. Transport Means	ASBIE	0..1	装运阶段	运输工具	运输工具	运输工具	运输工具的相关信息		

表 95（续）

字典条目名称	类型	出现次数	对象类	相关的对象类	特性词	表示词	定义	业务术语	备注
装运阶段. 装货港. 地点 Shipment Stage. Loading Port_ Location. Location	ASBIE	0..1	装运阶段	地点	地点	地点	装货港口地点的相关信息		
装运阶段. 卸货港. 地点 Shipment Stage. Unloading Port_ Location. Location	ASBIE	0..1	装运阶段	地点	地点	地点	卸货港口地点的相关信息		
装运阶段. 转运港. 地点 Shipment Stage. Transship Port_ Location. Location	ASBIE	0..1	装运阶段	地点	地点	地点	转运港口地点的相关信息		

7.96 签名. 细目

见表 96。

表 96

字典条目名称	类型	出现次数	对象类	相关的对象类	特性词	表示词	定义	业务术语	备注
签名. 细目 Signature. Details	ABIE		签名		细目	细目	关于签名的信息，签名的一个占位符		
签名. 标识符 Signature. Identifier	BBIE	1..1	签名		标识符	标识符	签名的标识符		
签名. 注释. 文本 Signature. Note. Text	BBIE	0..1	签名		注释	文本	有关签名或已使用签名场景的自由格式文本		
签名. 生效日期. 日期 Signature. Validation Date. Date	BBIE	0..1	签名		生效日期	日期	规定签名得到核准的日期		
签名. 生效时间. 时间 Signature. Validation Time. Time	BBIE	0..1	签名		生效时间	时间	规定签名得到核准的时间		

表 96（续）

字典条目名称	类型	出现次数	对象类	相关的对象类	特性词	表示词	定义	业务术语	备注
签名.验证者标识符.标识符 Signature. Validator Identifier. Identifier	BBIE	0..1	签名		验证者标识符	标识符	标识使签名生效的组织、个人和服务及服务器		
签名.规范化方式.文本 Signature. Canonicalization Method. Text	BBIE	0..1	签名		规范化方式	文本	签名所采用的数学逻辑方式		
签名.签名方式.文本 Signature. Signature Method. Text	BBIE	0..1	签名		签名方式	文本	签名的方式		
签名.签名方.参与方 Signature. Signatory_Party. Party	ASBIE	1..1	签名	参与方	参与方	参与方	与签名方相关的信息		
签名.数字签名附件.附件 Signature. Digital Signature_Attachment. Attachment	ASBIE	0..1	签名	附件	附件	附件	实际已编码的数字签名(如：XMLDSIG 格式)		
签名.原始证书.证书参考 Signature. Original_Document Reference. Document Reference	ASBIE	0..1	签名	证书参考	证书参考	证书参考	使用签名的实际单证的参考。为举证的目的，也可以是签名方在签名时所看到的单证图像		

7.97 对账单行.细目

见表 97。

表 97

字典条目名称	类型	出现次数	对象类	相关的对象类	特性词	表示词	定义	业务术语	备注
对账单行.细目 Statement Line. Details	ABIE		对账单行		细目	细目	有关金额声明中一个行的信息		
对账单行.标识符 Statement Line. Identifier	BBIE	1..1	对账单行		标识符	标识符	标识一个对账单行		

表 97（续）

字典条目名称	类型	出现次数	对象类	相关的对象类	特性词	表示词	定义	业务术语	备注
对账单行. 注释. 文本 Statement Line. Note. Text	BBIE	0..1	对账单行		注释	文本	用于对账单行的自由格式文本。该元素可以包含注释或任何其他类似信息，但这些信息不明确包含在其他结构中		
对账单行. UUID. 标识符 Statement Line. UUID. Identifier	BBIE	0..1	对账单行		UUID	标识符	ABIE 实例的通用唯一标识符		
对账单行. 上期结转指示符. 指示符 Statement Line. Balance Brought Forward _Indicator. Indicator	BBIE	0..1	对账单行		指示符	指示符	指明对账单行是否包含上期结转		
对账单行. 借记行金额. 金额 Statement Line. Debit _ Line Amount. Amount	BBIE	0..1	对账单行		行金额	金额	对账单行中的借记金额		
对账单行. 贷记行金额. 金额 Statement Line. Credit_Line Amount. Amount	BBIE	0..1	对账单行		行金额	金额	对账单行中的贷记金额		
对账单行. 余额. 金额 Statement Line. Balance Amount. Amount	BBIE	0..1	对账单行		余额	金额	对账单行中的余额		
对账单行. 付款方式 Statement Line. Payment Means	ASBIE	0..1	对账单行	付款方式	付款方式	付款方式	与付款方式关联		
对账单行. 付款条款 Statement Line. Payment Terms	ASBIE	0..n	对账单行	付款条款	付款条款	付款条款	与付款条款关联		
对账单行. 买方. 客户方 Statement Line. Buyer_Customer Party. Customer Party	ASBIE	0..1	对账单行	客户方	客户方	客户方	与买方关联		

表 97（续）

字典条目名称	类型	出现次数	对象类	相关的对象类	特性词	表示词	定义	业务术语	备注
对账单行. 卖方. 供货方 Statement Line. Seller _ Supplier Party. Supplier Party	ASBIE	0..1	对账单行	供货方	供货方	供货方	与卖方关联		
对账单行. 发起方. 客户方 Statement Line. Originator_Customer Party. Customer Party	ASBIE	0..1	对账单行	客户方	客户方	客户方	与发起方关联		
对账单行. 客户方账户. 客户方 Statement Line. Accounting_Customer Party. Customer Party	ASBIE	0..1	对账单行	客户方	客户方	客户方	与客户方账户关联		
对账单行. 供货方账户. 供货方 Statement Line. Accounting_Supplier Party. Supplier Party	ASBIE	0..1	对账单行	供货方	供货方	供货方	与供货方账户关联		
对账单行. 受款方. 参与方 Statement Line. Payee_Party. Party	ASBIE	0..1	对账单行	参与方	参与方	参与方	与受款方关联		
对账单行. 发票期限. 期限 Statement Line. Invoice_Period. Period	ASBIE	0..n	对账单行	期限	期限	期限	与发票期限关联		
对账单行. 账单参考 Statement Line. Billing Reference	ASBIE	0..n	对账单行	账单参考	账单参考	账单参考	与账单参考关联		
对账单行. 单证参考 Statement Line. Document Reference	ASBIE	0..n	对账单行	单证参考	单证参考	单证参考	与单证参考关联		
对账单行. 汇率 Statement Line. Exchange Rate	ASBIE	0..1	对账单行	汇率	汇率	汇率	与汇率关联（对账单行的货币与相关单证货币间的汇率）		

7.98 状态. 细目

见表 98。

表 98

字典条目名称	类型	出现次数	对象类	相关的对象类	特性词	表示词	定义	业务术语	备注
状态. 细目 Status. Details	ABIE		状态		细目	细目	与一个对象的状态或位置相关的信息		
状态. 条件代码. 代码 Status. Condition Code. Code	BBIE	0..1	状态		条件代码	代码	规定相关对象的状态条件的代码		参见 UN/ECE 24 号文件
状态. 参考日期. 日期 Status. Reference_Date. Date	BBIE	0..1	状态		日期	日期	状态的参考日期值		
状态. 参考时间. 时间 Status. Reference_Time. Time	BBIE	0..1	状态		时间	时间	状态的参考时间值		
状态. 描述. 文本 Status. Description. Text	BBIE	0..1	状态		描述	文本	状态的文本描述		
状态. 状态原因代码. 代码 Status. Status Reason Code. Code	BBIE	0..1	状态		状态原因代码	代码	规定状态条件的原因代码		GB/T 16833—2002 中数据元 9013
状态. 状态原因. 文本 Status. Status_Reason. Text	BBIE	0..1	状态		状态原因	文本	文本表示的该状态条件或位置的原因		
状态. 序列. 标识符 Status. Sequence. Identifier	BBIE	0..1	状态		序列	文本	该状态序列的唯一标识符		
状态. 文本 Status. Text	BBIE	0..1	状态		文本	文本	提供有关该状态的任何文本信息		
状态. 说明指示符. 指示符 Status. Indication_Indicator. Indicator	BBIE	0..1	状态		指示符	指示符	说明一个与特定状态有关的指示符		
状态. 百分比 Status. Percent	BBIE	0..1	状态		百分比	百分比	说明一个与特定状态有关的百分比		

7.99 积载. 细目

见表 99。

表 99

字典条目名称	类型	出现次数	对象类	相关的对象类	特性词	表示词	定义	业务术语	备注
积载.细目 Stowage. Details	ABIE		积载		细目	细目	运输工具上的一个位置,在该位置上已经装载或将要装载特定货物或运输设备		
积载.位置标识符.标识符 Stowage. Location Identifier. Identifier	BBIE	0..1	积载		位置标识符	标识符	标识运输工具上的一个位置,在该位置上已经装载或将要装载特定货物或运输设备	代码型的单元位置	
积载.位置.文本 Stowage. Location. Text	BBIE	0..n	积载		位置	文本	描述运输工具上的一个位置,在该位置上已经装载或将要装载特定货物或运输设备	单元位置	
积载.计量.尺寸 Stowage. Measurement_Dimension. Dimension	ASBIE	0..n	积载	尺寸	尺寸	尺寸	与该积载任何计量(包括长度、质量和体积)关联		

7.100 供货方.细目

见表 100。

表 100

字典条目名称	类型	出现次数	对象类	相关的对象类	特性词	表示词	定义	业务术语	备注
供货方.细目 Supplier Party. Details	ABIE		供货方		细目	细目	有关供货方的信息		
供货方.客户指定账户.标识符 Supplier Party. Customer Assigned_Account Identifier. Identifier	BBIE	0..1	供货方		账户标识符	标识符	客户方为供货方指定的内部标识符		
供货方.附加账户.标识符 Supplier Party. Additional_Account Identifier. Identifier	BBIE	0..n	供货方		账户标识符	标识符	客户方为供货方指定的内部标识符		

表 100（续）

字典条目名称	类型	出现次数	对象类	相关的对象类	特性词	表示词	定义	业务术语	备注
供货方.数据发送能力.文本 Supplier Party. Data Sending Capability. Text	BBIE	0..1	供货方		数据发送能力	文本	通过信用卡(维萨卡(VISA)/万事达信用卡(MasterCard)/美国运通卡)提供方发送发票数据的能力		如:顾客为供货方指定的内部标识符
供货方.参与方 Supplier Party. Party	ASBIE	0..1	供货方	参与方	参与方	参与方	与参与方关联		
供货方.发货联系信息.联系信息 Supplier Party. Despatch_Contact. Contact	ASBIE	0..1	供货方	联系信息	联系信息	联系信息	与发货联系信息关联		
供货方.账户联系信息.联系信息 Supplier Party. Accounting_Contact. Contact	ASBIE	0..1	供货方	联系信息	联系信息	联系信息	与供货方账户联系信息关联		
供货方.卖方联系信息.联系信息 Supplier Party. Seller_Contact. Contact	ASBIE	0..1	供货方	联系信息	联系信息	联系信息	与卖方联系信息关联		

7.101 税目.细目

见表 101。

表 101

字典条目名称	类型	出现次数	对象类	相关的对象类	特性词	表示词	定义	业务术语	备注
税目.细目 Tax Category. Details	ABIE		税目		细目	细目	有关税目的信息		
税目.标识符 Tax Category. Identifier	BBIE	0..1	税目		标识符	标识符	标识税目		如:零税率货物、无税的、标准费率
税目.名称 Tax Category. Name	BBIE	0..1	税目		名称	名称	税目的名称		奢侈品税、酒类平价税、特别税

表 101（续）

字典条目名称	类型	出现次数	对象类	相关的对象类	特性词	表示词	定义	业务术语	备注
税目. 百分比 Tax Category. Percent	BBIE	0..1	税目		百分比	百分比	以百分比形式表达的税率		
税目. 基准单位计量. 计量 Tax Category. Base Unit Measure. Measure	BBIE	0..1	税目		基准单位计量	计量	税采用的单位固定税率，该固定税率是计算税的单位计量基础		
税目. 每单位金额. 金额 Tax Category. Per Unit_Amount. Amount	BBIE	0..1	税目		金额	金额	税采用的单位固定税率		
税目. 免税原因代码. 代码 Tax Category. Tax Exemption Reason Code. Code	BBIE	0..1	税目		免税原因代码	代码	代码表示的免税原因		
税目. 免税原因. 文本 Tax Category. Tax Exemption Reason. Text	BBIE	0..1	税目		免税原因	文本	免税的原因		
税目. 分级范围. 文本 Tax Category. Tier Range. Text	BBIE	0..1	税目		等级范围	文本	用在该税目中计算税小计的税的分级范围。 税的分级，等级范围用在计算税目中的税小计		
税目. 分级率. 百分比 Tax Category. Tier Rate. Percent	BBIE	0..1	税目		分级率	百分比	用在该税目中计算税小计的税的分级范围的税率。 税的分级，税率和等级范围用在计算税目中的税小计		
税目. 税方案 Tax Category. Tax Scheme	ASBIE	1..1	税目	税方案	税方案	税方案	与税方案关联		

7.102 税方案. 细目

见表 102。

表 102

字典条目名称	类型	出现次数	对象类	相关的对象类	特性词	表示词	定义	业务术语	备注
税方案. 细目 Tax Scheme. Details	ABIE		税方案		细目	细目	有关税方案的信息		
税方案. 标识符 Tax Scheme. Identifier	BBIE	0..1	税方案		标识符	标识符	标识一个税方案		如:VAT、GST
税方案. 名称 Tax Scheme. Name	BBIE	0..1	税方案		名称	名称	税方案的名称		如:增值税、批发税、零售税
税方案. 税类代码. 代码 Tax Scheme. Tax Type Code. Code	BBIE	0..1	税方案		税类代码	代码	标识一个税种		GB/T 16833—2002 中数据元 5153
税方案. 货币代码. 代码 Tax Scheme. Currency Code. Code	BBIE	0..1	税方案		货币代码	代码	代码表示的征税和报税的货币		见 GB/T 12406—2008
税方案. 辖区. 地址 Tax Scheme. Jurisdiction Region_Address. Address	ASBIE	0..1	税方案	地址	地址	地址	与地址关联(税收管辖权)		

7.103 税小计. 细目

见表 103。

表 103

字典条目名称	类型	出现次数	对象类	相关的对象类	特性词	表示词	定义	业务术语	备注
税小计. 细目 Tax Subtotal. Details	ABIE		税小计		细目	细目	在某个税方案内有关特定税目的税小计信息,如:增值税(VAT)内的标准税率		
税小计. 计税金额. 金额 Tax Subtotal. Taxable_Amount. Amount	BBIE	0..1	税小计		金额	金额	用于计算税额的百分比税(税率)的净金额		

表 103（续）

字典条目名称	类型	出现次数	对象类	相关的对象类	特性词	表示词	定义	业务术语	备注
税小计. 应纳税额. 金额 Tax Subtotal. Tax Amount. Amount	BBIE	1..1	税小计		应纳税额	金额	明确确定的税金额		
税小计. 计算顺序. 数字 Tax Subtotal. Calculation Sequence. Numeric	BBIE	0..1	税小计		计算顺序	数字	当涉及多个税种时，标识缴税所采用的数字流水号顺序。如果所有税适用相同应税额，则对所有税来说“Calculation SequenceNumeric”(计算顺序数字)为“1”		
税小计. 交易货币税金额. 金额 Tax Subtotal. Transaction Currency_Tax Amount. Amount	BBIE	0..1	税小计		税金额	金额	以计价所使用的货币来表达的税金额		
税小计. 百分比 Tax Subtotal. Percent	BBIE	0..1	税小计		百分比	百分比	百分比表示的税目中的税率		
税小计. 基准单位计量. 计量 Tax Subtotal. Base Unit Measure. Measure	BBIE	0..1	税小计		基准单位计量	计量	当以单一计量单位的固定税率进行证税时，用于计算税款的基本计量单位		
税小计. 每单位金额. 金额 Tax Subtotal. Per Unit_Amount. Amount	BBIE	0..1	税小计		金额	金额	税采用的单元固定税率		
税小计. 分级范围. 文本 Tax Subtotal. Tier Range. Text	BBIE	0..1	税小计		范围等级	文本	用在该税目中计算税小计的税的分级范围		
税小计. 分级率. 百分比 Tax Subtotal. Tier Rate. Percent	BBIE	0..1	税小计		税率等级	百分比	用在该税目中计算税小计的税的分级范围的税率(用百分比表示)		
税小计. 税目 Tax Subtotal. Tax Category	ASBIE	1..1	税小计	税目	税目	税目	发票上与税小计有关的每一个税目的信息		

7.104 税总计.细目

见表 104。

表 104

字典条目名称	类型	出现次数	对象类	相关的对象类	特性词	表示词	定义	业务术语	备注
税总计.细目 Tax Total. Details	ABIE		税总计		细目	细目	特定税种的总金额信息		
税总计.税金额.金额 Tax Total. Tax Amount. Amount	BBIE	1..1	税总计		税额	金额	特定税方案中的税金额总计，如:增值税（VAT）。在税方案内每一个税目的每一个税小计的总和		
税总计.舍入金额.金额 Tax Total. Rounding Amount. Amount	BBIE	0..1	税总计		舍入金额	金额	税计算总额与舍入金额(正或负)相加生成舍入总计税金额		
税总计.税证指示符.指示符 Tax Total. Tax Evidence_Indicator. Indicator	BBIE	0..1	税总计		指示符	指示符	指明上述计税合计是否被认定为税务合法依据		缺省为负
税总计.税小计 Tax Total. Tax Subtotal	ASBIE	0..n	税总计	税小计	税小计	税小计	与税小计关联		

7.105 温度.细目

见表 105。

表 105

字典条目名称	类型	出现次数	对象类	相关的对象类	特性词	表示词	定义	业务术语	备注
温度.细目 Temperature. Details	ABIE		温度		细目	细目	有关温度的信息		
温度.属性标识符.标识符 Temperature. Attribute Identifier. Identifier	BBIE	1..1	温度		属性标识符	标识符	温度的标识符		

表 105（续）

字典条目名称	类型	出现次数	对象类	相关的对象类	特性词	表示词	定义	业务术语	备注
温度.计量 Temperature. Measure	BBIE	1..1	温度		计量	计量	温度的计量值		
温度.描述.文本 Temperature. Description. Text	BBIE	0..n	温度		描述	文本	温度计量的描述		

7.106 贸易条款.细目

见表 106。

表 106

字典条目名称	类型	出现次数	对象类	相关的对象类	特性词	表示词	定义	业务术语	备注
贸易条款.细目 Trading Terms. Details	ABIE		贸易条款		细目	细目	贸易术语的信息		
贸易条款.信息.文本 Trading Terms. Information. Text	BBIE	0..n	贸易条款		信息	文本	文本形式的术语		
贸易条款.参考.文本 Trading Terms. Reference. Text	BBIE	0..1	贸易条款		参考	文本	术语的参考		
贸易条款.适用地.地址 Trading Terms. Applicable_Address. Address	ASBIE	0..1	贸易条款	地址	地址	地址	与贸易条款适用的地址关联		

7.107 交易条件.细目

见表 107。

表 107

字典条目名称	类型	出现次数	对象类	相关的对象类	特性词	表示词	定义	业务术语	备注
交易条件.细目 Transaction Conditions. Details	ABIE		交易条件		细目	细目	有关购买、销售和付款的信息	付款条件、销售条件	

表 107（续）

字典条目名称	类型	出现次数	对象类	相关的对象类	特性词	表示词	定义	业务术语	备注
交易条件. 标识符 Transaction Conditions. Identifier	BBIE	0..1	交易条件		标识符	标识符	标识交易的条件，如：购买/销售条件		
交易条件. 操作代码. 代码 Transaction Conditions. Action Code. Code	BBIE	0..1	交易条件		操作代码	代码	代码表示的销售或付款条件的操作		GB/T 16833—2002 中数据元 1229
交易条件. 描述. 文本 Transaction Conditions. Description. Text	BBIE	0..n	交易条件		描述	文本	交易条件的描述		
交易条件. 单证参考 Transaction Conditions. Document Reference	ASBIE	0..n	交易条件	单证参考	单证参考	单证参考	与单证参考关联		

7.108 运输设备. 细目

见表 108。

表 108

字典条目名称	类型	出现次数	对象类	相关的对象类	特性词	表示词	定义	业务术语	备注
运输设备. 细目 Transport Equipment. Details	ABIE		运输设备		细目	细目	有关运输设备的信息，指用来运输货物的设备	装运集装箱、海运集装箱、铁路货车、货盘、拖车、载运装置、单位装载工具（ULD）	
运输设备. 标识符 Transport Equipment. Identifier	BBIE	0..1	运输设备		标识符	标识符	运输设备的标识		

表 108（续）

字典条目名称	类型	出现次数	对象类	相关的对象类	特性词	表示词	定义	业务术语	备注
运输设备.运输设备类型代码.代码 Transport Equipment. Transport Equipment Type Code. Code	BBIE	0..1	运输设备		运输设备类型代码	代码	标识运输设备的类型		GB/T 16833—2002 中数据元 8053
运输设备.提供方类型代码.代码 Transport Equipment. Provider Type Code. Code	BBIE	0..1	运输设备		提供方类型代码	代码	标识运输设备提供方的类型		GB/T 16833—2002 中数据元 8077
运输设备.拥有方类型代码.代码 Transport Equipment. Owner Type Code. Code	BBIE	0..1	运输设备		拥有方类型代码	代码	标识运输设备拥有方的类型		
运输设备.尺寸类型代码.代码 Transport Equipment. Size Type Code. Code	BBIE	0..1	运输设备		尺寸类型代码	代码	代码表示的运输设备尺寸和类型。当该运输设备为装运集装箱时，推荐使用集装箱尺寸类型代码来确认该运输设备	集装箱尺寸类型代码	见 GB/T 16833—2002 的数据元 8155，集装箱尺寸类型代码见 GB/T 1836
运输设备.调配代码.代码 Transport Equipment. Disposition Code. Code	BBIE	0..1	运输设备		调配代码	代码	以代码表示的运输设备现状	状态	
运输设备.满载指示代码.代码 Transport Equipment. Fullness Indication Code. Code	BBIE	0..1	运输设备		满载指示代码	代码	指明运输设备是满载、空载还是部分装载的代码		见 GB/T 16833—2002 的数据元 8169
运输设备.冷藏开启指示符.指示符 Transport Equipment. Refrigeration On_Indicator. Indicator	BBIE	0..1	运输设备		指示符	指示符	指明运输设备上的冷藏装置是否开启		
运输设备.信息.文本 Transport Equipment. Information. Text	BBIE	0..1	运输设备		信息	文本	有关运输设备的附加信息		

表 108（续）

字典条目名称	类型	出现次数	对象类	相关的对象类	特性词	表示词	定义	业务术语	备注
运输设备. 可返回指示符. 指示符 Transport Equipment. Returnability_ Indicator. Indicator	BBIE	0..1	运输设备		指示符	指示符	指明该运输设备是否可返回		
运输设备. 法定资格指示符. 指示符 Transport Equipment. Legal Status_ Indicator. Indicator	BBIE	0..1	运输设备		指示符	指示符	按照集装箱公约规范的运输设备法定资格		
运输设备. 计量. 尺寸 Transport Equipment. Measurement_ Dimension. Dimension	ASBIE	0..n	运输设备	尺寸	尺寸	尺寸	与尺寸关联		
运输设备. 运输设备封志 Transport Equipment. Transport Equipment Seal	ASBIE	0..n	运输设备	运输设备封志	运输设备封志	运输设备封志	与运输设备封志关联		
运输设备. 最低温度. 温度 Transport Equipment. Minimum_ Temperature. Temperature	ASBIE	0..1	运输设备	温度	温度	温度	集装箱(冷藏)的最低必需操作温度		
运输设备. 最高温度. 温度 Transport Equipment. Maximum_ Temperature. Temperature	ASBIE	0..1	运输设备	温度	温度	温度	集装箱(冷藏)的最高必需操作温度		
运输设备. 提供方. 参与方 Transport Equipment. Provider_Party. Party	ASBIE	0..1	运输设备	参与方	参与方	参与方	提供运输设备的一方		
运输设备. 装载证明方. 参与方 Transport Equipment. Loading Proof_ Party. Party	ASBIE	0..1	运输设备	参与方	参与方	参与方	负责证明货物装入运输设备的授权方	负责证明装箱一方	
运输设备. 装载地. 地点 Transport Equipment. Loading_ Location. Location	ASBIE	0..1	运输设备	地点	地点	地点	标识货物装入运输设备的地点	装箱地点，装载地点	

7.109 运输设备封志. 细目

见表 109。

表 109

字典条目名称	类型	出现次数	对象类	相关的对象类	特性词	表示词	定义	业务术语	备注
运输设备封志. 细目 Transport Equipment Seal. Details	ABIE		运输设备封志		细目	细目	有关运输设备封志的信息(被附在装运集装箱门上的安全装置)	集装箱封志	
运输设备封志. 标识符 Transport Equipment Seal. Identifier	BBIE	1..1	运输设备封志		标识符	标识符	标识封志		
运输设备封志. 封志签发方类型代码. 代码 Transport Equipment Seal. Seal Issuer Type Code. Code	BBIE	0..1	运输设备封志		签发方类型代码	代码	代码表示的签发封志并为此负责的参与方类型		GB/T 16833—2002 中数据元 9303
运输设备封志. 条件. 文本 Transport Equipment Seal. Condition. Text	BBIE	0..1	运输设备封志		条件	文本	有关封志条件的信息		
运输设备封志. 封志状态代码. 代码 Transport Equipment Seal. Seal Status Code. Code	BBIE	0..1	运输设备封志		封志状态代码	代码	代码表示的封志状态		
运输设备封志. 封志方类型. 文本 Transport Equipment Seal. Sealing Party Type. Text	BBIE	0..1	运输设备封志		封志方类型	文本	封志方角色的文本描述	封志方	

7.110 运输事件. 细目

见表 110。

表 110

字典条目名称	类型	出现次数	对象类	相关的对象类	特性词	表示词	定义	业务术语	备注
运输事件.细目 Transport Event. Details	ABIE		运输事件		细目	细目	与货物运输有关的已发生的或正发生的重大事件		
运输事件.标识.标识符 Transport Event. Identification. Identifier	BBIE	0..1	运输事件		标识	标识符	事件的标识符		
运输事件.发生日期.日期 Transport Event. Occurrence Date. Date	BBIE	0..1	运输事件		发生日期	日期	事件发生的日期		
运输事件.发生时间.时间 Transport Event. Occurrence Time. Time	BBIE	0..1	运输事件		发生时间	时间	事件发生的时间		
运输事件.运输事件类型代码.代码 Transport Event. Transport Event Type Code. Code	BBIE	0..1	运输事件		运输事件类型代码	代码	规定事件类型的代码		
运输事件.描述.文本 Transport Event. Description. Text	BBIE	0..1	运输事件		描述	文本	事件的文本描述		
运输事件.完成指示符.指示符 Transport Event. Completion_Indicator. Indicator	BBIE	0..1	运输事件		指示符	指示符	指明事件是否完成		
运输事件.报告.装运 Transport Event. Reported_Shipment. Shipment	ASBIE	0..1	运输事件	装运	装运	装运	通过一种或多种运输方式从一个发货人运输到一个收货人的、可单独标识的各项货物集合的信息		
运输事件.当前状态.状态 Transport Event. Current_Status. Status	ASBIE	1..n	运输事件	状态	状态	状态	事件的状态		
运输事件.联系信息 Transport Event. Contact	ASBIE	0..n	运输事件	联系信息	联系信息	联系信息	事件的联系信息		

7.111 运输装卸单元.细目

见表111。

表 111

字典条目名称	类型	出现次数	对象类	相关的对象类	特性词	表示词	定义	业务术语	备注
运输装卸单元.细目 Transport Handling Unit. Details	ABIE		运输装卸单元		细目	细目	可唯一标识的、由一个或多个包装(不必要包含相同的物件)组成的物理单元,便于在整个运输过程中进行物理装卸	物流单元、装卸单元、运输装卸单元	
运输装卸单元.标识符 Transport Handling Unit. Identifier	BBIE	0..1	运输装卸单元		标识符	标识符	标识运输装卸单元		
运输装卸单元.运输装卸单元类型代码.代码 Transport Handling Unit. Transport Handling Unit Type Code. Code	BBIE	0..1	运输装卸单元		运输装卸单元类型代码	代码	代码表示的运输装卸单元类型		
运输装卸单元.装卸代码.代码 Transport Handling Unit. Handling Code. Code	BBIE	0..1	运输装卸单元		装卸代码	代码	代码表示装运的装卸要求	指定装卸	
运输装卸单元.装卸说明.文本 Transport Handling Unit. Handling_ Instructions. Text	BBIE	0..1	运输装卸单元		说明	文本	一次装运装卸说明的自由格式文本描述		
运输装卸单元.危险品指示符.指示符 Transport Handling Unit. Hazardous Risk_Indicator. Indicator	BBIE	0..1	运输装卸单元		指示符	指示符	指明装运是否含有危险材料		
运输装卸单元.货物项总量.数量 Transport Handling Unit. Total_Goods Item Quantity. Quantity	BBIE	0..1	运输装卸单元		货物项数量	数量	运输装卸单元中货物项的总数量		
运输装卸单元.包装总量.数量 Transport Handling Unit. Total_Package Quantity. Quantity	BBIE	0..1	运输装卸单元		包装数量	数量	运输装卸单元中包装的总件数		

表 111(续)

字典条目名称	类型	出现次数	对象类	相关的对象类	特性词	表示词	定义	业务术语	备注
运输装卸单元.残损备注.文本 Transport Handling Unit. Damage_ Remarks. Text	BBIE	0..n	运输装卸单元		备注	文本	残损类型的备注信息		
运输装卸单元.运输标志.文本 Transport Handling Unit. Shipping_ Marks. Text	BBIE	0..n	运输装卸单元		标志	文本	运输单元或包装上的标志和数量的自由格式说明	标志和号码,装运标志	
运输装卸单元.装卸单元.发货行 Transport Handling Unit. Handling Unit_ Despatch Line. Despatch Line	ASBIE	0..n	运输装卸单元	发货行	发货行	发货行	与装卸单元发货行关联		
运输装卸单元.实际包装.包装 Transport Handling Unit. Actual_ Package. Package	ASBIE	0..n	运输装卸单元	包装	包装	包装	与实际包装关联		
运输装卸单元.已接收装卸单元.收货行 Transport Handling Unit. Received Handling Unit_Receipt Line. Receipt Line	ASBIE	0..n	运输装卸单元	收货行	收货行	收货行	与收货行关联		
运输装卸单元.运输设备 Transport Handling Unit. Transport Equipment	ASBIE	0..n	运输装卸单元	运输设备	运输设备	运输设备	与运输设备关联		
运输装卸单元.危险品运输 Transport Handling Unit. Hazardous Goods Transit	ASBIE	0..n	运输装卸单元	危险品运输	危险品运输	危险货物过境	与危险品运输信息关联		
运输装卸单元.计量.尺寸 Transport Handling Unit. Measurement_ Dimension. Dimension	ASBIE	0..n	运输装卸单元	尺寸	尺寸	尺寸	与尺寸关联		
运输装卸单元.最低温度.温度 Transport Handling Unit. Minimum_ Temperature. Temperature	ASBIE	0..1	运输装卸单元	温度	温度	温度	最低必需操作温度		

表 111（续）

字典条目名称	类型	出现次数	对象类	相关的对象类	特性词	表示词	定义	业务术语	备注
运输装卸单元. 最高温度. 温度 Transport Handling Unit. Maximum_Temperature. Temperature	ASBIE	0..1	运输装卸单元	温度	温度	温度	最高必需操作温度		

7.112 运输工具. 细目

见表 112。

表 112

字典条目名称	类型	出现次数	对象类	相关的对象类	特性词	表示词	定义	业务术语	备注
运输工具. 细目 Transport Means. Details	ABIE		运输工具		细目	细目	用于运输货物或人员的特定交通工具	运输工具	
运输工具. 班次标识符. 标识符 Transport Means. Journey Identifier. Identifier	BBIE	0..1	运输工具		班次标识符	标识符	指定的运输工具预定行程的标识符	航次号，预定运输工具标识符，航班号	
运输工具. 注册国籍. 标识符 Transport Means. Registration_Nationality Identifier. Identifier	BBIE	0..1	运输工具		国籍标识符	标识符	运输工具注册所在国的正式标识	运输工具国籍	见 GB/T 2659
运输工具. 注册国籍. 文本 Transport Means. Registration_Nationality. Text	BBIE	0..n	运输工具		国籍	文本	运输工具注册所在国的名称	船舶旗帜，船的国籍	
运输工具. 方向代码. 代码 Transport Means. Direction Code. Code	BBIE	0..1	运输工具		方向代码	代码	运输工具的方向	运输方向	GB/T 16833—2002 中数据元 8101
运输工具. 积载 Transport Means. Stowage	ASBIE	0..1	运输工具	积载	积载	积载	与运输工具上装载货物或运输设备的位置关联		
运输工具. 空运 Transport Means. Air Transport	ASBIE	0..1	运输工具	空运	空运	空运	与标识一架飞机关联		

表 112（续）

字典条目名称	类型	出现次数	对象类	相关的对象类	特性词	表示词	定义	业务术语	备注
运输工具. 公路运输 Transport Means. Road Transport	ASBIE	0..1	运输工具	公路运输	公路运输	公路运输	与标识一种公路交通工具关联		
运输工具. 铁路运输 Transport Means. Rail Transport	ASBIE	0..1	运输工具	铁路运输	铁路运输	铁路运输	与标识一列火车关联		
运输工具. 海运 Transport Means. Maritime Transport	ASBIE	0..1	运输工具	海运	海运	海运	与标识一艘船舶关联		
运输工具. 拥有方. 参与方 Transport Means. Owner_Party. Party	ASBIE	0..1	运输工具	参与方	参与方	参与方	与拥有运输工具的一方关联		

7.113 运输服务. 细目

见表 113。

表 113

字典条目名称	类型	出现次数	对象类	相关的对象类	特性词	表示词	定义	业务术语	备注
运输服务. 细目 Transportation Service. Details	ABIE		运输服务		细目	细目	运输服务的细目		
运输服务. 运输服务代码. 代码 Transportation Service. Transport Service Code. Code	BBIE	1..1	运输服务		运输服务代码	代码	描述货物运输所需的通用服务类型代码，特别是该代码标识了运输服务的范围，如：门到门运输，港到港运输		如：门到门运输、港到港运输
运输服务. 运价等级代码. 代码 Transportation Service. Tariff Class Code. Code	BBIE	0..1	运输服务		运价等级代码	代码	适用于运输服务运价等级的说明	运价等级说明符	
运输服务. 优先级. 文本 Transportation Service. Priority. Text	BBIE	0..1	运输服务		优先级	文本	指明所要求运输服务优先级的陈述		
运输服务. 费率等级代码. 代码 Transportation Service. Freight Rate Class Code. Code	BBIE	0..1	运输服务		费率等级代码	代码	指明一种运输服务适用的费率等级代码	费用基准	

8 业务信息实体的维护与管理

本部分为动态维护型标准，维护机构将根据电子商务业务信息实体的最新发展和用户提交的数据维护请求，对标准的内容做出增加、删除和修改。

本部分的数据维护请求的具体程序和评审规则见 GB/T 20538.6—2006 和 GB/T 20538.7—2006。

参 考 文 献

[1] UBL-CommonLibrary-2.0,2006 年 12 月
[2] 《INCOTERMS2000》,2000 年 1 月
[3] UN/EDIFACT 第 24 号建议书 贸易和运输状态代码
[4] HS 商品编码

ICS 77.140.50
H 46

中华人民共和国国家标准

GB/T 20564.4—2010

汽车用高强度冷连轧钢板及钢带
第4部分：低合金高强度钢

Continuously cold rolled high strength steel sheet and strip for automobile—
Part 4: High strength low alloy steel

2010-09-02 发布　　　　2011-06-01 实施

中华人民共和国国家质量监督检验检疫总局
中国国家标准化管理委员会　发布

前　　言

GB/T 20564《汽车用高强度冷连轧钢板及钢带》分为7个部分：

——第1部分：烘烤硬化钢

——第2部分：双相钢

——第3部分：高强度无间隙原子钢

——第4部分：低合金高强度钢

——第5部分：各向同性钢

——第6部分：相变诱导塑性钢

——第7部分：马氏体钢

本部分为GB/T 20564的第4部分。

本部分的附录A和附录B为资料性附录。

本部分由中国钢铁工业协会提出。

本部分由全国钢标准化技术委员会归口。

本部分起草单位：宝山钢铁股份有限公司、冶金工业信息标准研究院、首钢总公司。

本部分主要起草人：李玉光、施鸿雁、孙忠明、徐宏伟、涂树林、王晓虎、黄锦花、于成峰、乔建军、王利、朱晓东、许晴。

汽车用高强度冷连轧钢板及钢带
第4部分:低合金高强度钢

1 范围

本部分规定了冷轧低合金高强度钢板及钢带(以下简称为钢板及钢带)的尺寸、外形、重量、技术要求、试验方法、检验规则、包装、标志和质量证明书等。

本部分适用于厚度不大于3.0 mm,主要用于制作汽车结构件和加强件的钢板及钢带。

2 规范性引用文件

下列文件中的条款通过本部分的引用而成为本部分的条款。凡是注日期的引用文件,其随后所有的修改单(不包括勘误的内容)或修订版均不适用于本部分,然而,鼓励根据本部分达成协议的各方研究是否可使用这些文件的最新版本。凡是不注日期的引用文件,其最新版本适用于本部分。

GB/T 223.5 钢铁 酸溶硅和全硅含量的测定 还原型硅钼酸盐分光光度法

GB/T 223.9 钢铁及合金 铝含量的测定 铬天青S分光光度法

GB/T 223.13 钢铁及合金化学分析方法 硫酸亚铁铵滴定法测定钒量

GB/T 223.16 钢铁及合金化学分析方法 变色酸光度法测定钛量

GB/T 223.17 钢铁及合金化学分析方法 二安替比林甲烷光度法测定钛量

GB/T 223.40 钢铁及合金 铌含量的测定 氯磺酚S分光光度法

GB/T 223.59 钢铁及合金 磷含量的测定 铋磷钼蓝分光光度法和锑磷钼蓝分光光度法

GB/T 223.60 钢铁及合金化学分析方法 高氯酸脱水重量法测定硅含量

GB/T 223.63 钢铁及合金化学分析方法 高碘酸钠(钾)光度法测定锰量

GB/T 223.64 钢铁及合金 锰含量的测定 火焰原子吸收光谱法

GB/T 223.67 钢铁及合金 硫含量的测定 次甲基蓝分光光度法

GB/T 223.68 钢铁及合金化学分析方法 管式炉内燃烧后碘酸钾滴定法测定硫含量

GB/T 223.69 钢铁及合金 碳含量的测定 管式炉内燃烧后气体容量法

GB/T 223.71 钢铁及合金化学分析方法 管式炉内燃烧后重量法测定碳含量

GB/T 223.72 钢铁及合金 硫含量的测定 重量法

GB/T 223.75 钢铁及合金 硼含量的测定 甲醇蒸馏-姜黄素光度法

GB/T 223.76 钢铁及合金化学分析方法 火焰原子吸收光谱法测定钒量

GB/T 223.78 钢铁及合金化学分析方法 姜黄素直接光度法测定硼含量

GB/T 228 金属材料 室温拉伸试验方法

GB/T 247 钢板和钢带包装、标志及质量证明书的一般规定

GB/T 708 冷轧钢板和钢带的尺寸、外形、重量及允许偏差

GB/T 2523 冷轧金属薄板(带)表面粗糙度和峰值数的测量方法

GB/T 2975 钢及钢产品 力学性能试验取样位置及试样制备

GB/T 4336 碳素钢和中低合金钢 火花源原子发射光谱分析方法(常规法)

GB/T 8170 数值修约规则与极限数值的表示和判定

GB/T 17505 钢及钢产品交货一般技术要求

GB/T 20066 钢和铁 化学成分测定用试样的取样和制样方法

GB/T 20123 钢铁 总碳硫含量的测定 高频感应炉燃烧后红外吸收法(常规方法)
GB/T 20125 低合金钢 多元素含量的测定 电感耦合等离子体原子发射光谱法
GB/T 20126 非合金钢 低碳含量的测定 第2部分:感应炉(经预加热)内燃烧后红外吸收法

3 术语和定义

下列术语和定义适用于本部分。

3.1

低合金高强度钢 high strength low alloy steels (LA)

在低碳钢中,通过单一或复合添加铌、钛、钒等微合金元素,形成碳氮化合物粒子析出进行强化,同时通过微合金元素的细化晶粒作用,以获得较高的强度。

4 分类和代号

4.1 钢板及钢带的牌号由冷轧的英文"Cold Rolled"的首位英文字母"CR"、规定的最小屈服强度值、低合金的英文"Low Alloy"的前二位字母"LA"三个部分组成。

示例1:CR260LA

CR——冷轧的英文"Cold Rolled"的首位英文字母;

260——规定的最小屈服强度值,单位为兆帕(MPa);

LA——低合金的英文"Low Alloy"的前二位字母。

4.2 钢板及钢带按用途及特点区分如表1的规定。

表 1

牌号	用途
CR260LA	结构件
CR300LA	
CR340LA	
CR380LA	结构件、加强件
CR420LA	

4.3 钢板及钢带按表面质量区分如表2的规定。

表 2

级别	代号
较高级的精整表面	FB
高级的精整表面	FC
超高级的精整表面	FD

4.4 钢板及钢带按表面结构区分如表3的规定。

表 3

表面结构	代号
麻面	D
光亮表面	B

5 订货所需信息

5.1 用户订货时应提供如下信息:

a) 产品名称(钢板或钢带);

b) 本部分编号；

c) 牌号；

d) 规格及尺寸、不平度精度；

e) 表面质量级别；

f) 表面结构；

g) 边缘状态；

h) 包装方式；

i) 重量；

j) 用途；

k) 其他特殊要求。

5.2 如订货合同中未注明尺寸和不平度精度、表面质量级别、表面结构种类、边缘状态及包装等信息，则本标准产品按普通的尺寸和不平度精度、较高级的精整表面、表面结构为麻面的切边钢板或钢带供货，并按供方提供的包装方式包装。

6 尺寸、外形、重量及允许偏差

钢板及钢带的尺寸、外形、重量及允许偏差应符合 GB/T 708 的规定。

7 技术要求

7.1 化学成分

钢的化学成分(熔炼分析)参考值见附录 A。如需方对化学成分有要求，应在订货时协商。

7.2 冶炼方法

钢板及钢带所用的钢采用氧气转炉或电炉冶炼，除非另有规定，冶炼方式由供方选择。

7.3 交货状态

7.3.1 钢板及钢带以退火及平整状态交货。

7.3.2 钢板及钢带通常涂油供货，所涂油膜应能用碱水溶液或通常的溶剂去除，在通常的包装、运输、装卸及贮存条件下，供方保证自制造完成之日起 6 个月内，钢板及钢带表面不生锈。如需方要求不涂油供货，应在订货时协商。

注：对于需方要求的不涂油产品，供方不承担产品锈蚀的风险。订货时，需方应被告知，在运输、装卸、储存和使用过程中，不涂油产品表面易产生轻微划伤。

7.4 力学性能

供方保证自制造完成之日起 6 个月内，钢板及钢带的力学性能应符合表 4 的规定。

注：由于时效的影响，钢板及钢带的力学性能会随着储存时间的延长而变差，如屈服强度和抗拉强度的上升，断后伸长率的下降，成形性能变差、出现拉伸应变痕等，建议用户尽早使用。

表 4

牌　　号	拉伸试验		
	规定塑性延伸强度[a,b] $R_{P0.2}$/ MPa	抗拉强度 R_m/ MPa	断后伸长率[b,c] $A_{80\ mm}$/% 不小于
CR260LA	260～330	350～430	26
CR300LA	300～380	380～480	23
CR340LA	340～420	410～510	21
CR380LA	380～480	440～560	19

表 4（续）

牌　　号	拉伸试验		
	规定塑性延伸强度[a,b] $R_{P0.2}$/MPa	抗拉强度 R_m/MPa	断后伸长率[b,c] $A_{80\ mm}$/% 不小于
CR420LA	420～520	470～590	17

a 屈服明显时采用 R_{eL}。

b 试样为 GB/T 228 中的 P6 试样，试样方向为横向。

c 当产品公称厚度大于 0.50 mm，但小于等于 0.70 mm 时，断后伸长率允许下降 2%；当产品公称厚度不大于 0.50 mm时，断后伸长率允许下降 4%。

7.5 表面质量

7.5.1 钢板及钢带表面不应有结疤、裂纹、夹杂等对使用有害的缺陷，钢板及钢带不应有分层。

7.5.2 钢板及钢带各表面质量级别的特征如表 5 所述。

7.5.3 对于钢带，由于没有机会切除带缺陷部分，因此允许带缺陷交货，但有缺陷部分应不超过每卷总长度的 6%。

表 5

级　　别	代　号	特　　征
较高级表面	FB	表面允许有少量不影响成型性及涂、镀附着力的缺欠，如轻微的划伤、压痕、麻点、辊印及氧化色等
高级表面	FC	产品二面中较好的一面无肉眼可见的明显缺欠，另一面应至少达到 FB 的要求
超高级表面	FD	产品二面中较好的一面不得有任何缺欠，即不能影响涂漆后的外观质量或电镀后的外观质量，另一面应至少达到 FB 的要求

7.6 表面结构

表面结构为麻面时，平均粗糙度 Ra 目标值为大于 0.6 μm 且不大于 1.9 μm。表面结构为光亮表面时，平均粗糙度 Ra 目标值为不大于 0.9 μm。如需方对粗糙度有特殊要求，应在订货时协商。

8 检验和试验

8.1 钢板及钢带的外观用肉眼检查。

8.2 钢板及钢带的尺寸、外形用合适的测量工具测量。

8.3 每批钢板及钢带的检验项目、试样数量、取样方法、试验方法应符合表 6 的规定。

8.4 钢板及钢带应按批验收，每个检验批应由不大于 30 t 的同牌号、同规格、同加工状态的钢板及钢带组成，对于卷重大于 30 t 的钢带，每卷作为一个检验批。

8.5 钢板及钢带的复验按 GB/T 17505 的规定。

表 6

序号	检验项目	试验数量/个	取样方法	试验方法
1	化学分析	1/炉	GB/T 20066	GB/T 223、GB/T 4336、GB/T 20123、GB/T 20125、GB/T 20126
2	拉伸试验	1	GB/T 2975	GB/T 228
3	表面粗糙度	—		GB/T 2523

9 数值修约

数值修约按 GB/T 8170 的规定。

10 包装、标志及质量证明书

钢板及钢带的包装、标志及质量证明书应符合 GB/T 247 的规定，如需方对包装有特殊要求，可在订货时协商。

11 国内外牌号近似对照

本标准牌号与国外标准牌号的近似对照见附录 B。

附 录 A
（资料性附录）
化学成分参考值

钢的化学成分(熔炼分析)参考值见表 A.1。

表 A.1

牌号	化学成分(质量分数)[a](熔炼分析)/%							
	C	Si	Mn	P	S	Alt	Ti[a]	Nb
CR260LA	≤0.10	≤0.50	≤0.60	≤0.025	≤0.025	≥0.015	≤0.15	—
CR300LA	≤0.10	≤0.50	≤1.00	≤0.025	≤0.025	≥0.015	≤0.15	≤0.09
CR340LA	≤0.10	≤0.50	≤1.10	≤0.025	≤0.025	≥0.015	≤0.15	≤0.09
CR380LA	≤0.10	≤0.50	≤1.60	≤0.025	≤0.025	≥0.015	≤0.15	≤0.09
CR420LA	≤0.10	≤0.50	≤1.60	≤0.025	≤0.025	≥0.015	≤0.15	≤0.09
[a] 可以添加 V 和 B,也可用 Nb 或 B 代替 Ti,但 Ti+Nb+V+B≤0.22%。								

附 录 B
（资料性附录）
国内外牌号近似对照

本标准牌号与被替代标准及国内外标准的近似对照见表 B.1。

表 B.1

GB/T 20564.4—2010	EN 10268:2006	ASTM A1008M-09
CR260LA	HC260LA	—
CR300LA	HC300LA	HSLAS grade 310 class 2
CR340LA	HC340LA	HSLAS grade 340 class 2
CR380LA	HC380LA	HSLAS grade 380 class 2
CR420LA	HC420LA	HSLAS grade 410 class 2

ICS 77.140.50
H 46

中华人民共和国国家标准

GB/T 20564.5—2010

汽车用高强度冷连轧钢板及钢带 第5部分:各向同性钢

Continuously cold rolled high strength steel sheet and strip for automobile—Part 5: Isotropic steel

2010-09-02 发布

2011-06-01 实施

中华人民共和国国家质量监督检验检疫总局
中国国家标准化管理委员会 发布

前　言

GB/T 20564《汽车用高强度冷连轧钢板及钢带》分为7个部分：

——第1部分：烘烤硬化钢

——第2部分：双相钢

——第3部分：高强度无间隙原子钢

——第4部分：低合金高强度钢

——第5部分：各向同性钢

——第6部分：相变诱导塑性钢

——第7部分：马氏体钢

为本部分为GB/T 20564的第5部分。

本部分的附录A和附录B为资料性附录。

本部分由中国钢铁工业协会提出。

本部分由全国钢标准化技术委员会归口。

本部分起草单位：宝山钢铁股份有限公司、冶金工业信息标准研究院、首钢总公司。

本部分主要起草人：李玉光、施鸿雁、孙忠明、徐宏伟、涂树林、王晓虎、黄锦花、于成峰、熊爱民、王利、朱晓东、许晴。

汽车用高强度冷连轧钢板及钢带 第5部分：各向同性钢

1 范围

本部分规定了冷轧各向同性高强度钢板及钢带(以下简称为钢板及钢带)的尺寸、外形、重量、技术要求、试验方法、检验规则、包装、标志和质量证明书等。

本部分适用于厚度不大于2.5 mm，主要用于制作汽车外覆盖件的钢板及钢带。

2 规范性引用文件

下列文件中的条款通过本部分的引用而成为本部分的条款。凡是注日期的引用文件，其随后所有的修改单(不包括勘误的内容)或修订版均不适用于本部分，然而，鼓励根据本部分达成协议的各方研究是否可使用这些文件的最新版本。凡是不注日期的引用文件，其最新版本适用于本部分。

GB/T 223.5 钢铁 酸溶硅和全硅含量的测定 还原型硅钼酸盐分光光度法
GB/T 223.9 钢铁及合金 铝含量的测定 铬天青S分光光度法
GB/T 223.13 钢铁及合金化学分析方法 硫酸亚铁铵滴定法测定钒量
GB/T 223.16 钢铁及合金化学分析方法 变色酸光度法测定钛量
GB/T 223.17 钢铁及合金化学分析方法 二安替比林甲烷光度法测定钛量
GB/T 223.40 钢铁及合金 铌含量的测定 氯磺酚S分光光度法
GB/T 223.59 钢铁及合金 磷含量的测定 铋磷钼蓝分光光度法和锑磷钼蓝分光光度法
GB/T 223.60 钢铁及合金化学分析方法 高氯酸脱水重量法测定硅含量
GB/T 223.63 钢铁及合金化学分析方法 高碘酸钠(钾)光度法测定锰量
GB/T 223.64 钢铁及合金 锰含量的测定 火焰原子吸收光谱法
GB/T 223.67 钢铁及合金 硫含量的测定 次甲基蓝分光光度法
GB/T 223.68 钢铁及合金化学分析方法 管式炉内燃烧后碘酸钾滴定法测定硫含量
GB/T 223.69 钢铁及合金 碳含量的测定 管式炉内燃烧后气体容量法
GB/T 223.71 钢铁及合金化学分析方法 管式炉内燃烧后重量法测定碳含量
GB/T 223.72 钢铁及合金 硫含量的测定 重量法
GB/T 223.75 钢铁及合金 硼含量的测定 甲醇蒸馏-姜黄素光度法
GB/T 223.76 钢铁及合金化学分析方法 火焰原子吸收光谱法测定钒量
GB/T 223.78 钢铁及合金化学分析方法 姜黄素直接光度法测定硼含量
GB/T 228 金属材料 室温拉伸试验方法
GB/T 247 钢板和钢带包装、标志及质量证明书的一般规定
GB/T 708 冷轧钢板和钢带的尺寸、外形、重量及允许偏差
GB/T 2523 冷轧金属薄板(带)表面粗糙度和峰值数的测量方法
GB/T 2975 钢及钢产品 力学性能试验取样位置及试样制备
GB/T 4336 碳素钢和中低合金钢 火花源原子发射光谱分析方法(常规法)
GB/T 5027 金属材料 薄板和薄带塑性应变比(r值)的测定
GB/T 5028 金属材料 薄板和薄带 拉伸应变硬化指数(n值)的测定
GB/T 8170 数值修约规则与极限数值的表示和判定

GB/T 17505　钢及钢产品交货一般技术要求
GB/T 20066　钢和铁　化学成分测定用试样的取样和制样方法
GB/T 20123　钢铁　总碳硫含量的测定　高频感应炉燃烧后红外吸收法(常规方法)
GB/T 20125　低合金钢　多元素含量的测定　电感耦合等离子体原子发射光谱法
GB/T 20126　非合金钢　低碳含量的测定　第2部分:感应炉(经预加热)内燃烧后红外吸收法

3　术语和定义

下列术语和定义适用于本部分。

3.1

各向同性钢　isotropic steel

各向同性钢是对塑性应变比(r 值)进行限定的钢。

4　分类和代号

4.1　钢板及钢带的牌号由冷轧的英文"Cold Rolled"的首位英文字母"CR"、规定的最小屈服强度值、各向同性的英文"Isotropic"的前二位字母"IS"三个部分组成。

示例1:CR220IS

CR——冷轧的英文"Cold Rolled"的首位英文字母;

220——规定最小屈服强度值,单位为兆帕(MPa);

IS——各向同性的英文"Isotropic"的前二位字母。

4.2　钢板及钢带按用途及特点区分如表1的规定。

表1

牌　　号	用　　途
CR220IS	制作汽车覆盖件、结构件
CR260IS	
CR300IS	

4.3　钢板及钢带按表面质量区分如表2的规定。

表2

级　　别	代　　号
较高级表面	FB
高级表面	FC
超高级表面	FD

4.4　钢板及钢带按表面结构区分如表3的规定。

表3

表　面　结　构	代　　号
麻面	D
光亮表面	B

5　订货所需信息

5.1　用户订货时应提供如下信息:

a)　产品名称(钢板或钢带);

b） 本部分编号；

c） 牌号；

d） 规格及尺寸、不平度精度；

e） 表面质量级别；

f） 表面结构；

g） 边缘状态；

h） 包装方式；

i） 重量；

j） 用途；

k） 其他特殊要求。

5.2 如订货合同中未注明尺寸和不平度精度、表面质量级别、表面结构种类、边缘状态及包装等信息，则本标准产品按普通的尺寸和不平度精度、较高级的精整表面、表面结构为麻面的切边钢板或钢带供货，并按供方提供的包装方式包装。

6 尺寸、外形、重量及允许偏差

钢板及钢带的尺寸、外形、重量及允许偏差应符合 GB/T 708 的规定。

7 技术要求

7.1 化学成分

钢的化学成分（熔炼分析）参考值见附录 A。如需方对化学成分有要求，应在订货时协商。

7.2 冶炼方法

钢板及钢带所用的钢采用氧气转炉或电炉冶炼，除非另有规定，冶炼方式由供方选择。

7.3 交货状态

7.3.1 钢板及钢带以退火＋平整状态交货。

7.3.2 钢板及钢带通常涂油供货，所涂油膜应能用碱水溶液或通常的溶剂去除，在通常的包装、运输、装卸及贮存条件下，供方保证自制造完成之日起 6 个月内，钢板及钢带表面不生锈。如需方要求不涂油供货，应在订货时协商。

注：对于需方要求的不涂油产品，供方不承担产品锈蚀的风险。订货时，需方应被告知，在运输、装卸、储存和使用过程中，不涂油产品表面易产生轻微划伤。

7.4 力学性能

供方保证自制造完成之日起 6 个月内，钢板及钢带的力学性能应符合表 4 的规定。

注：由于时效的影响，钢板及钢带的力学性能会随着储存时间的延长而变差，如屈服强度和抗拉强度的上升，断后伸长率的下降，成形性能变差、出现拉伸应变痕等，建议用户尽早使用。

表 4

牌 号	拉伸试验			r_{90} [d] 不大于	n_{90} [d] 不小于
	规定塑性延伸强度[a] $R_{p0.2}$/MPa	抗拉强度 R_m/MPa	断后伸长率[b,c] $A_{80\ mm}$/% 不小于		
CR220IS	220～270	300～420	34	1.4	0.18
CR260IS	260～310	320～440	32	1.4	0.17

表 4（续）

牌　号	拉伸试验			r_{90} [d] 不大于	n_{90} [d] 不小于
	规定塑性延伸强度[a] $R_{p0.2}$/MPa	抗拉强度 R_m/MPa	断后伸长率[b,c] $A_{80\ mm}$/% 不小于		
CR300IS	300～350	340～460	30	1.4	0.16

[a] 屈服明显时采用 R_{eL}。

[b] 试样为 GB/T 228 中的 P6 试样，试样方向为横向。

[c] 当产品公称厚度大于 0.50 mm，但小于等于 0.70 mm 时，断后伸长率允许下降 2%；当产品公称厚度不大于 0.50 mm时，断后伸长率允许下降 4%。

[d] 规定值只适用于≥0.5 mm 的产品。

7.5　拉伸应变痕

室温储存条件下，对于表面质量要求为 FC 和 FD 的钢板及钢带，应保证在制造完成之日起的 6 个月内使用时不出现拉伸应变痕。

7.6　表面质量

7.6.1　钢板及钢带表面不应有结疤、裂纹、夹杂等对使用有害的缺陷，钢板及钢带不应有分层。

7.6.2　钢板及钢带各表面质量级别的特征如表 5 所述。

7.6.3　对于钢带，由于没有机会切除带缺陷部分，因此允许带缺陷交货，但有缺陷部分应不超过每卷总长度的 6%。

表 5

级　别	代　号	特　征
较高级的精整表面	FB	表面允许有少量不影响成型性及涂、镀附着力的缺欠，如轻微的划伤、压痕、麻点、辊印及氧化色等
高级的精整表面	FC	产品二面中较好的一面无目视可见的明显缺欠，另一面应至少达到 FB 的要求
超高级的精整表面	FD	产品二面中较好的一面不得有任何缺欠，即不能影响涂漆后的外观质量或电镀后的外观质量，另一面应至少达到 FB 的要求

7.7　表面结构

表面结构为麻面时，平均粗糙度 Ra 目标值为大于 0.6 μm 且不大于 1.9 μm。表面结构为光亮表面时，平均粗糙度 Ra 目标值为不大于 0.9 μm。如需方对粗糙度有特殊要求，应在订货时协商。

8　检验和试验

8.1　钢板及钢带的外观用目视检查。

8.2　钢板及钢带的尺寸、外形用合适的测量工具测量。

8.3　r 值是在 15%应变时计算得到的，均匀延伸小于 15%时，按均匀延伸结束时的应变值进行计算。n 值是在 10%～20%应变范围内计算得到的，均匀延伸小于 20%时，计算的应变范围为 10%至均匀延伸结束。

8.4　每批钢板及钢带的检验项目、试样数量、取样方法、试验方法应符合表 6 的规定。

表 6

序号	检验项目	试验数量(个)	取样方法	试验方法
1	化学分析	1/炉	GB/T 20066	GB/T 223、GB/T 4336、GB/T 20123、GB/T 20125、GB/T 20126
2	拉伸试验	1	GB/T 2975	GB/T 228
3	塑性应变比(r 值)	1		GB/T 5027
4	应变硬化指数(n 值)	1		GB/T 5028
5	表面粗糙度	—		GB/T 2523

8.5 钢板及钢带应按批验收,每个检验批应由不大于 30 t 的同牌号、同规格、同加工状态的钢板及钢带组成,对于卷重大于 30 t 的钢带,每卷作为一个检验批。

8.6 钢板及钢带的复验按 GB/T 17505 的规定。

9 数值修约

数值修约按 GB/T 8170 的规定。

10 包装、标志及质量证明书

钢板及钢带的包装、标志及质量证明书应符合 GB/T 247 的规定,如需方对包装有特殊要求,可在订货时协商。

11 国内外牌号近似对照

本标准牌号与国外标准牌号的近似对照见附录 B。

附 录 A
（资料性附录）
化学成分参考值

钢的化学成分(熔炼分析)参考值见表 A.1。

表 A.1

牌号[a]	化学成分(质量分数)(熔炼分析)/%						
	C	Si	Mn	P	S	Alt	Ti[a]
CR220IS	≤0.07	≤0.50	≤0.50	≤0.05	≤0.025	≥0.015	≤0.05
CR260IS	≤0.07	≤0.50	≤0.50	≤0.05	≤0.025	≥0.015	≤0.05
CR300IS	≤0.08	≤0.50	≤0.70	≤0.08	≤0.025	≥0.015	≤0.05

[a] 可以添加 V 和 B,也可用 Nb 或 B 代替 Ti,但 Ti+Nb+V+B≤0.22%。

附 录 B
（资料性附录）
国内外牌号近似对照

本标准牌号与被替代标准及国内外标准的近似对照见表 B.1。

表 B.1

GB/T 20564.5—2010	EN 10268—2006
CR220IS	HC220I
CR260IS	HC260I
CR300IS	HC300I

ICS 77.140.50
H 46

中华人民共和国国家标准

GB/T 20564.6—2010

汽车用高强度冷连轧钢板及钢带
第6部分:相变诱导塑性钢

Continuously cold rolled high strength steel sheet and strip for automobile—
Part 6: Transformation induced plasticity steel

2010-09-02 发布　　　　2011-06-01 实施

中华人民共和国国家质量监督检验检疫总局
中国国家标准化管理委员会　发布

前　　言

GB/T 20564《汽车用高强度冷连轧钢板及钢带》分为 7 个部分：

——第 1 部分：烘烤硬化钢

——第 2 部分：双相钢

——第 3 部分：无间隙原子钢

——第 4 部分：低合金高强度钢

——第 5 部分：各向同性钢

——第 6 部分：相变诱导塑性钢

——第 7 部分：马氏体钢

本部分为 GB/T 20564 的第 6 部分。

本部分的附录 A 和附录 B 为资料性附录。

本部分由中国钢铁工业协会提出。

本部分由全国钢标准化技术委员会归口。

本部分起草单位：宝山钢铁股份有限公司、冶金工业信息标准研究院、首钢总公司。

本部分主要起草人：李玉光、孙忠明、徐宏伟、施鸿雁、涂树林、王晓虎、黄锦花、于成峰、唐牧、朱晓东、王利、许晴。

汽车用高强度冷连轧钢板及钢带 第6部分:相变诱导塑性钢

1 范围

本部分规定了冷轧相变诱导塑性高强度钢板及钢带(以下简称为钢板及钢带)的术语和定义、分类、代号、尺寸、外形、重量、技术要求、检验和试验、包装、标志及质量证明书等。

本部分适用于厚度为0.50 mm～2.5 mm,主要用于制作汽车的结构件和加强件的钢板及钢带。

2 规范性引用文件

下列文件中的条款通过本部分的引用而成为本部分的条款。凡是注日期的引用文件,其随后所有的修改单(不包括勘误的内容)或修订版均不适用于本部分,然而,鼓励根据本部分达成协议的各方研究是否可使用这些文件的最新版本。凡是不注日期的引用文件,其最新版本适用于本部分。

GB/T 223.5 钢铁 酸溶硅和全硅含量的测定 还原型硅钼酸盐分光光度法

GB/T 223.9 钢铁及合金 铝含量的测定 铬天青S分光光度法

GB/T 223.11 钢铁及合金 铬含量的测定 可视滴定或电位滴定法

GB/T 223.23 钢铁及合金 镍含量的测定 丁二酮肟分光光度法

GB/T 223.26 钢铁及合金 钼含量的测定 硫氰酸盐分光光度法

GB/T 223.53 钢铁及合金化学分析方法 火焰原子吸收分光光度法测定铜量

GB/T 223.59 钢铁及合金 磷含量的测定 铋磷钼蓝分光光度法和锑磷钼蓝分光光度法

GB/T 223.60 钢铁及合金化学分析方法 高氯酸脱水重量法测定硅含量

GB/T 223.63 钢铁及合金化学分析方法 高碘酸钠(钾)光度法测定锰量

GB/T 223.64 钢铁及合金 锰含量的测定 火焰原子吸收光谱法

GB/T 223.67 钢铁及合金 硫含量的测定 次甲基蓝分光光度法

GB/T 223.68 钢铁及合金化学分析方法 管式炉内燃烧后碘酸钾滴定法测定硫含量

GB/T 223.69 钢铁及合金 碳含量的测定 管式炉内燃烧后气体容量法

GB/T 223.71 钢铁及合金化学分析方法 管式炉内燃烧后重量法测定碳含量

GB/T 223.72 钢铁及合金 硫含量的测定 重量法

GB/T 228 金属材料 室温拉伸试验方法

GB/T 247 钢板和钢带包装、标志及质量证明书的一般规定

GB/T 708 冷轧钢板和钢带的尺寸、外形、重量及允许偏差

GB/T 2523 冷轧金属薄板(带)表面粗糙度和峰值数的测量方法

GB/T 2975 钢及钢产品 力学性能试验取样位置及试样制备

GB/T 4336 碳素钢和中低合金钢 火花源原子发射光谱分析方法(常规法)

GB/T 5028 金属材料 薄板和薄带 拉伸应变硬化指数(n值)的测定

GB/T 8170 数值修约规则与极限数值的表示和判定

GB/T 17505 钢及钢产品交货一般技术要求

GB/T 20066 钢和铁 化学成分测定用试样的取样和制样方法

GB/T 20123 钢铁 总碳硫含量的测定 高频感应炉燃烧后红外吸收法(常规方法)

GB/T 20125 低合金钢 多元素含量的测定 电感耦合等离子体原子发射光谱法

GB/T 20126 非合金钢 低碳含量的测定 第2部分:感应炉(经预加热)内燃烧后红外吸收法

3 术语和定义

下列术语和定义适用于本部分。

3.1

相变诱导塑性钢 transformation induced plasticity steels (TR)

钢的显微组织为铁素体、贝氏体和残余奥氏体。在成形过程中,残余奥氏体可相变为马氏体组织,具有较高的加工硬化率、均匀伸长率和抗拉强度。与同等抗拉强度的双相钢水平相比,具有更高的延伸率。

4 分类和代号

4.1 钢板及钢带的牌号由冷轧的英文"Cold Rolled"的首位英文字母"CR"、规定的最小屈服强度值/规定的最小抗拉强度值、相变诱导塑性的英文"Transformation Induced Plasticity "的首两位英文字母"TR"三个部分组成。

示例:CR380/590TR

CR——冷轧的英文"Cold Rolled"的首位英文字母;

380/590——380:规定最小屈服强度值,590:规定的最小抗拉强度值,单位为兆帕(MPa);

TR——相变诱导塑性的英文"Transformation Induced Plasticity "的首两位英文字母。

4.2 钢板及钢带按用途及特点区分如表1的规定。

表 1

牌 号	用 途
CR380/590TR	结构件、加强件
CR400/690TR	
CR420/780TR	
CR450/980TR	

4.3 钢板及钢带按表面质量区分如表2的规定。

表 2

级 别	代 号
较高级表面	FB
高级表面	FC

4.4 钢板及钢带按表面结构区分如表3的规定。

表 3

表 面 结 构	代 号
麻面	D
光亮表面	B

5 订货所需信息

5.1 用户订货时应提供如下信息:

a) 产品名称(钢板或钢带);

b) 本部分号;

c) 牌号;

d) 规格及尺寸、不平度精度；
e) 表面质量级别；
f) 表面结构；
g) 边缘状态；
h) 包装方式；
i) 重量；
j) 用途；
k) 其他特殊要求。

5.2 如订货合同中未注明尺寸和不平度精度、表面质量级别、表面结构种类、边缘状态及包装等信息，则本标准产品按普通的尺寸和不平度精度、较高级的精整表面、表面结构为麻面的切边钢板或钢带供货，并按供方提供的包装方式包装。

6 尺寸、外形、重量及允许偏差

钢板及钢带的尺寸、外形、重量及允许偏差应符合 GB/T 708 的规定。

7 技术要求

7.1 化学成分

钢的化学成分(熔炼分析)参考值见附录 A。如需方对化学成分有要求，应在订货时协商。

7.2 冶炼方法

钢板及钢带所用的钢采用氧气转炉或电炉冶炼，除非另有规定，冶炼方式由供方选择。

7.3 交货状态

7.3.1 钢板及钢带以退火＋平整状态交货。

7.3.2 钢板及钢带通常涂油供货，所涂油膜应能用碱水溶液或通常的溶剂去除，在通常的包装、运输、装卸及贮存条件下，供方保证自制造完成之日起 6 个月内，钢板及钢带表面不生锈。如需方要求不涂油供货，应在订货时协商。

注：对于需方要求的不涂油产品，供方不承担产品锈蚀的风险。订货时，需方应被告知，在运输、装卸、储存和使用过程中，不涂油产品表面易产生轻微划伤。

7.4 力学性能

钢板及钢带的力学应符合表 4 的规定。

表 4

牌号	拉伸试验[a,b,c]			n_{90} 不小于
	规定塑性延伸强度 $R_{P0.2}$/MPa	抗拉强度 R_m/MPa 不小于	断后伸长率 $A_{80\ mm}$/% 不小于	
CR380/590TR	380～480	590	26	0.20
CR400/690TR	400～520	690	24	0.19
CR420/780TR	420～580	780	20	0.15
CR450/980TR	450～700	980	14	0.14

a 明显屈服时采用 R_{eL}。
b 试样为 GB/T 228 中的 P6 试样，试样方向为横向。
c 当产品公称厚度大于 0.50 mm，但小于等于 0.70 mm 时，断后伸长率允许下降 2%；当产品公称厚度不大于 0.50 mm时，断后伸长率允许下降 4%。

7.5 焊接

用户应根据化学成分和强度级别确定合适的焊接工艺，必要时可咨询制造商。

7.6 表面质量

7.6.1 钢板及钢带表面不应有结疤、裂纹、夹杂等对使用有害的缺陷，钢板及钢带不应有分层。

7.6.2 钢板及钢带各表面质量级别的特征如表5所述。

表5

级别	代号	特征
较高级表面	FB	表面允许有少量不影响成型性及涂、镀附着力的缺欠，如轻微的划伤、压痕、麻点、辊印及氧化色等
高级表面	FC	产品二面中较好的一面无肉眼可见的明显缺欠，另一面应至少达到FB的要求

7.6.3 对于钢带，由于没有机会切除带缺陷部分，因此允许带缺陷交货，但有缺陷部分应不超过每卷总长度的6%。

7.7 表面结构

表面结构为麻面时，平均粗糙度 Ra 目标值为大于 0.6 μm 且不大于 1.9 μm。表面结构为光亮表面时，平均粗糙度 Ra 目标值为不大于 0.9 μm。如需方对粗糙度有特殊要求，应在订货时协商。

8 检验和试验

8.1 钢板及钢带的外观用肉眼检查。

8.2 钢板及钢带的尺寸、外形用合适的测量工具测量。

8.3 n 值是在10%～20%应变范围内计算得到的，均匀延伸小于20%时，计算的应变范围为10%至均匀延伸结束。

8.4 每批钢板及钢带的检验项目、试样数量、取样方法、试验方法应符合表6的规定。

8.5 钢板及钢带应按批验收，每个检验批应由不大于30 t的同牌号、同规格、同加工状态的钢板或钢带组成，对于卷重大于30 t的钢带，每卷作为一个检验批。

8.6 钢板及钢带的复验按GB/T 17505的规定。

表6

序号	检验项目	试验数量/个	取样方法	试验方法
1	化学分析	1/炉	GB/T 20066	GB/T 223、GB/T 4336、GB/T 20123、GB/T 20125、GB/T 20126
2	拉伸试验	1	GB/T 2975	GB/T 228
3	应变硬化指数(n值)	1		GB/T 5028
4	表面粗糙度	—		GB/T 2523

9 包装、标志及质量证明书

钢板及钢带的包装、标志及质量证明书应符合GB/T 247的规定，如需方对包装有特殊要求，可在订货时协商。

10 数值修约

数值修约按 GB/T 8170 的规定。

11 国内外牌号近似对照

本标准牌号与国外标准牌号的近似对照见附录 B。

附　录　A
（资料性附录）
化学成分参考值

钢的化学成分（熔炼分析）参考值如表 A.1 所示。

表 A.1

牌　号	化学成分[a]（质量分数）（熔炼分析）/%					
	C 不大于	Si 不大于	Mn 不大于	P 不大于	S 不大于	Alt
CR380/590TR	0.30	2.2	2.5	0.12	0.015	0.015～2.0
CR400/690TR						
CR420/780TR						
CR450/980TR						
[a] 允许添加其他合金元素，如 Ni、Cr、Mo、Cu 等，但 Ni+Cr+Mo≤1.5%，Cu<0.20%。						

附 录 B
（资料性附录）
国内外牌号近似对照

本标准牌号与国外标准牌号的近似对照见表 B.1。

表 B.1

GB/T 20564.6—2010	prEN 10338—2007	SAE J2745—2007
CR380/590TR	—	TRIP590T/380Y
CR400/690TR	HCT690T	TRIP690T/400Y
CR420/780TR	HCT780T	TRIP780T/420Y
CR450/980TR	—	—

ICS 77.140.50
H 46

中华人民共和国国家标准

GB/T 20564.7—2010

汽车用高强度冷连轧钢板及钢带 第7部分：马氏体钢

Continuously cold rolled high strength steel sheet and strip for automobile—
Part 7: Martensitic steels

2010-09-02 发布

2011-06-01 实施

中华人民共和国国家质量监督检验检疫总局
中国国家标准化管理委员会 发布

前　　言

GB/T 20564《汽车用高强度冷连轧钢板及钢带》分为 7 个部分：

——第 1 部分：烘烤硬化钢

——第 2 部分：双相钢

——第 3 部分：无间隙原子钢

——第 4 部分：低合金高强度钢

——第 5 部分：各向同性钢

——第 6 部分：相变诱导塑性钢

——第 7 部分：马氏体钢

本部分为 GB/T 20564 的第 7 部分。

本部分的附录 A 和附录 B 是资料性附录。

本部分由中国钢铁工业协会提出。

本部分由全国钢标准化技术委员会归口。

本部分起草单位：宝山钢铁股份有限公司、冶金工业信息标准研究院、首钢总公司。

本部分主要起草人：李玉光、孙忠明、徐宏伟、施鸿雁、涂树林、王晓虎、黄锦花、于成峰、腾华湘、朱晓东、王利、许晴。

汽车用高强度冷连轧钢板及钢带 第7部分:马氏体钢

1 范围

本部分规定了冷轧马氏体高强度钢板及钢带(以下简称为钢板及钢带)的术语和定义、分类、代号、尺寸、外形、重量、技术要求、检验和试验、包装、标志及质量证明书等。

本部分适用于厚度为0.50 mm~2.1 mm,主要用于制作汽车的结构件、加强件的钢板及钢带。

2 规范性引用文件

下列文件中的条款通过本部分的引用而成为本部分的条款。凡是注日期的引用文件,其随后所有的修改单(不包括勘误的内容)或修订版均不适用于本部分,然而,鼓励根据本部分达成协议的各方研究是否可使用这些文件的最新版本。凡是不注日期的引用文件,其最新版本适用于本部分。

GB/T 223.5 钢铁 酸溶硅和全硅含量的测定 还原型硅钼酸盐分光光度法

GB/T 223.9 钢铁及合金 铝含量的测定 铬天青S分光光度法

GB/T 223.11 钢铁及合金 铬含量的测定 可视滴定或电位滴定法

GB/T 223.23 钢铁及合金 镍含量的测定 丁二酮肟分光光度法

GB/T 223.26 钢铁及合金 钼含量的测定 硫氰酸盐分光光度法

GB/T 223.53 钢铁及合金化学分析方法 火焰原子吸收分光光度法测定铜量

GB/T 223.59 钢铁及合金 磷含量的测定 铋磷钼蓝分光光度法和锑磷钼蓝分光光度法

GB/T 223.60 钢铁及合金化学分析方法 高氯酸脱水重量法测定硅含量

GB/T 223.63 钢铁及合金化学分析方法 高碘酸钠(钾)光度法测定锰量

GB/T 223.64 钢铁及合金 锰含量的测定 火焰原子吸收光谱法

GB/T 223.67 钢铁及合金 硫含量的测定 次甲基蓝分光光度法

GB/T 223.68 钢铁及合金化学分析方法 管式炉内燃烧后碘酸钾滴定法测定硫含量

GB/T 223.69 钢铁及合金 碳含量的测定 管式炉内燃烧后气体容量法

GB/T 223.71 钢铁及合金化学分析方法 管式炉内燃烧后重量法测定碳含量

GB/T 223.72 钢铁及合金 硫含量的测定 重量法

GB/T 228 金属材料 室温拉伸试验方法

GB/T 247 钢板和钢带包装、标志及质量证明书的一般规定

GB/T 708 冷轧钢板和钢带的尺寸、外形、重量及允许偏差

GB/T 2523 冷轧金属薄板(带)表面粗糙度和峰值数的测量方法

GB/T 2975 钢及钢产品 力学性能试验取样位置及试样制备

GB/T 4336 碳素钢和中低合金钢 火花源原子发射光谱分析方法(常规法)

GB/T 8170 数值修约规则与极限数值的表示和判定

GB/T 17505 钢及钢产品交货一般技术要求

GB/T 20066 钢和铁 化学成分测定用试样的取样和制样方法

GB/T 20123 钢铁 总碳硫含量的测定 高频感应炉燃烧后红外吸收法(常规方法)

GB/T 20125 低合金钢 多元素含量的测定 电感耦合等离子体原子发射光谱法

GB/T 20126 非合金钢 低碳含量的测定 第2部分:感应炉(经预加热)内燃烧后红外吸收法

3 术语和定义

下列术语和定义适用于本部分。

3.1

马氏体钢 Martensitic Steels（MS）

钢的显微组织几乎全部为马氏体组织，马氏体钢具有较高的强度和一定的成形性能。

4 分类和代号

4.1 钢板及钢带的牌号由冷轧的英文“Cold Rolled”的首位英文字母“CR”、规定的最小屈服强度值/规定的最小抗拉强度值、马氏体钢的英文“Martensitic Steels”的首位英文字母“MS”三个部分组成。

示例：CR1200/1500MS

CR——冷轧的英文“Cold Rolled”的首位英文字母；

1200/1500——1200：规定最小屈服强度值，1500：规定的最小抗拉强度值，单位为兆帕（MPa）；

MS——马氏体钢的英文“Martensitic Steels”的首位英文字母。

4.2 钢板及钢带按用途及特点区分如表1的规定。

表 1

牌 号	用 途
CR500/780MS	结构件、加强件
CR700/900MS	
CR700/980MS	
CR860/1100MS	
CR950/1180MS	
CR1030/1300MS	
CR1150/1400MS	
CR1200/1500MS	

4.3 钢板及钢带按表面质量区分如表2的规定。

表 2

级 别	代 号
较高级表面	FB
高级表面	FC

4.4 钢板及钢带按表面结构区分如表3的规定。

表 3

表面结构	代 号
麻 面	D
光亮表面	B

5 订货所需信息

5.1 用户订货时应提供如下信息：

a） 产品名称（钢板或钢带）；

b） 本部分号；

c) 牌号；

d) 规格及尺寸、不平度精度；

e) 表面质量级别；

f) 表面结构；

g) 边缘状态；

h) 包装方式；

i) 重量；

j) 用途；

k) 其他特殊要求。

5.2 如订货合同中未注明尺寸和不平度精度、表面质量级别、表面结构种类、边缘状态及包装等信息，则本标准产品按普通的尺寸和不平度精度、较高级的精整表面、表面结构为麻面的切边钢板或钢带供货，并按供方提供的包装方式包装。

6 尺寸、外形、重量及允许偏差

钢板及钢带的尺寸、外形、重量及允许偏差应符合 GB/T 708 的规定。

7 技术要求

7.1 化学成分

钢的化学成分(熔炼分析)参考值见附录 A。如需方对化学成分有要求，应在订货时协商。

7.2 冶炼方法

钢板及钢带所用的钢采用氧气转炉或电炉冶炼，除非另有规定，冶炼方式由供方选择。

7.3 交货状态

7.3.1 钢板及钢带以退火＋平整状态交货。

7.3.2 钢板及钢带通常涂油供货，所涂油膜应能用碱水溶液或通常的溶剂去除，在通常的包装、运输、装卸及贮存条件下，供方保证自制造完成之日起 6 个月内，钢板及钢带表面不生锈。如需方要求不涂油供货，应在订货时协商。

注：对于需方要求的不涂油产品，供方不承担产品锈蚀的风险。订货时，需方应被告知，在运输、装卸、储存和使用过程中，不涂油产品表面易产生轻微划伤。

7.4 力学性能

钢板及钢带的力学应符合表 4 的规定。

表 4

牌　号	拉伸试验[a,b]		
	规定塑性延伸强度 $R_{P0.2}$/MPa	抗拉强度 R_m/MPa 不小于	断后伸长率 $A_{80\ mm}$/% 不小于
CR500/780MS	500～700	780	3
CR700/900MS	700～1 000	900	2
CR700/980MS	700～960	980	2
CR860/1100MS	860～1 100	1 100	2
CR950/1180MS	950～1 200	1 180	2
CR1030/1300MS	1 030～1 300	1 300	2

表 4（续）

牌　号	拉伸试验[a,b]		
	规定塑性延伸强度 $R_{P0.2}$/MPa	抗拉强度 R_m/MPa 不小于	断后伸长率 $A_{80\ mm}$/% 不小于
CR1150/1400MS	1 150～1 400	1 400	2
CR1200/1500MS	1 200～1 500	1 500	2

a 屈服明显时采用 R_{eL}。

b 试样为 GB/T 228 中的 P6 试样，试样方向为横向。

7.5 焊接

用户应根据化学成分和强度级别确定合适的焊接工艺，必要时可咨询制造商。

7.6 表面质量

7.6.1 钢板及钢带表面不应有结疤、裂纹、夹杂等对使用有害的缺陷，钢板及钢带不应有分层。

7.6.2 钢板及钢带各表面质量级别的特征如表 5 所述。

表 5

级　别	代　号	特　　征
较高级表面	FB	表面允许有少量不影响成型性及涂、镀附着力的缺欠，如轻微的划伤、压痕、麻点、辊印及氧化色等
高级表面	FC	产品二面中较好的一面无肉眼可见的明显缺欠，另一面应至少达到 FB 的要求

7.6.3 对于钢带，由于没有机会切除带缺陷部分，因此允许带缺陷交货，但有缺陷部分应不超过每卷总长度的 6%。

7.7 表面结构

表面结构为麻面时，平均粗糙度 Ra 目标值为大于 0.6 μm 且不大于 1.9 μm。表面结构为光亮表面时，平均粗糙度 Ra 目标值为不大于 0.9 μm。如需方对粗糙度有特殊要求，应在订货时协商。

8 检验和试验

8.1 钢板及钢带的外观用肉眼检查。

8.2 钢板及钢带的尺寸、外形用合适的测量工具测量。

8.3 每批钢板及钢带的检验项目、试样数量、取样方法、试验方法应符合表 6 的规定。

8.4 钢板及钢带应按批验收，每个检验批应由不大于 30 吨的同牌号、同规格、同加工状态的钢板或钢带组成，对于卷重大于 30 吨的钢带，每卷作为一个检验批。

8.5 钢板及钢带的复验按 GB/T 17505 的规定。

表 6

序号	检验项目	试验数量/个	取样方法	试验方法
1	化学分析	1/炉	GB/T 20066	GB/T 223、GB/T 4336、GB/T 20123、GB/T 20125、GB/T 20126
2	拉伸试验	1	GB/T 2975	GB/T 228
3	表面粗糙度	—		GB/T 2523

9 包装、标志及质量证明书

钢板及钢带的包装、标志及质量证明书应符合 GB/T 247 的规定，如需方对包装有特殊要求，可在订货时协商。

10 数值修约

数值修约按 GB/T 8170 的规定。

11 国内外牌号近似对照

本标准牌号与国外标准牌号的近似对照见附录 B。

附 录 A
（资料性附录）
化学成分参考值

钢带化学成分（熔炼分析）参考值如表A.1所示。

表A.1

牌 号	化学成分[a]（质量分数）（熔炼分析）/%					
	C 不大于	Si 不大于	Mn 不大于	P 不大于	S 不大于	Alt 不小于
CR500/780MS	0.30	2.2	3.0	0.020	0.025	0.010
CR700/900MS						
CR700/980MS						
CR860/1100MS						
CR950/1180MS						
CR1030/1300MS						
CR1150/1400MS						
CR1200/1500MS						

[a] 允许添加其他合金元素，如Ni、Cr、Mo、Cu等，但Ni+Cr+Mo≤1.5%，Cu<0.20%。

附　录　B
（资料性附录）
国内外牌号近似对照

本部分牌号与国外标准牌号的近似对照见表 B.1。

表 B.1

GB/T 20564.7—2010	SAE J2340—1999	SAE J2745—2007
CR500/780MS	800M	—
CR700/900MS	900M	MS 900T/700Y
CR700/980MS	1000M	—
CR860/1100MS	1100M	MS 1100T/860Y
CR950/1180MS	1200M	—
CR1030/1300MS	1300M	MS 1300T/1030Y
CR1150/1400MS	1400M	—
CR1200/1500MS	1500M	MS 1500T/1200Y

ICS 25.040.40
L 67

中华人民共和国国家标准

GB/T 20719.11—2010/ISO 18629-11:2005

工业自动化系统与集成 过程规范语言 第11部分:PSL核心

Industrial automation systems and integration process specification language—Part 11:PSL core

(ISO 18629-11:2005,IDT)

2010-12-01 发布　　2011-05-01 实施

中华人民共和国国家质量监督检验检疫总局
中国国家标准化管理委员会　发布

前　言

GB/T 20719《工业自动化系统与集成　过程规范语言》目前拟分为以下部分：

——第1部分：概述与基本原理；

——第11部分：PSL核心；

——第12部分：外核；

——第13部分：时序理论；

——第14部分：资源理论；

——第15部分：活动性能理论；

——第21部分：EXPRESS；

——第22部分：XML；

——第23部分：UML；

——第41部分：活动；

——第42部分：时间和状态；

——第43部分：序列；

——第44部分：资源角色；

——第45部分：资源集的种类；

——第46部分：加工活动；

——第47部分：过程目的。

GB/T 20719的主要内容为：

——第1部分规定了GB/T 20719系列标准概述及其结构；

——第11部分到15部分规定了核心理论，属于1x系列；

——第21部分到23部分规定了外部映射，属于2x系列；

——第41部分到47部分规定了定义性扩展，属于4x系列；

——另外2xx系列规定了转换执行指导。

本部分是GB/T 20719的第11部分。

本部分等同采用ISO 18629-11:2005《工业自动化系统与集成　过程规范语言　第11部分PSL核心》(英文版)。

本部分的技术内容和结构与ISO 18629-11:2005相一致，在编写规则上符合我国国家标准GB/T 1.1—2000《标准化工作导则　第1部分：标准的结构和编写规则》，为便于使用，做了如下编辑性修改：

a) 大写的英文缩写保留英文原名，删去了ISO前言。

b) 将"本国际标准"和ISO 18629改为"GB/T 20719"，将ISO 18629-1改为GB/T 20719的第1部分或GB/T 20719.1。

c) 将规范性引用文件中已转化为国家标准的国际标准编号改为国家标准编号，并将相应的国家标准采用的国际标准版本号放在国家标准编号后的括弧内，以便使用和查阅。未转化的仍引用国际标准。

d) 在参考文献中增加了GB/T 20719.1《工业自动化系统与集成　过程规范语言　第1部分：概述与基本原理》信息。因此参考文献编号从第4项起顺序有调整。

本部分的附录A和附录B为规范性附录。

本部分的附录C和附录D为资料性附录。

本部分由机械工业联合会提出。

本部分由全国工业自动化系统与集成标准化技术委员会归口。

本部分主要起草单位:中国标准化研究院。

本部分主要起草人:刘守华、王志强、李文武、洪岩。

引　　言

GB/T 20719 是用于计算机可解释的制造过程相关的信息交换的国家标准。本标准提供了一种描述制造过程的通用语言，该过程贯穿于同种工业企业或跨多个工业部门或企业的整个生产过程，其表达方式独立于任何特殊的表达模型。语言的本质使它适用于在生产过程的各个阶段共享与制造相关的过程信息。

本部分提供了本标准所定义的语言的核心元素描述。

本部分和 GB/T 20719 其他部分独立于任何制造管理领域内应用软件提出的过程表达或模型。他们共同提供了一种用于改善这些应用软件互操作性的结构框架。

工业自动化系统与集成 过程规范语言 第11部分:PSL核心

1 范围

GB/T 20719的本部分应用GB/T 20719基本语言中的一系列公理,给出了PSL核心概念的表达。

本部分适用于所有过程一般概念的表达。

2 规范性引用文件

下列文件中的条款通过GB/T 20719的本部分的引用而成为本部分的条款。凡是注日期的引用文件,其随后所有的修改单或修订版均不适用于本部分,然而,鼓励根据本部分达成协议的各方研究是否可使用这些文件的最新版本。凡是不注日期的引用文件,其最新版本适用于本部分。

GB/T 16262.1 信息技术 抽象语法记法一(ASN.1) 第1部分:基本记法规范(GB/T 16262.1—2006,ISO/IEC 8824-1:2002,IDT)

GB/T 16656.1 工业自动化系统与集成 产品数据表达与交换 第1部分:概述与基本原理(GB/T 16656.1—2008,ISO 10303:1994,MOD)

GB/T 19114.1 工业自动化系统与集成 工业制造管理数据 第1部分:综述(GB/T 19114.1—2003,ISO FDIS 15531-1:2000,IDT)

GB/T 19114.42—2008 工业自动化系统与集成 工业制造管理数据 第42部分:时间模型(idt ISO 15531-42:2005)

3 术语、定义和缩略语

3.1 术语和定义

下列术语和定义适用于GB/T 20719的本部分。

3.1.1

公理 axiom

形式语言中的合式公式(well-formed formula)。用以对一门语言的词汇中符号的解释加以约束。

[GB/T 20719.1]

3.1.2

保守定义 conservative definition

指明充要条件的定义,充要条件是指术语应该满足并且不允许从该理论作出新的推论的条件。

[GB/T 20719.1]

3.1.3

核心理论 core theory

一组谓词、函数符号和独立常量,它们用于联系某些公理和本体的基本概念。

3.1.4

数据 data

一种形式化的信息表达,它适合于人或计算机进行通信、解释或处理。

3.1.5

定义的词汇　defined lexicon

非逻辑词汇的一系列符号，表示所定义概念。

注：定义的词汇分为常量，函数和关系符号。

示例：保守定义的术语。

[GB/T 20719.1]

3.1.6

扩展　extension

包含附加公理的 PSL 核心的扩展。

注 1：PSL 核心是一组相对简单的公理，它可用于表达较广范围内的基本过程。然而，更复杂的过程需要超 PSL 核心所包含的表达性资源。相对于将每一个可能的概念(可用于描述一个过程或其他)添加进 PSL 核心所造成的混乱，更好的方式是开发各种独立的、模块化式的扩展，并把它们添加进 PSL 核心。采用这种方式，用户可以将语言精确地裁剪成他们所需要的表达形式。

注 2：所有的扩展均为核心理论或定义性扩展。

[GB/T 20719.1]

3.1.7

语法　grammar

说明如何将逻辑符号和词汇术语组合为合式公式的规范。

[GB/T 20719.1]

3.1.8

个体　individual

不失同一性，逻辑上不可再分的解释域元素。

示例：独立常量是一个用于引用某个固定的个体对象的符号：它逻辑上等同于日常语言中的“名字”。在一阶逻辑中：谓词中的判据通常是独立常量。

注 1：更多信息见[5]。

注 2：该术语常用于形式逻辑。

注 3：一阶逻辑中，只有个体才是独立常量。

3.1.9

信息　information

事实，概念或指令。

[GB/T 16656.1]

3.1.10

解释　interpretation

将真值(真或假)赋给该理论中所有语句的赋值过程和论域。

解释的示例见附录 C。

3.1.11

语言　language

词汇和语法的结合。

[GB/T 20719.1]

3.1.12

词汇　lexicon

符号和术语的集合。

注：词汇包括逻辑符号(例如布尔连接和量词)与非逻辑符号。对于 GB/T 20719 来说，词素的非逻辑部分包括用于表达本体概念的词语(常量，函数符号与关系符号)。

[GB/T 20719.1]

3.1.13

线性排序 linear ordering

具有这样一种二元关系的元素的集合,这种二元关系是指任意两个元素间的关系是可传递,非自反,非对称的。

示例:数学上的小于关系是:3<5。

3.1.14

制造 manufacturing

将原材料或半成品转换成半成品或成品的功能或行为。

[改写 GB/T 19114.1—2003 3.6.22]

3.1.15

制造过程 manufacturing process

活动或操作的结构化组合,它完成了将原材料或半成品向半成品或成品的转化。

注:制造过程可被安排在过程规划、产品规划、单元规划或装配位置规划里。根据战略性应用和物资的分配,制造过程可被用于支持按库存生产,按订单生产,按订单装配。

[改写 GB/T 19114.1—2003 3.6.25]

3.1.16

模型 model

满足一种理论中所有合式公式的一组元素和事实任务的合成。

注1:"模型"这个词在逻辑中的用法不同于它在大多数科学及日常读物中的用法[7]:如果一个命题在某种解释中为真,那么就可以说这种解释是该命题的模型。这里所说的语义常被称作模型理论的语义。

注2:模型一般表示为包含附加结构的集合(半定序、点阵或向量空间)。模型定义了术语的含义以及本模型中所采用语言的句法的事实概念。给定一个模型,在原理集中使用的数学结构的基本公理集合就通过语言及它们的逻辑关系变为概念解释的基础,因此模型的集合构成了本体的形式语义。

[GB/T 20719.1]

3.1.17

本体 ontology

按照词汇中术语的含义的某些规范而定的专门术语的词汇。

注1:与形式语言中术语含义的规范一同给出的相关术语的结构化集合。术语内涵的规范说明了术语为什么和如何相关,以及集合划分和构造的条件。

注2:PSL(比如 GB/T 20719)的主要部分就是一个主体。基本概念就是通过 GB/T 20719 可以描述基本制造工程及业务过程的本体。

注3:本体的核心不只是术语,也包括它们的含义。术语的任意集合包含在本体中,但这些术语只有在含义一致时才能被共享。共享的是术语的指定语义,而不是简单的术语。

注4:没有显式定义的任何术语都可能成为含糊及混乱的来源。本体的难点是:需要建立一个框架以使框架中术语的含义更为清晰明确。对于 GB/T 20719 这个本体,有必要提出过程信息的一个严格的数学特性描述,类似于 GB/T 20719 语言中信息的基本逻辑特性的精确表达。

[GB/T 20719.1]

3.1.18

时间点 point in time

所关注的某事在时域中的位置。

示例1:2003年,3月15日,星期三。

示例2:上午9.30。

[GB/T 19114.42]

3.1.19

基本概念　primitive concept

没有保守定义的词汇术语。

[GB/T 20719.1]

3.1.20

基本词汇　primitive lexicon

表示基本概念的非逻辑词汇的符号集合。

注：基本词汇分为常量，函数符号和关系符号。

[GB/T 20719.1]

3.1.21

过程　process

涉及各种企业实体的活动的结构化组合，是为特定的目的设计和组织的。

注：这里所提供的定义和 GB/T 16656.49 的定义非常接近。然而 GB/T 19114 需要活动的结构化组合的观念，对于时间和步骤没有任何预先确定。另外，从流程管理的观点来看，为同步目的需要一些空过程，尽管实际上它们不起任何作用。

[改写 GB/T 19114.1—2003 3.6.29]

3.1.22

产品　product

由天然或人造而成的事物。

[GB/T 16656.1]

3.1.23

证明论　proof theory

解释某语言的语义所必需的理论与词汇元素的集合

注：它包含三部分：PSL 核心、外核及扩展。

[GB/T 20719.1]

3.1.24

PSL 核心　PSL-Core

对于活动、活动事件、时间点和对象这些概念的公理的集合。

注：PSL 核心的动机是：任何两个过程相关的应用软件都需要共享这些公理，以交换过程信息，因此 PSL 核心足可用于描述制造过程的基本概念。这样，基本过程的特性描述就作了很少关于她们本质的假设（描述这些过程还需要超越其本质），因此 PSL 核心在逻辑表示方面比较弱。需要指出的是，PSL 核心并不足够强大，它不能提供很多辅助概念的定义，而这些辅助概念可能是描述关于制造过程的所有感知事务所必需的。

[GB/T 20719.1]

3.1.25

理论　theory

属于给定概念和概念集的公理和定义的集合。

注：这个定义反映了人工智能的方法，它的理论是一个假定的集合（基于相关概念的含义）。

[GB/T 20719.1]

3.1.26

论域　universe of discourse

属于一个真实世界领域的具体或抽象的事物的集合，根据其在模块化的系统和相应环境上的重要性进行选择。

[GB/T 19114.1]

3.2　缩略语

下列缩写词适用于 GB/T 20719 的本部分：

BNF　Backus-Naur form　巴科斯-诺尔范式

KIF　Knowledge Interchange Format　知识交换格式

PSL　Process Specification Language　过程规范语言

4 GB/T 20719 概述

本标准规定了过程信息表达的一种语言。它由词汇、本体和过程描述的语法组成。

注1：PSL是规定制造过程的一种语言，这些制造过程基于一个精确完好定义的词汇和语法。同样地，它与GB/T 16656，GB/T 17645[2]和GB/T 18975[3]标准中提供的模式和产品表达不同，它也与GB/T 19114提供的表达不同，但与它关系紧密，并对其补充。在两个软件应用程序之间信息的交换环境下，PSL根据每个过程行为的不同标识它们。例如，在第一个过程中被标识为一个资源的一个对象，即便在第二个过程中它被标识为一个产品，这个对象也可以认为是同一个对象。

注2：PSL基于一阶逻辑，同样地，它遵循为建模概念规定的语义的有效的不同的方法，而不是GB/T 16656中所使用的方法。在PSL中定义的这些概念的意思从PSL核心的每一扩展提供的一系列公理和定义得出。在每部分提供一系列支撑标注和示例，以便帮助对这个语言的理解。

GB/T 20719的1x部分规定基本理论，这些基本理论需要给出GB/T 20719的简单概念的精确定义和公理化。这些基本理论可实现不同模式之间的精确语义转化。

以下内容属于GB/T 20719 1x系列部分的范围：

——PSL基本元素的表达；

——一系列标准化公理的规定，它符合能够描述基本过程的直观语义简单概念；

——制定和PSL核心一致的其他基本理论或扩展的一系列规则。

以下内容不属于GB/T 20719 1x系列部分的范围：

——涉及概念的信息表达，这些概念不是基本理论的一部分。

5 语法规则

本章用BNF范式规定了GB/T 20719语言的定义（见附录D）。本章描述的语法基于附录B给出的KIF格式。

注：更多信息见参考文献[7]和[8]。

5.1 基本符号和语法类别

基本符号集用于规定任意PSL过程描述。以下的BNF范式定义了基本符号集。

大写字母：

〈uc-letter〉 ::= A|B|C|D|E|F|G|H|I|J|K|L|M|N|O|P|Q|R|S|T|U|V|W|X|Y|Z

小写字母

〈lc-letter〉 ::= a|b|c|d|e|f|g|h|i|j|k|l|m|n|o|p|q|r|s|t|u|v|w|x|y|z

字母

〈letter〉 ::= 〈uc-letter〉|〈lc-letter〉

数字

〈digit〉 ::= 0|1|2|3|4|5|6|7|8|9

数学运算符

〈oper〉 ::= －|～|# |$|*|+|/

专用字符

〈punct〉 ::= －|－|～|! |@|# |$|%|^|&|*|(|)|+|=|`|:|;|'|〈|〉|,|. |?|/|||[|]|{|}|
〈space〉

表达式是由基本符号组成的任何字串。

表达式有五种基本类别。

〈b-con〉 ::= {〈lc-letter〉|〈digit〉} {〈letter〉|〈digit〉} * {{ _|— } {〈letter〉|〈digit〉}} *

〈b-var〉 ::= ?〈b-con〉[']

〈b-func〉 ::= {〈oper〉|〈uc-letter〉} {〈letter〉|〈digit〉} * {{ _|— } {〈letter〉|〈digit〉}} *

〈b-pred〉 ::= {〈uc-letter〉} {〈letter〉|〈digit〉} * {{ _|— } {〈letter〉|〈digit〉}} *

〈doc-string〉 ::= " {〈letter〉|〈digit〉|〈punct〉|\"|\\ } * "

由非终止符〈b-con〉导出的表达式是字母数字混排的字符，短线、下划线组成的串，该表达式以小写字母或数字开头，短线和下划线位于字母或数字的两侧。〈b-var〉表达式是以〈b-con〉为前缀的，标有问题的，可选加单引号(如“prime”)的表达式。〈b-func〉表达式除了必须以〈oper〉、〈punc〉或者大写字母开头外，与〈b-con〉表达式十分类似。〈b-pred〉表达式除了必须以大写字母开头外，也和〈b-con〉表达式类似。(每个〈b-pred〉因此也是一个〈b-func〉表达式)。〈doc-string〉表达式是任意符号加上引号之后的表达式；如果要使用双引号和反斜线自身时，需要在它们之前加上反斜线。

5.2 词汇

一阶 PSL 语言 L 由词汇和语法规则组成。词汇给出了该语言的基本“单词”，而语法决定了如何用词汇元素构造一个复杂的，完全格式化的语言表达式。

PSL 的词汇 λ 由以下内容组成：

——表达式〈space〉(空格)，(，)(逗号)，not(非)、and(与)、or(或)，implies(隐含)，iff(当且仅当)，forall(对任意一个)，以及 exists(存在)；

——〈b-var〉表达式中的可数递归集 V_λ，这里称为变量 λ。

——〈b-con〉表达式的递归集 C_λ，这里称为常量 λ，它至少包括字符：inf—，inf+，max—，和 max+。

——〈b-func〉表达式的递归集 F_λ，这里称为函数符 λ，它至少包括字符：beginof(始于)和 endof(终于)。

——〈b-pred〉表达式的递归集 P_λ，这里称为谓词 λ，它至少包括字符串：= activity(活动)，activity-occurrence(活动事件)，object(对象)，timepoint(时间点)，is-occurring-at(发生于关系)，occurrence-of(属从关系)，exists-at(存在关系)，before(先于关系)，和 participates-in(参与关系)。

5.3 语法

根据 PSL 词汇 λ，基于 λ 的语法用以下 BNF 范式给出。

-〈con〉 ::= a member of C_λ

-〈var〉 ::= a member of V_λ

-〈func〉 ::= a member of F_λ

-〈pred〉 ::= a member of P_λ

-〈term〉 ::= 〈atomterm〉|〈compterm〉

-〈atomterm〉 ::= 〈var〉|〈con〉

-〈compterm〉 ::=(〈func〉〈term〉)

-〈sentence〉 ::= 〈atomsent〉|〈boolsent〉|〈quantsent〉

-〈atomsent〉 ::= (〈pred〉〈term〉+)|(= 〈term〉〈term〉)

-〈boolsent〉 ::=(not 〈sentence〉)|(and 〈sentence〉〈sentence〉+)|(or 〈sentence〉〈sentence〉+)|(implies 〈sentence〉〈sentence〉)|(iff 〈sentence〉〈sentence〉)

-〈quantsent〉 ::= ({forall|exists} {〈var〉|(〈var〉+)} 〈sentence〉)

-〈psl-sentence〉 ::= 〈sentence〉

5.4 语言

PSL 语言 L_λ 基于词汇 λ，并由一系列表达式构成，这些表达式按照上述语法可由非终止符〈psl-sentence〉导出。L_λ 的成员都是 L_λ 语句(sentences)，用 PSL 语言还能定义用户自定义约束。

示例：附录 C 给出了用户定义约束的示例。

6 PSL 核心的基本元素

本章规定了组成本部分 PSL 核心的基本元素。

6.1 基本特征

本语言的基本元素如下：

——简单词汇；

——支持定义的定义词汇；

——公理。

因为这些概念给出了本语言的全部核心元素，所以并不需要其他理论。

下列术语的含义由公理或定义词汇规定。

6.2 PSL—核心的简单词汇

简单词汇由以下组成：

——简单类；

——个体；

——简单关系；

——简单函数。

注：在本体中，逻辑上没有给简单概念作出正式定义。

6.2.1 PSL—核心的简单类别

此处给出的简单类别是非正式描述。

6.2.1.1 activity

activity 的 KIF 标记为：(activity ?a)

activity 的非正式描述为：

在解释论域中，当且仅当?a 为活动集的一个元素时，PSL—核心的解释中的(activity ?a)值才为真(TRUE)。

6.2.1.2 activity_occurrence

activity_occurrence 的 KIF 标记为：(activity_occurrence ?occ)

activity_occurrence 的非正式定义为：

在解释论域中，当且仅当?occ 为 activity_occurrence 集中的一个元素时，PSL-核心的解释中的(activity_occurrence ?occ)值才为真(TRUE)。一个 activity_occurrence 仅和一个 activity 相关联，并且在特定的时间点开始和结束。

注：activity_occurrence 并非 activity 的实例。尽管可能存在没有 activity_occurrence 的 activity，但是所有 activity_occurrence 必须和一个 activity 相关联。

示例：标记为(paint House1 Paintcan1)的 activity 是着色 activitiy 类的一个实例：

(Painting (paint House1 Paintcan1))

该实例可能存在许多不同的事件：

(occurrence_of Occ1 (paint House1 Paintcan1))

(occurrence_of Occ2 (paint House1 Paintcan1))

(= (beginof Occ1) 1100)

(= (endof Occ1) 1200)

(= (beginof Occ2) 1500)

(= (endof Occ2) 1800)

着色活动类也可能有其他实例：

(Painting (paint House1 Paintcan2))

该实例没有事件。

6.2.1.3 **Object**

Object 的 KIF 标记为：

(object ?x)

Object 的非正式定义为：

在解释论域中，当且仅当?x 为 object 集中的一个元素时，PSL—核心的解释中的(object ?x)的值才为真(TRUE)。Object 可以是除了 timepoint、activity 或 activity-occurrence 之外的任何实体。

注：Object 可直观的理解为参与活动(activity)的具体或抽象的实体。object 可在某个时间点出现(生成)或消失(作为一种资源被耗尽)。在这种情况下，一个 objcect 具有开始点和结束点。在某些语境下，有助于理解不具备这些时间点的普通对象。

示例：object 最典型的例子是可感知的普通东西，如：人、椅子、汽车车体、数控机床。除此之外，还有抽象 object，如数字。

示例：某些 object，例如数字，并没有限定其开始点和结束点。

6.2.1.4 **timepoint**

timepoint 的 KIF 标记为：

(timepoint ?t)

timepoint 的非正式定义为：

在解释论域中，当且仅当?t 为 timepoint 集中的一个元素时，PSL—核心的解释中的(timepoint?t)的值才为真(TRUE)。timepoint 形成了线性顺序。

6.2.2 **PSL 核心的个体**

6.2.2.1 **Inf—**

inf—的非正式描述为：

在解释论域中，当且仅当?t 是唯一且处于线性顺序首位的时间点(timepoint)时，(= ?t inf—)的值才为真(TRUE)。

注：inf—就是无穷小，用它可规定解释论域中还未生成的对象。

6.2.2.2 **inf+**

inf+的非正式定义是：

在解释论域中，当且仅当?t 是唯一且处于线性序末位的时间点(timepoint)时，(= ?t inf+)的值才为真(TRUE).

注：Inf+就是无穷大，用它可规定解释论域中已经销毁的对象。

6.2.3 **PSL 核心的简单关系**

6.2.3.1 **before**

before 的 KIF 标记为：

(before ?t1 ?t2)

Before 的非正式描述为：

在解释论域中，时间点(timepoint)的线性顺序上，当且仅当时间点(timepoint)?t1 早于?t2 时，(before ?t1 ?t2)的值为真(TRUE)。

注：在 PSL—核心中，时间点(timepoint)集并不是致密集(所谓致密集是指，两个不同的时间点(timepoint)之间不存在第三个时间点(timepoint))，尽管 PSL—核心的时间点(timepoint)集是无穷集。用户可通过其他假设加入致密点(denseness)。PSL 核心的词素并不包括时间间隔，这些间隔的定义是与时间点(timepoint)和活动(activities)相关的。

示例：timepoint 所形成间隔的概念，是 GB/T 19114.42(时间模型)和 GB/T 16656.41(产品描述和支持原理)中的基本元素。

6.2.3.2 **occurrence_of**

occurrence_of 的 KIF 标记为：

(occurrence_of ?occ ?a)

occurrence_of 的非正式定义为：

PSL一核心的解释中，当且仅当?occ 为活动(activities)?a 的一个独立事件时，(occurrence_of ?occ ?a)的值为真(TRUE)。occurrence_of 是活动和活动事件之间的基本关系。每个活动事件与唯一的活动相关。活动可以没有事件或有多个事件。

6.2.3.3 **participates_in**

participates_in 的 KIF 标记为：

(participates_in ?x ?a ?t)

participates_in 的非正式定义为：

PSL—核心的解释中，当且仅当活动(activity)?a 发生在时间点?t 时，且?x 不是预先规定的，此时(participates_in ?x ?a ?t)的值为真(true)。一个对象仅在某些特定的时间点才能参与一项活动，这个时间点就是该对象存在且该活动正在发生的时间点。

6.2.4 **PSL 核心的简单函数**

6.2.4.1 **beginof**

beginof 的 KIF 标记是：

(beginof ?x)

beginof 的非正式定义是：

beginof 函数的定义域是活动事件集和对象集。

如果?x 是 PSL—核心的解释论域中的活动事件，那么当且仅当 t 是活动事件?x 开始的时间点时，(beginof ?x)的值为 t。

示例：(= 10 (beginof milling_occurrence))是指，milling_occurrence 发生的时间点为 10。

如果?x 是 PSL—核心的解释论域中的对象，那么当且仅当 t 是对象?x 可能参与一个活动的时间点时，(beginof ?x)的值为 t。

示例：(= 15 (beginof screw))是指，对象 screw 参与一个活动的时间点为 15。

6.2.4.2 **endof**

endof 的 KIF 标记为：

(endof?x)

endof 的非正式定义为：

endof 函数的定义域是活动事件集和对象集。

如果?x 是 PSL—核心的解释论域中的活动事件，那么当且仅当 t 是活动事件?x 结束的时间点时，(endof?x)的值为 x。

示例：(= 25 (endof milling_occurrence))是指：milling_occurrence 结束的时间点是 25

如果?x 是 PSL—核心的解释论域中的对象，那么当且仅当 t 是对象?x 退出一个活动的时间点时，(endof?x)的值为 x。

(= 30 (endof screw))是指：screw 退出一个活动的时间点是 30。

6.2.5 **PSL—核心所需的理论**

基本词汇不需要其他理论。

6.3 **PSL 核心的定义语汇**

6.3.1 **PSL 核心的正式定义**

注：KIF 参考手册[9]定义了语汇‘defrelation’，‘exists’，‘forall’，‘and’，‘or’，‘not’，‘=’，‘⟺’，和‘implies’

6.3.1.1 **between**

定义 1：当且仅当时间点 t1 在 t2 之前，t2 又在 t3 之前时，t2 是 t1 和 t3 的之间时间点(between timepoints)

(forall(?t1 ?t2 ?t3) (iff (between ?t1 ?t2 ?t3)
(and (before ?t1 ?t2) (before ?t2 ?t3)))

6.3.1.2 **beforeEq**

定义 2:当且仅当 t1 在 t2 之前或者 t1 和 t2 相等时,t1 是 t2 的 beforeEq 时间点。

(forall (?t1 ?t2) (iff (beforeEq ?t1 ?t2)
(and (timepoint ?t1) (timepoint ?t2)
(or (before ?t1 ?t2) (= ?t1 ?t2)))))

6.3.1.3 **betweenEq**

定义 3:当且仅当 t1 在 t2 之前或等于 t2,并且 t2 在 t3 之前或等于 t3 时,t2 就是 t1 和 t3 的之间或相等(betweenEq)时间点。

(forall (?t1 ?t2 ?t3) (iff (betweenEq ?t1 ?t2 ?t3)
(and (beforeEq ?t1 ?t2)
(beforeEq ?t2 ?t3)))))

6.3.1.4 **exists_at**

定义 4:当且仅当 t1 在开始点和结束点之间,或者 t1 本身就是开始点或结束点,那么定义一个对象存在于(exists at)时间点 t1。

(forall(?x ?t1) (iff (exists_at ?x ?t)
(and (object ?x)
(betweenEq (beginof ?x) ?t1 (endof ?x)))))

6.3.1.5 **is_occurring_at**

定义 5:当且仅当 t1 在活动的开始点和结束点之间,或者 t1 本身就是活动的开始点或结束点,那么定义一个活动事件于(is_occurring_at)时间点 t1。

(forall(?occ ?t) (iff (is-occuring-at ?occ ?t)
(and (activity_ooccurrence ?occ)
(betweenEq (beginof ?occ) ?t (endof ?occ)))))

6.4 公理

以下公理(公理 1 到公理 17)是 PSL 核心的基本公理。

注:KIF 参考手册定义了语汇'defrelation','exists','forall','and','or','not','=','iff',以及'implies'。

6.4.1 公理 1

Before 关系仅存于时间点间。

(forall (?t1 ?t2)
(=〉(before ?t1 ?t2)
(and (timepoint ?t1)
(timepoint ?t2))))

6.4.2 公理 2

Before 关系是一个全排序。

(forall (?t1 ?t2)
(implies (and (timepoint ?t1)
(timepoint ?t2))
(or (= ?t1 ?t2)
(before ?t1 ?t2)
(before ?t2 ?t1))))

6.4.3 公理 3

Before 关系是非自反的。

```
(forall (?t) (not (before ?t ?t)))
```

6.4.4 公理 4

Before 关系是可传递的。

```
(forall (?t1 ?t2 ?t3)
    (implies (and (before ?t1 ?t2)
              (before ?t2 ?t3))
        (before ?t1 ?t3)))
```

6.4.5 公理 5

时间点 inf－位于所有其他时间点之前。

```
(forall (?t)
    (implies (and (timepoint ?t) (not (= ?t inf-)))
        before inf- ?t))
```

6.4.6 公理 6

其他每个时间点都在 inf＋之前。

```
(forall (?t)
(implies (and (timepoint ?t) (not (= ?t inf+)))
        (before ?t inf+))
```

6.4.7 公理 7

对于任何非 inf－的时间点 t，都存在一个位于 inf－和 t 之间的时间点。

```
(forall (?t)
(implies(and (timepoint ?t)
        (not (= ?t inf-)))
    (exists (?u)
        (between inf- ?u ?t))))
```

6.4.8 公理 8

对于任何非 inf＋的时间点 t，都存在一个位于 t 和 inf＋之间的时间点。

```
(forall (?t)
(implies (and (timepoint ?t)
        (not (= ?t inf+)))
    (exists (?u)
        (between ?t ?u inf+))))
```

6.4.9 公理 9

PSL 核心中的任何一个概念都是活动、对象、活动事件或时间点之一。

```
(forall (?x)
    (or (activity ?x)
        (activity_occurrence ?x)
        (object ?x)
        (timepoint ?x)))
```

6.4.10 公理 10

对象、活动、活动事件和时间点都是彼此独立的。

```
(forall (?x)
```

```
(and     (implies (activity ?x)
              (not (or (activity_occurrence ?x) (object ?x) (timepoint ?x))))
         (implies (activity_occurrence ?x)
              (not (or (object ?x) (timepoint ?x))))
         (implies (object ?x)
              (not (timepoint ?x))))
```

6.4.11 公理 11

事件关系仅存在于活动和活动事件间。

```
(forall (?a ?occ)
    (implies (occurrence_of ?occ ?a)
        (and     (activity ?a)
                 (activity_occurrence ?occ))))
```

6.4.12 公理 12

一个活动事件和一个唯一的活动对应。

```
(forall (?occ ?a1 ?a2)
    (implies (and     (occurrence_of ?occ ?a1)
                      (occurrence_of ?occ ?a2))
    (= ?a1 ?a2))))
```

6.4.13 公理 13

活动事件或者对象的开始点和结束点都是时间点。

```
(forall (?x)
    (implies (or (activity_occurrence?x) (object ?x))
             (and     (timepoint (beginof ?x))
                      (timepoint (endof ?x)))))
```

6.4.14 公理 14

每个活动事件或对象的开始点都在结束点之前或与结束点相同。

```
(forall (?x)
    (implies (or (activity_occurrence ?x )
             (object ?x))
        (beforeEq (beginof ?x) (endof ?x))))
```

注：开始点和结束点相同的情况，支持可表示瞬时事件的软件应用。

6.4.15 公理 15

participates_in 关系仅独立的存在于对象，活动，和时间点中。

```
(forall (?x ?a ?t)
    (implies (participates_in ?x ?a ?t)
             (and     (object ?x)
                      (activity_occurrence ?occ)
                      (timepoint ?t))))
```

6.4.16 公理 16

对象仅在某些特殊的时间点才能参与活动，这些时间点是该对象存在并且该活动正在发生的时间点。

```
(forall (?x ?occ ?t)
    (implies (participates_in ?x ?occ ?t)
```

```
        (and (exists_at ?x ?t)
            (is_occurring_at ?occ ?t))))
```

6.4.17 公理 17

每个活动事件都是一个活动(activity)的发生。

```
(forall (?occ)
    (implies (activity_occurrence ?occ)
        (exist (?a)
            (and (activity ?a)
                (occurrence_of ?occ ?a))))))
```

7 PSL 核心的一致性

7.1 本体的一致性

当且仅当本体给出的概念是以第 6 章中 PSL 核心的公理和定义相一致的方法进行定义时,本体和 PSL 核心才一致。

7.2 过程描述的一致性

当且仅当过程描述的本体和 PSL 核心一致,并且过程描述的语法满足第 5 章所规定的规则时,过程描述才和 PSL 核心一致。

附 录 A
（规范性附录）
GB/T 20719.11 的 ASN.1 标识符

为了给开放系统中的信息对象提供一个无二义性的标识，对象标识符

（iso standard 18629 part 11 version 1）

被分配给 GB/T 20719 的本部分。GB/T 16262.1 定义了该值的含义，并在 ISO 18628-1 加以描述。

附 录 B
（规范性附录）
KIF 语法和语义

象许多面向计算机的语言一样，KIF 有两种变量。在线性 KIF 中，所有的表达式都是 ASCII 字符串，它们可存贮在串行设备中（如：磁盘），并通过串行媒介（如：电话线）进行传输。在结构化的 KIF 中，语言的合法“表达式”都是结构化的对象。使用结构化 KIF，可在运行于相同地址空间的程序间进行通信[9]。

幸运的是，这两种 KIF 变量具有一种简单的通信方式。每个字符串都严格对应一个列表结构，同时，每一个列表结构都严格对应一个字符串（一旦排除了所有的非必要白空间）

接下来，我们首先定义语言线性形式和结构化形式间的映射，然后，就可以仅处理结构化形式。

B.1 线性 KIF

线性 KIF 的字母表由 ASCII 字符集中的 128 个字符构成。某些字符是标准的可打印字符，其他字符则不能。标准的可打印字符如下所示：

A B C D E F G H I J K L M N O P Q R S T U V W X Y Z

a b c d e f g h i j k l m n o p q r s t u v w x y z

0 1 2 3 4 5 6 7 8 9 ( ) [ ] -- Ø ! ?

= + — * / " & ô ~ ’” ù @ # $ % : ; , . ! ?

KIF 源于表处理语言（LISP）应用程序，并继承了表处理语言（LISP）的语法。采用通用 LISP 阅读器可十分容易的规定线性 KIF 和结构化 KIF 之间的关系。特别的，如果满足下列条件，ASCII 字符串就可成为合法的线性 KIF 表达式，(1)它是通用 LISP 阅读器可读的，并且(2)通用 LISP 阅读器生成的结构是一个合法的结构化 KIF 表达式（下节定义）。

B.2 结构化 KIF

结构化 KIF 中，词的概念都采用简单方式表达。一个表达式不是单个的词就是一个表达式的有穷序列。这里我们用圆括号来限定复合表达式的项。

〈word〉 ::= 简单语法对象

〈expression〉 ::= 〈word〉　(〈expression〉*)

所有的词都可分为以下几类。这种分类是不可再分的，并且是无遗漏的。每个词都属于并且仅属于一个类别。（继发表的语法规则也使用了这里定义的类别）

〈indvar〉 ::=以字符？开头的词

〈seqvar〉 ::= 以字符@开头的词

〈termop〉 ::= listof　setof　quote　if　cond　the　setofall　kappa　lambda

〈sentop〉 ::= =　/=　not　and　or　=〉　〈=　〈=〉　forall　exists

〈ruleop〉 ::= =〉〉　〈〈=　consis

〈defop〉 ::= defobject　defunction　defrelation　:=　:=〉　:&

〈objconst〉 ::= a word denoting an object

〈funconst〉 ::= a word denoting a function

〈relconst〉 ::= a word denoting a relation

〈logconst〉 ::= a word denoting a truth value

从这些基本类别中,我们可以构造出更为复杂的类别,如变量,操作符,和常量。

〈variable〉::=〈indvar〉　〈seqvar〉

〈operator〉::=〈termop〉　〈sentop〉　〈ruleop〉　〈defop〉

〈constant〉::=〈objconst〉　〈funconst〉　〈relconst〉　〈logconst〉

变量是以字符?或@开头的词。以?开头的变量叫个体变量。以@开头的变量叫顺序变量。独立变量用来表示独立对象。顺序变量用来表示顺序对象。

操作符用于构造不同顺序的复杂表达式。在 KIF 中有四个操作符类型:项操作符、句操作符、规则操作符和定义操作符。项操作符用于构造复杂项。句操作符用于构造复杂句子。规则操作符用于构造句子。定义操作符用于构造定义

常量是除了操作符和变量之外的任何一个词。一共有 4 种 KIF 常量:对象常量,函数常量,关系常量和逻辑常量。对象常量表示独立的对象。函数常量表示这些对象的函数。关系常量表示各种关系。逻辑常量表示判定一个词为真或假的条件。

某些常量是基本常量,其意义固定于 KIF 定义。其余的常量则是非基本常量,用户可选择其类型和意义。所有的数字,字符,和串都是 KIF 的基本常量。

KIF 和逻辑语言不同,逻辑语言无法从它的内在特性(即,它的拼写)决定非基本常量的类别(即,它是否是对象,函数,关系还是逻辑常量)。用户可自由的选择每个非基本常量的类别。用户不必显式的声明该选择。但是,常量的类别决定了常量如何构造表达式,以及如何从常量的用法决定常量的类别。因此,一旦以特定的方式使用了常量,该常量的类别就被固定了。

该语言具有四种特殊类型的表达式:项、句子、规则和定义。项描述现实中的对象;句子表示现实的特性;规则表示推论的步骤;定义用于定义常量;格式则是句子、规则或定义之一。

以下定义了 KIF 的合法项集。一共有 10 种类型的项,分别是:独立变量、对象常量、函数常量、关系常量、函数项、列表项,集合项,引用、逻辑项和定量项。

独立变量、对象常量、函数常量和关系常量相对容易论述。

〈term〉::=〈indvar〉　〈objconst〉　〈funconst〉　〈relconst〉　funterm〉　〈listterm〉　〈setterm〉

〈quoterm〉　〈logterm〉　〈quanterm〉

〈listterm〉::=(listof 〈term〉* [〈seqvar〉])

〈setterm〉::=(setof 〈term〉* [〈seqvar〉])

〈funtcrm〉::—(〈funconst〉〈term〉* [〈seqvar〉])

〈quoterm〉::=(quote 〈expression〉)

〈logterm〉::=(if 〈sentence〉〈term〉[〈term〉])　(cond (〈sentence〉〈term〉)...(〈sentence〉〈term〉))

〈quanterm〉::=(the 〈term〉〈sentence〉)　(setofall 〈term〉〈sentence〉)

(kappa (〈indvar〉* [〈seqvar〉])〈sentence〉*)　(lambda (〈indvar〉* [〈seqvar〉])〈term〉)

函数项由函数常量和自变量项的不定的个数组成,并可由可选的顺序变量终结。注意,自变量项的个数并没有任何语法约束——同一个函数常量包括的自变量项的个数是不同的;KIF 中的 arity 约束是按语义约束处理的。

列表项由操作符列表和有穷的项列表组成,并可由可选的顺序变量终结。

集合项由操作符集合和有穷的项列表组成,并可由可选的顺序变量终结。

引用包括引用操作符和不定的列表表达式组成。嵌入表达式是不定的列表结构;它并不是必须的合法 kif 表达式。

记住:LISP 阅读器可将词形 σ 的串转换成(quote σ)

逻辑项包括 if 和 cond 操作符。If 词形允许单条件的测试,而 cond 词形允许一组序列条件的测试。

定量项包括操作符、setofall、kappa 和 lambda。标志符由 the 操作符，项和句子组成。set-forming 项由 setof 操作符，项和句子组成。relation-forming 项由 kappa、变量列表和句子组成。function-forming 项由 lambda、变量列表和项组成。严格的说，kappa 和 lambda 不是必须的——二者都可用 setof 项定义；KIF 包括它们仅仅是为了方便的原因。

以下的 BNF 范式定义了 KIF 中的合法句子集。一共有 6 种句子。其中逻辑常量已经出现过。

〈sentence〉::=〈logconst〉 〈equation〉 〈inequality〉 〈relsent〉 〈logsent〉 〈quantsent〉

〈equation〉::=(=〈term〉〈term〉)

〈inequality〉::=(/=〈term〉〈term〉)

〈relsent〉::=(〈relconst〉〈term〉* [〈seqvar〉]) (〈funconst〉〈term〉* 〈term〉)

〈logsent〉::=(not〈sentence〉)
(and〈sentence〉*)
(or〈sentence〉*)
(implies〈sentence〉* 〈sentence〉)
(〈=〈sentence〉〈sentence〉*)
(iff〈sentence〉〈sentence〉)

〈quantsent〉::=(forall〈indvar〉〈sentence〉)
(forall (〈indvar〉*)〈sentence〉)
(exists〈indvar〉〈sentence〉)
(exists (〈indvar〉*) 〈sentence〉)

等于(equation)由等号(=)和两个项组成。

不等于(inequality)由不等号(/=)和两个项组成。

关系句子(relational sentence)由关系常量和自变量项的不定的个数组成，并可由可选的顺序变量终结。考虑到功能项，关系句子中的自变量项的个数是不受语法约束的——相同的关系常量可包括任何有穷的自变量的个数。

逻辑句子的语法取决于它所含的逻辑操作符。包含 not 操作符的句子叫做“非”。包含 and 操作符的句子叫做“与”，其参数叫做“逻辑乘”。包含 or 操作符的句子叫做“或”，其参数叫做“或项”。包含=〉操作符的句子叫做“推论”，它的最后一个参数叫做“结论”，其余的参数叫做“前提”。包含〈=操作符的句子叫做“反推”，它的第一个参数叫做“结论”，其余的参数叫做“前提”。包含〈=〉操作符的句子叫做“等值”。

量化句子有两种类型：通用量化句子，它使用 forall 操作符；存在量化句子，它使用 exists 操作符。

B.3 语义

I=(O,ext,σ,τ)一阶 KIF 语言的解释 I 是一个元组 I=(O,ext,σ,τ)，其规定如下：

B.3.1 扩展功能

解释 I 中，扩展功能 ext 具有以下特性：

- $O=E\cup R$;
- $E\cap R=\phi$;
- If $s\in E$, then $ext(s)=\phi$;
- If $s\in R$, then $ext(s)\subseteq O^*$。

B.3.2 项的语义值函数

解释 I 中，语义值函数 σ 具有以下特性：

B.3.2.1 对象变量的语义值

对象变量 ν 的语义值是指：解释 I 中，给变量赋值的对象：

$\sigma(\nu) \in O$

B.3.2.2 常量的语义值

常量 s 的语义值是指：解释 I 中，给常量赋值的对象：

$\sigma(s) \in O$

B.3.2.3 函数项的语义值

在解释 I 中，如果 $\sigma(F)$ 是函数性的，那么 $\sigma((Ft_1/\langle t_n))$ 就是唯一的，因此有：

$cc(\sigma(t_1),/\langle\sigma(t_n),e) \in ext(\sigma(F))$

否则：$\sigma(t_1),/\langle\sigma(t_n) = \sigma(F)$

B.3.3 句子满意函数

解释 I 中，满意函数 τ 具有如下特性：

B.3.3.1 相等

解释 I 中，当且仅当等式引用相同的对象，那么相等为真。

$$\tau((=t_1t_2)) = \begin{cases} true & \sigma(t_1) = \sigma(t_2) \\ false & otherwise \end{cases}$$

B.3.3.2 原子句子

解释 I 中，当且仅当构成参数值的对象元组，是由关系常量标识的关系扩展元组集中的元素时，原子句子为真。

$$\tau((Rt_1|<t_n)) = \begin{cases} true & cc(\sigma(t_1),|<,\sigma(t_n)) \in ext(\sigma(R)) \\ false & otherwise \end{cases}$$

如果空序列$\langle\rangle \in ext(\sigma(R))$，那么词形$(R)$的原子句子为真，

B.3.3.3 not

解释 I 中，当且仅当求反句子为假(false)时，“求反”才为真(ture)。

$$\tau((not\varphi)) = \begin{cases} true & \tau(\varphi) = false \\ false & otherwise \end{cases}$$

B.3.3.4 or

解释 I 中，当且仅当至少一个“或项”为真时，求或才为真。

$$\tau((or\ \varphi_1|<\varphi_n)) = \begin{cases} true & \tau(\varphi_j) = true\ for\ some\ j, 0 \leqslant j \leqslant n \\ false & otherwise \end{cases}$$

注：(or)在任何解释中都是无意义的真。

B.3.3.5 and

解释 I 中，当且仅当每个“并项”都为真时，求并才为真。

$$\tau((and\ \varphi_1|<\varphi_n)) = \begin{cases} true & \tau(\varphi_j) = true\ for\ all\ j, 0 \leqslant j \leqslant n \\ false & otherwise \end{cases}$$

注：(and)在任何解释中都是无意义的假。

B.3.3.6 implies

如果隐含中的每个前提都是真，当且仅当解释 I 的结论为真，那么整个推论就是真。如果隐含中任何一个前提为假，不管解释 I 结论的真假，那么整个推论也为真：

$$\tau((implies\ \varphi_1|<\varphi_n\varphi)) = \begin{cases} true\ for\ some\ j, \tau(\varphi_j) = false\ or\ \tau(\varphi) = true \\ false \quad otherwise \end{cases}$$

B.3.3.7 Iff

解释 I 中，当且仅当所有参数都均具有相同的真值时，等值为真。

$$\tau((iff\ \varphi_1\varphi_2)) = \begin{cases} true & \tau(\varphi_1) = \tau(\varphi_2) \\ false & otherwise \end{cases}$$

B.3.3.8 exists

当且仅当第一个参数引用的某些变量值的内嵌句为真时,存在量化句子的值为真。

$$\tau((exists(\nu_1|<\nu_n)\varphi))=\begin{cases} true\ \tau(\varphi((\nu_1,\cdots\nu_n)))=trueundersome\ I\text{—}variant \\ false\ otherwise \end{cases}$$

B.3.3.9 Forall

当且仅当第一个参数引用的每个变量值的嵌入句子都为真时,通用量化句子的值为真。

$$\tau((forall(\nu_1|<\nu_2)\varphi))=\begin{cases} true\quad \tau(\varphi((\nu_1,\cdots\nu_n)))=true\ under\ every\ I\text{—}variant \\ false\ otherwise \end{cases}$$

附 录 C
(资料性附录)
使用 PSL 核心描述过程的例子

本附录的目的是提供一个详细的、描述多个制造部门之间使用本标准 PSL 实现信息共享的附录。

本附录是一个可互操作的制造附录。这意味着本标准的目的是阐述怎样使用 PSL,以达到在制造环境中方便地交流过程知识。这种附录专门从事从一个过程规划者到加工车间调度者的知识交换研究。

下列文字阐述了产生这种交换的制造环境:

“制造公司生产许多产品。每个产品都有一个唯一的产品标识符,并有一个或多个工艺规划(统一改)。其中一个是首选工艺规划,但其他的工艺规划同样的有效,并能生产合格的产品。工艺规划有一系列必须按序操作的作业。工艺规划中有一定的关于每个作业的信息:作业名、需要的资源、计划运行时间、计划准备时间、各种参数等。

在某个给定的时间点,公司有一组客户订单。每个订单有交货日期,并要求一定数量的某些产品。完成订单意味着完成该产品工艺规划中的每个作业。

生产调度人员必须调度车间。也就是说,调度人员必须制作一张调度表,表中明确为每个顾客订单和每个必要的作业指明将执行本次作业的工作中心,什么时候开始作业,以及什么时候完成。调度表将分发给将执行该调度表的制造员工。

本附录特别关注上述工艺规划知识的交换。假设每个制造功能单元有适合其本身特殊工具的“本地”表达(例如:工艺规划者使用工艺规划工具,而调度者使用调度工具)。明显地,如果参与者自然共享一种通用语言/表达,互操作就是一种微不足道的行为。这种交流的“值得注意的地方”是相关的翻译。

为了更方便进行交流,推荐使用下列可互操作的步骤:

a) 把工艺规划表达翻译成 PSL,并

b) 把这个 PSL 表达翻译成调度表达。

可以选择把编译器写成直接在两个表达(源表达和目标表达)之间转换。需要在多个表达之间进行转换时(例如在调度程序和场地控制系统之间),这种方法的缺点是使编译器的个数从 O(n) 增加到 $O(n^2)$(式中 n=编译器的个数)。

C.1 资源表达和目标表达

本实例所使用的表达是 IDEF3 [10]和一个从商业过程得来的调度程序,分别对应工艺规划和调度功能。

——为了获得一系列活动的描述特别地创造了 IDEF3 方法,这种方法已成为著名的过程知识表达方法。

——该调度程序是一个附加软件,为有限的应用调度能力设计商业解决库。

C.2 汽车工厂

本附录中表达的产品知识、过程知识和制造知识来自于一个计划和控制参考实例。目的是提供虚拟工厂 Camile 汽车厂(CMW)的详细说明。根据在一个或多个“实际”工厂中做(预测式或反应式)决策时的决定性因素,对本工厂的每个特征和概念进行文档化。

本实例研究包括从接受工作订单(包括商议交货日期)开始,到库存或装运最终产品为止的所有正常制造规划和控制活动。把 CMW 描述为生产比例模型汽车的工厂,使用下列部件进行装配:

——装配过程中需要的大量采购件;

——需要进行内部附加处理(组装,上油漆等)的采购件;

——使用原材料生产的内部制造部件(各种主体、商标、变速器、框架、发动机组、火花塞电线、轮胎、轮缘等)。

——CMW 在工厂中有大量的制造过程,并可以认为是一个混合环境。

——43 个基本资源处组成八个主要部门。大约有 50 个工厂员工直接指挥操作设备和维护资源的人员。

C.3 产品:GT-350

在资源工厂描述中介绍三种产品时(GT-200、GT-250、GT-350),限制范围,仅仅描述其中最复杂的产品对这种可互用性的方法是足够的。把 GT-350 描述为可运转的复杂比例汽车模型,通过直接给公司的经营主管邮寄可选牌照(供挑选的各种类型)在市场上进行交易。买主通过选择 ID 牌上的 2 到 6 的特征,进一步对产品进行个性化设计。模型可以是红色或白色(不包括电池)。这种高价位产品没有现货,只有得到确定订货时,才进行生产。需要对买主指出的是交换时间是 4 周~6 周。

GT-350 的产品结构如表 C.1 所示。使用缩排的名字显示零件的子部件结构。给每个部件赋一个唯一的零件号。在最右边的一列中列出了每个部件的制造方法。某些零件在厂内制造,或与其他零件一起装备,购买或外包其他零件。

表 C.1 GT-350 的产品结构表

GT-350 产品结构			
产品名	数量	产品编号	方法
底盘	1	350-CHASSIS	组装
门	2	x50-DOORS	购买
单片式汽车车身	1	x50-BODY	自制
框架	1	350-FRAME	自制
发动机	1	350-ENGINE	组装
铸体	1	350-BLOCK	自制
电汽配线	1	350-HARNESS	自制
电线	1	350-WIRE-SET	自制
局部电线	12	350-WIRE	自制
局部电线	1	x50-WIRE	自制
驱动器	1	350-DRIVE	组装
发动机	1	350-MOTOR	购买
电子仪器	1	350-PCB	自制
内饰	1	350-INTERIOR	组装
驾驶员座舱	1	350-COCKPIT	外包
气囊	1	350-DASH	购买
灯	2	350-LIGHTS	购买
座位	1	350-SEATS	购买
变速器	1	x50-GEAR	自制
外饰	1	350-TRIM	组装

表 C.1（续）

GT-350 产品结构			
产品名	数量	产品编号	方法
选项	1	350-OPTIONS	组装
牌照	2	350-LICENSE	自制
车轮	4	350-WHEELS	组装
轮胎	1	350-TIRES	自制
轮缘	1	350-RIMS	自制
贴花纸	1	350-DECALS	购买
标识符牌	1	350-PLATE	自制
牌照架	1	350-STAND	自制

C.4 部门

CMW 工厂的部门如下所述(更详细的资料参见[10])：

C.4.1 Foundry 铸造厂

铸造厂通过熔化金属混合物并浇注，由金属混合物成型金属零件。

C.4.2 橡胶厂

橡胶厂生产轮胎(350 轮胎)和变速器(x50 变速器)。轮胎的加工过程是混合未加工橡胶混合物，挤压塞子、然后把单个轮胎从塞子上锯下来。通过混合未加工橡胶混合物和浇注零件来生产变速器。浇注前必须加热模具。

C.4.3 钣金

钣金部门用金属板材料生产大量的 GT-350 零件。生产的零件包括：350 牌照、x50 车身、350-ID 牌和没有上油漆的 350-框架。

C.4.4 加工车间

使用已购买的原材料和铸造厂已生产的毛坯，加工车间为两个 GT-350 零件提供加工。生产的零件包括：350-汽缸体和没有上油漆的 350-底座。

C.4.5 电线和电缆

电线和电缆部门生产 350-电汽配线和 350-电线组。350-电线组由 12 长的 350-电线组成。用抽拉成比电线更细的金属棒制作电汽配线和电线中使用的电缆。把它们缠绕在一起，然后用有色护套包上。

C.4.6 电子

电子部门生产 350-PCB、控制 350 模型功能的电子单元。也生产另一种模型的电子单元。首先装配安装在 350-PCB 上的部件，并屏蔽印刷板。大量的部件可以自动插入，然后手工插入其他的部件。焊接印刷板，并进行应力测试。对每个批次的产品进行功能测试。根据测试结果，每批次产品可能合格，不合格或重新生产。不止一次地重新生产印刷板。

C.4.7 油漆

油漆部门使用加工车间和钣金部门已生产的产品为两个 GT-350 零件提供期望颜色。油漆的零件包括：350-框架和 350-底座。

C.4.8 最后组装

最后组装部门负责完成产品子部件的集成。也包括完成某些最终产品的修改(例如雕版)。这个部门生产完整的 GT-350 产品。

C.5 GT-350 制造过程

本节把各个部门的过程整合成一个生产 GT-350 产品的高层活动集。正如 GT-350 产品结构(表 C.1)所描述的一样，购买、外包或自生产本产品的子部件。这些过程描述侧重完成制造自制子部件的活动。这种自顶向下的方式看制造过程提供了一个完整的图，从抽象的“制造 GT350”活动向下延伸到各个详细的部门层次。

如图 C.1 所示，GT-350 制造过程六个主要的工作领域。前五个(加工内饰、加工驱动器、加工轮胎、制造发动机和制造底盘)相互之间是无序的，但在进行最后组装之前必须完成。

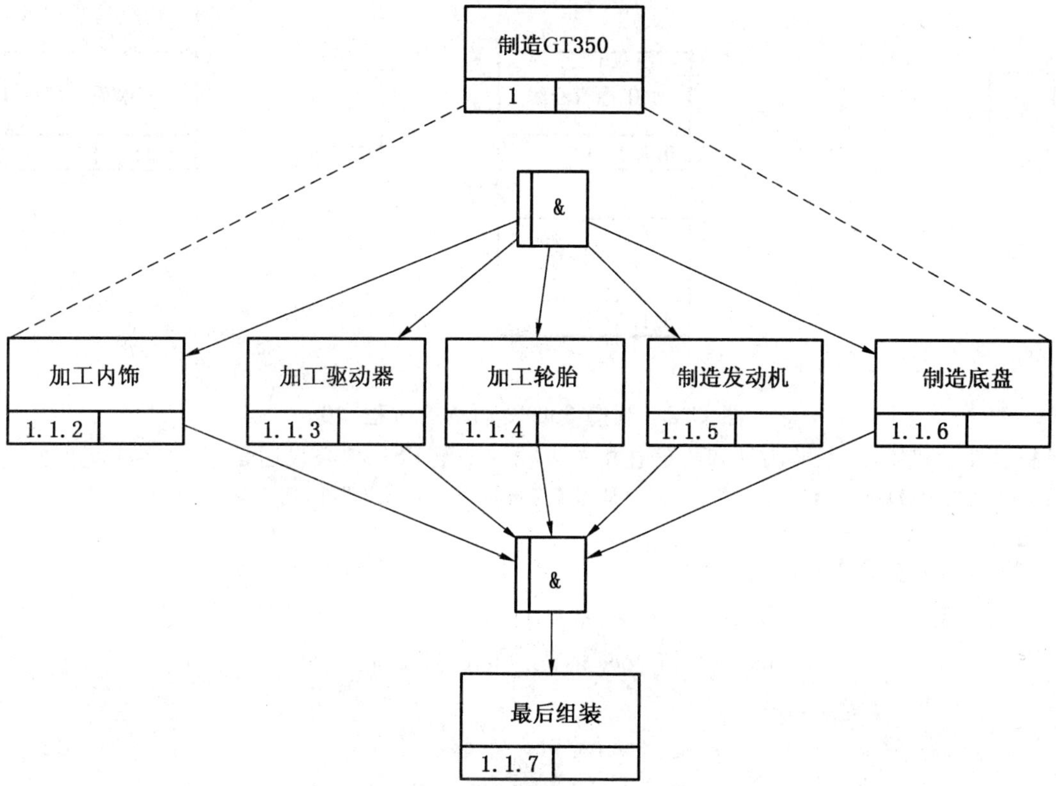

图 C.1　制造 GT-350 的顶层过程[10]

基于 PSL 核心的顶层过程表达是：

(活动 make-chassis)

(活动 make-interior)

(活动 make-drive)

(活动 make-trim)

(活动 make-engine)

(活动 final-assembly)

其中的每个抽象活动可以进一步细化，但是在本附录中将不对它们全部细化。

在制造过程的不同阶段，根据抽象活动的 IDEF3 表达(按照过程表达)，我们将使用本部分介绍的 PSL 核心抽取一些过程描述的实例。

C.5.1 “发动机制造”抽象活动

350-发动机的组装在几个 CMW 部门实现。制造过程如图 C.2 所示。该零件由发动机、电汽配线、电线线路组成。子过程在下一节中细化。350-发动机在 A004 组装台上进行组装，并且每块需要 5 min。

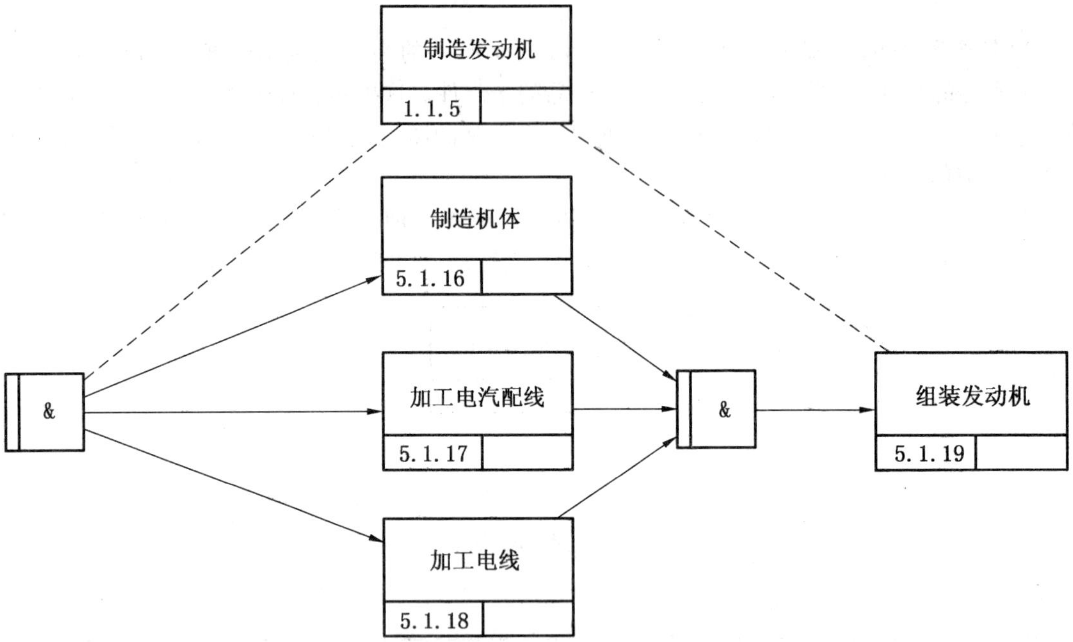

图 C.2　制造 350-发动机的过程[10]

在制造发动机阶段，某些活动和与信息相关过程的基于 PSL 核心表达是：

注：KIF 语句的最后一项不属于 PSL 核心，但是为了保持整个表达的连贯性，把它保留在句子中。

```
(and
    (forall ?occ)
        (implies (and (activity_occurrence ?occ)
                    (occurrence-of ?occ assemble-engine))
                (exists ?occ2)
                    (and (activity_occurrence ?occ2)
                        (occurrence-of ?occ2 make-gt350-proc))
```

C.5.2　制造发动机子过程

子过程为：

C.5.2.1　制造机体

把 350-机体制造成 350-发动机的配件。这包括从铸造厂和加工车间在内的工作集成，如图 C.3 所示：

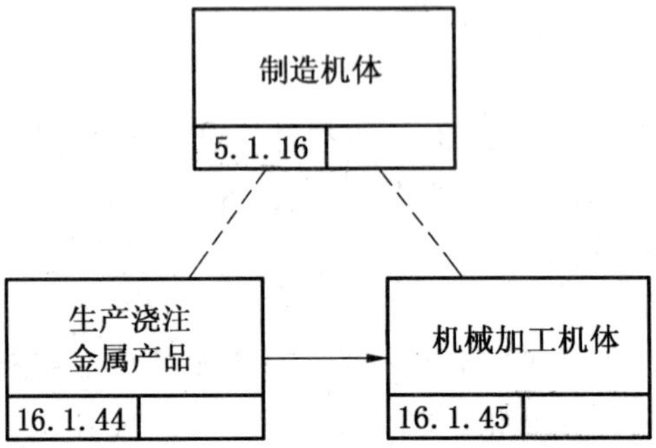

图 C.3　制造 350-机体的过程[10]

C.5.2.2 加工电汽配线

把350-电汽配线(图C.4)制造成350-发动机的配件。这包括电线和电缆部门实现的工作。图C.5展开了电汽配线产品的过程。钳工在电线和电缆生产线上装配350-电汽配线。每组需要10 min。

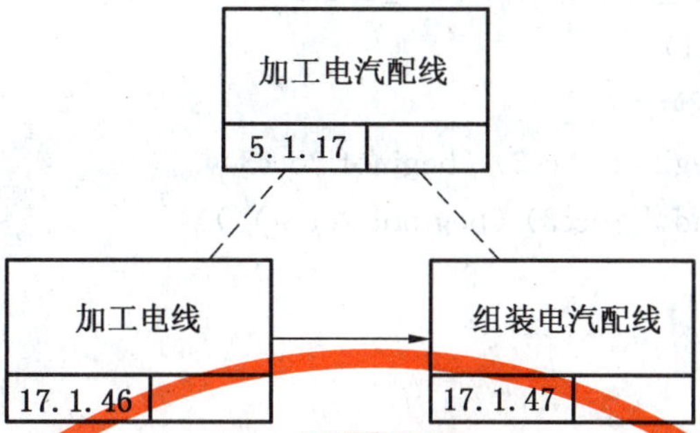

图 C.4 加工350-电汽配线的过程[10]

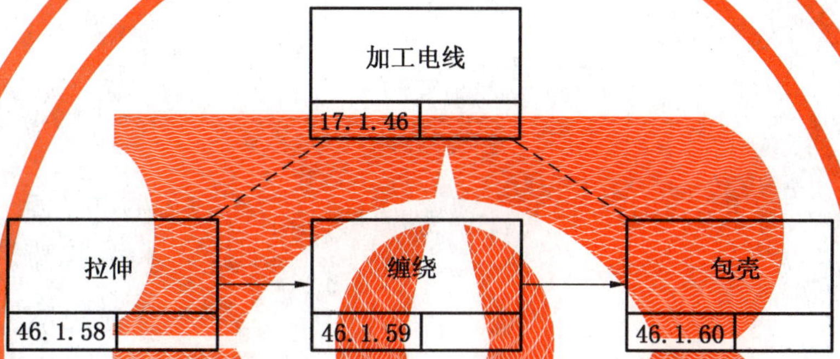

图 C.5 加工350-电线的过程[10]

C.5.2.3 加工电线

把350-电线组制造成350-发动机的配件。这包括电线和电缆部门完成的工作。图C.6展开了电线组产品的过程。钳工在电线和电缆生产线上装配350-电线组。每组需要5 min。

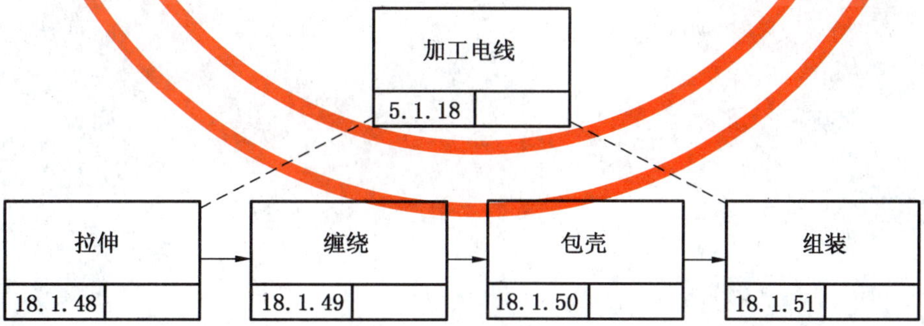

图 C.6 加工x50-电线的过程

某些活动和与信息相关过程的基于PSL核心表达是：

```
(forall (?occ1)
    (implies (occurrence_of ?occ assemble_engine)
    (exists (?occ2 ?occ3 ?occ4 ?x1 ?x2)
        (and (occurrence_of ?occ2 make_chassis)
            (occurrence_of ?occ3 machine_block)
```

```
(occurrence_of ?occ4 final_assembly)
(participates_in ?x1 make-chassis)
(participates_in ?x1 assemble_engine)
(participates_in ?x2 assemble_engine)
(chassis ?x1)
(engine ?x2)
(before (beginof ?occ2) (beginof ?occ3))
(before (endof ?occ3) (beginof ?occ4)))))
```

附 录 D
(资料性附录)
BNF 规定

以下拓展的 BNF 规定用于:

——竖线“|”表示排他性选择,举例来说:如果 C1 和 C2 是两个语法类别,“C1|C2”表示 C1 或者 C2 中有一个会发生,但不会同时发生。如果两元素间没有这样的竖线,表示它是串联关系。

——星号“*”一般出现在结构之后,表示存在有穷个(包括 0)结构的实例。

——加号“+”一般出现在结构的上标位置,表示存在一个或多个结构的实例。

——大括号“{”“}”用于分组,即,“{C1|C2}+”表示 C1 或 C2 一个或多个实例。

——被中括号包围的结构(如,“[C1|C2]”)表示该结构的实例是可选的。

——非终结符(表示表达式的类别)以“〈”开始,“〉”结束。

——例如:“〈b-var〉 ::= ?〈b-indcon〉”表示变量必须以问号开始。

——若有必要,用“〈space〉”表示字符“空格”。

参 考 文 献

[1] GB/T 16656.41 工业自动化系统与集成 产品数据表达与交换 第41部分:集成通用资源:产品描述与支持原理(idt,GB/T 16656.41—1999,ISO 10303-41:1994,IDT)

[2] GB/T 17645.1 工业自动化与系统集成 零件库 第1部分:综述与基本原理(GB/T 17645.1—2008,ISO 13584-1:2001,IDT)

[3] GB/T 18975.1 工业自动化系统与集成 流程工厂(包括石油和天然气生产设施)生命周期数据集成 第1部分:综述与基本原理(GB/T 18975.1—2003,ISO 15926-1:2001,MOD)

[4] GB/T 20719.1 工业自动化系统与集成 过程规范语言 第1部分:概述与基本原理(GB/T 20719.1—2006,ISO 18629-1:2004,IDT)

[5] Allen,J.,Hayes,P.,*Moments and points in an interval-based temporal logic*,*Technical Report* (*TR* 180),Departments of Computer Science and Philosophy,University of Rochester,1987

[6] Barwise J.,Etchemendy J.,*The language of first-order logic*,3_{rd} Edition,CSLI Lecture Notes N°34,1992

[7] Cann R.,*Formal semantics*,*an introduction*,Cambridge University Press,1994

[8] Genesereth,M.,Fikes,R.,*Knowledge Interchange Format* (*Version* 3.0) *-Reference Manual*,Computer Science Dept.,Stanford University,Stanford,CA.,1992

[9] *Knowledge Interchange Format*,*Part* 1:*KIF-Core*,ISO/JTC1/SC32/WG2,WD,1999

[10] *Federal Information Processing Standards Publication* 184,*Integration Definition for Information Modeling* (*IDEF*3),FIPS PUB 184,National Institute of Standards and Technology,December 1993. IDEF3. Available from the Internet:<http://www.idef.com>.

[11] -Mayer,R.J.,Menzel C.P.,Painter M.K.,de Witte P.S.,Blinn T.,Perakath B.,*Information integration for concurrent engineering* (*IICE*) *IDEF*3 *process description capture method report*,KBSI Inc,AL-TR-1995,1995

[12] -Stephen T. Polyak and Stuart Aitken,*Manufacturing Process Interoperability Scenario*,NISTMSID-

SIMA Project,AIAI-PR-68,1998

[13] Uschold,M. and Gruninger M.,*Ontologies*: *Principles*,*Methods*,*and Applications*,Knowledge Engineering Review,Vol. 11,pp. 96-137,1996

[14] -Van Benthem,J.,*The logic of time*,Dordrecht,Holland,D. Reidel Pub. Co.,1983

ICS 25.040.40
L 67

中华人民共和国国家标准

GB/T 20719.12—2010/ISO 18629-12:2005

工业自动化系统与集成 过程规范语言 第12部分:外核

Industrial automation systems and integration—Process specification language—Part 12:Outer core

(ISO 18629-12:2005,IDT)

2011-01-14 发布　　2011-06-01 实施

中华人民共和国国家质量监督检验检疫总局
中国国家标准化管理委员会　发布

前　言

GB/T 20719《工业自动化系统与集成　过程规范语言》目前拟分为如下部分：

——第 1 部分：概述与基本原理；
——第 11 部分：PSL 核心；
——第 12 部分：外核；
——第 13 部分：时序理论；
——第 14 部分：资源理论；
——第 15 部分：活动性能理论；
——第 21 部分：EXPRESS；
——第 22 部分：XML；
——第 23 部分：UML；
——第 41 部分：定义性扩展：活动扩展；
——第 42 部分：时间和状态；
——第 43 部分：定义性扩展：活动次序和持续时间扩展；
——第 44 部分：定义性扩展：资源扩展；
——第 45 部分：资源集的种类；
——第 46 部分：加工活动；
——第 47 部分：过程目的。

本部分为 GB/T 20719 的第 12 部分。

本部分等同采用 ISO 18629-12:2005《工业自动化系统与集成　过程规范语言　第 12 部分：外核》（英文版）。

本部分的技术内容和组成结构与 ISO 18629-12:2005 相一致，在编写格式上符合 GB/T 1.1—2000《标准化工作导则　第 1 部分：标准的结构和编写规则》。只是根据我国国家标准的制定要求和为方便使用，做了如下编辑性的改动：

——将“ISO 18629”改为“GB/T 20719”，把“ISO 18629-12”改成“GB/T 20719.12”或“GB/T 20719 本部分”。
——删除了 ISO 18629-12:2005 的前言，并按照我国国家标准编制要求重新起草了前言。
——将 ISO 18629-12:2005 第 2 章“规范性引用文件”中的引导语改为 GB/T 1.1—2000 中规定的引导语。
——ISO 18629-12:2005 标准中 index 的两个关键词“manufacturing facilities”和“satisfiable”在原标准中没有找到，所以在中文索引中删除这两个关键词。
——将本部分中出现的已转化为国家标准的国际标准编号改为国家标准编号，便于使用和查阅。未转化的国际标准保留。
——为了使读者便于理解本部分黑体词的含义，增加了附录 NA。
——删去了原文中不符合我国标准编写要求的字句。

本部分附录 A 为规范性附录；附录 B、附录 C、附录 NA 为资料性附录。

本部分由中国机械工业联合会提出。

本部分由全国自动化系统与集成标准化技术委员会（SAC/TC 159）归口。

本部分起草单位：北京机械工业自动化研究所、清华大学。

本部分主要起草人：刘颖、黄双喜。

引　言

GB/T 20719 是为了进行与制造过程相关的计算机可解释的信息交换所使用的国家标准。GB/T 20719 标准包含的所有部分结合在一起，为描述贯穿整个生产过程的制造活动提供了一类语言（该生产过程可能限于一个工业公司，也可能跨越几个工业部门或公司），并独立于任何特定的表示模型。语言的本质使得它适用于在生产过程的各个阶段共享与制造相关的过程信息。

GB/T 20719 的本部分提供了国际标准中定义的语言的核心元素的描述。

GB/T 20719 中的所有部分与制造管理领域软件应用中采用的任何特定过程的表述或模型无关。本标准的所有部分一同为改善这些应用软件的协同性提供了一个结构框架。

工业自动化系统与集成 过程规范语言 第12部分:外核

1 范围

GB/T 20719 的本部分通过使用 GB/T 20719 的一组公理和定义提供了属于 PSL 语言外核的概念表述。这些公理为 GB/T 20719 外核中的术语提供了语义的公理化。

GB/T 20719 本部分的范围包括:

——活动和子活动的集合;

——离散活动和状态;

——活动发生的约束;

——基本活动的并发;

——复杂活动;

——复杂活动的发生。

2 规范性引用文件

下列文件中的条款通过 GB/T 20719 的本部分的引用而成为本部分的条款。凡是注日期的引用文件,其随后所有的修改单(不包括勘误的内容)或修订版均不适用于本部分,然而,鼓励根据本部分达成协议的各方研究是否可使用这些文件的最新版本。凡是不注日期的引用文件,其最新版本适用于本部分。

GB/T 16262.1 信息技术 抽象语法记法一(ASN.1) 第1部分:基本记法规范(GB/T 16262.1—2006,ISO/IEC 8824-1:2002,IDT)

GB/T 16656.1 工业自动化系统与集成 产品数据表达与交换 第1部分:概述与基本原理(GB/T 16656.1—2008,ISO 10303-1:1994,MOD)

GB/T 19114.1 工业自动化系统与集成 工业制造管理数据 第1部分:综述(GB/T 19114.1—2003,ISO 15531-1:2002,IDT)

GB/T 20719.1 工业自动化系统与集成 过程规范语言 第1部分:概述与基本原理(GB/T 20719.1—2006,ISO 18629-1:2004,IDT)

GB/T 20719.11 工业自动化系统与集成 过程规范语言 第11部分:PSL 核心(GB/T 20719.11—2010,ISO 18629-11:2005,IDT)

3 术语、定义及缩略语

3.1 术语和定义

下列术语和定义适用于 GB/T 20719 的本部分。

3.1.1

公理 axiom

形式语言中的合式公式,用以对一门语言的词汇中的符号解释加以约束。

[GB/T 20719.1]

3.1.2

保守定义 conservative definition

指明充要条件的定义,充要条件是指术语应该满足并且不允许从该理论作出新的推论的条件。

[GB/T 20719.1]

3.1.3

核心理论　core theory

表示基本概念的关系符号和函数符号的公理集。

[GB/T 20719.1 的修改]

3.1.4

数据　data

定义适合于人或计算机通信、解释或处理的形式化方法的信息表示。

[GB/T 16656.1]

3.1.5

定义的词汇　defined lexicon

非逻辑词汇的一系列符号，表示所定义概念。

注：定义的词汇分为常量、函数和关系符号。

示例：具有保守定义的术语。

[GB/T 20719.1]

3.1.6

定义性扩展　definitional extension

指 PSL 核心的扩展，它引入了完全由 PSL 核心定义的新的语言术语。

注：定义性扩展为 PSL 核心增加了新的表达能力，但它常常定义领域应用中的语义及术语。

[GB/T 20719.1]

3.1.7

扩展　extension

包含附加公理的 PSL 核心的扩充。

注 1：PSL 核心是一组相对简单的公理，足以表达较广范围内的基本过程。然而，更复杂的过程所需的表达性资源超出了 PSL 核心的范围。相对于将每一个可能的概念(其对于描述一个或另一个过程可能有用)杂乱地添加到 PSL 核心中去，更好的方式是开发各种独立的、模块化的扩展，并把它们添加进 PSL 核心。采用这种方式，用户可以根据自己的表达需求精确地裁剪语言。

注 2：所有的扩展均为核心理论或定义性扩展。

[GB/T 20719.1]

3.1.8

语法　grammar

说明如何将逻辑符号和词汇术语组合为合式公式的规范。

[GB/T 20719.1]

3.1.9

幂等　idempotent

一个集合中的元素(a)在内部二元运算下(OP)具有：$a\ OP\ a = a$。

注：对于函数，当定义域中的每个元素都是幂等的，则函数是幂等的。

示例：集合理论交集和并集是幂等的，因为 $S \cap S = S$ 以及 $S \cup S = S$。

3.1.10

信息　information

事实、概念或指令。

[GB/T 16656.1]

3.1.11

解释　interpretation

一个理论中所有命题的论域和真值(真或假)指派。

注：请见附录 C 中解释的示例。

3.1.12

语言 language

词汇和语法的结合。

[GB/T 20719.1]

3.1.13

词汇 lexicon

符号和术语的集合。

注：词汇包括逻辑符号(例如布尔连接和量词)与非逻辑符号。对于 GB/T 20719 来说，词汇的非逻辑部分包括用于表达本体的基本概念的词语(常量，函数符号与关系符号)。

[GB/T 20719.1]

3.1.14

制造 manufacturing

将原材料或半成品转换成成品的功能或行为。

[GB/T 19114.1]

3.1.15

制造过程 manufacturing process

一套结构化的行为或操作，它完成了将原材料或半成品向成品的转化。

注：制造过程可被安排在程序规划、产品规划、单元规划或装配位置规划里。根据战略性应用和物资的分配，制造过程可被用于支持按库存生产、按订单生产、按订单装配。

[GB/T 19114.1]

3.1.16

模型 model

满足一种理论中所有合式公式的一组元素和事实任务的合成。

注 1："模型"这个词在逻辑中的用法不同于它在大多数科学及日常读物中的用法。如果一个命题在某种解释中为真，那么就可以说这种解释是该命题的模型。这里所说的语义常被称作模型理论语义。

注 2：模型一般表示为包含附加结构的集合(偏序，点阵，或向量空间)。模型定义了术语的含义以及本模型中所采用语言的命题的真值概念。给定一个模型，在公理集中使用的数学结构基本公理集就通过语言及它们的逻辑关系成为概念论证的基础，因此模型的集合构成了本体的形式语义。

[GB/T 20719.1]

3.1.17

本体 ontology

按照词汇中术语的含义的某些规范而定的专门术语的词汇。

注 1：与形式语言中术语含义的规范一同给出的相关术语的结构化集合。术语含义的规范说明了术语为什么相关、如何相关，以及集合划分和构造的条件。

注 2：PSL(比如 GB/T 20719)的主要部分就是一个本体。基本概念就是本体论。通过 GB/T 20719 可以描述基本制造工程及业务过程。

注 3：本体的核心不只是术语，也包括它们的含义。术语的任意集合包含在本体中，但只有在含义一致时这些术语才能被共享。共享的是术语的指定语义，而不是简单的术语共享。

注 4：没有显式定义的任何术语都可能成为含糊及混乱的来源。本体论的难点是：需要建立一个框架以使框架中术语的含义清晰明确。对于 GB/T 20719 这个本体，有必要提供一个过程信息的严格的数学特性描述以及 GB/T 20719语言中信息的基本逻辑特性的精确表达。

[GB/T 20719.1]

3.1.18

外核 outer core

作为 PSL 核心扩展的核心理论的集合，在适用性中它具有很高的普遍性，因此专门预留出来。

注:事实上,扩展包含了外核的公理。

[GB/T 20719.1]

3.1.19

基本概念 primitive concept

没有保守定义的词汇术语。

[GB/T 20719.1]

3.1.20

基本词汇 primitive lexicon

表示基本概念的非逻辑词汇的符号集合。

注:基本词汇分为常量、函数符号和关系符号。

[GB/T 20719.1]

3.1.21

过程 process

涉及各种企业实体的一套结构化的活动,是为特定的目的设计和组织的。

注:这里所提供的定义和GB/T 16656.49非常接近。然而GB/T 19114需要一套结构化行为的观念,对于时间和步骤没有任何预先确定,另外,从流程管理的观点来看,为同一目的需要一些空过程,尽管实际上它们不起任何作用。

[GB/T 19114.1]

3.1.22

产品 product

由天然或人造而成的事物。

[GB/T 16656.1]

3.1.23

证明论 proof theory

解释某语言的语义所必需的理论与词汇元素的集合。

注:它包含三部分:PSL核心,外核及扩展。

[GB/T 20719.1]

3.1.24

PSL核心 PSL-core

对于活动、活动发生、时间点、对象这些概念的公理的集合。

注:PSL核心的动机是:任何两个过程相关的应用软件都需要共享这些公理,以交换过程信息,因此PSL核心足可用于描述制造过程的基本概念。这样,基本过程的特性描述就几乎无需那些超出描述这些过程所需的本质的假设了,因此PSL核心在逻辑表述方面比较薄弱。尤其是,PSL核心并不够强大,它不能提供很多辅助概念的定义,而这些辅助概念是描述关于制造过程的所有感知事物所必需的。

[GB/T 20719.1]

3.1.25

半格 semilattice

在偏序中,每两个元素都具有一个唯一的最小上界。

3.1.26

理论 theory

属于给定概念和概念集的公理和定义的集合。

注:这个定义反映了人工智能的方法,在此方法中理论是基于相关概念的含义的假设的集合。

[GB/T 20719.1]

3.1.27

讨论域 universe of discourse

属于一个真实世界领域的具体或抽象的事务的集合，根据其在模块化的系统和相应环境上的重要性进行选择。

[GB/T 19114.1]

3.2 缩略语

下列缩略语适用于GB/T 20719的本部分。

FOL 一阶逻辑 First-Order Logic；

BNF 巴克斯范式 Backus-Naur Form；

KIF 知识交换格式 Knowledge Interchange Format；

PSL 过程规范语言 Process Specification Language。

4 GB/T 20719概述

GB/T 20719详细描述了一种用于表示过程信息的语言，即过程规范语言。它由用于过程描述的词汇、本体和语法组成。

注1：PSL是一种以数学定义良好的词表和语法为基础，用于详细描述制造过程的语言。这样，它不同于GB/T 16656、GB/T 17645、GB/T 19114和GB/T 18975标准中使用的其他语言。就两个过程的信息交换而言，PSL确定了与其行为无关的每一个过程。例如，一个过程中被视为资源的对象可能与另一个过程中被视为产品的对象被识别为同一个对象。

注2：PSL是以数学集合核心理论和情景演算(见附录B)为基础的。这样，它采用的描述方法与使用GB/T 16656标准中定义的现存语言的方法显著不同。与其说PSL中这些概念的含义遵循定义术语的形式集合，不如说它们遵循公理与支持定义的集合。GB/T 20719给出了相应的注释及举例，以辅助对该语言的基本词汇的理解。

GB/T 20719部分1x系列详细说明了得到GB/T 20719的基本概念的精确定义和公理所需的核心理论，这些核心理论可以实现不同模式之间的精确语义翻译。

以下各项属于GB/T 20719.1x的范畴：

——语言的基本要素的表示法；

——提供与足以描述基本过程所需的直觉语义基本概念相符的标准化公理集；

——发展遵循PSL核心的其他核心理论或扩展的规则集合。

以下不属于GB/T 20719.1x的范畴：

——涉及非核心理论概念的信息表示法。

5 GB/T 20719本部分的组织

本条目详细说明了组成GB/T 20719中本部分的基本理论。

5.1 外核的扩展

构成GB/T 20719本部分的核心理论有：

——子活动核心理论(subactivity.th)；

——发生树核心理论(occtree.th)；

——离散状态核心理论(disc_state.th)；

——原子活动核心理论(atomic.th)；

——复杂活动核心理论(complex.th)；

——活动发生核心理论(act_occ.th)。

图1显示了外核中这些理论间的关系，图中的箭头表示这些理论间的从属关系。外核的所有理论都是PSL核心的扩展。原子活动核心理论是子活动理论和发生树理论两个理论的扩展，而离散状态核

心理论只是发生树核心理论的扩展。活动发生核心理论是复杂活动核心理论的扩展，反之，复杂活动核心理论又是原子活动核心理论的扩展。

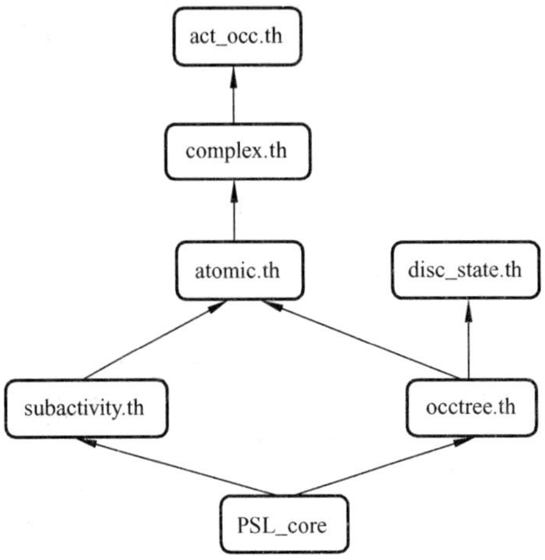

图 1　SL 外核公理集合间的关系

6　子活动核心理论

子活动核心理论提供了流程组成的概念的公理。子活动发生次序理论的唯一强制约束是：子活动关系要与一个离散偏序同构。其他核心理论对其具有附加的强制约束。

6.1　子活动核心理论的基本关系

子活动核心理论的非逻辑词汇包含一个基本关系符号：

——subactivity。

6.2　子活动核心理论的定义关系

子活动核心理论的非逻辑词汇包含一个定义关系符号：

——primitive。

6.3　与其他公理集的关系

子活动核心理论需要 GB/T 20719.11(PSL 核心)中所详细说明的 psl_core.th。

子活动核心理论不需要定义性扩展。

6.4　子活动核心理论的非正式语义

6.4.1　subactivity

用于 subactivity 的 KIF 符号是：

(subactivity ?a1 ?a2)

用于 subactivity 的非正式语义是：

当且仅当活动?a1 是活动?a2 的子活动时，(subactivity ?a1 ?a2) 在子活动核心理论的解释中为真。

子活动关系在活动的集合上形成一个离散偏序。

6.4.2　primitive

用于 primitive 的 KIF 符号是：

(primitive ?a)

用于 primitive 的非正式语义是：

当且仅当活动?a 除它本身之外没有任何子活动时，(primitive ?a) 在子活动核心理论的解释中为真。

6.5　子活动核心理论中的定义

当且仅当一个活动除它本身之外没有任何子活动时，该活动为基本。

6.5.1 定义 1

```
(forall (?a) (iff (primitive ?a)
    (forall (?a1)
        (implies    (subactivity ?a1 ?a)
        (= ?a1 ?a))))))
```

6.6 子活动核心理论的公理

6.6.1 公理 1

子活动是活动上的一个关系。

```
(forall (?a1 ?a2)
    (implies    (subactivity ?a1 ?a2)
                (and    (activity ?a1)
                        (activity ?a2))))
```

6.6.2 公理 2

子活动是自反的。

```
(forall (?a)
    (implies (activity ?a)
             (subactivity ?a ?a)))
```

6.6.3 公理 3

子活动是反对称的。

```
(forall (?a1 ?a2)
    (implies    (and    (subactivity ?a1 ?a2)
                        (subactivity ?a2 ?a1))
                (= ?a1 ?a2)))
```

6.6.4 公理 4

子活动是传递的。

```
(forall (?a1 ?a2 ?a3)
    (implies        (and (subactivity ?a1 ?a2)
                         (subactivity ?a2 ?a3))
                         (subactivity ?a1 ?a3)))
```

6.6.5 公理 5

子活动关系是一个离散排序,故在排序中每一个活动都有一个向下的后继。

```
(forall (?a1 ?a2)
    (implies        (subactivity ?a1 ?a2)
                    (exists (?a3)
                    (and (subactivity ?a1 ?a3)
                              (subactivity ?a3 ?a2)
                              (forall (?a4)
                              (implies    (and  (subactivity ?a1 ?a4)
                                                (subactivity ?a4 ?a3)
                                          (or   (= ?a4 ?a1)
                                                (= ?a4 ?a3))))))))
```

6.6.6 公理 6

子活动关系是一个离散排序,故在排序中每一个活动都有一个向上的后继。

```
(forall (?a1 ?a2)
    (implies        (subactivity ?a1 ?a2)
                    (exists (?a3)
                    (and  (subactivity ?a1 ?a3)
                                (subactivity ?a3 ?a2)
                                      (forall (?a4)
                 (implies          (and  (subactivity ?a3 ?a4)
                                         (subactivity ?a4 ?a2)
                                   (or   ( = ?a4 ?a2)
                                         ( = ?a4 ?a3))))))))
```

7 发生树核心理论

发生树是活动发生的所有离散序列的集合。发生树与情景演算中情景树的子结构是同构的(见附录C),其主要区别是:每个发生树具有一个唯一的初始活动发生,而不是唯一的初始情景。就像在情景演算中,引入了poss关系来实现对发生树中活动发生的约束的说明。因为发生树包含有域的建模者认为不可能发生的序列,所以poss关系就修剪掉了发生树上与这些不可能的活动发生相对应的分枝。

需要注意的是,发生树并不是一个表达一个活动的子活动发生的结构。发生树并不表示一个活动的特定发生,它表示的是域中所有活动的全部发生。

7.1 基本关系

发生树的非逻辑词汇包含三个基本关系符号:

——earlier;

——initial;

——legal。

7.2 基本函数

发生树的非逻辑词汇包含一个基本函数符号:

——successor。

7.3 与其他公理集的关系

发生树核心理论需要GB/T 20719.11(PSL核心)中所详细说明的psl_core.th。

发生树核心理论不需要定义性扩展。

7.4 发生树核心理论的非正式语义

7.4.1 earlier

用于earlier的KIF符号是:

(earlier ?occ1 ?occ2)

用于earlier的非正式语义是:

当且仅当两个活动发生?occ1和?occ2位于树的同一个分枝上,并且?occ1比?occ2更接近树的根时,(earlier ?occ1 ?occ2)在发生树核心理论的解释中为真。

在发生树的解释中,活动发生的所有序列的集合形成一棵树;earlier(早于)关系详细说明了树中活动发生上的偏序。

7.4.2 initial

用于initial的KIF符号是:

(initial ?occ)

用于initial的非正式语义是:

当且仅当活动发生?occ是发生树的根时,(initial ?occ)在发生树核心理论的解释中为真。

7.4.3 legal

用于 legal 的 KIF 符号是：

(legal ?occ)

用于 poss 的非正式语义是：

当且仅当活动发生?occ 是合法发生树的元素时，(legal ?occ) 在发生树核心理论的解释中为真。

7.4.4 poss

用于 poss 的 KIF 符号是：

(poss ?occ1 ?occ2)

用于 poss 的非正式语义是：

当且仅当活动?a 具有一个合法发生，并且该合法发生是发生树中活动发生?occ 的后继时，(poss ?a ?occ2)在发生树核心理论的解释中为真。

7.4.5 precedes

用于 precedes 的 KIF 符号是：

(precedes ?occ1 ?occ2)

用于 precedes 的非正式语义是：

当且仅当在发生树中，活动发生?occ1 早于活动发生?occ2，并且这两个活动发生之间的所有活动发生都对应于可能的活动时，(precedes ?occ1 ?occ2)在发生树核心理论的解释中为真。该关系详细说明了发生树的子树，其中每个活动发生都是可能的活动的发生。

7.4.6 successor

用于 successor 的 KIF 符号是：

(successor ?a ?occ)

用于 successor 的非正式语义是：

当且仅当?occ2 表示紧接在发生树中活动发生?occ 之后的?a 的发生时，(= (successor ?a ?occ) ?occ2)在发生树核心理论的解释中为真。

7.5 发生树核心理论的公理

以下为发生树核心理论中的公理集。

7.5.1 公理 1

earlier(早于)关系受活动发生的约束。

```
(forall (?occ1 ?occ2)
    (implies             (earlier ?occ1 ?occ2)
                         (and  (activity_occurrence ?occ1)
                               (activity_occurrence ?occ2))))
```

7.5.2 公理 2

发生上的 earlier(早于)关系是反自反的。

```
(forall  (?occ1 ?occ2)
    (implies             (earlier ?occ1 ?occ2)
                         (not  (earlier ?occ2 ?occ1))))
```

7.5.3 公理 3

发生上的 earlier(早于)关系是传递的。

```
(forall (?occ1 ?occ2 ?occ3)
    (implies             (and  (earlier ?occ1 ?occ2)
                               (earlier ?occ2 ?occ3))
                         (earlier ?occ1 ?occ3)))
```

7.5.4 公理 4

发生树中的一个分枝是活动发生的一个全序集。

```
(forall (?occ1 ?occ2 ?occ3)
    (implies  (and    (earlier ?occ1 ?occ2)
                      (earlier ?occ3 ?occ2)
              (or     (earlier ?occ1 ?occ3)
                      (earlier ?occ3 ?occ1)
                      ( = ?occ3 ?occ1))))
```

7.5.5 公理 5

没有早于初始发生的发生。

```
(forall  (?occ1 ?occ2)
    (implies  (initial ?occ1)
              (not (exists (?occ2)
                  (earlier ?occ2 ?occ1)))))
```

7.5.6 公理 6

发生树的每个分枝都有一个初始发生。

```
(forall (?occ1 ?occ2)
    (implies          (earlier ?occ1 ?occ2)
                      (exists (?occp)
                              (and   (initial ?occp)
                              (or    (earlier ?occp ?occ1)
                                     ( = ?occp ?occ1))))))
```

7.5.7 公理 7

每个活动都有一个初始发生。

```
(forall (?a)
    (implies  (activity ?a)
          (exists (?s)
           (and  (occurrence_of ?s ?a)
                 (initial ?s)))))
```

7.5.8 公理 8

在发生树中,同一活动没有两个初始活动发生。

```
(forall (?occ1 ?occ2 ?a)
    (implies  (and             (initial ?occ1)
                               (initial ?occ2)
                               (occurrence_of ?occ1 ?a)
                               (occurrence_of ?occ2 ?a))
              ( = ?occ1 ?occ2)))
```

7.5.9 公理 9

一个活动发生的后继是该活动的一个发生。

```
(forall (?a ?occ)
    (implies         (and   (activity_occurrence ?occ)
                            (activity ?a))
                     (occurrence_of (successor ?a ?occ) ?a))))
```

7.5.10 公理 10

每一个非初始发生都是另一个发生的后继。

```
(forall ( ?occ)
    (implies          (not (initial ?occ))
                      (exists ( ?a ?occp)
                              ( = ?occ (successor ?a ?occp)))))
```

7.5.11 公理 11

当且仅当发生 ?occ2 晚于 ?occ1 时,发生 ?occ1 先于?occ2 的后继发生。

```
(forall (?a ?occ1 ?occ2)
    (iff      (earlier ?occ1 (successor ?a ?occ2))
              (or  (earlier ?occ1 ?occ2)
                   ( = ?occ1 ?occ2)))))
```

7.5.12 公理 12

活动发生受 legal(合法)关系的约束。

```
(forall ( ?occ)
    (implies         (legal ?occ)
                     (activity_occurrence ?occ)))
```

7.5.13 公理 13

如果一个活动发生是合法的,那么在发生树中所有早于它的活动发生也是合法的。

```
(forall ( ?occ1 ?occ2)
    (implies  (and    (legal ?occ1)
                      (earlier ?occ2 ?occ1))
            (legal ?occ2)))
```

7.5.14 公理 14

一个活动发生的结束在其后继的起始之前。

```
(forall ( ?occ1 ?occ2)
    (implies     (earlier ?occ1 ?occ2)
                 (before (endof ?occ1) (beginof ?occ2))))
```

7.5.15 定义 1

poss 关系介于活动和活动发生之间。

```
(forall ( ?a ?occ) (iff (poss ?a ?occ)
(legal (successor ?a ?occ))))
```

7.5.16 定义 2

当且仅当在排序关系中活动发生?occ1 早于另一个活动发生?occ2,并且它们之间的每一个活动发生都是可能的,这时活动发生?occ1 先于?occ2。

```
(forall (?occ1 ?occ2) (iff (precedes ?occ1 ?occ2)
        (and    (earlier ?occ1 ?occ2)
                (legal ?occ2))))
```

8 离散状态核心理论

离散状态核心理论引入了状态流(fluent)的概念。流仅通过活动的发生而改变,但流不在基本活动的发生过程中改变。此外,活动具有前提条件(一个发生之前必须保持的流)和效果(一个发生之后常要保持的流)。

8.1 离散状态核心理论中的基本范畴

离散状态核心理论的非逻辑词汇包含一个基本范畴：

——state。

8.2 离散状态核心理论中的基本关系

离散状态核心理论的非逻辑词汇包含两个基本关系符号：

——holds；

——prior。

8.3 与其他公理集的关系

本核心理论需要：

——GB/T 20719.11(PSL 核心)中所详细说明的 psl_core.th；

——occtree.th(发生树核心理论)。

离散状态核心理论不需要定义性扩展。

8.4 离散状态核心理论的非正式语义

8.4.1 state

用于 state 的 KIF 符号是：

(state ?f)

用于 state 的非正式语义是：

当且仅当?f 为解释的论域中的状态集合的一个成员时，(state ?f) 在离散状态核心理论的解释中为真。状态是对象的子范畴。

注：对象在 GB/T 20719.11 中已被定义。

状态直观地表示域中由于活动的发生而变化的性质和关系。

8.4.2 holds

用于 holds 的 KIF 符号是：

(holds ?f ?occ)

用于 holds 的非正式语义是：

当且仅当在活动发生?occ 之后状态 ?f 为真时，(holds ?f ?occ) 在离散状态核心理论的解释中为真。

8.4.3 prior

用于 prior 的 KIF 符号是：

(prior ?f ?occ)

用于 prior 的非正式语义是：

当且仅当在活动发生 ?occ 之前状态 ?f 为真时，(prior ?f ?occ) 在离散状态核心理论的解释中为真。

8.5 离散状态核心理论的公理

以下为离散状态核心理论中的公理集。

8.5.1 公理 1

状态是对象。

```
(forall ( ?f)
        (implies        (state ?f)
                        (object ?f)))
```

8.5.2 公理 2

Holds 关系仅介于状态和活动发生之间。直观上，它表示活动发生?o 之后的状态为真。

```
(forall ( ?f ?occ)
```

```
    (implies   (holds ?f ?occ)
               (and (state ?f)
               (activity_occurrence ?occ))))
```

8.5.3 **公理 3**

prior 关系仅介于状态和活动发生之间。直观上，它表示活动发生?o 之前的状态为真。

```
(forall (?f ?occ)
    (implies   (prior ?f ?occ)
         (and           (state ?f)
                        (activity_occurrence ?occ))))
```

8.5.4 **公理 4**

对于所有的初始发生，在其之前所保持的状态是相同的。

```
(forall (?occ1 ?occ2 ?f)
    (implies          (and     (initial ?occ1)
                               (initial ?occ2))
                      (iff     (prior ?f ?occ1)
                               (prior ?f ?occ2))))
```

8.5.5 **公理 5**

当且仅当在一个状态在一个发生的后继发生之前一直保持着时，该状态在该发生之后一直保持着。

```
(forall (?a ?occ)
    (iff   (holds ?f ?occ)
           (prior ?f (successor ?a ?occ))))
```

8.5.6 **公理 6**

如果一个流在某个活动发生后保持着，那么在保持该流的分枝中存在一个最早的活动发生。

```
(forall    (?f ?occ1)
    (implies     (holds ?f ?occ1)
                 (exists (?occ2)
                      (and          (precedes ?occ2 ?occ1)
                 (holds ?f ?occ2)
                 (or      (initial ?occ2)
                          (not (prior ?f ?occ2)))
                 (forall (?occ3)
                      (implies          (and     (precedes ?occ2 ?occ3)
                                                 (precedes ?occ3 ?occ1))
                                        (holds ?f ?occ3)))))))
```

8.5.7 **公理 7**

如果流并不在某个活动发生后保持着，那么在不保持该流的分枝中存在一个最早的活动发生。

```
(forall (?f ?occ1)
    (implies   (not (holds ?f ?occ1))
               (exists (?occ2)
                       (and   (precedes ?occ2 ?occ1)
                              (not (holds ?f ?occ2))
                              (or   (initial ?occ2)
                                    (prior ?f ?occ2))
```

```
(not (exists (?occ3)
     (and (precedes ?occ2 ?occ3)
          (precedes ?occ3 ?occ1))
          (holds ?f ?occ3))))))))
```

9 原子活动核心理论

原子活动核心理论为有关基本活动的并发集合的直觉知识提供公理。这些并发集合是通过并发活动的发生来表示,而不是通过并发的活动发生来表示。

9.1 原子活动核心理论中的基本关系

原子活动核心理论的非逻辑词汇包含一个基本关系符号:

——atomic。

9.2 原子活动核心理论中的基本函数

原子活动核心理论的非逻辑词汇包含一个基本函数符号:

——conc。

9.3 与其他公理集的关系

原子活动核心理论所需的核心理论有:

——GB/T 20719.11(PSL 核心)中所详细说明的 psl_core.th;

——occtree.th(发生树核心理论);

——subactivity.th(子活动核心理论)。

原子活动核心理论不需要定义性扩展。

9.4 原子活动核心理论的非正式语义

9.4.1 atomic

用于 atomic 的 KIF 符号是:

(atomic ?a)

用于 atomic 的非正式语义是:

当且仅当 ?a 是基本或 ?a 是一组基本活动的并发叠加时,(atomic ?a) 在原子活动核心理论的解释中为真。

9.4.2 conc

用于 conc 的 KIF 符号是:

(conc ?a1 ?a2)

用于 conc 的非正式语义是:

当且仅当 ?a3 是原子活动,并且其是两个原子活动 ?a1 和 ?a2 的并发叠加时,(=?a3 (conc ?a1 ?a2)) 在原子活动核心理论的解释中为真。

9.5 原子活动核心理论中的定义

本核心理论没有引入定义。

9.6 原子活动核心理论的公理

以下为原子活动核心理论中的公理集。

9.6.1 公理 1

基本活动是原子的。

```
(forall (?a)
    (implies    (primitive ?a)
                (atomic ?a)))
```

9.6.2 公理 2

conc 函数是幂等的。

```
(forall (?a)
    ( = ?a (conc ?a ?a)))
```

9.6.3 公理 3

conc 函数是可交换的。

```
(forall (?a1 ?a2)
( = (conc ?a1 ?a2) (conc ?a2 ?a1)))
```

9.6.4 公理 4

conc 函数是可结合的。

```
(forall (?a1 ?a2 ?a3)
    ( = (conc ?a1 (conc ?a2 ?a3)) (conc (conc ?a1 ?a2) ?a3)))
```

9.6.5 公理 5

原子活动的并发集合是一个原子活动。

```
(forall (?a1 ?a2)
    (iff      (atomic (conc ?a1 ?a2))
              (and  (atomic ?a1)
                    (atomic ?a2))))
```

9.6.6 公理 6

当且仅当?a2 对于?a1 是幂等的，这时原子活动?a1 是原子活动?a2 的子活动。

```
(forall (?a1 ?a2)
    (implies    (and    (atomic ?a1)
                        (atomic ?a2))
                (iff    (subactivity ?a1 ?a2)
                        ( = ?a2 (conc ?a1 ?a2)))))
```

9.6.7 公理 7

对于一个原子活动，当且仅当存在另一个能够被并发聚集的原子活动时，该原子活动具有子活动。

```
(forall (?a1 ?a2)
    (implies        (atomic ?a2)
                    (iff    (subactivity ?a1 ?a2)
                            (exists (?a3)
                                    ( = ?a2 (conc ?a1 ?a3))))))
```

9.6.8 公理 8

原子活动的半格是可分配的。

```
(forall (?a ?b0 ?b1)
    (implies        (and    (subactivity ?a (conc ?b0 ?b1))
                            (not (primitive ?a)))
                    (exists  (?a0 ?a1)
                             (and    (subactivity ?a0 ?a)
                                     (subactivity ?a1 ?a)
                                     ( = ?a (conc ?a0 ?a1))))))
```

9.6.9 公理 9

只有原子活动发生可以成为合法发生树的元素。

```
(forall (?a ?occ)
    (implies      (and    (occurrence_of ?occ ?a)
                          (legal ?occ))
                  (atomic ?a)))
```

10 复杂活动核心理论

本核心理论提供了表达和论证复杂活动以及活动的发生及其子活动的发生之间的关系的基础。在复杂活动核心理论的模型中，复杂活动的发生与发生树的子树相对应。一个活动可能包含从未发生的子活动；唯一的约束是：任何子活动发生都必须与表征活动的发生的活动树的子树相对应。不是子活动的每个发生都是子活动发生。一个活动的发生过程中可能有其他外部活动发生。不同的子活动可以在活动树的不同分枝上发生，因此一个活动的不同发生可能具有不同的子活动发生。

10.1 复杂活动核心理论中的基本关系

复杂活动核心理论的非逻辑词汇包含两个基本关系符号：

——min_precedes；

——root。

10.2 复杂活动核心理论中的定义关系

复杂活动核心理论的非逻辑词汇包含五个定义关系符号：

——subtree；

——do；

——leaf；

——next_subocc；

——sibling。

10.3 与其他公理集的关系

复杂活动核心理论需要的核心理论有：

——GB/T 20719.11(PSL 核心)中详细说明的 psl_core.th；

——occtree.th(发生树核心理论)；

——subactivity.th(子活动核心理论)；

——atomic.th(原子活动核心理论)。

复杂活动核心理论不需要定义性扩展。

10.4 复杂活动核心理论的非正式语义

10.4.1 min_precedes

用于 min_precedes 的 KIF 符号是：

(min_precedes ?occ1 ?occ2 ?a)

用于 min_precedes 的非正式语义是：

当且仅当?occ1 和 ?occ2 是?a 的活动树中的子活动发生，并且在子树中 ?occ1 先于 ?occ2 时，(min_precedes ?occ1 ?occ2 ?a) 在复杂活动核心理论的解释中为真。活动?a 的任何发生都对应于一棵活动树(该活动树是发生树的子树)。该子树中的活动发生是?a 的发生的子活动发生。

10.4.2 root

用于 root 的 KIF 符号是：

(root ?occ ?a)

用于 root 的非正式语义是：

当且仅当活动发生?occ 是 ?a 的活动树的根时，(root ?occ ?a) 在复杂活动核心理论的解释中为真。

10.4.3 **subtree**

用于 subtree 的 KIF 符号是：

(subtree ?occ ?a1 ?a2)

用于 subtree 的非正式语义是：

当且仅当以 ?occ 为根的 ?a1 的活动树中的每个原子子活动发生都是 ?a2 的活动树的元素时，(subtree ?occ ?a1 ?a2) 在复杂活动核心理论的解释中为真。

10.4.4 **leaf**

用于 leaf 的 KIF 符号是：

(leaf ?occ ?a)

用于 leaf 的非正式语义是：

当且仅当活动发生 ?occ 是 ?a 的活动树的叶时，(leaf ?occ ?a) 在复杂活动核心理论的解释中为真。

10.4.5 **do**

用于 do 的 KIF 符号是：

(do ?a ?occ1 ?occ2)

用于 do 的非正式语义是：

当且仅当 ?occ1 是活动树的根，?occ2 是同一活动树的叶，并且这两个活动发生都是该活动树的同一分枝上的元素时，(do ?a ?occ1 ?occ2) 在复杂活动核心理论的解释中为真。

10.4.6 **next_subocc**

用于 next_subocc 的 KIF 符号是：

(next_subocc ?occ1 ?occ2 ?a)

用于 next_subocc 的非正式语义是：

当且仅当在树中 ?occ1 先于 ?occ2，并且在树中 ?occ1 和 ?occ2 之间不存在子活动发生时，(next_subocc ?occ1 ?occ2 ?a) 在复杂活动核心理论的解释中为真。

10.4.7 **sibling**

用于 sibling 的 KIF 符号是：

(sibling ?occ1 ?occ2 ?a)

用于 sibling 的非正式语义是：

(sibling ?occ1 ?occ2 ?a) 在复杂活动核心理论的解释中为真。

10.5 **复杂活动核心理论中的定义**

复杂活动核心理论引入的定义有：

10.5.1 **定义 1**

当且仅当 ?a1 的活动树中的每个原子子活动发生都是 ?a2 的活动树的元素时，以发生 ?occ1 为根的 ?a1 的活动树是 ?a2 的活动树的子树。

```
(forall (?occ1 ?a1 ?a) (iff (subtree ?occ1 ?a1 ?a2)
(and    (root ?occ1 ?a1)
        (exists (?occ2)
                (and (root ?occ2 ?a2)
                     (min_precedes ?occ1 ?occ2 ?a1)))
        (exists (?occ3)
                (and (min_precedes ?occ1 ?occ3 ?a1)
                (not (min_precedes ?occ2 ?occ3 ?a2)))))))
```

10.5.2 定义 2

对于一个发生，当且仅当存在先于它的原子子活动发生，但不存在晚于它的原子子活动发生时，这个发生是活动树的叶。

```
(forall (?occ ?a) (iff (leaf ?occ ?a)
(exists (?occ1)
    (and        (min_precedes ?occ1 ?occ ?a)
                (not (exists (?occ2)
                        (min_precedes ?occ ?occ2 ?a))))))
```

10.5.3 定义 3

do 关系详细说明了一个活动的初始及最终的原子子活动发生。

```
(forall  (?a ?occ1 ?occ2) (iff (do ?a ?occ1 ?occ2)
(and     (min_precedes ?occ1 ?occ2 ?a)
         (not (exists (?occ3)
                     (min_precedes ?occ3 ?occ1 ?a)))
         (not (exists (?occ4)
                     (min_precedes ?occ2 ?occ4 ?a)))))))
```

10.5.4 定义 4

当且仅当在 ?a 的活动树中 ?occ1 先于 ?occ2，并且在该树中 ?occ1 和 ?occ2 之间不存在子活动发生时，在该树中，活动发生 ?occ2 是 ?occ1 之后紧接的下一个子活动发生。

```
(forall (?occ1 ?occ2 ?a) (iff (next_subocc ?occ1 ?occ2 ?a)
(and     (min_precedes ?occ1 ?occ2 ?a)
         (not (exists (?occ3)
                 (and     (min_precedes ?occ1 ?occ3 ?a)
                          (min_precedes ?occ3 ?occ2 ?a))))))
```

10.5.5 定义 5

如果原子子活动发生 ?occ1 和 ?occ2 在 ?a 的活动树中具有共同的前趋，或者它们都是 ?a 的活动树的根(这些活动树在发生树中具有共同前趋)，那么 ?occ1 和 ?occ2 对于活动 ?a 来说是同级的。

```
(forall (?occ1 ?occ2 ?a) (iff (sibling ?occ1 ?occ2 ?a)
(or (exists (?occ3)
        (and     (next_subocc ?occ3 ?occ1 ?a)
                 (next_subocc ?occ3 ?occ2 ?a)))
        (and     (root ?occ1 ?a)
                 (root ?occ2 ?a)
                 (or     (and     (initial ?occ1)
                                  (initial ?occ2))
                         (exists (?occ4 ?a1 ?a2)
                                  (and     ( = ?occ1 (successor ?a1 ?occ4))
                                           ( = ?occ2 (successor ?a2 ?occ4))))))))))
```

10.6 复杂活动核心理论的公理

本核心理论需要的公理集是：

10.6.1 公理 1

一个活动的活动树中的发生对应于该活动的原子子活动发生。

```
(forall (?a ?occ1 ?occ2)
```

```
    (implies    (min_precedes ?occ1 ?occ2 ?a)
       (exists (?a1 ?ap)
       (and  (subactivity ?a1 ?a)
       (atomic ?ap)
       (subactivity ?a1 ?ap)
       (occurrence_of ?occ2 ?ap)))))
```

10.6.2 公理 2

一个活动的活动树中的发生对应于该活动的原子子活动发生。

```
(forall (?a ?occ1 ?occ2)
    (implies    (min_precedes ?occ1 ?occ2 ?a)
        (exists (?a2 ?ap)
                (and  (subactivity ?a2 ?a)
                      (atomic ?ap)
                      (subactivity ?a2 ?ap)
                      (occurrence_of ?occ1 ?ap)))))
```

10.6.3 公理 3

活动树根部的发生对应于活动的原子子活动发生。

```
(forall (?a ?occ1)
    (implies    (root ?occ1 ?a)
                (exists (?a2 ?ap)
                        (and    (subactivity ?a2 ?a)
                                (atomic ?ap)
                                (subactivity ?a2 ?ap)
                                (occurrence_of ?occ1 ?ap)))))
```

10.6.4 公理 4

所有活动树都具有一个根部的子活动发生。

```
(forall (?occ1 ?occ2 ?a)
    (implies    (min_precedes ?occ1 ?occ2 ?a)
                (exists (?occ3)
                        (and (root ?occ3 ?a)
                                        (or  (min_precedes ?occ3 ?occ1 ?a)
                                             (=?occ3 ?occ1))))))
```

10.6.5 公理 5

在活动树中没有比根部的子活动发生更早发生的子活动发生。

```
(forall (?occ ?a)
    (implies    (root ?occ ?a)
                (not (exists (?occ2)
                                (min_precedes ?occ2 ?occ ?a)))))
```

10.6.6 公理 6

活动树是发生树的子树。

```
(forall (?occ1 ?occ2 ?a)
    (implies  (min_precedes ?occ1 ?occ2 ?a)
              (exists (?occ0)
```

```
        (and  (initial ?occ0)
                    (or  (precedes ?occ0 ?occ1)
                         (=?occ0 ?occ1))
              (precedes ?occ1 ?occ2)))))
```

10.6.7 公理 7

根部的发生是发生树的元素。

```
(forall (?occ ?a)
    (implies (root ?occ ?a)
        (exists (?occ0)
            (and (initial ?occ0)
                (or   (precedes ?occ0 ?occ)
                      (=?occ0 ?occ))))))
```

10.6.8 公理 8

每一个原子活动发生是仅含有一个发生的活动树。

```
(forall (?a1 ?a2 ?occ)
    (implies  (and   (atomic ?a1)
                     (occurrence_of ?occ ?a1)
                         (subactivity ?a2 ?a1))
        (root ?occ ?a2)))
```

10.6.9 公理 9

活动树是离散的。

```
(forall (?occ1 ?occ2)
    (implies  (min_precedes ?occ1 ?occ2 ?a)
              (exists (?occ3)
                  (and (next_subocc ?occ1 ?occ3 ?a)
                       (or   (min_precedes ?occ3 ?occ2 ?a)
                             (=?occ3 ?occ2))))))
```

10.6.10 公理 10

位于发生树同一分枝上的子活动发生也位于活动树的同一分枝上。

```
(forall (?a ?occ1 ?occ2 ?occ3)
    (implies   (and    (min_precedes ?occ1 ?occ2 ?a)
                       (min_precedes ?occ1 ?occ3 ?a)
                       (precedes ?occ2 ?occ3))
               (min_precedes ?occ2 ?occ3 ?a)))
```

10.6.11 公理 11

一个复杂子活动发生的活动树是该活动发生的活动树的子树。

```
(forall (?a1 ?a2)
    (implies  (subactivity ?a1 ?a2)
              (not (exists (?occ)
                  (subtree ?occ ?a2 ?a1)))))
```

11 活动发生核心理论

复杂活动只提供约束原子子活动发生的公理。活动发生核心理论概括了任意复杂子活动的这些直觉知识。

11.1 活动发生核心理论中的基本关系

活动发生核心理论的非逻辑词汇包含两个基本关系符号：

——subactivity_occurrence；

——mono。

11.2 活动发生核心理论中的定义关系

活动发生核心理论的非逻辑词汇包含六个定义关系符号：

——root_occ；

——leaf _occ；

——same_grove；

——iso_occ；

——equiv_occ；

——hom。

11.3 与其他公理集的关系

本核心理论需要：

GB/T 20719.11(PSL 核心)中详细说明的 psl_core.th；

——occtree.th(发生树核心理论)；

——subactivity.th(子活动核心理论)；

——atomic.th(原子活动核心理论)；

——complex.th(活动发生核心理论)。

活动发生核心理论不需要定义性扩展。

11.4 活动发生核心理论的非正式语义

11.4.1 subactivity_occurrence

用于 subactivity_occurrence 的 KIF 符号是：

(subactivity_occurrence ?occ1 ?occ2)

用于 subactivity_occurrence 的非正式语义是：

活动发生与该活动的活动树中的分枝之间是一一对应的。对于 subactivity_occurrence 的非正式描述是：

当且仅当与活动发生 ?occ1 相对应的分枝是与活动发生 ?occ2 相对应的分枝的子集时，(subactivity_occurrence ?occ1 ?occ2) 在活动发生核心理论的解释中为真。

11.4.2 mono

用于 mono 的 KIF 符号是：

(mono ?occ1 ?occ2 ?a)

用于 mono 的非正式语义是：

当且仅当 ?a 的活动树的分枝之间存在一一映射，将原子子活动发生 ?occ1 映射到原子活动发生 ?occ2 时，(mono ?occ1 ?occ2 ?a) 在活动发生核心理论的解释中为真。

11.4.3 root_occ

用于 root_occ 的 KIF 符号是：

(root_occ ?occ1 ?occ2 ?a)

用于 root_occ 的非正式语义是：

当且仅当活动发生 ?occ1 是与活动发生 ?occ2 相对应的 ?a 的活动树的分枝中的根部的发生时，(root_occ ?occ1 ?occ2 ?a) 在活动发生核心理论的解释中为真。

11.4.4 leaf_occ

用于 leaf_occ 的 KIF 符号是：

(leaf_occ ?occ1 ?occ2 ?a)

用于 leaf_occ 的非正式语义是：

当且仅当活动发生 ?occ1 是与活动发生 ?occ2 相对应的 ?a 的活动树的分枝中的叶部的发生时，(leaf_occ ?occ1 ?occ2 ?a) 在活动发生核心理论的解释中为真。

11.4.5 iso_occ

用于 iso_occ 的 KIF 符号是：

(iso_occ ?occ1 ?occ2)

用于 iso_occ 的非正式语义是：

当且仅当 ?occ1 和 ?occ2 是含有共同子活动的原子活动的发生时，(iso_occ ?occ1 ?occ2) 在活动发生核心理论的解释中为真。

11.4.6 hom

用于 hom 的 KIF 符号是：

(hom ?occ1 ?occ2 ?a)

用于 hom 的非正式语义是：

当且仅当 ?a 的活动树的分枝之间存在一个映射，将原子子活动发生 ?occ1 映射到原子子活动发生 ?occ2 时，(hom ?occ1 ?occ2 ?a) 在活动发生核心理论的解释中为真。

11.4.7 same_grove

用于 same_grove 的 KIF 符号是：

(same_grove ?occ1 ?occ2 ?a)

用于 same_tree 的非正式语义是：

当且仅当 ?a 的活动发生 ?occ1 和 ?occ2 对应于 ?a 的同一活动树中的分枝时，(same_grove ?occ1 ?occ2 ?a) 在活动发生核心理论的解释中为真。

11.5 活动发生核心理论的定义

活动发生核心理论引入的定义有：

11.5.1 定义 1

当且仅当 ?occ1 是一个子活动发生且为 ?a 的活动树的根时，发生 ?occ1 是 ?a 的一个发生的根部的发生。

```
(forall (?occ1 ?occ2) (iff ( =?occ2 (root_occ ?occ1)
(exists (?a)
    (and        (occurrence ?occ1 ?a)
                (subactivity_occurrence ?occ2 ?occ1)
                (root ?occ2 ?a)))))
```

11.5.2 定义 2

当且仅当 ?occ1 是一个子活动发生且为 ?a 的活动树的叶时，发生 ?occ1 是 ?a 的一个发生的叶部的发生。

```
(forall (?s ?occ) (iff (leaf_occ ?s ?occ)
(exists (?a)
    (and (occurrence_of ?occ ?a)
    (subactivity_occurrence ?s ?occ)
    (leaf ?s ?a)))))
```

11.5.3 定义 3

如果 ?occ1 和 ?occ2 是含有共同子活动的原子活动的发生，那么活动发生 ?occ1 与活动发生 ?occ2 是同构的。

```
(forall (?s1 ?s2) (iff (iso_occ ?s1 ?s2)
(exists (?a1 ?a2)
      (and  (occurrence_of ?s1 ?a1)
            (occurrence_of ?s2 ?a2)
            (subactivity ?a1 ?a2)))))
```

11.5.4 定义 4

当且仅当两个活动发生是具有共同子活动的原子活动的发生时，这两个活动发生是等价的发生。

```
(forall (?occ1 ?occ2) (iff (equiv_occ ?occ1 ?occ2)
(exists (?a1 ?a2 ?a3)
     (and       (occurrence_of ?occ1 (conc ?a1 ?a2))
                (occurrence_of ?occ2 (conc ?a1 ?a3)))))))
```

11.5.5 定义 5

```
(forall (?s1 ?s2 ?a) (iff (hom ?s1 ?s2 ?a)
(exists (?occ1 ?occ2)
     (and       (iso_occ ?s1 ?s2)
                (subactivity_occurrence ?s1 ?occ1)
                (subactivity_occurrence ?s2 ?occ2)
                (occurrence_of ?occ1 ?a)
                (occurrence_of ?occ2 ?a)
                (not ( =?occ1 ?occ2))))))
```

11.5.6 定义 6

当且仅当一个活动的两个发生具有同一个根部的发生时，这两个发生处于活动树的树林中。

```
(forall (?occ1 ?occ2) (iff (same_grove ?occ1 ?occ2)
(exists (?a)
      (and  (occurrence_of ?occ1 ?a)
            (occurrence_of ?occ2 ?a)
            (or  (and  (initial (root_occ ?occ1))
                       (initial (root_occ ?occ2)))
                 (exists (?s4 ?a1 ?a2)
                      (and  ( =(root_occ ?occ1) (successor ?a1 ?s4))
                            ( =(root_occ ?occ2) (successor ?a2 ?s4)))))))))
```

11.6 活动发生核心理论的公理

以下是活动发生核心理论中的公理集。

11.6.1 公理 1

对于 ?a 的活动树的每一个分枝，都存在活动 ?a 的一个发生。分枝上的所有原子子活动发生都是 ?a 的发生的子活动发生。

```
(forall (?a ?occ1 ?occ2)
    (implies        (min_precedes ?occ1 ?occ2 ?a)
                    (exists (?occ)
                            (and  (occurrence ?occ ?a)
```

```
                                        (subactivity_occurrence ?occ1 ?occ)
                                        (subactivity_occurrence ?occ2 ?occ)))))
```

11.6.2 公理 2

对于 ?a 的活动树的每一个分枝,都存在活动 ?a 的一个发生。分枝上的根部的子活动发生是 ?a 的发生的子活动发生。

```
(forall (?a ?s)
    (implies    (root ?s ?a)
             (exists (?occ)
                    (occurrence_of ?occ ?a)
                    (subactivity_occurrence ?s ?occ))))
```

11.6.3 公理 3

活动 ?a 的每一个发生都包含原子子活动发生,这些原子子活动发生是 ?a 的活动树的元素。

```
(forall (?occ ?a)
    (implies (exists ?s1 ?s2)
            (and (subactivity_occurrence ?s1 ?occ)
                (subactivity_occurrence ?s2 ?occ)
                (root ?s2 ?a)
                (or   (min_precedes ?s2 ?s1 ?a)
                   ( = ?s1 ?s2))))))
```

11.6.4 公理 4

一个活动的独特的发生与一棵活动树的独特的分枝相对应。

```
(forall (?a ?s1 ?occ1 ?occ2)
    (implies (and (occurrence_of ?occ1 ?a)
            (occurrence_of ?occ2 ?a)
            (not ( = ?occ1 ?occ2))
            (subactivity_occurrence ?s1 ?occ1)
            (subactivity_occurrence ?s1 ?occ2))
          (exists (?s2)
            (and  (min_precedes ?s1 ?s2 ?a)
                (subactivity_occurrence ?s1 ?occ1)
                (not (subactivity_occurrence ?s1 ?occ2))))))
```

11.6.5 公理 5

一个复杂活动发生的所有原子子活动发生是其活动树的同一分枝上的元素。

```
(forall (?a ?a1 ?a2 ?occ ?s1 ?s2)
    (implies  (and     (occurrence_of ?occ ?a)
                    (occurrence_of ?s1 ?a1)
                    (atomic ?a1)
                    (occurrence_of ?s2 ?a2)
                    (atomic ?a2)
                    (subactivity_occurrence ?s1 ?occ)
                    (subactivity_occurrence ?s2 ?occ))
              (or      (min_precedes ?s1 ?s2 ?a)
                    (min_precedes ?s2 ?s1 ?a)
                    ( = ?s1 ?s2))))
```

11.6.6 **公理 6**

一个活动树的同一分枝上的所有元素是相同的活动发生的原子子活动发生。

```
(forall (?a ?s1 ?s2 ?occ)
    (implies  (and    (min_precedes ?s1 ?s2 ?a)
                      (subactivity_ooccurrence ?s2 ?occ))
              (subactivity_occurrence ?s1 ?occ))
```

11.6.7 **公理 7**

subactivity_occurrence(子活动发生)关系保留了子活动关系。

```
(forall (?a1 ?a2 ?occ1 ?occ2)
    (implies  (and    (occurrence_of ?occ1 ?a1)
                      (occurrence_of ?occ2 ?a2)
                      (subactivity_occurrence ?occ1 ?occ2))
              (subactivity ?a1 ?a2)))
```

11.6.8 **公理 8**

subactivity_occurrence(子活动发生)关系是传递的。

```
(forall (?occ1 ?occ2 ?occ3)
    (implies  (and    (subactivity_occurrence ?occ1 ?occ2)
                      (subactivity_occurrence ?occ2 ?occ3))
              (subactivity_occurrence ?occ1 ?occ3)))
```

11.6.9 **公理 9**

如果发生满足分枝遏制,那么子活动的发生就是子活动发生。

```
(forall  (?a1 ?a2 ?occ1 ?occ2)
    (implies  (and    (occurrence_of ?occ1 ?a1)
                      (occurrence_of ?occ2 ?a2)
                      (subactivity ?a1 ?a2)
                      (not (subactivity_occurrence ?occ1 ?occ2)))
              (exists (?s)
                      (and    (subactivity_occurrence ?s ?occ2)
                              (not (subactivity_occurrence ?s ?occ1))))))
```

11.6.10 **公理 10**

一个复杂活动发生的起始于时间点等同于其根部的发生的起始于时间点。

```
(forall (?occ)
    (implies  (activity_occurrence ?occ)
              ( = (beginof ?occ) (beginof (root_occ ?occ)))))
```

11.6.11 **公理 11**

一个复杂活动发生的终止于时间点等同于其叶部的发生的终止于时间点。

```
(forall (?s ?occ)
    (implies  (leaf_occ ?s ?occ)
              ( =(endof ?occ) (endof ?s))))
```

11.6.12 **公理 12**

mono 关系是一个分枝同态。

```
(forall (?s1 ?s2 ?a)
    (implies  (mono ?s1 ?s2 ?a)
```

```
            (hom ?s1 ?s2 ?a)))
```

11.6.13 公理 13

如果一个原子子活动发生通过一个分枝同态被映射，那么存在另一个原子子活动发生与其为 mono 关系。

```
(forall (?s1 ?s2 ?a)
    (implies  (hom ?s1 ?s2 ?a)
              (exists (?s3)
                      (and (mono ?s3 ?s2 ?a)
                           (or     (min_precedes ?s1 ?s3 ?a)
                                   (min_precedes ?s3 ?s1 ?a)
                                   (=?s1 ?s3))))))
```

11.6.14 公理 14

mono 关系受活动树的不同分枝之间的一一同态的约束。

```
(forall (?s1 ?s2 ?s3 ?a)
    (implies  (and     (mono ?s1 ?s2 ?a)
                       (mono ?s3 ?s2 ?a))
              (not  (or (min_precedes ?s1 ?s3 ?a)
                        (min_precedes ?s3 ?s1 ?a)))))
```

11.6.15 公理 15

```
(forall (?s1 ?s2 ?s3 ?s4 ?occ ?a)
    (implies  (and     (min_precedes ?s1 ?s2 ?a)
                       (mono ?s1 ?s3 ?a)
                       (mono ?s2 ?s4 ?a)
                       (subactivity_occurrence ?s3 ?occ)
                       (subactivity_occurrence ?s4 ?occ)
                       (iso_occ ?s1 ?s2))
              (min_precedes ?s3 ?s4 ?a)))
```

附 录 A
(规范性附录)
SC 4 标准中 ASN.1 标识符的应用

在开放系统中,为确定信息对象的无二义性标识,规定本部分的对象标识符为:

iso standard 18629 part 12 version 1

本标识符的含义在 GB/T 16262.1 中进行了定义,并在GB/T 20719.1中进行了描述。

附　录　B
（资料性附录）
与情景演算的关系

发生树理论、离散状态理论和原子活动理论扩展了由人工智能领域中知识表示研究得到的早期工作。特别是，发生树的概念推广了情景演算。情景演算是用来对动作进行推理的一种形式，它首次出现在文献[2]中。这篇文献中提出的原始本体论包含情景、流和动作。虽然早期工作中没有提供情景演算的公理化，但是对于这些基本范畴的解释已具有非正式的直觉知识。情景被认为是世界的快照，流表示随情景而变化的性质，动作则改变着流的值。

文献[2]中的情景演算语言包含一个关系符号 holds(f,s)（用于表示在情景 s 中流 f 为真）和一个函数符号 do(a,s)（用于表示在情景 s 中执行动作 a 之后的结果情景）。一个动作的前提条件和效果能够通过这样一些公理来表示，这些公理详细说明了执行一个动作后必须保持什么样的流。

文献[4]中的后继工作给出了一个清晰的情景演算公理集。特别是，Reiter 提出了情景演算的二阶公理化，该公理化还包括一个新的关系符号 poss(a,s)（表示动作 a 在情景 s 中是可能的这个事实）和一个新的常数符号 S0（表示初始情景）。这个核心理论的模型是以 S0 为根的树，树中的分枝表示的是将能够揭示世界上事件的所有可能方式显示出来的假设的未来。任意的动作序列确定了情景树的分枝；因此，两个不同的动作序列导致不同的情景。在该方法中，情景是直观的动作发生的序列。值得注意的是情景树不表示状态转变；而表示作为一个特定动作序列的结果的世界未来假设状态。

文献[4]中给出的情景演算公理化既不包括时间的核心理论，也不提供表示并发的任何方式。文献[3]中的后续工作则扩展了该公理化，将这些概念包含在其中。

本部分外核中的发生树核心理论改进了文献[4]和[3]中的公理。我们不考虑在何种情景中树是动作的序列，而是考虑在何种情景中树与活动发生大致类似。当然，初始情景 S0 与任何活动的发生都不对应，活动的发生导致初始活动发生的引入。本部分中的公理化是一阶的。

附　录　C
（资料性附录）
使用 PSL 外核描述过程的实例

本附录的目的是提供一个 GB/T 20719 PSL 在多重制造功能的信息共享中应用的详细方案。

该方案是一个“互操作”的制造方案。这意味着其目标是展示在制造环境中 PSL 如何用于促进过程知识的交流。特别是，本方案是以从过程计划员到加工车间计划员的知识交换为中心的。

本附录扩展了 GB/T 20719.11 附录 C 中引入的测试案例来说明外核概念在 GT 350 产品的制造过程规范中的应用。

C.1　GT 350 制造过程

本章将各个不同的部门过程合并成为一个制造 GT 350 产品所发生的活动的高级集合。如 GT 350 产品结构所述(见 GB/T 20719.11 附录 C 表 C.1)，该产品的子部件可以是外购的、外部分包的或内部制造的。对这些过程的描述表达了制造内部子部件进行的各种活动。这种自上而下考察制造过程的方法为抽象的“制造 GT 350”活动提供了全面的描述，“制造 GT 350”活动向下扩展成详细的部门级活动。

如下面的图 C.1 所示，GT 350 制造过程分为 6 个主要的工作区域。前 5 个工作区域：制造汽车内部、制造驱动、装饰、制造发动机和制造底盘相互之间是没有顺序之分的，但它们必须全部在进行总装之前完成。

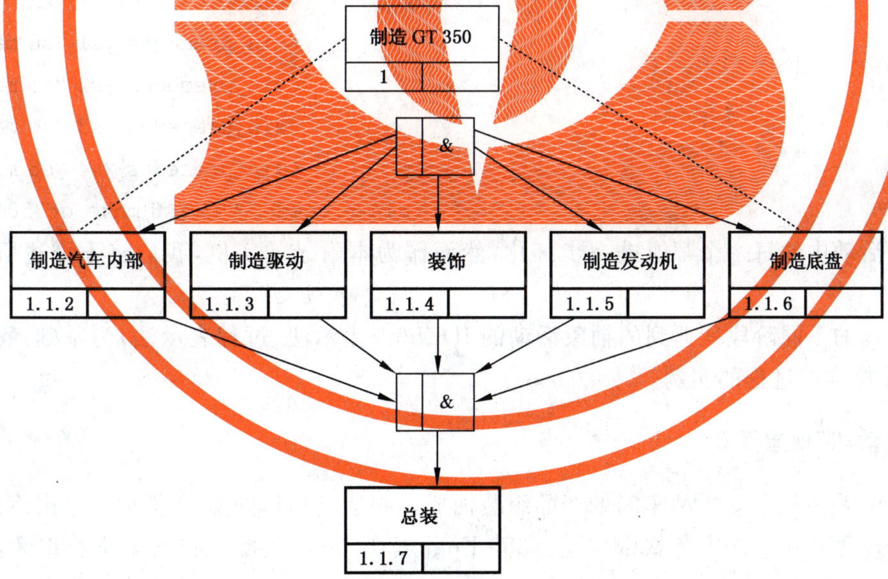

图 C.1　GT 350 的顶层制造过程[1]

顶层过程的 PSL 外核表示法是：

```
(subactivity make-chassis make_gt350)
(subactivity make-interior make_gt350)
(subactivity make-drive make_gt350)
(subactivity make-trim make_gt350)
(subactivity make-engine make_gt350)
(subactivity final-assembly make_gt350)
(forall (?occ)
```

```
(⇔      (occurrence_of ?occ make_gt350)
        (exists (?occ1 ?occ2 ?occ3 ?occ4 ?occ5 ?occ6)
                (and  (occurrence_of ?occ1 make_chassis)
                      (occurrence_of ?occ2 make_interior)
                      (occurrence_of ?occ3 make_drive)
                      (occurrence_of ?occ4 make_trim)
                      (occurrence_of ?occ5 make_engine)
                      (occurrence_of ?occ6 final_assembly)
                      (subactivity_occurrence ?occ1 ?occ)
                      (subactivity_occurrence ?occ2 ?occ)
                      (subactivity_occurrence ?occ3 ?occ)
                      (subactivity_occurrence ?occ4 ?occ)
                      (subactivity_occurrence ?occ5 ?occ)
                      (subactivity_occurrence ?occ6 ?occ)
                         (forall (?s1 ?s2 ?s3 ?s4 ?s5 ?s6)
                         (implies    (and  (leaf_occ ?s1 ?occ1)
                                           (leaf_occ ?s2 ?occ2)
                                           (leaf_occ ?s3 ?occ3)
                                           (leaf_occ ?s4 ?occ4)
                                           (leaf_occ ?s5 ?occ5)
                                           (root_occ ?s6 ?occ6))
                                (min_precedes ?s1 ?s6 make_gt350)
                                (min_precedes ?s2 ?s6 make_gt350)
                                (min_precedes ?s3 ?s6 make_gt350)
                                (min_precedes ?s4 ?s6 make_gt350)
                      (min_precedes ?s5 ?s6 make_gt350)))))))
```

这些抽象活动中的每一个都能进一步细化，然而作为本附录的实例，我们将不详述所有这些细化部分。

以制作过程的不同阶段所遇到的抽象活动的 IDEF3[1] 表示法（过程表示法）为基础，我们将选取一些应用 PSL 外核描述过程的实例。

C.2 “制造发动机”抽象活动

350-Engine 是由几个 CMW 车间的产品组装而成。制造过程如图 C.2 所示。它由汽缸体、线束和电线组成。子过程将在下面的条款中详述。350-Engine 在 A004 装配工作台上进行组装，装配一个需要 5 min。

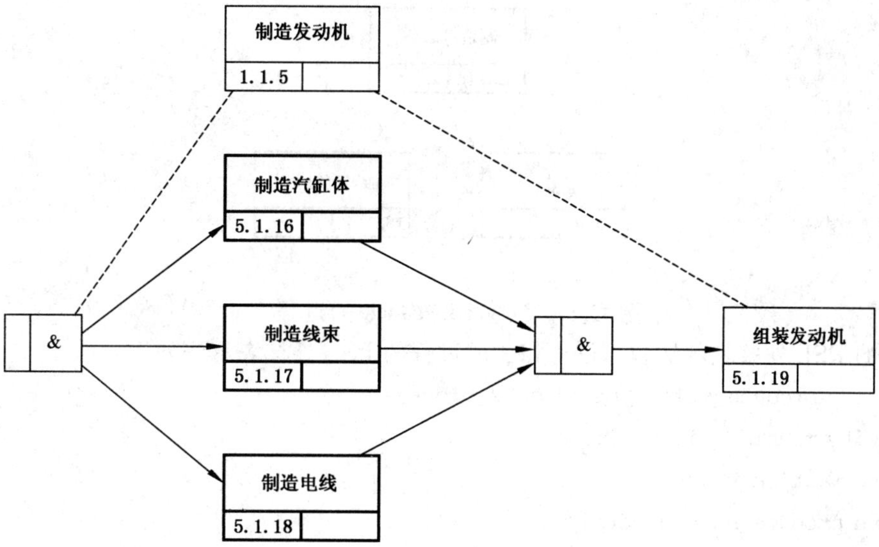

图 C.2 制造 350-Engine 的过程[1]

在制造发动机过程中，一些活动的 PSL 外核表示法和与信息相关的过程的 PSL 外核表示法如下：

```
(subactivity make_block make_engine)
(subactivity make - harness make_engine)
(subactivity make - wires make_engine)
(subactivity assemble_engine make_engine)
(forall (?occ)
  (⇔(occurrence _of ?occ make_engine)
            (exists (?occ1 ?occ2 ?occ3 ?occ4)
                  (and  (occurrence_of ?occ1 make_block)
                              (occurrence_of ?occ2 make_harness)
                              (occurrence_of ?occ3 make_wires)
                              (occurrence_of ?occ4 assemble_engine)
                              (subactivity_occurrence ?occ1 ?occ)
                              (subactivity_occurrence ?occ2 ?occ)
                              (subactivity_occurrence ?occ3 ?occ)
                              (subactivity_occurrence ?occ4 ?occ)
                                (forall (?s1 ?s2 ?s3 ?s4)
                                (implies  (and  (leaf_occ ?s1 ?occ1)
                                                (leaf_occ ?s2 ?occ2)
                                                (leaf_occ ?s3 ?occ3)
                                                (root_occ ?s4 ?occ4))
                                  (min_precedes ?s1 ?s4 make_engine)
                                  (min_precedes ?s2 ?s4 make_engine)
                              (min_precedes ?s3 ?s4 make_engine)))))
```

C.2.1 制造汽缸体

350-Block 是 350-Engine 分组装的部件。它是铸造车间和加工车间的产品的集成，如图 C.3 所示。

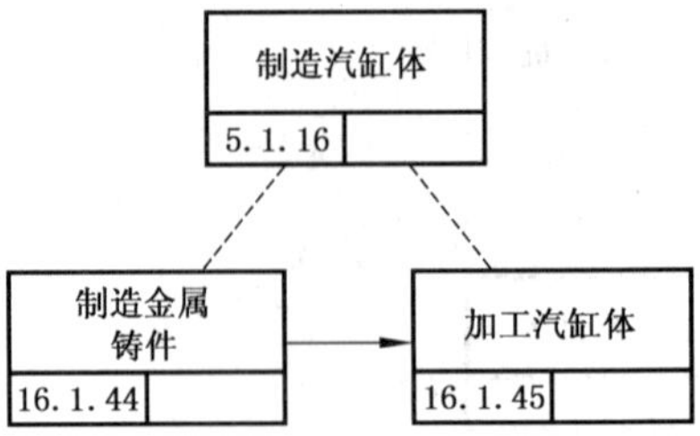

图 C.3 制造 350-Block 的过程[1]

一些活动的 PSL 外核表示法和与信息相关的过程的 PSL 外核表示法如下：

```
(subactivity produce_molded_metal make_block)
(subactivity machine_block make_block)
(primitive machine_block)
(primitive produce_molded_metal)
(forall (?occ)
    (⇔  (occurrence_of ?occ make_block)
        (exists (?occ1 ?occ2)
                (and  (occurrence_of ?occ1 produce_molded_metal)
                                    (occurrence_of ?occ2 machine_block)
                                    (min_precedes ?occ1 ?occ2 make_block)))))
```

C.2.2 制造线束

350-Harness(图 C.4)是 350-Engine 分组装的部件。它是电线与电缆车间的产品。图 C.5 详述了线束电线的生产过程。350-Harness 由钳工在电线与电缆装配台上进行组装。组装一组需要 10 min。

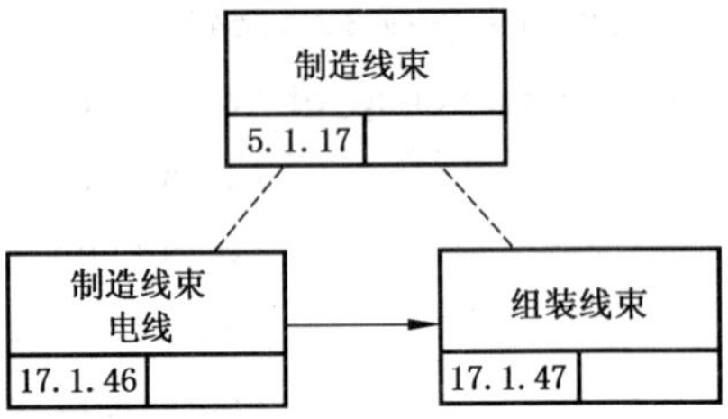

图 C.4 制造 350-Harness 的过程[1]

一些活动的 PSL 外核表示法和与信息相关的过程的 PSL 外核表示法如下：

```
(subactivity make_harness_wire make_harness)
(subactivity assemble_harness make_harness)
(primitive assemble_harness)
(forall (?occ)
  (⇔    (occurrence_of ?occ make_harness)
        (exists (?occ1 ?occ2 ?occ3)
                (and  (occurrence_of ?occ1 make_harness_wire)
                                    (occurrence_of ?occ2 assemble_harness)
                                    (leaf_occ ?occ3 ?occ1)
                                    (min_precedes ?occ3 ?occ2 make_harness)))))
```

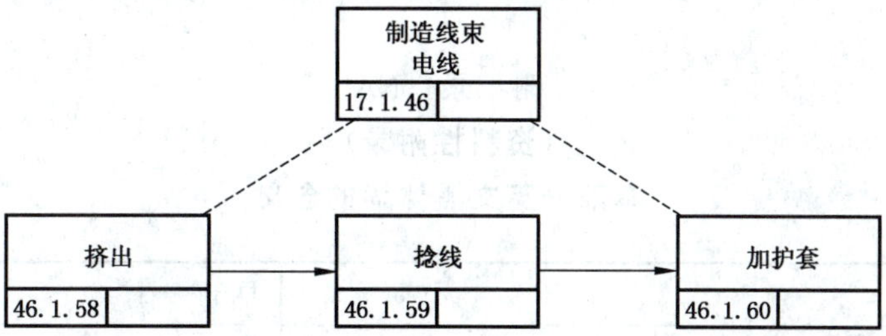

图 C.5 制造线束电线的过程[1]

C.2.3 制造线束电线

350-Wire-Set 是 350-Engine 分组装的部件。它是电线与电缆车间的产品。

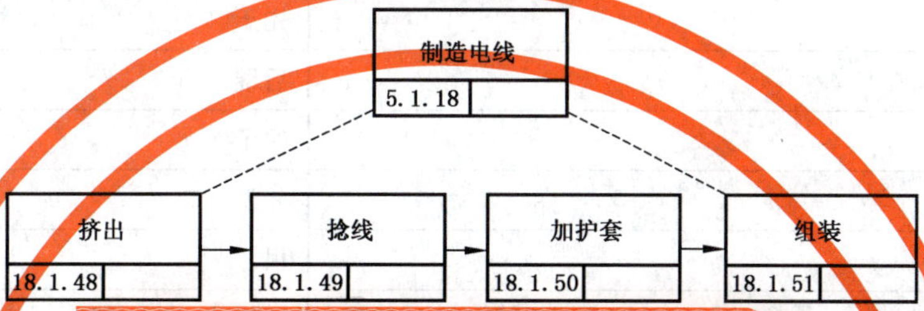

图 C.6 制造 350-Wire 的过程[1]

一些活动的 PSL 外核表示法和与信息相关的过程的 PSL 外核表示法如下：

```
(subactivity extrude make_harness_wire)
(subactivity twist make_harness_wire)
(subactivity jacket make_harness_wire)
(primitive extrude)
(primitive twist)
(primitive jacket)
(forall (?occ)
    (⇔     (occurrence_of ?occ make_harness_wire)
           (exists (?occ1 ?occ2 ?occ3)
                   (and  (occurrence_of ?occ1 extru
                                   (occurrence_of ?occ2 twist)
                                   (occurrence_of ?occ3 jacket)
                                   (min_precedes ?occ1 ?occ2 make_harness_wire)
                                   (min_precedes ?occ2 ?occ3 make_harness_wire))))
```

附　录　NA
（资料性附录）
本部分英文黑体词的含义

earlier	早于
initial	初始
legal	合法
poss	可能
precedes	先于
successor	后继
atomic	原子
conc	并发
root	根
subtree	子树
leaf	叶
sibling	同级
root_occ	根部的发生
leaf_occ	叶部的发生
same_grove	同林

参 考 文 献

［1］ Federal Information Processing Standards Publication 184, Integration Definition for Information Modeling (IDEF3), FIPS PUB 184, National Institute of Standards and Technology, December 1993. IDEF3. Available from the Internet: 〈http://www.idef.com〉

［2］ McCarthy J, Hayes P. Some philosophical problems from the standpoint of artificial intelligence. In Machine Intelligence 4, B. Meltzer and D. Michie, eds. Edinburgh University Press, Edinburgh, 1969, pp 463-502

［3］ Pinto J. Temporal Reasoning in the Situation Calculus, Technical Report KRR-TR-94-1, Department of Computer Science, University of Toronto, 1994

［4］ Reiter R. The frame problem in the situation calculus: a simple solution (sometimes) and a completeness result for goal regression. In Vladimir Lifschitz, editor, Artificial Intelligence and Mathematical Theory of Computation: Papers in Honor of John McCarthy, 1991, pp 418-440. Academic Press, San Diego

索　引

ICS 25.040.40
L 67

中华人民共和国国家标准

GB/T 20719.13—2010/ISO 18629-13:2006

工业自动化系统与集成 过程规范语言 第13部分:时序理论

Industrial automation systems and integration—Process specification language—Part 13:Duration and ordering theories

(ISO 18629-13:2006,IDT)

2010-09-02 发布　　2010-12-01 实施

中华人民共和国国家质量监督检验检疫总局
中国国家标准化管理委员会　发布

前　言

GB/T 20719《工业自动化系统与集成　过程规范语言》分为：

——第1部分：概述和基本原理；

——第11部分：PSL核心；

——第12部分：外核；

——第13部分：时序理论；

——第14部分：资源理论；

——第15部分：活动性能理论；

——第21部分：EXPRESS；

——第22部分：XML；

——第23部分：UML；

——第41部分：活动；

——第42部分：时间和状态；

——第43部分：序列；

——第44部分：定义性扩展　资源扩展；

——第45部分：资源集的种类；

——第46部分：加工活动；

——第47部分：过程目的。

本部分为GB/T 20719的第13部分。

本部分等同采用ISO 18629-13:2006《工业自动化系统与集成　过程规范语言　第13部分：时序理论》(英文版)。

本部分的技术内容和组成结构与ISO 18629-13:2006相一致，在编写格式上符合GB/T 1.1—2000。只是根据我国国家标准的制定要求和为方便使用，做了如下编辑性的改动：

——将“ISO 18629”改为“GB/T 20719”，把“ISO 18629-13”改成“GB/T 20719.13”或“GB/T 20719本部分”；

——删除了ISO 18629-13:2006的前言，并按照我国国家标准编制要求重新起草了前言；

——将ISO 18629-13:2006第2章“规范性引用文件”中的引导语改为GB/T 1.1—2000中规定的引导语。

——将本部分中出现的已转化为国家标准的国际标准编号改为国家标准编号，便于使用和查阅。未转化的国际标准保留。

——删去了原文中不符合我国标准编写的字句。

——ISO 18629-13(英文版)索引中的satisfiable在原文中没有找到，所以在英文和中文索引中都删除了。

本部分的附录A是规范性附录，附录B是资料性附录。

本部分由中国机械工业联合会提出。

本部分由全国自动化系统与集成标准化技术委员会(SAC/TC 159)归口。

本部分由北京机械工业自动化所负责起草。

本部分主要起草人：黎晓东、杨书评、刘颖。

引　言

GB/T 20719 是为了进行与制造过程相关的计算机可解释的信息交换所使用的国家标准。GB/T 20719标准包含的所有部分结合在一起，为描述贯穿整个生产过程的制造过程提供了一类语言（该生产过程可能位于一个工业公司，也可能跨越几个工业部门或公司），并独立于任何特定的表示模型。语言的本质使得它适用于在生产过程的各个阶段共享与制造相关的过程信息。

GB/T 20719 的本部分提供了 GB/T 20719 中定义的语言的核心元素的描述。

GB/T 20719 中的所有部分与制造管理领域软件应用中采用的任何特定过程的表述或模型无关。本标准的所有部分一同为改善这些应用软件的协同性提供了一个结构框架。

工业自动化系统与集成
过程规范语言
第13部分:时序理论

1 范围

GB/T 20719的本部分提供了与活动的次序和周期约束相关的基本概念的表述,其范围如下:

——子活动发生次序;

——周期;

——迭代发生次序;

——发生树自同态;

——活动包络。

2 规范性引用文件

下列文件中的条款通过GB/T 20719的本部分的引用而成为本部分的条款。凡是注日期的引用文件,其随后所有的修改单(不包括勘误的内容)或修订版均不适用于本部分,然而,鼓励根据本部分达成协议的各方研究是否可使用这些文件的最新版本。凡是不注日期的引用文件,其最新版本适用于本部分。

GB/T 16262.1 信息技术 抽象语法记法一(ASN.1) 第1部分:基本记法规范(GB/T 16262.1—2006,ISO/IEC 8824-1:2002,IDT)

GB/T 19114.1 工业自动化系统与集成 工业制造管理数据 第1部分:综述(GB/T 19114.1—2003,ISO 15531-1:2002,IDT)

GB/T 20719.1 工业自动化系统与集成 过程规范语言 第1部分:概述与基本原理(GB/T 20719.1—2006,ISO 18629-1:2004,IDT)

ISO 18629-11:2005 工业自动化系统与集成 过程规范语言 第11部分:PSL核心

ISO 18629-12 工业自动化系统与集成 过程规范语言 第12部分:外核

3 术语、定义及缩略语

3.1 术语和定义

下列术语和定义适用于GB/T 20719的本部分。

3.1.1

自同构 automorphism

保留了某个模型中的关系和函数的集合上的元素的一一映射。

3.1.2

公理 axiom

形式语言中的合式公式,用以对一门语言的词汇中的符号解释加以约束。

[GB/T 20719.1]

3.1.3

交换群 commutative group

在内部二元运算(OP)下具有:a OP b=b OP a的代数结构。

3.1.4

保守定义 conservative definition

该定义指明一个术语应该满足的充分必要条件,并且不允许从该理论作出新的推论。

[GB/T 20719.1 的修改]

3.1.5

核心理论 core theory

表示基本概念的关系符号和函数符号的公理集。

[GB/T 20719.1 的修改]

3.1.6

定义的词汇 defined lexicon

非逻辑词汇的一系列符号,表示所定义概念。

注:定义的词汇分为常量、函数和关系符号。

示例:具有保守定义的术语。

[GB/T 20719.1]

3.1.7

自同态 endomorphism

一个集合到子集的映射,该子集保留了某个模型中的关系和函数。

3.1.8

扩展 extension

包含附加公理的 PSL 核心的扩充。

注 1:PSL 核心是一组相对简单的公理,足以表达较广范围内的基本过程。然而,更复杂的过程所需的表达性资源超出了 PSL 核心的范围。相对于将每一个可能的概念(其对于描述一个或另一个过程可能有用)杂乱地添加到 PSL 核心中去,更好的方式是开发各种独立的、模块化的扩展,并把它们添加进 PSL 核心。采用这种方式,用户可以根据自己的表达需求精确地裁剪语言。

注 2:所有的扩展均为核心理论或定义性扩展。

[GB/T 20719.1]

3.1.9

语法 grammar

说明如何将逻辑符号和词汇术语组合为合式公式的规范。

[GB/T 20719.1]

3.1.10

同态 homomorphism

在集合的元素上保留某种关系的集合之间的映射。

3.1.11

解释 interpretation

将真值(真或假)赋给该理论中所有语句的赋值过程和论域。

[ISO 18629-11]

3.1.12

语言 language

词汇和语法的结合。

[GB/T 20719.1]

3.1.13

词汇 lexicon

符号和术语的集合。

注:词汇包括逻辑符号(例如布尔连接和量词)与非逻辑符号。对于 GB/T 20719 来说,词汇的非逻辑部分包括用于表达本体的基本概念的词语(常量、函数符号与关系符号)。

[GB/T 20719.1]

3.1.14

模型 model

满足一种理论中所有合式公式的一组元素和事实任务的合成。

注1:“模型”这个词在逻辑中的用法不同于它在大多数科学及日常读物中的用法:如果一个命题在某种解释中为真,那么就可以说这种解释是该命题的模型。这里所说的语义常被称作模型理论语义。

注2:模型一般表示为包含附加结构的集合(偏序,点阵,或向量空间)。模型定义了术语的含义以及本模型中所采用语言的命题的真值概念。给定一个模型,在公理集中使用的数学结构基本公理集就通过语言及它们的逻辑关系成为概念论证的基础,因此模型的集合构成了本体的形式语义。

[GB/T 20719.1]

3.1.15

单同态 monomorphism

在集合的元素上保留某种关系的一一映射。

3.1.16

本体 ontology

按照词汇中术语的含义的某些规范而定的专门术语的词汇。

注1:与形式语言中术语含义的规范一同给出的相关术语的结构化集合。术语含义的规范说明了术语为什么相关、如何相关,以及集合划分和构造的条件。

注2:过程规范语言(比如GB/T 20719)的主要部分就是一个本体。通过GB/T 20719,本体中的基本概念可以充分描述基本的制造过程、工程过程及商业过程。

注3:本体的核心不只是术语,也包括它们的含义。术语的任意集合包含在本体中,但只有在含义一致时这些术语才能被共享。共享的是术语的指定语义,而不是简单的术语共享。

注4:没有显式定义的任何术语都可能成为含糊及混乱的来源。本体论的难点是:需要建立一个框架以使框架中术语的含义清晰明确。对于GB/T 20719这个本体,有必要提供一个过程信息的严格的数学特性描述以及GB/T 20719语言中信息的基本逻辑特性的精确表达。

[GB/T 20719.1]

3.1.17

外核 Outer Core

作为PSL核心扩展的核心理论的集合,在适用性中它具有很高的通用性和普适性,因此专门预留出来。

注:实际上,扩展并入了外核的公理。

[GB/T 20719.1]

3.1.18

基本概念 primitive concept

没有保守定义的词汇术语。

[GB/T 20719.1]

3.1.19

基本词汇 primitive lexicon

表示基本概念的非逻辑词汇的符号集合。

注:基本词汇分为常量、函数符号和关系符号。

[GB/T 20719.1]

3.1.20

过程 process

为了一个既定目标而进行规划和组织的涉及各种企业实体活动的结构化集合。

注:这里提出的定义与GB/T 16656.49(ISO 10303-49,IDT)中给出的定义非常接近。不过,GB/T 19114需要的是活动的结构化集合的概念,对于时间或步骤不进行任何预先确定。另外,从流管理的观点来看,为了保持同步可能会需要一些空白过程,尽管这些空白过程实际上什么也没做(ghost task 幽灵任务)。

[GB/T 19114.1—2003]

3.1.21

证明论 proof theory

解释某语言的语义所必需的理论与词汇元素的集合。

注：它包含三部分：PSL 核心，外核及扩展。

[GB/T 20719.1]

3.1.22

PSL 核心 PSL-Core

对于活动、活动发生、时间点、对象这些概念的公理的集合。

注：PSL 核心的动机是：任何两个过程相关的应用软件都需要共享这些公理，以交换过程信息，因此 PSL 核心足可用于描述制造过程的基本概念。这样，基本过程的特性描述就几乎无需那些超出描述这些过程所需的本质的假设了，因此 PSL 核心在逻辑表述方面比较薄弱。尤其是，PSL 核心并不够强大，它不能提供很多辅助概念的定义，而这些辅助概念是描述关于制造过程的所有感知事物所必需的。

[GB/T 20719.1]

3.1.23

理论 theory

属于给定概念和概念集的公理和定义的集合。

注：这个定义反映了人工智能的方法，它的理论是一个假定的集合(基于相关概念的含义)。

[GB/T 20719.1]

3.1.24

论域 universe of discourse

通过对感兴趣的建模系统以及相应环境进行选择，来实现对属于真实世界领域的具体或抽象事物的收集。

[GB/T 19114.1—2003]

3.2 缩略语

下列缩略语适用于 GB/T 20719 的本部分。

——FOL First-Order Logic 一阶逻辑；

——BNF Backus-Naur form 巴克斯范式；

——KIF Knowledge Interchange Format 知识交换格式；

——PSL Process Specification Language 过程规范语言。

4 GB/T 20719 概述

如 GB/T 20719.1(idt ISO 18629-1)所述，作为一个整体，GB/T 20719(idt ISO 18629)详细描述了一种用于表示过程信息的语言(叫做 PLS 的过程规范语言)。它由 ISO 18629[1] 的第 11～19 部分和第 41～49 部分中用于过程描述的词汇、本体和语法组成。

注 1：PSL 是一种以数学定义良好的词表和语法为基础，用于详细描述制造过程的语言。因此，它不同于 EXPRESS(在 GB/T 16656.11 中被定义)语言以及 GB/T 16656.41，GB/T 16656.42，GB/T 16656.49，GB/T 17645，GB/T 19114.1—2003 和 GB/T 18975 中使用的语言，那些是模型语言。就两个过程之间的信息交换而言，PSL 确定了与其行为无关的每一个过程。例如，一个过程中被视为资源的对象可能与另一个过程中视为产品的对象被识别为同一个对象。PSL 以数学集合论和情景演算为基础(见 ISO 18629-11:2005 附录 D)。

ISO 18629 的第 11～19 部分详细说明了得到 ISO 18629 的基本概念的精确定义及相应公理所需的核心理论，这些核心理论可以实现不同模式之间的精确语义翻译。

ISO 18629 的第 11～19 部分提供：

1) 某些部分正在开发中。

——语言的基本元素的表示法；
——与足以描述基本过程的直觉语义基本概念相应的标准化公理集；
——发展遵循 PSL 核心的其他核心理论或扩展(如第 41～49 部分所提供的扩展)的规则集合。

5 GB/T 20719 本部分的组织

本条目详细说明了组成 GB/T 20719 中本部分的基本理论。

构成 GB/T 20719 本部分的核心理论有：

——子活动发生次序理论(soo.th)；
——周期理论(duration.th)；
——发生树自同构理论(preserve.th)；
——活动包络理论(envelope.th)；

GB/T 20719 中本部分的全部理论是 ISO 18629-12 中理论的扩展。

6 子活动发生次序核心理论

子活动发生次序理论引入了表示一个复杂活动中子活动发生上的过程流和偏序的直觉知识所必需的概念。

6.1 子活动发生次序理论的基本关系

子活动发生次序理论的非逻辑词汇包含两个基本关系符号：

——soo；
——soo_precedes。

子活动发生次序理论的非逻辑词汇包含一个基本函数符号：

——soomap。

6.2 子活动发生次序理论的定义关系

子活动发生次序理论的非逻辑词汇包含以下定义关系符号：

——root_soo；
——leaf_soo；
——next_subactivity。

6.3 与其他公理集的关系

子活动发生次序理论需要以下核心理论：

——psl_core.th；
——occtree.th；
——atomic.th；
——complex.th；
——actocc.th。

子活动发生次序理论不需要定义性扩展。

6.4 子活动发生次序理论的非正式语义

6.4.1 soo

用于 soo 的 KIF 符号是：

(soo ?s ?a)

用于 soo 的非正式语义是：

当且仅当活动发生?s 是活动?a 的子活动发生次序的一个元素时，(soo ?s ?a)在子活动发生次序理论的解释中为真。

6.4.2 soo_precedes

用于基本的 KIF 符号是：

(soo_precedes ?s1 ?s2 ?a)

用于 soo_precedes 的非正式语义是:

当且仅当在活动?a 的子活动发生次序中,活动发生?s1 先于活动发生?s2 时,(soo_precedes ?s1 ?s2 ?a)在子活动发生次序理论的解释为真。这一关系定义了复杂活动的子活动发生上的一个偏序。

6.4.3 soomap

用于 soomap 的 KIF 符号是:

(soomap ?s)

用于 soomap 的非正式语义是:

当且仅当活动发生?s1 是与?s 对应的子活动发生次序的元素时,(= ?s1 (soomap ?s)) 在子活动发生次序理论的解释中为真。

6.5 子活动发生次序理论中的定义

6.5.1 定义 1(与 root_soo 相关)

当且仅当一个活动发生是活动?a 的子活动发生次序的一个元素,并且在该次序中没有先于它的活动发生时,这个活动发生是该子活动发生次序的根。

```
(forall (?s ?a) (iff (root_soo ?s ?a)
(and (soo ?s ?a)
   (not (exists (?s1)
     (soo_precedes ?s1 ?s ?a)))))
```

6.5.2 定义 2(与 leaf_soo 相关)

当且仅当一个活动发生是活动?a 的子活动发生次序的一个元素,并且在该次序中没有活动发生位于它之后时,这个活动发生是该子活动发生次序的叶。

```
(forall (?s ?a) (iff (leaf_soo ?s ?a)
                (and (soo ?s ?a)
                (not (exists (?s1)
                      (soo_precedes ?s ?s1 ?a)))))
```

6.5.3 定义 3(与 next_soo 相关)

在?a 的子活动发生次序中,当且仅当活动发生?s1 先于活动发生?s2,并且这两个活动发生之间没有子活动发生存在时,活动发生?s2 是紧接在活动发生?s1 之后的下一个子活动发生。

```
(forall (?s1 ?s2 ?a) (iff (next_soo ?s1 ?s2 ?a)
(and (soo_precedes ?s1 ?s2 ?a)
  (not (exists (?s3)
    (and (soo_precedes ?s1 ?s3 ?a)
        (soo_precedes ?s3 ?s2 ?a)))))))
```

6.6 子活动发生次序理论的公理

6.6.1 公理 1

soo_precedes 关系对子活动发生次序的元素进行了排序。

```
(forall (?s1 ?s2 ?a)
   (implies (soo_precedes ?s1 ?s2 ?a)
     (and (soo ?s1 ?a)
         (soo ?s2 ?a))))
```

6.6.2 公理 2

子活动发生次序的元素是活动树的元素。

```
(forall (?a ?s)
  (implies  (soo ?s ?a)
```

```
(or    (root ?s ?a)
       (exists (?s1)
            (min_precedes ?s1 ?s ?a)))))
```

6.6.3 公理 3

soomap 函数将活动树映射到子活动发生次序。

```
(forall (?s ?a)
   (soo (soomap ?s) ?a))
```

6.6.4 公理 4

子活动发生次序的元素由 soomap 函数确定。

```
(forall (?s ?a)
   (implies  (soo ?s ?a)
      (= ?s (soomap ?s))))
```

6.6.5 公理 5

soomap 函数是一个分支单同态。

```
(forall (?s ?a)
   (or (mono (?s (soomap ?s) ?a)
      (= ?s (soomap ?s))))
```

6.6.6 公理 6

活动树对于子活动发生次序是序同态。

```
(forall (?a ?s1 ?s2)
   (implies  (min_precedes ?s1 ?s2 ?a)
      (iff   (soo_precedes (soomap ?s1) (soomap ?s2) ?a)
             (not (exists (?s3 ?s4)
                  (and  (min_precedes ?s4 ?s3 ?a)
                    (= (soomap ?s3) (soomap ?s1))
                    (= (soomap ?s4) (soomap ?s2))))))))
```

6.6.7 公理 7

soo_precedes 是不对称的。

```
(forall (?a ?s1 ?s2)
   (implies  (soo_precedes ?s1 ?s2 ?a)
     (not (soo_precedes ?s2 ?s1 ?a))))
```

6.6.8 公理 8

soo_precedes 是传递的。

```
(forall (?a ?s1 ?s2 ?s3)
   (implies  (and    (soo_precedes ?s1 ?s2 ?a)
         (soo_precedes ?s2 ?s3 ?a))
         (soo_precedes ?s1 ?s3 ?a))
```

7 周期理论

周期理论引入了周期的概念。它通过将每一个点对映射到一个满足向量空间公理的叫做时间周期的新的对象子类上来的方法对时间线进行度量。

7.1 周期理论中的基本关系

周期理论的非逻辑词汇包含两个基本关系符号：

——timeduration(时间周期)；

——lesser(小于)。

7.2 基本函数和常数

周期理论的非逻辑词汇包含三个函数符号:

——duration(周期);

——add(加);

——mult(乘)。

周期理论的非逻辑词汇包含四个常数符号:

——zero(零);

——one(一);

——max+(最大);

——max-(最小)。

7.3 周期理论的定义关系

周期理论的非逻辑词汇包含一个定义关系符号:

——time_add(时间增加)。

7.4 与其他公理集的关系

周期理论需要:

——psl_core.th.

周期理论不需要定义性扩展。

7.5 周期理论的非正式语义

7.5.1 timeduration(时间周期)

用于 timeduration 的 KIF 符号是:

(timeduration ?d)

用于 timeduration 的非正式语义是:

当且仅当在解释的论域中? f 是时间周期集合的成员时,(timeduration ?d) 在周期理论的解释中为真。时间周期是对象的子范畴。

7.5.2 lesser(小于)

用于 lesser 的 KIF 符号是:

(lesser ?d1 ?d2)

用于 lesser 的非正式语义是:

所有的时间周期都是线性有序。

当且仅当时间周期?d1 的值小于时间周期?d2 的值时,(lesser ?d1 ?d2) 在周期理论的解释中为真。

7.5.3 duration(周期)

用于 duration 的 KIF 符号是:

(duration ?t1 ?t2)

用于 duration 的非正式语义是:

当且仅当?d 表示时间周期,并且该时间周期的值为时间线上时间点?t1 和?t2 之间的距离时,(= (duration ?t1 ?t2) ?d) 在周期理论的解释中为真。

7.5.4 time_add(时间增加)

用于 time_add 的 KIF 符号是:

(time_add ?t ?d)

用于 time_add 的非正式语义是:

当且仅当?t2 表示时间点,并且在时间线上从时间点?t 到该时间点的距离为?d 时,(= (time_add ?t?d) ?t2) 在周期理论的解释中为真。

7.5.5 add(加)

用于 add 的 KIF 符号是:

(add ?d1 ?d2)

用于 add 的非正式语义是：

当且仅当?d3 表示时间周期，并且该时间周期的值为时间周期?d1 和?d2 的值之和时，(= (add ?d1 ?d2) ?d3) 在周期理论的解释中为真。

7.5.6 **mult(乘)**

用于 mult 的 KIF 符号是：

(mult ?x ?d)

用于 mult 的非正式语义是：

当且仅当?d2 表示时间周期，并且该时间周期的值为时间周期?d 和?x(?x 是一个交换群的元素)的值的乘积时，(= (mult ?x ?d) ?d2) 在周期理论的解释中为真。

7.5.7 **zero(零)**

用于 zero 的非正式语义是：

zero 表示时间周期常数，它是 add 函数的加法单位元素。

7.5.8 **one(一)**

用于 one 的非正式语义是：

one 表示时间周期常数，它是 mult 函数的乘法单位元素。

7.5.9 **max+(最大)**

用于 max+的非正式语义是：

max+是最大时间周期。

7.5.10 **max-(最小)**

用于 max-的非正式语义是：

max-是最小时间周期。

7.6 周期理论的定义

time_add(时间增加)函数将时间点?t1 和时间周期?d 映射到时间点?t2，这样?t1 和?t2 之间的周期为?d。

```
(forall (?t1 ?t2 ?d)
(iff(= ?t2 (time_add ?t1 ?d))
   (and (timepoint ?t1)
      (timepoint ?t2)
      (timeduration ?d)
      (= ?d (duration ?t2 ?t1)))))
```

7.7 周期理论的公理

以下为周期理论的公理集：

7.7.1 公理 1

zero，max+和 max-都是时间周期。

```
(and (timeduration zero)
   (timeduration max+)
   (timeduration max-))
```

7.7.2 公理 2

两个时间周期相加的结果还是一个时间周期。

```
(forall (?d1 ?d2)
(implies (and (timeduration ?d1)
    (timeduration ?d2))
    (timeduration (add ?d1 ?d2))))
```

7.7.3 公理 3

add 函数是可结合的。

```
(forall (?d1 ?d2 ?d3)
(implies (and (timeduration ?d1)
     (timeduration ?d2)
     (timeduration ?d3))
      (= (add (add ?d1 ?d2) ?d3) (add ?d1 (add ?d2 ?d3))))
```

7.7.4 公理 4

zero(零)是加法单位元素。

```
(forall (?d)
(implies (timeduration ?d)
     (= (add ?d zero) ?d)))
```

7.7.5 公理 5

与一个时间周期相对的依然是一个时间周期。

```
(forall (?d1)
(implies (timeduration ?d1)
      (exists (?d2)
     (and (timeduration ?d2)
          (= (add ?d1 ?d2) zero))))
```

7.7.6 公理 6

add 函数是可交换的。

```
(forall (?d1 ?d2)
(implies (and (timeduration ?d1)
     (timeduration ?d2))
      (= (add ?d1 ?d2) (add ?d2 ?d1))))
```

7.7.7 公理 7

时间周期与标量值的乘积还是时间周期。

```
(forall (?d ?r)
(implies (timeduration ?d)
     (timeduration (mult ?r ?d))))
```

7.7.8 公理 8

时间周期可以与标量相乘:

```
(forall (?d1 ?d2 ?r)
      (= (mult ?r (add ?d1 ?d2)) (add (mult ?r ?d1) (mult ?r ?d2))))
```

7.7.9 公理 9

时间周期和标量的乘法是可分配的:

```
(forall (?d ?r ?s)
     (= (mult (add ?r ?s) ?d) (add (mult ?r ?d) (mult ?s ?d))))
```

7.7.10 公理 10

时间周期和标量的乘法是可结合的。

```
(forall (?d ?r ?s)
     (= (mult (mult ?r ?s) ?d) (mult ?r (mult ?s ?d))))
```

7.7.11 公理 11

One(一)是乘法单位元素。

```
(forall (?d)
    (= ?d (mult one ?d)))
```

7.7.12 公理 12

时间周期的 add 函数在时间周期上保留 lesser(小于)次序。

```
(forall (?d1 ?d2 ?d3)
   (and (timeduration ?d1)
     (timeduration ?d2)
     (timeduration ?d3))
     (iff (lesser ?d1 ?d2)
         (lesser (add ?d1 ?d3) (add ?d2 ?d3))))
```

7.7.13 公理 13

如果两个时间周期是相等的,那么它们与另一个时间周期相加的结果也将相等。

```
(forall (?d1 ?y ?z)
   (and   (timeduration ?d1)
     (timeduration ?d2)
     (timeduration ?d3))
     (iff (= ?d1 ?d2)
         (= (add ?d1 ?d3) (add ?d2 ?d3)))))
```

7.7.14 公理 14

max－小于任一时间周期,max＋大于任一时间周期。

```
(forall (?d)
  (implies  (timeduration ?d)
     (and (lesser ?d max+)
         (lesser max-  ?d))))
```

7.7.15 公理 15

除 max＋以外的任一周期与 max－相加的结果仍是 max－,反之亦然,max＋与 max－之和为零。

```
(forall (?d)
(implies (timeduration ?d)
    (and (implies  (not (= ?d max-)) (= max+ (add ?d max+)))
    (implies (not (= ?d max+)) (= max- (add ?d max-)))
    (= zero (add max+ max-)))))
```

7.7.16 公理 16

周期函数为每一对时间点指定一个时间周期。

```
(forall (?t1 ?t2)
   (implies (and (timepoint ?t1)
           (timepoint ?t2))
     (timeduration (duration ?t1 ?t2))))
```

7.7.17 公理 17

每个时间周期都与某一对时间点的周期函数值相等。

```
(forall (?d)
   (implies (timeduration ?d)
             (exists (?t1 ?t2)
           (and (timepoint ?t1)
                (timepoint ?t2)
```

```
            (= ?d (duration ?t1 ?t2))))))
```

7.7.18 公理 18

当且仅当两个时间点相等时,周期函数的值为零。

```
(forall (?t1 ?t2)
(implies (and (timepoint ?t1)
    (timepoint ?t2))
    (iff (= zero (duration ?t1 ?t2))
    (= ?t1 ?t2)))
```

7.7.19 公理 19

?t1 和?t2 之间的周期函数值是?t2 和?t1 之间的周期函数值的加法逆元。

```
(forall (?t1 ?t2)
(implies (and (timepoint ?t1)
    (timepoint ?t2))
    (= zero (add (duration ?t1 ?t2) (duration ?t2 ?t1)))))
```

7.7.20 公理 20

给定一个时间点?t1(不包括 inf－和 inf＋),从?t1 到任一时间点的周期是唯一的。

```
(forall (?t1 ?t2 ?t3)
   (implies (and  (timepoint ?t1)
            (timepoint ?t2)
            (timepoint ?t3)
            (not (= ?t1 inf-))
            (not (= ?t2 inf+))
            (= (duration ?t1 ?t2) (duration ?t1 ?t3)))
      (= ?t3 ?t2)))
```

7.7.21 公理 21

从任一点(不包括 inf－)到 inf－的周期是 max－,从任一点(不包括 inf＋)到 inf＋的周期是 max＋。

```
(forall (?t)
(and  (implies  (and  (timepoint ?t)
         (not (= ?t inf-)))
   (= max+ (duration inf- ?t)))
(implies (and    (timepoint ?t)
          (not (= ?t inf+)))
   (= max- (duration inf+ ?t)))
```

7.7.22 公理 22

从 inf－到任一点(不包括 inf－)的周期是 max＋,从 inf＋到任一点(不包括 inf＋)的周期是 max－。

```
forall (?t)
(and  (implies  (and  (timepoint ?t)
          (not (= ?t inf-)))
     (= max- (duration ?t inf-)))
  (implies  (and    (timepoint ?t)
            (not (= ?t inf+)))
     (= max+ (duration ?t inf+)))
```

8 发生树自同构

发生树自同构核心理论对发生约束的直觉知识进行公理化，在该约束中：一个活动的合法发生依赖于其他活动的发生。

8.1 发生树自同构理论的基本关系

发生树自同构的非逻辑词汇包含一个基本关系符号：

——ubiquitous。

8.2 发生树自同构理论的定义关系

发生树自同构的非逻辑词汇包含三个定义关系符号：

——end_iso；

——legal_map；

——tree_map。

8.3 与其他公理集的关系

本核心理论需要：

——pslcore.th；

——occtree.th；

——atomic.th；

——complex.th；

——actocc.th。

需要的定义性扩展是：

——occ_precond.def。

8.4 发生树自同构理论的非正式语义

8.4.1 **ubiquitous**

用于 ubiquitous 的 KIF 符号是：

(ubiquitous ??a1 ?a2)

用于 ubiquitous 的非正式语义是：

当且仅当?a1 的发生树自同构保留的活动发生是?a2 的发生的子活动发生时，(ubiquitous ?a1 ?a2)在发生树自同构理论的解释中为真。

8.4.2 **end_iso**

用于 end_iso 的 KIF 符号是：

(end_iso ?s1 ?s2 ?s3 ?s4)

用于 end_iso 的非正式语义是：

当且仅当将?s1 映射到?s2 的发生树自同构也可以将?s3 映射到?s4 时，(end_iso ?s1 ?s2 ?s3 ?s4)在发生树自同构理论的解释中为真。

8.4.3 **legal_map**(合法映射)

用于 legal_map 的 KIF 符号是：

(legal_map ?s3 ?s4 ?a)

用于 legal_map 的非正式语义是：

当且仅当将?s3 映射到?s4 的发生树自同构保留?a 的合法发生时，(legal_map ?s3 ?s4 ?a) 在发生树自同构理论的解释中为真。

8.4.4 **tree_map**(树映射)

用于 tree_map 的 KIF 符号是：

(tree_map ?s1 ?s2 ?a1 ?a2)

用于 tree_map 的非正式语义是：

当且仅当保留?a1 的合法发生并且将?s1 映射到?s2 的合法发生树上的任一映射也保留?a2 的活动树时,(end_iso ?s1 ?s2 ?a1 ?a2) 在发生树自同构理论的解释中为真。

8.5 发生树自同构理论中的定义

发生树自同构理论引入的定义有：

8.5.1 定义 1

将?s1 映射到?s2 的发生树自同构也可以将?s3 映射到?s4。

```
(forall (?s1 ?s2 ?s3 ?s4) (iff (end_iso ?s1 ?s2 ?s3 ?s4)
(exists (?s5 ?s6)
    (and  (precedes ?s5 ?s1)
          (precedes ?s5 ?s3)
          (precedes ?s6 ?s2)
          (precedes ?s6 ?s4)
          (tree_equiv ?s1 ?s2)
          (tree_equiv ?s3 ?s4)
          (tree_equiv ?s5 ?s6))))
```

8.5.2 定义 2

将?s3 映射到?s4 的发生树自同构保留?a 的合法发生。

```
(forall (?s ?s3 ?s4) (iff (legal_map ?s3 ?s4 ?a)
(and  (occurrence_of ?s3 ?a)
      (occurrence_of ?s4 ?a)
      (tree_equiv ?s3 ?s4)
      (forall (?s1)
          (implies  (occurrence_of ?s1 ?a)
                (exists (?s2)
                    (and  (occurrence_of ?s2 ?a)
                          (legal ?s2)
                          (end_iso ?s1 ?s2 ?s3 ?s4))))))))
```

8.5.3 定义 3

保留?a1 的合法发生并且将?s1 映射到?s2 的合法发生树自同构也保留?a2 的活动树。

```
(forall (?a1 ?a2 ?s1 ?s2) (iff (tree_map ?s1 ?s2 ?a1 ?a2)
(and  (legal_map ?s1 ?s2 ?a1)
    (forall (?s3 ?s4)
        (implies (min_precedes ?s3 ?s4 ?a)
            (exists (?s5 ?s6)
                (and  (min_precedes ?s5 ?s6 ?a2)
                      (end_iso ?s3 ?s5 ?s1 ?s2)
                      (end_iso ?s4 ?s6 ?s1 ?s2))))))))
```

8.6 发生树自同构理论的公理

以下是发生树自同构理论中的公理集：

8.6.1 公理 1

如果?a2 是?a1 的一个普遍存在的活动,那么保留?a1 的合法发生的发生树自同构也保留?a2 的活动树中的子活动发生。

```
(forall (?a1 ?a2 ?s1 ?s2)
    (implies (and  (ubiquitous ?a1 ?a2)
```

```
            (min_precedes ?s1 ?s2 ?a2))
        (exists (?s3 ?s4 ?s5 ?s6)
        (and (tree_equiv ?s1 ?s2)
            (tree_equiv ?s3 ?s4)
            (occurrence ?s5 ?a1)
            (occurrence ?s6 ?a1)
            (legal_equiv ?s5 ?s6)
            (end_iso ?s3 ?s4 ?s5 ?s6)))))
```

8.6.2 公理 2

如果?a2是?a1的一个普遍存在的活动，那么保留了?a2的活动树中的子活动发生的任何发生树自同构也保留?a1的合法发生。

```
(forall (?a1 ?a2 ?s1 ?s2)
   (implies  (and  (ubiquitous ?a1 ?a2)
             (min_precedes ?s1 ?s2 ?a2))
      (not (exists (?s3 ?s4)
             (and (occurrence ?s3 ?a1)
                  (occcurrence ?s4 ?a1)
                  (legal_equiv ?s3 ?s4)
                  (end_iso ?s1 ?s2 ?s3 ?s4))))))
```

8.6.3 公理 3

保留?a1的合法发生的发生树自同构所保留的每一个活动发生都是一个普遍存在的活动的子活动发生。

```
(forall  (?a1 ?a2 ?s1 ?s2 ?s3 ?s4)
   (implies  (and  (ubiquitous ?a1 ?a2)
             (occurrence ?s3 ?a1)
             (occurrence ?s4 ?a1)
             (legal_equiv ?s3 ?s4)
             (end_iso ?s1 ?s2 ?s3 ?s4))
    (exists (?o1 ?o2)
        (and (occurrence ?o1 ?a1)
             (occurrence ?o2 ?a1)
             (subactivity_occurrence ?s1 ?o1)
             (subactivity_occurrence ?s2 ?o1)))))
```

9 活动包络理论

活动包络的核心理论为与一个活动的发生和外部活动的发生之间的相互作用有关的直觉知识提供公理。特别是，有些外部活动在一个活动的合法发生过程中必须发生，而有些外部活动在一个活动的合法发生过程中禁止发生。

9.1 活动包络理论中的基本关系

活动包络理论的非逻辑词汇包含两个基本关系符号：

——envelope(包络)；

——umbra(本影)。

9.2 活动包络理论中的定义关系

无

9.3 与其他公理集的关系

活动包络理论所需的核心理论有：

——pslcore.th；

——occtree.th；

——subactivity.th；

——atomic.th；

——complex.th；

——actocc.th。

活动包络理论所需的定义性扩展是：

——embedding.def。

9.4 活动包络理论的非正式语义

9.4.1 envelope(包络)

用于 envelope 的 KIF 符号是：

(envelope ?a1 ?a2 ?s)

用于 envelope 的非正式语义是：

当且仅当以?s 为根的?a2 的活动树包含了对于?a1 的合法发生来说必须发生的所有外部活动发生时，(envelope ?a1 ?a2) 在活动包络理论的解释中为真。

9.4.2 umbra(本影)

用于 umbra 的 KIF 符号是：

(umbra ?a1 ?a2)

用于 umbra 的非正式语义是：

当且仅当以?s 为根的?a2 的活动树包含了在?a1 的合法发生过程中禁止发生的所有外部活动发生时，(umbra ?a1 ?a2) 在活动包络理论的解释中为真。

9.5 活动包络理论中的定义

无

9.6 活动包络理论的公理

以下为活动包络理论中的公理集：

9.6.1 公理 1

每一个活动树都具有一个包络活动。

```
(forall (?a2 ?s)
    (implies (root ?s ?a2)
        (exists (?a1)
            (envelope ?a1 ?a2 ?s))))
```

9.6.2 公理 2

每一个活动树都具有一个本影活动。

```
(forall (?a2 ?s)
    (implies (root ?s ?a2)
        (exists (?a1)
            (umbra ?a1 ?a2 ?s))))
```

9.6.3 公理 3

任何一个包络的活分枝都不是初始活动的死分枝。

```
(forall (?a1 ?a2 ?s ?s1)
    (implies (and  (envelope ?a1 ?a2 ?s)
            (live_branch ?s1 ?s ?a1))
```

```
    (not (dead_branch ?s1 ?s ?a2))))
```

9.6.4 公理 4

任何一个本影的活分枝都不是初始活动的活分枝。

```
(forall (?a1 ?a2 ?s ?s1)
   (implies (and  (umbra ?a1 ?a2 ?s)
            (live_branch ?s1 ?s ?a1))
     (not (live_branch ?s1 ?s ?a2))))
```

9.6.5 公理 5

活动的任一活分枝都是包络的活分枝。

```
(forall (?a1 ?a2 ?s ?s1)
   (implies (and  (envelope ?a1 ?a2 ?s)
            (live_branch ?s1 ?s ?a2))
     (live_branch ?s1 ?s ?a1)))
```

9.6.6 公理 6

活动的任一死分枝都是本影的活分枝。

```
(forall (?a1 ?a2 ?s ?s1)
   (implies (and  (umbra ?a1 ?a2 ?s)
            (dead_branch ?s1 ?s ?a2))
     (live_branch ?s1 ?s ?a1)))
```

9.6.7 公理 7

?a1 的包络对?a1 的活分枝没有约束。

```
(forall (?a1 ?a2 ?s ?o)
   (implies (and  (envelope ?a1 ?a2 ?s)
            (occurrence ?o ?a1)
            (root_occ ?s ?o))
     (unconstrained ?o)))
```

9.6.8 公理 8

?a1 的本影对?a1 的死分枝没有约束。

```
(forall (?a1 ?a2 ?s ?o)
        (implies (and  (umbra ?a1 ?a2 ?s)
        (occurrence ?o ?a1)
        (root_occ ?s ?o))
        (unconstrained ?o)))
```

附 录 A
（规范性附录）
在SC4标准中使用抽象语法符号1(ASN.1)标识符

为了给开放系统中的信息对象提供一个明确的标识，将对象标识符

iso standard 18629 part 13 version 1

（GB/T 20719 标准 第13部分 版本1）

分配给GB/T 20719的本部分。它的确切含义在GB/T 16262.1中给出，并在GB/T 20719.1—2006中加以描述。

附 录 B
(资料性附录)
使用 GB/T 20719 第 13 部分描述过程的实例

本附录的目的是提供一个 GB/T 20719 PSL 在包含有多种制造功能的信息共享中应用的详细方案。

该方案是一个“互操作”的制造方案。这意味着其目标是展示在制造环境中 PSL 如何用于促进过程知识的交流。特别是，本方案是以从过程计划员到加工车间计划员的知识交换为中心的。

本附录扩展了 ISO 18629-11:2005 附录 C 中引入的测试案例来说明一些时序概念在 GT-350 产品的制造过程规范中的应用。

B.1 GT-350 制造过程

本章节将各个不同的部门过程合并成为一个制造 GT-350 产品所发生的活动的高级集合。如 GT-350 产品结构所述(见 ISO 18629-11:2005 表 C.1)，该产品的子部件可以是外购的、外部分包的或内部制造的。对这些过程的描述表达了制造内部子部件进行的各种活动。这种自上而下考察制造过程的方法为抽象的“制造 GT-350”活动提供了全面的描述，“制造 GT-350”活动向下扩展成详细的部门级活动。

如下面的图 B.1 所示，GT-350 制造过程分为 6 个主要的工作区域。前 5 个工作区域：制造汽车内部、制造驱动、装饰、制造发动机和制造底盘相互之间是没有顺序之分的，但它们必须全部在进行总装之前完成。

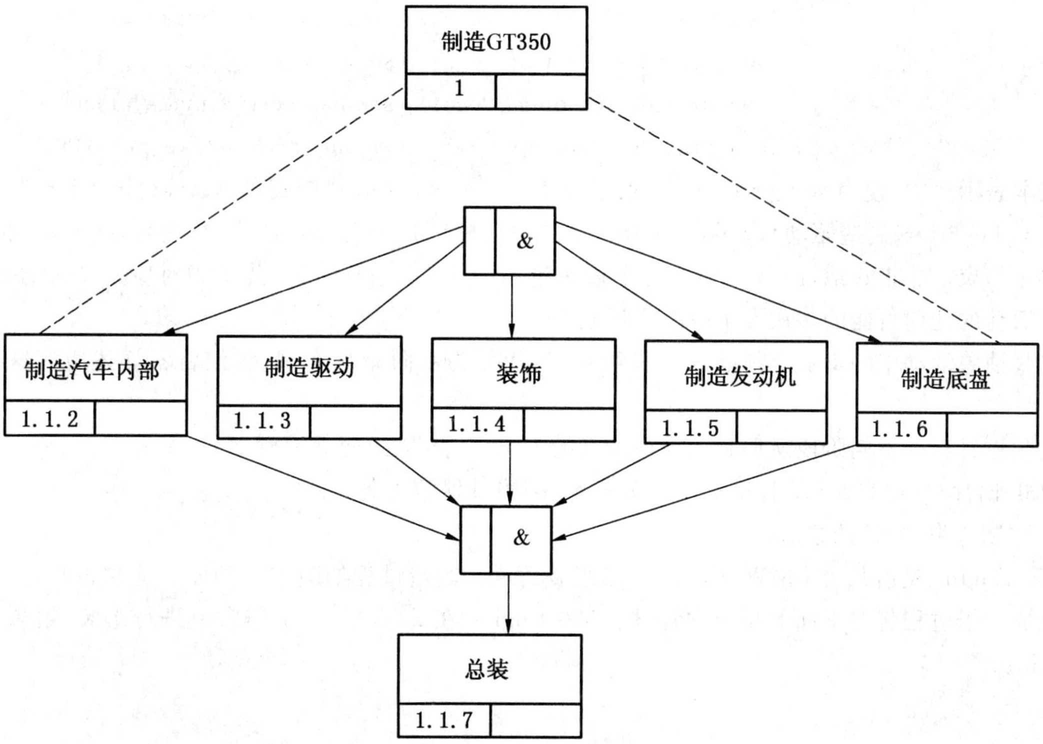

图 B.1 GT350 的顶层制造过程[8]

顶层过程的 PSL 时序表示法以下述方式扩展了外核表示法：

```
(subactivity make-chassis make_gt350)
(subactivity make-interior make_gt350)
(subactivity make-drive make_gt350)
(subactivity make-trim make_gt350)
(subactivity make-engine make_gt350)
(subactivity final-assembly make_gt350)
(forall (?occ)
  (⇔      (occurrence_of ?occ make_gt350)
          (exists (?occ1 ?occ2 ?occ3 ?occ4 ?occ5 ?occ6)
              (and    (occurrence_of ?occ1 make_chassis)
                      (occurrence_of ?occ2 make_interior)
                      (occurrence_of ?occ3 make_drive)
                      (occurrence_of ?occ4 make_trim)
                      (occurrence_of ?occ5 make_engine)
                      (occurrence_of ?occ6 final_assembly)
                      (subactivity_occurrence ?occ1 ?occ)
                      (subactivity_occurrence ?occ2 ?occ)
                      (subactivity_occurrence ?occ3 ?occ)
                      (subactivity_occurrence ?occ4 ?occ)
                      (subactivity_occurrence ?occ5 ?occ)
                      (subactivity_occurrence ?occ6 ?occ)
                      (soo_precedes (soomap ?occ1) (soomap ?occ6) make_gt350)
                      (soo_precedes (soomap ?occ2) (soomap ?occ6) make_gt350)
                      (soo_precedes (soomap ?occ3) (soomap ?occ6) make_gt350)
                      (soo_precedes (soomap ?occ4) (soomap ?occ6) make_gt350)
                      (soo_precedes(soomap ?occ5)(soomap ?occ6) make_gt350)))))))
```

在本表示法中，使用 soo_precedes 关系来说明 make_chassis(制造底盘)，make_interior(制造汽车内部)，make_drive(制造驱动)，make_engine(制造发动机)和 final_assembly(总装)这些子活动发生之间的次序约束。非正式地，图 B.1 中的每个箭头都与一个 soo_precedes 公式相对应。soomap 函数用于在子活动的任何可能的多次发生中进行识别。

这些抽象活动中的每一个都能进一步细化，然而作为本附录的实例，我们将不详述所有这些细化部分。

以制作过程的不同阶段所遇到的抽象活动的 IDEF3 表示法(过程表示法)为基础，我们将选取一些应用 PSL 时序(GB/T 20719 标准的本部分所示)描述过程的实例。

B.1.1 “制造发动机”抽象活动

350-Engine 是由几个 CMW 车间的产品组装而成。制造过程如图 B.2 所示。它由汽缸体、线束和电线组成。子过程将在下面的小节中详述。350-Engine 在 A004 装配工作台上进行组装，组装一个需要 5 min。

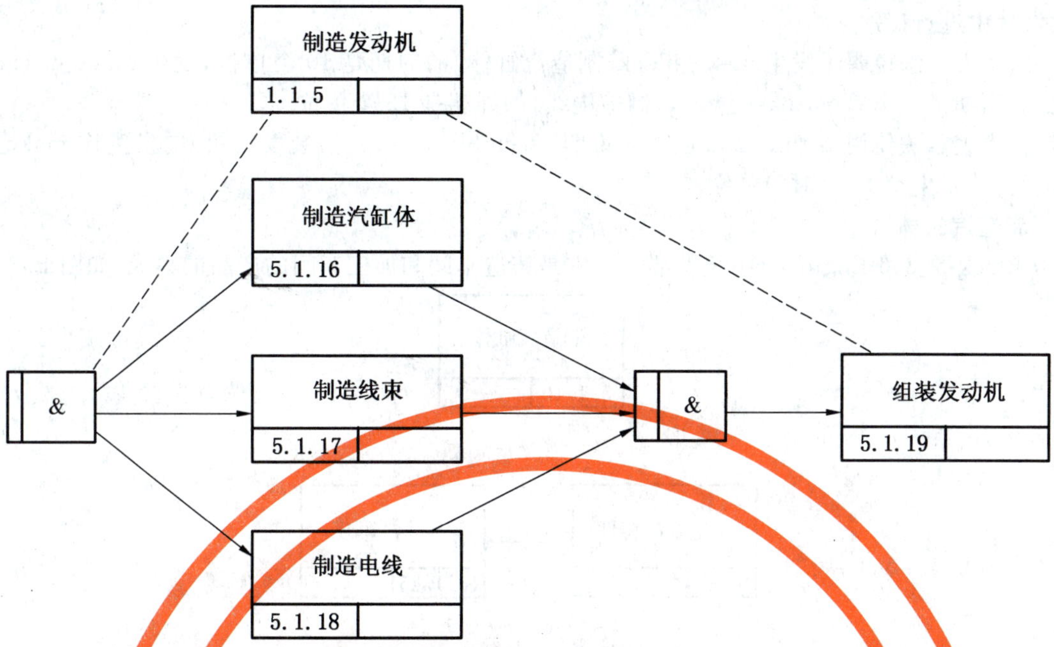

图 B.2 制造 350-Engine 的过程[8]

在制造发动机过程中，一些活动的 PSL 时序表示法和与信息相关的过程的 PSL 时序核表示法如下：

```
(subactivity make_block make_engine)
(subactivity make-harness make_engine)
(subactivity make-wires make_engine)
(subactivity assemble_engine make_engine)

(forall (?occ)
 (⇔    (occurrence_of ?occ make_engine)
        (exists (?occ1 ?occ2 ?occ3 ?occ4)
              (and    (occurrence_of ?occ1 make_block)
                      (occurrence_of ?occ2 make_harness)
                      (occurrence_of ?occ3 make_wires)
                      (occurrence_of ?occ4 assemble_engine)
                      (= (duration (beginof ?occ1) (endof ?occ1)) 10)
                      (= (duration (beginof ?occ2) (endof ?occ2)) 5)
                      (= (duration (beginof ?occ3) (endof ?occ3)) 12)
                      (= (beginof ?occ4) (time_add (endof ?occ3) 10))
                      (subactivity_occurrence ?occ1 ?occ)
                      (subactivity_occurrence ?occ2 ?occ)
                      (subactivity_occurrence ?occ3 ?occ)
                      (subactivity_occurrence ?occ4 ?occ)
                      (soo_precedes (soomap ?occ1) (soomap ?occ4) make_gt350)
                      (soo_precedes (soomap ?occ2) (soomap ?occ4) make_gt350)
                      (soo_precedes (soomap ?occ3) (soomap ?occ4) make_gt350)))))
```

在本表示法中，使用 soo_precedes 关系来说明 make_block(制造汽缸体)，make_harness(制造线束)，make_wires(制造电线)和 make_engine(制造发动机)这些子活动发生之间的次序约束。非正式地，图 B.2 中的每个箭头都与一个 soo_precedes 公式相对应。soomap 函数用于在子活动的任何可能的多次发生中进行识别。

另外，本表示法说明了发生 make_block(制造汽缸体)的周期是 10 个单位，发生 make_harness(制造线束)的周期是 5 个单位，make_wires(制造电线)的周期是 12 个单位。

最后，本表示法使用了 time_add 函数来说明 assemble_engine(组装发动机)的发生比 make_wires(制造电线)的发生晚 10 个时间单位。

B.1.2 制造汽缸体

350-Block 是 350-Engine 分组装的部件。它是铸造车间和加工车间的产品的集成，如图 B.3 所示。

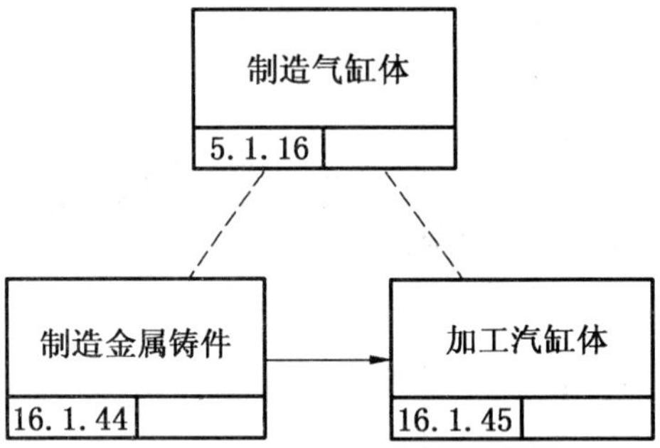

图 B.3 制造 350-Block 的过程[8]

一些活动的 PSL 时序表示法和与信息相关的过程的 PSL 时序表示法如下：

```
(subactivity produce_molded_metal make_block)
(subactivity machine_block make_block)
(primitive machine_block)
(primitive produce_molded_metal)


(forall (?occ)
   (⇔          (occurrence_of ?occ make_block)
              (exists (?occ1 ?occ2)
                  (and    (occurrence_of ?occ1 produce_molded_metal)
                          (occurrence_of ?occ2 machine_block)
                          (= (beginof ?occ2) (time_add (endof ?occ1) 12))
                          (soo_precedes (soomap ?occ1) (soomap ?occ2) make_block)))))
```

本表示法使用了 time_add 函数来说明 machine_block(加工汽缸体)子活动的发生比 produce_molded_metal(制造金属铸件)子活动的发生结束晚 12 个时间单位。

B.1.3 制造线束

350-Harness(图 B.4)是 350-Engine 分组装的部件。它是电线与电缆车间的产品。图 B.5 详述了线束电线的生产过程。350-Harness 由钳工在电线与电缆装配台上进行组装。组装一组需要 10 min。

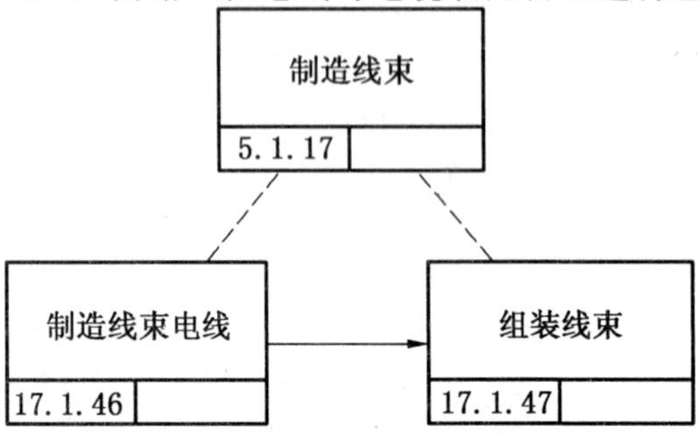

图 B.4 制造 350-Harness 的过程[8]

一些活动的PSL时序表示法和与信息相关的过程的PSL时序表示法如下：

(subactivity make_harness_wire make_harness)

(subactivity assemble_harness make_harness)

(primitive assemble_harness)

```
(forall (?occ)
   (⇔        (occurrence_of ?occ make_harness)
           (exists (?occ1 ?occ2 ?occ3)
                (and   (occurrence_of ?occ1 make_harness_wire)
                       (occurrence_of ?occ2 assemble_harness)
                       (leaf_occ ?occ3 ?occ1)
                       (soo_precedes (soomap ?occ3) (soomap ?occ2) make_harness)))))
```

本表示法形式化了图B.5中的过程规范。在本表示法中，使用soo_precedes关系来说明make_harness_wires(制造线束电线)和assemlbe_wires(组装电线)这些子活动发生之间的次序约束。非正式地，图B.5中的每个箭头与一个soo_precedes公式相对应。soomap函数用于在子活动的任何可能的多次发生中进行识别。

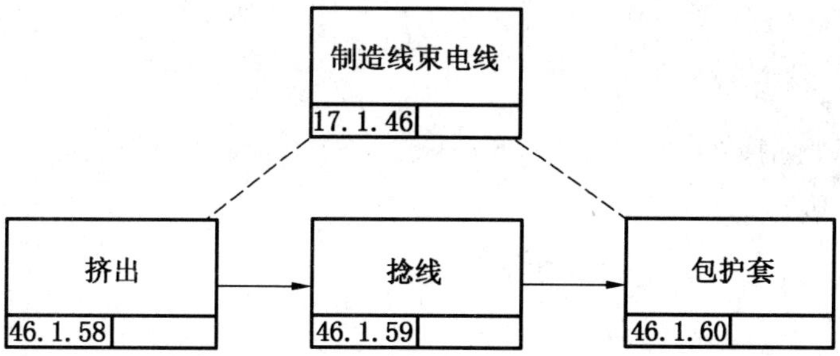

图 B.5　制造线束电线的过程[8]

B.1.4　制造线束电线

350-Wire-Set是350-Engine分组装的部件。它是电线与电缆车间的产品。

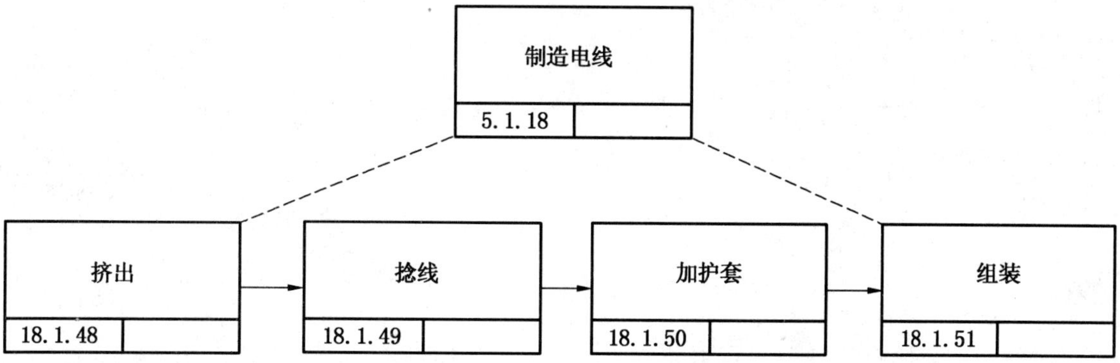

图 B.6　制造350-Wire的过程[8]

一些活动的PSL时序表示法和与信息相关的过程的PSL时序表示法如下：

(subactivity extrude make_harness_wire)

(subactivity twist make_harness_wire)

(subactivity jacket make_harness_wire)

(primitive extrude)

(primitive twist)

```
(primitive jacket)

(forall(?occ)
  (⇔        (occurrence_of ?occ make_harness_wire)
          (exists (?occ1 ?occ2 ?occ3 ?occ4)
               (and (occurrence_of ?occ1 extrude)
                    (occurrence_of ?occ2 twist)
                    (occurrence_of ?occ3 jacket)
                    (occurrence_of ?occ4 assemble)
                    (soo_precedes (soomap ?occ1) (soomap ?occ2) make_harness_wire)
                    (soo_precedes (soomap ?occ3) (soomap ?occ4) make_harness_wire)
                    (soo_precedes (soomap ?occ2) (soomap ?occ3) make_harness_wire))))
```

本表示法形式化了图 B.6 中的过程规范。在本表示法中，使用 soo_precedes 关系来说明挤出、捻线、加护套和组装这些子活动发生之间的次序约束。非正式地，图 B.6 中的每个箭头与一个 soo_precedes 公式相对应。soomap 函数用于在子活动的任何可能的多次发生中进行识别。

参 考 文 献

[1] GB/T 16656.11—1996 工业自动化系统与集成 产品数据表达与交换 第11部分:描述方法:EXPRESS语言参考手册(eqv ISO/DIS 10303-41:1994)

[2] GB/T 16656.41—1999 工业自动化系统与集成 产品数据表达和交换 第41部分:集成通用资源:产品描述与支持原理(idt ISO 10303-41:1994)

[3] GB/T 16656.42—1999 工业自动化系统与集成 产品数据表达和交换 第42部分:集成通用资源:几何与拓扑表达(idt ISO 10303-42:1994)

[4] GB/T 16656.49—2003 工业自动化系统与集成 产品数据表达和交换 第49部分:集成通用资源:工艺过程结构和特性(idt ISO 10303-49:1998)

[5] GB/T 17645(所有部分) 工业自动化系统与集成 零件库(idt ISO 13584)

[6] GB/T 19114(所有部分) 工业自动化系统与集成 工业制造管理数据(idt ISO 15531)

[7] GB/T 18975(所有部分) 工业自动化系统与集成 流程工厂(包括石油和天然气生产设施)生命周期数据集成(idt ISO 15926)

[8] Federal Information Processing Standards Publication 184, Integration Definition for Information Modeling (IDEF3), FIPS PUB 184, National Institute of Standards and Technology, December 1993. IDEF3. Available from the Internet: 〈http://www.idef.com〉(联邦信息处理标准184,《信息建模集成定义(IDEF3)》,FIPS PUB 184,美国国家标准技术研究院,1993年12月,可在此网址获得:〈http://www.idef.com〉)

索　引

ICS 25.040.40
L 67

中华人民共和国国家标准

GB/T 20719.14—2010/ISO 18629-14:2006

工业自动化系统与集成
过程规范语言
第14部分:资源理论

**Industrial automation systems and integration—
Process specification language—
Part 14: Resource theories**

(ISO 18629-14:2006,IDT)

2010-12-01 发布　　2011-05-01 实施

中华人民共和国国家质量监督检验检疫总局
中国国家标准化管理委员会　发布

前 言

GB/T 20719《工业自动化系统与集成 过程规范语言》目前分为以下部分：

——第1部分：概述与基本原理；

——第11部分：PSL核心；

——第12部分：PSL外核；

——第13部分：时序理论；

——第14部分：资源理论；

——第15部分：活动性能理论；

——第21部分：EXPRESS；

——第22部分：XML；

——第23部分：UML；

——第41部分：活动；

——第42部分：时间和状态；

——第43部分：序列；

——第44部分：定义性扩展：资源扩展；

——第45部分：资源集的种类；

——第46部分：加工活动；

——第47部分：过程目的。

GB/T 20719的主要内容为：

——第1部分规定了GB/T 20719系列标准概述及其结构；

——第11部分到15部分规定了核心理论，属于1x系列；

——第21部分到23部分规定了外部映射，属于2x系列；

——第41部分到47部分规定了定义性扩展，属于4x系列；

——另外2xx系列规定了转换执行指导。

本部分是GB/T 20719的第14部分。

本部分等同采用ISO 18629-14:2006《工业自动化系统与集成 过程规范语言 第14部分：资源理论》(英文版)。

本部分的技术内容和结构与ISO 18629-14:2006相一致，在编写规则上符合我国GB/T 1.1—2000《标准化工作导则 第1部分：标准的结构和编写规则》，为便于使用，做了如下编辑性修改：

a) 删去了ISO前言；

b) 将"本国际标准"和ISO 18629改为"GB/T 20719"，将ISO 18629-1改为GB/T 20719的第1部分或GB/T 20719.1；

c) 将规范性引用文件中已转化为国家标准的国际标准编号改为国家标准编号，并在其后的原括号内给出了该国家标准当前的适用版本编号及其对应的国际标准版本编号。未转化的仍引用国际标准。

本部分的附录A为规范性附录，附录B为资料性附录。

本部分由中国机械工业联合会提出。

本部分由全国自动化系统与集成标准化技术委员会(SAC/TC 159)归口。

本部分主要起草单位：中国标准化研究院、重庆市标准化研究院。

本部分主要起草人：刘守华、王志强、李文武、余松华、唐良富、洪岩、杨青海。

引　言

GB/T 20719 是用于计算机可解释的制造过程相关的信息交换的国家标准。本标准包含的所有部分共同提供了一种描述制造过程的通用语言，该过程贯穿于同种工业企业或跨多个工业部门或企业的整个生产过程，其表达方式独立于任何特殊的表达模型。该语言适用于生产过程各个阶段与制造相关的过程信息的共享。

GB/T 20719 的本部分提供了本标准所定义的语言的核心元素描述。

本部分和 GB/T 20719 其他部分独立于任何制造管理领域内应用软件提出的过程表达或模型。他们共同提供了一种用于改善这些应用软件互操作性的结构框架。

工业自动化系统与集成
过程规范语言
第14部分:资源理论

1 范围

根据GB/T 20719.1中描述的范围,即本部分第4章所提及的,本部分通过一系列公理和定义提供了属于语言外核的概念的表达。这些公理为本部分中的术语提供了语义的公理化。

以下各项属于本部分的范畴:

—资源;

—资源和活动间的关系;

—资源集;

—增加量。

2 规范性引用文件

下列文件中的条款通过GB/T 20719的本部分的引用而成为本部分的条款。凡是注日期的引用文件,其随后所有的修改单或修订版均不适用于本部分,然而,鼓励根据本部分达成协议的各方研究是否可使用这些文件的最新版本。凡是不注日期的引用文件,其最新版本适用于本部分。

GB/T 16262.1 信息技术 抽象语法记法一(ASN.1) 第1部分:基本记法规范(GB/T 16262.1—2006,ISO/IEC 8824-1:2002,IDT)

GB/T 19114.1 工业自动化系统与集成 工业制造管理数据 第1部分:综述(GB/T 19114.1—2003,ISO 15531-1:2002,IDT)

GB/T 20719.1 工业自动化系统与集成 过程规范语言 第1部分:概述与基本原理(GB/T 20719.1—2006,ISO 18629-1:2004,IDT)

GB/T 20719.11 工业自动化系统与集成 过程规范语言 第11部分:PSL核心(GB/T 20719.11—2010,ISO 18629-11:2005,IDT)

ISO 18629-12 工业自动化系统与集成 过程规范语言 第12部分 PSL外核

3 术语、定义和缩略语

3.1 术语和定义

下列术语和定义适用于GB/T 20719的本部分。

3.1.1

公理 axiom

形式语言中的合式公式(well-formed formula)。用以对一门语言的词汇中符号的解释加以约束。

[GB/T 20719.1,定义3.1.1]

3.1.2

定义的词汇 defined lexicon

非逻辑词汇的一系列符号,表示所定义概念。

注:定义的词汇分为常量,函数和关系符号。

示例:具有传统定义的术语。

[GB/T 20719.1,定义 3.1.5]

3.1.3

定义性扩展 definitional extension

指 PSL 核心的扩展,它引入了完全由 PSL 核心定义的新的语言术语。

注:定义性扩展不增加 PSL 核心新的表达能力,但它常常定义领域应用中的语义及术语。

[GB/T 20719.1,定义 3.1.6]

3.1.4

扩展 extension

包含附加公理的 PSL 核心的扩展。

注 1:PSL 核心是相对简单的公理集合,它可用于表达较广范围内的基本过程。然而,更复杂的过程需要超 PSL 核心所包含的表达性资源。相对于将每一个可能的概念(可用于描述某个或其他过程)添加进 PSL 核心所造成的混乱,更好的方式是开发各种独立的、模块化式的扩展,并把它们添加进 PSL 核心。采用这种方式,用户可以将语言精确地裁剪成他们所需要的表达形式。

注 2:所有的扩展均为核心理论或定义性扩展。

[GB/T 20719.1,定义 3.1.9]

3.1.5

语法 grammar

说明如何将逻辑符号和词汇术语组合为合式公式的规范。

[GB/T 20719.1,定义 3.1.10]

3.1.6

语言 language

词汇和语法的组合。

[GB/T 20719.1,定义 3.1.12]

3.1.7

词汇 lexicon

符号和术语的集合。

注 1:词汇包括逻辑符号(例如布尔连接和量词)与非逻辑符号。对于 GB/T 20719 来说,词汇的非逻辑部分由表达式(常量,函数符号与关系符号)组成以表达本体的基本概念。

注 2:改写 GB/T 20719.1,定义 3.1.13。

3.1.8

制造 Manufacturing

将原材料或半成品转换成半成品或成品的功能或行为。

注:改写 GB/T 19114.1—2003,定义 3.6.22。

3.1.9

制造过程 manufacturing process

一套结构化的活动或操作,以完成将原材料或半成品向半成品或成品的转化。

注 1:制造过程可以按过程、产品、单元或固定位置等方式组织。根据战略性应用和物资的分配,制造过程可按库存生产,按订单生产,按订单装配生产。

注 2:改写 GB/T 19114.1—2003,定义 3.6.25。

3.1.10

基本概念 primitive concept

没有保守定义的词汇术语。

[GB/T 20719.1,定义 3.1.19]

3.1.11

基本词汇 primitive lexicon

表示基本概念的非逻辑词汇的符号集合。

注：基本词汇分为常量，函数符号和关系符号。

[GB/T 20719.1,定义 3.1.20]

3.1.12

过程 process

包括企业多种实体的活动的结构化集合，这些活动是为给定目的设计和组织的。

注1：这里所提供的定义和GB/T 16656.49的定义非常接近。然而GB/T 19114需要活动的结构化组合的观念，对于时间和步骤没有任何预先确定。另外，从流程管理的观点来看，为同步目的需要一些空过程，尽管实际上它们不起任何作用。

注2：改写GB/T 19114.1—2003,定义3.6.29。

3.1.13

资源 resource

企业用于生产产品或提供服务的任何设备、工具和手段。

注1：本定义改写自GB/T 19114.1—2003，所以该标准中定义的资源（除了原材料、产品和组件是从一个系统理论的观点来考虑）是作为系统环境的部分而非属于系统本身。而且该定义包括GB/T 16656.49定义，但它也包括在应用于同样包括原材料和消耗品的本部分、GB/T 20719.44以及GB/T 20719.13的定义中。

注2：这里所定义的资源包括具有给定能力和特定的手段的意义下的人力资源。这些资源通过指派任务而被认为涉及制造过程。除了它们在制造过程中完成给定的任务（即原材料或零部件的转换、物流服务保证）的能力外，不包括人力资源的个体或通用人类行为模型。作为包括人力手段的其他资源，仅从它们的功能、能力、状态（即空闲、忙），它不包括任何方面的个体或共同的社会行为模型或表达。

注：改写GB/T 19114.1—2003,定义3.6.43。

3.1.14

理论 theory

属于一给定概念和概念集的公理和定义的集合。

注：这个定义反映了人工智能的方法，认为理论是一组假设，所有的相关概念都是基于这些假设。

[GB/T 20719.1，定义 3.1.31]

3.2 缩略语

下列缩写词适用于GB/T 20719的本部分：

FOL：一阶逻辑(First-Order Logic)

BNF：巴科斯-诺尔范式(Backus-Naur form)

KIF：知识交换格式(Knowledge Interchange Format)

PSL：过程规范语言(Process Specification Language)

4 GB/T 20719 概述

本标准描述了表达过程信息的一种语言。它是一种过程规范语言。由词汇、本体和过程描述的语法组成。

注1：PSL是描述制造过程的一种语言，它基于一个精确完好定义的词汇和语法。同样地，它与GB/T 16656、GB/T 17645、GB/T 19114和GB/T 18975中的语言不同。在两个过程之间信息交换的环境下，PSL详细描述了与其行为无关的每一个过程。例如，在一个过程中被视为资源的对象与在另一个过程中被视为产品的对象可能被认为是同一个对象。

注2：PSL基于数学集合核心理论和情境演算（见附录B）。它与GB/T 16656中定义现有语言使用的方法有着明显不同的表达方法。PSL中概念的含义遵循一系列公理和支撑定义而非一系列形式定义的术语。每一部分都有相应的注释及示例，以辅助对该语言基本词汇的理解。

GB/T 20719 的 1x 部分描述了 GB/T 20719 的基本概念的精确定义和公理需要的核心理论，从而使不同模式之间能进行精确语义转化。

以下内容属于 GB/T 20719 的 1x 系列部分的范围：

——语言基本元素的表达；

——一系列标准化公理的规定，与描述基本过程的直观语义基本概念相对应；

——制定和 PSL 核心一致的其他基本理论或扩展的一系列规则。

以下内容不属于 GB/T 20719 的 1x 系列部分的范围：

——涉及概念的信息表达，这些概念不是核心理论的一部分。

5 GB/T 20719.14 的组织

本部分的核心理论是：

——资源需求理论(requires.th)

——资源集理论(res_set.th)

——增加量理论(additive.th)

本部分的所有理论都是 ISO 18629-12(PSL 外核)和 GB/T 20719.11(PSL 核心)的扩展。资源集理论是资源需求理论的扩展。

6 资源需求理论

本核心理论为描述资源需求提供了公理。资源表示为对象和活动间的关系——当某种活动需要对象时，该对象便是一种资源。

注：这里提到的资源的概念实际上是与资源需求相关的，它基本上不同于 GB/T 19114 中资源的概念，在那里，资源概念是与系统理论相一致，但不包括由系统转化的原材料、组件和成品。因而原材料，组件，成品并不是系统本身的一部分。它们属于系统环境的一部分。此外，在 GB/T 19114 中，资源的定义是独立于任何活动的(尤其是人力资源)，只有在描述系统的框架内才与特定活动相关，此时资源成为完成对应活动的物理系统。在资源参与系统之前，资源对于它能够执行的任何形式的活动来说是空闲可用的。人力资源可以在星期一参与磨削系统，而在星期二参与运输系统，或者星期三等候任何活动。见 GB/T 19114.31—2008 的附录 D。

6.1 资源需求理论的基本关系

资源需求理论的非逻辑词汇包含一个基本关系符：

——requires。

6.2 资源需求理论的基本函数

资源需求理论的非逻辑词汇包含 3 个基本函数符：

——resource_point；

——demand；

——agg_demand。

6.3 资源需求理论的定义关系

资源需求理论的非逻辑词汇包含一个定义关系符号：

——resource。

6.4 资源需求理论所要求的核心理论

本理论需要以下核心理论：

——additive.th；

——act_occ.th；

——complex.th；

——subactivity.th；

——occtree.th；

——disc_state.th；

——psl_core.th。

6.5 资源需求理论所要求的定义性扩展

资源需求理论不需要定义性扩展。

6.6 资源需求理论的非正式语义

6.6.1 requires

res_requires 的 KIF 表示法：

(res_requires ?a ?r)

res_requires 的非正式语义：

当且仅当活动?a 发生中，?r 是参与其中的一个对象，使得?r 对将?a 作为子活动的活动进行约束时，(res_requires ?a ?r)在资源需求理论的解释为 TRUE。

6.6.2 resource_point

resource_point 的 KIF 表示法。

(resource_point ?r ?s)

resource_point 的非正式语义

当且仅当? q 是对不可分解的活动发生?s 有用的资源?r 的分量时，(=? q(resource_point ?r ?s)在资源需求理论的解释为 TRUE。

注：resource_point 函数把活动发生作为论据。因为活动发生有唯一的开始时间点和结束时间点，通过使用活动发生的时间间隔能够表示对资源属性的短暂限制。

6.6.3 demand

demand 的KIF 表示法：

(demand ?r ?s)

demand 的非正式语义：

当且仅当? q 是与不可分解的活动事件?s 相联系的资源?r 的分量时，(=? q(demand?r?s)在资源需求理论中的解释为 TRUE。

注：demand 函数把活动发生作为论据。因为活动发生有唯一的开始时间点和结束时间点，所以通过使用活动发生的时间间隔能够表示对资源属性的短暂限制。

6.6.4 agg_demand

agg_demand 的KIF 表示法：

(agg_demand ?r ?s)

agg_demand 的非正式语义：

当且仅当?r 是先于不可分解的活动发生?s 的资源?r 的总需求量时，(= ? q(agg_ demand ?r ?s))在资源需求理论中的解释为 TRUE。

注：agg_ demand 函数把活动发生作为论据。因为活动发生有唯一的开始时间点和结束时间点，所以通过使用活动发生的时间间隔能够表示对资源属性的短暂限制。

6.6.5 resource

resource 的KIF 表示法

(resource ?r)

resource 的非正式语义

当且仅当存在需要?r 的活动时，(resource ?r)在资源需求理论中的解释为 TRUE。

6.7 资源需求理论中的定义

6.7.1 定义 1

资源是某种活动发生所要求的任何对象。

```
(forall (?r)(iff(resource ?r)
(and  (object ?r)
      (exist( ?a)
          (res_requires ?a ?r))))
```

6.8 资源需求理论的公理

6.8.1 公理 1

如果活动的资源可用量超出资源点量与活动所要求的资源累计总需求量及需求量之和的差，那么该资源可用于活动。

```
(forall(?a ?al ?r ?s)
(implies (and (res_requires ?a ?r)
              (subactivity ?al ?a)
              (atomic ?al))
        (iff (and  (greater (resource_point ?r ?s)
                      (agg_demand ?r ?s))
                      (greater(agg_demand ?r ?s)zero_quantity))
                      (exists (?occ ?occl)
                           (and  (occurrence ?occ ?a)
                                (occurance ?occl ?al)
                           (subactivity_occurrence ?occl ?occ))))))
```

6.8.2 公理 2

一个不可分解的活动称之为 res_requires 活动，当且仅当它对资源的需求为非零。

```
(forall(?r ?a ?s)
    (implies (and (atomic ?a)
            (occurrence ?s ?a))
        (iff (res_requires ?a ?r)
            (not(=(demand ?r ?s) zero_quantity)))))
```

6.8.3 公理 3

并行活动对资源的需求是各子活动对该资源子需求的总和。

```
(forall  (?a1 a2   ?r ?s)
    (—(demand (?r (successor(conc ?a1 ?a2)?s))
      (quantity_plus (agg_demand?r (successor ?a1 ?s)) (demand ?r (successor ?a2 ?s)))))
```

6.8.4 公理 4

对某资源需求的总量是所有活动对该资源的 res_requires 的需求总和。

```
(forall (?a ?r ?s)
    (= (agg_demand ?r (successor ?a ?s))
      (quantity_plus (agg_demand ?r ?s) (demand ?r (successor ? al ?s)))))
```

6.8.5 公理 5

函数 resource_point、demand 和 agg_demand 是在每一项活动发生时从资源到量的累加的映射。

```
(forall (?r ?s)
    (iff        (and  (resource ?r)
                (activity_occurence ?s))
                (and  (additive  (resource_point ?r ?s))
                (additive (demand ?r ?s))
```

(additive (agg_demand ?r ?s)))))

7 资源集理论

本理论把资源的聚集描述为集合。资源集是其元素为资源的集合，并且对于某种活动它们自身也是资源。这里，采用把集？i与资源？r联合起来的流函数(resource_set ?i ?r)来表示。随着新的资源被增加或去除，与资源相联系的实际集可能会改变。本身是资源集的每个资源都与唯一的资源集相联系。

7.1 资源集理论的基本函数

资源集理论的非逻辑词汇包含一个基本函数符：

——resource_set。

7.2 资源集理论的定义函数

资源集理论的非逻辑词汇包含两个定义的函数符：

——in_resource_set;

——resource_subset。

7.3 资源集理论所要求的核心理论

资源集理论需要以下核心理论：

——additive. th;

——requires. th;

——act_occ. th;

——comples. th;

——subactivity. th;

——occtree. th;

——disc_state. th;

——psl_core. th。

7.4 资源集理论所要求的定义性扩展

资源集理论不需要定义性扩展。

7.5 资源集理论的非正式语义

7.5.1 resource_set

resource_set 的 KIF 表示法：

(resource_set ?i ?r)

resource_set 的非正式语义：

当且仅当与资源?r有关的集?i先于活动发生?occ时，(prior (resource_set ?i ?r) ?occ)在资源集理论中的解释为 TRUE。

7.5.2 in_resource_set

in_resource_set 的 KIF 表示法：

(in_resource_set ?r1 ?r2)

in_resource_set 的非正式语义

如果活动?occ 发生前，?r1 是与?r2 相关的集中的元素，那么(prior (in_resource_set ?r1 ?r2) ?occ)在资源集理论的解释为 TRUE。

7.5.3 resource_subset

resource_subset 的 KIF 表示法：

(resource_subset ?r1 ?r2)

resource_subset 的非正式语义：

当且仅当活动发生?occ前,资源集?r1是资源集?r2的资源子集(即,与?r1相关的集的每一个元素是与?r2相关的集的元素),(prior (resource_subset ?r1 ?r2) ?occ)在资源集理论的解释为TRUE。

7.6 资源集理论的公理

以下各条属于资源集理论中的公理。

7.6.1 公理1

如果活动?occ发生前,?i是资源集,那么对于集合的每一个元素,存在res_requires该元素作为资源的活动。

```
(forall (?i ?r ?occ)
    (implies  (prior (resource_set ?i ?r) ?occ)
          (forall (?rp)
          (implies (set_menber ?rp ?i)
                    (exists (?a)
                    (res_requires ?a ?rp )))))))
```

7.6.2 公理2

资源集的res_require元素的相同活动所要求的资源集。

```
(forall ( ?i ?r1 ?r2 ?a ?occ)
    (implies (and (prior (resource_set ?i ?r1)?occ)
          (set_member ?r2 ?i)
          (res_requires ?a ?r2))
          (res_requires ?a ?r1 )))
```

7.6.3 公理3

资源集对应资源的唯一集合。

```
(forall ( ?il ?i2 ?r ?occ)
    (implies (and    (prior (resource_set ?il ?r) ?occ)
            (prior (resource_set ?i2 ?r) ?occ))
          (= ?i1 ?i2))))
```

7.7 资源集理论定义

7.7.1 定义1

当且仅当?r1是与?r2相关的集?i的一个元素时,?r1在资源集?r2中。

```
(forall (?r1 ?r2 ?occ)
    (iff     (holds (in_resource_set ?r1 ?r2) ?occ)
             (exists (?i)
                (and (set_member ?r1 ?i)
                    (holds (resource_set ?i ?r2) ?occ))))))
```

7.7.2 定义2

当且仅当与?r1相关的集的每个元素是与?r2相关的集的一个元素时,资源集?r1是资源 ?r2的一个资源子集

```
(forall (?r1 ?r2 ?occ)
    (iff  (holds (resource_subset ?r1 ?r2) ?occ)
          (forall (?r ?i1 ?i2)
              (and  (holds(resource_set ?i1 ?r1) ?occ)
                  (holds(resource_set ?i2 ?r2) ?occ)
                  (set_member ?r ?i1))
```

(set_member ?r ?i2)))))

8 增加量理论

增加量理论的结构与有序交换群的数学结构相同。

8.1 增加量理论中的基本类别

增加量理论的非逻辑语义包含一个基本类别：

——additive。

8.2 增加量理论中的基本函数

增加量理论的非逻辑词汇包含一个基本函数符：

——plus。

8.3 增加量理论中的基本常量

增加量理论的非逻辑词汇包含一个基本常量符：

——zero_quantity。

8.4 增加量理论中的基本关系

增加量理论的非逻辑词汇包含一个基本关系符：

——greater。

8.5 增加量理论所要求的核心理论

增加量理论需要以下核心理论：

——psl-core. th。

8.6 增加量理论的非正式语义

8.6.1 additive

additive 的 KIF 表示法：

(additive ?q)

additive 的非正式语义：

当且仅当?q 是有序群的一个元素时，(additive ?q)在增加量理论注释中为 TRUE。

8.6.2 plus

plus 的 KIF 表示法：

(plus ?q1 ?q2)

plus 的非正式语义：

当且仅当?q3 是有序群内?q1 和?q2 的总和时，(=?q3 (plus ?q1 ?q2))在增加量理论的注释中为TRUE。

8.6.3 zero_quantity

zero_quantity 的 KIF 表示法：

zero_quantity

plus 的非正式语义：

当且仅当 zero_quantity 与有序群一致时，(=?q zero_quantity)在增加量理论的解释中为 TRUE。

8.6.4 greater

greater 的 KIF 表示法：

(greater?q1?q2)

greater 的非正式语义：

当且仅当在有序群内?q1 比?q2 大时，(greater?q1?q2)在增加量理论的解释中为 TRUE。

8.7 增加量理论公理

以下各项公理属于增加量理论。

8.7.1 公理 1

元素 zero_quantity 是增加量。

```
(additive zero_quantity)
```

8.7.2 公理 2

任何两个增加量元素的和也是增加量。

```
(forall (?q1 ?q2)
    (implies (and (additive?q1)
                  (additive ?q2))
             (additive (quantity_plus ?q1 ?q2))))
```

8.7.3 公理 3

函数 quantity_plus 是结合函数。

```
(forall (?q1?q2?q3)
  (implies (and (additive?q1)
         (additive ?q2))
     (additive (quantity_plus?q1?q2))))
```

8.7.4 公理 4

Zero_quantity 是单位元素。

```
(forall (?q)
    (implies (additive?q)
             (=?q (quantity_plus?q zero_quantity)))
```

8.7.5 公理 5

对于任何增加量元素，都存在着一个增加量逆元素与之对应。

```
(forall (?q)
    (implies (additive?q)
             (exists(?p)
               (=zero_quantity(quantity_plus?q?p)))))
```

8.7.6 公理 6

函数 quantity_plus 符合交换率。

```
(forall (?q1?q2)
(implies (and (additive?q1)
          (additive?q2))
    (=(quantity_plus?q1?q2)(quantity_plus ?q2?q1)))
```

8.7.7 公理 7

如果量?q1 大于量?q2，那么可为双方添加任何量以保持有序。

```
(forall (?q1?q2?q3)
(implies (and (additive?q1)
              (additive?q2)
              (additive?q3)
          (iff  (greater ?q1?q2)
               (greater(quantity_plus?q1?q3)(quantity_plus?q2?q3))))
```

8.7.8 公理 8

如果量?q1 与量?q2 相等,那么可为双方添加任何量以保持相等。

```
(forall (?q1?q2?q3)
(implies (and           (additive ?q1)
                        (additive?q2)
                        (additive?q3))
     (iff (=?q1 ?q2)
        (=(quantity_plus?q1?q3)(quantity_plus? q2? q3)))))
```

8.7.9 公理 9

在增加量元素上的有序关系 greater 是可传递的。

```
(forall (? d1? d2? d3)
    (implies  (and      (greater? d1? d2)
                   (greater? d2? d3))
          (greater ? d1? d3)))
```

8.7.10 公理 10

不存在比自身大的增加量元素。

```
(forall (? d)
    (not (greater? d? d)))
```

注:有序关系 greater 是一种严格顺序。

8.7.11 公理 11

增加量元素的顺序关系是一种线性顺序。

```
(forall(? d1? d2)
    (or     (greater? d1? d2)
            (greater? d2? d1)
            (=? d1? d2)))
```

附 录 A
（规范性附录）
SC 4 标准中 ASN.1 标识符的应用

为了给开放系统中的信息对象提供一个无二义性的标识，对象标识符

(iso standard 18629 part 14 version 1)

被分配给本部分。GB/T 16262.1 定义了该值的含义，并在 GB/T 16262.1 加以描述。

附 录 B
（资料性附录）
应用 GB/T 20719.14 的过程描述示例

本附录的目的是提供一套详细的方案，在该方案中，GB/T 20719 PSL 用于实现涉及多个制造部门之间的信息共享。

本方案是一套具有可互操作性的制造方案，目的在于显示如何使用 PSL 促进过程知识在制造业环境中的交流。特别地，该方案围绕着从过程计划者到车间作业调度员的知识的交换来展开。

GB/T 20719.11—2010 附录 C 阐述了名为 GT-350 产品的制造过程规范中外核概念的应用。本附录对 GB/T 20719.11—2010 附录 C 中的测试案例进行了扩充。

B.1 GT-350 制造过程

本节把各个部门的过程整合成一个生产 GT-350 产品的高层活动集。正如 GT-350 产品结构（见 GB/T 20719.11—2010 附录 C 的表 C.1）所描述的一样，购买、外包或自生产本产品的子部件。这些过程描述侧重完成制造自制子部件的活动。这种自顶向下的方式抽象地为制造过程提供了一个完整的图，“制造 GT-350”活动向下延伸到各个具体的部门。

如下图 B.1 所示，GT-350 制造过程六个主要的工作领域。前五个（加工内饰、加工驾驶系统、加工轮胎、制造发动机和制造底盘）相互之间是无序的，但在进行最后组装之前必须完成。

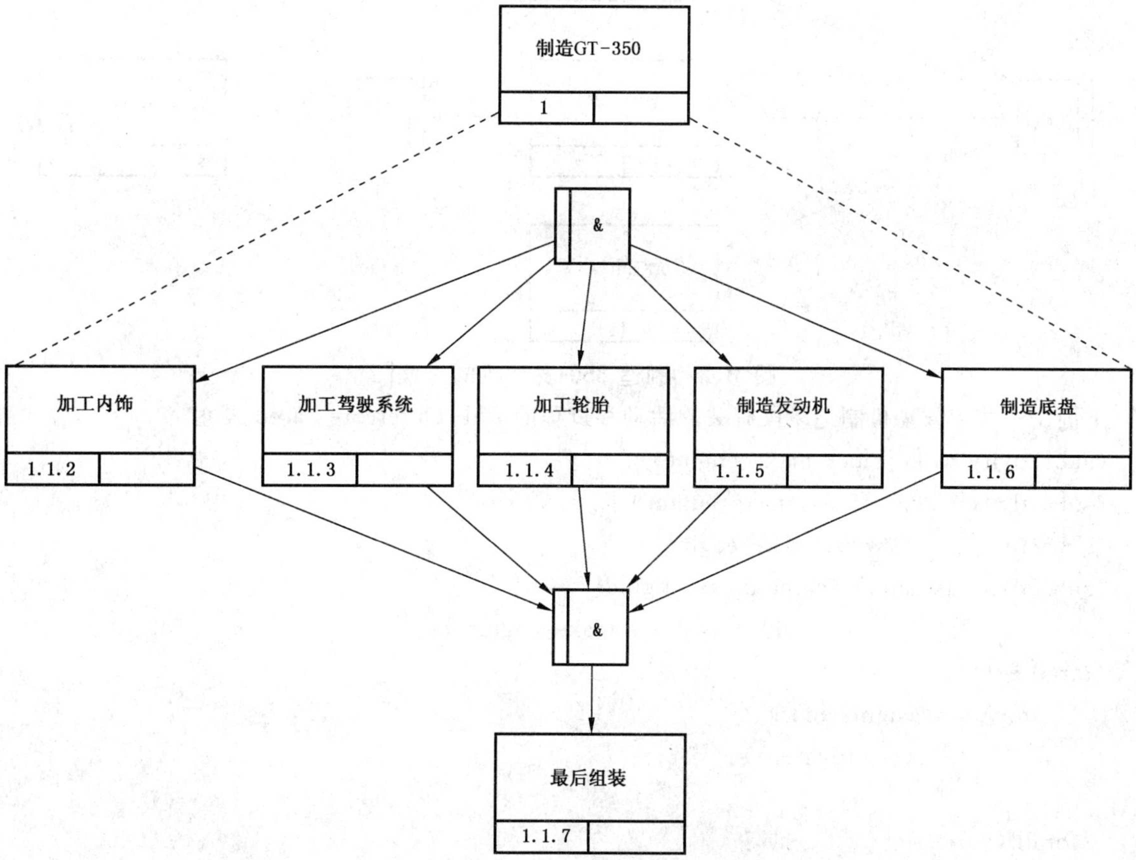

图 B.1 制造 GT-350 的顶层过程[2]

顶层过程的 PSL-Outer-core-based 描述为：

(subactivity make-chassis make_gt350)

(subactivity make-interior make_gt350)

(subactivity make-drive make_gt350)

(subactivity make-trim make_gt350)

(subactivity make-engine make_gt350)

(subactivity make-assembly make_gt350)

每个抽象活动都能被更加详细地叙述，但我们未对本附录中的所有示例展开详细阐述。

基于在制造过程的不同阶段对抽象活动的 IDEF3〔10〕表达(按照过程表达)，选取一些使用标准 ISO 18629-12 中 PSL_Outer_core 的过程描述的示例。

B.2 “发动机制造”抽象活动

350-发动机的组装在几个 CMW 部门实现。制造过程如图 B.2 所示。该部件由发动机、发动机线束、电线组成。子过程在下一节中细化。350-发动机在 A004 组装台上进行组装，并且每块需要 5 min。

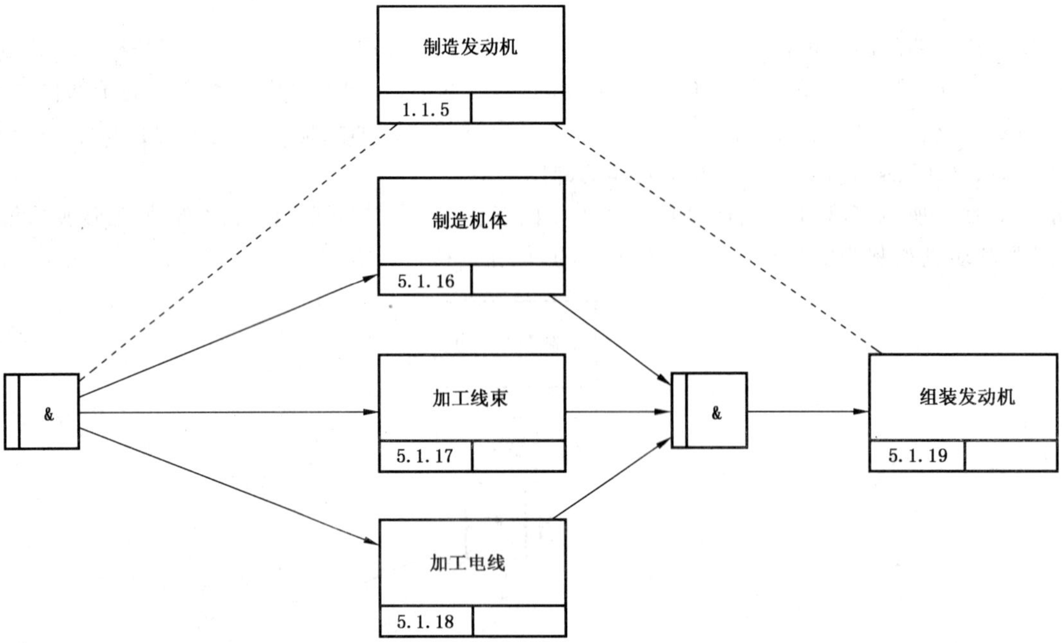

图 B.2 制造 350-发动机的过程[2]

下面是一些与发动机制造阶段有关的活动和过程的 PSL-Outercore-based 表达：

```
(subactivity make_block make_engine)
(subactivity make-harness make_engine)
(subactivity make_wires make_engine)
(subactivity assemble_engine make_engine)
                          (and  (requires make_engine?r1)
(forall (?r)
    (implies  (engine_block ?r)
              (resource?r)))

 (forall (?r)
     (implies  (harness ?r)
               (resource ?r))
```

```
(forall (?r ?s)
  (implies  (wire?r)
            (exists (?i)
                    (prior (resource_set?i?r)?s)))

(forall (?occ)
  (implies (occurrence_of?occ make_engine)
                (exista (?occ1?occ2?occ3?occ4?r1 ?r2 ?r3 ?i)
(and   (occurrence_of?occ1 make_block)
       (occurrence_of ?occ2 make_harness)
       (occurrence_of ?occ3 make_wires)
       (occurrence_of ?occ4 assemble_engine)
       (subactivity_occurrence?occ1?occ)
       (subactivity_occurrence?occ2?occ)
       (subactivity_occurrence?occ3?occ)
        (subactivity_occurrence?occ4?occ)
       (requires make_engine ?r1)
       (engine_block ?r1)
       (= (demand?occ1?r1)1)
       (requires make_engine ?r2)
       (= (demand ?occ2?r2)1)
       (harness ?r2)
       (requires make_engine ?r3)
       (prior (resource_set?i?r3) ?occ3)
       (prior (resource_point?r3 5) ?occ3)))))
```

该表达形式化了图 B.2 中描述的过程。make_engine 过程需要三种资源——发动机体、发动机线束、电线组和一个工作间。任何 make_engine 过程的发生都要求有一个发动机体、一组线束和一组电线。发动机制造之前，有一个由五根线一组组成的资源集。

B.2.1 制造机体

将 350-机体制造成 350-发动机的配件。这包括从铸造厂和加工车间在内的工作集成，如图 B.3 所示：

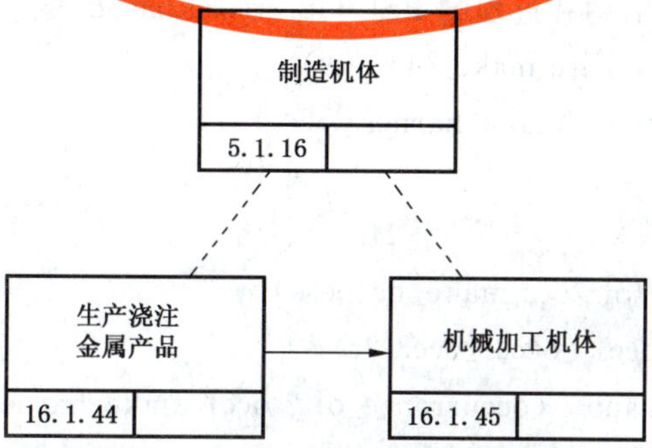

图 B.3 制造 350-机体的过程[2]

下面是一些与信息有关的活动和过程的 PSL-Outercore-based 表达：

```
(subactivity produce_molded_metal make_block)
```

```
(subactivity machine_block make_block)
(primitive machine_block)
(primitive produce_molded_metal)

(forall (?occ)
    (implies  (occurrence_of ?occ make_block)
              (exists(?occ1 ?occ2 ?r1 ?r2)
                     (and  (occurrence_of ?occ1 produce_molded_metal)
                           (occurrence_of ?occ2 machine_block)
                           (piece_metal ?r1)
                           (requires produce_molded_metal ?r1)
                           (=(demand ?occ1 ?r1)2)
                           (block ?r2)
                           (requires machine_block ?r2)
                           (=(demand ?occ2?r2)1)
                           (min_precedes ? occ1 ? occ2 make_block)))))
```

该表达形式化了图 B.3 中描述的过程。

make_block 过程需要两种资源——金属片和机体。任何 make_block 的发生都要求有一个机体和两个金属片。

B.2.2 加工线束

将 350-线束(图 B.4)制造成 350-发动机的配件。这包括电线和电缆部门实现的工作。图 B.5 展开了线束的加工过程。钳工在电线和电缆生产线上装配 350-线束。每组需要 10 min。

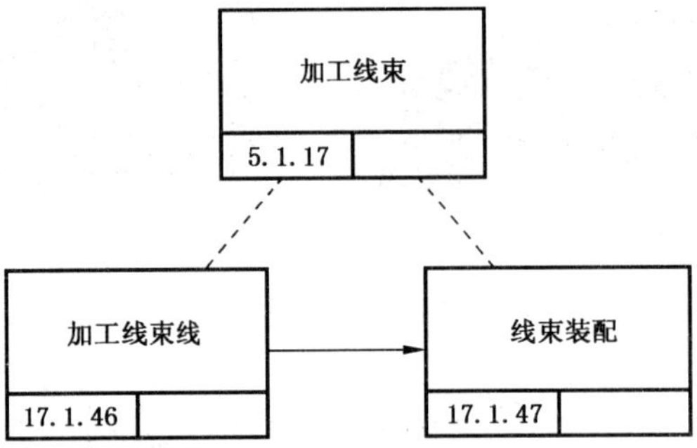

图 B.4 加工 350-线束的过程[2]

下面是一些与信息有关的活动和过程的 PSL-Outercore-based 表达：

```
(subactivity make_harness_wire make_harness)
(subactivity assemble_harness make_harness)
(primitive assemble_harness)
(forall ( ?occ)
    (implies (occurrence_of ?occ make_harness)
             (exists (? occ1 ?occ2 ?occ3 ?r)
                     (and  (occurrence_of ? occ1 make_harness_wire)
                           (harness ?r)
                           (requires make_harness_wire ?r)
                           (occurrence_of ?occ2 assemble_harness)
                           (requires assemble_harness ?r)
```

(leaf_occ ?occ3 ?occ1)
(min_precedes ?occ3 ?occ2 make_harness)))))

(forall (?occ ?r ?q)
(implies (and (occurrence_of ?occ assemble_harness)
(requires assemble_harness ?r)
(prior (resource_point ?r ?q) ?occ))
(holds (resource_point ?r ?q) ?occ)))

本表述形式化了图 B.4 中描述的过程。

assemble_harness 过程需要一个资源——一组线束。当该资源在过程中使用而没有被消耗掉时，资源量(由 resource_point fluent 详细说明)在任何 assemble_harness 过程的发生中不会被改变。

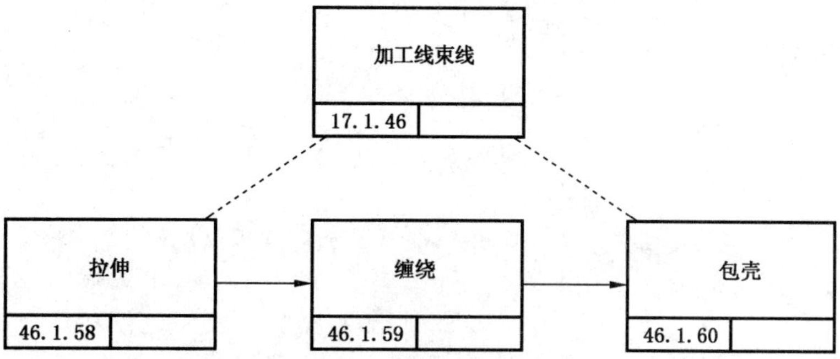

图 B.5 加工线束线的过程[2]

B.2.3 加工电线

将 350-电线组制造成 350-发动机的配件。这包括电线和电缆部门完成的工作。图 B.6 表示了电线的加工过程。

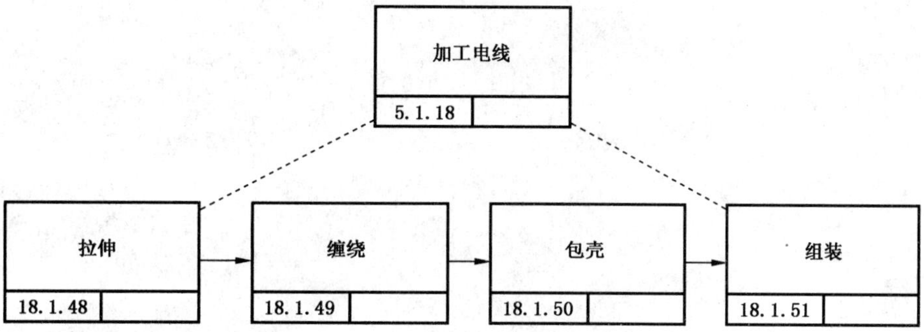

图 B.6 加工 350-电线的过程[2]

某些活动和与信息相关过程的基于 PSL 外核的表达是：

(subactivity extrude make_harness_wire)
(subactivity twist make_harness_wire)
(subactivity jacket make_harness_wire)
(primitive extrude)
(primitive twist)
(primitive jacket)

(forall (?occ)
(⇔ (occurrence_of ?occ make_harness_wire)
(exists (?occ1 ?occ2 ?occ3)

```
(and (occurrence_of ? occ1 extrude)
                    (occurrence_of ?occ2 twist)
                    (occurrence_of ?occ3 jackett)
         (min_precedes ?occ1 ?occ2 make_harness_wire)
        (min_precedes ?occ2 ?occ3 make_harness_wire))))
```

参 考 文 献

[1] GB/T 17645 工业自动化系统与集成 零件库

[2] GB/T 18975 工业自动化系统与集成 流程工厂(包括石油和天然气生产设施)生命周期数据集成

[3] GB/T 19114.31—2008 工业自动化系统与集成 工业制造管理数据 第31部分:资源信息模型

[4] GB/T 20719.13 工业自动化系统与集成 过程规范语言 第13部分:时序理论

[5] GB/T 20719.44 工业自动化系统与集成 过程规范语言 第44部分:定义性扩展 资源扩展

[6] Federal Information Processing Standards Publication 184. Integration Definition for Information Modeling (IDEF3), FIPS PUB 184, National Institute of Standards and Technology. 1993 (12). IDEF3. Available from the Internet: 〈http://www.idef.com〉

ICS 25.040.40
L 67

中华人民共和国国家标准

GB/T 20719.41—2010/ISO 18629-41:2006

工业自动化系统与集成 过程规范语言 第41部分:定义性扩展:活动扩展

**Industrial automation system and integration—
Process specification language—
Part 41:Definitional extension:Activity extensions**

(ISO 18629-41:2006,IDT)

2011-01-14 发布 2011-06-01 实施

中华人民共和国国家质量监督检验检疫总局
中国国家标准化管理委员会 发布

前　言

GB/T 20719《工业自动化系统与集成　过程规范语言》目前拟分为以下部分：

——第1部分：概述与基本原理；

——第11部分：PSL核心；

——第12部分：外核；

——第13部分：时序理论；

——第14部分：资源理论；

——第15部分：活动性能理论；

——第21部分：EXPRESS；

——第22部分：XML；

——第23部分：UML；

——第41部分：定义性扩展：活动扩展；

——第42部分：时间和状态；

——第43部分：定义性扩展：活动次序和持续时间扩展；

——第44部分：定义性扩展：资源扩展；

——第45部分：资源集的种类；

——第46部分：加工活动；

——第47部分：过程目的。

本部分为GB/T 20719的第41部分。

本部分等同采用ISO 18629-41:2006《工业自动化系统与集成　过程规范语言　第41部分：定义性扩展　活动扩展》(英文版)。

本部分的技术内容和组成结构与ISO 18629-41:2006相一致，在编写格式上符合GB/T 1.1—2000《标准化工作导则　第1部分：标准的结构和编写规则》。只根据我国国家标准的制定要求和为方便使用，做了如下编辑性的改动：

——将“ISO 18629”改为“GB/T 20719”，把“ISO 18629-41”改成“GB/T 20719.41”或“GB/T 20719本部分”；“ISO 18629-1”改成“GB/T 20719.1”；“ISO 18629-11”改成“GB/T 20719.11”；“ISO 18629-12”改成“GB/T 20719.12”。

——将6.6的“注：GB/T 20719.1—2004，3.3.8，4.2.4和5.1中阐明了GB/T 20719中的语法句子的功能和重要性。”改成“注：GB/T 20719.1—2004，4.3.4中阐明了GB/T 20719中的语法句子的功能和重要性。”

——删除了ISO 18629-41:2006的前言，并按照我国国家标准编制要求重新起草了前言。

——将ISO 18629-41:2006第2章“规范性引用文件”中的引导语改为GB/T 1.1—2000中规定的引导语。

——将本部分中出现的已转化为国家标准的国际标准编号改为国家标准编号，便于使用和查阅。未转化的国际标准保留。

——为了使读者便于理解本部分黑体词的含义，增加了附录NA。

——删去了原文中不符合我国标准编写的字句。

本部分的附录 A 为规范性附录，附录 B、附录 NA 为资料性附录。

本部分由中国机械工业联合会提出。

本部分由全国自动化系统与集成标准化技术委员会(SAC/TC 159)归口。

本部分主要起草单位：北京机械工业自动化研究所，清华大学。

主要起草人：王思斯、黄双喜。

引　言

GB/T 20719 是为了进行与制造过程相关的计算机可解释的信息交换所使用的国家标准。GB/T 20719包含的所有部分结合在一起，为描述贯穿整个生产过程的制造过程提供了一类语言（该生产过程可能位于一个工业公司，也可能跨越几个工业部门或公司），并独立于任何特定的表示模型。语言的本质使得它适用于在生产过程的各个阶段共享与制造相关的过程规范和性质。

本部分提供了与在 GB/T 20719 中定义的活动扩展相关的语言的定义性扩展的描述。

GB/T 20719 中的所有部分与给定的应用软件中使用的任何特定过程的表述模型无关。它们一同为改善这些应用软件的协同性提供了一个结构框架。

工业自动化系统与集成 过程规范语言 第41部分:定义性扩展:活动扩展

1 范围

本部分通过使用GB/T 20719语言中编写的一组定义来提供这种语言的非基本概念的规范。这些定义为本部分中的术语提供了语义的公理化。

以下包括在本部分的范围中:

——使用GB/T 20719.11—2010和GB/T 20719.12—2010的概念详细描述的、与状态和时间关系无关的、但与例如第5章中列出的那些活动类别相关的概念的定义。

以下不包括在本部分的范围中:

——使用GB/T 20719.11—2010和GB/T 20719.12—2010的概念详细描述的、与状态和时间相关的概念的定义。

2 规范性引用文件

下列文件中的条款通过GB/T 20719的本部分的引用而成为本部分的条款。凡是注日期的引用文件,其随后所有的修改单(不包括勘误的内容)或修订版均不适用于本部分,然而,鼓励根据本部分达成协议的各方研究是否可使用这些文件的最新版本。凡是不注日期的引用文件,其最新版本适用于本部分。

GB/T 16262.1 信息技术 抽象语法记法一(ASN.1) 第1部分:基本记法规范(GB/T 16262.1—2006,ISO/IEC 8824-1:2002,IDT)

GB/T 16656.1 工业自动化系统与集成 产品数据表示与交换 第1部分:概述与基本原理(GB/T 16656.1—2008,ISO 10303-1:1994,MOD)

GB/T 19114.1 工业自动化系统与集成 工业制造管理数据 第1部分:综述(GB/T 19114.1—2003,ISO 15531-1:2002,IDT)

GB/T 20719.1—2006 工业自动化系统与集成 过程规范语言 第1部分:概述与基本原理(ISO 18629.1:2004,IDT)

GB/T 20719.11—2010 工业自动化系统与集成 过程规范语言 第11部分:PSL核心(ISO 18629-11:2005,IDT)

GB/T 20719.12—2010 工业自动化系统与集成 过程规范语言 第12部分:外核(ISO 18629-12:2005,IDT)

3 术语、定义和缩略语

3.1 术语和定义

下列术语和定义适用于GB/T 20719的本部分。

3.1.1

公理 axiom

形式语言中的合式公式,用以对一门语言的词汇中的符号解释加以约束。

[GB/T 20719.1—2006]

3.1.2

数据 data

一种形式化的信息表达，它适合于人或计算机进行通信、解释或处理。

[GB/T 16656.1—2008]

3.1.3

定义的词汇 defined lexicon

非逻辑词汇的一系列符号，表示所定义概念。

注：定义词汇划分为常数符号、函数符号和关系符号。

例：具有保守定义的术语。

[GB/T 20719.1—2006]

3.1.4

定义性扩展 definitional extension

指 PSL 核心的扩展，它引入了完全由 PSL 核心定义的新的语言术语。

注：定义性扩展没有为 PSL 核心增加新的表达能力，但它常常定义领域应用中的语义及术语。

[GB/T 20719.1—2006，定义 3.1.6]

3.1.5

离散制造 discrete manufacturing

离散项目的生产。

例：汽车，装置或计算机。

[GB/T 19114.1—2003]

3.1.6

扩展 extension

包含附加公理的 PSL 核心的扩充。

注 1：PSL 核心是一组相对简单的公理，足以表达较广范围内的基本过程。然而，更复杂的过程所需的表达性资源超出了 PSL 核心的范围。相对于将每一个可能的概念(其对于描述一个或另一个过程可能有用)杂乱地添加到 PSL 核心中去，更好的方式是开发各种独立的、模块化的扩展，并把它们添加进 PSL 核心。采用这种方式，用户可以根据自己的表达需求精确地裁剪语言。

注 2：所有的扩展均为核心理论或定义性扩展。

[GB/T 20719.1—2006]

3.1.7

语法 grammar

说明如何将逻辑符号和词汇术语组合为合式公式的规范。

[GB/T 20719.1—2006]

3.1.8

信息 information

事实、概念或指令。

[GB/T 16656.1—2008]

3.1.9

语言 language

词汇和语法的结合。

[GB/T 20719.1—2006]

3.1.10

制造 manufacturing

将原材料或半成品转换成成品的功能或行为。

注：定义采自 APICS 字典，第八版。

[GB/T 19114.1—2003]

3.1.11

制造过程 manufacturing process

一套结构化的行为或操作，它完成了将原材料或半成品向成品的转化。

注：制造过程可被安排在程序规划、产品规划、单元规划或装配位置规划里。根据战略性应用和物质的分配，制造过程可被用于支持按库存生产，按订单生产，按订单装配。

[GB/T 19114.1—2003]

3.1.12

模型 model

满足一种理论中所有合式公式的一组元素和事实任务的组合。

注1："模型"这个词在逻辑中的用法不同于它在大多数科学及日常读物中的用法：如果一个命题在某种解释中为真，那么就可以说这种解释是该命题的模型。这里所说的语义常被称作模型理论语义。

注2：模型一般表示为包含附加结构的集合(半定序，点阵，或向量空间)。模型定义了术语的含义以及本模型中所采用语言的命题的事实概念。给定一个模型，在公理集中使用的数学结构基本公理集就通过语言及它们的逻辑关系成为概念论证的基础，因此模型的集合构成了本体的形式语义。

[GB/T 20719.1—2006]

3.1.13

本体 ontology

按照词汇中术语的含义的某些规范而定的专门术语的词汇。

注1：与形式语言中术语含义的规范一同给出的相关术语的结构化集合。术语含义的规范说明了术语为什么相关、如何相关，以及集合划分和构造的条件。

注2：PSL(比如 GB/T 20719)的主要部分就是一个本体。基本概念就是本体论。通过 GB/T 20719，可以描述基本的制造过程及业务过程。

注3：本体的核心不只是术语，也包括它们的含义。术语的任意集合包含在本体中，但只有在含义一致时这些术语才能被共享。共享的是术语的指定语义，而不是简单的术语共享。

注4：没有显式定义的任何术语都可能成为含糊及混乱的来源。本体论的难点是：需要建立一个框架以使框架中术语的含义更为清晰明确。对于 GB/T 20719 这个本体，有必要提供一个过程信息的严格的数学特性描述以及 GB/T 20719 语言中信息的基本逻辑特性的精确表达。

注5：实际上，扩展合并了外核的公理。

[GB/T 20719.1—2006]

3.1.14

基本概念 primitive concept

没有保守定义的词汇术语。

[GB/T 20719.1—2006]

3.1.15

基本词汇 primitive lexicon

表示基本概念的非逻辑词汇的符号集合。

注：基本词汇分为常量、函数符号和关系符号。

[GB/T 20719.1—2006]

3.1.16

过程 process

涉及各种企业实体的一套结构化的活动，是为特定的目的设计和组织的。

注：这里提供的定义和 GB/T 16656.49 的定义非常接近。然而 GB/T 19114 需要一套结构化活动的概念，对于时间和步骤没有任何预先确定。另外，从流程管理的观点来看，为同一目的需要一些空过程，尽管实际上它们不

起任何作用。

[GB/T 19114.1—2003]

3.1.17

产品　product

由天然或人造而成的事物。

[GB/T 16656.1—2008]

3.1.18

资源　resource

在企业生产产品或服务中装置的任何设备、工具和手段。

注1：这里所定义的资源包括人力资源，作为一种具有给定才能和能力的特定的手段。这些工具通过指派任务而被认为涉及制造过程。除了它们在制造过程中完成给定的任务(即原材料或组件的变换，后勤服务保证)的能力外，不包括人力资源的个体或通用人类行为建模。作为包括人力手段的其他资源，仅从他们的功能、能力、状态(即空闲的、忙)，它不包括任何方面的个体或共同的社会行为建模或表述。

注2：此定义包括 GB/T 16656.49 的定义。而适用于 GB/T 20719.14 和 GB/T 20719.44 的原材料和消耗品的定义包括 GB/T 16656.49 定义。

[GB/T 19114.1—2003]

3.1.19

理论　theory

关于某个指定概念或概念集的公理和定义的集合。

注：该定义反映了人工智能方法，在该方法中，理论是一组假设，以这些假设为基础得到相关概念的含义。

[GB/T 20719.1—2006]

3.2　缩略语

本部分使用了以下缩略语。

KIF　Knowledge Interchange Format　知识交换格式

4　GB/T 20719 的第 41 部分～第 49 部分的常规组织[1)]

GB/T 20719 的第 41 部分～第 49 部分详细描述了给出 GB/T 20719 的非基本概念的精确定义和一组公理所需的定义性扩展。定义性扩展是引入了有关词汇的新项目的 GB/T 20719.11—2010 和 GB/T 20719.12—2010 的扩展。在定义性扩展中存在的这些项目可以用 GB/T 20719.11—2010 和 GB/T 20719.12—2010 的理论完全定义。此定义性扩展为个体应用软件或以协同性为目的的应用软件类型的规范中所使用的元素提供精确的语义定义。定义性扩展存在于以下范畴中：

——活动扩展；

——时间和状态扩展；

——活动次序和周期扩展；

——资源角色；

——资源集合；

——处理器活动扩展。

GB/T 20719 的单个用户或用户团体可能需要扩展 GB/T 20719 来详细描述目前在 GB/T 20719 的第 41 部分～第 49 部分中缺少的概念。它们应该采用 GB/T 20719 中存在的元素来这样做。自定义扩展及其定义组成定义性扩展，但不应成为 GB/T 20719 的第 41 部分～第 49 部分中的一部分。

注：自定义扩展应像在 GB/T 20719.1—2006 的 5.1 和 5.2 中所定义的那样符合 GB/T 20719。

以下包括在 GB/T 20719 的第 41 部分～第 49 部分的范围内：

1)　某些部分正在开发中。

——使用 GB/T 20719.11—2010 和 GB/T 20719.12—2010 中的概念，特别针对上面概述的 6 个概念的元素的语义定义；
——约束定义性扩展中元素的使用的一组公理。

以下不包括在 GB/T 20719 的第 41 部分～第 49 部分的范围内：
——作为 GB/T 20719.11—2010 和 GB/T 20719.12—2010 中一部分的概念的定义和公理；
——没有使用 GB/T 20719.11—2010 和 GB/T 20719.12—2010 中的元素来定义的元素；
——自定义扩展。

5 GB/T 20719 本部分的组织

组成本部分的基本理论是：
——非确定性活动：置换分支结构；
——非确定性活动：折叠分支结构；
——非确定性活动：分支结构和排序；
——非确定性活动：重复的分支结构；
——活动谱：置换活动树；
——活动谱：压实分支结构；
——活动谱：活动树和重新排序；
——谱和子树遏制；
——活动的嵌入约束；
——梗概活动树；
——原子活动：向上并发；
——原子活动：向下并发；
——原子活动谱；
——活动的前提。

图 1 显示这些扩展与 GB/T 20719.12—2010 的核心理论之间的关系，以用于详细说明 GB/T 20719本部分中的定义性扩展。箭头显示本部分中的扩展和 GB/T 20719.12—2010 之间的相关性。本部分中的全部理论均为 GB/T 207192.12—2010 的扩展，GB/T 20719.12—2010 本身是 GB/T 20719.11—2010 的扩展。

注：GB/T 20719.12—2010 中的扩展之间相关性的完整图表存在于 GB/T 20719.12—2010 的 5.1 中。

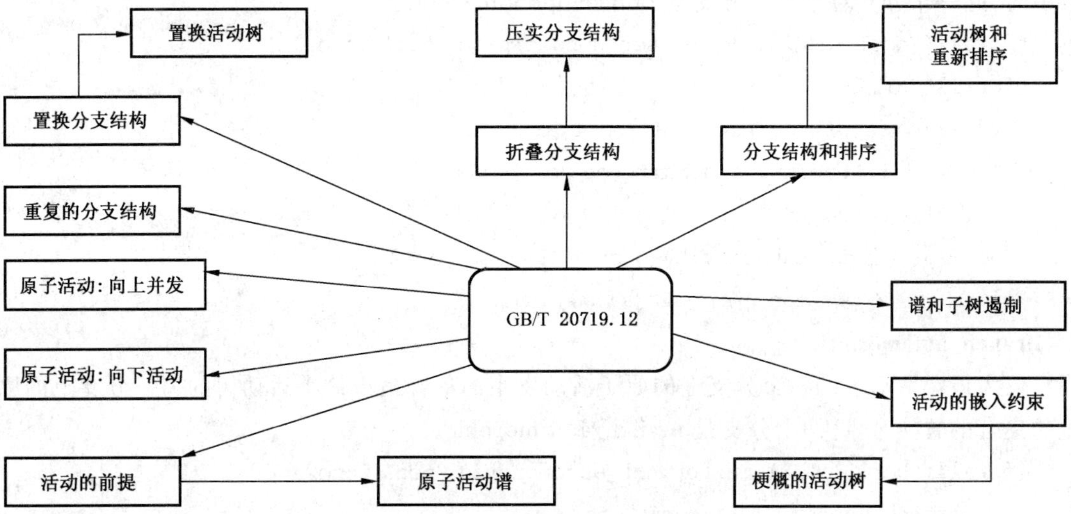

图 1 GB/T 20719 的定义性扩展

6 非确定性活动:置换分支结构

本条款表征了关于非确定性活动:置换分支结构的全部定义。

6.1 置换分支结构的基本词汇

置换分支结构的词典不需要基本关系。

6.2 置换分支结构的概念的定义词汇

本条款中定义了以下关系:

(branch_monomorphic ?a ? occ1 ? occ2);

(branch_automorphic ?a ? occ1 ? occ2);

(permuted ?a);

(nondet_permuted ?a);

(partial_permuted ?a);

(simple ?a)。

每一个概念由非正式语义和一个 KIF 公理来描述。

6.3 置换分支结构所需的核心理论

此扩展需要:

——act_occ. th;

——complex. th;

——atomic. th;

——subactivity. th;

——occtree. th;

——psl_core. th。

6.4 置换分支结构所需的定义性扩展

置换分支结构不需要定义性扩展。

6.5 置换分支结构的概念的定义

对于置换分支结构定义以下概念。

6.5.1 **Branch_monomorphic**

当且仅当最小活动树的一个分支中的原子活动发生的集合能被嵌入到另一分支上的原子活动发生的集合中时,此一个分支对于另一分支是 branch_monomorphic。

```
(forall(?occ1 ?occ2)(iff(branch_monomorphic ?occ1 ?occ2)
(forall(?s1 ?a)
  (implies (and(occurrence_of ?occ1 ?a)
           (subactivity_occurrence ?s1 ?occ1))
        (exists(?s2)
           (and (subactivity_occurrence ?s2 ?occ2)
               (mono ?s1 ?s2 ?a))))))))
```

6.5.2 **Branch_automorphic**

当且仅当最小活动树的一个分支上的原子活动发生的集合是该最小活动树的另一分支上的原子活动发生的集合的置换时,这两个分支是 branch_automorphic。

```
(forall(?occ1 ?occ2)(iff(branch_automorphic ?occ1 ?occ2)
(and(branch_monomorphic ?occ1 ?occ2)
  (branch_monomorphic ?occ2 ?occ1))))
```

6.5.3 **Permuted**

当且仅当最小活动树的每一个分支上的原子子活动发生的集合都是每一个其他分支上的原子子活动发生的置换时，一个活动发生是 permuted。

```
(forall(?occ)(iff(permuted ?occ)
(forall(?occ1 ?occ2)
  (implies (and(same_grove ?occ1 ?occ)
              (same_grove ?occ2 ?occ))
           (branch_automorphic ?occ1 ?occ2))))))
```

6.5.4 **Nondet_permuted**

当且仅当最小活动树的每一个分支上的原子子活动发生的集合是其他一些分支上的原子子活动发生的置换时，一个活动发生是 nondet_permuted。

```
(forall(?occ)(iff(nondet_permuted ?occ)
(forall(?occ1)
  (implies(same_grove ?occ1 ?occ)
     (exists(?occ2)
        (and (same_grove ?occ1 ?occ2)
             (not( = ?occ1 ?occ2))
             (branch_automorphic ?occ1 ?occ2)))))))
```

6.5.5 **Partial_permuted**

当且仅当存在一个分支使得原子子活动发生的集合是在其他一些分支上的原子子活动发生的置换，且存在不是任何其他分支的置换的一个分支时，一个活动发生是 partial_permuted。

```
(forall(?occ)(iff(partial_permuted ?occ)
(exist(?occ1 ?occ2 ?occ3)
  (and (same_grove ?occ1 ?occ)
       (same_grove ?occ2 ?occ)
       (not( = ?occ1 ?occ2))
       (branch_automorphic ?occ1 ?occ2)
       (same_grove ?occ3 ?occ)
       (forall(?occ4)
            (implies (and(same_grove ?occ3 ?occ4 ?a)
                          (branch_automorphic ?occ3 ?occ4))
                     (= ?occ3 ?occ4))))))))
```

6.5.6 **Simple**

当且仅当一个活动树的所有分支都不是分支自同构时，一个活动发生是 simple。

```
(forall(?occ)(iff(simple ?occ)
(forall(?occ1 ?occ2)
   (implies (and(same_grove ?occ1 ?occ)
                (same_grove ?occ2 ?occ)
                (branch_automorphic ?occ1 ?occ2))
            (= ?occ1 ?occ2)))))
```

6.6 置换分支结构关系的语法

下列语法句子描述了用于置换分支结构的 KIF 中详细说明的过程描述和辅助规则。

注：在 GB/T 20719.1—2006 的 4.3.4 中阐明了 GB/T 20719 中的语法句子的功能和重要性。

```
〈permuted_spec〉::=(forall(〈variable〉)
             (implies(same_tree〈variable〉?occ)
                    〈occurrence_sentence〉))
〈nondet_permuted_spec〉::=(forall(〈variable〉*)
             (implies(same_tree〈variable〉?occ)
                    (or〈occurrence_sentence〉*)))
〈partial_permuted _spec〉::=(or〈nondet_permuted_spec〉
                    〈simple_spec〉)

〈simple_spec 〉::=(exists(〈variable〉*)
             (and 〈occurrence_formula〉
                    〈branch_spec〉))
〈occurrence_literal〉::=(occurrence〈variable〉〈term〉)
             (subactivity_occurrence〈variable〉〈variable〉)
〈occurrence_formula〉::=〈occurrence_literal〉|
             (and〈occurrence_literal〉*)
〈occurrence_sentence〉:=(exists(〈variable〉*)
                    〈occurrence_formula〉)
〈branch_spec 〉::=(and(same_tree〈variable〉?occ)+
             (not(=〈variable〉?occ))+)
```

7 非确定性活动:折叠分支结构

本条款表征了有关非确定性活动:折叠分支结构的全部定义。

7.1 折叠分支结构的基本词汇

折叠分支结构的词典不需要基本关系。

7.2 折叠分支结构概念的定义词汇

本条款中定义了以下关系:

——(branch_homomorphic ?occ1 ?occ2);

——(folded ?a);

——(nondet_folded ?a);

——(partial_folded ?a);

——(rigid ?a)。

每一个概念由非正式语义和一个 KIF 公理来描述。

7.3 折叠分支结构所需的理论

本理论需要:

——act_occ.th;

——complex.th;

——atomic.th;

——subactivity.th;

——occtree.th;

——psl_core.th。

7.4 折叠分支结构所需的定义性扩展

折叠分支结构不需要定义性扩展。

7.5 折叠分支结构的定义

对于折叠分支结构定义以下概念。

7.5.1 Branch_homomorphic

当且仅当存在从一个最小活动树的一个分支的原子活动发生的集合到此最小活动树的另一个分支的原子活动发生的集合的映射时，此一个分支对于另一个分支是 branch_homomorphic。

```
(forall(?occ1 ?occ2)(iff branch_homomorphic ?occ1 ?occ2)
(and (same_grove ?occ1 ?occ2)
    (forall(?s1 ?a)
        (implies(and(occurrence_of ?occ1 ?a)
            (subactivity_occurrence ?s1 ?occ1))
        (exists (?s2)
            (subactivity_occurrence ?s2 ?occ2)
            (hom ?s1 ?s2 ?a)))))))
```

7.5.2 Folded

当且仅当存在一个单独的分支，使得最小活动树的每一个分支上的原子子活动发生的集合是这个单独的分支上的原子子活动发生的置换时，一个活动是 folded。

```
(forall(?occ)(iff(folded ?occ)
(exists(?occ1)
  (and(same_grove ?occ1 ?occ)
  (forall(?occ2)
      (implies(same_grove ?occ2 ?occ)
          (branch_homomorphic ?occ1 ?occ2)))))))
```

7.5.3 Nondet_folded

当且仅当存在一个分支，使得最小活动树的每一个分支上的原子子活动发生的集合是第一个分支上的原子子活动发生的置换时，一个活动是 nondet_folded。

```
(forall(?occ)(iff(nondet_folded ?occ)
(forall(?occ1)
  (implies(same_grove ?occ1 ?occ)
      (exists(?occ2)
          (and (same_grove ?occ2 ?occ)
              (not( = ?occ1 ?occ2))
              (branch_homomorphic ?occ1 ?occ2)))))))
```

7.5.4 Partial_folded

当且仅当存在一个分支，使得最小活动树的每一个分支上的原子子活动发生的集合是第一个分支上的原子子活动发生的置换时，一个活动是 partial_folded。

```
(forall(?occ)(iff(partial_folded ?occ)
(exists(?occ1 ?occ2 ?occ3)
  (and (same_grove ?occ1 ?occ)
      (same_grove ?occ2 ?occ)
      (not( = ?occ1 ?occ2))
      (branch_homomorphic ?occ1 ?occ2)
      (same_grove ?occ3 ?occ)
      (forall(?occ4)
```

```
            (implies (and(same_grove ?occ4 ?occ)
                    (not( = ?occ3 ?occ4)))
                  (not(branch_homomorphic ?occ3 ?occ4))))))))
```

7.5.5 Rigid

当且仅当一个活动树中所有分支都不是分支同态,则称一个活动是 rigid。

```
(forall(?occ)(iff(rigid ?occ)
(forall(?occ1 ?occ2)
  (implies (and(same_grove ?occ1 ?occ)
          (same_grove ?occ2 ?occ)
          (not( = ?occ1 ?occ2)))
          (not(branch_homomorphic ?occ1 ?occ2))))))
```

7.6 折叠分支结构的过程描述语法

下列语法句子描述了用于折叠分支结构的 KIF 中详细说明的过程描述和辅助规则。

```
〈folded_spec 〉: : = (exists(〈variable〉)
              (and (same_tree〈variable〉?occ)
                  〈occurrence_axiom〉))
〈nondet_folded_spec〉: : = (exists(〈variable〉)
               (and(same_tree〈variable〉?occc)
                  (or〈occurrence_axiom〉 * )))
〈partial_folded_spec〉: : = (or〈nondet_folded_spec〉
                  〈rigid_spec〉)
〈rigid_spec〉: : = (exists(〈variable〉 * )
              (and 〈occurrence_formula〉
                 〈branch_spec〉))
〈occurrence_disjunct〉: : = 〈occurrence_literal〉|
               (or〈occurrence_literal〉 * )
〈occurrence_axiom 〉: : = (exists(〈variable〉 * )
                  〈occurrence_disjunct〉)
```

8 非确定性活动:分支结构和排序

本条款表征了有关非确定性活动:分支结构和排序的全部定义。

8.1 分支结构和排序的基本词汇

分支结构和排序的词典不需要基本关系。

8.2 分支结构和排序的定义词汇

本条款中定义了以下关系:

——(mono_tree ?s1 ?s2 ?a);

——(order_tree ?s1 ?s2 ?a);

——(root_automorphic ?occ1 ?occ2);

——(ordered ?occ);

——(nondet_ordered ?occ);

——(broken_ordered ?occ);

——(unordered ?occ)。

每一个概念由非正式语义和一个 KIF 公理来描述。

8.3 分支结构和排序所需的理论

本理论需要：

——act_occ.th；

——complex.th；

——atomic.th；

——subactivity.th；

——occtree.th；

——psl_core.th。

8.4 分支结构和排序所需的定义性扩展

分支结构和排序不需要定义性扩展。

8.5 分支结构和排序的定义

对于为分支结构和排序定义以下概念。

8.5.1 Mono_tree

生根于?s1 的子树能被单一同态地嵌入到生根于?s2 的子树中。

```
(forall(?s1 ?s2 ?a)(iff(mono_tree ?s1 ?s2 ?a)
(forall(?s3 ?s4 ?s5)
  (implies (and(min_precedes ?s1 ?s3 ?a)
           (min_precedes ?s2 ?s4 ?a)
           (mono ?s3 ?s4 ?a)
           (min_precedes ?s3 ?s5 ?a))
        (exists(?s6)
           (and(mono ?s5 ?s6 ?a)
           (min_precedes ?s4 ?s6 ?a))))))))
```

8.5.2 Order_tree

当且仅当存在一个将生根于?s1 的子树映射到生根于?s2 的子树的序自同构时，此关系保持。

```
(forall(?s1 ?s2 ?a)(iff(order_tree ?s1 ?s2 ?a)
(and(mono_tree ?s1 ?s2 ?a)
 (forall(?s3 ?s4 ?s5 ?s6)
     (implies (and(min_precedes ?s1 ?s3 ?a)
                  (min_precedes ?s2 ?s4 ?a)
                  (cousin ?s3 ?s4 ?a)
                  (min_precedes ?s3 ?s5 ?a)
                  (cousin ?s5 ?s6 ?a))
          (iff(iso_occ ?s3 ?s5)
                  (iso_occ ?s4 ?s6)))))))
```

8.5.3 Root_automorphic

当且仅当存在每一个活动发生的原子子活动发生，且该原子子活动发生是同构子树的根时，同一个树的两个活动发生是根自同构。

```
(forall(?occ1 ?occ2)(iff(root_automorphic ?occ1 ?occ2)
(exists(?a ?s1 ?s2)
(and (occurrence_of ?occ1 ?a)
     (occurrence_of ?occ2 ?a)
     (subactivity_occurrence ?s1 ?occ1)
```

```
(subactivity_occurrence ?s2 ?occ2)
(order_tree ?s1 ?s2 ?a)
(order_tree ?s2 ?s1 ?a)))))
```

8.5.4 Ordered

当且仅当一个活动发生与同一个树的所有其他的根子活动发生是根自同构的时，称这个活动发生是 ordered。

```
(forall(?occ1 ?occ2)(iff(root_automorphic ?occ1 ?occ2)
(exists(?a ?s1 ?s2)
 (and (occurrence_of ?occ1 ?a)
     (occurrence_of ?occ2 ?a)
     (subactivity_occurrence ?s1 ?occ1)
     (subactivity_occurrence ?s2 ?occ2)
     (order_tree ?s1 ?s2 ?a)
     (order_tree ?s2 ?s1 ?a)))))
```

8.5.5 Nondet_ordered

当且仅当树中的每一个活动发生对该树中其他某个根子活动发生是根自同构的时，一个活动发生是 nondet_ordered。

```
(forall(?occ1)(iff(nondet_ordered ?occ1)
(forall(?occ2)
  (implies(same_grove ?occ1 ?occ2)
       (exists(?occ3)
(and (same_grove ?occ1 ?occ3)
     (not( =  ?occ3 ?occ2))
     (root_automorphic ?occ2 ?occ3)))))))
```

8.5.6 Broken_ordered

当且仅当存在同一个树中的活动发生，且这些活动发生对该树中其他某些根子活动发生是根自同构的，同时还存在根子活动发生，且这些根子活动发生对任何其他根子活动发生不是根自同构的时，一个活动是 broken_ordered。

```
(forall(?occ1)(iff(broken_ordered ?occ1)
(exists(?occ2)
 (and (same_grove ?occ1 ?occ2)
     (not( =  ?occ1 ?occ2))
     (root_automorphic ?occ1 ?occ2)
     (forall(?occ3)
          (implies (and(same_grove ?occ3 ?occ1)
                  (not( =  ?occ3 ?occ2))
               (not(root_automorphic ?occ3 ?occ2))))))))
```

8.5.7 Unordered

当且仅当同一个树中的活动发生都不是根自同构的时，一个活动发生是 unordered。

```
(forall(?occ1)(iff(unordered ?occ1)
(forall(?occ2)
 (implies (and(same_grove ?occ1 ?occ2)
          (not( =  ?occ1 ?occ2)))
```

```
(not(root_automorphic ?occ1 ?occ2))))))
```

8.6 分支结构和排序的语法

下列语法句子描述了用于分支结构和排序的 KIF 中详细说明的过程描述和辅助规则。

```
〈ordered_spec〉::=(forall(〈variable〉)
                    (implies (same_tree〈variable〉?occ)
                        〈ordered_sentence〉))|
                 (forall (〈variable〉)
                    (implies (same_tree〈variable〉?occ)
                        〈ordered_formula〉))

〈nondet_ordered_spec〉::=(forall(〈variable〉)
        (implies(same_tree〈variable〉?occ)
            (or〈ordered_sentence〉*)))

〈broken_ordered_spec〉::=(forall(〈variable〉)
        (implies(same_tree〈variable〉?occ)
            (or {〈ordered_sentence〉* |
              〈ordered_list〉*})))

〈unordered_spec〉::=(forall(〈variable〉)
        (implies(same_tree〈variable〉?occ)
            (or〈ordered_list〉*)))

〈ordered_literal〉::=(min_precedes〈variable〉〈variable〉〈term〉)|
        (next_subocc〈variable〉〈variable〉〈term〉)

〈ordered_list〉::=〈ordered_literal〉|
        (and〈ordered_literal〉*)
〈conditional_occurrence〉::=(implies〈occurrence_formula〉
        〈ordered_list〉)

〈ordered_sentence 〉::=(exists(〈variable〉)
        (and (root_occ〈variable〉?occ)
            〈occurrence_disjunct〉
            〈conditional_occurrence〉))))

〈ordered_conjunct 〉::=〈ordered_literal〉|
        (and〈ordered_formula〉*)

〈ordered_formula〉::=       (exists(〈variable〉)
        (and (root_occ〈variable〉?occ)
            〈occurrence_disjunct〉
        〈ordered_conjunct〉))|
```

```
(or〈ordered_formula〉* )
```

9 非确定性活动:重复的分支结构

本条款表征了有关非确定性活动:重复的分支结构的全部定义。

9.1 重复的分支结构的基本词汇

重复的分支结构的词典不需要基本关系。

9.2 重复的分支结构的定义关系

本条款中定义了以下关系:

——(branch_mono ?s1 ?s2 ?s3 ?s4 ?a);

——(reptree ?s ?occ);

——(repetitive ?occ);

——(nondet_repetitive ?occ);

——(partial_repetitive ?occ);

——(amorphous ?occ)。

每一个概念由非正式语义和一个 KIF 公理来描述。

9.3 重复的分支结构所需的理论

此理论需要:

——act_occ.th;

——complex.th;

——atomic.th;

——subactivity.th;

——occtree.th;

——psl_core.th。

9.4 重复的分支结构所需的定义性扩展

重复的分支结构不需要定义性扩展。

9.5 重复的分支结构的定义

对于重复的分支结构定义以下概念。

9.5.1 Branch_mono

具有最初的原子子活动发生?s1 和最终的原子子活动发生?s2 的一个最小活动的子分支,对于具有最初的原子子活动发生?s3 和最终的原子子活动发生?s4 的子分支是同构发生的。

```
(forall(?s1 ?s2 ?s3 ?s4 ?a)(iff(branch_mono ?s1 ?s2 ?s3 ?s4 ?a)
(forall(?s5 ?s6)
     (implies (and(min_precedes ?s1 ?s5 ?a)
               (min_precedes ?s6 ?s2 ?a)
               (next_subocc ?s5 ?s6 ?a))
          (exists(?s7 ?s8)
               (and (min_precedes ?s3 ?s7 ?a)
                    (min_precedes ?s8 ?s4 ?a)
                    (next_subocc ?s7 ?s8 ?a)
                    (iso_occ ?s5 ?s7)
                    (iso_occ ?s6 ?s8)))))))
```

9.5.2 Reptree

?occ 中的每一个原子子活动发生可以被嵌入到根发生是?s 的子树的一个分支中。

```
(forall(?s ?occ)(iff(reptree ?s ?occ)
(forall(?s1 ?a)
(implies (and(occurrence ?occ ?a)
        (subactivity_occurrence ?s1 ?occ))
      (exists(?s2 ?s3 ?s4 ?occ1)
          (and (same_tree ?o ?o1)
               (leaf_occ ?s2 ?occ1)
               (<_min ?s3 ?s1 ?a)
               (<_min ?s1 ?s4 ?a)
               (branch_mono ?s3 ?s4 ?s ?s2 ?a)))))))
```

9.5.3 Repetitive

当且仅当同一活动树中的每个分支可以被嵌入到一个唯一的子树中时，一个活动发生是 repetitive。直观上，这相当于存在一个唯一重复的子树。

```
(forall(?occ)(iff(repetitive ?occ)
(exists(?s1 ?occ2)
 (and (same_tree ?occ ?occ2)
     (subactivity_occurrence ?s ?occ2)
     (forall(?occ1)
     (implies(same_tree ?occ ?occ1)
     (and(reptree ?s ?occ1)
        (not(root_occ ?s ?occ1)))))))))
```

9.5.4 nondet_repetitive

当且仅当同一活动树中的每个分支可以被嵌入到某个子树中时，一个活动发生是 nondet_repetitive。直观上，这相当于存在多重非同构的重复子树。

```
(forall(?occ)(iff(nondet_repetitive ?occ)
(forall(?occ1)
  (implies(same_tree ?occ ?occ1)
        (exists(?s1 ?occ2)
            (and (same_tree ?occ ?occ2)
                 (subactivity_occurrence ?s ?occ2)
                 (reptree ?s ?occ1)
                 (not(root_occ ?s ?occ1))))))))
```

9.5.5 partial_repetitive

当且仅当存在重复子树，但还存在不能被映射到任何重复子树的同一树中的分支时，一个活动发生是 partial_repetitive。

```
(forall(?occ)(iff(partial_repetitive ?occ)
(and (exists(?occ1 ?occ2 ?s1)
     (and(same_tree ?occ ?occ1)
        (same_tree ?occ ?occ2)
        (subactivity_occurrence ?s ?occ2)
        (rep_tree ?s ?occ1)
        (not(root_occ ?s ?occ1))))
(exists(?occ2)
```

```
        (forall(?s2)
    (implies(reptree ?s1 ?occ1)
          (root_occ ?s1 ?occ1)))))))
```

9.5.6 Amorphous

当且仅当同一活动树中不存在重复子树时,一个活动发生是 amorphous。

```
(forall(?occ)(iff amorphous ?occ)
(forall(?occ1 ?s)
 (implies (and(same_tree ?occ1 ?occ)
        (reptree ?s ?occ1))
      (root_occ ?s ?occ1)))))
```

9.6 重复的分支结构的语法

下列语法句子描述了用于重复的分支结构的 KIF 中详细说明的过程描述和辅助规则。

```
〈repetitive_spec〉::=(forall(〈term〉?s1 ?s2)
                    (iff (do〈term〉?s1 ?s2)
                        〈rep_formula〉))

〈nondet_rep_spec〉::=(forall(〈term〉?s1 ?s2)
                   (iff (do〈term〉?s1 ?s2)
                       (or〈rep_formula〉*)))

〈partial_rep_spec〉::=(forall(〈term〉?s1 ?s2)
                       (iff(do〈term〉?s1 ?s2)
                       〈partial_rep_formula〉

〈rep_formula〉::=(exists(〈term〉)
           (and (subactivity〈term〉〈term〉)
               (forall(?s3)
                 (implies(do〈term〉?s1 ?s3)
                     (or( = ?s2 ?s3)
                       (do〈term〉?s3 ?s2))))))

〈partial_rep_formula〉::=(exists(〈term〉?s3)
                   (and (subactivity〈term〉〈term〉)
                       (do〈term〉?s1 ?s3)
                       (or ( = ?s2 ?s3)
                          (do〈term〉?s3 ?s2))))
```

10 活动谱:置换活动树

本条款表征了有关活动谱:置换活动树的全部定义。

10.1 置换活动树的基本词汇

置换活动树的词典不需要基本关系。

10.2 置换活动树的定义关系

本条款中定义了以下关系:

——(reordered ?a);

——(partial_reordered ?a);

——(nondet_reorder ?a);

——(nonorderable ?a)。

每一个概念由非正式语义和一个 KIF 公理来描述。

10.3 置换活动树所需的理论

此理论需要:

——act_occ. th;

——complex. th;

——atomic. th;

——subactivity. th;

——occtree. th;

——psl_core. th。

10.4 置换活动树所需的定义性扩展

此扩展需要置换分支结构。

10.5 置换活动树的定义

对置换活动树定义以下概念。

10.5.1 Reordered

当且仅当一个最小活动树的每一个分支上的原子子活动发生的集合是?a 的另一个活动树中的一个分支上的原子子活动发生的置换时,一个活动是 reordered。

```
(forall(?a)(iff(reordered ?a)
(forall(?occ1 ?occ2)
 (implies (and(occurrence_of ?occ1 ?a)
          (occurrence_of ?occ2 ?a))
      (branch_automorphic ?occ1 ?occ2)))))
```

10.5.2 Nondet_reordered

当且仅当?a 的一个最小活动树的每一个分支上的原子子活动发生的集合是?a 的另一个最小活动树 ?a 的某个分支上的原子子活动发生的置换时,一个活动是 nondet_reordered。

```
(forall(?a)(iff(nondet_reordered ?a)
(forall(?occ1)
 (implies(occurrence_of ?occ1 ?a)
      (exists(?occ2)
         (and (occurrence_of ?occ2 ?a)
             (not(same_grove ?occ1 ?occ2))
             (branch_automorphic ?occ1 ?occ2)))))))
```

10.5.3 Partial_reordered

当且仅当存在一个分支,使得原子子活动发生的集合是其他某个分支上的原子子活动发生的置换,且存在一个分支,其不是任何其他分支的置换时,一个活动是 partial_reordered。

```
(forall(?a)(iff(partial_reordered ?a)
(exist(?occ1 ?occ2 ?occ3)
 (and (occurrence_of ?occ1 ?a)
     (occurrence_of ?occ2 ?a)
     (not(same_grove ?occ1 ?occ2))
```

```
        (branch_automorphic ?occ1 ?occ2)
        (occurrence_of ?occ3 ?a)
        (same_grove ?occ1 ?occ3)
        (forall(?occ4)
            (implies (and(occurrence_of ?occ4 ?a)
                    (not( = ?occ2 ?occ4))
                    (same_grove ?occ2 ?occ4))
                  (not(branch_automorphic ?occ2 ?occ4)))))))
```

10.5.4 Unorderable

当且仅当谱中一个活动树没有一个分支对其他活动树的任何其他分支是分支自同构的时，一个活动是 unorderable。

```
(forall(?a)(iff(unorderable ?a)
(forall(?occ1 ?occ2)
 (implies (and(occurrence_of ?occ1 ?a)
        (occurrence_of ?occ2 ?a)
        (not(same_grove ?occ1 ?occ2)))
      (not(branch_automorphic ?occ1 ?occ2))))))
```

10.6 置换活动树的过程描述的语法

下列语法句子描述了用于置换活动树的 KIF 中详细说明的过程描述(分支式置换的活动的公理)。

```
〈reordered_spec〉::= (forall(〈variable〉)
          (implies(occurrence〈variable〉〈term〉)
              〈occurrence_sentence〉))

〈nondet_reordered_spec〉::= (forall(〈variable〉 * )
          (implies(occurrence〈variable〉〈term〉)
              (or〈occurrence_sentence〉 * )))

〈partial_reordered _spec〉::= (or〈nondet_reordered_spec〉
              〈nonorderable_spec〉)
〈nonorderable_spec〉::= (exists(〈variable〉 * )
          (and 〈occurrence_formula〉
              〈branch_spec〉))
```

11 活动谱:压实分支结构

本条款表征了有关活动谱:压实分支结构的全部定义。

11.1 压实分支结构的基本词汇

压实分支结构的词典不需要基本关系。

11.2 压实分支结构的定义词汇

本条款中定义了以下关系:

——(compacted ?a);

——(nondet_compacted ?a);

——(partial_compacted ?a);

——(stiff ?a)。

每一个概念由非正式语义和一个 KIF 公理来描述。

11.3 压实分支结构所需的理论

此理论需要：

——act_occ. th；

——complex. th；

——atomic. th；

——subactivity. th；

——occtree. th；

——psl_core. th。

11.4 压实分支结构所需的定义性扩展

本扩展需要置换分支结构。

11.5 压实分支结构的定义

对压实分支结构定义以下概念。

11.5.1 Compacted

当且仅当存在一个分支，使得最小活动树的每一个分支上的原子子活动发生的集合是第一个分支上的原子子活动发生的置换时，一个活动是 compacted。

```
(forall(?a)(iff(compacted ?a)
(exists(?occ1)
 (and (occurrence_of ?occ1 ?a)
     (forall(?occ2)
          (implies (and(occurrence_of ?occ2 ?a)
                   (not(same_grove ?occ1 ?occ2)))
                   (branch_homomorphic ?occ1 ?occ2))))))))
```

11.5.2 Nondet_compacted

当且仅当存在一个分支，使得最小活动树的每一个分支上的原子子活动发生的集合是第一个分支上的原子子活动发生的置换时，一个活动是 nondet_compacted。

```
(forall(?a)(iff(nondet_compacted ?a)
(forall(?occ1)
 (implies(occurrence_of ?occ1 ?a)
     (exists(?occ2)
        (and (occurrence_of ?occ2 ?a)
             (not(same_grove ?occ1 ?occ2))
             (branch_homomorphic ?occ1 ?occ2)))))))
```

11.5.3 Partial_compacted

当且仅当存在一个分支，使得最小活动树的某些(但不是全部)分支上的原子子活动发生的集合是第一个分支上的原子子活动发生的置换时，一个活动是 partial_compacted。

```
(forall(?a)(iff(partial_compacted ?a)
(exists(?occ1 ?occ2 ?occ3)
  (and (occurrence_of ?occ1 ?a)
       (occurrence_of ?occ2 ?a)
       (not(same_grove ?occ1 ?occ2))
       (branch_homomorphic ?occ1 ?occ2)
       (occurrence_of ?occ3 ?a)
```

```
            (same_grove ?occ3 ?occ1)
            (forall(?occ4)
                 (implies(and(occurrence_of ?occ4 ?a)
                        (not( = ?occ2 ?occ4))
                        (same_grove ?occ2 ?occ4))
                      (not(branch_homomorphic ?occ2 ?occ4))))))))
```

11.5.4 Stiff

当且仅当?a 的一个活动树没有分支对?a 的任何其他的活动树的分支是分支满射的时，一个活动是 stiff。

```
(forall(?a)(if(stiff ?a)
(forall(?occ1 ?occ2)
 (implies (and(occurrence_of ?occ1 ?a)
          (occurrence_of ?occ2 ?a)
          (not(same_grove ?occ1 ?occ2)))
       (not(branch_homomorphic ?occ1 ?occ2))))))
```

11.6 压实分支结构的语法

下列语法句子描述了用于压实分支结构的 KIF 中详细说明的过程描述。

```
〈compacted_spec〉:: = (forall(〈variable〉)
 (implies(occurrence〈variable〉〈term〉)
      (exists(〈variable〉)
         (and (occurrence〈variable〉〈term〉)
             〈occurrence_axiom〉)))))

〈nondet_compacted_spec〉:: = (forall(〈variable〉)
 (implies(occurrence〈variable〉〈term〉)
      (exists(〈variable〉)
         (and (occurrence〈variable〉〈term〉)
             (or〈occurrence_axiom〉 * ))))))

〈partial_compacted_spec〉:: = (or〈nondet_compacted_spec〉
                  〈stiff_spec〉)

〈stiff_spec〉:: = (exists(〈variable〉 * )
             (and 〈occurrence_formula〉
                〈branch_spec〉))
```

12 活动谱:活动树和重新排序

本条款表征了有关活动谱:活动树和重新排序的全部定义。

12.1 活动树和重新排序的基本词汇

活动树和重新排序的词典不需要基本关系。

12.2 活动树和重新排序的定义词汇

本条款中定义了以下关系:

——(treeordered ?a);

——(partial_treeordered ?a);

——(nondet_treeordered ?a);

——(scrambled ?a)。

每一个概念由非正式语义和一个 KIF 公理来描述。

12.3 活动树和重新排序所需的理论

此理论需要:

——act_occ. th;

——complex. th;

——atomic. th;

——subactivity. th;

——occtree. th;

——psl_core. th。

12.4 活动树和重新排序所需的定义性扩展

本扩展需要分支结构和排序。

12.5 活动树和重新排序的定义

对于活动树和再排序定义以下概念。

12.5.1 Treeordered

当且仅当一个发生的根子活动发生与一个活动的其他发生的其他每个根子活动发生是根自同构的时,该活动是 treeordered。

```
(forall(?a)(iff(treeordered ?a)
(forall(?occ1 ?occ2)
     (implies(and(occurrence_of ?occ1 ?a)
          (occurrence_of ?occ2 ?a)
          (not(same_grove ?occ1 ?occ2))
          (root_automorphic ?occ1 ?occ2)))))
```

12.5.2 Nondet_treeordered

当且仅当最小活动树的每一个根子活动发生对发生树中的其他某个根子活动发生是根自同构的时,一个活动发生是 nondet_treeordered。

```
forall(?a)(iff(nondet_treeordered ?a)
(forall(?occ1)
     (implies(occurrence_of ?occ1 ?a)
          (exists(?occ2)
               (and (occurence_of ?occ2 ?a)
                    (not(same_grove ?occ1 ?occ2))
                    (root_automorphic ?occ1 ?occ2)))))))
```

12.5.3 Partial_treeordered

当且仅当存在最小活动树的根子活动发生,其对发生树中的其他某个根子活动发生是根自同构的,且还存在根子活动发生,其对任何其他的根子活动发生都不是根自同构的时,一个活动是 partial_treeordered。

```
(forall(?a)(iff(partial_treeordered ?a)
(exists(?occ1 ?occ2)
     (and(occurrence_of ?occ1 ?a)
     (occurrence_of ?occ2 ?a)
```

```
            (not(same_grove ?occ1 ?occ2))
            (root_automorphic ?occ1 ?occ2)
            (forall(?occ3)
                 (implies (and(occurrence_of ?occ3 ?a)
                          (not(same_grove ?occ3 ?occ2)))
                      (not(root_automorphic ?occ3 ?occ2))))))))
```

12.5.4 Scrambled

当且仅当一个活动树中没有分支对其他任何活动树是根自同构的时，一个活动是 scrambled。

```
(forall(?a)(iff(scrambled ?a)
(forall(?occ1 ?occ2)
  (implies (and(occurrence_of ?occ1 ?a)
           (occurrence_of ?occ2 ?a)
           (not(same_grove ?occ1 ?occ2)
        (not(root_automorphic ?occ1 ?occ2))))))
```

12.6 活动树和重新排序的语法

下列语法句子描述了用于活动树和重新排序的 KIF 中详细说明的过程描述。

```
〈treeordered_spec〉::=(forall(〈variable〉)
           (implies(occurrence〈variable〉〈term〉)
                〈ordered_sentence〉))|
     (forall(〈variable〉)
         (implies(occurrence〈variable〉〈term〉)
                〈ordered_formula〉))

〈nondet_treeordered_spec〉::=(forall(〈variable〉)
              (implies(occurrence〈variable〉〈term〉)
                   (or〈ordered_sentence〉*)))

〈partial_treeordered_spec〉::=(forall(〈variable〉)
               (implies(occurrence〈variable〉〈term〉)
                    (or {〈ordered_sentence〉* |
                        〈ordered_list〉* })))

〈scrambled_spec〉::=(forall(〈variable〉)
              (implies(occurrence〈variable〉〈term〉)
                   (or〈ordered_list〉*)))
```

13 谱和子树遏制

本条款表征了有关谱和子树遏制的全部定义。

13.1 谱和子树遏制的基本词汇

谱和子树遏制的词典不需要基本关系。

13.2 谱和子树遏制的定义词汇

本条款中定义了以下关系：

——(subtree_embed?occ1?occ2?a)；

——(multiple_outcome?a)；

——(weak_outcome?a)；

——(nondet_outcome?a)；

——(imiscible?a)。

每一个概念由非正式语义和一个 KIF 公理来描述。

13.3 谱和子树遏制所需的理论

此理论需要：

——act_occ.th；

——complex.th；

——atomic.th；

——subactivity.th；

——occtree.th；

——psl_core.th。

13.4 谱和子树遏制所需的定义性扩展

谱和子树遏制不需要定义性扩展。

13.5 谱和子树遏制的定义

对谱和子树遏制定义以下概念。

13.5.1 Subtree_embed

当且仅当在保持次序的情况下，生根于?s1 的树中的任何原子子活动发生可以被映射到生根于?s2 的树中的一个原子子活动发生时，?a 的一个最小活动树可以作为子树嵌入到另一个最小活动树中。

```
(forall(?s1 ?s2 ?a)(iff(subtree_embed ?s1 ?s2 ?a)
(forall(?s3)
    (implies(min_precedes ?s1 ?s3 ?a)
        (exists(?s4)
          (and(min_precedes ?s2 ?s4 ?a)
          (iso_occ ?s4 ?s3)))))))
```

13.5.2 Multiple_outcome

当且仅当任意两个活动树可以彼此互相嵌入时，一个活动是 multiple_outcome。

```
(forall(?a)(iff(multiple_outcome?a)
(forall(?s1?s2)
    (implies (and(root ?s1 ?a)
              (root ?s2 ?a))
        (or (subtree_embed ?s1 ?s2 ?a)
            (subtree_embed ?s2 ?s1 ?a))))))
```

13.5.3 Weak_outcome

当且仅当存在一个最小活动树，其可以被嵌入到?a 的其他所有最小活动树中时，一个活动?a 是 weak_outcome。

```
(forall(?a)(iff(weak_outcome ?a)
(exists(?s1)
  (and (root ?s1 ?a)
      (forall(?s2)
          (implies(root ?s2 ?a)
              (subtree_embed ?s2 ?s1 ?a)))))))
```

13.5.4 Nondet_outcome

当且仅当存在能被嵌入到?a的其他最小活动树中的最小活动树，且还存在不能被嵌入的分支时，一个活动?a具有一个nondet_outcome。

```
(forall(?a)(iff(nondet_outcome ?a)
(exists(?s1 ?s2 ?s3)
 (and (root ?s1 ?a)
     (root ?s2 ?a)
     (subtree_embed ?s2 ?s1 ?a)
     (root ?s3 ?a)
     (forall(?s4)
          (implies(root ?s4 ?a)
               (not(or(subtree_embed ?s3 ?s4 ?a)
               (subtree_embed ?s4 ?s3 ?a))))))))))
```

13.5.5 imiscible

当且仅当谱中没有树可以被嵌入到任何其他树中时，一个活动是imiscible。

```
(forall(?a)(iff(imiscible ?a)
(forall(?s1 ?s2)
 (implies (and(root ?s1 ?a)
          (root ?s2 ?a))
     (not(or (subtree_embed ?s1 ?s2 ?a)
          (subtree_embed ?s2 ?s1 ?a)))))))
```

13.6 置换分支结构的语法

用于置换分支结构的过程描述的语法等同于GB/T 20719.11—2010中详细说明的一个综合过程描述语句的语法。

14 活动的嵌入约束

本条款表征了有关活动的嵌入约束的全部定义。

14.1 活动的嵌入约束的基本词汇

活动的嵌入约束的词典不需要基本关系。

14.2 活动的嵌入约束的定义词汇

本条款中定义了以下关系：

——(live_branch ?s1 ?s2 ?a)；

——(embedded ?s1 ?s2 ?a)；

——(dead_branch ?s1 ?s2 ?a)；

——(dead_occurrence ?s1 ?s2 ?a)；

——(embed_tree ?s1 ?s2 ?s3 ?a)；

——(subocc_equiv ?s1 ?s2 ?s3 ?a)；

——(unrestricted ?occ)。

每一个概念由非正式语义和一个KIF公理来描述。

14.3 活动的嵌入约束所需的理论

本理论需要：

——act_occ. th；

——complex. th；

——atomic.th;

——subactivity.th;

——occtree.th;

——psl_core.th。

14.4 活动的嵌入约束所需的定义性扩展

活动的嵌入约束不需要定义性扩展。

14.5 活动的嵌入约束的定义

对于活动的嵌入约束定义以下概念。

14.5.1 Live_branch

当且仅当一个原子活动发生?s2是在具有根?s1的?a的一个嵌入活动树的一个活分支上的子活动发生时,该原子活动发生?s2在这个live_branch。

```
(forall(?s1 ?s2 ?a)(iff(live_branch ?s1 ?s2 ?a)
(exists(?occ)
  (and (occurrence_of ?occ ?a)
      (root_occ ?s1 ?occ)
      (min_precedes ?s1 ?s2 ?a)))))
```

14.5.2 Embedded

当且仅当一个活动发生是一个外部活动发生,其介于发生树的一个分支上的两个子活动发生之间时,该活动发生是正向最大embedded子树的一个元素。

```
(forall(?s1 ?s2 ?a)(iff(embedded ?s1 ?s2 ?a)
(exists(?s3)
 (and (root ?s2 ?a)
     (min_precedes ?s2 ?s3 ?a)
     (precedes ?s2 ?s1)
     (precedes ?s1 ?s3)
     (not(min_precedes ?s1 ?s3 ?a)))))
```

14.5.3 Dead_branch

当且仅当一个发生?s2在一个分支上,该分支对于具有根发生?s1的?a的嵌入活动树的一个分支是发生同构的时,?s2在关于该嵌入活动树的一个死分支上。当且仅当活动发生?s2是具有根发生?s1的?a的活动树中的一个非叶的子活动发生的后继,但不存在晚于?s2的树的子活动发生时,?s2是关于该活动树的最早的dead_branch。

```
(forall(?s1 ?s2 ?a)(iff(dead_branch ?s1 ?s2 ?a)
(exists(?a1 ?s3)
 (and (root ?s1 ?a)
     (min_precedes ?s1 ?s3 ?a)
     (not(leaf ?s3 ?a))
     ( = ?s2(successor ?a1 ?s3))
     (not (exists(?s4)
         (and (precedes ?s3 ?s4)
             (min_precedes ?s3 ?s4 ?a))))))))
```

14.5.4 Dead_occurrence

当且仅当一个外部活动发生?s2介于?a的一个死分支上的两个活动发生之间时,?s2是关于具有根发生?s1的该?a的活动树的dead_occurrence。

```
(forall(?s1 ?s2 ?a)(iff(dead_occurrence ?s1 ?s2 ?a)
(exists(?s3)
 (and (dead_branch ?s1 ?s3 ?a)
      (precedes ?s1 ?s2)
      (precedes ?s2 ?s3)))))
```

14.5.5 **Embed_tree**

?s1 和 ?s2 是 ?a 的子活动的发生,其是具有根 ?s3 的?a 的同一嵌入活动树的元素。

```
(forall(?s1 ?s2 ?s3 ?a)(iff(embed_tree ?s1 ?s2 ?s3 ?a)
(exists(?a1 ?a2)
 (and (subactivity ?a1 ?a)
      (subactivity ?a2 ?a)
      (occurrence_of ?s1 ?a1)
      (occurrence_of ?s2 ?a2)
      (or (live_branch ?s3 ?s1 ?a)
          (dead_branch ?s3 ?s1 ?a))
      (or(live_branch ?s3 ?s2 ?a)
          (dead_branch ?s3 ?s2 ?a))))))
```

14.5.6 **Subocc_equiv**

当且仅当两个活动发生?s1、?s2 是具有根发生?s3 的?a 的同一最大嵌入子树的元素、它们是子活动的发生、且它们在是否为?a 的一个发生的子活动发生上是一致的时,则称?s1 和?s2 是关于?a 的 subocc_equiv。

```
(forall(?s1 ?s2 ?s3 ?a)(iff(subocc_equiv ?s1 ?s2 ?s3 ?a)
(and (embed_tree ?s1 ?s2 ?s3 ?a)
     (iff (min_precedes ?s3 ?s1 ?a)
          (min_precedes ?s3 ?s2 ?a))))
```

14.5.7 **unrestricted**

当且仅当最大嵌入子树中的每个分支都是活分支时,一个活动发生?occ 是 unrestricted。

```
(forall(?occ)(iff unrestricted ?occ)
    (forall(?a ?s1 ?s2 ?s3)
        (implies (and(occurrence_of ?occ ?a)
                     (root_occ ?s3 ?occ)
                     (embed_tree ?s1 ?s2 ?s3 ?a))
                 (subocc_equiv ?s1 ?s2 ?s3 ?a)))))
```

14.6 活动的嵌入约束的语法

用于活动的嵌入约束的过程描述的语法等同于 GB/T 20719.11—2010 中详细说明的一个综合过程描述语句的语法。

15 梗概活动树

本条款表征了有关梗概活动树的全部定义。

15.1 梗概活动树的基本词汇

梗概活动树的词典不需要基本关系。

15.2 梗概活动树的定义词汇

本条款中定义了以下关系:

——(fused ?occ)；

——(embed_occ ?occ)；

——(free ?occ)；

——(assisted ?occ)；

——(helpless ?occ)；

——(unbound ?occ)；

——(bound ?occ)；

——(strict ?occ)。

每一个概念由非正式语义和一个 KIF 公理来描述。

15.3 梗概活动树所需的理论

本理论需要 act_occ. th，complex. th，atomic. th，subactivity. th，occtree. th，psl_core. th。

15.4 梗概活动树所需的定义性扩展

本扩展需要活动的嵌入约束。

15.5 梗概活动树的定义

对于梗概活动树定义以下概念。

15.5.1 Fused

当且仅当介于一个根发生和一个叶发生之间的每个活动发生都还是一个活动发生?occ 的子活动发生时，?occ 是 fused。

```
(forall(?occ)(iff(fused ?occ)
(forall(?s1 ?s2 ?s3)
  (implies (and(root_occ ?s1 ?occ)
                (subactivity_occurrence ?s2 ?occ)
                (precedes ?s1 ?s3)
                (precedes ?s3 ?s2))
          (subactivity_occurrence ?s3 ?occ)))))
```

15.5.2 Embedd_occ

包含活动发生?occ 的发生树的分支可以被嵌入到同一个最大嵌入子树的一个死分支中。

```
(forall(?occ)(iff(embed_occ ?occ)
(forall(?a ?s ?s1 ?s2 ?s3)
  (implies (and(occurrence_of ?occ ?a)
                (root_occ ?s ?occ)
                (next_subocc ?s1 ?s2 ?occ)
                (precedes ?s1 ?s3)
                (precedes ?s3 ?s2))
          (exists(?s4 ?s5 ?s6)
                (and (precedes ?s4 ?s5)
                     (precedes ?s5 ?s6)
                     (iso_occ ?s4 ?s1)
                     (iso_occ ?s5 ?s3)
                     (iso_occ ?s6 ?s3)
                     (dead_branch ?s1 ?s4 ?a)
                     (dead_branch ?s1 ?s6 ?a)))))))
```

15.5.3 Free

当且仅当在同一个树中存在混合的活动发生、且存在非混合的活动发生时，一个活动发生是 free。也就是说，不存在必要的外部活动发生。

```
(forall(?occ)(iff(free ?occ)
(exists(?occ1 ?occ2)
 (and (same_tree ?occ ?occ1)
     (same_tree ?occ ?occ2)
     (not(fused ?occ1))
     (fused ?occ2)))))
```

15.5.4 Assisted

当且仅当在同一个树中的每个活动发生都不是混合的时，一个活动发生是 assisted。也就是说存在必要的外部活动发生。

```
(forall(?occ)(iff(assisted ?occ)
(forall(?occ1)
 (implies(same_tree ?occ ?occ1)
      (not(fused ?occ1))))))
```

15.5.5 Helpless

当且仅当任何两个子活动发生之间存在一个外部活动发生时，一个活动是 helpless。也就是说外部活动总是必要的。

```
(forall(?occ)(iff(helpless ?occ)
(forall(?s1 ?s2)
 (implies(next_subocc ?s1 ?s2 ?occ)
      (exists(?s3)
          (and (precedes ?s1 ?s3)
              (precedes ?s3 ?s2)
              (not(subactivity_occurrence ?s3 ?occ)))))))))
```

15.5.6 Unbound

当且仅当同一个树中没有一个活动发生可以被嵌入到死分支中时，一个活动发生是 unbound。这等同于没有被禁止的外部活动。

```
(forall(?occ)(iff(unbound ?occ)
(forall(?occ1)
 (implies(same_tree ?occ1 ?occ)
      (not(embed_occ ?occ1))))))
```

15.5.7 Bound

当且仅当同一个树中存在可以被嵌入到死分支中的活动发生时，一个活动发生是 bound。这等同于存在被禁止的外部活动。

```
(forall(?occ)(iff(bound ?occ)
(exists(?occ1 ?occ2)
 (and (same_tree ?occ1 ?occ)
     (not(embed_occ ?occ1))
     (same_tree ?occ2 ?occ)
     (embed_occ ?occ2)))))
```

15.5.8 **Strict**

当且仅当同一个树中的全部发生都是混合的时，一个活动发生是 strict。也就是说全部的外部活动发生都是被禁止的。

```
(forall(?occ)(iff(strict ?occ)
(forall(?occ1)
 (implies(same_tree ?occ ?occ1)
      (fused ?occ1)))))
```

15.6 **梗概活动树的语法**

用于梗概活动树的过程描述的语法等同于 GB/T 20719.11—2010 中详细说明的一个综合过程描述语句的语法。

16 原子活动:向上并发

本条款表征了有关原子活动:向上并发的全部定义。

16.1 **原子活动:向上并发的基本词汇**

原子活动:向上并发的词典不需要基本关系。

16.2 **原子活动:向上并发的定义词汇**

本条款中定义了以下关系:

——(natural ?a ?s);

——(artificial ?a ?s);

——(performed ?a ?s);

——(up_ghost ?a ?s);

——(up_conflict ?a ?s);

——(quark ?a ?s)。

每一个概念由非正式语义和一个 KIF 公理来描述。

16.3 **原子活动:向上并发所需的理论**

本理论需要 act_occ.th，complex.th，atomic.th，subactivity.th，occtree.th,psl_core.th。

16.4 **原子活动:向上并发所需的定义性扩展**

原子活动:向上并发不需要定义性扩展。

16.5 **原子活动:向上并发的定义**

对于原子活动:向上并发定义以下概念。

16.5.1 **Natural**

当且仅当在一个活动是可能的时候，其是任何可能的活动的子活动时，这个活动是 natural。

```
(forall(?a ?s)(iff(natural ?a ?s)
(forall(?a1)
 (implies (and(poss ?a ?s)
         (poss ?a1 ?s))
         (subactivity ?a ?a1)))))
```

16.5.2 **Artificial**

当且仅当一个活动可能与任何其他活动并发时，这个活动是 artificial。

```
(forall(?a ?s)(iff(artificial ?a ?s)
(forall(?a1)
 (implies (and(poss ?a ?s)
         (poss ?a1 ?s)
```

```
            (not(subactivity ?a1 ?a)))
        (poss(conc ?a ?a1)?s)))))
```

16.5.3 Performed

当且仅当在一个活动是可能的时候，存在不可能并发的子活动时，这个活动是 performed。

```
(forall(?a ?s)(iff(performed ?a ?s)
(exists(?a1 ?a2)
 (and (subactivity ?a1 ?a)
      (subactivity ?a2 ?a)
      (poss ?a ?s)
      (not(poss(conc ?a1 ?a2)?s))))))
```

16.5.4 Up_ghost

当且仅当在任何超活动都是可能的时候，一个活动也是可能的时，这个活动是 up_ghost。

```
(forall(?a ?s)(iff(up_ghost ?a ?s)
(forall(?a1)
 (implies (and(poss ?a1 ?s)
              (subactivity ?a ?a1))
           (poss ?a ?s))))
```

16.5.5 Up_conflict

当且仅当在与任何其他活动在一起的一个并发成分是可能的时候，它们的子活动中的一个也是可能的时，这个活动是一个 up_conflict。

```
(forall(?a ?s)(iff(up_conflict ?a ?s)
(forall(?a1)
 (implies(poss(conc ?a ?a1)?s)
      (or (poss ?a ?s)
          (poss ?a1 ?s)
          (subactivity ?a ?a1))))))
```

16.5.6 Quark

当且仅当一个活动不可能是孤立的，但其超活动是可能的时，这个活动是 quark。

```
(forall(?a ?s)(iff(quark ?a ?s)
(exists(?a1 ?s)
 (and (atomic ?a1)
      (subactivity ?a ?a1)
      (poss ?a1 ?s)
      (not(poss ?a ?s))))))
```

16.6 原子活动：向上并发的语法

用于原子活动：向上并发的过程描述的语法等同于 GB/T 20719.11—2010 中详细说明的一个综合过程描述语句的语法。

17 原子活动：向下并发

本条款表征了有关原子活动：向下并发的全部定义。

17.1 原子活动：向下并发的基本词汇

原子活动：向下并发的词典不需要基本关系。

17.2 原子活动:向下并发的定义词汇

本条款在定义了以下关系:

——(superpose ?a ?s);

——(assistance ?a ?s);

——(team ?a ?s);

——(ghost ?a ?s);

——(conflict ?a ?s);

——(dysfunction ?a ?s)。

每一个概念由非正式语义和一个 KIF 公理来描述。

17.3 原子活动:向下并发所需的理论

本理论需要:

——act_occ. th;

——complex. th;

——atomic. th;

——subactivity. th;

——occtree. th;

——psl_core. th。

17.4 原子活动:向下并发所需的定义性扩展

本扩展不需要定义性扩展。

17.5 原子活动:向下并发的定义

对于原子活动:向下并发定义以下概念。

17.5.1 Superpose

当且仅当在一个活动本身是可能的时候,每个子活动都是可能的时,这个活动是 superpose。

```
(forall(?a ?s)(iff(superpose ?a ?s)
(forall(?a1)
 (implies (and(subactivity ?a1 ?a)
               (poss ?a ?s))
               (poss ?a1 ?s)))))
```

17.5.2 Assistance

当且仅当在一个活动是可能的时候,其子活动的任何并发成分也是可能的时,这个活动是个 assistance。

```
(forall(?a ?s)(iff(assistance ?a ?s)
(forall(?a1 ?a2)
 (implies(and (subactivity ?a1 ?a)
                  (subactivity ?a2 ?a)
                  (poss ?a ?s))
                (poss(conc ?a1 ?a2)?s)))))
```

17.5.3 Team

当且仅当在一个活动是可能的时候,其子活动都不可能是孤立的时,这个活动是 team。

```
(forall(?a ?s)(iff(team ?a ?s)
(exists(?a1 ?a2)
 (and (subactivity ?a1 ?a)
      (subactivity ?a2 ?a)
```

```
            (poss ?a ?s)
            (not(poss(conc ?a1 ?a2)?s))))))
```

17.5.4 Ghost

当且仅当在一个活动是不可能的时候,其子活动都是不可能的时,这个活动是 ghost。

```
(forall(?a ?s)(iff(ghost ?a ?s)
(forall(?a1)
 (implies (and(subactivity ?a1 ?a)
          (poss ?a1 ?s))
       (poss ?a ?s)))))
```

17.5.5 Conflict

当且仅当在一个活动是不可能的时候,其子活动中的一些是可能的时,这个活动是 conflict。

```
(forall(?a ?s)(iff(conflict ?a ?s)
(forall(?a1 ?a2)
 (implies(and(subactivity ?a1 ?a)
     (subactivity ?a2 ?a)
     (not(poss ?a1 ?s))
     (poss(conc ?a1 ?a2)?s))
  (poss ?a ?s))))))
```

17.5.6 Dysfunction

当且仅当存在这样的子活动:其是不可能的,但是其并发成分是可能的时,这个活动是 dysfunction。

```
(forall(?a ?s)(iff(dysfunction ?a ?s)
(exists(?a1 ?a2)
  (and (subactivity ?a1 ?a)
      (subactivity ?a2 ?a)
      (not(poss ?a1 ?s))
      (not(poss ?a ?s))
      (poss(conc ?a1 ?a2)?s)))))
```

17.6 原子活动:向下并发的语法

用于原子活动:向下并发的过程描述的语法等同于 GB/T 20719.11—2010 详细说明的一个综合过程描述语句的语法。

18 原子活动谱

本条款表征了有关活动谱的全部定义。

18.1 原子活动谱的基本词汇

原子活动谱的词典不需要基本关系。

18.2 原子活动谱的定义词汇

本条款中定义了以下关系:

——(global_ideal ?a);

——(global_nonideal ?a);

——(global_filter ?a);

——(global_nonfilter ?a)。

每一个概念由非正式语义和一个 KIF 公理来描述。

18.3 原子活动谱所需的理论

本理论需要：

——act_occ. th；

——complex. th；

——atomic. th；

——subactivity. th；

——occtree. th；

——psl_core. th。

18.4 原子活动谱的定义性扩展

本扩展需要活动的前提。

18.5 原子活动谱的定义

对于原子活动谱定义以下概念。

18.5.1 Global_ideal

当且仅当在一个活动是可能的时候，每个超活动都具有相等的前提时，这个活动是 global_ideal。

```
(forall(?a)(iff(global_ideal ?a)
(forall(?a1 ?s1 ?s2)
 (implies (and(subactivity ?a ?a1)
           (poss ?a ?s1)
           (poss ?a ?s2))
        (poss_equiv ?a1 ?s1 ?s2)))))
```

18.5.2 global_nonideal

当且仅当在一个活动是不可能的时候，每个超活动都具有相等的前提时，这个活动是 global_nonideal。

```
(forall(?a)(iff(global_nonideal ?a)
(forall(?a1 ?s1 ?s2)
 (implies (and(subactivity ?a ?a1)
           (not(poss ?a ?s1))
           (not(poss ?a ?s2)))
        (poss_equiv ?a1 ?s1 ?s2)))))
```

18.5.3 global_filter

当且仅当在一个活动是可能的时候，每个子活动都具有相等的前提时，这个活动是 global_filter。

```
(forall(?a)(iff(global_filter ?a)
(forall(?a1 ?s1 ?s2)
 (implies (and(subactivity ?a1 ?a)
           (poss ?a ?s1)
           (poss ?a ?s2))
        (poss_equiv ?a1 ?s1 ?s2)))))
```

18.5.4 global_nonfilter

当且仅当在一个活动是不可能的时候，每个子活动都具有相等的前提时，这个活动是 global_nonfilter。

```
(forall(?a)(iff(global_nonfilter ?a)
(forall(?a1 ?s1 ?s2)
 (implies (and(subactivity ?a1 ?a)
           (not(poss ?a ?s1))
           (not(poss ?a ?s2)))
        (poss_equiv ?a1 ?s1 ?s2)))))
```

18.6 原子活动谱的语法

用于原子活动谱的过程描述的语法等同于 GB/T 20719.11—2010 中详细说明的一个综合过程描述语句的语法。

19 活动的前提

本条款表征了有关活动的前提的全部定义。

19.1 活动的前提的基本词汇

活动的前提的词典不需要基本关系。

19.2 活动的前提的定义词汇

本条款中定义了以下关系：

——(poss_equiv ?a ?occ1 ?occ2)；

——(trunc ?occ)；

——(unconstrained ?a)。

每一个概念由非正式语义和一个 KIF 公理来描述。

19.3 活动的前提所需的理论

本理论需要 act_occ. th，complex. th，atomic. th，subactivity. th，occtree. th，psl_core. th。

19.4 活动的前提所需的定义性扩展

本扩展不需要任何定义性扩展。

19.5 活动的前提的定义

对于活动的前提定义以下概念。

19.5.1 poss_equiv

当且仅当两个活动发生在活动的发生的合法性上是一致的时，这两个活动发生是关于 poss_equiv。

```
(forall(?a ?occ1 ?occ2)(iff(poss_equiv ?a ?occ1 ?occ2)
(implies(and (occurrence_of ?s1 ?a)
             (occurrence_of ?s2 ?a))
  (iff(legal ?occ1)
        (legal ?occ2)))))
```

19.5.2 trunc

如果活动发生?occ1 是一个合法的活动发生的后继，则此关系为真。

```
(forall(?occ)(iff(trunc ?occ)
(forall(?occ1 ?a)
  (implies ( = ?occ(successor ?a ?occ1))
          (legal ?occ1)))))
```

19.5.3 unconstrained

当且仅当发生树中的全部活动发生都是等效的前提，则一个活动是 unconstrained。

```
(forall(?a)(iff(unconstrained ?a)
(forall(?s1 ?s2)
 (implies (and(activity_occurrence ?s1)
          (activity_occurrence ?s2))
        (poss_equiv ?a ?s1 ?s2)))))
```

19.6 活动的前提的语法

用于活动的前提的过程描述的语法等同于 GB/T 20719.11—2010 中详细说明的一个综合过程描述语句的语法。

附 录 A
（规范性附录）
GB/T 20719.41 的 ASN.1 标识符

在开放系统中，为确定信息对象的无二义性标识，规定本部分的对象标识符为：

iso standard 18629 part 41 version 1

本标识符的含义在 GB/T 16262.1 中进行了定义，并在 GB/T 20719.1 中进行了描述。

附 录 B
（资料性附录）
使用 GB/T 20719.41 描述过程的实例

本附录的目的是提供一个 GB/T 20719 PSL 在多重制造功能的信息共享中应用的详细方案。

该方案是一个“互操作”的制造方案。这意味着其目标是展示在制造环境中 PSL 如何用于促进过程知识的交流。特别是，本方案是以从过程计划员到加工车间计划员的知识交换为中心的。

本附录扩展了 GB/T 20719.11—2010 附录 C 中引入的测试案例来说明外核概念在产品 GT350 的制造过程规范中的应用。

B.1 GT350 过程制造

本章将各个不同的部门过程合并成为一个制造 GT350 产品所发生的活动的高级集合。如 GT350 产品结构所述（见 GB/T 20719.11—2010 的表 C.1），该产品的子部件可以是外购的、外部分包的或内部制造的。对这些过程的描述表达了制造内部子部件进行的各种活动。这种自上而下考察制造过程的方法为抽象的“制造 GT350”活动提供了全面的描述，“制造 GT350”活动向下扩展成详细的部门级活动。

如图 B.1 所示，GT350 制造过程分为 6 个主要的工作区域。前 5 个工作区域：制造汽车内部、制造驱动、装饰、制造发动机和制造底盘相互之间是没有顺序之分的，但它们必须全部在进行总装之前完成。

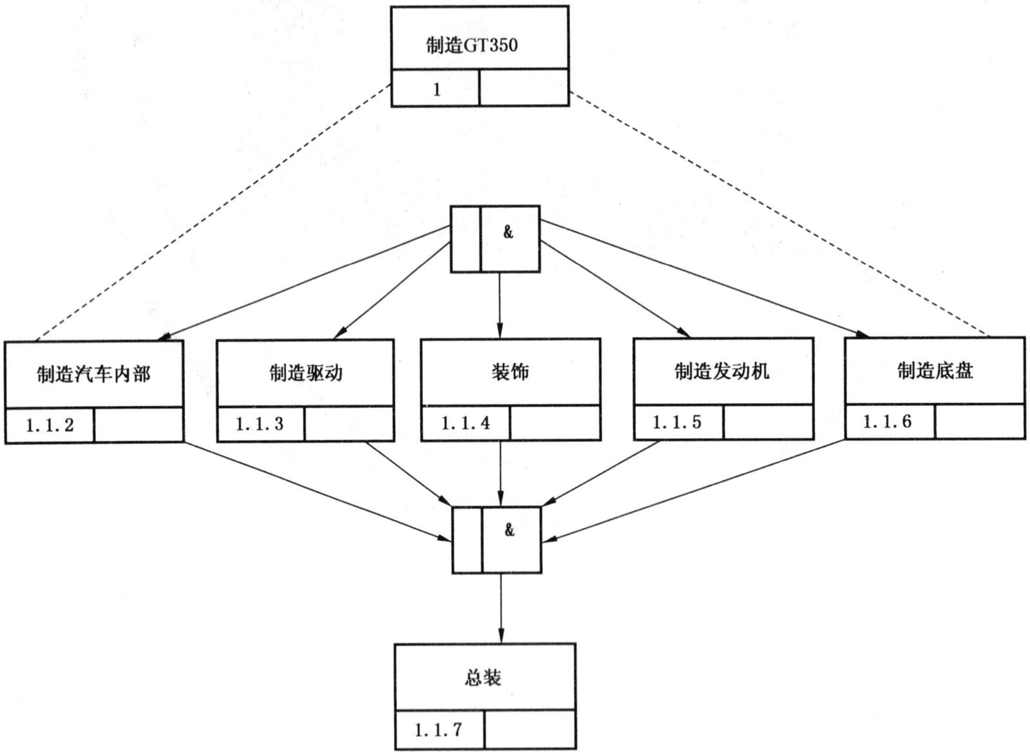

图 B.1 GT350 的顶层制造过程

顶层过程的 PSL 外核表示法是：

```
(subactivity make-chassis make_gt350)
(subactivity make-interior make_gt350)
(subactivity make-drive make_gt350)
```

```
(subactivity make-trim make_gt350)
(subactivity make-engine make_gt350)
(subactivity final-assembly make_gt350)

(artificial make_chassis)
(artificial make_interior)
(artificial make_drive)
(artificial make_trim)
(artificial make_enngine)

(forall(?occ)
  (implies (occurrence_of ?occ make_gt350)
          (permuted ?occ)))
(forall(?occ)
  (implies (occurrence_of ?occ make_gt350)
          (ordered ?occ)))
(forall(?occ)
  (implies (occurrence_of ?occ make_gt350)
          (folded ?occ)))

(forall(?occ)
  (implies (occurrence_of ?occ make_gt350)
          (amorphous ?occ)))
(not(uniform make_gt350))
(unrestricted make_gt350)
(not(atomic make_gt350))

(forall(?occ)
    (iff (occurrence_of ?occ make_gt350)
         (exists(?occ1 ?occ2 ?occ3 ?occ4 ?occ5 ?occ6)
             (and (occurrence_of ?occ1 make_chassis)
                  (occurrence_of ?occ2 make_interior)
                  (occurrence_of ?occ3 make_drive)
                  (occurrence_of ?occ4 make_trim)
                  (occurrence_of ?occ5 make_engine)
                  (occurrence_of ?occ6 final_assembly)
                  (subactivity_occurrence ?occ1 ?occ)
                  (subactivity_occurrence ?occ2 ?occ)
                  (subactivity_occurrence ?occ3 ?occ)
                  (subactivity_occurrence ?occ4 ?occ)
                  (subactivity_occurrence ?occ5 ?occ)
                  (subactivity_occurrence ?occ6 ?occ)
(forall(?s1 ?s2 ?s3 ?s4 ?s5 ?s6)
```

```
(implies (and(leaf_occ ?s1 ?occ1)
        (leaf_occ ?s2 ?occ2)
        (leaf_occ ?s3 ?occ3)
        (leaf_occ ?s4 ?occ4)
        (leaf_occ ?s5 ?occ5)
        (root_occ ?s6 ?occ6))
      (and(min_precedes ?s1 ?s6 make_gt350)
        (min_precedes ?s2 ?s6 make_gt350)
        (min_precedes ?s3 ?s6 make_gt350)
        (min_precedes ?s4 ?s6 make_gt350)
        (min_precedes ?s5 ?s6 make_gt350)))))))
```

此表示法使图 B.1 中描述的过程形式化。

make_gt350 的所有发生是置换的，因为每当 make_gt350 发生，所有子活动都发生。

make_gt350 的所有发生是有序的，因为子活动 make_chassis、make_interior、make_drive、make_enngine 和 make_trim 必须发生在子活动 final_assembly 之前。

任何的子活动可以与任何的其他子活动同时发生，因此，所有的原子子活动都是人为的，且 make_gt350 活动的所有发生都是折叠的。

因为 make_gt350 活动中没有重复，所以所有的发生都是无序的。

如果发动机已经存在，则子活动 make_enngine 可能不会发生，所以并非所有的 make_gt350 的发生都包含具有相同顺序约束的子活动的同一集合的发生，因此，make_gt350 不是统一的。

不存在关于 make_gt350 活动是必要的或禁止的外部活动发生，且因此它是不受约束的。

这些抽象活动中的每一个都能进一步细化，然而作为本附录中的实例，将不详述所有这些细化部分。

以制作过程的不同阶段所遇到的抽象活动的 IDEF3 表示法（过程表示法）为基础，我们将选取一些应用 PSL 外核（GB/T 20719.12—2010 中所示）描述过程的实例。

B.2 "制造发动机"抽象活动

350-Engine 是由几个 CMW 车间的产品组装而成。制造过程如图 B.2 所示。它由汽缸体、线束和电线组成。子过程将在下面的条款中详述。350-Engine 在 A004 装配工作台上进行组装，组装一个需要 5 min。

在制造发动机过程中，一些活动的 PSL 表示法和与信息相关的过程的 PSL 表示法如下：

```
(subactivity make_block make_engine)
(subactivity make-harness make_engine)
(subactivity make-wires make_engine)
(subactivity assemble_engine make_engine)
(artificial make_block)
(artificial make_harness)
(artificial make_wires)

(forall(?occ)
  (implies (occurrence_of ?occ make_engine)
        (permuted ?occ)))
(forall(?occ)
```

```
    (implies(occurrence_of ?occ make_engine)
    (ordered ?occ)))
 (forall(?occ)
    (implies(occurrence_of ?occ make_engine)
            (folded ?occ)))

 (forall(?occ)
    (implies(occurrence_of ?occ make_engine)
            (amorphous ?occ)))

 (uniform make_engine)
 (unrestricted make_engine)
 (not(atomic make_engine))
 (forall(?occ)
 (iff(occurrence_of?occmake_engine)
   (exists(?occ1?occ2?occ3?occ4)
     (and (occurrence_of?occ1make_block)
          (occurrence_of?occ2make_harness)
          (occurrence_of?occ3make_wires)
          (occurrence_of?occ4assemble_engine)
          (subactivity_occurrence?occ1?occ)
          (subactivity_occurrence?occ2?occ)
          (subactivity_occurrence?occ3?occ)
          (subactivity_occurrence?occ4?occ)
          (forall(?s1?s2?s3?s4)
              (implies (and (leaf_occ?s1?occ1)
                            (leaf_occ?s2?occ2)
                            (leaf_occ?s3?occ 3)
                                         (root_occ?s4?occ4))
                   (and(min_precedes?s1?s4 make_engine)
                                (min_precedes?s2?s4make_engine)
                                (min_precedes?s3?s4make_engine)))))
```

此表示法使图 B.2 中描述的过程形式化。

make_engine 的所有发生是置换的，因为每当 make_engine 发生，所有子活动都发生。

make_engine 的所有发生是有序的，因为子活动 make_block、make-harness 和 make-wires 必须发生在子活动 assemble_engine 之前。

任何子活动可以与任何其他子活动同时发生，因此，所有的原子子活动都是人为的，且 make_engine活动的所有发生都是折叠的。

因为 make_engine 活动中没有重复，所以所有的发生都是无序的。

make_engine 的任何发生都包含具有相同顺序约束的子活动的同一集合的发生，因此，make_gt350 是统一的。因此，make_engine 活动可以在任何条件下在任何时间发生。

没有外部活动发生关于 make_engine 活动是必要的或禁止的，且因此它是不受约束的。

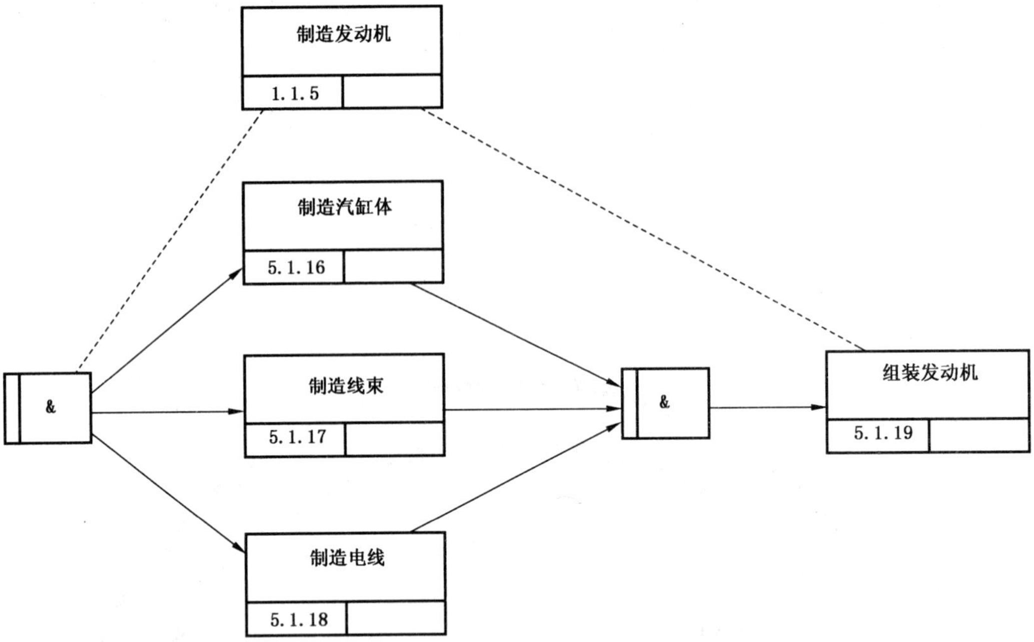

图 B.2 制造 350-Engine 的过程

B.3 制造汽缸体

350-Block 是 350-Engine 分组装的部件。它是铸造车间和加工车间的产品的集成，如图 B.3 所示。

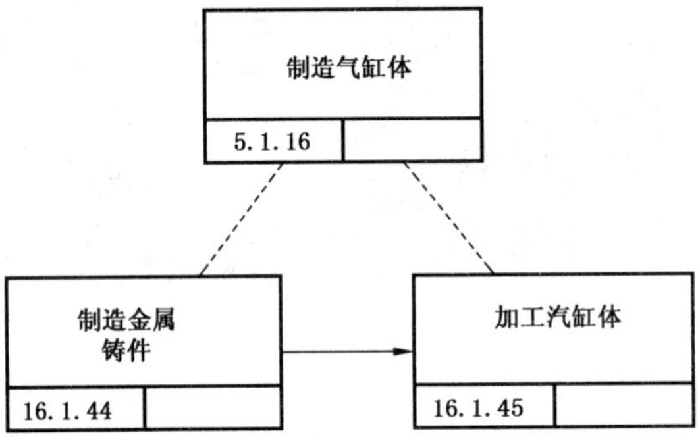

图 B.3 制造 350-Block 的过程

一些活动的 PSL 表示法和与信息相关的过程的 PSL 表示法如下：

```
(subactivity produce_molded_metal make_block)
(subactivity machine_block make_block)
(primitive machine_block)
(primitive produce_molded_metal)

(performed machine_block)
(performed produce_molded_metal)

(forall(?occ)
  (implies (occurrence_of ?occ make_block)
           (permuted ?occ)))
(forall(?occ)
```

```
  (implies(occurrence_of ?occ make_block)
          (ordered ?occ)))
(forall(?occ)
  (implies(occurrence_of ?occ make_block)
          (rigid ?occ)))

(forall(?occ)
  (implies(occurrence_of ?occ make_block)
          (amorphous ?occ)))

(uniform make_block)
(unrestricted make_block)
(not(atomic make_block))

(forall(?occ)
     (iff (occurrence_of ?occ make_block)
         (exists(?occ1 ?occ2)
              (and (occurrence_of ?occ1 produce_molded_metal)
                  (occurrence_of ?occ2 machine_block)
                  (min_precedes ?occ1 ?occ2 make_block)))))
```

此表示法使图 B.3 中描述的过程形式化。

make_block 的所有发生是置换的，因为每当 make_block 发生时，所有子活动都发生。

make_engine 的所有发生是有序的，因为子活动 produce_molded_metal 必须发生在 machine_block 之前。

没有子活动可以与任何其他子活动同时发生，因此，所有的原子子活动都是被执行的，且 make_block 活动的所有发生都是刚性的。

因为 make_block 活动中没有重复，所以所有的发生都是无序的。

make_block 的任何发生都包含具有相同顺序约束的子活动的同一集合的发生，因此，make_block 是统一的。

没有外部活动发生关于 make_block 活动是必要的或禁止的，且因此它是不受约束的。

B.4 制造线束

350-Harness(图 B.4)是 350-Engine 分组装的部件。它是电线与电缆车间的产品。图 B.5 详述了线束电线的生产过程。350-Harness 由钳工在电线与电缆装配台上进行组装。组装一组需要 10 min。

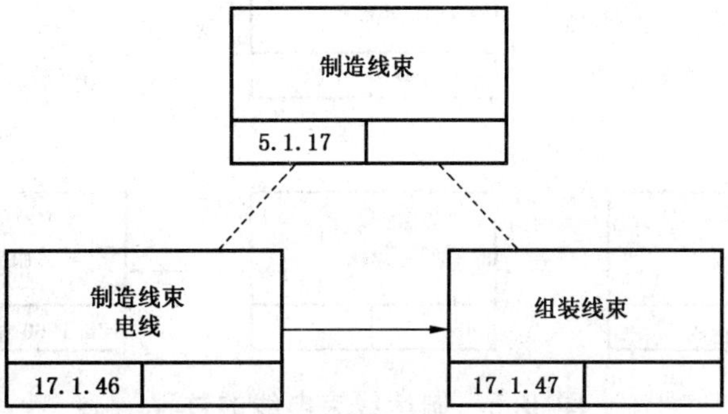

图 B.4 制造 350-Harness 的过程

一些活动的 PSL 表示法和与信息相关的过程的 PSL 表示法如下：

```
(subactivity make_harness_wire make_harness)
(subactivity assemble_harness make_harness)
(primitive assemble_harness)
(performed make_harness_wire)
(performed assemble_harness)

(forall(?occ)
   (implies (occurrence_of ?occc make_harness)
            (permuted ?occ)))
(forall(?occ)
   (implies(occurrence_of ?occ make_harness)
            (ordered ?occ)))
(forall(?occ)
   (implies(occurrence_of ?occ make_harness)
            (rigid ?occ)))

(forall(?occ)
   (implies(occurrence_of ?occ make_harness)
            (amorphous ?occ)))
(uniform make_harness)
(unrestricted make_harness)
(not(atomic make_harness))

(forall(?occ)
    (iff (occurrence_of?occ make_harness)
        (exists(?occ1?occ2?occ3)
               (and (occurrence_of?occ1 make_harness_wire)
                   (occurrence_of ?occ2 assemble_harness)
                   (leaf_occ?occ3?occ1)
                   (min_precedes?occ3?occ2 make_harness)))))
```

此表示法使图 B.5 中描述的过程形式化。

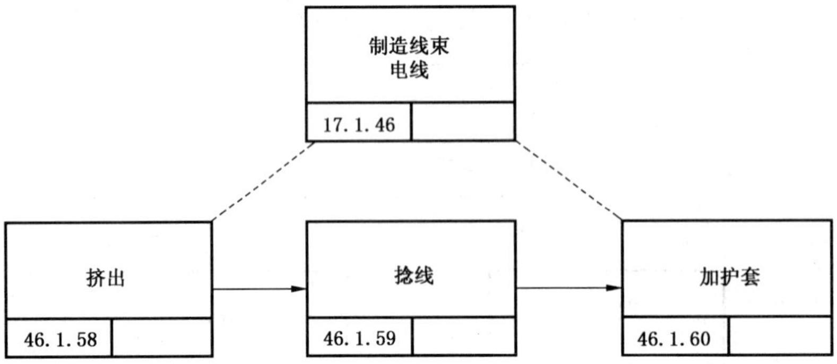

图 B.5 制造线束电线的过程

make_harness 的所有发生是置换的，因为每当 make_harness 发生时，所有子活动都发生。

make_harness 的所有发生是有序的，因为子活动 make_harness_wire 必须发生在 assemble_ harness之前。

没有子活动可以与任何其他子活动同时发生，因此，所有的原子子活动都是被执行的，且 make_harness 活动的所有发生都是刚性的。

因为 make_harness 活动中没有重复，所以所有的发生都是无序的。

make_harness 的任何发生都包含具有相同顺序约束的子活动的同一集合的发生，因此，make_harness 是统一的。

没有外部活动发生关于 make_harness 活动是必要的或禁止的，且因此它是不受约束的。

B.5 制造电线

350-Wire-Set 是 350-Engine 分组装的部件。它是电线与电缆车间的产品。

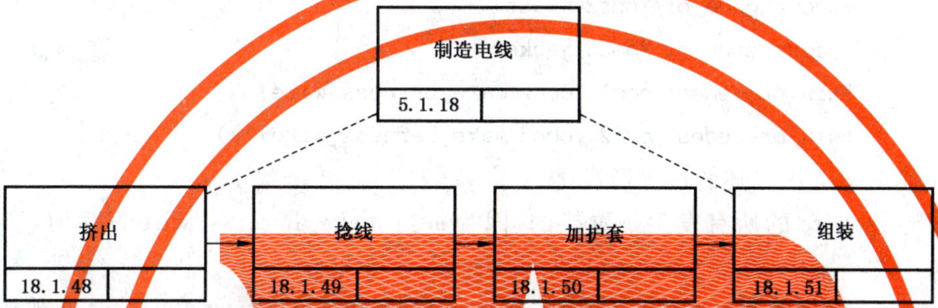

图 B.6 制造 350-Wire 的过程

一些活动的 PSL 外核表示法和与信息相关的过程的 PSL 外核表示法如下：

```
(subactivity extrude make_harness_wire)
(subactivity twist make_harness_wire)
(subactivity jacket make_harness_wire)
(primitive extrude)
(primitive twist)
(primitive jacket)

(performed extrude)
(performed twist)
(performed jacket)

(forall(?occ)
  (implies (occurrence_of ?occ make_harness_wire)
           (permuted ?occ)))
(forall(?occ)
  (implies(occurrence_of ?occ make_harness_wire)
           (ordered ?occ)))
(forall(?occ)
  (implies(occurrence_of ?occ make_harness_wire)
           (rigid ?occ)))

(forall(?occ)
  (implies(occurrence_of ?occ make_harness)
```

```
        (amorphous ?occ)))

(uniform make_harness_wire)
(not(unrestricted make_harness_wire))
(not(atomic make_harness_wire))

(forall(?occ)
    (iff (occurrence_of ?occ make_harness_wire)
        (exists(?occ1 ?occ2 ?occ3)
            (and (occurrence_of ?occ1 extrude)
                (occurrence_of ?occ2 twist)
                (occurrence_of ?occ3 jacket)
                (min_precedes ?occ1 ?occ2 make_harness_wire)
                (min_precedes ?occ2 ?occ3 make_harness_wire))))
```

此表示法使图 B.5 中描述的过程形式化。

make_harness_wire 的所有发生是置换的，因为每当 make_harness_wire 发生时，所有子活动都发生。

make_harness_wire 的所有发生是有序的，因为子活动 extrude、twist 和 jacket 必须按唯一的顺序发生。

没有子活动可以与任何其他子活动同时发生，因此，所有的原子子活动都是被执行的，且 make_harness_wire 活动的所有发生都是刚性的。

因为 make_harness_wire 活动中没有重复，所以所有的发生都是无序的。

make_harness_wire 的任何发生都包含具有相同顺序约束的子活动的同一集合的发生，因此，make_harness_wire 是统一致。

设置和转换活动必须发生在 make_harness 活动的一个发生中的任意两个子活动发生之间，且因此它是不受约束的。

附 录 NA
（资料性附录）
本部分英文黑体词的含义

Branch_monomorphic	分支单一同态
Branch_automorphic	分支自同构
Permuted	置换的
Nondet_permuted	非确定置换的
Partial_permuted	部分置换的
Simple	简单的
Branch_homomorphic	分支同态
Folded	折叠的
Nondet_folded	非确定折叠的
Partial_folded	部分折叠的
Rigid	刚性的
Mono_tree	单一树
Order_tree	次序树
Ordered	有序的
Nonder_ordered	非确定有序的
Broken_ordered	被中断次序的
Unordered	无序的
Branch_mono	分支单
Reptree	重复树
Repetitive	重复的
nondet_repetitive	非确定重复的
partial_repetitive	部分重复的
Amorphous	无序的
Reordered	重新排序的
Nondet_reordered	非确定重新排序
Partial_reordered	部分重新排序的
Unorderable	不能排序的
Compacted	紧密的
Nondet_compacted	非确定紧密的
Partial_compacted	部分紧密的
Stiff	刚性的
Treeordered	树有序

表（续）

Nondet_treeordered	非确定树有序
Partial_treeordered	部分树有序
Scrambled	乱序的
Subtree_embed	多树嵌入的
Multiple_outcome	多重结果
Weak_outcome	弱结果
Nondet_outcome	非确定结果
imiscible	不可混合的
Live_branch	活分支
Embedded	嵌入
Dead_branch	死分支
Dead_occurrence	死发生
Embed_tree	嵌入树
Subocc_equiv	等价子发生
unrestricted	无限制的
Fused	混合的
Embedd_occ	嵌入的发生
Free	自由的
Assisted	辅助的
Helpless	无能力的
Unbound	无约束的
Bound	受约束的
Strict	严格的
Natural	自然的
Artificial	人为的 P30
Performed	被执行的
Up_ghost	向上重影
Up_conflict	向上冲突
Quark	夸克
Superpose	重叠
Assustance	协助
Team	组
Ghost	重影
Conflict	冲突
Dysfunction	功能失常
Global_ideal	完全理想的

表（续）

global_nonideal	完全非理想的
global_filter	完全筛选
global_nonfilter	完全非筛选
Poss_equiv	等效的可能性
unconstrained	非约束的
make_gt350	制造 gt350
make_chassis	制造底盘
make_interior	制造汽车内部
make_drive	制造驱动
make_engine	制造发动机
make_trim	装饰
final_assembly	总装
make_block	制造汽缸
make_harness	制造线束
make_wires	制造电线
assemble_engine	组装发动机
machine_block	加工汽缸体
produce_molde_metal	制造金属铸件
assemble_harness	组装线束
make_harness_wires	制造线束电线
extrude	挤出
Twist	捻线
jacket	加护套

参 考 文 献

[1] GB/T 16656.49—2003 工业自动化系统与集成产品数据表达与交换 第49部分:集成通用资源:工艺过程结构和特性(ISO 10303-49:1998,IDT)

[2] GB/T 20719.14—2010 工业自动化系统与集成 过程规范语言 第14部分:资源理论(ISO 18629-14:2006Ed.1,IDT)

[3] GB/T 20719.44—2010 工业自动化系统与集成 过程规范语言 第44部分:定义性扩展:资源扩展(ISO 18629-44:2006,IDT)

索　引

ICS 25.040.40
L 67

中华人民共和国国家标准

GB/T 20719.43—2010/ISO 18629-43:2006

工业自动化系统与集成 过程规范语言 第43部分:定义性扩展:活动次序和持续时间扩展

Industrial automation systems and integration—Process specification language—Part 43: Definitional extension: Activity ordering and duration extensions

(ISO 18629-43:2006,IDT)

2011-01-14 发布 2011-06-01 实施

中华人民共和国国家质量监督检验检疫总局
中国国家标准化管理委员会 发布

前　　言

GB/T 20719《工业自动化系统与集成　过程规范语言》目前拟分为如下部分：

——第1部分：概述与基本原理；

——第11部分：PSL核心；

——第12部分：外核；

——第13部分：时序理论；

——第14部分：资源理论；

——第15部分：活动性能理论；

——第21部分：EXPRESS；

——第22部分：XML；

——第23部分：UML；

——第41部分：定义性扩展：活动扩展；

——第42部分：时间和状态；

——第43部分：定义性扩展：活动次序和持续时间扩展；

——第44部分：定义性扩展：资源扩展；

——第45部分：资源集的种类；

——第46部分：加工活动；

——第47部分：过程目的。

本部分为GB/T 20719的第43部分。

本部分等同采用ISO 18629-43:2006《工业自动化系统与集成　过程规范语言　第43部分：定义性扩展：活动次序和持续时间扩展》(英文版)。

本部分的技术内容和组成结构与ISO 18629-43:2006相一致，在编写格式上符合我国国家标准GB/T 1.1—2000《标准化工作导则　第1部分：标准的结构和编写规则》。只是根据我国国家标准的制定要求和为方便使用，做了如下编辑性的改动：

a) 大写的英文缩写保留英文原名，去掉ISO前言。

b) 将“本国际标准”和ISO 18629改为“GB/T 20719”。将ISO 18629-43改为GB/T 20719的第43部分或GB/T 20719.43。

c) 将ISO 18629-43:2006第2章“规范性引用文件”中的引导语改为GB/T 1.1—2000中的6.2.3规定的引导语。

d) 将本部分中出现的已转化为国家标准的国际标准编号改为国家标准编号，便于使用和查阅。未转化的国际标准保留。

e) 为了使读者便于理解本部分黑体词的含义，新增加了附录NA。

f) 删去了原文中不符合我国标准编写的字句。

本部分附录A为规范性附录，附录B和附录NA为资料性附录。

本部分由中国机械工业联合会提出。

本部分由全国自动化系统与集成标准化技术委员会(SAC/TC 159)归口。

本部分起草单位：北京机械工业自动化研究所、清华大学。

主要起草人：高雪芹、黄双喜。

引　　言

GB/T 20719 是为了进行与制造过程相关的计算机可解释的信息交换所使用的国家标准。GB/T 20719 包含的所有部分结合在一起，为描述贯穿整个生产过程的制造过程提供了一类语言（该生产过程可能位于一个工业公司，也可能跨越几个工业部门或公司），该语言独立于任何特定的表示模型。该语言的本质使其适于在生产过程的各个阶段共享和制造相关的过程规范和属性。

GB/T 20719 的本部分提供了与 GB/T 20719 定义的活动扩展相关的语言的定义性扩展的描述。

GB/T 20719 中的所有部分与指定的应用中使用的任何特定过程的表述模型无关。它们一同为改善这些应用的协同性提供了一个结构框架。

工业自动化系统与集成 过程规范语言 第43部分:定义性扩展:活动次序和持续时间扩展

1 范围

GB/T 20719 的本部分通过使用 GB/T 20719 的语言中编写的一组定义提供了该语言的非基本概念的规范。这些定义为 GB/T 20719 本部分的术语提供了语义的公理化。

以下包括在 GB/T 20719 本部分的范围内:

——概念的定义,其使用 GB/T 20719.13 中指定的术语。

以下不在 GB/T 20719 本部分的范围内:

——状态的定义和与时间相关的概念的定义,其只使用 GB/T 20719.11 和 GB/T 20719.12 中指定的术语。

2 规范性引用文件

下列文件中的条款通过 GB/T 20719 的本部分的引用而成为本部分的条款。凡是注日期的引用文件,其随后所有的修改单(不包括勘误的内容)或修订版均不适用于本部分,然而,鼓励根据本部分达成协议的各方研究是否可使用这些文件的最新版本。凡是不注日期的引用文件,其最新版本适用于本部分。

GB/T 16262.1 信息技术 抽象语法记法一(ASN.1) 第1部分:基本记法规范(GB/T 16262.1—2006,ISO/IEC 8824-1:2002,IDT)

GB/T 19114.1 工业自动化系统与集成 工业制造管理数据 第1部分:综述(GB/T 19114.1—2003,ISO 15531-1:2002,IDT)

GB/T 19114.42 工业自动化系统与集成 工业制造管理数据 第42部分:时间模型(GB/T 19114.42—2008,ISO 15531-42:2005,IDT)

GB/T 20719.1—2006 工业自动化系统与集成 过程规范语言 第1部分:概述与基本原理(ISO 18629-1:2004,IDT)

GB/T 20719.11—2010 工业自动化系统与集成 过程规范语言 第11部分:PSL 核心(ISO 18629-11:2005,IDT)

GB/T 20719.12 工业自动化系统与集成 过程规范语言 第12部分:外核(GB/T 20719.12—2010,ISO 18629-12:2005,IDT)

GB/T 20719.13 工业自动化系统与集成 过程规范语言 第13部分:持续时间和次序理论(GB/T 20719.13—2010,ISO 18629-13:2006,IDT)

3 术语和定义、缩略语

3.1 术语和定义

下列术语和定义适用于 GB/T 20719 的本部分。

3.1.1

自同构 automorphism

保留了某个模型中的关系和函数的集合上的元素的一一映射。

[GB/T 20719.13]

3.1.2

公理　axiom

形式语言中的合式公式,用以对一门语言的词汇中的符号解释加以约束。

[GB/T 20719.1]

3.1.3

定义的词汇　defined lexicon

非逻辑词汇的一系列符号,表示所定义概念。

注:定义的词汇分为常量、函数和关系符号。

示例:保守定义的术语。

[GB/T 20719.1]

3.1.4

定义性扩展　definitional extension

PSL 核心的扩展,引入了完全由 PSL 核心定义的新的语言术语。

注:定义性扩展没有为 PSL 核心增加新的表达能力,但是常被用来定义领域应用中的语义和术语。

[GB/T 20719.1]

3.1.5

持续时间　duration

时间间隔　interval of time

使用给定的时间单位测量的一段时间的长度。

[GB/T 19114.42]

3.1.6

自同态　endomorphism

一个集合到子集的映射,该子集保留了某个模型中的关系和函数。

[GB/T 20719.13]

3.1.7

扩展　extension

包含附加公理的 PSL 核心的扩充。

注 1:PSL 核心是一组相对简单的公理,它可用于表达较广范围内的基本过程。然而,更复杂的过程需要超 PSL 核心所包含的表达性资源。相对于将每一个可能的概念(可用于描述一个过程或其他)添加进 PSL 核心所造成的混乱,更好的方式是开发各种独立的、模块化的扩展,并把它们添加进 PSL 核心。采用这种方式,用户可以将语言精确地裁剪成他们所需的表达形式。

注 2:所有的扩展均为核心理论或定义性扩展。

[GB/T 20719.1]

3.1.8

语法　grammar

说明如何将逻辑符号和词汇术语组合为合适的公式的规范。

[GB/T 20719.1]

3.1.9

同态　homomorphism

在集合的元素上保留某些关系的集合之间的映射。

[GB/T 20719.13]

3.1.10

语言 language

词汇和语法的结合。

[GB/T 20719.1]

3.1.11

词汇 lexicon

符号和术语的集合。

注：词汇包括逻辑符号(例如布尔连接和量词)与非逻辑符号。对于GB/T 20719来说，词汇的非逻辑部分包括用于表达本体的基本概念的词语(常量，函数符号与关系符号)。

[GB/T 20719.1]

3.1.12

制造 manufacturing

将原材料或半成品转换成成品的功能或行为。

[GB/T 19114.1]

3.1.13

制造过程 manufacturing process

一套结构化的行为或操作，它完成了将原材料或半成品向成品的转化。

注：制造过程可被安排在程序规划、产品规划、单元规划或装配位置规划里。根据战略性应用和物资的分配，制造过程可被用于支持按库存生产、按订单生产、按订单装配。

[GB/T 19114.1]

3.1.14

单同态 monomorphism

在集合的元素上保留某种关系的一一映射。

[GB/T 20719.13]

3.1.15

基本概念 primitive concept

没有保守定义的词汇术语。

[GB/T 20719.1]

3.1.16

基本词汇 primitive lexicon

表示基本概念的非逻辑词汇的符号集合。

注：基本词汇划分为常量、函数符号和关系符号。

[GB/T 20719.1]

3.1.17

过程 process

涉及各种企业实体的一套结构化的活动，是为特定的目的设计和组织的。

注：这里所提出的定义和GB/T 16656.49的定义非常接近。然而GB/T 19114需要一套结构化行为的概念，对于时间或步骤没有任何预定确定。另外，从流程管理的观点来看，为同一目的需要一些空过程，尽管实际上这些空过程不起任何作用。

[GB/T 19114.1]

3.1.18

产品 product

由天然或人造而成的事物。

[GB/T 16656.1]

3.1.19

资源 resource

由企业支配的用来生产产品或服务的任何装置，工具和手段。

注1：由GB/T 19114.1改编。GB/T 19114.1中所定义的资源的概念包括一个假定，即资源不包括原材料、产品以及从系统理论的角度来看被认为是系统环境的部分的成分，因而其不属于系统本身。这不符合这里的情况。此外，GB/T 19114.1的定义包含GB/T 16656.49的定义，但是GB/T 19114.1的定义被包括在GB/T 20719本部分应用的定义中（除GB/T 20719本部分的GB/T 19114资源之外，资源包括原材料和耗材，与GB/T 20719.14中的相同）。

注2：这里所定义的资源包括人力资源，作为一种具有给定才能和能力的特定的手段。这些工具通过指派任务而被认为涉及制造过程。除了它们在制造过程中完成给定的任务（即原材料或组件的变换，后勤服务保证）的能力外，不包括人力资源的个体或通用人类行为模型。作为包括人力手段的其他资源，仅从他们的功能、能力、状态（即空闲、忙）的角度考虑，它不包括任何方面的个体或共同的社会行为模型或表达。

[GB/T 19114.1]

3.1.20

理论 theory

属于给定概念或概念集的公理和定义的集合。

注：这个定义反映了人工智能方法，在该方法中，理论是一组假设，以这些假设为基础得到相关概念的含义。

[GB/T 20719.1]

3.2 缩略语

下列缩略语适用于GB/T 20719的本部分。

KIF 知识交换格式 Knowledge Interchange Format

4 GB/T 20719 总论

GB/T 20719[1)]第41部分～第49部分详细说明了提供GB/T 20719的非其本概念的精确的定义和公理化所需的定义性扩展。定义性扩展是引入了用于词汇的新条款的GB/T 20719.11和GB/T 20719.12的扩展。定义性扩展中存在的条款可以应用GB/T 20719.11和GB/T 20719.12的理论术语来完全地定义。定义性扩展提供元素的精确的语义定义，该元素在用于协同性目的的单个应用或应用类型的规范中使用。定义性扩展存在于以下范畴中：

——活动扩展；

——时态和状态的扩展；

——活动次序和持续时间扩展；

——资源作用；

——资源集合；

——处理器活动扩展。

GB/T 20719的单个用户或用户组可能需要扩充GB/T 20719来详细说明在GB/T 20719的第41部分～第49部分中目前缺少的概念。他们应使用GB/T 20719中存在的元素来进行这项工作。用户定义的扩展和它们的定义构成了定义性扩展，但不应成为GB/T 20719的第41部分～第49部分的一部分。

注：用户定义的扩展必须遵守GB/T 20719的规定，如GB/T 20719.1—2006中5.1和5.2所定义的。

GB/T 20719的第41部分～第49部分提供：

——应用GB/T 20719.11和GB/T 20719.12中的概念，上面概述的6个概念所特有的元素的语义定义；

——用于限制定义性扩展中的元素使用的公理集。

GB/T 20719的第41部分～第49部分不提供：

——属于GB/T 20719.11和GB/T 20719.12中一部分的概念的定义和公理；

---

1) 某些部分正在开发中。

——不使用GB/T 20719.11和GB/T 20719.12中的元素定义的元素；
——用户定义的扩展。

5 GB/T 20719本部分的组织

构成GB/T 20719本部分的基本理论有：
——强部分有序活动；
——活动发生的持续时间约束；
——基于状态的持续时间；
——基于时间的持续时间；
——基于状态和时间的持续时间；
——活动发生的次序和持续时间约束；
——嵌入的活动发生的次序和持续时间约束；
——活动的变质前提；
——预定的嵌入约束；
——基于持续时间的效应；
——基于持续时间和状态的活动的效应；
——复杂序列次序关系。

GB/T 20719本部分中的所有定义性扩展是GB/T 20719.13的扩展，GB/T 20719.13本身是GB/T 20719.12和GB/T 20719.11的扩展。

6 强部分有序活动

本章表征了关于强部分有序活动的全部定义。

6.1 强部分有序活动的基本词汇

强部分有序活动的词汇没有引入基本关系。

6.2 强部分有序活动的概念的定义词汇

在本章中定义了以下关系：
——(same_bag ?s1 ?s2 ?a)；
——(snapshot ?s1 ?s2 ?a)；
——(rotate ?s ?a)；
——(reflect ?s ?a)；
——(flip ?s ?a)；
——(turn ?s ?a)；
——(bag ?occ)；
——(strong_poset ?occ)；
——(choice_poset ?occ)；
——(complex_poset ?occ)。

每个概念通过非正式语义和KIF公理来描述。

6.3 强部分有序活动需要的核心理论

本扩展需要：
——soo.th；
——act_occ.th；
——complex.th；
——atomic.th；

——subactivity.th;

——occtree.th;

——psl_core.th。

6.4 强部分有序活动需要的定义性扩展

强部分有序活动不需要定义性扩展。

6.5 强部分有序活动的概念的定义

对于强部分有序活动定义以下概念。

6.5.1 same_bag

此关系用于详细说明哪些子活动发生是具有相同 AND 连接的元素。

```
(forall(?s1 ?s2 ?a)(iff(same_bag ?s1 ?s2 ?a)
(exists(?s3 ?s4)
   (and (next_subocc ?s1 ?s3 ?a)
        (iso_occ ?s3 ?s2)
        (next_subocc ?s2 ?s4 ?a)
        (iso_occ ?s4 ?s1)))))
```

6.5.2 snapshot

?a 的活动树中的子活动发生 ?s1 与子活动发生次序的元素 ?s2 序同态。

```
(forall(?s1 ?s2 ?a)(iff(snapshot ?s1 ?s2 ?a)
(and (iso_occ ?s1 ?s2)
     (soo ?s2 ?a)
     (implies(root_soo ?s2 ?a)
        (root ?s1 ?a))
     (forall(?s3)
        (implies(soo_precedes ?s3 ?s2 ?a)
           (exists(?s4)
              (and(min_precedes ?s4 ?s1 ?a)
                 (or  (mono ?s3 ?s4 ?a)
                    ( = ?s3 ?s4)))))))))
```

6.5.3 rotate

在包含 ?s 的 ?a 的活动树内,下一个子活动发生的集合是 ?s 的同级的集合的拷贝。

```
(forall(?s ?a)(iff(rotate ?s ?a)
(and(forall(?s1)
        (implies(next_subocc ?s ?s1 ?a)
             (exists(?s2)
               (and(sibling ?s ?s2 ?a)
                 (iso_occ ?s1 ?s2)))))
  (forall(?s3)
     (implies(sibling ?s ?s3 ?a)
        (same_bag ?s ?s3 ?a))))))
```

6.5.4 reflect

在包含 ?s 的 ?a 的活动树内,下一个子活动发生的集合是子活动发生次序中 ?s 的后继的集合的拷贝。

```
(forall(?s ?a)(iff(reflect ?s ?a)
```

```
(forall(?s1)
   (iff(next_subocc ?s ?s1 ?a)
      (exists(?s2 ?s3)
          (and (next_soo ?s2 ?s3 ?a)
               (snapshot ?s ?s2 ?a)
               (iso_occ ?s1 ?s3)))))))
```

6.5.5 **flip**

在包含 ?s 的 ?a 的活动树内，下一个子活动发生的集合是子活动发生次序中 ?s 的后继的集合的拷贝，同时也是 ?s 的同级的拷贝。

```
(forall(?s ?a)(iff(flip ?s ?a)
(forall(?s1)
    (iff (next_subocc ?s ?s1 ?a)
         (or(exists(?s2 ?s3)
                (and(snapshot ?s ?s2 ?a)
                    (next_soo ?s2 ?s3 ?a)
                    (iso_occ ?s1 ?s3)))
       (exists(?s2)
           (and (sibling ?s ?s2 ?a)
                (iso_occ ?s1 ?s2))))))))
```

6.5.6 **turn**

在包含 ?s 的 ?a 的活动树内，下一个子活动发生的集合是子活动发生次序中 ?s 的后继的集合的拷贝，同时也是在同一个包中的 ?s 的同级的拷贝。

```
(forall(?s ?a)(iff(turn ?s ?a)
(and (exists(?s5)
      (and (sibling ?s5 ?a)
           (same_bag ?s ?s5 ?a)))
   (forall(?s1)
     (implies(next_subocc ?s ?s1 ?a)
        (or(exists(?s2 ?s3)
             (and (snapshot ?s ?s2 ?a)
                  (next_soo ?s2 ?s3 ?a)
                  (iso_occ ?s1 ?s3)))
           (exists(?s2)
              (and (sibling ?s ?s2 ?a)
                   (iso_occ ?s1 ?s2)))
```

6.5.7 **bag**

包是一个活动树，在此活动树中所有元素是旋转的。直观地，这对应于只包含具有非线性次序的 AND 连接的流程图。

```
(forall(?occ)(iff(bag ?occ)
(forall(?a ?s ?occ1)
    (implies (and (same_grove ?occ ?occ1)
                  (occurrence_of ?occ ?a)
                  (subactivity_occurrence ?s ?occ1))
```

```
        (rotate ?s ?a)))))
```

6.5.8 choice_poset

choice poset 是一个活动树，在此活动树中所有元素是反射的。直观地，这对应于只包含 OR 连接的流程图。

```
(forall(?occ)(iff(choice_poset ?occ)
(forall(?a ?s ?occ1)
    (implies(and (same_grove ?occ ?occ1)
        (occurrence_of ?occ ?a)
        (subactivity_occurrence ?s ?occ1))
    (reflect ?s ?a)))))
```

6.5.9 strong_poset

strong_poset 是一个活动树，在此活动树中所有元素是倒转的。直观地，这对应于包含 AND 连接内的线性次序的流程图。

```
(forall(?occ)(iff(strong_poset ?occ)
(forall(?a ?s ?occ1)
    (implies(and (same_grove ?occ ?occ1)
        (occurrence_of ?occ ?a)
        (subactivity_occurrence ?s ?occ1))
    (flip ?s ?a)))))
```

6.5.10 complex_poset

complex_poset 是一个活动树，在此活动树中所有元素是转动的。直观地，这对应于包含 AND 连接和 OR 连接的流程图。

```
(forall(?occ)(iff(complex_poset ?occ)
(forall(?a ?s ?occ1)
    (implies(and(same_grove ?occ ?occ1)
            (occurrence_of ?occ ?a)
            (subactivity_occurrence ?s ?occ1))
        (turn ?s ?a)))))
```

6.6 强部分有序活动的过程描述的语法

下面的语法句子描述了用于强部分有序活动的、在 KIF 中详细说明的过程描述和辅助规则。

注：在 GB/T 20719.1—2006 的 3.1.9、4.3.4 和 5.1 中解释了 GB/T 20719 中的语法句子的功能和重要性。

```
〈strongposet_spec〉::= (and(strong_poset ?occ)
            〈soo_axiom〉)
〈tree_formula〉::= (exists(〈variable〉+)
            (and (same_tree〈variable〉 ?occ)
        (subactivity_occurrence〈variable〉〈variable〉)))
〈precedes_formula〉::= (soo_precedes〈variable〉〈variable〉〈term〉)|
                (and〈precedes_formula〉+)
        〈parallel_formula〉::= (parallel〈variable〉〈variable〉〈term〉)|
                (and〈precedes_formula〉+)
        〈soo_axiom〉::=
        (forall(?occ〈variable〉*)
            (implies(exists(〈variable〉+)
```

```
(and 〈precedes_formula〉 *
     〈parallel_formula〉 *
     〈tree_formula〉))))
```

7 活动发生的持续时间约束

本章表征了关于活动发生的持续时间约束的全部定义。

7.1 活动发生的持续时间约束的基本词汇

活动发生的持续时间约束的词汇没有引入基本关系。

7.2 活动发生的持续时间约束的定义词汇

在本章中定义了以下函数：

——(dur ?occ)；

——(delay ?occ1 ?occ2)。

在本章中定义了以下关系：

——(dur_equiv ?occ1 ?occ2)；

——(delay_equiv ?occ1 ?occ2)；

——(constant ?a)；

——(interval_duration ?a)；

——(variable ?a)。

每个概念通过非正式语义和KIF公理来描述。

7.3 活动发生的持续时间约束需要的核心理论

本定义性扩展需要：

——duration. th；

——psl_core. th。

7.4 活动发生的持续时间约束需要的定义性扩展

活动发生的持续时间约束不需要定义性扩展。

7.5 活动发生的持续时间约束的定义

对于活动发生的持续时间约束定义以下概念。

7.5.1 dur

dur 函数是活动发生的起始和活动发生的终止之间的持续时间。

```
(forall(?occ)
   ( = (dur ?occ)(duration(beginof ?occ)(endof ?occ))))
```

7.5.2 delay

delay 函数是一个活动发生的起始和另一个活动发生的起始之间的持续时间。

```
(forall(?occ1 ?occ2)
   ( = (delay ?occ1 ?occ2)(duration(beginof ?occ1)(beginof ?occ2))))
```

7.5.3 dur_equiv

当且仅当两个发生具有相同的持续时间时，这两个发生是持续时间等价的。

```
(forall(?occ1 ?occ2)(iff(dur_equiv ?occ1 ?occ2)
( = (dur ?occ1)(dur ?occ2)))))
```

7.5.4 delay_equiv

当且仅当存在着另一个活动发生，其对于两个活动发生具有相等的延迟时，这两个发生是延迟等价的。

```
(forall(?occ1 ?occ2)(iff(delay_equiv ?occ1 ?occ2)
```

```
(exists(?occ)
  (=(delay ?occ ?occ1)(delay ?occ ?occ2)))))
```

7.5.5 constant

当且仅当所有发生都具有相同持续时间时，活动是恒定的。

```
(forall(?a)(iff(constant ?a)
(forall(?occ1 ?occ2)
    (implies(and (occurrence ?occ1 ?a)
            (occurrence ?occ2 ?a))
          (dur_equiv ?occ1 ?occ2)))))
```

7.5.6 interval_duration

当且仅当存在着具有相同持续时间的发生时，一个活动是间隔持续时间。

```
(forall(?a)(iff(interval_duration ?a)
(forall(?occ1)
   (implies (occurrence ?occ1 ?a)
        (exists(?occ2)
           (and (occurrence ?occ2 ?a)
                (dur_equiv ?occ1 ?occ2)))))))
```

7.5.7 variable

当且仅当活动的所有发生具有不同持续时间时，一个活动是可变的。

```
(forall(?a)(iff(variable ?a)
(not(exists(?occ1 ?occ2)
    (and (occurrence ?occ1 ?a)
         (occurrence ?occ2 ?a)
         (dur_equiv ?occ1 ?occ2))))))
```

7.6 活动发生的持续时间约束的语法

下面的语法句子描述了用于活动发生的持续时间约束的、在 KIF 中详细说明的过程描述和辅助规则。

```
〈constant_spec〉::=(forall(?occ)
                   (implies(occurrence ?occ〈term〉)
                        〈duration_literal〉))
〈interval_spec〉::=(forall(?occ)
                   (implies(occurrence ?occ〈term〉)
                        〈interval_axiom〉))
〈duration_literal〉::= (=(dur ?occ)〈term〉)
〈interval_literal〉::= (lesser(dur ?occ)〈term〉)|
                    (lesser〈term〉(dur ?occ))
〈interval_axiom〉::= 〈interval_literal〉|
                    (not〈interval_axiom〉)|
                    ({and| or}〈interval_axiom〉*)|
                    ({implies| iff}〈interval_axiom〉〈interval_axiom〉)
```

8 基于状态的持续时间

本章表征了关于基于状态的持续时间的全部定义。

8.1 基于状态的持续时间的基本词汇

基于状态的持续时间的词汇没有引入基本关系。

8.2 基于状态的持续时间的定义关系

在本章中定义了以下关系：

——(conditional_duration ?a)；

——(context_duration ?a)；

——(unconditional_duration ?a)。

每个概念通过非正式语义和 KIF 公理来描述。

8.3 基于状态的持续时间需要的核心理论

本定义性扩展需要：

——duration. th；

——disc_state. th；

——occtree. th；

——psl_core. th。

8.4 基于状态的持续时间需要的定义性扩展

基于状态的持续时间需要以下定义性扩展：

——actdur. def；

——state_precond. def。

8.5 基于状态的持续时间的定义

在基于状态的持续时间的扩展中定义了以下概念。

8.5.1 conditional_duration

当且仅当每当两个发生在状态上达成一致时，它们在持续时间上也达成一致，则一个活动是条件持续时间活动。

```
(forall(?a)(iff(conditional_duration ?a)
(forall(?occ1 ?occ2)
    (implies (and (occurrence ?occ1 ?a)
            (occurrence ?occ2 ?a)
            (state_equiv ?occ1 ?occ2))
    (dur_equiv ?occ1 ?occ2))))
```

8.5.2 context_duration

当且仅当存在着保持持续时间的流自同构时，一个活动是情境持续时间活动。

```
(forall(?a)(iff(context_duration ?a)
(and (exists(?occ1)
     (forall(?occ2)
         (implies (and (occurrence ?occ1 ?a)
                 (occurrence ?occ2 ?a)
                 (state_equiv ?occ1 ?occ2))
              (dur_equiv ?occ1 ?occ2))))
  (exists(?occ3 ?occ4)
       (and(occurrence ?occ3 ?a)
       (occurrence ?occ3 ?a)
       (state_equiv ?occ3 ?occ4)
       (not(dur_equiv ?occ3 ?occ4)))))))
```

8.5.3 unconditional_duration

当且仅当仅有的保持持续时间的流自同构是不重要的时，一个活动是无条件持续时间活动。

```
(forall(?a)(iff(unconditional_duration ?a)
(forall(?occ1)
    (implies(occurrence ?occ1 ?a)
        (exists(?occ2)
            (and (occurrence ?occ2 ?a)
                (state_equiv ?occ1 ?occ2)
                (not(dur_equiv ?occ1 ?occ2))))))))
```

8.6 基于状态的持续时间的语法

以下语法句子描述了用于基于状态的持续时间的、在 KIF 中详细说明的过程描述和辅助规则。

```
〈cond_dur_spec〉::=(forall(?occ)
                    (implies(and(occurrence ?occ〈term〉)
                            〈simple_state_axiom〉)
                        〈duration_literal〉))
〈context_dur_spec〉::=(forall(?occ)
                    (implies(and(occurrence ?occ〈term〉)
                            〈state_axiom〉)
                        〈duration_literal〉))|
            (forall(?occ)
                (implies(and(occurrence ?occ〈term〉)
                        〈simple_state_axiom〉)
                    〈interval_literal〉))
```

9 基于时间的持续时间

本章表征了关于基于时间的持续时间的全部定义。

9.1 基于时间的持续时间的基本词汇

基于时间的持续时间的词汇没有引入基本关系。

9.2 基于时间的持续时间的定义关系

在本章中定义了以下关系：

——(rushhour ?a)；

——(weekend ?a)；

——(gridlock ?a)。

每个概念通过非正式语义和 KIF 公理来描述。

9.3 基于时间的持续时间需要的核心理论

本定义性扩展需要：

——duration.th；

——occtree.th；

——psl_core.th。

9.4 基于时间的持续时间需要的定义性扩展

本扩展需要 actdur.def 和 time_precond.def。

9.5 基于时间的持续时间的定义

对于基于时间的持续时间定义了以下概念。

9.5.1 rushhour

当且仅当每两个发生在它们的起始时间点上达成一致时,它们在持续时间上也达成一致,则一个活动是忙时活动。

```
(forall(?a)(iff(rushhour ?a)
(forall(?occ1 ?occ2)
    (implies(and (occurrence ?occ1 ?a)
          (occurrence ?occ2 ?a)
          (begin_equiv ?occ1 ?occ2))
        (dur_equiv ?occ1 ?occ2))))
```

9.5.2 weekend

当且仅当存在着保持持续时间的起始自同构时,一个活动是周末活动。

```
(forall(?a)(iff(weekend ?a)
(and (exists(?occ1)
    (forall(?occ2)
        (implies(and (occurrence ?occ1 ?a)
               (occurrence ?occ2 ?a)
               (begin_equiv ?occ1 ?occ2))
             (dur_equiv ?occ1 ?occ2))))
    (exists(?occ3 ?occ4)
       (and (occurrence ?occ3 ?a)
           (occurrence ?occ3 ?a)
           (begin_equiv ?occ3 ?occ4)
           (not(dur_equiv ?occ3 ?occ4)))))))
```

9.5.3 gridlock

当且仅当唯一的保持持续时间的起始自同构是不重要的时,一个活动是堵塞活动。

```
(forall(?a)(iff(gridlock ?a)
(forall(?occ1)
    (implies(occurrence ?occ1 ?a)
        (exists(?occ2)
           (and(occurrence ?occ2 ?a)
           (begin_equiv ?occ1 ?occ2)
           (not(dur_equiv ?occ1 ?occ2))))))))
```

9.6 基于时间的持续时间的过程描述的语法

以下语法句子描述了用于基于时间的持续时间的、在KIF中详细说明的过程描述。

```
〈rushhour_spec 〉:: = (forall(?occ)
                  (implies(and(occurrence ?occ〈term〉)
                        〈simple_time_axiom〉)
                     〈duration_literal〉))
〈weekend_spec〉:: = (forall(?occ)
                 (implies(and(occurrence ?occ〈term〉)
                        〈time_axiom〉)
                     〈duration_literal〉))|
              (forall(?occ)
```

```
(implies(and(occurrence ?occ〈term〉)
        〈simple_time_axiom〉)
      〈interval_literal〉))
```

10 基于状态和时间的持续时间

本章表征了关于基于状态和时间的持续时间的全部定义。

10.1 基于状态和时间的持续时间的基本词汇

基于状态和时间的持续时间的词汇没有引入基本关系。

10.2 基于状态和时间的持续时间的定义词汇

在本章中定义了以下关系：

——(mixed_duration ?a)；

——(nondet_mixed_duration ?a)；

——(rigid_mixed_duration ?a)。

每个概念通过非正式语义和 KIF 公理来描述。

10.3 基于状态和时间的持续时间需要的核心理论

本定义性扩展需要：

——duration. th；

——disc_state；

——occtree. th；

——psl_core. th。

10.4 基于状态和时间的持续时间需要的定义性扩展

本扩展需要以下定义性扩展：

——actdur. def；

——time_precond. def；

——state_precond. def。

10.5 基于状态和时间的持续时间的定义

对于基于状态和时间的持续时间定义了以下概念。

10.5.1 mixed_duration

当且仅当每当两个发生在流和它们的起始时间点上达成一致时，它们在持续时间上也达成一致，则一个活动是混合的持续时间活动。

```
(forall(?a)(iff(mixed_duration ?a)
(forall(?occ1 ?occ2)
    (implies(and (occurrence ?occ1 ?a)
            (occurrence ?occ2 ?a)
            (state_equiv ?occ1 ?occ2)
            (begin_equiv ?occ1 ?occ2))
        (dur_equiv ?occ1 ?occ2))))
```

10.5.2 nondet_mixed_duration

当且仅当存在着流和起始自同构（该流和起始自同构还保持持续时间）时，一个活动是非确定的混合的持续时间活动。

```
(forall(?a)(iff(nondet_mixed_duration ?a)
(and (exists(?occ1)
   (forall  (?occ2)
```

```
          (implies(and(occurrence ?occ1 ?a)
                 (occurrence ?occ2 ?a)
                 (state_equiv ?occ1 ?occ2)
                 (begin_equiv ?occ1 ?occ2))
              (dur_equiv ?occ1 ?occ2))))
(exists(?occ3 ?occ4)
    (and (occurrence ?occ3 ?a)
         (occurrence ?occ3 ?a)
         (begin_equiv ?occ3 ?occ4)
         (state_equiv ?occ1 ?occ2)
         (not(dur_equiv ?occ3 ?occ4)))))))
```

10.5.3 rigid_mixed_duration

当且仅当仅有的保持持续时间的起始和流自同构是不重要的时，一个活动是刚性的混合的持续时间活动。

```
(forall(?a)(iff(rigid_mixed_duration ?a)
(forall(?occ1)
   (implies(occurrence ?occ1 ?a)
      (exists(?occ2)
        (and (occurrence ?occ2 ?a)
             (begin_equiv ?occ1 ?occ2)
             (state_equiv ?occ1 ?occ2)
             (not(dur_equiv ?occ1 ?occ2))))))))
```

10.6 基于状态和时间的持续时间的语法

以下语法句子描述了用于基于状态和时间的持续时间的，在KIF中详细说明的过程描述。

```
〈mix_dur_spec 〉::= (forall(?occ)
                      (implies(and(occurrence ?occ〈term〉)
                              〈simple_mix_axiom〉)
                            〈duration_literal〉))
〈nondet_mix_dur_spec 〉::= (forall(?occ)
                              (implies(and(occurrence ?occ〈term〉)
                                     〈mix_formula〉)
                                   〈duration_literal〉))|
                           (forall(?occ)
                              (implies(and(occurrence ?occ〈term〉)
                                     〈simple_mix_axiom〉)
                                   〈interval_literal〉))
```

11 活动发生的次序和持续时间约束

本章表征了关于活动发生的次序和持续时间约束的全部定义。

11.1 活动发生的次序和持续时间约束的基本词汇

在活动发生的次序和持续时间约束的词汇中没有引入基本关系。

11.2 活动发生的次序和持续时间约束的定义词汇

在本章中定义了以下关系：

——(ordered_duration ?a);

——(partial_ordered_duration ?a);

——(unordered_duration ?a)。

每个概念通过非正式语义和 KIF 公理来描述。

11.3 活动发生的次序和持续时间约束需要的核心理论

本定义性扩展需要:

——duration. th;

——act_occ. th;

——complex. th;

——atomic. th;

——subactivity. th;

——occtree. th;

——psl_core. th。

11.4 活动发生的次序和持续时间约束需要的定义性扩展

本扩展需要:

——permute. def。

11.5 活动发生的次序和持续时间约束的定义

对于活动发生的次序和持续时间约束定义了以下概念。

11.5.1 ordered_duration

当且仅当全部的分支自同构发生具有相同持续时间时,一个活动是有序持续时间活动。

```
(forall(?a)(iff(ordered_duration ?a)
(forall(?occ1 ?occ2)
   (implies (and (occurrence ?occ1 ?a)
            (occurrence ?occ2 ?a)
            (branch_automorphic ?a ?occ1 ?occ2))
          (duration_equiv ?occ1 ?occ2)))))
```

11.5.2 partial_ordered_duration

当且仅当存在着使得全部的分支自同构发生具有相同持续时间的发生时,一个活动是部分有序持续时间活动。

```
(forall(?a)(iff(partial_ordered_duration ?a)
(and (exists(?occ1)
       (forall(?occ2)
          (implies (and(occurrence ?occ1 ?a)
                   (occurrence ?occ2 ?a)
                  (branch_automorphic ?a ?occ1 ?occ2))
                (dur_equiv ?occ1 ?occ2))))
   (exists(?occ3 ?occ4)
      (and (occurrence ?occ3 ?a)
          (occurrence ?occ3 ?a)
          (branch_automorphic ?a ?occ1 ?occ2)
          (not(dur_equiv ?occ3 ?occ4)))))))
```

11.5.3 unordered_duration

当且仅当对于任何发生都存在着一个活动的具有不同持续时间的分支自同构发生时,该活动是无序持续时间。

```
(forall(?a)(iff(unordered_duration ?a)
(exists(?occ1 ?occ2)
   (and (occurrence ?occ1 ?a)
        (occurrence ?occ2 ?a)
        (branch_automorphic ?a ?occ1 ?occ2)
        (not(duration_equiv ?occ1 ?occ2))))))
```

11.6 活动发生的次序和持续时间约束的过程描述的语法

以下语法句子描述了用于活动发生的次序和持续时间约束的、在 KIF 中详细说明的过程描述。

```
〈order_dur_spec 〉::= (forall(?occ)
                    (implies(and(occurrence ?occ〈term〉)
                          〈ordered_sentence〉)
                        〈duration_literal〉)))
〈partial_order_dur_spec〉::=
(forall(?occ)
    (implies(and(occurrence ?occ〈term〉)
          〈ordered_formula〉)
        〈duration_literal〉)))|
(forall(?occ)
   (implies(and(occurrence ?occ〈term〉)
          〈ordered_sentence〉)
      〈interval_literal〉)))
```

12 嵌入的活动发生的次序和持续时间约束

本章表征了关于嵌入的活动发生的次序和持续时间约束的全部定义。

12.1 嵌入的活动发生的次序和持续时间约束的基本词汇

嵌入的活动发生的次序和持续时间约束的词汇没有定义基本关系。

12.2 嵌入的活动发生的次序和持续时间约束的定义词汇

在本章中定义了以下关系：

——(embed_duration ?a)；

——(partial_embed_duration ?a)；

——(nonembed_duration ?a)。

每个概念通过非正式语义和 KIF 公理来描述。

12.3 嵌入的活动发生的次序和持续时间约束需要的核心理论

本理论需要：

——duration. th；

——act_occ. th；

——complex. th；

——atomic. th；

——subactivity. th；

——occtree. th；

——psl_core. th。

12.4 嵌入的活动发生的次序和持续时间约束需要的定义性扩展

嵌入的活动发生的次序和持续时间约束需要：

——permute.def。

12.5 嵌入的活动发生的次序和持续时间约束的定义

对于嵌入的活动发生的次序和持续时间约束定义了以下概念。

12.5.1 embed_duration

当且仅当同一树中的全部的分支自同构发生具有相同持续时间时，一个活动是嵌入的持续时间活动。

```
(forall(?a)(iff(embed_duration ?a)
(forall(?occ1 ?occ2)
   (implies (and (occurrence ?occ1 ?a)
          (occurrence ?occ2 ?a)
          (same_grove ?occ1 ?occ2)
          (branch_automorphic ?occ1 ?occ2))
        (duration_equiv ?occ1 ?occ2)))))
```

12.5.2 partial_embed_duration

当且仅当存在着使得同一树中的全部的分支自同构发生具有相同持续时间的发生时，一个活动是部分嵌入的持续时间活动。

```
(forall(?a)(iff(partial_embed_duration ?a)
(and (exists(?occ1)
       (forall(?occ2)
           (implies (and(occurrence ?occ1 ?a)
                    (occurrence ?occ2 ?a)
                    (same_grove ?occ1 ?occ2)
                    (branch_automorphic ?occ1 ?occ2))
                    (dur_equiv ?occ1 ?occ2))))
     (exists(?occ3 ?occ4)
         (and (occurrence ?occ3 ?a)
              (occurrence ?occ3 ?a)
              (same_grove ?occ1 ?occc2)
              (branch_automorphic ?occ1 ?occ2)
              (not(dur_equiv ?occ3 ?occ4))))))
```

12.5.3 nonembed_duration

具有不同持续时间的同一树中一个活动的分支自同构发生时，该活动是非嵌入的持续时间活动。

```
(forall(?a)(iff(nonembed_duration ?a)
(exists(?occ1 ?occ2)
   (and (occurrence ?occ1 ?a)
        (occurrence ?occ2 ?a)
        (same_grove ?occ1 ?occ2)
        (branch_automorphic ?occ1 ?occ2)
        (not(duration_equiv ?occ1 ?occ2))))))
```

12.6 嵌入的活动发生的次序和持续时间约束的语法

用于嵌入的活动发生的次序和持续时间约束的过程描述的语法：

```
〈embed_dur_spec〉::=(forall(?occ)
              (implies (and(occurrence ?occ〈term〉)
                      (same_tree〈variable〉 ?occ))
                  〈duration_literal〉))
〈embed_interval_spec〉::=(forall(?occ)
               (implies(and(occurrence ?occ〈term〉)
                       (same_tree〈variable〉 ?occ))
                   〈interval_axiom〉))
```

13 活动的变质前提

本章表征了关于活动的变质前提的全部定义。

13.1 活动的变质前提的基本词汇

活动的变质前提的词汇没有引入基本关系。

13.2 活动的变质前提的定义词汇

在本章中定义了以下关系：

——(spoilage ?a)；

——(possible_spoilage ?a)；

——(nonspoilage ?a)。

每个概念通过非正式语义和 KIF 公理来描述。

13.3 活动的变质前提需要的理论

本理论需要：

——duration.th；

——occtree.th；

——psl_core.th。

13.4 活动的变质前提需要的定义性扩展

活动的变质前提需要以下定义性扩展：

——occ_precond.def；

——time_precond.def；

——precond.def。

13.5 活动的变质前提的定义

对于活动的变质前提定义了以下概念。

13.5.1 spoilage

当且仅当合法的发生取决于其他活动发生之间的延迟时，一个活动是变质的活动。特别地，在发生树自同态的同一轨道中的活动发生还在延迟自同构的同一轨道中。

```
(forall(?a)(iff(spoilage ?a)
(forall(?s1 ?s2)
    (implies (and (occurrence_of ?s1 ?a)
              (occurrence_of ?s2 ?a)
              (delay_equiv ?s1 ?s2)
              (tree_equiv ?s1 ?s2))
              (legal_equiv ?s1 ?s2)))))
```

13.5.2 possible_spoilage

当且仅当存在着活动发生，该活动发生在发生树自同态的同一轨道中且还在延迟自同构的同一轨道中时，一个活动是可能变质的活动。

```
(forall(?a)(iff(possible_spoilage ?a)
(exists(?s1)
    (and(occurrence_of ?s1 ?a)
      (forall(?s2)
        (implies (and (occurrence_of ?s2 ?a)
                  (delay_equiv ?s1 ?s2)
                  (tree_equiv ?s1 ?s2))
               (legal_equiv ?s1 ?s2))))))
```

13.5.3 nonspoilage

当且仅当在合法的发生和其他活动发生之间的延迟之间没有关系时，一个活动是非变质的活动。特别地，保持其他活动发生之间的延迟的仅有的发生树自同态是不重要的。

```
(forall(?a)(iff(nonspoilage ?a)
(forall(?s1)
    (implies(occurrence_of ?s1 ?a)
        (exists(?s2)
          (and (occurrence_of ?s2 ?a)
              (delay_equiv ?s1 ?s2)
              (tree_equiv ?s1 ?s2)
              (not(legal_equiv ?s1 ?s2))))))))
```

13.6 活动的变质前提的过程描述的语法

用于活动的变质前提的过程描述的语法：

```
〈occ_constrained_precond〉::=
(forall(?s)
    ({implies | iff}(and(occurrence ?s〈term〉)
                  (legal ?s)
                  (ubiquitous〈term〉〈term〉))
                {〈leaf_delay_axiom〉|〈inner_delay_axiom〉}))
〈leaf_delay_formula〉::=(exists(?occ ?s1)
                  (and  (occurrence ?occ〈term〉)
                        (leaf_occ ?s1 ?occ)
                        〈delay_literal〉
                        (= ?s(successor〈term〉 ?s1))))
〈leaf_delay_axiom〉::=〈leaf_delay_formula〉|
                  (not〈leaf_delay_formula〉)
〈inner_delay_formula〉::=(exists(?occ ?s1 ?s2)
                  (and (occurrence ?occ〈term〉)
                        〈delay_literal〉
                        (subactivity_occurrence ?s1 ?occ)
                        (subactivity_occurrence ?s2 ?occ)
                        (precedes ?s1 ?s)
                        (precedes ?s ?s2)))
〈inner_delay_axiom〉::=〈inner_delay_formula〉|
                  (not〈inner_delay_formula〉)
```

14 预定的嵌入约束

本章表征了关于预定的嵌入约束的全部定义。

14.1 预定的嵌入约束的基本词汇

预定的嵌入约束的词汇没有引入基本关系。

14.2 预定的嵌入约束的定义词汇

在本章中定义了以下关系：

——(scheduled ?occ)；

——(partial_scheduled ?occ)；

——(unscheduled ?occ)。

每个概念通过非正式语义和 KIF 公理来描述。

14.3 预定的嵌入约束需要的核心理论

本理论需要：

——duration. th；

——act_occ. th；

——complex. th；

——atomic. th；

——subactivity. th；

——occtree. th；

——psl_core. th。

14.4 预定的嵌入约束需要的定义性扩展

本扩展需要以下定义性扩展：

——embedding. def；

——time_precond. def。

14.5 预定的嵌入约束的定义

对于预定的嵌入约束定义了以下概念。

14.5.1 scheduled

当且仅当一个活动发生 ?occ 的每一个子活动发生都是延迟约束的时，该活动发生 ?occ 是预定的。

```
(forall(?occ)(iff(scheduled ?occ)
(forall(?a ?s1 ?s2 ?s3)
    (implies (and (occurrence_of ?occ ?a)
              (root_occ ?s3 ?occ)
              (subactivity_occurrence ?s1 ?occ)
              (iso_occ ?s1 ?s2)
              (embed_tree ?s1 ?s2 ?s3 ?a)
              (delay_equiv ?s1 ?s2))
            (subocc_equiv ?s1 ?s2 ?s3 ?a)))))
```

14.5.2 partial_scheduled

当且仅当一个活动发生 ?occ 的某些子活动发生是延迟约束的时，该活动发生 ?occ 是部分预定的。

```
(forall(?occ)(iff(partial_scheduled ?occ)
(exists(?a ?s ?s1 ?s3 ?s4)
    (and  (occurrence_of ?occ ?a)
        (root_occ ?s ?occ)
```

```
        (subactivity_occurrence ?s1 ?occ)
        (forall(?s2)
            (implies (and (iso_occ ?s1 ?s2)
                    (embed_tree ?s1 ?s2 ?s ?a)
                    (delay_equiv ?s1 ?s2))
                (subocc_equiv ?s1 ?s2 ?s ?a))))
        (subactivity_occurrence ?s3 ?occ)
        (iso_occ ?s3 ?s4)
        (delay_equiv ?s3 ?s4)
        (embed_tree ?s3 ?s4 ?s ?a)
        (not(subocc_equiv ?s3 ?s4 ?s ?a))))))
```

14.5.3 unscheduled

当且仅当一个活动发生 ?occ 的子活动发生都不是延迟约束的时，该活动发生 ?occ 是未预定的。

```
(forall(?occ)(iff(unscheduled ?occ)
(forall(?s ?s1 ?a)
    (implies (and (occurrence_of ?occ ?a)
            (root_occ ?s ?occ)
            (subactivity_occurrence ?s1 ?occ))
        (exists(?s2)
            (and(iso_occ ?s1 ?s2)
              (embed_tree ?s1 ?s2 ?s ?a)
              (delay_equiv ?s1 ?s2)
              (not(subocc_equiv ?s1 ?s2 ?s ?a))))))))
```

14.6 预定的嵌入约束的语法

用于预定的嵌入约束的过程描述的语法：

```
〈schedule_axiom 〉::= (forall(?s ?occ〈variable〉* )
                〈schedule_formula〉)
〈partial_schedule_axiom〉::= (forall(?s ?occ〈variable〉+ )
                〈partial_schedule_sentence〉))
〈schedule_formula〉 ::= ({implies| and}〈subocc_formula〉
                  〈delay_literal〉)
〈schedule_axiom〉::= 〈schedule_formula〉|
            (and〈schedule_axiom〉〈schedule_axiom〉+ )
〈partial_schedule_formula〉::= ({implies| and}〈subocc_formula〉
                  〈delay_interval_axiom〉)
〈partial_schedule_sentence〉::=
  〈partial_schedule_formula〉|
  (and〈partial_schedule_sentence〉〈partial_schedule_sentence〉+ )
```

15 基于持续时间的效应

本章表征了关于基于持续时间的效应的全部定义。

15.1 基于持续时间的效应的基本词汇

在基于持续时间的效应的词汇中没有引入基本关系。

15.2 基于持续时间的效应的定义词汇

在本章中定义了以下关系：

——(duration_effects ?a)；

——(partial_duration_effects ?a)；

——(nonduration_effects ?a)。

每个概念通过非正式语义和 KIF 公理来描述。

15.3 基于持续时间的效应需要的核心理论

本理论需要：

——duration. th；

——disc_state. th；

——occtree. th；

——psl_core. th。

15.4 基于持续时间的效应需要的定义性扩展

基于持续时间的效应需要以下定义性扩展：

——actdur. def；

——effects. def。

15.5 基于持续时间的效应的定义

对于基于持续时间的效应定义了以下概念。

15.5.1 duration_effects

当且仅当每当一个活动的任何两个发生在它们的持续时间上达成一致时，它们在效应(即，在该发生后保持的状态)上也达成一致，则该活动是持续时间效应活动。

```
(forall(?a)(iff(duration_effects ?a)
(forall(?s1 ?s2)
    (implies (and (occurrence ?s1 ?a)
             (occurrence ?s2 ?a)
             (dur_equiv ?s1 ?s2))
           (effects_equiv ?a ?s1 ?s2)))))
```

15.5.2 partial_duration_effects

当且仅当存在着保持效应的持续时间自同构时，一个活动是部分持续时间效应的活动。

```
(forall(?a)(iff(partial_duration_effects ?a)
(and   (exists(?s1)
     (forall(?s2)
         (implies(and (occurrence ?s1 ?a)
                 (occurrence ?s2 ?a)
                 (dur_equiv ?s1 ?s2))
               (effects_equiv ?a ?s1 ?s2))))
    (exists(?s3 ?s4)
        (and  (occurrence ?s3 ?a)
             (occurrence ?s4 ?a)
             (dur_equiv ?s3 ?s4)
              (not(effects_equiv ?a ?s3 ?s4)))))))
```

15.5.3 nonduration_effects

当且仅当仅有的保持效应的持续时间自同构是不重要的时，一个活动是非持续时间效应活动。

```
(forall(?a)(iff(nonduration_effects ?a)
(forall(?s1)
    (implies(occurrence ?s1 ?a)
        (exists(?s2)
            (and (occurrence ?s2 ?a)
                (dur_equiv ?s1 ?s2)
                (not(effects_equiv ?a ?s1 ?s2))))))))
```

15.6 基于持续时间的效应的语法

用于基于持续时间的效应的过程描述的语法：

```
〈duration_effect_axiom〉::=(forall(?s)
                    (implies (and(occurrence ?s〈term〉)
                            〈duration_literal〉)
                        〈simple_holds_axiom〉)))
〈partial_dur_effect〉::= (forall(〈variable〉*)
                    (implies (and(occurrence〈variable〉〈term〉)
                            〈interval_axiom〉)
                        〈simple_holds_axiom〉)))
```

16 基于持续时间和时间的活动的效应

本章表征了关于基于持续时间和时间的活动的效应的全部定义。

16.1 基于持续时间和时间的活动的效应的基本词汇

在基于持续时间和时间的活动的效应的词汇中没有引入基本关系。

16.2 基于持续时间和时间的活动的效应的定义词汇

在本章中定义了以下关系：

——(maintain_effects ?a)；

——(partial_maintain ?a)；

——(nonmaintain ?a)。

每个概念通过非正式语义和 KIF 公理来描述。

16.3 基于持续时间和时间的活动的效应需要的核心理论

本理论需要：

——duration. th；

——disc_state. th；

——occtree. th；

——psl_core. th。

16.4 基于持续时间和时间的活动的效应需要的定义性扩展

本扩展需要以下定义性扩展：

——actdur. def；

——effects. def；

——state_precond. def。

16.5 基于持续时间和时间的活动的效应的定义

对于基于持续时间和时间的活动的效应定义了以下概念。

16.5.1 **maintain_effects**

当且仅当每当一个活动的任何两个发生在它们的持续时间及它们的状态上达成一致时，它们在效应(即,在该发生后保持的状态)上也达成一致,则该活动是维持效应活动。

```
(forall(?a)(iff(maintain_effects ?a)
(forall(?s1 ?s2)
    (implies (and (occurrence ?s1 ?a)
              (occurrence ?s2 ?a)
              (state_equiv ?s1 ?s2)
              (dur_equiv ?s1 ?s2))
           (effects_equiv ?a ?s1 ?s2)))))
```

16.5.2 partial_maintain

当且仅当存在着保持了持续时间和状态的保持效应的自同构时,一个活动是部分维持的活动。

```
(forall(?a)(iff(partial_maintain ?a)
(and (exists(?s1)
        (forall(?s2)
            (implies  (and (occurrence ?s1 ?a)
                        (occurrence ?s2 ?a)
                        (state_equiv ?s1 ?s2)
                        (dur_equiv ?s1 ?s2))
                    (effects_equiv ?a ?s1 ?s2))))
    (exists(?s3 ?s4)
        (and (occurrence ?s3 ?a)
            (occurrence ?s4 ?a)
            (dur_equiv ?s3 ?s4)
              (not(effects_equiv ?a ?s3 ?s4)))))))
```

16.5.3 nonmaintain

当且仅当仅有的保持效应的持续时间和流自同构是不重要的时,一个活动是非维持效应活动。

```
(forall(?a)(iff(nonmaintain ?a)
(forall(?s1)
    (implies(occurrence ?s1 ?a)
        (exists(?s2)
            (and  (occurrence ?s2 ?a)
                (dur_equiv ?s1 ?s2)
                (not(effects_equiv ?a ?s1 ?s2))))))))
```

16.6 基于持续时间和时间的活动的效应的语法

用于基于持续时间和时间的活动的效应的过程描述的语法:

```
〈maintain_effect_axiom〉::=(forall(?s)
                        (implies (and(occurrence ?s〈term〉)
                                  〈duration_literal〉
                                  〈simple_state_axiom〉)
                              〈simple_holds_axiom〉))))
〈partial_maintain_axiom〉::=(forall(〈variable〉)
                        (implies (and(occurrence〈variable〉〈term〉)
                                  〈duration_literal〉
                                  〈state_axiom〉)
```

```
                    〈simple_holds_axiom〉)))|
            (forall(〈variable〉*)
                (implies (and (occurrence〈variable〉〈term〉)
                        〈interval_literal〉
                        〈simple_state_axiom〉)
                    〈simple_holds_axiom〉))))|
```

17 复杂序列次序关系

本章表征了关于复杂序列次序关系的全部定义。

17.1 复杂序列次序关系的基本词汇

在复杂序列次序关系的词汇中没有引入基本关系。

17.2 复杂序列次序关系的定义词汇

在本章中定义了以下关系：

——(coo_precedes ?occ1 ?occ2 ?a)；

——(strong_parallel ?occ1 ?occ2 ?a)；

——(atomocc ?occ)。

每个概念通过非正式语义和 KIF 公理来描述。

17.3 复杂序列次序关系需要的理论

本理论需要：

——soo. th；

——actocc. th；

——complex. th；

——atomic. th；

——subactivity. th；

——occtree. th；

——psl_core. th。

17.4 复杂序列次序关系需要的定义性扩展

本扩展需要以下定义性扩展：

——strongposets. def。

17.5 复杂序列次序关系的定义

对于复杂序列次序关系定义了以下概念。

17.5.1 coo_precedes

当且仅当一个复杂的活动发生 ?occ1 的每一个原子子活动发生对于一个复杂的活动发生 ?occ2 的每一个原子子活动发生为 soo_precedes 时，?occ1 对于 ?occ2 为 coo_precedes。

```
(forall(?occ1 ?occ2 ?a)(iff(coo_precedes ?occ1 ?occ2 ?a)
(forall(?s1 ?s2)
    (implies (and  (subactivity_occurrence ?s1 ?occ1)
                   (subactivity_occurrence ?s2 ?occ2)
                   (atomocc ?s1)
                   (atomocc ?s2))
            (soo_precedes ?s1 ?s2 ?a)))))
```

17.5.2 strong_parallel

当且仅当一个复杂的活动发生 ?occ1 的任何原子子活动发生与一个复杂的活动发生 ?occ2 的一个

原子子活动发生在同一个包中时，?occ1 强平行于 ?occ2。

```
(forall(?occ1 ?occ2 ?a)(iff(strong_parallel ?occ1 ?occ2 ?a)
(forall(?s1 ?s2)
    (implies(and (subactivity_occurrence ?s1 ?occ1)
                 (subactivity_occurrence ?s2 ?occ2)
                 (atomocc ?s1)
                 (atomocc ?s2))
              (same_bag ?s1 ?s2 ?a)))))
```

17.5.3　**atomocc**

当且仅当一个活动发生是一个原子活动的发生时，该活动发生是原子发生。

```
(forall(?s)(iff(atomocc ?s)
(exists(?a)
    (and(atomic ?a)
          (occurrence_of ?s ?a)))))
```

附　录　A
（规范性附录）
本部分的 ASN.1 标识符

在开放系统中，为确定对象的无二义性标识，规定本部分的对象标识符为：

iso standard 18629 part 43 version 1

本标识符的含义在 GB/T 16262.1 中进行了定义，并在 GB/T 20719.1 中进行了描述。

附 录 B
（资料性附录）
使用本部分描述过程的实例

本附录的目的是提供一个 GB/T 20719 PSL 在多重制造功能的信息共享中应用的详细方案。

该方案是一个“互操作”的制造方案。这意味着其目标是展示在制造环境中 PSL 如何用于促进过程知识的交流。特别是，本方案是以从过程计划员到加工车间计划员的知识交换为中心的。

本附录扩展了 GB/T 20719.11—2010 附录 C 中引入的测试案例来说明活动次序和持续时间扩展概念在 GT350 产品的制造过程规范中的应用。

B.1 GT350 制造过程

本章将各个不同的部门过程合并成为一个制造 GT350 产品所发生的活动的高级集合。如 GT350 产品结构所述（见 GB/T 20719.11—2010 的表 C.1），该产品的子部件可以是外购的、外部分包的或内部制造的。对这些过程的描述表达了制造内部子部件进行的各种活动。这种自上而下考察制造过程的方法为抽象的“制造 GT350”活动提供了全面的描述，“制造 GT350”活动向下扩展成详细的部门级活动。

如图 B.1 所示，GT350 制造过程分为 6 个主要的工作区域。前 5 个工作区域：制造汽车内部、制造驱动、装饰、制造发动机和制造底盘相互之间是没有顺序之分的，但它们必须全部在进行总装之前完成。

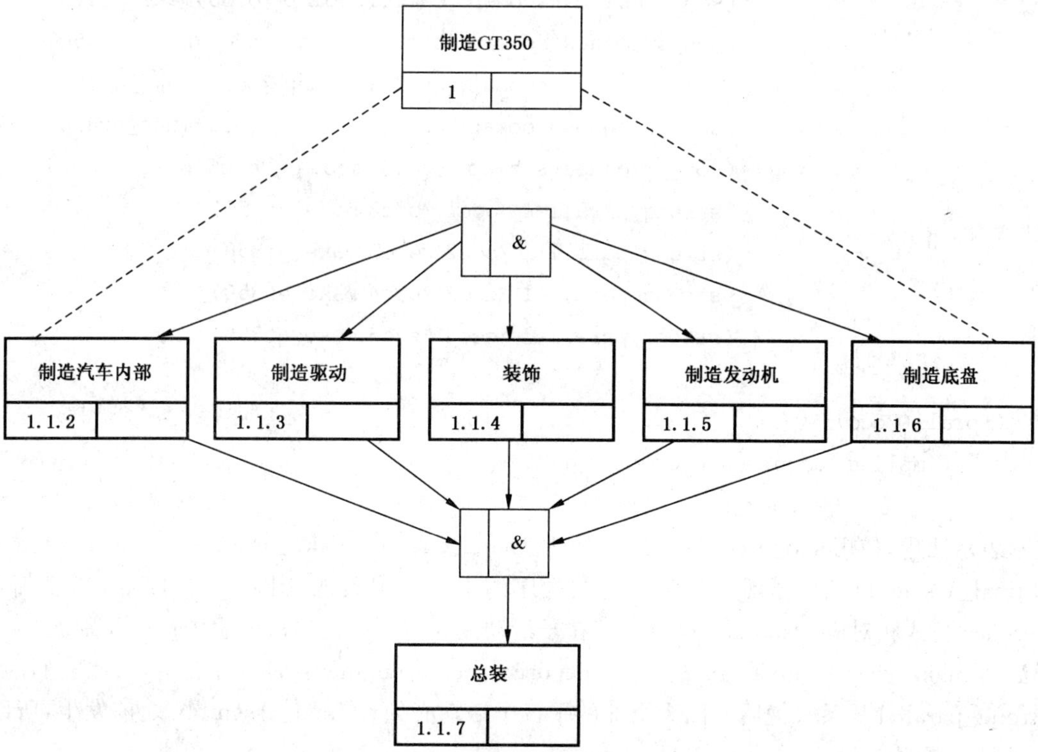

图 B.1 GT350 的顶层制造过程[5]

顶层过程的 PSL 表示法如下：

```
(subactivity make-chassis make_gt350)
(subactivity make-interior make_gt350)
(subactivity make-drive make_gt350)
```

```
(subactivity make-trim make_gt350)
(subactivity make-engine make_gt350)
(subactivity final-assembly make_gt350)

(forall(?occ)
    (⇔(occurrence_of ?occ make_gt350)
        (exists (?occ1 ?occ2 ?occ3 ?occ4 ?occ5 ?occ6)
            (and(occurrence_of ?occ1 make_chassis)
                (occurrence_of ?occ2 make_interior)
                (occurrence_of ?occ3 make_drive)
                (occurrence_of ?occ4 make_trim)
                (occurrence_of ?occ5 make_engine)
                (occurrence_of ?occ6 final_assembly)
                (subactivity_occurrence ?occ1 ?occ)
                (subactivity_occurrence ?occ2 ?occ)
                (subactivity_occurrence ?occ3 ?occ)
                (subactivity_occurrence ?occ4 ?occ)
                (subactivity_occurrence ?occ5 ?occ)
                (subactivity_occurrence ?occ6 ?occ)
                (soo_precedes(soomap ?occ1)(soomap ?occ6)make_gt350)
                (soo_precedes(soomap ?occ2)(soomap ?occ6)make_gt350)
                (soo_precedes(soomap ?occ3)(soomap ?occ6)make_gt350)
                (soo_precedes(soomap ?occ4)(soomap ?occ6)make_gt350)
                (soo_precedes(soomap ?occ5)(soomap ?occ6)make_gt350)
                (strong_parallel ?occ1 ?occ2 make_gt350)
                (strong_parallel ?occ2 ?occ3 make_gt350)
                (strong_parallel ?occ3 ?occ4 make_gt350)
                (strong_parallel ?occ4 ?occ5 make_gt350)))))))

(forall(?occ)
    (implies (occurrence_of make_gt350)
        (strong_poset ?occ)))
```

在本表示法中，使用 soo_precedes 关系来说明 make_chassis、make_interior、make_drive、make_engine 和 final_assembly 这些子活动发生之间的次序约束。非正式地，图 B.1 中的每个箭头都与一个 soo_precedes 公式相对应。soomap 函数用于在子活动的任何可能的多次发生中进行识别。

子活动 make_chassis、make_interior、make_drive、make_engine 全部平行发生，因此它们的次序约束由 strong_parallel 关系来说明。因为全部的平行子活动必须在 final_assembly 之前发生，所以 make_gt350 的发生是强 poset。

这些抽象活动中的每一个都能进一步细化，然而作为本附录的实例，将不详述所有这些细化部分。

以制作过程的不同阶段所遇到的抽象活动的 IDEF3 表示法（过程表示法）为基础，我们将选取一些应用 PSL 外核（见 GB/T 20719.12）描述过程的实例。

B.2 “制造发动机”抽象活动

350-Engine是由几个CMW车间的产品组装而成。制造过程如图B.2所示。它由汽缸体、线束和电线组成。子过程将在下面的条款中详述。350-Engine在A004装配工作台上进行组装,组装一台需要5 min。

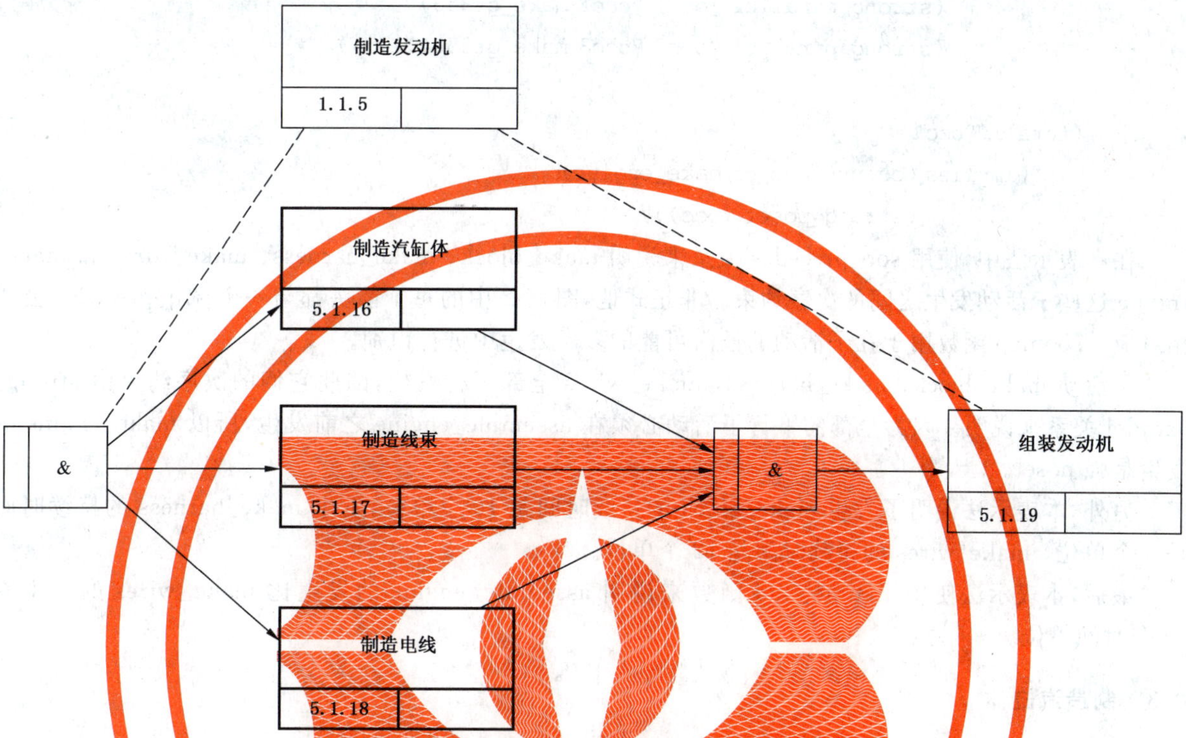

图B.2 制造350-Engine的过程[5]

在制造发动机过程中,一些活动的PSL表示法和与信息相关的过程的PSL表示法如下:

```
(subactivity make_block make_engine)
(subactivity make-harness make_engine)
(subactivity make-wires make_engine)
(subactivity assemble_engine make_engine)

(forall(?occ)
  (⇔(occurrence_of ?occ make_engine)
      (exists(?occ1 ?occ2 ?occ3 ?occ4)
         (and (occurrence_of ?occ1 make_block)
              (occurrence_of ?occ2 make_harness)
              (occurrence_of ?occ3 make_wires)
              (occurrence_of ?occ4 assemble_engine)
              ( = (duration(beginof ?occ1)(endof ?occ1))10)
              ( = (duration(beginof ?occ2)(endof ?occ2))5)
              ( = (duration(beginof ?occ3)(endof ?occ3))12)
              ( = (beginof ?occ4)(time_add(endof ?occ3)10))
              (subactivity_occurrence ?occ1 ?occ)
              (subactivity_occurrence ?occ2 ?occ)
```

```
            (subactivity_occurrence ?occ3 ?occ)
            (subactivity_occurrence ?occ4 ?occ)
            (soo_precedes(soomap ?occ1)(soomap ?occ4)make_gt350)
            (soo_precedes(soomap ?occ2)(soomap ?occ4)make_gt350)
            (soo_precedes(soomap ?occ3)(soomap ?occ4)make_gt350)))))
            (strong_parallel ?occ1 ?occ2 make_gt350)
            (strong_parallel ?occ2 ?occ3 make_gt350)))))))

(forall(?occ)
    (implies (occurrence_of make_engine)
            (strong_poset ?occ)))
```

在本表示法中，使用 soo_precedes 关系来说明 make_block、make_harness、make_wires 和 make_engine 这些子活动发生之间的次序约束。非正式地，图 B.2 中的每个箭头都与一个 soo_precedes 公式相对应。soomap 函数用于在子活动的任何可能的多次发生中进行识别。

子活动 make_block，make_harness，make_wires 全部平行发生，因此它们的次序约束由 strong_parallel 关系来说明。因为全部的平行子活动必须在 assemble_engine 之前发生，所以 make_engine 的发生是强 poset。

另外，本表示法说明了发生 make_block 的持续时间是 10 个单位，发生 make_harness 的持续时间是 5 个单位，make_wires 的持续时间是 12 个单位。

最后，本表示法使用了 time_add 函数来说明 assemble_engine 的发生比 make_wires 的发生晚 10 个时间单位。

B.3 制造汽缸体

350-Block 是 350-Engine 分组装的部件。它是铸造车间和加工车间的产品的集成，如图 B.3 所示。

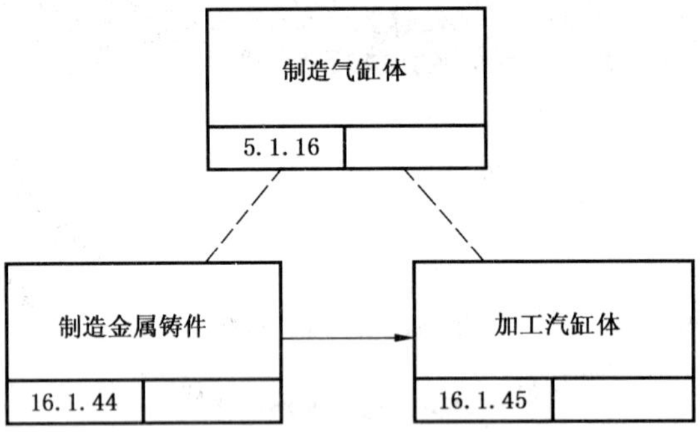

图 B.3 制造 350-Block 的过程[5]

一些活动的表示法和与信息相关过程的基于 PSL 表示法如下：

```
(subactivity produce_molded_metal make_block)
(subactivity machine_block make_block)
(primitive machine_block)
(primitive produce_molded_metal)

(forall(?occ)
  (⇔(occurrence_of ?occ make_block)
        (exists(?occ1 ?occ2)
            (and(occurrence_of ?occ1 produce_molded_metal)
```

```
(occurrence_of ?occ2 machine_block)
( = (beginof ?occ2)(time_add(endof ?occ1)12))
(soo_precedes(soomap ?occ1)(soomap ?occ2)make_block)))))
```

本表示法使用了 time_add 函数来说明 machine_block 子活动的发生比 produce_molded_metal 子活动的发生结束晚 12 个时间单位。

B.4 制造线束

350-Harness(图 B.4)是 350-Engine 分组装的部件。它是电线与电缆车间的产品。图 B.5 详述了线束电线的生产过程。350-Harness 由钳工在电线与电缆装配台上进行组装。组装一组需要 10 min。

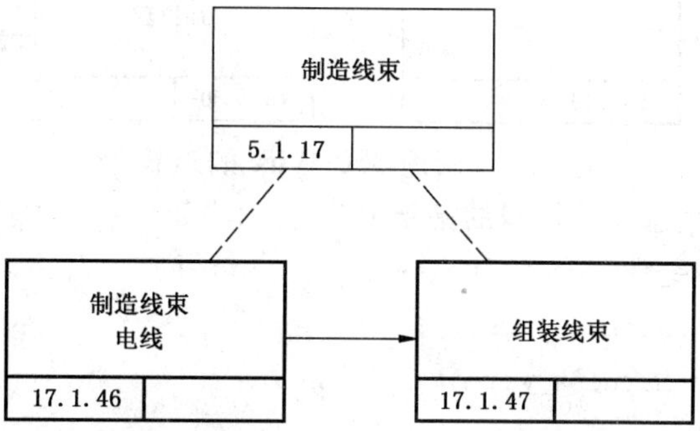

图 B.4 制造 350-Harness 的过程[5]

一些活动的表示法和与信息相关过程的基于 PSL 表示法如下：

```
(subactivity make_harness_wire make_harness)
(subactivity assemble_harness make_harness)
(primitive assemble_harness)

(forall(?occ)
  (⇔(occurrence_of ?occ make_harness)
      (exists(?occ1 ?occ2 ?occ3)
        (and(occurrence_of ?occ1 make_harness_wire)
              (occurrence_of ?occ2 assemble_harness)
              (leaf_occ ?occ3 ?occ1)
              (soo_precedes(soomap ?occ3)(soomap ?occ2)make_harness)))))
```

本表示法形式化了图 B.5 中的过程规范。在本表示法中，使用 soo_precedes 关系来说明 make_harness_wires 和 assemlbe_wires 这些子活动发生之间的次序约束。非正式地，图 B.5 中的每个箭头与一个 soo_precedes 公式相对应。soomap 函数用于在子活动的任何可能的多次发生中进行识别。

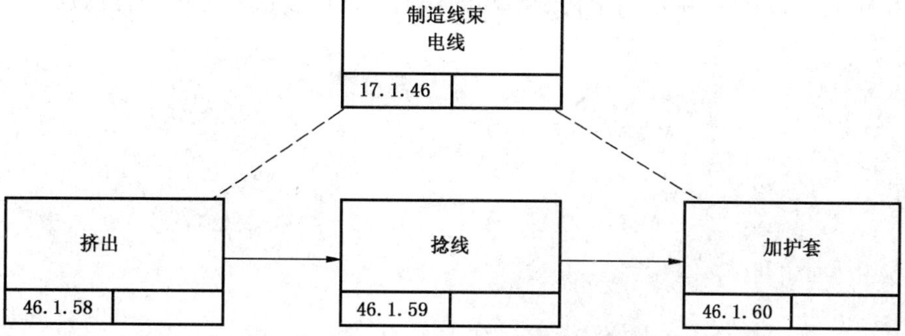

图 B.5 制造线束电线的过程[5]

B.5 制造线束电线

350-Wire-Set 是 350-Engine 分组装的部件。它是电线与电缆车间的产品。

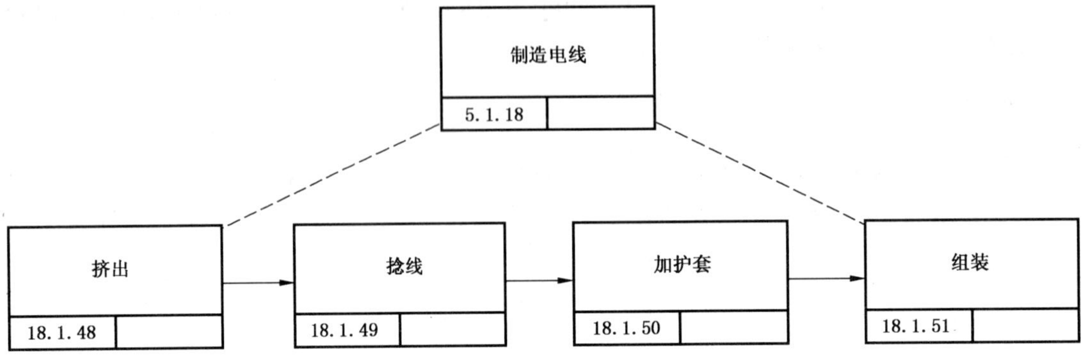

图 B.6 制造 350-Wire 的过程[5]

一些活动的表示法和与信息相关过程的基于 PSL 表示法如下：

```
(subactivity extrude make_harness_wire)
(subactivity twist make_harness_wire)
(subactivity jacket make_harness_wire)
(primitive extrude)
(primitive twist)
(primitive jacket)

(forall(?occ)
  (⇔(occurrence_of ?occ make_harness_wire)
        (exists(?occ1 ?occ2 ?occ3 ?occ4)
              (and (occurrence_of ?occ1 extrude)
                        (occurrence_of ?occ2 twist)
                        (occurrence_of ?occ3 jacket)
                  (occurrence_of ?occ4 assemble)
                        (soo_precedes(soomap ?occ1)(soomap ?occ2)make_harness_wire)
                  (soo _precedes(soomap ?occ3)(soomap ?occ4)make_harness_wire)
                        (soo_precedes(soomap ?occ2)(soomap ?occ3)
make_harness_wire))))
```

本表示法形式化了图 B.6 中的过程规范。在本表示法中，使用 soo_precedes 关系来说明挤出、捻线、加护套和组装这些子活动发生之间的次序约束。非正式地，图 B.6 中的每个箭头与一个 soo_precedes 公式相对应。soomap 函数用于在子活动的任何可能的多次发生中进行识别。

附 录 NA
（资料性附录）
本部分英文黑体词的含义

atomocc	原子发生
bag	包
choice_poset	选择偏序集
complex_poset	复杂偏序集
conditional_duration	条件持续时间
constant	恒定的
context_duration	情境持续时间
delay	延迟
delay_equiv	延迟等价
dur	持续时间
dur_equiv	持续时间等价
duration_effects	持续时间效应
embed_duration	嵌入的持续时间
flip	翻转
gridlock	堵塞
interval_duration	间隔持续时间
maintain_effects	维持效应
mixed_duration	混合的持续时间
nondet_mixed_duration	非确定的混合的持续时间
nonduration_constraints	非持续时间约束
nonembed_duration	非嵌入的持续时间
nonmaintain	非维持
nonspoilage	非变质
ordered_duration	有序持续时间
partial_embed_duration	部分嵌入的持续时间
partial_duration_effects	部分持续时间效应
partial_maintain	部分维持
partial_ordered_duration	部分有序持续时间
partial_scheduled	部分预定的
possible_spoilage	可能变质
reflect	反射
rigid_mixed_duration	刚性的混合的持续时间

表（续）

rotate	旋转
rushhour	高峰时间
same_bag	相同的包
scheduled	预定的
snapshot	快照
spoilage	变质
strong_parallel	强平行
strong_poset	强偏序集
turn	转动
unconditional_duration	无条件持续时间
unordered_duration	无序持续时间
unscheduled	未预定的
variable	可变的
weekend	周末

参 考 文 献

［1］ GB/T 16656.1 工业自动化系统与集成 产品数据表达与交换 第1部分：概述与基本原理(GB/T 16656.1—2008,ISO 10303-1:1994,MOD).

［2］ GB/T 16656.49 工业自动化系统与集成产品数据表达与交换 第49部分：集成通用资源：工艺过程结构和特性(GB/T 16656.49—2003,ISO 10303-49:1998,IDT).

［3］ GB/T 20719.14 工业自动化系统与集成 过程规范语言 第14部分：资源理论(GB/T 20719.14—2010,ISO 18629-14,IDT).

［4］ GB/T 20719.44 工业自动化系统与集成 过程规范语言 第44部分:定义性扩展:资源扩展(GB/T 20719.44—2010,ISO 18629-44,IDT).

［5］ Federal Information Processing Standards Publication 184,Integration Definition for Information Modeling (IDEF3), FIPS PUB 184, National Institute of Standards and Technology, December 1993. IDEF3 Available from the Internet: http://www.idef.com.

索　引

ICS 25.040.40
L 67

中华人民共和国国家标准

GB/T 20719.44—2010/ISO 18629-44:2006

工业自动化系统与集成 过程规范语言 第44部分:定义性扩展 资源扩展

Industrial automation systems and integration—Process specification language—Part 44:Definitional extension—Resource extensions

(ISO 18629-44:2006,IDT)

2010-09-02 发布 2010-12-01 实施

中华人民共和国国家质量监督检验检疫总局
中国国家标准化管理委员会 发布

前　言

GB/T 20719《工业自动化系统与集成　过程规范语言》分为：

——第1部分：概述和基本原理；

——第11部分：PSL核心；

——第12部分：外核；

——第13部分：时序理论；

——第14部分：资源理论；

——第15部分：活动性能理论。

——第21部分：EXPRESS；

——第22部分：XML；

——第23部分：UML；

——第41部分：活动；

——第42部分：时间和状态；

——第43部分：序列；

——第44部分：定义性扩展　资源扩展；

——第45部分：资源集的种类；

——第46部分：加工活动；

——第47部分：过程目的。

本部分为GB/T 20719的第44部分。

本部分等同采用ISO 18629-44:2006《工业自动化系统与集成　过程规范语言　第44部分：定义性扩展　资源扩展》(英文版)。

本部分的技术内容和组成结构与ISO 18629-44:2006相一致，在编写格式上符合GB/T 1.1—2000。只是根据我国国家标准的制定要求和为方便使用，做了如下编辑性的改动：

——将“ISO 18629”改为“GB/T 20719”，把“ISO 18629-44”改成“GB/T 20719.44”或“GB/T 20719本部分”。

——删除了ISO 18629-44:2006的前言，并按照我国国家标准编制要求重新起草了前言。

——将ISO 18629-44:2006第2章“规范性引用文件”中的引导语改为GB/T 1.1—2000中的6.2.3规定的引导语。

——将本部分中出现的已转化为国家标准的国际标准编号改为国家标准编号，并将相应的国家标准采用的国际标准版本号放在国家标准编号后的括弧内，便于使用和查阅。未转化的国际标准保留。

——为了使读者便于理解本部分黑体词的含义，增加了附录NA。

——删去了原文中不符合我国标准编写的字句。

本部分附录A是规范性附录，附录B、附录NA是资料性附录。

本部分由中国机械工业联合会提出。

本部分由全国自动化系统与集成标准化技术委员会(SAC/TC 159)归口。

本部分由北京机械工业自动化所负责起草。

本部分主要起草人：黎晓东、杨书评、刘颖。

引 言

GB/T 20719是为了进行与制造过程相关的计算机可解释的信息交换所使用的国家标准。GB/T 20719标准包含的所有部分结合在一起,为描述贯穿整个生产过程的制造过程提供了一类语言(该生产过程可能位于一个工业公司,也可能跨越几个工业部门或公司),并独立于任何特定的表示模型。语言的本质使得它适用于在生产过程的各个阶段共享与制造相关的过程信息。

GB/T 20719的本部分提供了一种语言的定义性扩展描述,该语言是与GB/T 20719定义的活动扩展相关的语言。

GB/T 20719中的所有部分与制造管理领域软件应用中采用的任何特定过程的表述或模型无关。本标准的所有部分一同为改善这些应用软件的协同性提供了一个结构框架。

工业自动化系统与集成 过程规范语言 第44部分:定义性扩展 资源扩展

1 范围

GB/T 20719本部分通过使用一组用GB/T 20719语言书写的定义来提供该语言的非基本概念的规范。这些定义对GB/T 20719本部分中的术语提供了语义的公理化。

GB/T 20719本部分的范围包括:

——ISO 18629-11、ISO 18629-12和ISO 18629-14中详细描述的与资源、资源集合、资源与活动间的关系相关的概念的定义;

——ISO 18629-11、ISO 18629-12和ISO 18629-14中详细描述的表征资源与活动间的关系的概念的定义。

2 规范性引用文件

下列文件中的条款通过GB/T 20719的本部分的引用而成为本部分的条款。凡是注日期的引用文件,其随后所有的修改单(不包括勘误的内容)或修订版均不适用于本部分,然而,鼓励根据本部分达成协议的各方研究是否可使用这些文件的最新版本。凡是不注日期的引用文件,其最新版本适用于本部分。

GB/T 16262.1 信息技术 抽象语法记法一(ASN.1) 第1部分:基本记法规范(GB/T 16262.1—2006,ISO/IEC 8824-1:2002,IDT)

GB/T 19114.1 工业自动化系统与集成 工业制造管理数据 第1部分:综述(GB/T 19114.1—2003,ISO 15531-1:2002,IDT)

GB/T 20719.1—2006 工业自动化系统与集成 过程规范语言 第1部分:概述与基本原理(ISO 18629-1:2004,IDT)

ISO 18629-11:2005 工业自动化系统与集成 过程规范语言 第11部分:PSL核心

ISO 18629-12 工业自动化系统与集成 过程规范语言 第12部分:外核

ISO 18629-14 工业自动化系统与集成 过程规范语言 第14部分:资源理论

3 术语和定义、缩略语

3.1 术语和定义

下列术语和定义适用于GB/T 20719的本部分。

3.1.1

公理 axiom

形式语言中的合式公式,用以对一门语言的词汇中的符号解释加以约束。

[GB/T 20719.1]

3.1.2

定义的词汇 defined lexicon

非逻辑词汇的一系列符号,表示所定义概念。

注:定义的词汇分为常量、函数和关系符号。

示例:具有保守定义的术语。

[GB/T 20719.1]

3.1.3

定义性扩展　definitional extension

PSL 核心的扩展,引入了能够用 PSL 核心术语完全定义的新的语言项目。

注:定义性扩展没有为 PSL 核心增加新的表达能力,但它被用来指明领域应用中的语义学和术语学。

[GB/T 20719.1 的修改]

3.1.4

扩展　extension

包含附加公理的 PSL 核心的扩充。

注 1:PSL 核心是一组相对简单的公理,足以表达很广范围内的基本过程。然而,更复杂的过程所的表达性资源超出了 PSL 核心的范围。相对于将每一个可能的概念(其对于描述一个或另一个过程可能有用)杂乱地添加到 PSL 核心中去,更好的方式是开发各种独立的、模块化的扩展,并把它们添加进 PSL 核心。采用这种方式,用户可以根据自己的表达需求精确地裁剪语言。

注 2:所有的扩展均是核心理论或定义性扩展。

[GB/T 20719.1]

3.1.5

语法　grammar

说明如何将逻辑符号和词汇术语组合为合式公式的规范。

[GB/T 20719.1]

3.1.6

语言　language

词汇和语法的组合。

[GB/T 20719.1]

3.1.7

词汇　lexicon

符号和术语的集合。

注:词汇包括逻辑符号(例如布尔连接和量词)与非逻辑符号。对于 GB/T 20719 来说,词汇的非逻辑部分包括用于表达本体的基本概念的词语(常量,函数符号和关系符号)。

[GB/T 20719.1]

3.1.8

制造　manufacturing

将材料由原材料或半成品态转变为成品态的功能或行为。

[GB/T 19114.1—2003]

3.1.9

制造过程　manufacturing process

一套结构化的行为和操作,它完成了将原材料或半成品向成品的转化。

注:制造过程可被安排在程序规划、产品规划、单元规划或装配位置规划里。根据战略性应用和物资的分配,制造过程可被用于支持按库存生产、按订单生产、按订单装配。

[GB/T 19114.1—2003]

3.1.10

基本概念　primitive concept

没有保守定义的词汇术语。

[GB/T 20719.1]

3.1.11

基本词汇　primitive lexicon

表示基本概念的非逻辑词汇的符号集合。

注：基本词汇分为常量、函数符号和关系符号。

[GB/T 20719.1]

3.1.12

过程　process

涉及各种企业实体的一套结构化的活动，是为特定的目的设计和组织的。

注：这里提出的定义与 GB/T 16656.49(ISO 10303-49,IDT)中给出的定义非常接近。不过，GB/T 19114 需要的是活动的结构化集合的概念，对于时间或步骤不进行任何预先确定。另外，从流管理的观点来看，为了保持同步可能会需要一些空白过程，尽管这些空白过程实际上什么也没做(ghost task 幽灵任务)。

[GB/T 19114.1—2003]

3.1.13

资源　resource

在企业生产产品或服务中配置的任何设备、工具和手段。

注 1：由 GB/T 19114.1 改编。GB/T 19114.1 中所定义的资源的概念包括一个假定，即资源不包括原材料、产品以及从系统理论的角度来看被认为是系统环境的部分的成分，因而其不属于系统本身。这不符合这里的情况。此外，GB/T 19114.1 的定义包含 GB/T 16656.49(ISO 10303-49,IDT)的定义，但是 GB/T 19114.1 的定义被包括在 GB/T 20719 本部分应用的定义中(GB/T 20719 本部分定义的资源除了 GB/T 19114 中定义的资源之外，还包括原材料和耗材，与 ISO 18629-14 中的相同)。

注 2：这里所定义的资源包括人力资源，它被认为是具有特定能力和特定才能的特殊手段。那些手段被认为能够通过分配的任务被包含在制造过程中。这不包括除了在制造过程中执行特定的任务的能力(例如：原材料或成分的转变，后勤服务的供给)之外的人力资源的个体的或公共的行为的任何模型。这意味着，人力资源如其他的资源那样仅从它们的功能、它们的能力和它们的状态(例如：闲着的，忙碌的)的角度来考虑。这不包括个体或公共(社会)行为的任何方面的任何模型或者表述。

[GB/T 19114.1—2003]

3.1.14

理论　theory

属于给定概念和概念集的公理和定义的集合。

注：这个定义反映了人工智能的方法，它的理论是一个假定的集合(基于相关概念的含义)。

[GB/T 20719.1]

3.2　缩略语

下列缩略语适用于 GB/T 20719 的本部分。

——KIF　Knowledge Interchange Format　知识交换格式。

4　GB/T 20719 概述

ISO 18629[1] 中的第 41～49 部分详细描述了定义性扩展，其需要给出 GB/T 20719 的非基本概念的精确定义和公理化。定义性扩展是引入了有关词汇的新项目的 ISO 18629-11 和 ISO 18629-12 的扩展。在定义性扩展中找到的这些项目可用 ISO 18629-11 和 ISO 18629-12 的理论完全定义。定义性扩展为在个体应用软件或以协同为目的的应用软件类型中使用的元素提供精确语义定义。定义性扩展存在于以下类别中：

——活动扩展；

——时间和状态扩展；

1)　某些部分正在开发中。

——活动次序和持续时间扩展；
——资源角色；
——资源集合；
——处理器活动扩展。

个别 GB/T 20719 的用户或用户团体可能需要扩展 GB/T 20719 来详细描述目前在 ISO 18629 的第 41～49 部分中缺少的概念。他们应该采用 GB/T 20719 中提供的元素来这样做。用户定义的扩展和它们的定义组成定义性扩展，但不应成为 ISO 18629 的第 41～49 部分中的一部分。

注：用户定义的扩展必须像 GB/T 20719.1—2006 中 5.1 和 5.2 所定义的那样符合 GB/T 20719。

ISO 18629 的第 41～49 部分提供：
——使用 ISO 18629-11 和 ISO 18629-12 中的概念，特别针对上面概述的六个概念的元素的语义定义；
——限制定义性扩展中元素的使用的公理集。

它们不涉及：
——是 ISO 18629-11 和 ISO 18629-12 的一部分的概念的定义和公理；
——不使用 ISO 18629-11 和 ISO 18629-12 中元素定义的元素；
——用户定义的扩展。

5 GB/T 20719 本部分的组织

构成了 GB/T 20719 此部分的定义性扩展是：
——资源角色；
——基于能力的并发；
——资源共享性；
——基于资源集合的活动；
——可替代资源；
——齐次集；
——储备资源集；
——资源池；
——处理器活动；
——资源路线。

GB/T 20719(idt ISO 18629)本部分中的所有理论都是 ISO 18629-14 的扩展，ISO 18629-14 自身是 ISO 18629-12 和 ISO 18629-11 的扩展。

6 资源角色

本章表征了关于资源角色的所有定义。

在 GB/T 20719 的上下文中，一个物体是仅与需要资源的某一活动有关的资源。因此，不提供资源的任何其他特性，如离散资源对持续资源的发放的公理化。资源角色是形式化路线中的一条路线，在此形式化路线中活动需要资源。资源角色公理化背后的直觉知识是与活动共享的资源有关的活动中的相互作用的分类。尤其是，本章定义的资源角色集合是干扰行动的一个分类，也就是一个行动的结果篡改了另一个行动的前提条件。

注：在支持如 GB/T 19114 标准的系统理论的情况下，资源是系统配置的手段，用来把输入变成输出。为此它们不能被认为是系统的输入或输出。它们如在这里所定义的那样呈现为资源的子集。因此，在例如 GB/T 19114 的标准中，它们与一个给定活动的优先没有关联。与过程 1 中的活动 A 或过程 2 中的活动 B 关联的一个资源可能是空闲的。对于人力资源，那是很明显的，而对于车床(举例)来说，其可能与过程 1 中的活动“制造圆柱体”或过程 2 中的活动“钻孔”相关联这一情况也是真的。无论如何，GB/T 20719 的本部分的所有定义也都应用于资源的此种类型。

6.1 资源角色的基本词汇

资源角色的词汇没有引入基本关系。

6.2 资源角色的概念的定义的词汇

在本章中定义了以下关系：

——(reusable ?r ?a)；

——(possibly_reusable ?r ?a)；

——(renewable ?r ?a)；

——(weakly_reusable ?r ?a)；

——(consumable ?a)；

——(possibly_consumable ?r ?a)；

——(weakly_consumable ?r ?a)；

——(wearable ?r ?a)。

每一概念用非正式语义和一个 KIF 公理所描述。

6.3 资源角色所需的核心理论

此扩展需要

——additive. th；

——requires. th；

——act_occ. th；

——complex. th；

——subactivity. th；

——occtree. th；

——disc_state. th；

——psl_core. th。

6.4 资源角色所需的定义性扩展

资源角色不需要定义性扩展。

6.5 用于资源角色的概念的定义

对于资源角色定义以下概念。

6.5.1 reusable

在每次可能的未来，如果也需要资源?r 的任何其他活动在活动?a 完成其发生后依然有可能发生，则资源?r 通过活动?a 可被复用。

示例：可复用的资源是一个在活动之间不需要设置的机构。一旦一个活动发生，总有可能执行下一个活动。

```
(forall (r ?a1 ?a2 ?a ?occ1 ?occ2) (iff (reusable ?r ?a1)
    (implies (and (common ?a1 ?a2 ?r)
                  (subactivity ?a1 ?a)
                  (subactivity ?a2 ?a)
                  (occurrence_of ?occ2 ?a1))
            (forall (?b)
                  (implies (forall (?occ3)
                          (implies (and (subactivity_occurrence ?occ3 ?b)
                                      (occurrence_of ?b ?a)
                                      (precedes ?occ2 ?occ3))
                            (poss ?a2 ?occ3)))))))
```

6.5.2 possibly_reusable

在某个可能的未来情形中，当且仅当也需要资源?r 的任何其他活动在活动?a 完成其发生后依然有可能发生时，资源 ?r 通过活动?a 是可能可复用的。

示例:可能可复用的是一个在不同活动间需要某种设置的机构。在第一个活动发生后,有可能发生另一个活动,但只有在设置活动先发生时。

```
(forall (?r ?a1) (iff (possibly_reusable ?r ?a1)
(forall (?a2 ?occ1 ?occ2)
      (implies (and (common ?a1 ?a2 ?r)
               (subactivity ?a1 ?a)
               (subactivity ?a2 ?a)
               (occurrence_of ?occ2 ?a1))
            (exists (?b)
               (and (exists (?occ3)
                       (and (subactivity_occurrence ?occ3 ?b)
                           (occurrence_of ?b ?a)
                           (precedes ?occ2 ?occ3))
                         (poss ?a2 ?occ3)))))))
```

6.5.3 renewable

在每个可能的未来情形中,当且仅当也需要资源?r 的任何其他活动在活动?a 完成其发生后除非被阻止依然有可能发生时,有关活动?a 的资源 ?r 是可再生的。

示例:太阳能充电电池是可再生资源。一旦其被耗尽,总会存在太阳向电池重新充电,以便电池能再次使用的未来情形。

```
(forall (?r ?a1) (iff (renewable ?r ?a1)
(forall (?a2 ?occ1 ?occ2)
     (implies (and (common ?a1 ?a2 ?r)
              (subactivity ?a1 ?a)
              (subactivity ?a2 ?a)
              (occurrence_of ?occ2 ?a1))
          (forall (?b)
              (implies (exists (?occ3)
                      (and (subactivity_occurrence ?occ3 ?b)
                          (occurrence_of ?b ?a)
                          (precedes ?occ2 ?occ3))
                          (poss ?a2 ?occ3))))))
```

6.5.4 weakly_reusable

在每次可能的未来情形中,当且仅当也需要资源?r 的任何其他活动在活动?a 完成其发生后除非被阻止依然有可能发生时,资源 ?r 是通过活动?a 可被微弱地复用的。

示例:微弱地可复用的资源是资源更新可能被阻止的资源。例如,只是在使用画笔后将画笔放到溶剂里时,画笔时可复用的,否则,其是不可复用的。

```
(forall (?r ?a1) (iff (weakly_reusable ?r ?a1)
(forall (?a2 ?occ1 ?occ2)
     (implies (and (common ?a1 ?a2 ?r)
              (subactivity ?a1 ?a)
              (subactivity ?a2 ?a)
              (occurrence_of ?occ2 ?a1))
          (exists (?b)
              (and (forall (?occ3)
                      (implies (and (subactivity_occurrence ?occ3 ?b)
                                   (occurrence_of ?b ?a)
                                   (precedes ?occ2 ?occ3))
                               (poss ?a2 ?occ3))))))
```

6.5.5 consumable

如果也需要资源?r 的任何其他活动在活动?a 完成其发生后不能发生,则资源?r 是通过活动?a 可消耗的。

示例:可消耗的资源是火中的木头,或在生产制造过程中的原材料。

```
(forall (?r ?a1) (iff (consumable ?r ?a1)
(forall (?a2 ?occ1 ?occ2)
    (implies (and (common ?a1 ?a2 ?r)
            (subactivity ?a1 ?a)
            (subactivity ?a2 ?a)
            (occurrence_of ?occ2 ?a1))
        (forall (?b)
            (implies (forall (?occ3)
                    (implies (and (subactivity_occurrence ?occ3 ?b)
                            (occurrence_of ?b ?a)
                            (precedes ?occ2 ?occ3))
                        (not (poss ?a2 ?occ3))))))))
```

6.5.6 possibly_consumable

当且仅当活动?a1 发生后存在着这样的未来情形,即在该情形中需要资源?r 的任何活动不再是可能的时,关于活动?a1 的资源?r 是可能被消耗的。

```
(forall (?r ?a1) (iff (possibly_consumable ?r ?a1)
(forall (?a2 ?occ1 ?occ2)
    (implies (and (common ?a1 ?a2 ?r)
            (subactivity ?a1 ?a)
            (subactivity ?a2 ?a)
            (occurrence_of ?occ2 ?a1))
        (exists (?b)
            (and (exists (?occ3)
                    (and (subactivity_occurrence ?occ3 ?b)
                        (occurrence_of ?b ?a)
                        (precedes ?occ2 ?occ3))
                        (not (poss ?a2 ?occ3)))))))
```

6.5.7 weakly_consumable

当且仅当活动?a1 发生后总是存在着可能的未来,即需要资源?r 的任何其他活动将是决不可能的时,资源?r 是关于活动?a1 的微弱地被消耗的。

示例:画笔是一个微弱地被消耗的资源;如果在使用后,我们确实将其放到溶剂中,则任何需要此画笔的活动将不再是可能的。

```
(forall (?r ?a1) (iff (weakly_consumable ?r ?a1)
(forall (?a2 ?occ1 ?occ2)
    (implies (and (common ?a1 ?a2 ?r)
            (subactivity ?a1 ?a)
            (subactivity ?a2 ?a)
            (occurrence_of ?occ2 ?a1))
        (exists (?b)
            (and (forall (?occ3)
                    (implies (and (subactivity_occurrence ?occ3 ?b)
                            (occurrence_of ?b ?a)
                            (precedes ?occ2 ?occ3))
                        (not (poss ?a2 ?occ3)))))))
```

6.5.8 wearable

当且仅当活动?a1 发生后,在每一个可能的未来总是存在着一种情形,即需要资源?r 的任何其他活动不再是可能的时,资源?r 关于活动?a1 是可磨损的。

示例:钻头是可磨损的资源;在每个可能的将来,将会存在钻头被磨到其不再能使用的程度的情形。

```
(forall (?r ?a1) (iff (wearable ?r ?a1)
(forall (?a2 ?occ1 ?occ2)
    (implies (and (common ?a1 ?a2 ?r)
```

```
                (subactivity ?a1 ?a)
                (subactivity ?a2 ?a)
                (occurrence_of ?occ2 ?a1))
            (forall (?b)
                (implies (exists (?occ3)
                        (and (subactivity_occurrence ?occ3 ?b)
                        (occurrence_of ?b ?a)
                        (precedes ?occ2 ?occ3))
                        (not (poss ?a2 ?occ3)))))))
```

7 基于能力的并发

此项条款表征了关于基于能力的并发的所有定义。

7.1 基于能力的并发的基本词汇

基于能力并发的词汇没有引入基本关系。

7.2 基于能力的并发的概念的定义的词汇

在本章中定义了以下关系:

——(exclusive_use ?a ?r);

——(capacity_based ?a ?r);

——(unary_resource ?r);

——(capacitated ?r);

——(uniform_demand ?r ?q);

——(layput ?r ?a)。

每个概念通过非正式语义和KIF公理来描述。

7.3 基于能力的并发所需的理论

这一理论需要

——additive. th;

——requires. th;

——act_occ. th;

——complex. th;

——subactivity. th;

——occtree. th;

——disc_state. th;

——psl_core. th。

7.4 基于能力的并发所需的定义性扩展

基于能力的并发不需要定义性扩展。

7.5 基于能力的并发的定义

对于基于能力的并发,定义以下概念。

7.5.1 exclusive_use

当且仅当活动对资源的需求等于它的资源点时,则此资源对活动是独家使用的。

```
(forall (?a ?r) (iff (exclusive_use ?a ?r)
(forall (?q1 ?q2 ?occ ?occp)
      (implies (and (do ?a ?occ ?occp)
                    (holds (demand ?a ?r ?q1) ?occ)
                    (holds (resource_point ?r ?q2) ?occ))
               ( = ?q1 ?q2))))))
```

注:如果一个资源关于两个活动是独家使用的,那么这两个活动不能同时发生。

7.5.2 **capacity_based**

当且仅当活动对资源的需求少于它的资源点时，此资源对活动来说是基于能力的。

```
(forall (?a ?r) (iff (capacity_based ?a ?r)
(forall (?q1 ?q2 ?occ ?occp)
    (implies (and (Do ?a ?occ ?occp)
            (holds (demand ?a ?r ?q1) ?occ)
            (holds (resource_point ?r ?q2) ?occ))
        (lesser ?q1 ?q2))))))
```

注：基于能力的资源允许多种活动共享资源的可能性。

7.5.3 **unary_resource**

当且仅当所有需要资源的活动是独家使用的时，此资源是一元的。

```
(forall (?r) (iff (unary_resource ?r)
(forall (?a)
    (implies (res_requires ?a ?r)
        (exclusive_use ?a ?r))))))
```

7.5.4 **capacitated_resource**

当且仅当所有需要资源的活动是基于能力的时，此资源是被赋能的。

```
(forall (?r) (iff (capacitated_resource ?r)
(forall (?a)
    (implies (res_requires ?a ?r)
        (capacity_based ?a ?r))))))
```

7.5.5 **uniform_demand**

当且仅当对资源的需求在所有情况下是相同的时，活动对资源有一致需求。

```
(forall (?a ?r ?q) (iff (uniform_demand ?a ?r ?q)
(forall (?occ)
    (holds (demand ?a ?r ?q) ?occ)))))
```

7.5.6 **layout**

当且仅当需求依赖于其他活动的效果而变化时，活动对资源来说是布局活动。

```
(forall (iff (layout ?r ?a)
(forall (?q ?occ1 ?occ2)
    (not (iff (holds (demand ?r ?a ?q) ?occ2)
  (holds (demand ?r ?a ?q) ?occ1)))))))
```

示例：如果蛋糕被沿着炉子边放置，则两个烘烤活动可同时发生，但如果蛋糕必须被放在炉子中心，则两个烘烤活动不能同时发生。

8 资源共享性

本章表征了关于资源共享的所有定义征。

此扩展中被提及的量的概念独立于资源存在或特性的概念，以及独立于离散和连续资源之间的区别。认识到这一点是重要的。唯一令人关注的是为了未来的活动资源具有的可用性。资源点的概念是对这种可用性的约束。与多个同时发生的活动相关的资源的共享性由量来详细说明。资源点确定了需要资源的并发活动的最大集合。因此，如果量是零的话，那么可能没有活动需要资源。

8.1 资源共享性的基本词汇

资源共享性的词汇不引入基本关系。

8.2 资源共享性的定义的词汇

在本章中定义了以下关系：

——(consumes_quantity ?s1 ?s2 ?a)；

——(strict_consumes_quantity ?s1 ?s2 ?a)；

——(produces_quantity ?occ1 ?occ2);

——(strict_produces_quantity ?occ);

——(uses_quantity ?occ);

——(creates ?occ);

——(destroys ?occ);

——(fixed_quantity ?r);

——(nonreplenishable ?r);

——(uses ?a ?r);

——(consumes ?a ?r);

——(strict_consumes ?a ?r);

——(produces ?a ?r);

——(strict_produces ?a ?r);

——(provides ?a ?r);

——(provides_quantity ?a ?r)。

每个概念由非正式语义和 KIF 公理来描述。

8.3 资源共享性所需的理论

此理论需要以下扩展：

——additive. th;

——requires. th;

——act_occ. th;

——complex. th;

——subactivity. th;

——occtree. th;

——disc_state. th;

——psl_core. th。

8.4 资源共享性所需的定义性扩展

资源共享性不需要定义性扩展。

8.5 资源共享性的定义

对于资源共享性定义以下概念。

8.5.1 consumes_quantity

当且仅当对资源的需求是?q 及资源的资源点在活动发生后被消耗了?q 时，此活动消耗?q 量的资源。

```
(forall (?a ?r ?q) (iff (consumes_quantity ?a ?r ?q)
(forall (?q1 ?occ ?occ1 ?occ2)
    (implies (and (do ?a ?occ1 ?occ2)
             (holds (demand ?a ?r ?q) ?occ1)
             (holds (resource_point ?r ?q1) ?occ1))
         (holds (resource_point ?r (- ?q1 ?q)) ?occ2)))))
```

8.5.2 strict_consumes_quantity

当且仅当资源是不可补充的时，活动严格地消耗了一定量的资源。

```
(forall (?a ?r ?q) (iff (strict_consumes_quantity ?a ?r ?q)
(and (consumes_quantity ?a ?r ?q)
    (nonreplenishable ?r)))))
```

8.5.3 produces_quantity

当且仅当资源的资源点在活动发生后增加了?q 时，此活动产生了?q 量的资源。

```
(forall (?a ?r ?q) (iff (produces_quantity ?a ?r ?q)
(forall (?q1 ?q2 ?occ ?occ1 ?occ2)
     (implies (and (do ?a ?occ1 ?occ2)
             (holds (resource_point ?r ?q1) ?occ1)
             (= ?q2 (plus ?q1 ?q)))
          (holds (resource_point ?r ?q2) ?occ2))))))
```

8.5.4 strict_produces_quantity

当且仅当没有其他活动消耗某一数量的资源时，此活动严格地产生某一数量的资源。

```
(forall (?a ?r ?q) (iff (strict_produces_quantity ?a ?r ?q)
(exists (?q)
      (and (produces_quantity ?a ?r ?q)
    (not (exists (?a2 ?q2)
         (and (subactivity ?a2 ?a)
             (consumes_quantity ?a2 ?r ?q2)))))))))
```

8.5.5 uses_quantity

当且仅当对资源的需求是?q 且资源的资源点不能被活动发生改变时，活动使用了?q 量的资源。

示例：建筑活动需要五个工人，因为工人的数量不被活动所改变。

```
(forall (?a ?r ?q) (iff (uses_quantity ?a ?r ?q)
(forall (?q1 ?q2 ?q3 ?occ1 ?occ2)
    (implies (and (do ?a ?occ1 ?occ2)
            (holds (demand ?a ?r ?q) ?occ1))
            (holds (resource_point ?r ?q1) ?occ1)
            (holds (resource_point ?r ?q2) ?occ2)
        (= ?q2 ?q1)))
```

8.5.6 creates

当且仅当活动产生了某一数量的资源且此数量的资源在活动发生前的数量是零量，则此活动创造了资源。

```
(forall (?a ?r) (iff (creates ?a ?r)
(exists (?q1)
    (and (produces_quantity ?a ?r ?q1)
        (forall (?q2 ?occ)
            (implies (and (occurrence_of ?occ ?a)
                    (prior (resource_point ?r ?q2) ?occ)
                (= ?q2 zero_quantity)))))))
```

8.5.7 destroys

当且仅当活动消耗了一定量的资源以及活动发生后资源的量为零量时，活动破坏了资源。

```
(forall (?a ?r) (iff (destroys ?a ?r)
(exists (?q1)
     (and (consumes_quantity ?a ?r ?q1)
         (forall (?q2 ?occ)
             (implies (and (occurrence ?occ ?a)
                     (prior (resource_point ?r ?q2) ?occp)
                 (= ?q2 zero_quantity))))))))
```

8.5.8 fixed_quantity

当且仅当在所有情况下资源的资源点是相同的，即其不发生变化时，资源具有固定的量?q。

```
(forall (?r ?q) (iff (fixed_quantity ?r ?q)
(forall (?occ)
    (holds (resource_point ?r ?q) ?occ)))))
```

8.5.9 nonreplenishable

当且仅当用于资源的资源点在需要该资源的活动发生后不能被增加时，资源是不可补充的。

```
(forall (?r) (iff (nonreplenishable ?r)
```

```
(forall (?a ?q1 ?q2 ?occ1 ?occ2 ?occ3)
      (implies (and (implies (do ?a ?occ1 ?occ2)
                    (holds (resource_point ?r ?q1) ?occ2))
             (precedes ?occ2 ?occ3)
             (holds (resource_point ?r ?q2) ?occ3)))
             (or (greater ?q1 ?q2)
                 ( = ?q1 ?q2)))))
```

8.5.10 uses

当且仅当活动使用某一数量的资源时，活动使用资源。

```
(forall (?a ?r) (iff (uses ?a ?r)
(exists (?q)
     (uses_quantity ?a ?r ?q)))))
```

8.5.11 consumes

当且仅当活动消耗某一数量的资源时，活动消耗资源。

```
(forall (?a ?r) (iff (consumes ?a ?r)
(exists (?q)
     (consumes_quantity ?a ?r ?q)))))
```

8.5.12 strict_consumes

当且仅当活动严格地消耗某一数量的资源时，活动严格地消耗资源。

```
(forall (?a ?r) (iff (strict_consumes ?a ?r)
(exists (?q)
     (strict_consumes_quantity ?a ?r ?q))))
```

8.5.13 produces

当且仅当活动产生某一数量的资源时，活动产生资源。

```
(forall (?a ?r) (iff (produces ?a ?r)
(exists (?q)
     (produces_quantity ?a ?r ?q))))
```

8.5.14 strict_produces

当且仅当活动严格地产生某一数量的资源时，活动严格地产生资源。

```
(forall (?a ?r) (iff (strict_produces ?a ?r)
(exists (?q)
     (strict_produces_quantity ?a ?r ?q))))
```

8.5.15 provides_quantity

当且仅当存在产生某一数量的资源的一个子活动和消耗此资源某一数量的另一个子活动时，活动供应某一数量的资源。

```
(forall (?a ?r ?q) (iff (provides_quantity ?a ?r ?q)
(and (exists (?a1)
           (and (subactivity ?a1 ?a)
             (produces_quantity ?a1 ?r ?q)))
     (exists (?a2)
          (and (subactivity ?a2 ?a)
              (consumes_quantity ?a2 ?r ?q))))))
```

8.5.16 provides

当且仅当活动供应某一数量的资源时，活动供应资源。

```
(forall (?a ?r) (iff (provides ?a ?r)
(exists (?q)
     (provides_quantity ?a ?r ?q))))
```

9 基于资源集合的活动

本章表征了关于基于资源集合的活动的所有定义。

9.1 基于资源集合的活动的基本词汇

基于资源集合的活动的词汇不需要基本关系。

9.2 基于资源集合的活动的定义的词汇

在本章中定义了以下关系：

——(nondet_select ?a)

——(nondet_set_select ?a)

——(nondet_quantity_select ?a)

——(res_requires_set ?a)

——(res_requires_full_set ?a)

——(nondet_res_activity ?a)

每一概念用非正式语义和一个 KIF 公理来描述。

9.3 基于资源集合的活动所需的理论

此理论需要：

——res_set. th；

——additive. th；

——requires. th；

——act_occ. th；

——complex. th；

——subactivity. th；

——occtree. th；

——disc_state. th；

——psl_core. th。

9.4 基于资源集合的活动所需的定义性扩展

此扩展需要以下定义性扩展：

——strong_poset. def。

9.5 基于资源集合的活动的定义

对于基于资源集合的活动定义以下概念。

9.5.1 nondet_select

当且仅当活动发生等价于需要资源的子活动的发生(该资源是关于?r1 的集合的一个元素)时，活动是关于资源集合?r1 的非确定性选择活动。

```
(forall (?a1 ?r1) (iff (nondet_select ?a1 ?r1)
(forall (?occ)
    (iff (occurrence_of ?occ ?a1)
    (exists (?r2 ?i ?a2 ?occ2)
        (and (subactivity ?a2 ?a1)
            (holds (resource_set ?i ?r1) (root_occ ?occ))
            (holds (in ?r2 ?i) (root_occ ?occ))
            (res_requires ?a2 ?r2)
            (occurrence_of ?occ2 ?a2)
            (subactivity_occurrence ?occ2 ?occ)))))))
```

9.5.2 nondet_set_select

当且仅当活动发生等价于需要资源的子集的子活动的发生(该资源的子集是关于?r1 的集合的元素)时，活动是关于资源集合?r1 的非确定性集合选择活动。

```
(forall (?a1 ?r1) (iff (nondet_set_select ?a1 ?r1)
(forall (?occ)
    (iff (occurrence_of ?occ ?a1)
```

```
(exists (?r2 ?a2)
    (and (subactivity ?a2 ?a1)
        (holds (resource_subset ?r2 ?r1) (root_occ ?occ))
        (res_requires ?a2 ?r2)
        (occurrence_of ?occ2 ?a2)
        (subactivity_occurrence ?occ2 ?occ)))))))
```

9.5.3 nondet_quantity_select

当且仅当活动是非确定性集合选择活动，且所选择的子集的基数等于?q 时，活动是关于资源集合?r 的非确定性数量选择活动。

```
(forall (?a ?r ?q) (iff (nondet_quantity_select ?a ?r ?q)
(and (nondet_set_select ?a ?r)
   ( = ?q (cardinality ?r)))))
```

9.5.4 requires_set

当且仅当每个子活动需要某个资源(其为关于?r 的集合的一个元素)时，活动需要资源集合?r。

```
(forall (?a ?r) (iff (res_requires_set ?a ?r)
(forall (?occ1)
    (iff (occurrence_of ?occ1 ?a)
        (forall (?a1 ?i)
            (implies (and (holds (resource_set ?i ?r) (root_occ ?occ))
                    (subactivity ?a1 ?a))
                (exists (?r1 ?occ2 ?s2)
                    (and (occurrence_of ?occ2 ?a1)
                        (holds (in ?r1 ?i) (root_occ ?occ2))
                        (res_requires ?a1 ?r1)
                        (subactivity_occurrence ?occ1 ?occ1)))))))))
```

9.5.5 requires_full_set

当且仅当每个资源(其为关于?r 的集合的一个元素)被某个子活动需要时，活动需要全部的资源集合?r。

```
(forall (?a ?r) (iff (res_requires_full_set ?a ?r)
(forall (?occ1)
    (iff (occurrence_of ?occ1 ?a)
        (forall (?r1)
            (implies (holds (in_resource_set ?r1 ?r) (root_occ ?occ1))
                (exists (?a1 ?occ2)
                    (and (subactivity ?a1 ?a)
                        (res_requires ?a1 ?r1)
                        (occurrence_of ?occ2 ?a1)
                        (subactivity_occurrence ?occ2 ?occ1)))))))))
```

9.5.6 nondet_res_activity

当且仅当活动是非确定性的原因是由于它是关于某个资源集合的非确定性选择活动时，活动是非确定性资源活动。

```
(forall (?a) (iff (nondet_res_activity ?a)
(implies (choice_poset ?a)
    (exists (?r1)
        (nondet_select ?a ?r1)))))
```

10 可替代资源

本章表征了关于可替代资源的所有定义。

10.1 可替代资源的基本词汇

可替代资源的词汇不引入基本关系。

10.2 可替代资源的定义的词汇

在本章中定义了以下关系：

——(superpose_select ?a)；

——(homogeneous_set ?a)；

——(set_contention ?a)。

每一概念用非正式语义和一个 KIF 公理来描述。

10.3 可替代资源所需的理论

此理论需要：

——res_set. th；

——additive. th；

——requires. th；

——act_occ. th；

——complex. th；

——subactivity. th；

——occtree. th；

——disc_state. th；

——psl_core. th。

10.4 可替代资源所需的定义性扩展

此扩展需要 set_action. def。

10.5 可替代资源的定义

对于可替代资源定义以下概念。

10.5.1 superpose_select

当且仅当每个子活动非确定地选择了来自资源集合?r 的资源的子集时，活动?a 是关于资源集合?r 的重叠选择活动。

示例：需要一个工人和一部车床的活动可能从机器库中选择此车床。选择每个车床的活动形成了重叠选择活动。

```
(forall (?a ?r) (iff (superpose_select ?a ?r)
(forall (?a1 ?occ1)
     (implies (and (occurrence_of ?occ1 ?a)
     (subactivity ?a1 ?a)
     (primitive ?a1))
  (exists (?a2 ?r1 ?occ2)
     (and (subactivity ?a1 ?a2)
         (subactivity ?a2 ?a)
         (occurrence_of ?occ2 ?a2)
         (holds (resource_subset ?r1 ?r) (root_occ ?occ2))
         (nondet_select ?a2 ?r1)))))))
```

10.5.2 homogeneous_set

当且仅当资源集合被重叠选择活动需要时，资源集合是齐次的。

示例：对于需要一个工人和一部车床的活动，三个工人的集合形成一个齐次集合，且四部车床的集合形成一个齐次集合，但是一个工人和一部车床合起来并不形成一个齐次集合。

```
(forall (?a ?r) (iff (homogeneous_set ?r ?a)
(exists (?a2)
     (and (superpose_select ?a2 ?r)
         (subactivity ?a ?a2)))))
```

10.5.3 set_contention

当且仅当活动的前提需要资源?r 是齐次集且资源?r 可利用时，活动是关于资源?r 的集合竞争活动。

```
(forall (?r ?s)
    (implies (poss (set_contention ?r) ?s)
        (and (forall (?a)
                (implies (subactivity ?a (set_contention ?a))
                    (prior (homogeneous_set ?r ?a) ?s)))
(prior (available ?r (set_contention ?r)) ?s)))))
```

11 齐次集

本章表征了关于齐次集的所有定义。

11.1 齐次集的基本词汇

齐次集的词汇不需要任何基本关系。

11.2 齐次集的定义关系

在本章中定义了以下关系：

——(pile ?a)；

——(stock ?a)；

——(pool ?a)；

——(pool_demand ?a)；

——(uses_pile ?a ?r)；

——(consumes_pile ?a ?r)；

——(produces_pile ?a ?r)。

每一概念用非正式语义和一个 KIF 公理来描述。

11.3 齐次集所需的核心理论

此理论需要以下核心理论：

——res_set. th；

——additive. th；

——requires. th；

——act_occ. th；

——complex. th；

——subactivity. th；

——occtree. th；

——disc_state. th；

——psl_core. th。

11.4 齐次集所需的定义性扩展

此扩展需要以下定义性扩展：subst_res. def，res_set_action. def，res_divisible. def。

11.5 齐次集的定义

对于齐次集定义以下概念。

11.5.1 pile

当且仅当资源集合是关于活动的齐次集，且资源点等于集合的基数时，资源集合是关于活动的堆。

```
(forall (?a ?r) (iff (pile ?r ?a)
(and (homogeneous_set ?r ?a)
  (forall (?q ?occ)
      (iff (prior (resource_point ?r ?q) ?occ)
    ( = ?q (cardinality ?i)))))
```

11.5.2 stock

当且仅当资源集合是关于活动的齐次集，同时存在基数等于需求、且需求总和等于集合的基数的资源集合时，资源集合是关于活动的储备。

```
(forall (?r ?a) (iff (stock ?r ?a)
(and (homogeneous_set ?r ?a)
    (forall (?q ?occ)
        (implies (prior (demand ?a ?r ?q) ?occ)
            (exists (?i1 ?r1)
              (and ( = ?q (cardinality ?i1))
              (prior (resource_set ?i1 ?r1) ?occ)
              (res_requires_set ?a ?r1)))))
     (forall (?q3)
          (implies (prior (agg_demand ?r ?q3) ?occ)
              ( = ?q3 (cardinality ?i)))))
```

11.5.3 pool

当且仅当资源集合是关于活动的齐次集，且对池的需求等于子集的基数时，资源集合是关于活动的池。

```
(forall (?r ?a) (iff (pool ?r ?a)
(and (homogeneous_set ?r ?a)
   (forall (?q ?occ)
        (implies (prior (demand ?a ?r ?q) ?occ)
            (exists (?i1 ?r1)
                (and (subset ?i1 ?i)
                    ( = ?q (cardinality ?i1))
                    (prior (resource_set ?i1 ?r1) ?occ)
                    (res_requires_set ?a ?r1)))))))
```

11.5.4 pool_demand

当且仅当活动使用某一数量的资源池时(记住：资源库本身就是资源)，池被某个活动所使用。

```
(forall (?a ?r ?q) (iff (pool_demand ?a ?r ?q)
(and (pool ?r ?a)
   (forall (?q1 ?occ)
        (implies (holds (demand ?a ?r ?q1) ?occ)
            ( = ?q ?q1)))))
```

11.5.5 uses_pile

当且仅当活动使用某一数量的资源池时(记住：资源库本身就是资源)，堆被某个活动所使用。

```
(forall (?a ?r ?q) (iff (uses_pile ?a ?r ?q)
(and (pile ?r ?a)
   (uses_quantity ?a ?r ?q))))
```

11.5.6 consumes_pile

当且仅当活动消耗资源池中的资源的量时(记住：资源库本身就是资源)，堆关于某一活动被消耗。

```
(forall (?a ?r ?q) (iff (consumes_pile ?a ?r ?q)
(and (pile ?r ?a)
   (consumes_quantity ?a ?r ?q)))))
```

11.5.7 produces_pile

当且仅当活动产生资源池中的某一数量的资源时(记住：资源池本身就是资源)，堆关于某个活动被产生。

```
(forall (?a ?r ?q) (iff (produces_pile ?a ?r ?q)
(and (pile ?r ?a)
   (produces_quantity ?a ?r ?q)))))
```

12 资源池

本章表征了关于资源池的所有定义。

12.1 资源池的基本词汇

资源池的词汇不引入基本关系。

12.2 资源池的定义的词汇

本章定义了以下关系：

——(resource_pool ?a)；

——(conservative_pool ?a)；

——(material_pool ?a)。

每一概念用非正式语义和一个 KIF 公理来描述。

12.3 资源池所需的理论

此理论需要：

——res_set. th；

——additive. th；

——requires. th；

——act_occ. th；

——complex. th；

——subactivity. th；

——occtree. th；

——disc_state. th；

——psl_core. th。

12.4 资源池所需的定义性扩展

资源池需要以下定义性扩展：

——homogeneous_setdef；

——subst_res. def；

——res_set_action. def。

12.5 资源池的定义

对于资源池定义以下概念。

12.5.1 resource_pool

资源池是关于某个活动?a 的齐次的资源集合，且其容量限制满足以下条件：

资源池的资源点等于关联集合的基数。

活动对资源池的需求等于活动所需的资源子集的基数。

活动池的最小容量等价于关联集合的最小基数。

示例：在典型的制造活动中，资源池是可利用资源的集合，例如可以被选择来执行此活动的机床的集合或螺丝起子的集合。

```
(forall (?r ?a) (iff (resource_pool ?r ?a)
(forall (?i ?occ)
     (implies (holds (resource_set ?i ?r) ?occ)
          (and (pile ?r ?a)
             (pool ?r ?a)
             (forall (?q3)
                    (implies (holds (min_capacity ?a ?r ?q3) ?occ)
                         (lesser ?q3 (cardinality ?i)))))))))
```

12.5.2 conservative_pool

当且仅当对资源池的需求等于所使用或消耗的量时，资源池关于活动是守恒的。

```
(forall (?a ?r) (iff (conservative_pool ?a ?r)
(and (resource_pool ?r ?a)
```

```
(forall (?q)
      (iff (pool_demand ?a ?r ?q)
      (or (uses_pile ?a ?r ?q)
         (consumes_pile ?a ?r ?q)))))))
```

12.5.3 **material_pool**

当且仅当资源池提供与活动有关的数量时，材料库是关于某个活动的资源池。

```
(forall (?r ?a) (iff (material_pool ?r ?a)
(and (resource_pool ?r ?a)
    (exists (?q)
        (provides_quantity ?a ?r ?q))))
```

13 库存资源集合

本章表征了关于库存资源集合的所有定义。

13.1 库存资源集合的基本词汇

库存资源集合的词汇不引入基本关系。

13.2 库存资源集合的定义的词汇

本章中定义了以下关系：

——(inventory_resource ?s1 ?s2 ?a)；

——(inventory_pool ?s1 ?s2 ?a)；

——(inventory_contains ?s1 ?s2 ?a)。

每一概念用非正式语义和一个 KIF 公理来描述。

13.3 库存资源集合所需的理论

此理论需要：

——res_set. th；

——additive. th；

——requires. th；

——act_occ. th；

——complex. th；

——subactivity. th；

——occtree. th；

——disc_state. th；

——psl_core. th。

13.4 库存资源集合所需的定义性扩展

库存资源集合需要以下定义性的扩展：

——homogeneous_set. def；

——subst_res. def；

——res_set_action. def；

——processor. def。

13.5 库存资源集合的定义

对于库存资源集合定义以下概念。

13.5.1 **inventory_resource**

库存是对于某个活动的输入材料或输出材料。

```
(forall (?r) (iff (inventory_resource ?r)
(exists (?a)
 (or (input_material ?r ?a)
```

```
    (output_material ?r ?a)))))
```

13.5.2 inventory_pool

库存池是关于某个活动?a 的齐次的资源集合，且其容量限制满足以下条件：

库存池的资源点是等于关联集合的最大基数。

活动发生前的资源池的需求总和等于与此状态下的资源相关联的集合的基数。

活动对资源池的需求等于活动所需的资源的集合的基数。

资源池的最小容量等价于关联集合的最小基数。

示例：在典型的制造活动中，库存池是输入或输出材料的缓冲器和输入或输出材料的其他集合。

```
(forall (?r ?a) (iff (inventory_pool ?r ?a)
(forall (?i ?occ)
    (implies (holds (resource_set ?i ?r) ?occ)
        (and (inventory_resource ?r)
            (homogeneous_set ?r ?a)
            (forall (?q1)
                (implies (holds (resource_point ?r ?q1) ?occ)
                    (greaterEq ?q1 (cardinality ?i))))
            (stock ?r ?a)
            (forall (?a ?q4)
                (implies (holds (min_capacity ?a ?r ?q4) ?occ)
                    (lesserEq ?q4 (cardinality ?i))))))))))
```

13.5.3 inventory_contains

当且仅当资源是与库存池相关联的资源集合中的一个成员时，资源被包含在库存池中。

```
(forall (?r1 ?r2 ?occ)
    (iff (state (inventory_contains ?r1 ?r2) ?occ)
        (exists (?a ?i)
            (and (inventory_pool ?r2 ?a)
                (holds (resource_set ?i ?r2) ?occ)
                (holds (in ?r1 ?i) ?occ))))))
```

14 处理器活动

本章表征了关于处理器活动的所有定义。

14.1 处理器活动的基本词汇

处理器活动的词汇不引入基本关系。

14.2 处理器活动的定义的词汇

本章定义了以下关系：

——(processor_activity ?occ)；

——(processor_resource ?r ?a)；

——(input_material ?r ?a)；

——(output_material ?r ?a)。

每一概念用非正式语义和一个 KIF 公理来描述。

14.3 处理器活动所需的理论

此理论需要：

——additive.th；

——requires.th；

——act_occ.th；

——complex.th；

——subactivity.th；

——occtree.th;

——disc_state.th;

——psl_core.th。

14.4 处理器活动所需的定义性扩展

此扩展需要 res_role.def。

14.5 处理器活动的定义

对于处理器活动定义以下概念,其形成了关于资源角色被定义的活动的子类。

14.5.1 processor_activity

处理器活动是使用某一资源集合,消耗另一资源集合并产生对象集合的一类活动。

示例:处理器活动是典型的制造活动,尤其被认为是加工计划和供应链模型的子活动。

```
(forall (?a) (iff (processor_activity ?a)
(exists (?r1 ?r2 ?r3)
     (and (or (reusable ?r1 ?a)
              (possibly_reusable ?r1 ?a))
          (or (consumable ?r2 ?a)
              (possibly_consumable ?r2 ?a)
          (or (consumable ?r3 ?a)
              (possibly_consumable ?r3 ?a)
(creates ?a ?r3))))))
```

14.5.2 processor_resource

当且仅当活动?a 是使用对象?r 的处理器活动时,对象?r 是活动?a 的处理器资源。

示例:在典型的制造活动中,处理器资源是机器或工具。

```
(forall (?r ?a) (iff (processor_resource ?r ?a)
(and (processor_activity ?a)
    (reusable ?r1 ?a)
    (possibly_reusable ?r1 ?a))))
```

14.5.3 input_material

当且仅当活动?a 是消耗或可能消耗对象?r 的处理器活动时,对象?r 是活动?a 的输入材料。

示例:输入_资料资源关于资源任务严格地被定义。在典型的制造活动中,被消耗的资源(例如原材料)被认为是输入材料。

```
(forall (?r ?a) (iff (input_material ?r ?a)
(and (processor_activity ?a)
    (or (consumable ?r ?a)
        (possibly_consumable ?r ?a)))))
```

14.5.4 output_material

当且仅当活动?a 是产生或消耗或可能消耗对象?r 的处理器活动时,对象?r 是活动?a 的输出材料。

示例:在典型的制造活动中,输出材料是被创造的(如印刷线路板)或可能被消耗的(如已在其上连接附加零件的组件)的某物。

```
(forall (?r ?a) (iff (output_material ?r ?a)
(and (processor_activity ?a)
   (or (creates ?a ?r)
(consumable ?r ?a)
       (possibly_consumable ?r ?a))))))
```

15 资源路线

本章表征了关于资源路线的所有定义。

15.1 资源路线的基本词汇

资源路线词汇不引入基本关系。

15.2 资源路线的定义的词汇

本章定义了以下关系：

——(next_processor_path ?a ?s)；

——(pro_precedes ?a ?s)；

——(resource_path ?a ?s)；

——(initial_resource_path ?a ?s)；

——(final_resource_path ?a ?s)。

每一概念用非正式语义和一个 KIF 公理来描述。

15.3 资源路线所需的理论

此理论需要：

——additive. th；

——requires. th；

——soo. th；

——act_occ. th；

——complex. th；

——subactivity. th；

——occtree. th；

——disc_state. th；

——psl_core. th。

15.4 资源路线所需的定义性扩展

资源路线需要以下定义性扩展：

——processor. def；

——res_role. def。

15.5 资源路线的定义

对于资源路线定义以下概念。

15.5.1 next_processor_path

当且仅当?a1 的输出材料是?a2 的输入材料，且不存在消耗?a1 的输出材料且发生在?a1 和?a2 之间的其他的处理器子活动?a 时，活动发生?occ2 是活动?a 中的?occ1 之后的下一个处理器子活动发生。

```
(forall (?occ1 ?occ2 ?a) (iff (next_processor_path ?occ1 ?occ2 ?a)
(and (next_subactivity ?occ1 ?occ2 ?a)
    (exists (?a1 ?a2 ?r)
        (and (occurrence_of ?occ1 ?a1)
            (occurrence_of ?occ2 ?a2)
            (processor_activity ?a1)
            (processor_activity ?a2)
            (output_material ?r ?a1)
            (input_material ?r ?a2))))))
```

15.5.2 pro_precedes

向前_领先是关于资源流的?a 的处理器子活动发生上的偏序。

```
(forall (?occ1 ?occ2 ?a) (iff (pro_precedes ?occ1 ?occ2 ?a)
(and (soo_precedes ?occ1 ?occ2 ?a)
    (forall (?occ3)
        (implies (and (soo_precedes ?occ1 ?occ3 ?a)
                (soo_precedes ?occ3 ?occ2 ?a))
            (exists (?occ4 ?occ5)
                (and (next_processor_path ?occ4 ?occ3 ?a)
                    (next_processor_path ?occ3 ?occ5 ?a))))))))
```

15.5.3 resource_path

当且仅当子活动发生次序等价于流次序时,活动是资源路线。

```
(forall (?a) (iff (resource_path ?a)
(forall (?occ1 ?occ2)
      (iff (soo_precedes ?occ1 ?occ2 ?a)
           (pro_precedes ?occ1 ?occ2 ?a))))
```

示例:资源路线包括(capture)供应链中的加工计划,行程安排和流的概念。

15.5.4 初始_资源_路线(initial_resource_path)

当且仅当活动?a 是资源路线且发生是子活动发生次序的根时,发生是活动?a 中的初始处理器活动发生。

```
(forall (?occ ?a) (iff (initial_processor_path ?occ ?a)
(and (resource_path ?a)
   (root_soo ?occ ?a))))
```

15.5.5 final_resource_path

当且仅当活动?a 是资源路线且发生是子活动发生次序的叶时,发生是活动?a 中的最终处理器活动发生。

```
(forall (?occ ?a) (iff (final_processor_path ?occ ?a)
(and (resource_path ?a)
   (leaf_soo ?occ ?a))))
```

附 录 A
（规范性附录）
在 SC 4 标准中使用抽象语法符号 1(ASN.1)标识符

为了给开放系统中的信息对象提供一个明确的标识，将对象标识符

iso standard 18629 part 44 version 1

(GB/T 20719 标准 第 44 部分 版本 1)

分配给 GB/T 20719 的本部分。它的确切含义在 GB/T 16262.1 中给出，并在 GB/T 20719.1 中加以描述。

附　录　B
（资料性附录）
使用 GB/T 20719 第 44 部分描述过程的实例

本附录的目的是提供一个 GB/T 20719 PSL 在多重制造功能的信息共享中应用的详细方案。

该方案是一个"互操作"的制造方案。这意味着其目标是展示在制造环境中 PSL 如何用于促进过程知识的交流。特别是，本方案是以从过程计划员到加工车间计划员的知识交换为中心的。

本附录扩展了 ISO 18629-11:2005 附录 C 中引入的测试案例来说明一些时序概念在 GT-350 产品的制造过程规范中的应用。

B.1　GT-350 制造过程

本章条将各个不同的部门过程合并成为一个制造 GT-350 产品所发生的活动的高级集合。如 GT-350 产品结构所述(见 ISO 18629-11:2005 表 C.1)，该产品的子部件可以是外购的、外部分包的或内部制造的。对这些过程的描述表达了制造内部子部件进行的各种活动。这种自上而下考察制造过程的方法为抽象的"制造 GT-350"活动提供了全面的描述，"制造 GT-350"活动向下扩展成详细的部门级活动。

如图 B.1 所示，GT-350 制造过程分为 6 个主要的工作区域。前 5 个工作区域：制造汽车内部、制造驱动、装饰、制造发动机和制造底盘相互之间是没有顺序之分的，但它们必须全部在进行总装之前完成。

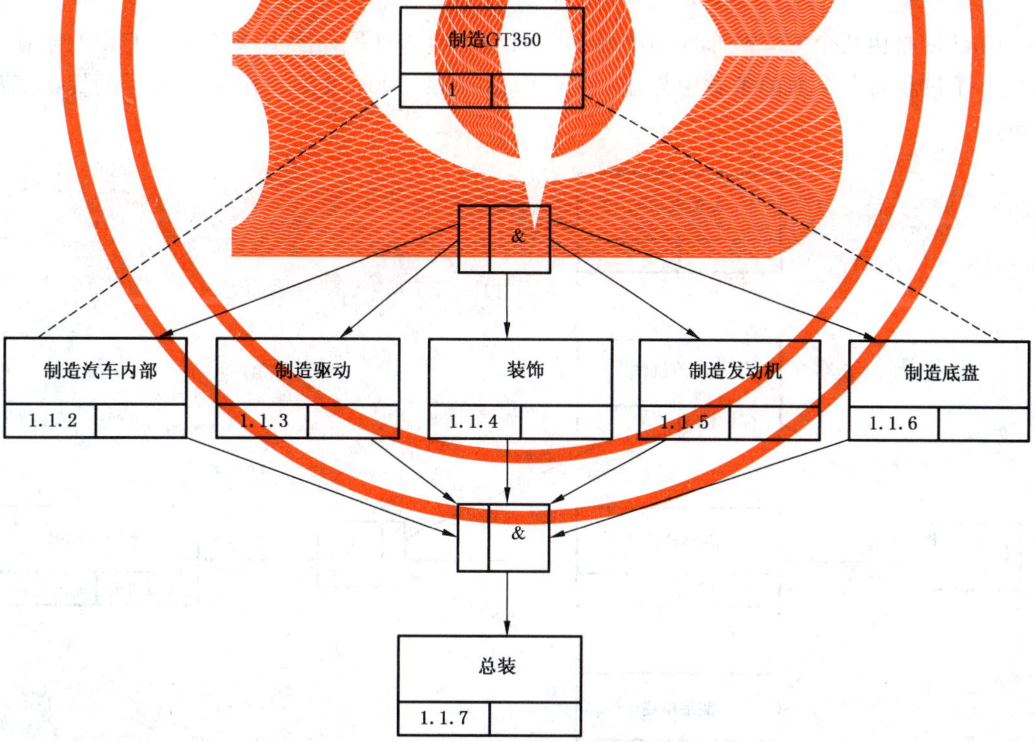

图 B.1　GT-350 的顶层制造过程[4]

顶层过程的 PSL 时序表示法以下述方式扩展了外核表示法：

```
(resource_path make_gt350)
(subactivity make-chassis make_gt350)
(subactivity make-interior make_gt350)
(subactivity make-drive make_gt350)
```

```
(subactivity make-trim make_gt350)
(subactivity make-engine make_gt350)
(subactivity final-assembly make_gt350)
(forall (?occ)
    (implies (occurrence_of ?occ make_gt350)
            (exists (?occ1 ?occ2 ?occ3 ?occ4 ?occ5 ?occ6)
                (and (occurrence_of ?occ1 make_chassis)
                        (occurrence_of ?occ2 make_interior)
                        (occurrence_of ?occ3 make_drive)
                        (occurrence_of ?occ4 make_trim)
                        (occurrence_of ?occ5 make_engine)
                        (occurrence_of ?occ6 final_assembly)
                        (subactivity_occurrence ?occ1 ?occ)
                        (subactivity_occurrence ?occ2 ?occ)
                        (subactivity_occurrence ?occ3 ?occ)
                        (subactivity_occurrence ?occ4 ?occ)
                        (subactivity_occurrence ?occ5 ?occ)
                        (subactivity_occurrence ?occ6 ?occ)
```

这些抽象活动中的每一个都能进一步细化，然而作为本附录的实例，将只详述这些细化部分中的一些。

以制作过程的不同阶段所遇到的抽象活动的 IDEF3 表示法（过程表示法）为基础，将选取一些应用 GB/T 20719 的 PSL 外核和定义性扩展描述过程的实例。

B.2 制造发动机抽象活动

350-Engine 是由几个 CMW 车间的产品组装而成。制造过程如图 B.2 所示。它由汽缸体、线束和电线组成。子过程将在下面的条款中详述。350-Engine 在 A004 装配工作台上进行组装，组装一个需要 5 min。

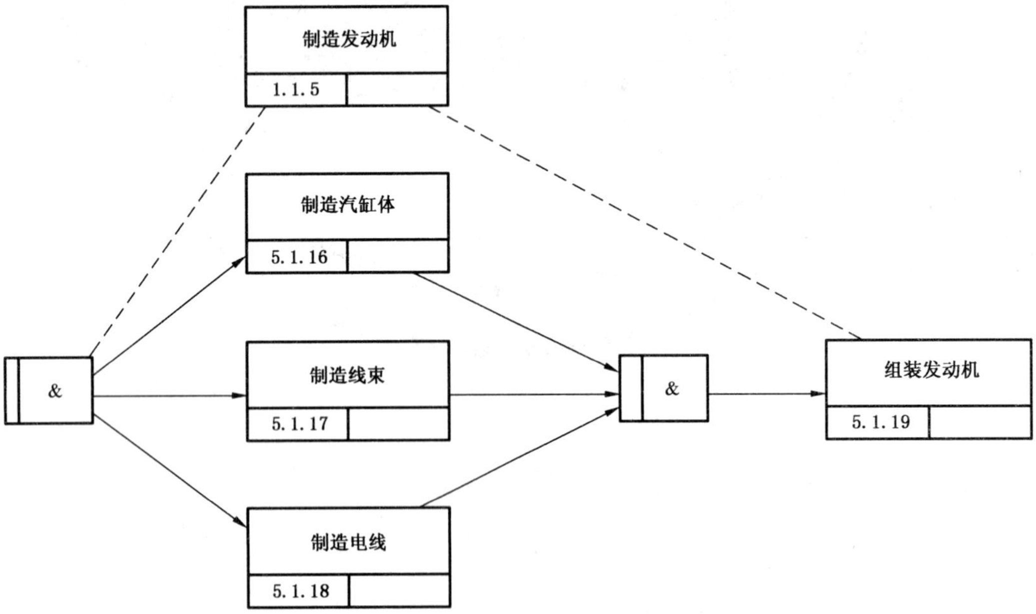

图 B.2 制造 350-Engine 的过程[4]

在制造发动机过程中，一些活动的 PSL 表示法和与信息相关的过程的 PSL 表示法如下：

```
(subactivity make_block make_engine)
(subactivity make-harness make_engine)
(subactivity make-wires make_engine)
```

```
(subactivity assemble_engine make_engine)
(processor_activity make_engine)
(exists (?r1 ?r2 ?r3 ?r4)
        (and (requires make_engine ?r1)
        (requires make_engine ?r2)
        (requires make_engine ?r3)
        (requires make_engine ?r4)
        (workcell ?r4)
        (reusable ?r4 make_engine)
        (processor_resource ?r4 make_engine)
        (engine_block ?r1)
        (input_material ?r1 make_engine)
        (uses_quantity make_engine ?r1 1)
        (output_material ?r1 make_engine)
        (possibly_consumable ?r1 make_engine)
        (harness ?r2)
        (input_material ?r2)
        (consumable ?r2 make_engine)
        (consumes_quantity make_engine ?r2 1)
        (wire ?r3)
        (input_material ?r3)
        (consumes_quantity make_engine ?r3 5)
        (wearable ?r3 make_engine)))
(forall (?r)
    (implies (engine_block ?r)
    (resource ?r)))
(forall (?r)
    (implies (harness ?r)
             (resource ?r))
(forall (?r ?s)
    (implies (wire ?r)
             (exists (?i)
                 (and (prior (resource_set ?i ?r) ?s)
                                     (pile ?r make_engine)))))
(forall (?occ)
  (iff (occurrence_of ?occ make_engine)
    (exists (?occ1 ?occ2 ?occ3 ?occ4)
    (and (occurrence_of ?occ1 make_block)
         (occurrence_of ?occ2 make_harness)
         (occurrence_of ?occ3 make_wires)
         (occurrence_of ?occ4 assemble_engine)
         (subactivity_occurrence ?occ1 ?occ)
         (subactivity_occurrence ?occ2 ?occ)
         (subactivity_occurrence ?occ3 ?occ)
         (subactivity_occurrence ?occ4 ?occ)
         (forall (?s1 ?s2 ?s3 ?s4)
             (implies (and (leaf_occ ?s1 ?occ1)
                      (leaf_occ ?s2 ?occ2)
                      (leaf_occ ?s3 ?occ3)
                                          (root_occ ?s4 ?occ4))
                   (and (min_precedes ?s1 ?s4 make_engine)
                                          (min_precedes ?s2 ?s4 make_engine)
                                          (min_precedes ?s3 ?s4 make_engine)))))
```

本表示法形式化了图 B.2 中描述的过程。

make_engine(制造发动机)过程需要四个资源——发动机汽缸体、线束、电线组和工作单元。工作单元是可复用的资源。engine_block(发动机汽缸体)是可能消耗的,因为它能被进一步变更汽缸体的将来活动所复用,但汽缸体不能被所有活动复用(因为已经产生了一些变化)。线束是可消耗的,因为一旦线束被安装,就没有后面的活动可以复用线束。电线组是可磨损的,因为它采取 make_engine(制造发动机)过程的多重发生来耗尽资源集合中的电线。

所有的这些约束意味着 make_engine(制造发动机)是一个处理器活动,其中线束和电线是输入材料。engine_block(发动机汽缸体)既是输入材料也是输出材料,因为它在制造发动机的发生的过程中被变更。

电线组成资源集合;因为电线的任一子集可以被 make_engine(制造发动机)所消耗,此集合是一个堆。

B.2.1 制造汽缸体

350-Block 是 350-Engine 分组装的部件。它是铸造车间和加工车间的产品的集成,如图 B.3 所示。

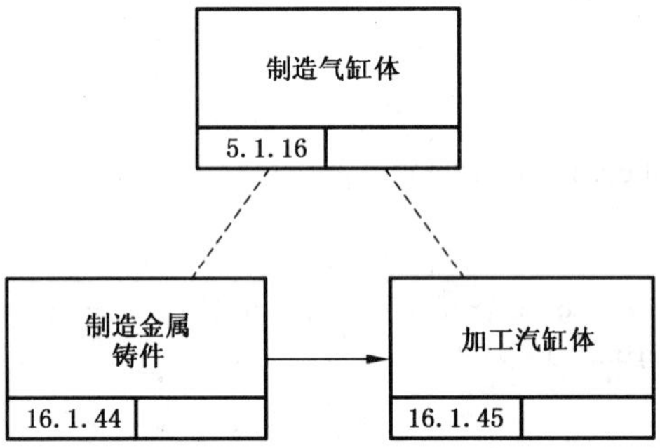

图 B.3 制造 350-Block 的过程[4]

一些活动的 PSL 表示法和与信息相关的过程的 PSL 表示法如下:

```
(subactivity produce_molded_metal make_block)
(subactivity machine_block make_block)
(primitive machine_block)
(primitive produce_molded_metal)
(resource_path make_block)
(processor_activity produce_molded_metal)
(processor_activity machine_block)
(exists (?r1 ?r2 ?r3)
        (and (requires produce_molded_metal ?r1)
        (requires produce_molded_metal ?r2)
        (cast ?r1)
        (reusable ?r1produce_molded_metal)
        (processor_resource ?r1 produce_molded_metal)
        (metal_block ?r2)
        (input_material ?r2 make_block)
        (output_material ?r3 make_block)
        (molded_block ?r3)
        (produces produce_molded_metal ?r3)
        (consumable ?r2 produce_molded_metal)
        (consumes_quantity produce_molded_metal ?r2 1)
        (unary_resource ?r1)
        (exclusive_use ?r1 produce_molded_metal)))
(exists (?r1 ?r2)
        (and (requires machine_block ?r1)
        (requires machine_block ?r2)
        (reusable ?r2 machine_block)
        (metal_block ?r1)
        (input_material ?r1 machine_block)
```

```
        (uses_quantity machine_engine ?r1 1)
        (output_material ?r1 machine_block)
        (consumable ?r1 machine_engine)
        (milling_machine ?r2)
        (processor_resource ?r2 machine_block)
        (consumes_quantity machine_engine ?r1 1)
        (capacitated_resource ?r1 )))
        (forall (?r)
        (implies (milling_machine ?r)
        (resource ?r)))
(forall (?r)
   (implies (molded_block ?r)
           (resource ?r)))
(forall (?occ)
    (iff (occurrence_of ?occ make_block)
         (exists (?occ1 ?occ2)
             (and (occurrence_of ?occ1 produce_molded_metal)
                  (occurrence_of ?occ2 machine_block)
                  (next_processor_path ?occ1 ?occ2 make_block)))))
```

本表示法形式化了图 B.3 中描述的过程。

make_block(制造汽缸体)活动是处理器路线活动,其包含连续的两个处理器子活动—produce_molded_metal(制造金属铸件)和 machine_block(加工汽缸体)。

子活动 produce_molded_metal(制造金属铸件)消耗金属汽缸体,使用铸件,得到一个汽缸体铸件。

子活动 machine_block(加工汽缸体)消耗汽缸体铸件并使用铣床。

铸件每次只能被一个活动使用,所以它只被 produce_molded_metal(制造金属铸件)活动所使用,因此它是一元的资源。

铣床能被多重同时发生的活动所使用,使它成为被赋能资源。

B.2.2 制造线束

350-Harness(图 B.4)是 350-Engine 分组装的部件。它是电线与电缆车间的产品。图 B.5 详述了线束电线的生产过程。350-Harness 由钳工在电线与电缆装配台上进行组装。组装一组需要 10 分钟。

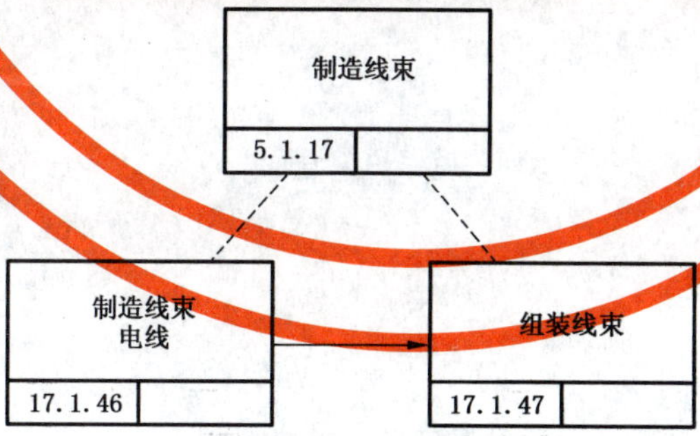

图 B.4 制造 350-Harness 的过程[4]

一些活动的 PSL 外核表示法和与信息相关的过程的 PSL 外核表示法如下:

```
(resource_path make_harness)
(pro_precedes make_harness_wire assemble_harness make_harness)
(subactivity make_harness_wire make_harness)
(subactivity assemble_harness make_harness)
(primitive assemble_harness)
(forall (?r)
    (implies (harness ?r)
             (wearable ?r make_harness)))
(forall (?occ)
```

```
    (implies (occurrence_of ?occ make_harness)
            (exists (?occ1 ?occ2 ?occ3 ?r)
                (and (occurrence_of ?occ1 make_harness_wire)
                    (harness ?r)
                    (requires make_harness_wire ?r)
                    (occurrence_of ?occ2 assemble_harness)
                    (requires assemble_harness ?r)
                    (leaf_occ ?occ3 ?occ1)
                    (min_precedes ?occ3 ?occ2 make_harness)))))
(forall (?occ ?r ?q)
    (implies (and (occurrence_of ?occ assemble_harness)
                (requires assemble_harness ?r)
                (prior (resource_point ?r ?q) ?occ))
            (holds (resource_point ?r ?q) ?occ)))
```

附 录 NA
（资料性附录）
本标准英文黑体词的含义

reusable	可复用的
possibly_reusable	可能可复用的
renewable	可再生的
weakly_reusable	微弱地可复用的
consumable	可消耗的
possibly_consumable	可能被消耗的
weakly_consumable	微弱地被消耗的
wearable	可磨损的
exclusive_use	独家使用
capacity_based	基于能力的
unary_resource	一元的_资源
capacitated_resource	被赋能资源
uniform_demand	一致需求
layout	布局活动
consumes_quantity	消耗_量
strict_consumes_quantity	严格消耗_量
produces_quantity	产生_量
strict_produces_quantity	严格产生_量
uses_quantity	使用_量
creates	创造
destroys	破坏
fixed_quantity	固定的_量
nonreplenishable	不可补充的
uses	使用
consumes	消耗
strict_consumes	严格_消耗
produces	产生
strict_produces	严格_产生
provides_quantity	供应_量
provides	供应
nondet_select	非确定性_选择

表（续）

nondet_set_select	非确定性_集合_选择
nondet_quantity_select	非确定性_数量_选择
requires_set	需要_集合
requires_full_set	需要_全部_集合
nondet_res_activity	非确定性_资源_活动
superpose_select	重叠_选择
homogeneous_set	齐次_集合
set_contention	集合_竞争
pile	堆
stock	库
pool	池
pool_demand	池_需求
uses_pile	使用堆
consumes_pile	消耗_堆
produces_pile	产生_堆
conservative_pool	守恒_池
material_pool	材料_池
inventory_resource	库存_资源
inventory_pool	库存_池
inventory_contains	库存_包含
processor_activity	处理器_活动
processor_resource	处理器_资源
input_material	输入_材料
output_material	输出_材料
next_processor_path	下一个_处理器_路线
pro_precedes	向前_领先
resource_path	资源_路线
initial_resource_path	初始_资源_路线
final_resource_path	最终_资源_路线

参 考 文 献

[1] GB/T 16656.1—2008 工业自动化系统与集成 产品数据表达与交换 第1部分:概述与基本原理(idt ISO 10303-1:1994).

[2] GB/T 16656.49—2003 工业自动化系统与集成 产品数据表达与交换 第49部分:集成通用资源:工艺过程结构和特性(idt ISO 10303-49:1998).

[3] GB/T 20719.13 工业自动化系统与集成 过程规范语言 第13部分:时序理论.

[4] Federal Information Processing Standards Publication 184, Integration Definition for Information Modeling (IDEF3), FIPS PUB 184, National Institute of Standards and Technology, December 1993. IDEF3. Available from the Internet:〈http://www.idef.com〉(联邦信息处理标准184,《信息建模集成定义(IDEF3)》, FIPS PUB 184, 美国国家标准技术研究院, 1993年12月,可在此网址获得:〈http://www.idef.com〉).

索 引

ICS 25.040;35.240.50
L 67

中华人民共和国国家标准

GB/T 20720.3—2010/IEC 62264-3:2007

企业控制系统集成
第3部分:制造运行管理的活动模型

**Enterprise-control system integration—
Part 3:Activity models of manufacturing
operations management**

(IEC 62264-3:2007,IDT)

2010-12-01 发布 2011-05-01 实施

中华人民共和国国家质量监督检验检疫总局
中国国家标准化管理委员会 发布

前　言

GB/T 20720《企业控制系统集成》分为如下几部分：

——第1部分：模型和术语学；

——第2部分：对象模型和属性；

——第3部分：制造运行管理活动模型。

GB/T 20720的本部分为GB/T 20720的第3部分。

本部分等同采用ISO/IEC 62264-3:2007《企业控制系统集成　第3部分：制造运行管理的活动模型》。

本部分的技术内容和组成结构与ISO/IEC 62264-3:2007相一致，在编写格式上符合我国国家标准GB/T 1.1《标准化工作导则　第1部分：标准的结构和编写规则》。只根据我国国家标准的制定要求和为方便使用，做了如下编辑性的改动：

a) 大写的英文缩写保留英文原名，去掉ISO前言；

b) 将"本国际标准"和ISO/IEC 62264改为"GB/T 20720"。将ISO/IEC 62264-1改为GB/T 20720的第1部分或GB/T 20720.1。将ISO/IEC 62264-2改为GB/T 20720的第2部分或GB/T 20720.2。将ISO/IEC 62264-3改为GB/T 20720的第3部分或GB/T 20720.3；

c) 将规范性引用文件中已转化为国家标准的国际标准编号改为国家标准编号，并将相应的国家标准采用的国际标准版本号放在国家标准编号后的括弧内，便于使用和查阅。未转化的国际标准保留；

d) 删去了原文中不符合我国标准编写的字句；

e) 9.3中，在原9.3.2前插入9.3.2，使原9.3.2变为9.3.3，依次往后做编号修改。

本部分的附录A、附录B、附录C、附录D、附录E、附录F是资料性附录。

本部分由中国机械工业联合会提出。

本部分由全国工业自动化系统与集成标准化技术委员会(SAC/TC 159)归口。

本部分主要起草单位：浙江大学、北京机械工业自动化研究所。

本部分主要起草人：苏宏业、沈清泓、肖力墉、王思斯。

引　言

GB/T 20720 的本部分提出了制造信息的活动模型和数据流，实现了企业控制系统的集成。这些模型化后的活动在第 4 层物流与计划功能和第 2 层手动与自动流程控制功能之间运行。同时这些模型与 GB/T 20720.1 给出的对象模型和第 3 层（制造运行和控制）的定义保持一致。

本部分的目的是通过某种途径来降低企业系统和制造运行系统实施和集成过程中的风险、成本和失误。本部分还可用于降低新产品上线时的工作量。

本部分提供了定义制造运行管理活动的模型和术语。本部分定义的模型和术语：

——强调有利的制造运行工作。

——用于提高现有制造运行系统的性能。

——适用于任何的自动化水平。

使用本部分所带来的潜在收益有：

——减少新产品到达最高生产水平的时间。

——允许供应商为制造运行提供合适的工具。

——更加统一和一致地获取制造的需求。

——降低自动制造流程的成本。

——提高生命周期内的效率。

本部分并不打算：

——说明只有一种方法可以实施制造运行。

——强迫使用者抛弃他们现有的制造运行处理方式。

——限制制造运行领域的发展。

——仅限于制造企业的应用。

企业控制系统集成
第3部分:制造运行管理的活动模型

1 范围

GB/T 20720 的本部分定义了制造运行管理的活动模型,实现了从企业系统到控制系统的集成。本部分所定义的活动与 GB/T 20720.1 给出的对象模型的定义是一致的。模型化后的活动在业务计划和物流管理之间运行,如 GB/T 20720.1 中所定义的第 4 层功能和第 2 层所定义的流程控制功能。

本部分的范围局限于:

——支持制造运行管理的活动模型,实现第 3 层的功能。

——识别第 3 层活动之间的部分数据交换。

2 规范性引用文件

下列文件中的条款通过 GB/T 20720 的本部分的引用而成为本部分的条款。凡是注日期的引用文件,其随后所有的修改单(不包括勘误的内容)或修订版均不适用于本部分,然而,鼓励根据本部分达成协议的各方研究是否可使用这些文件的最新版本。凡是不注日期的引用文件,其最新版本适用于本部分。

GB/T 19892.1—2005 批控制 第 1 部分:模型和术语(IEC 61512-1:1997,IDT)

GB/T 20720.1 企业控制系统集成 第 1 部分:模型和术语(GB/T 20720.1—2006,IEC 62264-1:2003,IDT)

GB/T 20720.2 企业控制系统集成 第 2 部分:对象模型属性(GB/T 20720.2—2006,IEC 62264-2:2004,IDT)

GB/T 18757—2008 工业自动化系统 企业参考体系结构与方法论的需求(ISO 15704:2000,IDT)

3 术语、定义和缩略语

3.1 术语和定义

下列术语和定义适用于 GB/T 20720 的本部分。

3.1.1

详细生产调度 detailed production schedule

组织和构造生产工作命令的集合以及与生产单个或多个产品相关的先后顺序。

3.1.2

有限产能调度 finite capacity scheduling

按生产设备调度工作的调度方法,通过这种方法,生产设备的产能要求不会超出可用的生产设备产能。

3.1.3

库存运行管理 inventory operations management

第 3 层制造设施在制造运行流程中协调、指导、管理和跟踪库存和物料移动的活动。

3.1.4

第 0 层 Level 0

实际物理流程。

3.1.5

第 1 层 Level 1

关于传感和操作物理流程的功能。

3.1.6

第2层 Level 2

关于监测和控制物理流程的功能。

3.1.7

第3层 Level 3

关于管理工作流来生产预期最终产品的功能。

3.1.8

第4层 Level 4

关于管理一个制造组织所需要的、与业务相关的活动的功能。

3.1.9

维护运行管理 maintenance operations management

第3层制造设施协调、指导、管理和跟踪维护设备、工具和相关资产的功能的活动，其目的是保证制造正常运行，以及保证被动的、周期性的、预防性的或者提前的维护调度。

3.1.10

制造设施 manufacturing facility

工场的地点或区域，包括地点或区域内的资源，以及与资源使用有关的活动。

3.1.11

制造运行管理 manufacturing operations management

第3层制造设施来协调制造流程中的人员、设备和物料的活动。

注1：本部分的详细制造运行管理分成四种形式（生产运行管理，维护运行管理，质量运行管理和库存运行管理），并且向其他影响制造运行的企业活动提供了参考。

注2：在ERP模型中，制造的概念定义了生产使用的物理资源。本部分定义的制造运行管理活动属于PERA模型的信息处理功能。

3.1.12

生产分派清单 production dispatch list

特定生产工作命令的集合，这些命令按给定的地点、时间、活动开始或结束的事件来处理特定资源集合。

注1：可以以机器指令设置、连续流程运行状况、物料移动指示或者批系统批次启动的形式。

注2：分派清单适用于其他运行管理领域，比如维护分派清单、质量测试分派清单，以及库存分派清单。

3.1.13

生产运行管理 production operations management

第3层制造设施协调、指导、管理和跟踪某些功能的活动，包括在成本、质量、数量、安全性和时效性要求下使用原料、能源、设备、人员和信息来生产产品的诸多功能。

3.1.14

生产工作命令 production work order

可能分派给某个工作中心的调度工作单元，由低层元素组合而成。

3.1.15

质量运行管理 quality operations management

第3层制造设施协调、指导、管理和跟踪质量测试和汇报功能的活动。

3.1.16

储存单元 storage unit

储存域的下级实体，由物料的储存、移动、条件和处理所需要的设备和信息组成。

注：储存单元是设备层次的元素。

3.1.17

储存域 storage zone

资源的物流分组，定义了物流控制的范围，包括单个或多个物料的储存、移动、条件和处理所需要的设备和信息。

注：储存域是设备层次的元素。

3.1.18

追踪　tracing

提供资源和产品使用的组织记录的活动，利用跟踪信息从任何节点向前或向后追踪。

3.1.19

跟踪　tracking

通过所有的示例、使用、更改和分派来记录资源和产品属性的活动。

3.1.20

工作中心　work center

设备层次模型的扩展定义，如流程段、生产单元、生产线、储存域或者其他同层次的设备元素。

注：为了兼容现有的计划执行，定义的术语"work center"代替了英式英语的拼法"work centre"。

3.2　缩略语

下列缩略语适用于GB/T 20720的本部分。

AGV　自动导航小车　Automated Guided Vehicles
AMS　资产管理系统　Asset Management System
ASRS　自动储存和回收系统　Automated Storage and Retrieval System
CAPE　计算机辅助流程工程　Computer-Aided Process Engineering
CAD　计算机辅助设计　Computer-Aided Design
CAE　计算机辅助工程　Computer-Aided Engineering
CASE　计算机辅助软件工程　Computer-Aided Software Engineering
CIM　计算机集成制造　Computer Integrated Manufacturing
CNC　计算机数字控制　Computerized Numerical Control
DCS　分布式控制系统　Distributed Control System
ERP　企业资源计划　Enterprise Resource Planning
EWI　电子工作指示　Electronic Work Instructions
HR　人力资源　Human Resources
KPI　关键性能指标　Key Performance Indicator
LIMS　实验室信息管理系统　Laboratory Information Management System
MES　制造执行系统　Manufacturing Execution System
MPS　主产品生产计划　Master Production Schedule
MRP　物料资源计划　Material Resource Planning
OEE　全面设备效力　Overall Equipment Effectiveness
PAT　流程分析技术　Process Analytical Technology
PERA　普度(Purdue)企业参考结构　Purdue Enterprise Reference Architecture
PDM　产品数据管理　Product Data Management
PLC　可编程逻辑控制器　Programmable Logic Controller
PLM　产品生命周期管理　Product Life-Cycle Management
PRM　计算机集成制造的Purdue参考模型　Purdue Reference Model For Computer-integrated Manufacturing
QA　质量保证　Quality Assurance
R&D　研究和开发　Research And Development
RFQ　引用要求　Request For Quote

ROA　资产回报　Return On Assets
SCADA　监督控制和数据获取　Supervisory Control And Data Acquisition
SOC　标准运行条件　Standard Operating Conditions
SOP　标准运行程序　Standard Operating Procedure
SQC　统计质量控制　Statistical Quality Control
SPC　统计过程控制　Statistical Process Control
WIP　在制品　Work In Process
WMS　仓库管理系统　Warehouse Management System

4　结构概念

4.1　制造运行管理

制造运行管理的活动是那些制造设施协调人员、设备、物料和能源把全部和/或部分原料转化为产品的活动。制造运行管理包含可能由物理设备、人和信息系统来执行的活动。

制造运行管理应该涵盖管理有关调度、使用、产能、定义、历史,以及所有制造设施内部和与其有关的资源(人员、设备和物料)状况的信息的活动。

注 1:与制造设施有关但不包含在其内部的资源包括:与其他设施之间、政府检查员、调整证明、与其他实体协调的资源、外包活动和流程。

GB/T 20720.1 中定义了与活动集合相对应的制造运行管理活动。图 1 用粗虚线包围了这些活动。粗虚线与 GB/T 20720.1 定义的第 3 层和第 4 层的接口是等价的。制造运行管理可以细分为四个范畴:生产运行管理、维护运行管理、质量运行管理和库存运行管理,如图 1 阴影区域所示。

注 2:附录 A 描述了图 1 中没有包含的其他制造设施活动。

注 3:模型结构并没有反映公司内部的业务组织结构,而只是一个活动模型。不同的公司把活动和下级活动的职能分配给不同的业务组织团队。

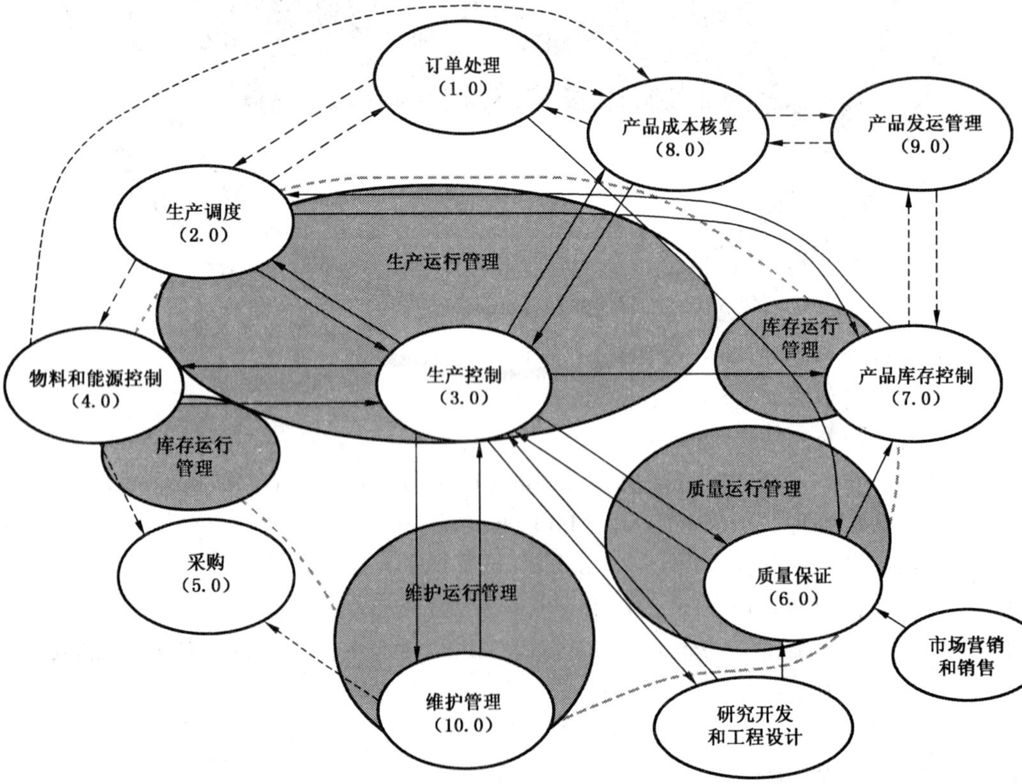

图 1　制造运行管理模型

4.2 功能层次

GB/T 20720.1 定义了功能层次模型。以下部分详细说明了每个层次都可以提供一个功能清单，如图 2 所示。

第 0 层:定义了实际物理流程。

第 1 层:定义了感知和操控物理流程的活动。典型地,第 1 层运行的时限是秒,甚至更快。

第 2 层:定义了监测和控制物理流程的活动。典型地,第 2 层运行的时限是小时、分钟和几分之几秒。

第 3 层:定义了生产期望产品的工作流的活动。包括记录维护和流程协调的活动。典型地,第 3 层运行的时限是日、轮班、小时、分钟和秒。

第 4 层:定义了制造组织管理所需的业务相关活动。制造相关活动包括建立基础车间调度(比如物料的使用、传送和运输),确定库存水平以及确保物料按时传送给合适的地点以进行生产。第 3 层的信息是第 4 层活动的关键。典型地,第 4 层运行的时限是月、周和日。

注 1:本部分没有定义第 4 层以上层次还有与业务相关的活动。

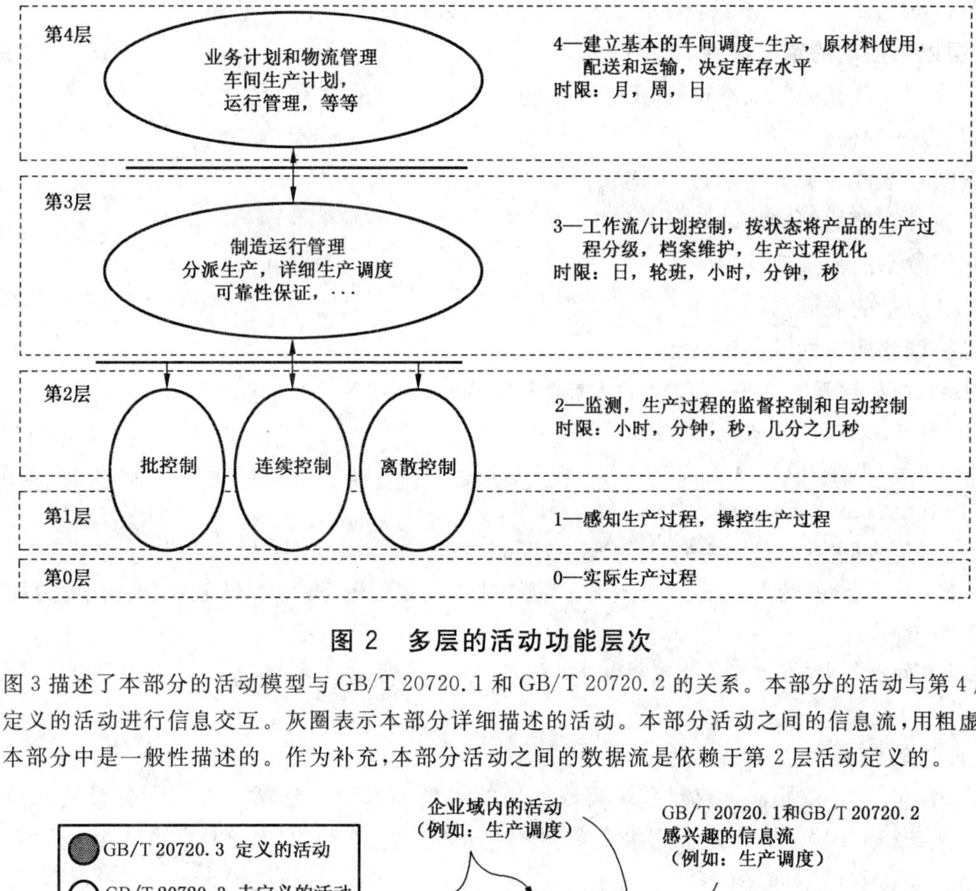

图 2 多层的活动功能层次

注 2:图 3 描述了本部分的活动模型与 GB/T 20720.1 和 GB/T 20720.2 的关系。本部分的活动与第 4 层和第 2 层定义的活动进行信息交互。灰圈表示本部分详细描述的活动。本部分活动之间的信息流,用粗虚线表示,在本部分中是一般性描述的。作为补充,本部分活动之间的数据流是依赖于第 2 层活动定义的。

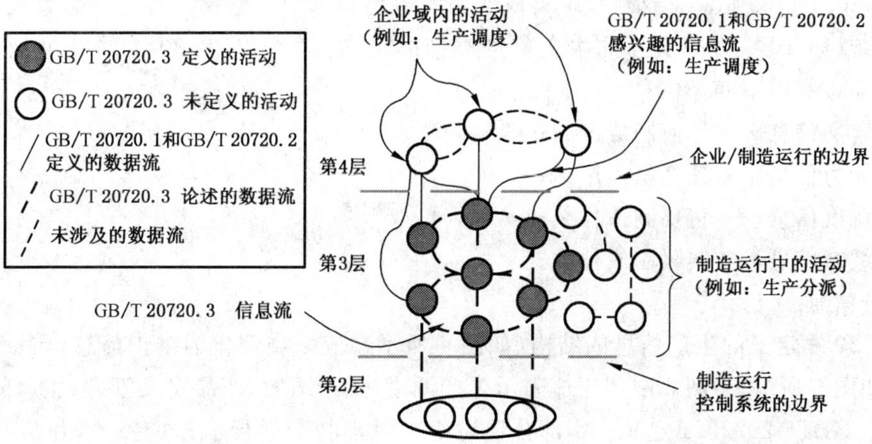

图 3 活动关系

4.3 制造运行管理原理

图1的阴影区域代表了本部分模型化后的制造运行管理活动。制造运行管理是生产运行管理、维护运行管理、质量运行管理、库存运行管理和其他制造设施活动的集合。

本部分定义了四种正式模型:生产运行管理、维护运行管理、质量运行管理和库存运行管理。于条款6、7、8和9中详细描述,并在下面列出。

a) 生产运行管理模型,应该包括作为第3层功能运行的生产控制(3.0)活动和作为第3层功能运行的生产调度(2.0)的子集,如图1所示;

b) 维护运行管理模型,应该包括作为第3层功能运行的维护管理(10.0)活动;

c) 质量运行管理模型,应该包括作为第3层功能运行的质量保证(6.0)活动;

d) 库存运行管理模型,应该包括库存和物料管理的活动,包括作为第3层功能定义的产品库存控制(7.0)和物料与能源控制(4.0)活动,如图1所示。

注:运行管理的其他范畴可能依赖于公司政策和组织而存在。它们在本部分并没有模型化,但也可以使用通用标准模型处理。

4.4 第4层以下活动的定义准则

第3、2或1层活动的定义准则可以是直接隐含在制造中的活动,包括关于人员、设备或物料的信息,并且满足以下的任意条件。

a) 车间安全性的关键活动;

b) 车间可靠性的关键活动;

c) 车间效率的关键活动;

d) 产品质量的关键活动;

e) 维护调整顺应性的关键活动。

注1:包括比如安全、环境和cGMP(当前最优制造惯例)因素的顺应性。

例如:维护地方、政府和其他机构的顺应性。

注2:本清单是GB/T 20720.1定义的第3、2或1层领域活动所包含内容准则的一次清理。本清单可以代替GB/T 20720.1定义的准则。

注3:还有其他的准则可以扩展制造运行管理的范围,比如公司政策和组织结构,或者运行自然条件。见附录B。

注4:诸如人员薪金和职衔管理的活动对于制造运行的业务可能是十分重要的,但这些并没有被认为是制造运行管理的一部分。

注5:完全车间效率可能依赖于设施控制以外的因素(MRP调度、产品混合,等等)。这些活动不属于第3、2或1层。

4.5 生产信息的分类

GB/T 20720.1定义了企业控制系统集成使用的模型和术语。包括三种在业务计划系统(第4层)和制造运行系统(第3层)之间交互的主要信息类别的定义。GB/T 20720.1的结论包括三种对象模型。生产信息应该有以下四类信息,如图4所示。

a) 产品定义信息——如何制成产品;

b) 生产能力信息——什么是可用的;

c) 生产调度信息——将要制造什么;

d) 生产绩效信息——实际制成什么。

4.6 制造运行信息

GB/T 20720.1定义的生产信息的结构(如图4所示),应该实例化为维护信息、质量测试信息和库存转移信息(如图5所示)。图5中用粗体表示生产调度、生产绩效、产品定义管理、生产能力、维护请求和维护响应,由GB/T 20720.1定义。本部分还讨论了对于制造运行十分重要的,并与维护、质量测试和库存管理具有相同结构的信息。

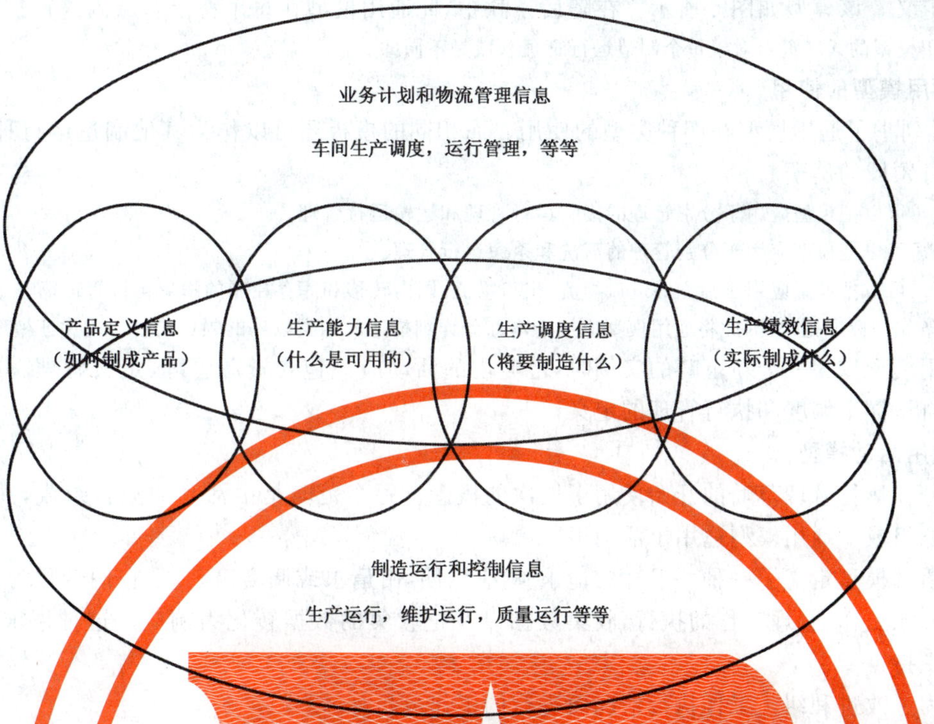

图 4 信息交互的种类

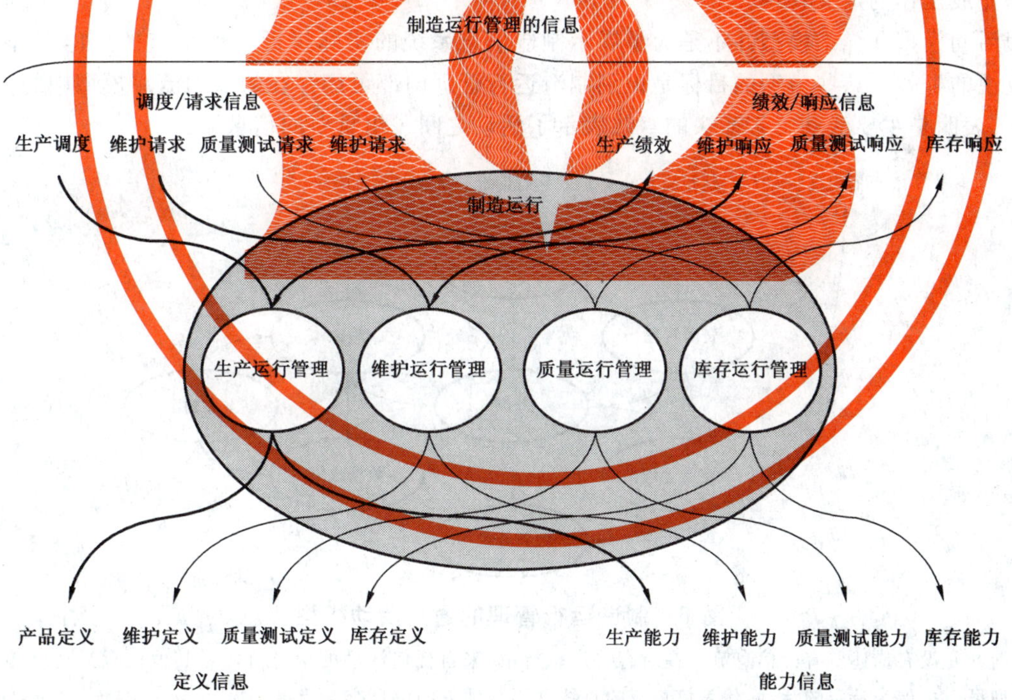

图 5 制造运行信息

5 结构模型

5.1 制造运行管理种类的通用模板

5.1.1 运行管理模板

运行管理的通用模型可以作为模板用于制造运行管理、维护运行管理、质量运行管理和库存运行管理模型的定义。该模型如图 6 所示。在随后条款中,此通用模型在每个特定领域内进行扩展。

注:通用模型的详细资料对于每个制造运行管理领域是不同的。

5.1.2 通用模型的使用

5.1.1 列举了通用模型在四种类型的使用。而相同的模板还可以作为其他制造运行种类和企业内部其他运行领域的例子。

例 1:公司可以把模型应用于分别管理的接收运行管理和运输运行管理。

例 2:公司可以把模型应用于分别管理的清洗和杀菌运行管理。

例 3:公司可以把模型应用于独立的进口物流、出口物流、国内转移和库存控制的物流运行管理范畴。

注:本条款是标准化的,因此将通用模型应用于本部分详细描述的四类以外的领域的公司应保证模型的一致性。

当通用模型作为一个新范畴的实例时,范畴内的活动应该包含资源管理、定义管理、分派、跟踪、数据收集、分析、详细调度和执行管理的定义。

5.1.3 通用活动模型

本部分在运行管理范畴的开始使用了层次的概念。每个范畴是由活动的集合组成,并且每个活动由一组任务组成。通用模型适用于活动组。

通用活动模型定义了一种一般性的请求-响应周期,由请求或调度启动,把它们转化为详细调度,按详细调度分派工作,管理工作的执行,收集数据以及把收集的数据转化为响应。这种请求-响应周期由以下活动支持:

——为了改进和纠正工作执行情况而进行的工作分析;

——完成工作执行使用的资源的管理;

——完成工作的定义管理。

通用活动模型和详细模型并不是为了展示制造信息系统的实际执行。然而,它们确实向该系统提供了一致性的框架。这些模型的目标是识别制造运行管理内部可能存在的数据流。模型中的椭圆表示了任务集,表明是主要活动。带箭头的直线表示了活动之间一组重要的信息流。

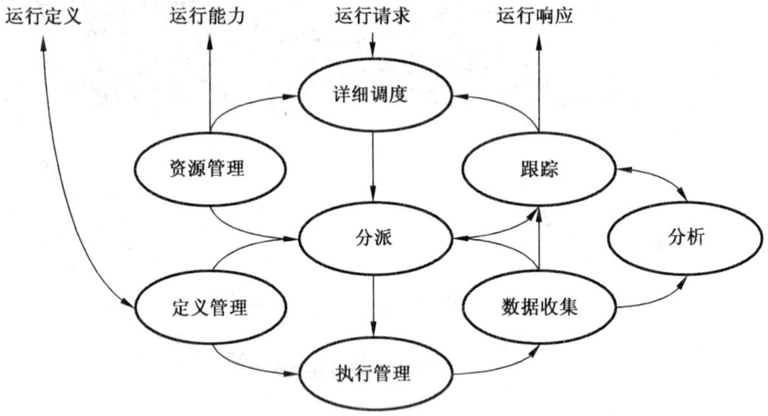

图 6 制造运行管理的通用活动模型

注:图 6 并没有描述所有的信息流。在所有特定执行中,来自任何活动的信息可能是其他任意活动所必需的。模型可以扩展为特定的活动,代表信息流的直线并不是独立的信息交互清单。

5.2 通用活动模型的交互活动

5.2.1 通用活动模型之间的信息流

除了特定运行范畴活动内部的信息流之外,不同范畴之间也存在信息流。后续条款定义了其中的部分信息,但本部分并没有明确定义所有的信息流。

注:特定活动模型的执行可能使某个特定活动模型从其他模型中脱颖而出。

例 1:在制药产业,质量运行可能指导其他的运行。

例 2:在分配中心,库存运行可能指导其他的运行。

例 3:在消费货物包装,生产运行可能指导其他的运行。

例 4:在精炼行业,库存运行可能指导生产运行。

5.2.2 通用活动模型的资源处理

关于资源(物料、人员和设备)的信息可能在本部分列出的四种制造运行(生产、质量、维护和库存)活动模型中的任一模型内部进行处理。

尽管不同的模型可以找出不同的资源,都可以通过首要的汇报途径来获得信息。

a) 每个活动模型不同的人员信息可以通过特定活动模型获得;

b) 每个活动模型不同的设备信息可以通过特定活动模型获得;

c) 每个活动模型不同的物料信息可以通过特定活动模型获得。而物料库存信息(包括制成品和原材料)可由库存活动模型获得。物料移动运行可由生产、质量、维护或者库存活动模型中的活动来管理。特定物料移动的实例在每个给定的时间点仅仅存在于一个活动模型的内部。

5.2.3 调度交互

详细活动模型中的活动与同一模型中的其他活动以及其他活动模型中的等价活动进行交互。每个活动模型内部的交互在条款 6、7、8 和 9 中描述。

由于在给定的时间段内需要协调多工作任务分配和同一资源之间的关系,活动模型之间有着许多与详细调度相关的交互。而且,不同运行管理类型中的工作任务的定义是紧密联系在一起的。

详细生产调度、详细库存调度、详细维护调度和详细质量测试调度之间的清晰定义应该需要详细说明。对于生产的交互,可以定义以下三种交互,如图 7 所示。

a) 详细生产调度和详细库存调度之间的交互。这定义为:在生产开始或结束时物料数量的信息协调,这些物料在生产流程中被生产或消耗,并且通过库存运行来储存或移动;

例 1:在相应的物料库存调度启动之前,生产调度不能开始。

例 2:排定的生产任务的完成会触发一个排定的库存运行。

注 1:运输调度可以在详细生产调度或详细库存调度中定义。

b) 详细生产调度和详细维护调度之间的交互。这定义为:在生产流程中提供能力和产能并且需要依据设备状况预定维护的设备的信息协调;

例 3:不可能有维护保养调度和生产同时在同一台设备进行的情况。

例 4:维护调度是基于预定的生产设备使用情况而进行的。

c) 详细生产调度和详细质量测试调度之间的交互。这定义为:关于生产和消耗的物料质量的信息协调,该物料质量需要依据所要求的质量水平和最新的生产绩效进行质量测试。

例 5:详细检查调度深入到详细生产调度。

例 6:检查运行要求生产运行进行产品重做调度。

图 7 显示了第 3 层中完整的调度框架。

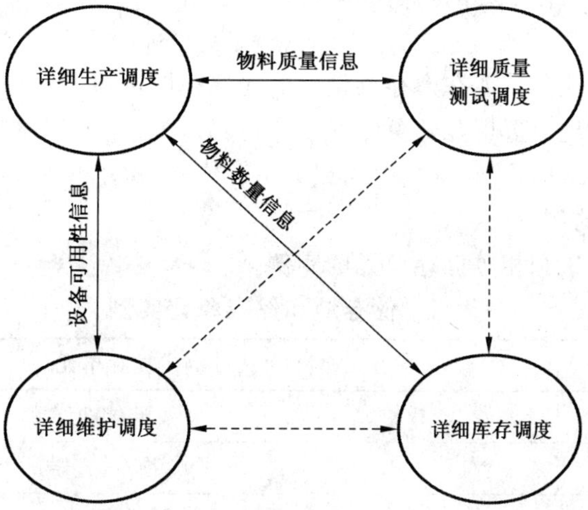

图 7 详细调度交互

5.3 设备层次模型扩展

5.3.1 设备层次模型

GB/T 20720.1 定义的设备层次模型在本部分扩展为图 8 所示的模型。增加的条目包括库存运行管理和物料管理。在层次中,低层的分组结合成为更高的层次。在某些方面,某一层次的分组可能会以递归结构与同一层次的其他分组合为一体。模型也可能在特定应用软件的要求下缩减或者扩展。

企业中至少存在一个工场,一个区域(或者区域缩减成一个工场)中至少有一个工作中心,并且一个工作中心至少有一个工作单元。

注 1:本部分并没有定义模型缩减和扩展的特定规则。以下指导方针考虑了模型的缩减和扩展。

a) 缩减——只要模型保持一致并且被考虑了移除模型的功能,就可以删除该模型的元素;

b) 扩展——添加模型元素。当在紧密联系的元素之间添加时,需要维护原始关系的完整性。

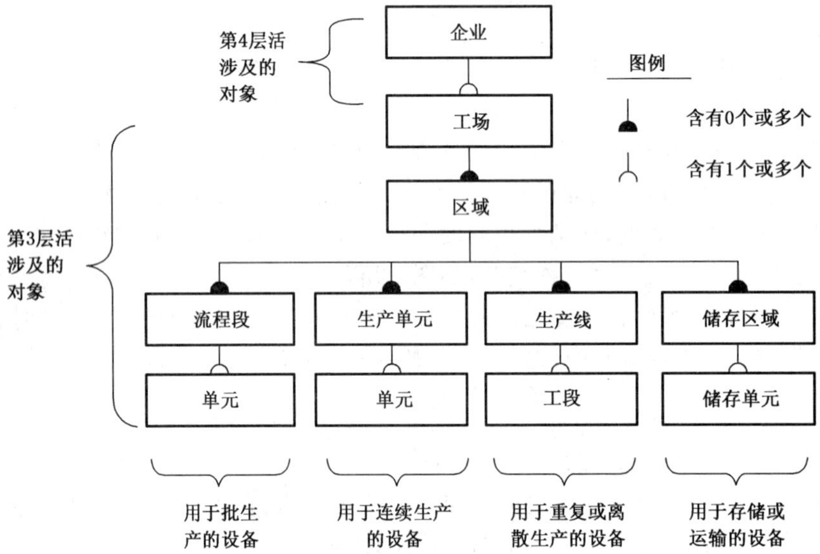

图 8 典型的设备层次扩展

储存域和储存单元应该是区域的下级元素,是物料储存中使用的低层元素。

注 2:物料也可以临时储存在流程段、生产单元和生产线里。这些物料是典型的 WIP 并且通常与库存管理物料有所区分。

5.3.2 储存域

典型的储存域拥有物料接受、储存、恢复、移动和运输需要的能力。这就包括了企业内部或企业之间从一个工作中心到另一个工作中心的物料移动。

5.3.3 储存单元

典型的储存单元只有当业务功能在库存维护方面比储存域达到了一个更高的水平时才会对业务系统产生兴趣。储存单元的物理位置可能随着时间改变;例如,为了运输中的货物。

储存单元可能会关注给定的物料,物料分组或者储存方式。

5.3.4 储存域和储存单元的例子

表 1 列举了储存域的层次和相关储存单元的实例。

表 1 储存域和储存单元实例

储存域	储存单元
仓库	架子/箱柜/槽
拖车场	拖车,容器
罐区	罐,管道部件

表 1（续）

储存域	储存单元
窖田	地窖，管道部件
轮船码头	轮船，船舱，容器，桶，罐
铁路线	火车
储存区域	货盘，桶

注：某些储存域和储存单元也可以作为设备在运输请求中使用。

5.3.5 工作中心

工作中心应该是区域以下的任何设备层次的元素。工作中心可能在特定的设备元素类型不是重要的讨论目标时使用。工作中心可以是流程段、生产单元、生产线、储存域或者区域以下由使用者扩展设备层次模型而定义的其他任何设备元素。见图 9。

5.3.6 工作单元

工作单元应该是工作中心以下的任何设备层次的元素。典型地，工作单元是第 3 层功能调度得最多的元素。见图 9。

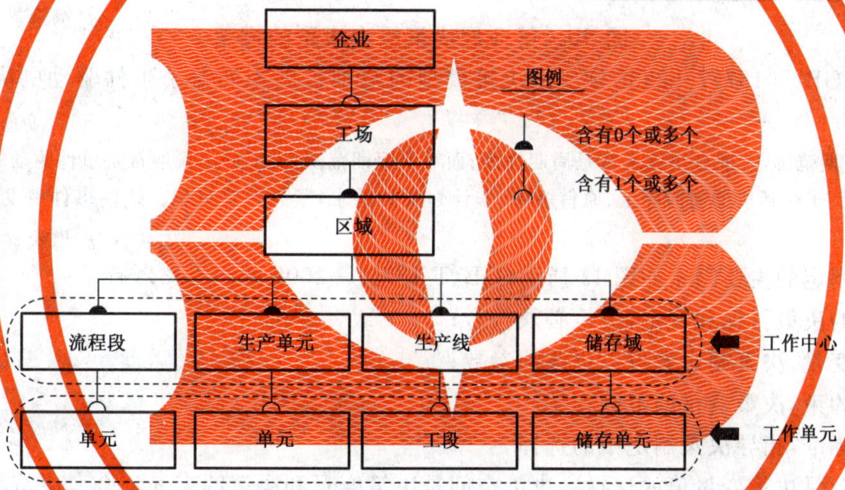

图 9　工作中心和工作单元

典型地，工作中心是一类设备的分组，而这些设备是由第 4 层或第 3 层功能针对连续、批量和离散制造进行调度的。工作中心很好地定义了能力和产能，并且用于第 3 层功能。产能和能力通常作为第 4 层业务流程的输入而使用。调度功能可以识别特定的工作单元。

5.4 决策层次模型的扩展

决策层次模型定义了一个层次结构来论述如何制定决策，并由 GB/T 20720.1 定义。本部分扩展和详细描述了决策层次模型来处理第 3 层制造运行内部的决策制定。本条款考虑的决策只是那些对于制造运行管理有着重大价值的决策。

第 3 层制定的决策大多与中等长度和中间范围的时间范围有关，如 GB/T 20720.1 定义。在任何时间范围内部，有一个或多个决策。每个决策由范围(H)，周期(P)和事件(E)区分。范围(H)是决策有效的时间间隔。周期(P)是决策复查的时间间隔。事件(E)是具有引发复查的意义的事件。给定时间范围中的决策为下一个短期决策设置目标，环境和/或约束。

注 1：范围是决策未来考虑的一部分，例如，当决策制定的时间间隔是六个月时，范围就是六个月。周期的概念与控制和调整概念紧密联系在一起。例如，假设三个月的计划可能每两周会重新评估和制定一次，范围是三个月而周期是两周。

这些决策可以进一步分成几个次时间范围。

GB/T 20720.1 定义的三种基础决策类(产品管理、资源管理和生产计划)扩展和绘制成制造运行管理的种类。对于每一类,应该识别和记录适当的决策时间范围。作为例子,图 10 给出了两种决策的识别。决策模型一致性核查的特定规则可以参见附录 F。

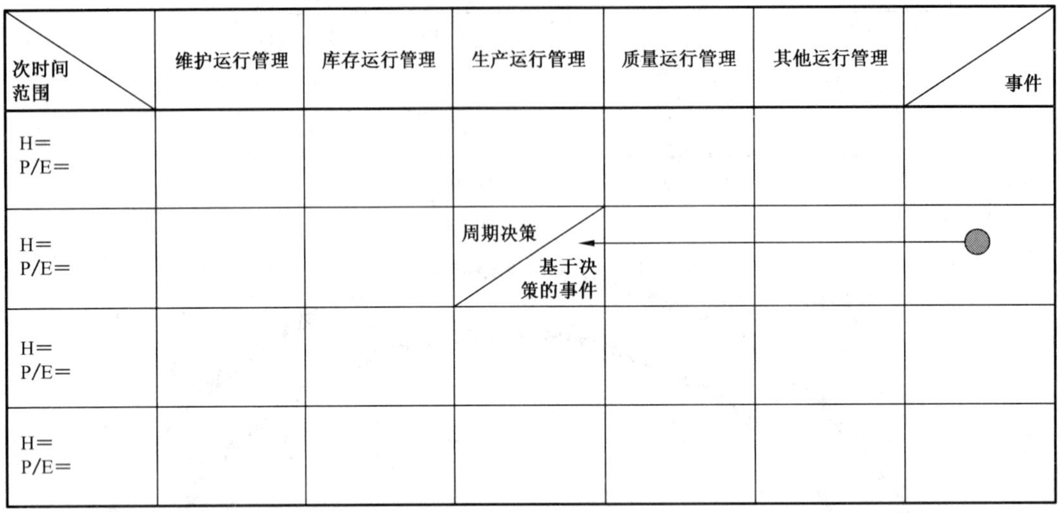

图 10　第 3 层决策层次模型的框架

本部分中,GB/T 18757—2008 定义的决策模型的范围扩展为涵盖了事件驱动的决策,如图 10 右栏所示。

注 2:对于长期范围,大部分决策通常是周期性的;而对于短期范围,大部分决策通常是事件驱动的。

例 1:事件的例子包括机器暂时停工、原料短缺、非计划维护请求、紧急顾客订单。这些事件引发了决策制定流程/活动。

影响决策制定的主要因素如图 11 所示(GB/T 18757—2008 的图 C.3),有:

——客观的决策目标和规定,决策必须符合;

——决策变量,决策制定者可以更改的参数;

——决策约束,决策变量的范围;

——决策标准,指导决策制定中的选择。

决策的制定是决策变量值的选择。决策空间是决策变量和决策约束的集合。决策是决策制定的结果,并且是决策空间的一个点。

决策结构是决策空间和决策对象的结合体。

注 3:决策标准处于决策结构的外部,并且对于特定的决策不是特殊的。

注 4:决策层次模型没有定义不同制造运行的内部如何制定决策。作为替代,决策模型帮助识别:

——在制造运行的内部周期性地或由事件触发的重大决策的制定。

——与那些决策有关的决策目标、决策变量和决策约束。

——决策的时间范围和周期,使得决策可以在层次中适当连接以进行可能的连接分析。

例 2:以作为生产运行管理一部分的详细生产调度的产生为例。例子显示了关于如何为了未来可用产能处理过度要求的决策的制定(决策的时间范围是一个月,周期是一周)。如果生产负荷是 250 人力小时,高于未来一周可用的生产能力,就需要一个决策。

可能的决策变量是:(1)额外人力小时,(2)外包人力小时,(3)重新调度。

约束有,例如:

a)　额外人力小时的上下限:每周 $50<h<100$;

b)　外包人力小时的上下限:$100<h<500$。

公司的目标是只要可能的话内部的额外小时优先,以及尽可能少发生重新调度。

决策可以是:公司内部人员需完成 100 额外人力小时,加上外包 150 人力小时。这个决策是可行的,因为它和决策目标相一致,并且满足约束条件。

例3:考虑到一个因机器故障引发的无计划维修请求触发的一个事件驱动决策为例。这个事件触发了一个决策行为。

两个决策变量是:

a) 延迟正在进行的预防性维护活动,来修理机器;

b) 加班修理机器。

决策约束是:

a) 只有不影响已经计划的制造调度,正在进行的预防性维护活动才可以被延迟;

b) 超时维护的小时数必须限制在总维护小时数的5%以内。

决策目标是:被动维护具有优先权。

决策会是延迟预防性维护活动的启动(半天的延迟不会影响当前的生产调度)来修理机器。

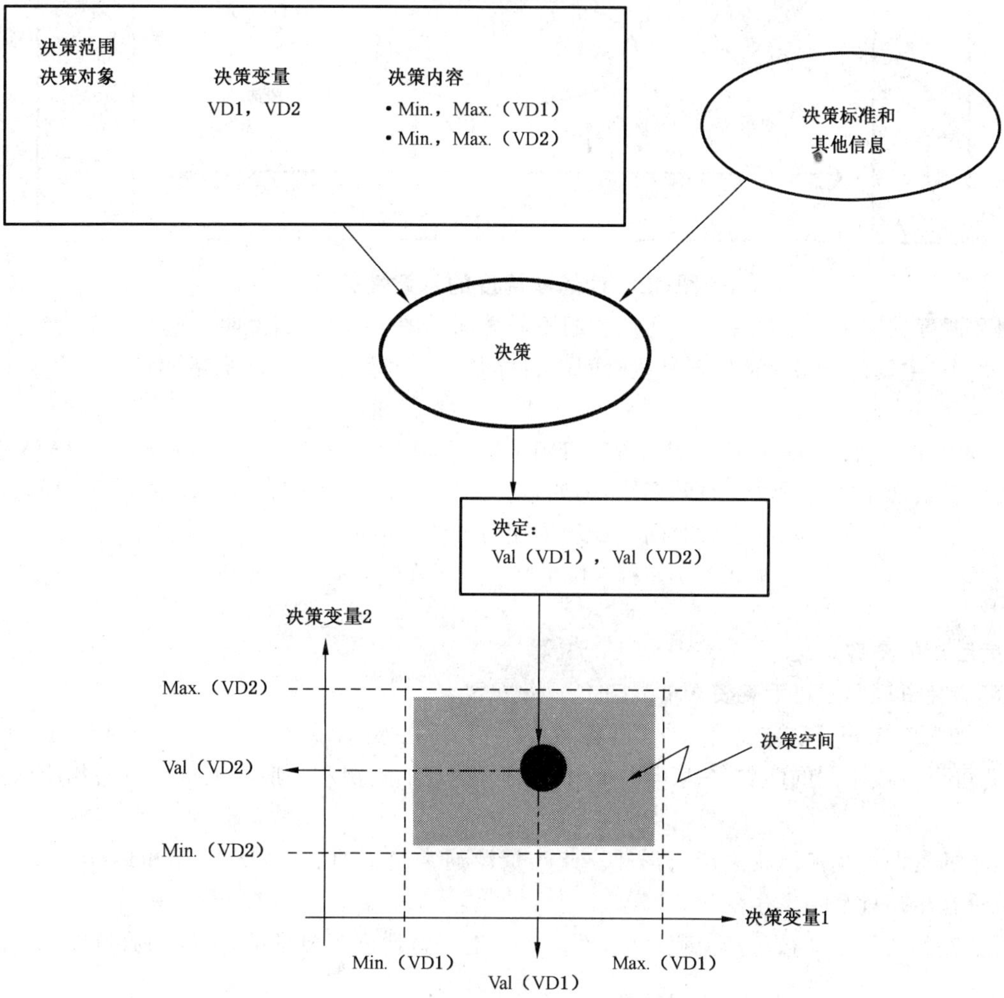

图11 双变量决策的制定

5.5 计划和调度层次

在本次级条款,计划定义为澄清行动或运行来满足给定目标并保留足够的资源产能以达到最小目标的活动。调度定义为在特定时间分派行动和运行给特定资源,记录不同的实际约束和优化数个评估参数的活动。

图12以层次的形式举例说明了计划的等级高于调度,因为调度使用了计划的结果,计划决定了调度的目标。调度问题客观功能的某些约束和次级目标进一步由计划活动来决定。调度的结果显示了计划结果是否可行和有效。如果不可行,计划通常产生其他的结果给调度。调度的可行性和有效性是计划约束的类型。

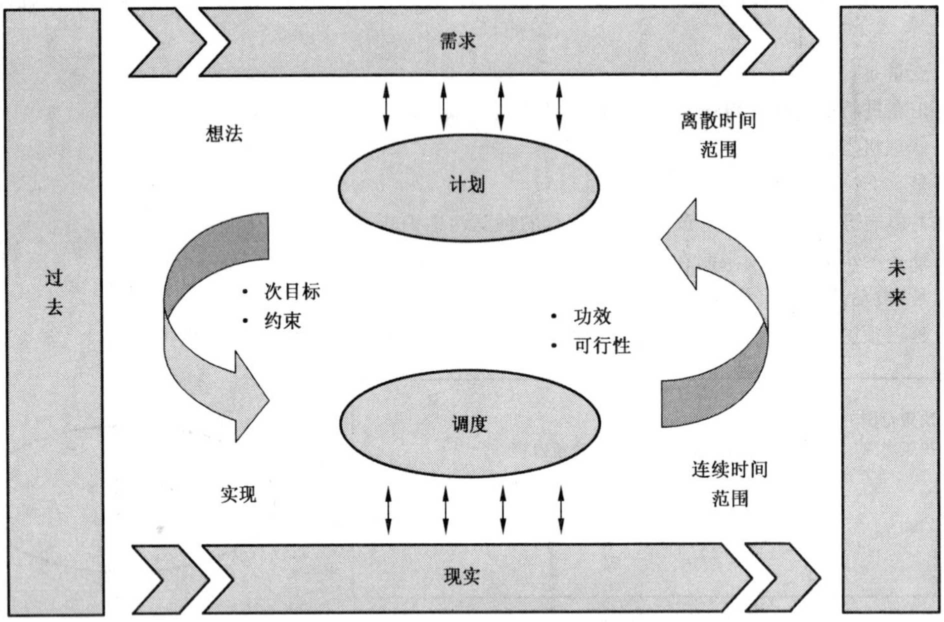

图 12　计划和调度的示意性关系

计划和调度的区别在于关注了时间概念的不同方面。图 12 还举例说明了这两个概念。

在计划中，主要的结果是适用于某段时间的目标数量。计划的结果在离散时间域以周期时间的形式表示。

例 1：计划的结果可能是"本月 50 000 个零件"，"下月部门销售额 $480 000"，"下周的加班时间总计"，等等。

调度结果表现了特定行动的时间安排，例如，运行的开始时间和完成时间、库存流出时间、运输时间等等。运行信息次序的结果在连续时间域表现为相对或绝对时间。

例 2：调度的结果可能是"星期一 9:00 运行工作命令 2345 全开 6 个轮班"，"星期三 9:00 在 E887e 执行预防性维护"。

5.6　调度活动的资源定义

5.6.1　可消耗资源和不可消耗资源

GB/T 20720.1 把资源定义为人员、设备和/或物料。在本部分中，特别是从详细调度活动的观点来看，资源可以分成不同的两类：一般与物料相应的可消耗的资源和一般与人员和设备相应的不可消耗的资源。

可消耗的资源由生产流程生产或消耗。此类资源通常包括原料、WIP 库存和最终产品。典型地，资源的数量在生产前后会发生变化。

不可消耗的资源不会被生产流程用完，而基于产能进行调度。典型地，资源的数量在生产前后不会发生变化。

5.6.2　资源产能和可用性

典型地，可消耗的资源和不可消耗的资源在调度活动中进行不同的处理。GB/T 20720.1 和 GB/T 20720.2 中，生产调度同时依赖于可消耗和不可消耗资源的可用性。本部分的可用产能是生产产能可以达到的一部分，但不忠实于当前或未来生产，并按比率定义。可消耗资源的可用产能并不是资源的库存，也不是指可消耗资源的可用性。期望的库存未来可用性定义为设计库存，并且定义为特定资源的特定未来时间。

例 1：对于一家自行车厂，生产的可用产能是运行一小时 10 个车座，第一次轮班，从星期一到星期五。

例 2：对于一家自行车厂，消耗的可用产能是运行一小时 30 个车座，第一次轮班，从星期一到星期五。

例 3：自行车厂内设计的车座库存在第一次轮班开始的星期一是 380 个座，在第一次轮班末端是 360 个座。消耗了 60 个座(2 h 的消费量)，生产了 40 个座(4 h 的生产量)。

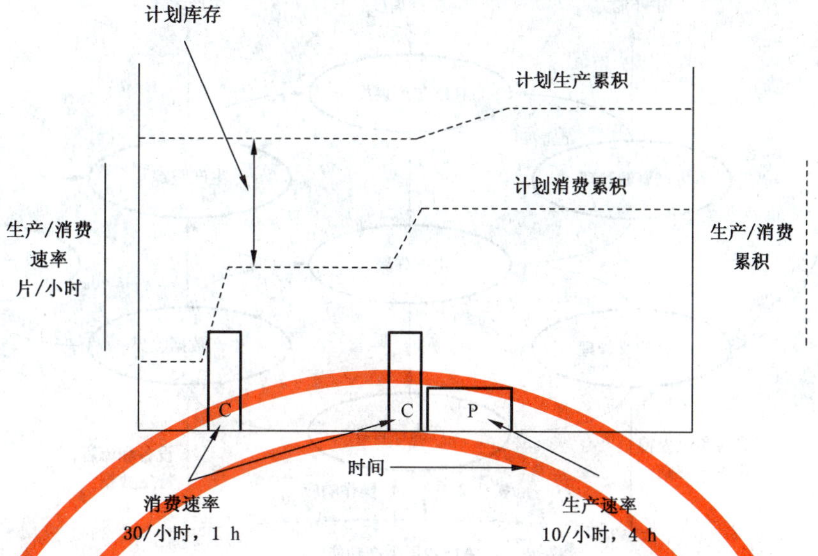

图 13　可消耗资源的设计库存

注：可消耗资源和不可消耗资源典型地在调度活动中进行不同的处理。GB/T 20720.1 和 GB/T 20720.2 中，生产调度同时依赖于可消耗和不可消耗资源的可用性。生产产能同时由可消耗资源（输入比如原料、成分）的可用性和不可消耗资源（物理系统比如设备、设施和人员）的可用性与产能决定。

6　生产运行管理

6.1　生产运行管理的主要活动

生产运行管理可以定义为一组满足成本、质量、数量、安全性和实时性要求的活动，这组活动对关于利用原材料、能源、设备、人员和信息来制造产品的诸多功能进行协调、指导、管理和跟踪。生产运行管理的主要活动在 GB/T 20720.1 中已经列出，包括：

a)　含可变制造成本的生产报告；

b)　收集和保存关于产品、库存、人力、原材料、剩余部分和能源使用的数据；

c)　按工程功能的要求进行数据收集和离线分析。包括基于统计学的质量分析以及相关控制功能；

d)　实现必需的人员功能，像工作时期统计表（例如，时间、任务）、休假时间表、劳动强度统计表、工会路线的进展，以及内部培训和人员资格认证；

e)　为储存、运输和其他与生产相关的财务清算请求建立本领域及时详细生产调度；

f)　在完成第 4 层功能制定的生产调度的同时对个别产品区域进行本地成本优化；

g)　在职责范围内，修改生产调度来补偿可能发生的干扰工厂生产的活动。

6.2　生产运行管理活动模型

图 1 中阴影区域所示的生产运行管理模型被扩展为一个更加详细的生产运行活动模型，见图 14。四个基础信息（产品定义、生产能力、生产调度，以及生产绩效）与第一部分定义的交换信息一致，见本部分图 4。椭圆形虚线标注的 1-2 生产功能层描述了 1、2 层之间的传感和控制功能。其他的椭圆（实线）描述了生产运行的活动。

这里所定义的活动不是针对某一体系结构、软件或个人。本模型是用来帮助统一可执行的活动和与这些活动有关的角色。它定义了做什么，而不是应该怎么做。不同的组织可以有不同的角色安排和任务分配给个人或团队。

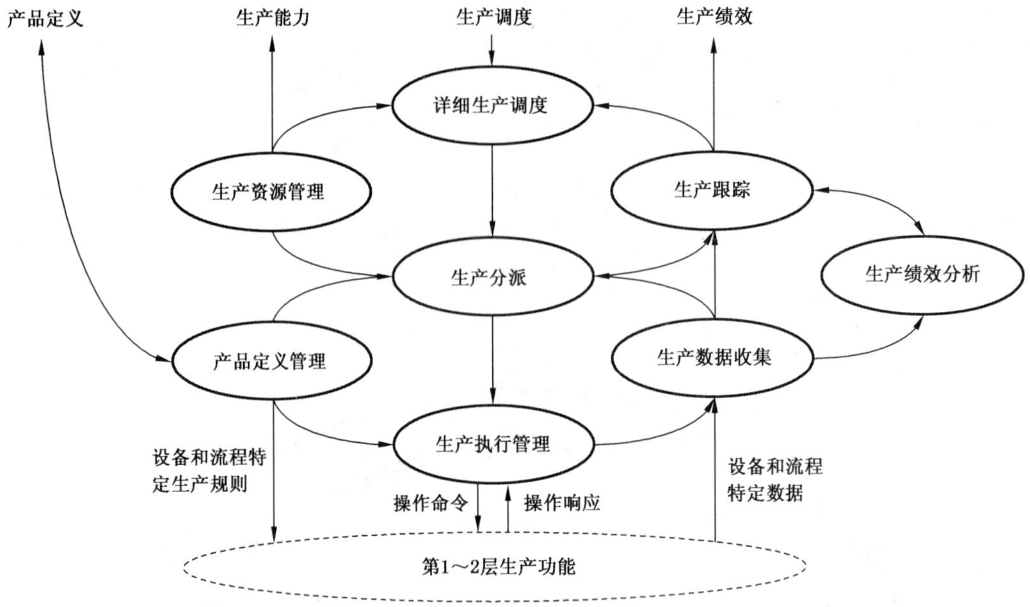

图 14 生产运行管理的活动模型

不是所有的生产要求和生产反馈都融合在业务系统的边界上。生产运行可能在生产调度的影响下进入易于操作的情形，如重做、局部媒介或消耗品，而这些生产进度表含有带内部制造运行管理的生产要求和生产反馈。

图 14 没有全部描述生产运行管理中的信息流。在任何特定的执行中，一个活动的信息对于另外一个活动可能是必需的。本条款除了详细定义了生产运行管理模型的活动以外，也定义了其他的附加信息流。在详细模型中，并没有定义所有的数据源和数据接收。

6.3 生产运行管理中的信息交换

6.3.1 设备和流程的特定生产规则

设备和流程的特定生产规则可以定义为基于特定分配任务传递给第 2 层的特定指令。

例：第 1、2 层中执行的针对特定产品的 CNC 机械程序，随着控制流程改变的 PLC 程序，或者单个配方。

注：见 GB/T 15969.3—2005，“可编程控制器 第 3 部分：编程语言”，作为此数据类型的例子。

6.3.2 操作指令

操作指令定义为传递给第 2 层的请求信息。存在典型的命令来开始或完成一个工序的基础。这些信息也可以标准化呈现或传给操作员，比如调高机器或清洗机器的步骤。

注：此信息交换与 GB/T 19892.1—2005(见条款 2)所定义的调制器-设备接口一致。

6.3.3 操作响应

操作响应定义为从第 2 层接受的指令响应信息。这些信息与工序基础的完成或情形相符合。

注：此信息交换与 GB/T 19892.1—2005(见条款 2)所定义的调制器-设备接口一致。

6.3.4 设备和流程特定数据

设备和流程特定数据定义为从第 2 层接受的监测结果信息。这是有关执行流程和资源的典型信息。

6.4 产品定义管理

6.4.1 活动定义

产品定义管理定义为一组管理所有第 3 层中关于制造业必需产品的信息，包括产品生产规则。

产品生产规则，物料清单和资源清单共享产品定义信息。产品生产规则包含用于指导制造工作怎么生产产品的信息。这可被称为通用配方、现场配方或主配方(GB/T 19892.1—2005 和 ANSI/ISA 88.01:1995 定义)，标准运行程序(SOP)，标准运行条件(SOC)，行程安排，或者基于生产策略使用的集中步骤。产品定义信息的制定使第 3 层的其他功能和第 2 层功能按要求实现。

产品定义管理包含产品生产规则分配的管理。生产规则的某些部分可能存在于第1、2层设备中。当某种情形下，为了避免影响生产，此类信息的下载可以与其他制造运行管理的功能相配合。当下载是某生产执行管理活动的一部分时，这信息可以是操作指令的一个部分。

6.4.2 活动模型

图15描述了产品定义管理的一些接口。

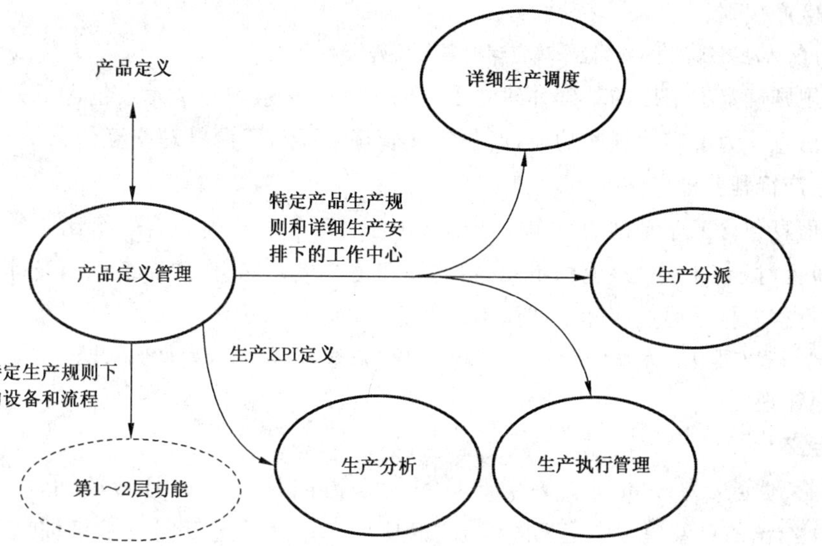

图15 产品定义管理活动模型的接口

6.4.3 产品定义管理的任务

产品定义管理的任务包括：

a) 管理文档，比如制造说明书、配方、产品结构图、制造清单和产品变量定义；
b) 新产品定义的管理；
c) 产品定义变化的管理。包括路线设计和制造清单在批准流程中的可修改性、翻译管理、跟踪修改和信息的安全性控制；
d) 向人员或其他活动提供产品生产规则；
e) 例：以制造步骤、主配方、机器设置规则和流程图的形式；
f) 维持产品可行而详细的生产安排；
g) 在制造运行必需的细节上为制造运行提供产品的分割路线；
h) 在业务运行必需的细节上对产品定义管理的信息与第4层功能之间的交流进行管理；
i) 基于流程分析和生产绩效分析的产品生产规则的优化；
j) 生成和维持与产品间接相关的本地生产规则集，比如清洁、启动和关闭；
k) 与产品和生产有关的关键性能指标器的管理。

注1：在产品定义管理活动中存在一系列的工具来帮助完成产品定义管理，包括机械和电子计算机辅助设计(CAD)、计算机辅助工程(CAE)。

注2：计算机辅助软件工程(CASE)、配方管理系统、计算机辅助流程工程(CAPE)，以及电子工作指示(EWIs)。

6.4.4 产品定义规则的信息

产品定义是工程、研发和其他用于发展具体产品生产的规则之间交互的信息。这些信息包括研发制造定义，这些定义通过使用本地原料、设备和人员被产品定义管理转化延伸为特定的定义。还包括工序基础的转化。

例1：转化为主配方、机器设置规则和流程图。

产品定义管理还包括与制造信息相关的其他产品信息的管理。包括：

——用户需求、产品设计和测试规范；

——流程设计和仿真；

——技术说明书和服务材料；

——可修改的备份信息；

产品定义管理活动与生产分配和执行相互作用来完成工作，与研究发展和工程相互影响为工作的执行提供产品生产规则。

例 2：生产分配活动要涉及生产属地来确定何时需要特殊资源。

产品生产规则确定了工序的基础并建立了它们之间的联系。每个元素包含了关于人员、设备、物料和产品参数的信息。为了实现这些功能，产品定义管理需要与资源管理交互信息。

6.4.5 详细生产行程安排

产品定义信息包含工序基础的来源。详细的工序基础行程安排包含一个比业务系统中可见的更加精确的定义，而且对于工作中心(流程单元、生产线和生产单元)操作的详细行程安排来说是必需的。详细的工序基础行程安排是通过实际生产流程组织起来的。

注：详细生产行程安排有时称为生产路线、主要业务系统路线、主路线，或者业务路线。

6.5 生产资源管理

6.5.1 活动定义

生产资源管理定义为一系列有关生产运行所必需的信息资源管理的活动。这些资源包括在 GB/T 20720.1 给出的对象模型中定义的机器、工具、劳动力(经过专门技术培训)、原料和能源。对这些资源进行直接控制是为了满足完成其他活动的生产要求，比如生产分配和生产执行管理。生产段的信息管理也是资源管理的一种活动。

资源信息的管理可以由计算机系统完成，但也可能部分或完全由手工替代。

资源管理可以包含为未来使用的本地资源预留系统的信息管理。每种重要资源的管理应该有独立的预留系统。每种资源都有独立的活动，或者一批资源有相互协作的活动。在某些特定时期，生产段资源信息必须为 GB/T 20720.1 中定义的特定资源维持和提供承担的、可用的、难以达到的活动信息。

6.5.2 活动模型

图 16 描述了生产资源管理的一些接口。

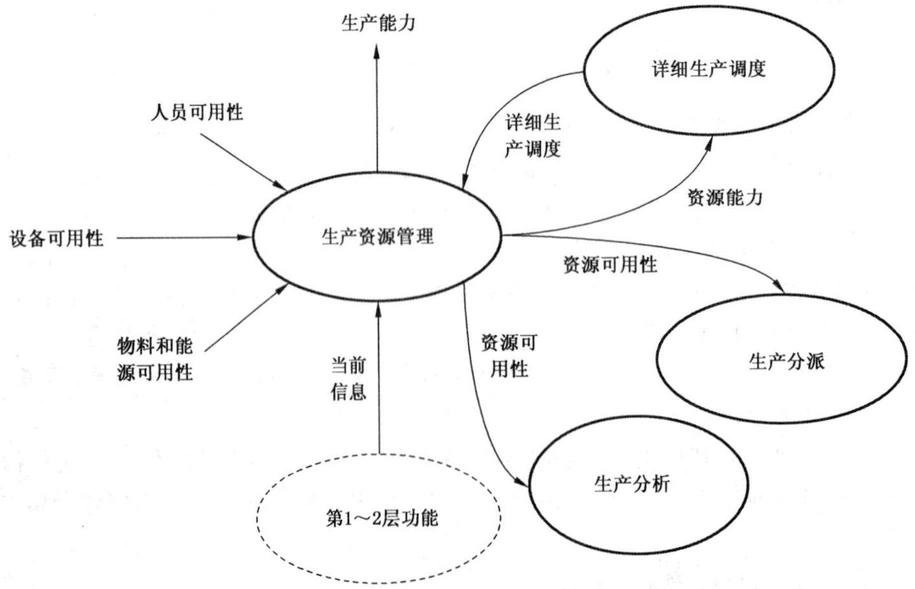

图 16 生产资源管理活动模型的接口

6.5.3 生产资源管理的任务

生产管理的任务包括：

a) 提供人员、物料和设备资源的定义。这些信息以需求量或详细进度表的形式提供给人、应用软件或其他活动；

b) 提供关于资源（物料、设备和人员）能力（承担的、可用的、难以达到的）的信息。这些信息基于当前状况、未来预留和未来需求（生产计划和详细生产调度中确定的），并且针对不同的资源，不同的时间范围和流程段。包括当前产品消耗损失的账目平衡，以需求量或详细进度表的形式提供给人、应用软件或其他活动；

c) 确保获得的资源满足未来操作能力的启动；

d) 确保分配任务的设备是可用的，工作许可证是有效的，以及分配的人员最近刚接受培训；

例 1：在生产操作前，检查设备的杀菌状况是否合适（“干净”）。

e) 提供资源所在地和分配给生产的资源所在地的信息；

例 2：为一个可以在多区域使用的可移动检查机械提供一个场地。

f) 根据维护资源管理和质量资源管理调整资源管理；

g) 收集人员、设备和物料资源的当前信息，以及资源产能和能力的信息。基于事件、需求量和既定进度表收集，也可从设备、人和应用软件中收集；

h) 收集未来需求，比如从生产计划、当前生产、维护时间表或者休假表；

i) 维护人员资格测试结果的信息；

j) 维护设备能力测试结果的信息；

k) 未来使用资源的预留管理。

6.5.4 资源的可用性

资源可用性提供了资源调度和报告所需的精确时间的定义。资源可用性应该包含账目元素，比如工作时间、劳动规章、节假日安排、休息安排、停工期以及换班表。

例：可用的时间可以是固定时间，也可以是灵活的时间。例如，在人员资源管理中，午饭时间可以在上午 11 点到下午 2 点之间，经过 16 小时后机器停运 8 小时。人员可用性可以定义工作日和休息日；星期一到星期五是工作日、星期六和星期天休息，或者 2 天早班、2 天晚班、2 天夜班、3 天休息。

图 17 描述了资源管理提供的单一资源产能信息的类型。

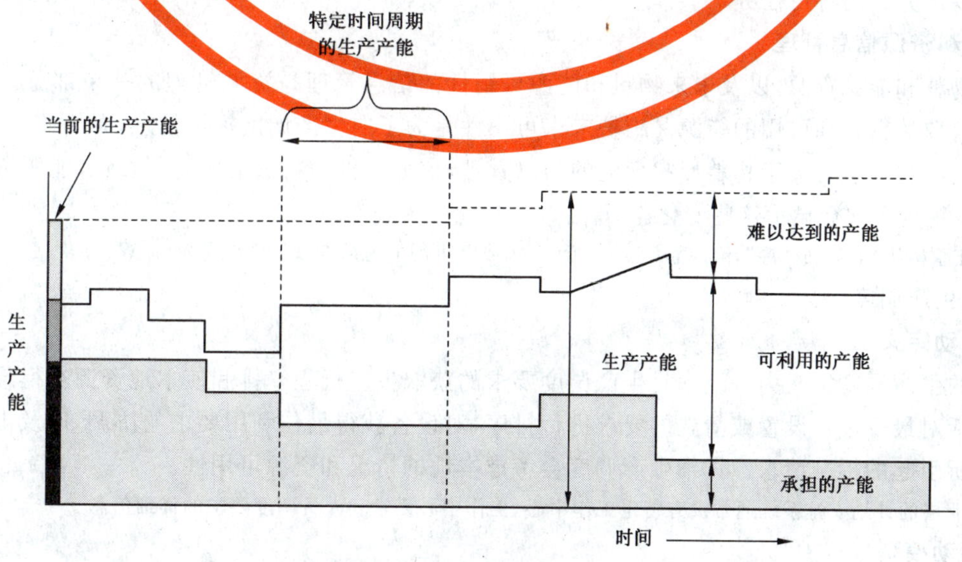

图 17 资源管理产能报告

6.5.5 未来可靠资源信息的收集

生产资源管理基于详细生产调度和产品需求来管理承担资源的可用性。在产品计划所定义的一段时间或者直到预定任务完成，分配资源的状态从可用的转换为承担的。

注：一旦资源需求的调度窗口关闭，除非被新任务分配，资源会退回到可利用状态。在大多数基础系统中，计划调度窗口的关闭会引起可靠时间窗口的关闭。但是对于更多的复杂系统，生产跟踪可能会使生产资源管理与工作完成的实际时间联系在一起。

6.5.6 资源定义改变信息的收集

信息资源管理的活动包括更新，改良，或删除资源定义，类，实例的信息的收集。还包括资源所有权的定义。

6.5.7 人员资源信息管理

有关人员资源和未来人员可用性的信息管理是资源管理的一个部分。

例：如果一个人有休假计划，或者确定在某段时间内生病了，业务层的人力资源(HR)功能就会向生产资源管理报告这一情形。这种活动使得在这段时间里，不再给生产分配资源。补充一点，生产必须清楚个人的整个工作进度，从而做出正确的分配决定。

包括比如证明书的级别、用于特定任务的时间的跟踪以及人员资源可用性的管理之类的信息。在某些情形下，这些信息由全体人员资源系统维护和管理，但对于制造必须是可用的。制造业的详细需求水平，比如终止时间证明和上级合作路线，往往不由人员资源系统维护。在这种情形下，劳动力管理可以认为是制造运行活动的一部分。

生产资源管理活动还不得不处理技术等级的认证。每个个人通过资格测试结果验证拥有某项技能。它定义了生产资源管理技术层面的可利用性，从而把有资格的人员分配给每个特定的生产活动。

6.5.8 设备资源信息管理

有关设备资源和未来设备可用性的信息管理是资源管理的一个部分。

维护运行通常对资源利用有巨大的影响。未来不可利用性的周期(基于非时间表安排的维护需求)也会影响利用状况。

例：当被告知设备的一部分有缺陷时，维护任务请求会要求该设备被分为难以利用的类型。如果该设备进入预定的预防性维护时期，也会被分为难以利用的类型。如果设备修理完成或者预防性维护活动结束，维护任务将会要求把设备重新分到可用的类型。

设备挑选服从 GB/T 20720.1 中定义的设备性能测试。该测试结果决定在特定流程段中，特定设备是否可以被分配给特定任务。

6.5.9 物料资源信息管理

有关物料和能源资源，以及未来物料和能源可用性的信息管理是资源管理的一个部分。生产资源管理包括获取的物料和可用的能源。维护未来可用性是为了向生产调度提供信息。

生产资源管理包含关于物料形状变化的信息管理，比如大批物料丢失的时间，或者能源资源失去了特性。QA 测试通常会显示这些变化。

例：一堆原料从“干”变成“湿”，pH 值从 7.0 变为 7.1，或者可用电力从 300 kW 变成 280 kW。

6.6 详细生产调度

6.6.1 活动定义

详细的生产调度定义为一组满足生产调度要求的获取生产行程安排和使本地资源获得最佳利用的活动。包括对最少设备设置或清洗的要求进行排序，对设备获得最佳利用要求的协调，以及由于批量和有限产率所引起的拆分请求。详细生产调度会考虑本地的情况和资源可用性。

注：企业层的计划安排系统通常没有特定工作中心、工作中心元素和人员调度要求的详细信息。

6.6.2 活动模型

图 18 描述了详细生产调度的一些接口。

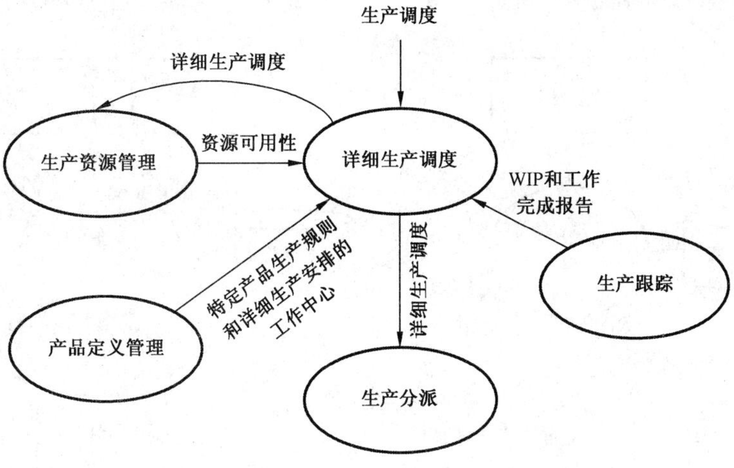

图 18　详细生产调度活动模型的接口

6.6.3　详细生产调度的任务

详细生产调度的任务包括：

a)　创建和维护详细的生产进度表；

b)　生产实际与生产计划的比较；

c)　确定生产资源管理功能使用的每项资源的可靠性；

d)　从维护运行管理、质量运行管理和库存运行管理获取信息；

e)　执行假设分析仿真。该任务包括以下内容：为第 4 功能层提出的生产要求计算生产准备时间和最终完成时间；为特定生产的未来生产可用性确保时间。

例：能够从第 4 层系统进行应答调查。

详细的生产调度由第 4 层的生产调度创造。详细的生产调度基于第 4 层定义的调度、产品定义和资源绩效的要求。它解释了约束性和可用性，而且利用了生产跟踪活动的信息来解释流程中的实际工作。它可能不是以按照要求或既定进度表的形式出现。可能会因为不曾预料的事件，比如设备损耗、人力改变、原料性状变化，重新进行计算。它可以提供给人、应用软件或其他活动。

例：详细生产调度可能强制执行调度策略，比如向前(推)或向后(拉)的选择、每个工序的优先分配、应用在车间的特定限制、瓶颈资源的时间缓冲安置等等。

6.6.4　有限产能调度

详细生产调度必须以有限产能调度的形式进行。有限产能调度是一种按生产资源调度工作的调度方法，从而使生产要求不超出生产资源的生产产能。

有限产能调度在本地工场或区域内完成，因为大量详细的本地信息对有效的详细生产调度来说是必需的。当前以及未来资源绩效和产能的信息(GB/T 20720.1 中定义)对于详细的生产调度是必需的，并且由生产资源管理活动提供。

6.6.5　分拆和合并生产调度

图 19 举例描述了在分配前，生产调度是怎么分拆或合并的。图 14 的左半部分描述了单个生产调度怎么分拆成多个详细生产调度，右半部分描述了多种资源的多个生产调度怎么合并为一个详细调度。

例 1：多个详细生产调度在一周的生产调度中发生，分别调度每一天的生产。

例 2：单个的详细生产调度和多个生产调度的元素联合在一起，从而减少准备时间，实现生产最优化。

详细生产调度的一个通用功能包括以减少准备和转换时间为目的把生产要求融入工作单元。这在分配运作的调度中普遍应用，在这里，为了使准备和清洁时间最小化，在同一段时间内把同一种物料分配给多个生产请求。还包括详细生产调度的定义，使相关的产品连续生产，并且减少和消除产品转换的延时。另一个优化是通过同一产品多个请求的合并来优化批量。

注：按特定目标函数对详细生产调度进行最优化的优点是通过更好的生产工序的安排和分配解决了冲突，减轻了违反约束的负面影响。

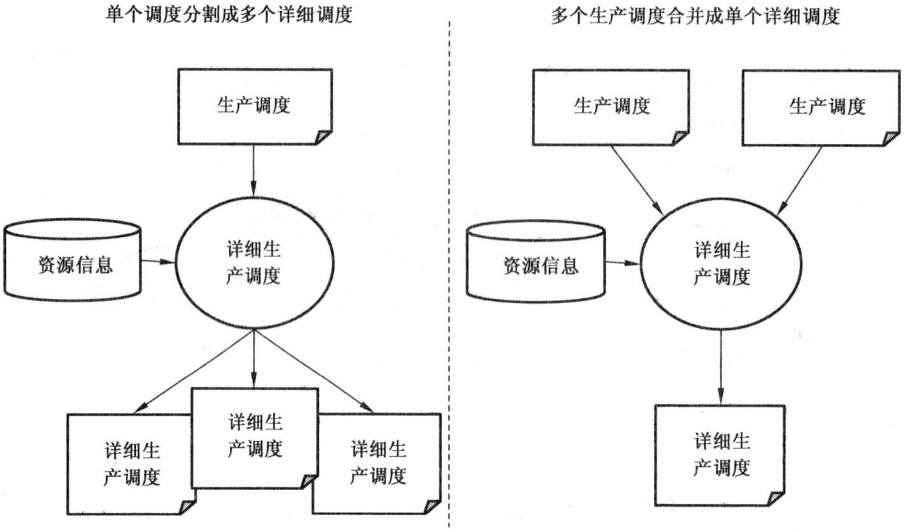

图 19 生产调度分割和合并成详细生产调度

6.6.6 详细生产调度

详细的生产调度应该定义为一系列生产工作命令,它们的先后顺序与单个或大量产品的生产有关,并且存在于详细制造要求的层面。详细的生产调度定义了中间物料(没有在高层次调度中定义)的生成。详细的生产调度通过特定的开始时间或开始事件,把物理和化学基础工序跟特定的生产设备或生产设备类结合在一起。典型地,这是通过生产工序来完成的。详细的生产调度可以涉及特定的人员或人员类。

详细生产调度定义了生产任务的资源分配,远比"面向业务"的流程段详细。产品或流程段(本部分第1部分中定义)可以通过执行一个或一个以上的基础工序来实现。例如详细的生产调度可以界定不同层次所需的"面向操作"的基础工序。

详细的生产调度还包括生产跟踪活动所需的信息,使得生产实际与生产要求一致。

6.6.7 详细生产调度实例

图 20 以甘特图的形式描述了一个设备的详细生产调度的例子。图中的散列长方形代表了生产工序,每个不同的散列长方形代表不同的生产工作。

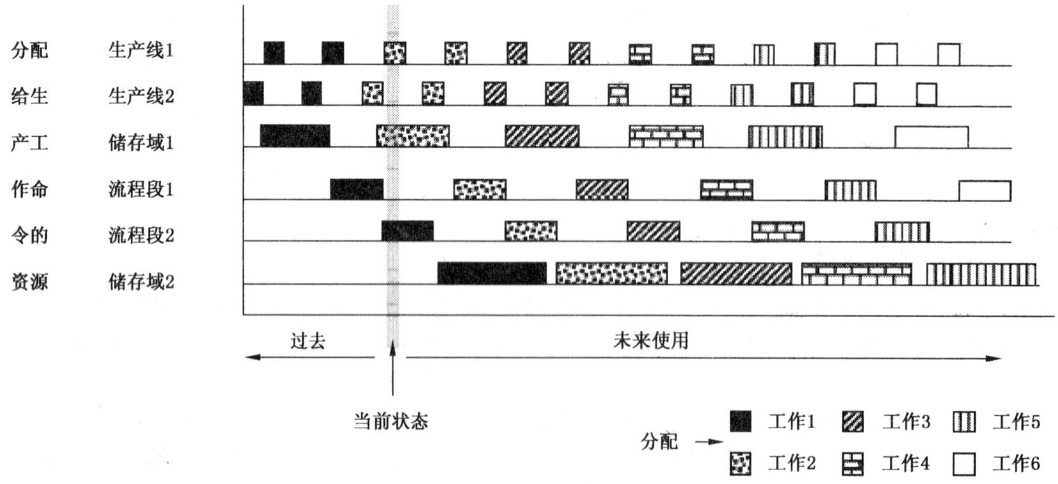

图 20 详细生产调度

6.7 生产分派

6.7.1 活动定义

生产分派定义为一组管理把生产分派给设备和人员的生产流的活动。包括:

a) 批控制系统中调度分批开始；

b) 生产线上调度生产运转的开始；

c) 在生产单位中指定标准操作条件的对象；

d) 向工作中心传递工作顺序；

e) 向人工操作发送工作顺序。

例：分派的工作可以是机器设置、等级变化转换、设备清洗、运转速度设置或者生产流设置。

6.7.2 活动模型

图 21 描述了关于生产分派的一些接口。

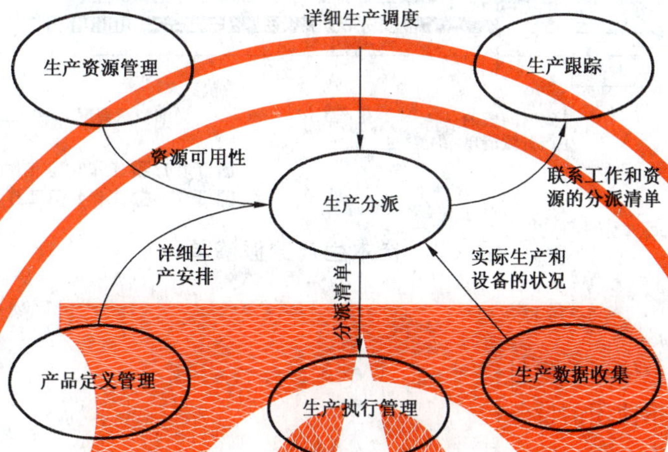

图 21 生产分派活动模型的接口

6.7.3 生产分派的任务

a) 按进度表发送生产工作顺序；

b) 在没有被确定为详细生产调度的一部分的场合，分配本地资源给生产；

c) 发布本地资源来开始工序；

d) 处理详细生产调度中未预知的情形。可以包括管理工作流程和缓冲中的判断。这些信息必须与维护运行管理、质量运行管理、库存运行管理和生产资源运行管理一致；

e) 维持工序状况；

例：经核准的、固定的、在线的、已删除的。

f) 确保在详细调度下的流程制约和调整来满足生产。发生在调度建立之后，指令执行之前；

g) 遇意想不到的事件导致无法满足调度要求时，通知详细的生产调度；

h) 从质量运行管理中获取信息，显示不曾预料的情形可能与预定的事件有关；

i) 从生产资源管理获取关于与预定事件有关的不曾预料的未来资源可用性的信息；

j) 发送或制造可用的生产分派名单来指明执行的生产活动。

6.7.4 生产分派名单

生产分派名单定义为一套准备执行的生产工作指令。生产工序定义了工作中心和工作单元中执行的特定工序的基础。生产分派名单中的每个项目应该包含详细生产调度指定的活动开始的时间或事件。

生产分派名单可以是多形式的，包括批名单（参见 GB/T 19892.1—2005，查条款 2）、运行指导、生产线调度、设置时间或者流程规范。生产分派名单使设备和详细生产元素相互联系，并且把这方面的信息提供给生产数据收集和生产跟踪活动。

6.7.5 生产分派名单和生产工序的实例

图 22 以甘特图的形式描述了详细的生产调度和生产分派名单的一个例子。图中每个散列的长方形代表一个生产工序，每个不同的散列长方形代表不同的生产工作。生产分派名单表示成特定时间段内的

一批生产工序。生产工序由低层次的元素组成。特定资源的一系列生产工序由详细资源调度表示。

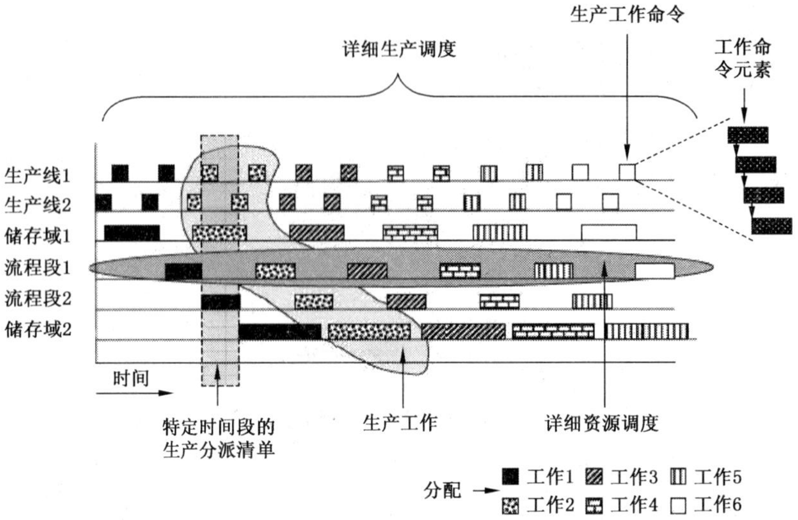

图 22　样本生产分派清单

6.7.6　分配工作

生产分派可以包括：

a)　分配生产工序中使用的物料；

b)　分配生产工序中使用的设备；

c)　分配执行一个生产工序的人员；

d)　分配生产工序中使用的库存和其他资源。

这类活动包含通过使用生产执行管理的反馈作用，在缓冲管理、重做和营救管理流程中控制工作量的能力。还包含取消或减少分派的工作的能力。

图 23 描述了关于工作分派活动如何处理含有连续、间歇式和离散生产段的混合设备的工作的一个例子。在这个例子中，生产分派名单会指定连续预混料运行的设置，包括任何初始投料。然后生产分派名单会定义主要生产的批次顺序，还会定义后端离散包装系统的设置。

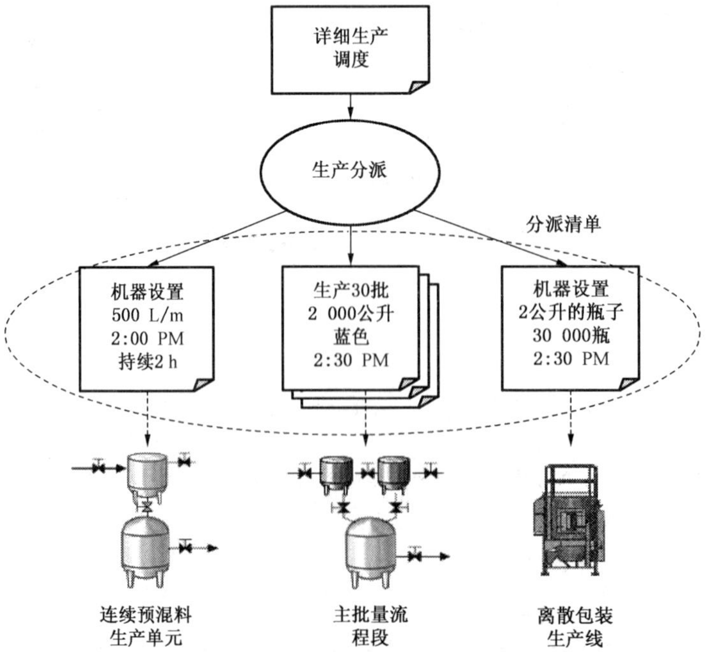

图 23　混合流程设备的工作分派

6.8 生产执行管理

6.8.1 活动定义

生产执行管理应该定义为一组指导工作执行的活动，就像生产分派名单所列出的。生产执行管理的活动包括通过产品生产运转次序的合理安排来选择、启动和移动工作单元(例如一堆、一班或一批)。实际的工作(手工或自动)是第2功能层的一部分。

注：次序是以特定生产项目的详细生产路线的形式定义的。生产执行处理的是工作的个别单元，从一个工作或一个步骤到下一个，对诸如实际物料消耗，劳动时间使用，每个步骤或工作的出产和废料等事进行收集和统计。在车间的任何时间里，使每个堆或工作单元以及生产指令的状态和位置是可见的，并且提供了一种方法使车间指令对于外部顾客是透明的。

生产执行管理可以使用来自先前生产运转、生产跟踪捕获的信息，来进行本地最优化和提高效率。

6.8.2 活动模型

图24描述了有关生产执行管理的一些接口。

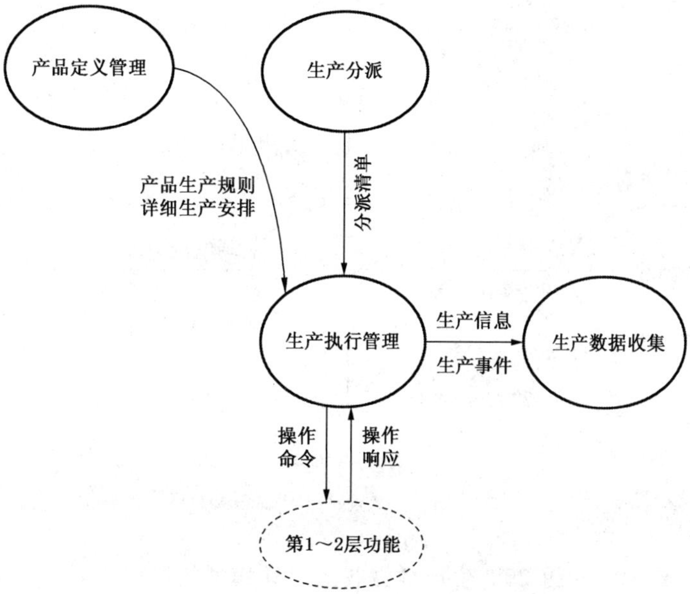

图24 生产执行管理活动模型的接口

6.8.3 生产执行管理的任务

生产执行管理的活动包含在某个地点或区域手工和自动流程的协调工作。常常需要为自动控制设备定义良好的交互通道。

生产执行管理的任务包括：

a) 指导工作的执行以及第2层活动的初始化；

b) 确保生产中使用的是恰当的资源(设备、物料和人员)；

c) 确认工作是按照公认的质量标准执行的。包括从质量活动获取信息；

d) 确保资源对于分配的任务是有效的；

例1：确保设备的杀菌情况对于分配的操作是正确的(例如，在用于生产前，容器是“干净”的)。

例2：证明设备是当前的，人员是合格的，物料是可以使用的。

e) 在当前控制运行时间下分配资源；

例3：如果详细生产调度没有定义分配单位，就要按批单位分配。

f) 当不曾预料的事件使得不能满足工作要求时，通知其他的活动；

g) 从生产资源管理获取关于无法预料的未来资源可用性的信息；

h) 为生产执行管理提供生产信息和事件，比如定时、产量、劳动力和物料的使用、运转启动以及运转完成。

6.9 生产数据收集

6.9.1 活动定义

生产数据收集定义为一系列为特定工作流程或特定生产要求收集、编辑和管理生产数据的活动。制造控制系统主要处理诸如数量(重量、单位等等)和有关参数(比率、温度等等)的流程信息，以及诸如控制器、传感器和执行器状态的设备信息。处理的信息包括传感器读取、设备状态、事件数据、操作—登录数据、交互数据、操作行动、消息、模型计算结果以及其他产品制造的重要信息。数据收集是基于固定时间或事件的，按时间或事件添加数据把收集的信息联系起来。

6.9.2 活动模型

图 25 描述了关于生产数据收集的一些接口。

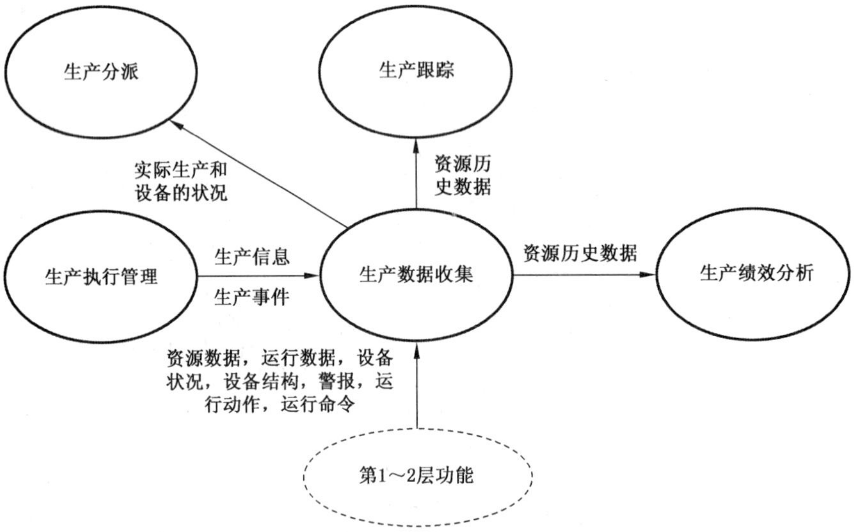

图 25 生产数据收集活动模型的接口

6.9.3 生产数据收集的任务

生产数据收集的任务包括：

a) 收集、恢复、存储与生产请求的执行，设备使用有关的信息，包括生产人员加入的信息；

例如：可以包括以下几点：

——流程数据；

——设备状态数据；

——队和小班位置以及数量数据的收集；

——运行日志(车间设备条目和注释)。

b) 向基础流程或制造线管理系统、实验室信息管理系统以及生产管理系统提供接口，来实现信息的自动收集；

c) 提供关于生产数据的报告；

d) 为本地流程和生产分析，以及向上层逻辑系统报告进行信息维护；

e) 为实现产品跟踪和追踪能力维护信息，如跟踪产品特定的物料、设备和/或操作者；

f) 提供顺从监控和管理功能警报(事件日志和时间序列)；

g) 为规范比较提供收集的产品质量信息。

6.10 生产跟踪

6.10.1 活动定义

生产跟踪应该定义为一系列为第4层作生产响应准备的活动。包括总结和汇报关于产品生产中人员和设备的实际使用、物料消耗、物料生产以及其他如成本和绩效分析结果的有关生产数据的信息。生产跟踪还向详细生产调度和第4层调度活动提供信息，使调度可以根据当前情况进行更新。

6.10.2 活动模型

图26描述了有关生产跟踪的一些接口。

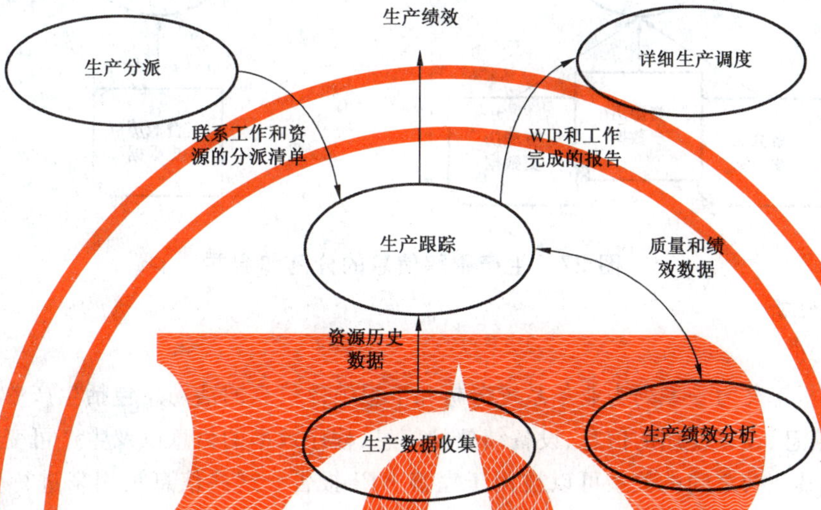

图26 生产跟踪活动模型的接口

6.10.3 生产跟踪的任务

生产跟踪的任务包括：

a) 维持特定时期内每个容器中存在物的描述，并跟踪生产领域内所有物料的路径，从而追踪车间物料的运转；

b) 记录运转的启动和终止，收集关于堆和班的数量和位置的更新信息；

c) 从生产数据收集和生产分析获取信息；例如，关于批(产品跟踪和追踪的重要组成部分)生产中消耗的物料的信息，以及关于批生产流程中车间环境状况的信息；

d) 把流程事件(包括生产和运转事件)转换为产品信息；

e) 为跟踪(记录)和追踪(分析)提供信息；

f) 产生生产响应和生产绩效信息。信息可以以需求或清楚定义的进度表的形式提供给人员、应用软件或者其他活动；

g) 产生关于生产流程的报告。包括调整或质量管理目标所要求的报告。

6.10.4 生产信息的合并和分割

生产跟踪包含把生产数据编译成有关实际生产的业务信息，包括在线库存、原料使用和能源使用。生产跟踪可能需要把来自于多批或多运转的资源历史数据综合成单个生产绩效的报告。同样还需要把关于单个批次或运转的信息分割成多个生产绩效的报告。这些显示在图27。

例1：用于完成单个指令的单个生产运转信息按指令综合成生产单个产品的响应。

例2：单个生产运转的信息分割成多生产绩效的报告，每个生产中的轮班使用一个报告。

例3：产品运转的一部分可能被传递给一个外部实体，来完成产品生产周期的一部分。在这种情况下，产品就会分享它的历史记录直到离开内部制造流程而回到正常内部制造流程，与同类产品相比，这些产品在历史记录上会有些许的不同。

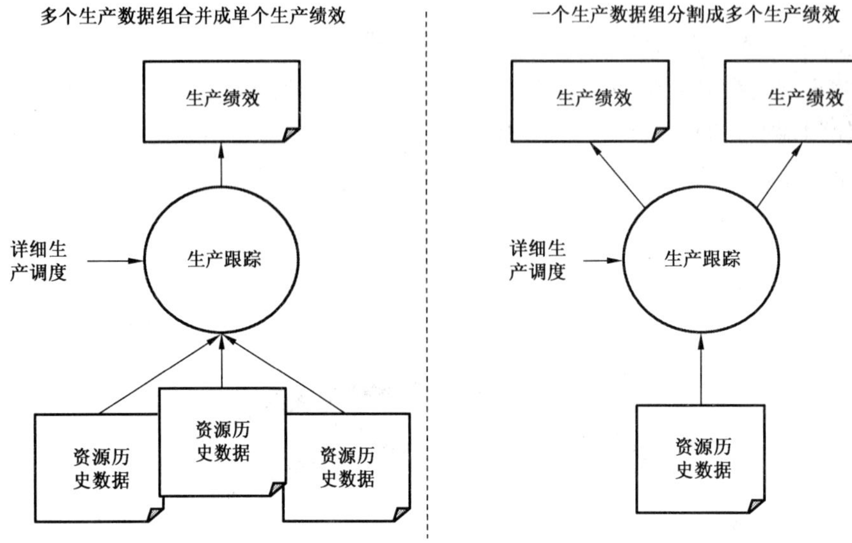

图 27 生产跟踪信息的分割和合并

6.11 生产绩效分析

6.11.1 活动定义

生产绩效分析定义为一系列为业务系统分析和汇报绩效信息的活动。包括生产单位循环周期的信息、资源利用的信息、设备使用的信息、设备绩效的信息、程序效率的信息以及生产可变性的信息。

这些分析与其他的之间的关系可以被用于完善 KPI 报告。这些信息被用来进行生产和资源利用的最优化。这样的信息在预定的基础上提供，也可以在生产运行或批次结束时提供，或者在需要时提供。

生产绩效分析的流程是在线的。一旦优化发生并且强制约束实施，其他系统约束就会产生。另外，市场条件和生产混合的改变会引起标准优化和系统约束的变化。在多变的环境里，生产绩效分析活动有规律地重新检查当前的生产量和政策以及预期情形，使得系统的生产量最大化。

6.11.2 活动模型

图 28 描述了有关生产绩效分析的一些接口。

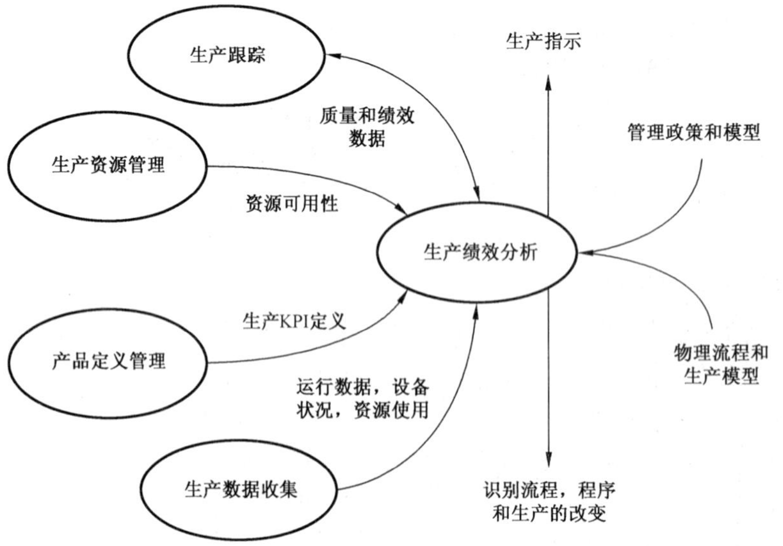

图 28 生产绩效分析活动模型的接口

6.11.3 生产绩效分析的任务

生产绩效分析的任务包括：

a) 绩效和成本的生产报告；

b) 评估产能和质量的约束力；

c) 执行产能决定必需的性能测试；

d) 不同生产线的比较和创造平均水平或目标性运转；

e) 一个运转与另一个的比较和对比；

f) 生产运转与公认的"金牌"运转的比较；

注 1："金牌"运转指生产历史中最好的运转，这里的最好可以是质量最高，或成本最低，或任意其他的标准。

g) 找出"金牌"运转不同寻常的原因；

h) 运转与定义的"金牌"运转的比较；

i) 基于连续流程改进的分析结果改变流程和程序；

j) 根据当前和过去的绩效预测生产运转的结果。包括生产指标的生成；

k) 在生产流程中使产品段和流程条件联系在一起。

例：工作指令基础、产品段和流程段，以及它们的时间、数量和生产条件的记录易于搜索和使用，来回答以下形式的问题，"发生什么活动，怎么发生(使用的设定值什么，哪个程序，等等)，发生在什么地方，什么时候，以及谁导致了活动的发生?"。

注 2：作为这个主要问题的补充，也会回答诸如有关物料跟踪的"地点，时间和原因是什么?"等与资源跟踪有关的问题。这种跟踪产品和减少污染物影响的能力是为确保未来顾客定单所必需的针对性分析的工具。

6.11.4 资源可追溯性分析

资源可追溯性分析定义为一系列追踪所有资源(物料、设备和人员)历史的活动，这些活动根据的是处理生产资源的流程活动和事件。

资源可追溯性分析包括如下的分析：

——物料的生产、消耗、存储和移动；

——用于生产、测试和存储的设备；

——生产人员、物料存储和设备运行。

注 1：作为在生产设备之间移动的批次或份额，当场的决定都是按照有关原料消耗地点，基于分析结果的重做活动，以及其他类似的决定下的。当产品单元成为完工货物或者发货给顾客时，追踪原料消耗的供应源是十分重要的，这个流程中包含特定人员或者设备单元，不管工作单元是否返工一次以上，也不管类似问题有多少。

注 2：一个份额的最近源头的记录可能被看作是企业系统生产响应的一个附属部分，或者在制造运行层对于实现效益的持续提高有着重大价值。

注 3：这个条款处理的是基于生产前景的资源可追溯性，并且与等价信息以及维护运行管理，质量运行管理和库存运行管理的功能相结合。

资源可追溯性由两部分组成，跟踪和追踪。

a) 跟踪是跟随和记录资源的移动和改变，以及记录所有步骤和代理商之间资源的输入的流程；

b) 追踪是利用跟踪信息，从任意一点向前或往后追查，确定资源使用历史的流程。

注 4：例如，物料追踪表现为：

——往后物料追踪——显示输入制造流程的物料和改变物料使用的设备的上游历史；

——向前物料追踪——显示输入制造流程的物料和改变物料使用的设备的下游历史。

6.11.5 产品分析

产品质量的测试是最重要的制造运行活动之一。测试可以是内嵌、在线或者离线的。产品分析还包括实验室和质量测试程序管理中典型执行的离线分析。与产品分析有关的活动在条款 8.1.5 中定义。

产品分析(质量保证)活动包括在线信息的显示，比如 SPC(统计过程控制)或 SQC(统计质量控制)

的数据。质量管理处理质量测试程序,通常维护质量测试的结果。

6.11.6 流程分析

流程分析提供了关于交叉在多生产运转和批次中的特定制造流程的反馈。这些信息用于特定生产流程的最优化或更改。这些活动包括用于确定根源的不良生产运转的分析,以及用于确定最佳运转条件的异常质量生产运转的分析。流程分析常包含 SPC/SQC 分析和流程建模,以及从测量运行参数的多个活动中收集的信息的使用。

6.11.7 生产绩效仿真

仿真常用于贯穿车间的物料流和流程变化响应评价的建模。它可以模拟流程中的变化、生产安排的变化或者制造程序的变化。还可以基于当前运行流程状况指导物料状态的预测。仿真可以在装置的生命周期中用于性能的跟踪,状态变化的跟踪,以及操作员的训练。

注:仿真可以显示把下列好处提供给生产的方法:

——在新设备、机器或劳动力没有显著增加的情况下,增加额外生产量;

——提高现有系统的效率和效益;

——消除瓶颈,更好地利用现有资产;

——评估提高质量和产量或者降低成本的可行性;

——提高能力,以应付最终期限、顾客委托和顾客要求的改变;

——在不使人员、环境、物理系统或生产冒风险的情况下,训练操作员。

6.11.8 生产指标和 KPIs

作为 GB/T 20720.1 和 GB/T 20720.2 定义的生产绩效数据模型的补充,这里有关于生产的额外信息,包括提供过去执行的概要、未来执行的暗示或者潜在的未来问题的指标。相同的,这些信息定义为"生产指标"。生产绩效分析的一种活动是产生生产指标。这些信息可以用于改进和优化内部的制造运行。如果有业务流程需要这些信息,这些信息也可以为了未来的分析和决策传递给高层业务流程。

生产指标可以像用于复杂流程模型输入的流程标签值一样简单。与生产输出有关的是一个核心设定值,但是基于纵向行业的核心设置必须有重大变化。生产指标通常在第 4 层与财务信息结合在一起,或者在第 3 层使用第 4 层的财务信息来提供基于成本的指标。

例如:典型的 KPIs 和特定业务流程联系在一起。生产指标的例子包括(在 APQC 的允许下使用;© APQC 2005,www.apqc.org):

以最大能力生产速度百分比形式表示的实际生产速度		生产和设备测试的建立时间
实际相对计划量		生产计划会晤(时间百分比)
平均机器可用比率或平均机器使用时间		生产力:每单位劳动小时
首批产品,首批质量合格的产量		完工产品的不合格或返回比率(百万分率)
设备维修的时间损失		不合格率的减少
首批主要成分合格的产量		返工和返修小时与直接制造小时的比较
典型产品的制造周期		返工和返修劳动成本与全部制造劳动成本的比较
每个操作由于处理故障进行流程改变的次数		以销售量百分比形式表示的废料量和返工数量
完成计划流程中的故障百分比		废料量和返工数量百分比的减少量
每个员工生产量的增长百分比		主要产品的标准的定单到出货时间
自动组装步骤所占百分比		由于次级组装短缺引起的时间减少
通过冲击进度表中其他份额或工作而加速的份额或工作的百分比		工程改变一体化的时间需求

表（续）

合格证书过期的操作员的百分比		制造单位：每平方尺或每平方米的制造和储存空间
证明不合格的工具的百分比		担保效力的减少
份额数量减少的百分比		以销售百分比形式表示的保修成本
制造周期减少的百分比		产量提高
无计划加班的百分比		

6.11.9 绩效管理

绩效管理定义为一系列在一致的构架中系统地获取、管理和呈现绩效信息的活动。包括利用矫正动作来改进操作。

用关键业务对象来矫正低层制造指标具有商业价值。下列是执行管理解决方案的一些典型功能：

——监控以实现 KPIs 的可见度；

——在模型中利用 KPI 信息的能力；

——根本原因分析；

——未来 KPI 值的预测；

——基于 KPI 值制定控制规则的能力。

绩效管理信息的一个主要活动是把大量原始数据转换为可操作信息。层次模型典型运用于进行制造绩效数据的分析，并且可以配合设备模型。

例 1：这可以是从产品族往下到单个产品库存保管单位来分析所有的库存。

例 2：简单的模型可以是一个指标所有辅助节点的总和。

那些不明显的性能指标会减少绩效管理的价值。这类似于在一页纸上写上千个值的报告。KPIs 可能有一个隐含的队列，在这个队列里，那些对企业有巨大影响的值有较大的可见度。

例 3：可见度象征的一个例子是使用交通灯指示一个指示器的状态。绿灯表示指示器在规格之内。黄灯和红灯表示指示器超出了允许范围。没有灯亮代表数据的缺失，或者数据的质量不高。一个单独的报告可以由数十或数百个指示器组成，在信息量很大时还能进行快速测量。

根本原因分析决定了一个指示器值的关键贡献。通常一个指示器值可能与其他信息的潜在联系有关。根本原因分析的最终目标是揭露联系，从而可以对潜在问题进行矫正。

例 4：绩效管理活动可能具有交叉功能，也可能关注在分析中使用的原始信息。例如，这里包括深入实验室系统来观察最近样本的详细测试结果。另一个例子可以是深入生产来观察在流程控制中当前活跃的制约因素。

未来 KPI 值的预测是绩效管理的一个重要方面。这些预测的传统执行手段隐含在车间的计划/进度表中。计划/进度表包含显示未来资产活动的信息，并且这些可以包含在 KPIs 里。预测指示的另一个执行手段是向当前 KPIs 提供预测统计表以及估计的未来价值。

例 5：利用故障值之间的平均历史时间获得趋势来预测一台设备的未来故障，可以作为一个例子。

绩效管理包含基于规格外指示器识别和发动恰当行动的能力。

例 6：控制设定值的改变可以基于关键流程或衍生参数的在线 SPC 上限报警。

绩效管理贯穿整个活动模型。生产、维护、质量和库存运行管理有临界度量，这些度量不仅对本功能至关重要，而且还应用于其他功能。

7 维护运行管理

7.1 维护运行管理的通用活动

维护运行管理可以定义为一组协调、指导和跟踪维护设备、工具以及相关资产的功能的活动，其中的功能使得制造可用性和反应的、周期性的、预防性的或者前发性的维护调度成为可能。维护运行管理支持维护的四个主要类别：

a) 提供设备故障响应的维护；

注 1：在某些行业称为矫正维护或者反应维护响应。

b) 基于时间或周期的循环维护的调度和实施；

注 2：在某些行业称为预防维护。

c) 提供基于状态的维护，源于从设备或从设备推断获得的信息；

注 3：在某些行业称为基于状态的维护。

注 4：包括基于未来预期故障的预先维护。

d) 资源运行绩效和效率的优化。

注 5：在某些行业也被认为是生产和流程分析的一部分。

注 6：包括生产和支持设备的轻微改变。这些轻微改变常会消耗很大一部分维护资源。

维护运行管理包括：

a) 提供纠正的、预防性的和基于状态的维护；

b) 向预期故障(包括设备自检和诊断活动)提供设备监测；

c) 生成维护成本和绩效的报告；

d) 协调和监测承包的工作；

e) 监督维护请求；

f) 维护完成报告，包括使用剩余部分、维护劳动和维护成本；

g) 与操作员和车间管理协调既定工作；

h) 生产设备的绩效证明；

i) 协助产品转变需求，包括设备的改变；

j) 监测和更新维护历史文档。

7.2 维护运行管理的活动模型

图 1 中阴影部分显示的维护运行管理模型可以扩大到一个更加详细的维护运行模型，见图 29，使用了图 6 显示的通用活动模型。此维护活动模型确定了主要的维护任务以及一些在这些模型之间交互的信息。但没有确定在特定的组织结构中如何执行这些活动。在维护活动角色的组织以及个人和系统资源的角色分配方面，不同的公司是不同的。

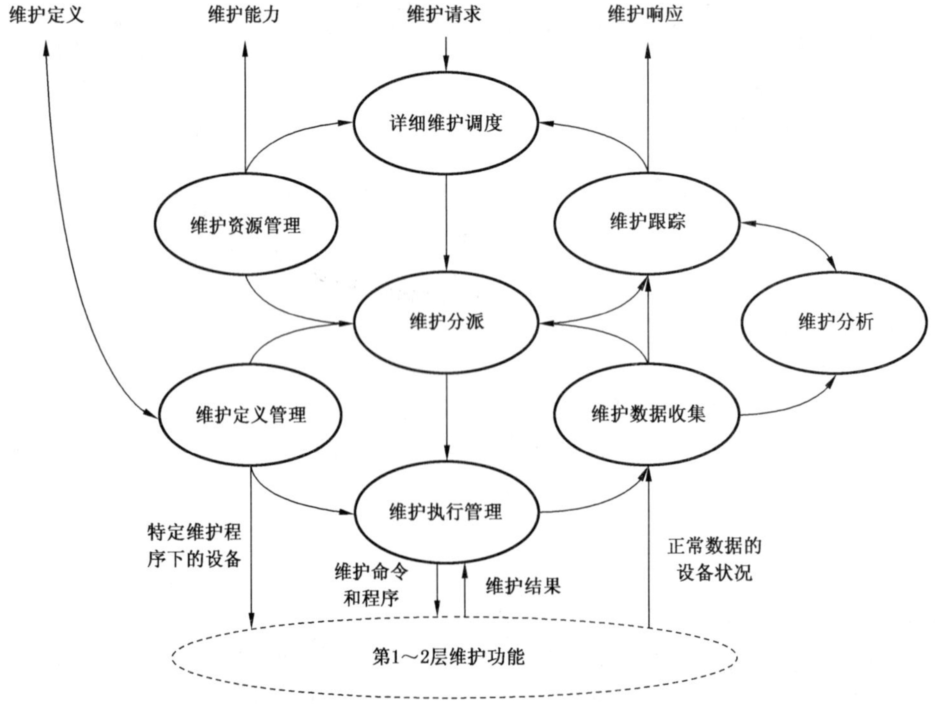

图 29 维护运行管理的活动模型

维护运行模型中的椭圆形部分表示一组活动,代表主要活动。带箭头的线段表示活动之间的重要信息流。维护运行表中并没有描述所有的重要信息流。在任何特定执行中,来自任意活动的信息可能是任一其他活动所必需的。图29仅仅列举了活动之间一些主要的信息流。

7.3 维护运行管理中的信息交换

7.3.1 维护信息

维护请求、维护工作指令和维护响应,GB/T 20720.1和GB/T 20720.2中定义,不总是穿越系统的第3层和第4层的边界。维护请求、维护工作指令和维护响应通常发生在制造运行的内部。维护请求和维护响应可能个别或成批地交换。

维护定义和维护能力定义也不常穿越系统的第3层和第4层的边界。维护定义通常为本地设备进行本地维修。维护能力定义可以被本地管理用于维护资源计划和预先维护管理。

7.3.2 维护定义

维护定义可以定义成为维护下的制造资产规定的文件。包括设备和系统图(带有添加和删除维护)、工程文件、说明书、用户手册、修补和维修的标准操作程序、维护指导,以及设备诊断和预测程序。

维护定义包括一些信息,用于指导维护人员需要什么活动来完成指定维护活动,如何完成这些活动,一般需要多久,以及每个子活动的资源需求——不仅以特殊工具和夹具或测试设备的形式,而且以人员必需资格的形式。

维护定义还包括维护的关键性能指标的定义。

7.3.3 维护能力

维护能力可以定义为维护活动中使用的资源的未来预期可用的、承担的和难以达到的能力的集合。维护能力包括资源的产能。维护能力基于以下能力:

——人员:典型地基于资格、训练、经验和纪律(比如系统的、体力的和熟练的)。可能还基于装置或特殊设备的熟练程度;

——设备:比如校准设备、运输设备和特殊工具;

——物料:比如维护消耗原料和剩余部分。

7.3.4 维护请求

维护请求可以定义为维护服务的请求。维护请求可能是纠正的、预防的、提前的和基于状态的维护。维护请求主要来自于第3层、第4层或低层活动,基于实际的业务和运行流程。第1层的智能仪表与控制器和第2层的控制系统可以为维护服务自动产生基于状态的请求。见GB/T 20720.1和GB/T 20720.2中维护请求和属性的定义。

另外,生产绩效问题中可能有“改进”服务、转变生产或协助的请求。这通常需要生产和流程分析活动的重要协调来执行测试和实现改进或改变。

7.3.5 维护响应

维护响应定义为维护请求中详细说明的关于纠正或改进活动的文件信息。见GB/T 20720.1和GB/T 20720.2中维护响应和属性的定义。

7.3.6 特定设备的维护程序

特定设备的维护程序定义为基于特定的分配任务指导第2层设备的详细说明。维护程序可能因为流程的需要而超出设备范围来维持环境条件。

例:这里包括设备以诊断或预兆为目的使用的程序(在第2层或第1层设备中执行),以及用于决定预防性或预见性维护的目标评价。

7.3.7 维护命令和程序

维护命令和程序定义为传递给第2层完成特定维护任务所需的请求信息。这些命令包括要完成工作的详细说明以及所有相关的维护文件。这些命令可能以带有相关维护信息的说明书或指令的形式提供给人员或设备。

7.3.8 维护结果

维护结果定义为从第2层接收的维护命令和程序的响应信息。典型地，维护结果是维护命令和程序完成的响应。包括维护活动流程中收集的维护活动的详细数据。

例：一个结果的例子可能是包含像"#43压力板被移除和替代，放到0.25英寸的清洗槽中，并放回保养"的信息。

7.3.9 设备健康状况数据

设备健康状况数据定义为收到的第2层或第1层显示设备健康状况的监测结果的信息。数据可以表现过去、现在或将来的情形。设备健康状况数据并不典型地与维护文件或程序联系在一起。

例1：包括最大承受的温度、振动和自测状况。

例2：包括特定限制下一个阀门满量程运行时间的指示。

注1：见ISO 13374.1:2003，机械的条件监测和诊断——数据处理、传输和介绍——第一部分：全面指导方针，作为此类数据的例子。

注2：包括设备的自检和诊断活动。

7.4 维护定义管理

维护定义管理定义为一组定义、管理和维持完成维护任务所必需的信息和说明的活动。

维护定义管理包括：

a) 维护文档，比如维护说明、用户文档、CAD制图、数据库记录和分析工具；
b) 生成和管理一组维护定义；
c) 维护定义变化的管理。包括在适当的批准流程、版本定义管理、修改跟踪和定义的安全控制中追踪变化的能力；
d) 向其他应用软件、设备、人员或活动提供维护定义；
e) 在业务运行详细要求的水平下，管理维护定义信息与第4层功能之间的交流；
f) 基于流程和维护分析优化维护定义；
g) 产生和维持与生产设备无关的维护定义，比如维护设备的维护以及维护设备的确认；
h) 管理与维护有关的KPI定义；
i) 管理与安全和环境影响有关的维护定义；
j) 维护定义管理包括维护定义分配的管理。一些维护定义可能专为第1层和第2层设备而存在。如果可能的话，这些信息的下载必须与其他制造运行管理功能一致，从而减少对生产的影响。当下载是作为维护执行管理活动的一部分发起时，这些信息可能包含在维护命令和程序里面。

注：典型地，维护定义管理阐明了流程安全管理的所有方面，如果企业允许并在流程安全管理规则许可的情况下，还包括"类型替代"的部分替代性。

7.5 维护资源管理

维护资源管理定义为一组管理有关维护控制域内使用资源状况信息的活动。管理的资源包括维护设备、维护工具、人员(拥有技术规范)、文档以及维护中使用的物料和能源。

典型地，资源状况包括设备的健康状况、能力、位置(是否合适)、可用性以及预期使用。

维护资源管理包括：

a) 维护关于维护人员的信息，包括资格信息，比如GB/T 20720.1和GB/T 20720.2的人员模型所定义的资格状况和资格测试结果；
b) 维护关于维护和设备能力测试中使用的设备的信息，GB/T 20720.1的设备模型中的定义；
c) 维护关于维护供应的信息，定义为消耗的物料，如第一部分的物料模型所描述；
d) 维护有关第3层维护活动中要使用和正在使用的资源的健康状况、任务和可用性状况的信息；
e) 协调和监测定约工作；
f) 监督维护请求。

例：信息包括像人、技术、技术管理、设备、工具和修理备用库存等元素。

维护资源管理的目标是在单位维护成本减少的前提下安全地提高总生产量。这是通过向制造运行人员提供及时信息以做出流程运行和设备维护的最佳决策来实现的。

7.6 详细维护调度

详细维护调度定义为一组形成详细维护调度的活动。详细维护调度的任务包括：

a) 响应维护请求；

b) 确认或否认维护请求；

c) 决定请求的优先级和努力水平以及所有资源的可用性；

d) 以一个或多个维护工作指令的形式调度一个详细维护调度中进行的维护请求；

e) 与操作员和车间管理协调计划了的工作；

f) 基于维护工作指令和可用资源(人员、设备和物料)的要求，一个详细的维护调度可能发生在每个工场或区域。详细的维护调度维护需求并且发展了必要的维护工作指令结构。维护请求可能来自于一个或多个高层功能、来自于第3层的其他活动或者甚至直接来自于智能设备。

详细的维护调度通常主要源于业务计划和物流系统(第4层)之间的交流。

例：作为本地调度活动处理，一个发动机的故障可能使相关生产线停工，而这损失必须向第4层的调度系统汇报。

7.7 维护分派

维护分派定义为一组向详细维护调度和适当维护资源(维护定义所定义)发送维护工作指令的活动。分派实现了执行的任务和使用的资源之间的通信，而且包含了雇员或承包人的工作分配来进行工作。

没有作为详细维护调度一部分分配的资源可能被维护分派活动分配。

7.8 维护执行管理

维护执行管理定义为一组指导维护工作执行的活动。维护运行管理含有以下职能：

a) 保证在维护活动流程中遵守维护的程序和规则；

b) 工作执行状态和结果的文件记录；

c) 当不曾预料的事件导致不能满足工作要求时，通知维护分派和/或详细维护调度；

d) 确定工作按照公认的质量标准执行。这可能包括从质量运行接收可以显示不曾预料情形的信息；

e) 保证维护中使用恰当的资源；

f) 核实设备和人员证明对分配的任务是有效的；

g) 向隐含在设备改变中的产品转变需求提供援助。

7.9 维护数据收集

维护数据收集定义为一系列总结和汇报维护工作指令部署相关信息和事件的活动。信息包括当前状态、时间需求、起始时刻、当前时刻、估计完成时间、实际时间、资源使用以及向现有工作指令和早先工作指令呈现完整的维护历史的附加信息。

7.10 维护跟踪

维护跟踪定义为一组管理有关利用资源来执行维护活动以及维护活动结果的相关效力的活动。

维护跟踪包含与维护设备条件和可用性有关的报告的产生和更新活动。这可能包括调整或质量管理目标所需的记录。

例1：一个设备的条件可能是脏的、干净的或消过毒的。

例2：一个设备的可用性可能是“有资格使用”或“无资格使用”。

维护跟踪包括跟踪用于执行维护的设备状态的跟踪活动。

例3：用于执行维护的设备可能是手动传感器校准工具、伏特计和示波器。

7.11 维护分析

维护分析定义为一组检查人员、设备和物料历史来确定问题区域或改进区域的活动。

维护分析功能包括如下的确定条件：

——如果没有收到维护干涉，哪个设备会发生故障；

——应该执行什么干涉以及执行多久；

——什么地方的常规预防性维护活动可以减少；

——什么地方可以把重点放在通过排除昂贵的或重复的故障来改善资产回收(ROA)。

维护分析还要在识别条件方面援助运行和生产计划，比如：

——对流程进行调整以延长危急车间资产的生命；

——在没有招致无法接受的高风险的流程减速、停工、质量问题或安全性停产的前提下，生产可以在什么水平下继续；

——在一段时间内顺利地生产一批特定数量的产品的可能性是多少。

维护分析还包括资源的可追溯分析，可追溯分析以处理资源的维护行动和时间的形式跟踪所有资源的历史。这包括以下信息：

——维护活动中使用什么物料；

——维护活动中使用什么工具，维护什么设备；

——维护活动牵涉到什么人员；

——生成维护成本和绩效的报告；

——维护完成报告，包括使用剩余部分、维护劳动以及维护成本。

维护中存在一些提供过去执行总结和未来绩效预测或未来潜在问题的信息。这些信息全面的定义是“维护指示”。维护指示的生成是分析中的一个活动。这些信息可能制造运行内部以提高和优化为目的使用，或者如果某个业务接收流程需要这些信息，它们可能会被传递给高层业务流程进行未来分析和决策。

注：维护指示可能在第4层与财务信息结合在一起，或者在第3层使用了第4层的财务信息来提供基于成本的指示。通常维护运行管理以财务为目的区分为两类：费用和资本。由于汇报、财务以及资产管理的目的，它们就分离了。

典型地，费用与修理联系在一起，修理即重建现有资产的现状。这包括在有效成本方式下无法修理的资产“类型替代”。

典型地，资本与改进联系在一起，改进即向现有的资产基础添加资产价值。这包括添加一个新的资产或者浓缩现有资产使设备产能更大。

例：维护指示的例子包括(APQC的许可下使用：© APQC 2005，www.apqc.org)：

——单位区域和/或单位工作中心花费在预防性维护上的劳动时间；

——以设备成本百分比为形式的维护成本；

——单位产出的维护成本；

——单位区域和/或单位工作中心要求的非调度维护的数量；

——调度中设备维护的百分比；

——以调度运转时间为形式的非计划机器停工时间。

8 质量运行管理

8.1 质量运行管理的主要活动

8.1.1 质量运行管理活动

质量运行管理定义为协调、指导和跟踪质量测试和报告功能的活动的集合。广义的质量运行管理同时包括质量运行和那些以保证中间和最终产品质量为目的的运行管理。

质量运行管理包括：

a) 测试和检验物料质量(原料、成品和中间产品)；

b) 测量和报告设备能力以满足质量目标；

c) 保证产品质量；

d） 设置质量标准；

e） 设置人员资格和培训质量标准；

f） 设置质量的控制标准；

g） 质量运行管理的相关标准在附录D定义。

8.1.2 质量运行范围

本条款的以下部分仅仅关注质量测试运行管理的活动。

注：模型没有阐明测试设计、分类定义、资格设置或有关质量的创建说明书的工程和架构部分。

本条款中质量运行管理活动没有阐明包括为第4层制造和实验室测试活动而设置和发行的标准和方法来协调来自工艺、销售和消费服务的要求，例如：

a） 指导定期的质量评价；

b） 为物料质量设置非经验性的标准；

c） 为产品说明设置非经验性的标准；

d） 为生产说明设置非经验性的标准；

e） 为人员资格设置非经验性的标准；

f） 为物料设置非经验性的分类和证明流程；

g） 创建和回应非经验性的程序和流程来保证质量的定义和维护。

8.1.3 质量测试运行管理

质量测试运行管理是质量运行管理整体性的一个必需部分，通用模型也可以应用于测试运行。质量运行管理活动是图1中显示的任何活动来保证质量目标的满足所必需的。标准第3部分并没有定义质量运行管理的其他部分。

本条款阐明的质量运行管理活动包括：

a） 原料评估：

——测试购入的原料，通过与批次标准的一致性比对来确定是否可用；

——为质量控制分析收集和维持质量控制文件数据；

——测试流程中未消耗的物料，比如催化剂；

b） 产品评估：

——测试中间和最终产品，并向分类报告结果；

——为质量控制分析收集和维持质量控制文件的数据；

——与顾客要求核对产品数据来保证出货前的质量；

——基于流程数据使用在线流程分析技术实时输出或分配产品；

c） 分类和证明测试：

——通过批次标准与质量和特性的一致性比对，从而对成品进行分类；

——汇报完成的产品库存控制的QA结果和分类；

——保证产品按标准流程条件生产；

——使用在线流程分析技术核对流程的一致性；

d） QA认证：

——与标准核对样本结果；

——利用统计学质量控制方法进行测试分析；

——维持每个项目的质量统计通过连续质量控制研究来核对；

e） 实验和自动分析：

——指导样本产品公称的、化学的和物理的测试，从而为进行中的质量控制测试获取数据；

——向分析设备和质量控制系统传递测试数据来保证产品的未来质量；

——基于在线模型推断物料属性。

8.1.4 测试方式

质量运行的一个重要方面是测试和检查。测试的一些方式包括：

a) 物料、供应、设备或其他资源的测试：测试以确定使用的资源满足定义的质量要求；

b) 环境测试：环境测试用于核对环境和生产对环境的影响；例如，装备或耗材的污染，比如水或溶剂、生产设备里的空气和/或排放物；

c) 参考分析测试：参考分析由发送到不同实验室的已知样品组成，为了核对特定实验室里的绩效；

例：测试一个执行来观察某个实验室是否能获得正确的结果。

d) 资产可靠性测试：预防性的维护测试指导来提供产品和流程的一致性。

例如：例子包括产品和设备装置的振动姿态、物理道具的油性/流动性测试、污染和金属比例，以及超声波压型。

8.1.5 测试发生时间

测试可以发生在制造流程的不同时间和地点。包括以下例子：

a) 在线测试：在线测试是生产执行管理的一部分，其中测试设备是流程的一部分；

b) 线上测试：线上测试时测试物料离开生产运转，由生产操作人员在生产线上执行测试；

c) 离线测试：离线测试时的测试离开生产执行管理，在实验室里进行。

8.1.6 质量系统

不同的多样系统支持质量运行。典型地包括实验信息管理系统（LIMS）、历史系统、批管理系统、SPC（统计过程控制）或SQC（统计质量控制）系统，或者OEE（全面设备效力）。

注：以上涉及的所有系统包含在物料测试中，但也在环境测试、健康测试和校准活动测试中使用。

8.2 质量测试运行的活动模型

图1阴影部分描绘的质量测试运行模型扩展到一个更加详细的质量测试运行的活动模型（图30中显示），使用了图6中显示的通用活动模型。图30显示的模型定义了与检查或测试运行有关的活动。模型定义了进行哪些质量测试活动以及活动之间的关联顺序，并不是在一个详细组织机构中怎么去实行。不同企业可能有不同的角色组织和人员或系统的角色分配。

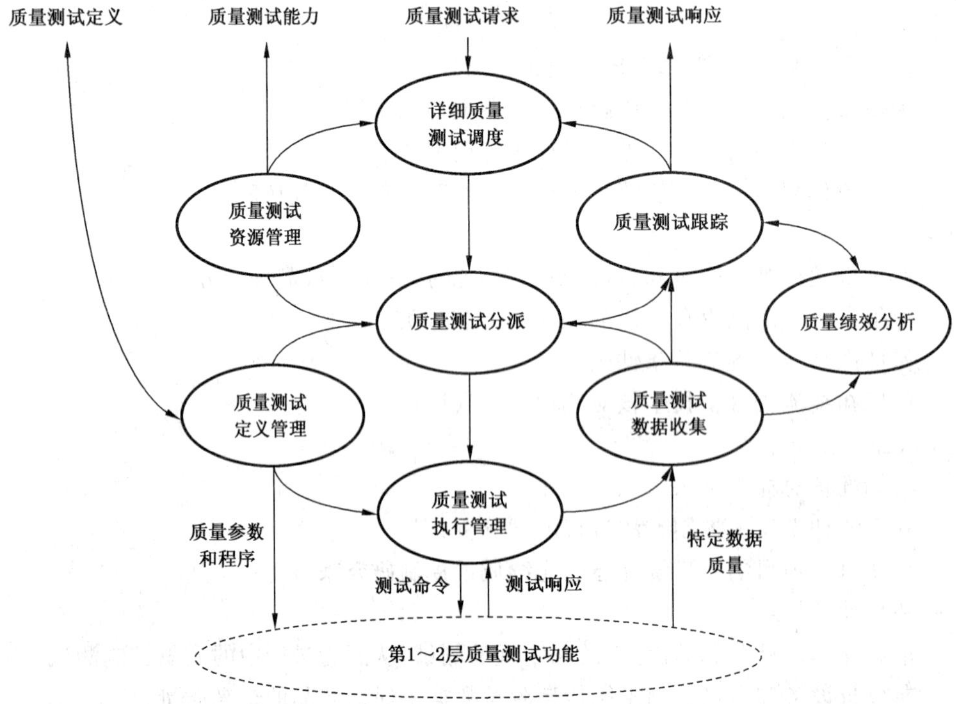

图30 质量测试运行管理的活动模型

在质量测试运行的活动模型中,质量请求和质量响应通常不穿越第3层和第4层系统之间的边界。质量测试请求常常发生在第3层系统的内部。质量测试请求和质量测试响应可能在内部或作为一套交互。一套有组织的请求可以认为是质量测试调度,而一套有组织的响应可以认为是质量测试绩效。

质量测试运行的活动模型中的椭圆代表各种活动,代表主要功能。带箭头的线段表示活动之间的重要信息流。质量测试运行的活动模型中并没有描述所有的信息流。在任何特定执行中,来自任何活动的信息可能是其他活动必需的。

图30仅仅列举了活动之间的一些主要信息流。

8.3 质量测试运行管理中的信息交互

8.3.1 质量测试定义

质量测试定义可以定义为测试物料、环境和设备的测试规范。质量测试定义可能从第4层系统传递给第3层,比如从一个企业资源计划系统(ERP),一个产品生命周期管理(PLM),或者一个产品数据管理系统(PDM)。第3层内,质量测试定义通常是附加特定车间信息的补充。

质量测试定义包含独立实验室里用于保证测试结果可信性的控制方法。这包括设备校准以及用于确认设备和考虑环境的标准。这些可能与维护运行在控制方法上有显著的交互。

8.3.2 质量测试能力

质量测试能力定义为所需资源的集合,包括有关资源状态的信息;例如,承担的、可用的或难以达到的。质量测试能力包括资源的产能。质量测试能力基于以下能力:

——人员:典型地,基于资格、培训、经验以及纪律。还基于特定装置或设备的熟练程度;

——设备:比如测试设备;

——物料:比如测试消耗的物料。

8.3.3 质量测试请求

质量测试请求定义为在物料或设备上进行测试活动的请求,可能包括中间产品、原料、成品的检查请求以及设备校准的测试请求。

基于当地的业务和运行流程,质量测试请求发生在第3层或第4层的活动。典型地,质量测试请求产生的目的是测试产品和设备来保证设备特性在产品定义的规范限制以下。第1层和第2层控制系统中的智能执行器和控制器可以自动产生质量测试服务的请求。

8.3.4 质量测试响应

质量测试响应定义为质量测试请求中要求的测试活动的结果。质量测试响应可能是一个过时/错误的响应,或者可能是测试属性的测量值。

传递给第4层属性的测量值可能具有经济价值。

例:属性值可能用于决定成本或最终物料的价格,或者允许物料以轮流的形式过以轮流使用为目的利用。

在测试失败的情况下,测试响应可以指导产生测试请求的活动。典型地,这些活动分析测试响应,引发合适的业务规则来部署生产工作指令。生产工作指令部署包括对推荐的纠正行动作所作的响应,比如:

——通过纠正调整连续生产;

——根据特定工作指导重新加工物料;

——废弃或丢弃WIP物料和重新调度生产工作指令;

——隔离或保持生产工作指令以作进一步的分析;

——丢弃测试样本,取新的样本;

——重新校准测试设备。

8.3.5 质量参数和程序

质量参数和程序定义为传递给第2层和第1层的特定说明。质量参数和程序可能包括测试SOP(标准运行程序)以及使用的估计值。

8.3.6 测试命令

测试命令定义为传递给第2层或第1层的请求信息。测试命令包括实行测试的背景(例如,样本背景、批数量)以及启动执行器的命令。

8.3.7 测试响应

测试响应定义为从第2层或第1层接收的作为测试命令的回应信息。测试响应包括测试结果,或比如“执行器不可用”的消息。

8.3.8 特定质量数据

特定质量数据定义为从第2层或第1层接收的信息。典型地,这些信息包括以带有合适背景集合的形式传递的在线或线上数据。

例1:合适的内容可以是流程数据、物料、时限以及位置。

例2:集合形式可以是测量的数值、最小值、最大值、平均值以及标准差。

8.4 质量测试定义管理

质量测试定义管理可以定义为一组定义和管理人员资格、质量测试程序以及质量测试执行所需的工作指示的活动。

质量测试定义涵盖了物料和资源的必需测试程序、频率(样本计划)以及规格(包括限度)。供应商的测试定义频率可能涵盖已鉴定和未鉴定供应不同的频率。

例1:通常测试未鉴定的供应,以及十分之一的已鉴定供应,除非最后的交付不合格。

必须测试的定义包括比如方法论形式的条款(例如,湿度的近红外测试)、计算以及质量测试定义状态的释放。

例2:释放的状态可以是“发展中的”、“准备使用的”,或者“废弃的”。

质量测试定义管理的任务包括:

a) 管理新的质量测试定义;

b) 管理质量测试定义的改变。这可能包括适当的认证流程中追踪改变、定义翻译管理、修改跟踪以及定义安全控制的能力;

c) 向其他应用软件、人员或者活动提供质量测试定义;

d) 在业务运行的详细要求下,管理质量测试定义与第4层功能之间的信息交互;

e) 基于质量测试分析优化质量测试定义;

f) 产生和维护与产品无关的质量测试定义,比如测试设备的确认以及标准样本的确认;

g) 管理与质量测试有关的关键性能指标(KPI)的定义。

8.5 质量测试资源管理

质量测试资源管理定义为一组管理质量测试执行所必需的人员、物料和设备的活动。

注:质量测试资源管理活动的范围可能是工场、区域或者更低的层次。

质量测试资源管理的任务包括:

a) 提供高品质的人员、物料和设备资源的定义。这些信息可能按要求或按定义的调度表提供,可能提供给个人、应用软件或其他活动。这些资源包括:

——测试物料:包括测试执行流程中消耗的物料;

——测试设备:包括在线、线上和离线测试使用的设备;

——人员:包括诸如技术训练、证明、授权以及安全清除属性的管理;

b) 提供关于资源产能(承担的、可用的或难以达到的)的信息。这些信息基于当前状态,未来预定,以及未来需求,并且对于资源和定义的时间范围是明确的。它们按要求或按定义的调度表提供给个人、应用软件或者其他活动;

例1:一个合格的电子扫描显微镜由于设备的维护计划在一个月内是不能变动三次的。

c) 保证获得的资源满足未来测试产能发动的要求;

d) 保证设备对于分配的任务是可用的，以及任务分配的人员具有合适的工作头衔并且最近刚接受训练；

e) 提供资源位置以及资源分配区域的信息；

例 2:向一个可以在多场所使用的移动测试设备提供场所。

f) 收集有关人员、设备以及物料资源当前状态和资源产量和产能的信息。可能基于事件，按要求和/或按定义的调度表收集信息，而且可能从设备、个人和/或应用软件收集；

g) 收集诸如生产计划、当前生产、维护调度或者休假时间表的未来需求；

h) 维护人员资格测试的测试信息；

i) 维护设备产能测试的测试信息；

j) 管理为未来质量测试所保留的资源。

8.6 详细质量测试调度

详细质量测试调度定义为一组计划和调度质量任务资源的活动。详细质量测试调度考虑了当地情形和资源可用性以及测试可能需要的准备。

详细质量测试调度的任务包括：

a) 创立和维护详细质量测试调度；

测试可能有规律地调度，由第1～2层活动发生的事件、第3层活动或者第4层活动触发。

例 1:有规律的调度可以是每月运转的原料测试。

例 2:事件触发的测试可能当物料抵达以及样本抽出并发送到实验室时发生。

例 3:第4层活动触发的测试可能当来自未鉴定供应的新的交付以及需要测试的样品存在时发生。

质量测试请求可能导致车间内部或外部的其他实验部门引导一个新的测试请求；例如，原料的测试可能需要来自多个实验室的结果。

质量测试请求的优先权通常以种类（比如高、中、低）或时间（比如预定的日期）的形式给出。

注：无限质量测试能力通常假定在生产计划内，而且质量测试的结果成为生产限制。

b) 实际测试执行与计划测试执行的对比；

c) 决定质量测试管理功能使用的每项资源的有效产能。

8.7 质量测试分派

质量测试分派可以定义为一组向适当资源（按照调度和测试定义所确定的）分配和传递质量工作命令的活动。分派实现了运转的测试和使用的资源之间的沟通，并且可能包括以测试为目的向被测试的资源传递物料。

未分配给详细质量测试调度的资源可能通过质量测试分派活动进行分配。

质量工作命令定义了特定工作命令元素，由质量运行执行。

8.8 质量测试执行管理

8.8.1 引言

质量测试执行管理定义为一组指导测试实行的活动。质量测试执行管理保证了正确资源（设备、物料和人员）的使用。还包括证实质量测试是按照公认的质量标准实行的，以及产品是许可发行的（在特定情形下）。

8.8.2 测试

8.8.2.1 在线测试

在线测试是对制定生产的一个完整部分的检查。在线测试通常由一个机器或者生产设备中的综合装置实行。在线测试的结果是立即可用的。

许多在线分析器被认为是流程控制的一部分，但如果设计为“质量鉴定工具”的话，有些包含在质量测试运行的职责之内。有些产品的质量由产品测试工具检测，并且在质量实验室进行离线检查。

8.8.2.2 线上测试

线上测试指的是测试时测试项目离开生产流程而由生产线上的生产操作者实行检查的测试。线上测试有时间限制(比如按秒或分),从而允许流程迅速地继续。

8.8.2.3 离线测试

离线测试指的是测试时测试项目离开生产执行并且在实验室里由实验分析员实行检查的测试。离线测试的结果可能比线上测试需要更多的时间(分、小时、天)。

典型地,离线测试处于质量测试的指导之下。

注:由于比如"首次权"率先性以及 U.S.FDA 的 PAT(流程分析技术)的首创性,最终产品的离线检查和中间产品的在线或线上测试之间有一个转换。

8.8.2.4 通过/未通过测试

一个通过/未通过测试的测试结果仅仅是可接受的(通过)还是不可接受的(未通过)。

例如:微生物污染是现在的或过去的,或者包装良好或不好的通过/未通过测试。

8.8.2.5 度量测试

度量测试决定了一个或多个道具的标准度量值。

8.8.2.6 重测

通常存在为失败的测试而准备的程序。依赖相关的测试,有些程序可以指出是否有重测、重抽样或者其他查证来说明测试是正确实行的以及测试了正确的样本。当实施重测时,典型的要求是记录所有测试、重测原因和最终结果的文件。

8.8.2.7 盲样本测试

质量请求通常在确定的参考样本或者在"盲样本"(即特性已知的物料)中实行。典型地,盲样本分析时并不知道样本是以验证测试工具和测试程序为目的,以及作为测试人员测试的绩效和一致性进行测试的。参考样本和盲样本的测试是质量确保运行的质量测试的一种普遍方法。

8.9 质量测试数据收集

质量测试数据收集可以定义为一组收集测试结果和确保这些结果对其他利用的可用性的活动。测试数据可能包括手工登记数据或者直接来自设备的数据。

质量测试数据收集包括提供标准的或按要求的报告给制造人员。在这些报告里,应该明确指出数据的状态。数据状态可以是最终的或者中间的。最终数据是经核实的并且为分配所准备,中间数据是未核实的。中间数据可能用于内部分配,或者仍然需要额外的测试。

8.10 质量测试跟踪

质量测试跟踪可以定义为一组把测试结果集合成测试响应,传递这些响应,以及管理有关完成测试所需的资源利用的信息的活动。

质量测试跟踪提供了关于第 3 层和第 4 层系统质量的反馈。这些信息可能作为调度基础提供,也可能在生产运转或批次的末尾提供,或者按要求提供。

质量测试跟踪包括跟踪可能在不同的时间以及车间的不同部分完成测试的活动。

8.11 质量绩效分析

8.11.1 引言

质量绩效分析可以定义为一组以决定如何改善产品质量为目的来分析质量测试结果以及测试绩效的活动。质量绩效分析包括质量可变性、质量部门循环时间、资源利用、设备利用和程序效率的分析。质量绩效分析通常是一个连续的业务流程。

例 1:质量可变性可能是以不遵守规则的报告、KPI 报告以及质量指示报告的形式汇报。

质量绩效分析的活动可能包括:

a) 分析生产数据来获得临界质量指标的趋势;

   例 2:临界质量指标可能是 SPC 和 SQC 分析超时或者越界。

b) 决定质量测试执行的精确性。这包括可重复性、适宜性以及测试方法效率的估计;

c) 决定质量分析问题的原由;

d) 纠正识别问题的推荐活动,包括征兆、行动以及结果的相关性;

e) 提供供应评价所需的信息。

8.11.2 质量资源可追溯性分析

质量绩效分析还包括资源的可追溯性分析，即以处理资源的质量行动和事件的形式跟踪所有的资源。这包括：

a) 质量活动中使用什么物料；

b) 质量活动中使用什么设备；

c) 质量活动包含了哪些人员。

8.11.3 质量指示

质量指标的产生是质量绩效分析中的一种活动。这些信息可能在制造运行的内部以改进和优化为目的进行使用；如果接收业务流程需要这些信息，它们可能被传递给高层业务流程用于未来分析和决策。第4层里的质量指标通常与财务信息结合在一起。基于成本的质量指标也可以使用第4层的财务信息在第3层内提供。

例：质量指标的例子包括(在AQPC的允许下；© APQC 2005，www.apqc.org)：

——可靠性预测的错误百分比；

——直接存储批次的百分比；

——满足顾客期望的产品百分比；

——全体人员中质量保证人员的百分比；

——产品质量工程师和制造工程师的百分比；

——接受周期时间的检查；

——处理纠正行动请求的时间需求；

——回答顾客抱怨的时间；

——纠正问题的时间；

——做相同工作的检查员之间的变更。

8.12 支持活动

其他质量运行活动直接支持以下在条款6中定义的生产运行管理活动：

a) 生产资源管理——这是流程段和资源(比如清洁状况、设备可用性、资格人员)的质量状态/属性信息的一个来源。

b) 产品定义管理——主要数据的质量保证，包括生产运行中使用的条款，包括BOM。主要数据质量属性的管理，包括承认、更改以及合适物料的替代。工作指导和主要诀窍的批准和更改。

c) 生产执行管理——这是关于质量认证和临界质量检查的信息的目标。超规格条件和重复工作的质量行动。在线测试。

d) 生产数据收集——统计学质量控制(例如，流程分析技术)。质量调查的数据分析(例如，记录系统)。

e) 生产绩效分析——临界质量指示趋势的生产数据的质量分析(每批相交叉的批次)。

以下的生产运行活动直接受益于质量运行：

——生产跟踪：跟踪WIP以及相关的质量状况；

——生产分派：质量属性和状态；

——生产详细调度：生产资源管理提供的信息基于质量状况的可用资源的输入提供；

——生产执行管理：关于生产的质量状况的直接反馈可以掌控生产中的正确行动，彻底减少废弃/重做的总量。

例1：包装出货运行的LIFO(后进、先出)检查。

例2：批反应堆的pH检测。

9 库存运行管理

9.1 库存运行管理的主要活动

库存管理的主要活动包括：

a) 管理和跟踪产品和/或物料的库存；

注：物料可以是生产物料、维护物料、质量物料或其他需要跟踪和管理的物料；

b) 执行周期性和/或按要求的库存周期计算；

c) 管理工作中心之间物料的移动；

d) 测量和报告库存和物料的移动能力；

e) 协调和控制物料移动中利用的人员和设备；

f) 指导和监测物料与生产、质量或维护之间的进出传递；

g) 向生产、质量、维护运行管理和/或第4层活动汇报库存；

h) 追踪原料在仓库的进出；

i) 确定包调度；

j) 运输和监控仓库中物料的移动。

本部分中没有定义库存运行管理其他的方面，比如与供应商和发行商的协调，以及价格谈判。模型假设这些是第4层的功能。

如果这些活动满足条款4.4定义的标准的话，库存移动活动将处于制造运行的控制内部。

在某些产业和运行中，库存移动活动可能归为其他制造运行活动的一部分(见条款6、7和8)。在其他情况下，它们是作为单独的库存移动活动处理的。

影响物料的功能可以分为六个功能类：物料接收、物料储存、物料移动、物料处理或转化、物料测试和物料出货。物料处理和测试在先前条款已经讨论过了。本条款定义了物料移动和储存功能。

注：物料移动和储存使用物理设备和手工或自动控制，与生产单元、生产线和流程单元中物料处理所要求的设备和控制相似。

9.2 库存运行管理活动模型

图31显示的模型定义了与工作中心之间和内部的物料转移相关的库存运行管理的活动。模型定义了执行什么转移活动以及活动之间的相关顺序，但没有定义特定组织结构中怎么去实施。不同的企业可能有不同的角色组织和人员或系统的角色分配。

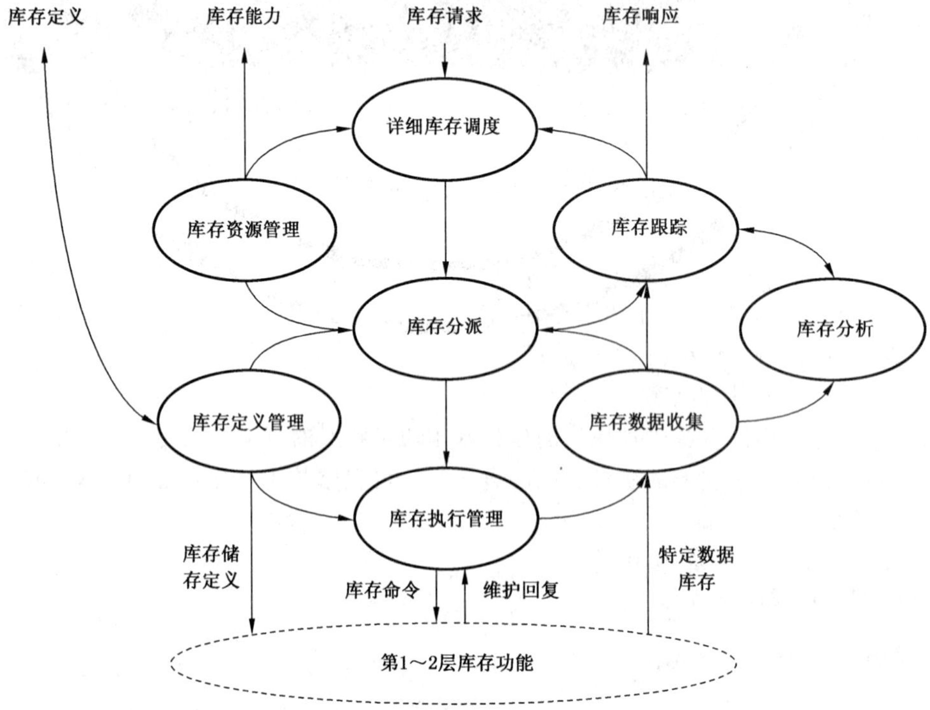

图31 库存运行管理的活动模型

库存运行管理模型中的椭圆表示活动的集合,代表主要功能。带箭头的线段表示活动之间的重要信息流。库存运行图中并没有描述所有的信息流。在任意特定执行中,来自任何活动的信息对其他活动可能是必需的。图 31 仅仅列举了活动之间一些主要的信息流。

9.3 库存运行管理中的信息交互

9.3.1 库存定义

库存定义可以定义为与物料移动和储存相关的规则和信息。规则可能是特定位置、特定设备或特定物料。

例:库存移动定义包括特定物料类型的需求、存储位置的规则、物料集装箱的选择规则、必需物料环境参数的标准和物料上架周期限制。

库存定义信息可能穿越第 3 层和第 4 层系统之间的边界。同时,库存定义信息也可能完全包含在第 3 层系统里。

库存能力:

库存能力定义为特定时间范围内运用物料能力的测量。库存能力通过物料类型、可用存储空间(或体积)以及存储类型来区别。

例如:存储类型包括温度、危险分级、化学分级、清洁房间要求或湿度控制。

库存能力信息穿越第 3 层和第 4 层系统之间的边界。同时,库存能力信息也可能完全包含在第 3 层系统的内部。库存能力包括资源的产能。库存能力基于以下能力:

——人员:典型的是基于资格、训练、经验以及纪律。还可能基于装置或特定设备的熟练程度;

——设备:比如移动设备、卡车以及手推车;

——物料:比如物料移动或储存中消耗的物料包装。

9.3.2 库存请求

库存请求定义为工作中心之间物料转移的请求。库存请求源自第 3 层或第 4 层活动,基于现场的业务和运行流程。

例:库存请求可能源于制造运行的内部来实行工作中心之间物料的移动。

库存请求可以单独或成组地交互。一组有组织的库存请求可以认为是库存调度。

9.3.3 库存响应

库存响应可以定义为库存请求的回应,表示请求的完成情况(成功或不成功)。

库存响应可能,但并不时常,穿越第 3 层和第 4 层系统之间的边界。库存响应可能单独或成组地交互。一组有组织的响应可以认为是库存性能。

9.3.4 库存存储定义

库存存储定义可以定义为与移动和控制有关的传递给第 2 层存储定义的信息。

例:这可能通过自动分类系统或者人工操作升降机来实施追踪规则;或者仿照卡车自动装载系统。

9.3.5 库存命令

库存命令可以定义为传递给第 2 层的请求信息,典型的是移动或转移物料的命令。

9.3.6 库存答复

库存答复定义为以库存命令响应的形式从第 2 层获得的信息。

9.3.7 特定库存数据

特定库存数据定义为从第 2 层库存设备获得的关于设备实施库存功能的信息、关于物料环境和/或关于物料(比如质量和位置)的信息。

9.4 库存定义管理

库存定义管理的任务包括:

a) 管理有关物料转移规则的信息;

例 1:这可以是处理仓库存储的说明和限制。例如,关于物料转移流程中如何处理有限度的特殊物料,如何处理可追溯性，物品控制或管制的特定处理限制可能有特定的处理说明。

b) 管理新的库存定义；

c) 管理库存定义的变化。这包括在一个适当批准流程中变化的追踪、翻译定义的管理，跟踪的修改和定义的安全控制等的需求；

d) 向其他应用程序、人员或者活动提供库存定义；

例 2：管理有关物料存储位置、大量存储物料的合理排列，以及传递给分派或详细调度活动的其他物料的库存运行限制的信息。

e) 在业务运行的详细要求下，管理库存定义与第 4 层功能的信息交互；

f) 基于质量测试分析优化库存定义；

g) 管理与库存测试有关的关键性能指标(KPI)。

9.5 库存资源管理

库存资源管理可以定义为一组管理物料储存和移动中使用的资源的活动。库存资源管理的任务包括：

a) 提供人员、物料以及设备资源的定义。这些信息可能按要求或按定义的调度表提供给个人、应用程序或者其他活动。这些资源包括：

——运输设备：包括比如传送带、叉车、卡车、有轨车、阀组、管道、ASRS(自动存储和回收系统)、集装箱，以及 AGV(自动导航小车)。运输设备还包括存储位置控制设备，比如加热或冷却控制、正压或负压控制、通风(流动速率、湿度以及悬浮颗粒水平)控制，以及静电接地；

——存储设备：这包括罐、窖、集装箱、货盘、机器存储区域、架子等等。有些设备以物理限制和/或运行效率的形式具有特定的能力范围；

——人员：这包括诸如技术规定、证明、授权，以及安全清除的属性的管理；

——移动中使用的物料和能源，比如像手套、长袍、面具，以及墨水等可任意使用的耗材。

b) 提供有关资源能力(承担的、可用的，或难以达到的)的信息。这些信息基于当前状态、未来预留以及未来需求，并且对于资源和定义的时间范围是特定的。信息可能按要求或按定义的调度表提供给个人、应用软件或者其他活动；

c) 管理库存规模和使用其他方式控制库存的需求数量来满足业务要求和生产要求；

d) 保证请求获得的资源满足未来利用的性能；

e) 保证设备对于分配任务是可用的，而且对于分配任务的人员来说，工作资格是有效的并且最近刚接受训练；

f) 提供有关资源位置和资源区域分配的信息；

例：根据移动工作指令向一架叉型起重卡车分配位置；

g) 收集关于人员、设备和物料当前状态，以及关于资源产量和产能的信息。信息可以基于事件、按要求或/和按定义的调度表从设备、个人和/或应用软件收集；

h) 收集诸如生产计划、当前生产、维护调度或者库存调度的未来需求；

i) 维护人员资格测试的信息；

j) 维护设备产能测试的信息；

k) 管理为未来资源使用的预留库存；

l) 库存资源管理包括库存定义的分类管理。一些库存定义可能存在于第 2 层和第 1 层的设备中。如果可能的话，信息的下载应该与其他制造运行管理功能协调，从而避免影响生产。当下载作为库存执行管理活动的一部分实施时，这些信息可能包含在库存命令里。

9.6 详细库存调度

详细库存调度定义为一组获得库存请求和生成详细库存调度的活动。详细库存调度的任务包括：

a) 创建和维护详细库存调度；

包括比如调度和优化货盘装载，优化仓库的挑选顺序、调度物料移动设备(叉型起重机)，或者决定泵和阀门排列的活动。

详细库存调度定义了移动调度来避免过度存储以及避免超出环境能力和存储场所的容量。

b) 实际移动与计划移动的对比；

c) 通过库存资源管理的功能决定每项使用的资源承担的产能。这些信息包括空仓库的位置、时间和移动到该位置的追踪；

d) 创建与来自第4层功能的库存请求一致的库存工作顺序；

e) 确定库存未来存储区域和存储单元的工作顺序的安排。这个任务包括物料位置的确定；

f) 通过关注存储资源的未来产能、传递资源的未来可用性和库存物料的未来可用数量，来确定库存工作顺序的起始时间和完成时间；

g) 在传递资源的限制下，通过库存请求的分拆或合并来确定每个库存转移指令的批次规模。这些限制可能包括成本、产量和相应库存移动的预期时间。

9.7 库存分派

库存分派可以定义为一组分配和发送库存工作指令给适当库存资源(库存调度和库存定义所定义)的活动。

例：可以是叉型起重机操作员的移动指令、罐区系统的转移命令、管道的泵调度、ASRS系统的移动命令或者AGV的位置选择命令的形式。

没有作为详细库存管理一部分分配的资源可能由库存分派活动进行分配。

9.8 库存执行管理

库存执行管理可以定义为一组指导工作实行的活动，由库存分派单的基础内容指定。

库存执行管理包括：

a) 指导工作的实行，包括执行工作指令以及启动第2层活动；

注：当手工完成物料的移动时，库存执行管理活动会包含向库存人员显示特定工作说明。

b) 保证库存运行中使用恰当的资源(设备、物料以及人员)；

c) 保证转移运行流程中遵循工作指令程序和规则；

d) 完成工作的状态和结果的文档记录；

e) 当不曾预料的事件导致无法满足工作要求时，提供具有情报价值的转移分派和/或转移调度；

f) 确定工作按照公认的质量标准完成；

g) 核实设备和人员资格对于分配的任务是有效的；

h) 通过特定设备或手操器核实库存物料的实际体积或数量。这个任务可能按要求或按财务活动以及详细库存调度所定义的调度表执行。

9.9 库存数据收集

库存数据收集可以定义为一组收集和汇报有关库存运行和物料操作的数据的活动。图32列举了库存数据收集的一些接口。

库存数据收集包括产品跟踪信息的维护，比如存储使用、存储条件、存储中使用的设备以及存储和运输中操作员的跟踪。

库存数据收集包括质量跟踪信息的维护，比如样本或者生产涉及的物料。

库存数据收集还包括维护跟踪信息的维护，比如消耗的剩余部分。

这些信息可能对于控制调整来说是必需的，并且可能与生产数据组成完整的数据。

例：例如如下数据收集：

——窖或罐库存和移动的数据收集；

——批和小批的位置和数量的数据收集；

——物料平衡和协调的数据收集；

——WIP 的位置；

——存储建筑内的实际压力的记录。

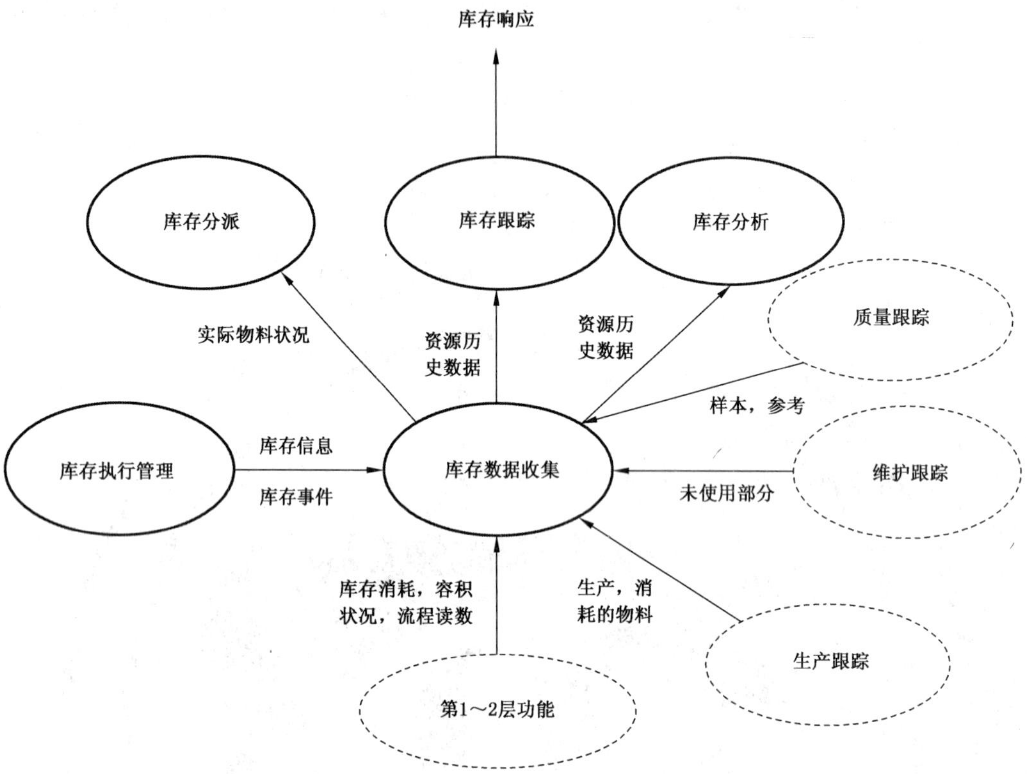

图 32 库存数据收集活动模型

9.10 库存跟踪

库存跟踪可以定义为一组管理有关库存请求和库存运行报告的信息的活动。这些活动包括相关转移效率和库存使用资源的利用率的报告。这里包括报告移动的开始和结束以及收集批和小批数量和位置的更新。

库存跟踪包括产生或更新有关物料转移和物料储存管理的记录的活动。这里包括以调整或质量管理为目的所必需的记录。

库存跟踪向第 4 层活动需要的库存信息提供库存响应。

9.11 库存分析

库存分析可以定义为一组分析库存效率和资源使用以改善运行的活动。库存分析可能提供有关获得的物料质量和供应估计中使用时间的信息，也可能提供有关不当存储的损耗的信息，还可能提供有关位置、设备或轮班移动的信息。

例 1：分析可能用于查明资源瓶颈，比如叉型起重机或者货盘的数量，过道争议引起的 AGV 延迟的计算。

库存分析还包括资源可追溯性分析，以处理资源的库存行动和事件的形式追踪所有资源的历史。包括：

——库存活动中使用什么物料；

——库活动中使用什么设备；

——库存活动中包含什么人员。

有关库存移动和控制的信息可以提供过去执行的总结以及未来执行或潜在的未来问题的预测。这些信息全部定义为“库存指标”。库存分析中的一个活动是库存指标的产生。这些信息可能以改进或优化的目的在制造运行的内部使用，或者如果有接受业务流程需要这些信息，信息就会被传递给高层业务流程用于未来分析和决策。库存指示可能在第4层与财务信息相结合，或者在第3层利用第4层的财务信息来提供基于成本的指标。

例2：库存指标的例子包括(在APQC的允许下使用：© APQC 2005，www.apqc.org)：

年度库存周转率	每SKU的年度线路发运
年度流程工作(WIP)周转率	每小时案例
顾客定单的循环天数	码头入股的周期时间
成品库存的周转率	销售额百分比形式表示的总库存
库存精确度	库存运输成本
库存可靠性：平均订购的全部线项目的首次填补尝试	平均雇员/时间处理的线项目
每人每小时的线路发运	定单供应比率
常规线的填补比率	每人每小时的货盘发运
案件发运的错误百分比	线路发运错误的百分比
定单发送的错误百分比	定单顺畅的百分比
定单出货完成和准时的百分比	由于股权过期而未完成的线项目销售定单的百分比
销售定单准时交货的百分比	准时交货的供应定单的百分比
挑选错误率	顾客定单的装船周期时间(小时)
盗窃减少	原料的库存周转率
年度股票周转率	厂商领先时间

10 完整性、顺应性和一致性

10.1 完整性

模型支持的数目，如条款5至条款9所定义的，应该能够确定技术规范或者应用的完整性程度。

10.2 顺应性

对于技术规范的顺应性程度的任何评估都应该用以下途径加以考核：

a) 条款5中结构模型的使用，以及条款5至条款9定义的术语的使用；

b) 关于部分或者全部符合定义的程度的描述。

在使用局部顺应性时，应明确指出不顺应性的范围。

10.3 一致性

对应用的一致性程度的任何评估都应该由对象模型和对象所符合的文件加以考核。

在使用局部一致性时，应明确指出不一致性的范围。

附 录 A
（资料性附录）
其他影响制造运行的企业活动

A.1 其他领域

作为已经描述的主要活动的补充，制造运行中还使用了其他活动，但对于公司来说这些制造元素不是独一无二的。这些支持活动包括，但不局限于：

a) 制造运行中的安全管理；

b) 制造运行中的信息管理；

c) 制造运行中的构造管理；

d) 制造运行中的文档管理；

e) 制造运行中的调整顺从性管理；

f) 制造运行中突发事件和偏差的管理。

图 A.1 列举了支持活动的概念，以及它们与主要制造运行活动的关系。例如，生产数据收集、生产资源管理、生产跟踪、生产定义管理、维护定义管理以及质量测试数据收集中有信息使用管理的一个方面。

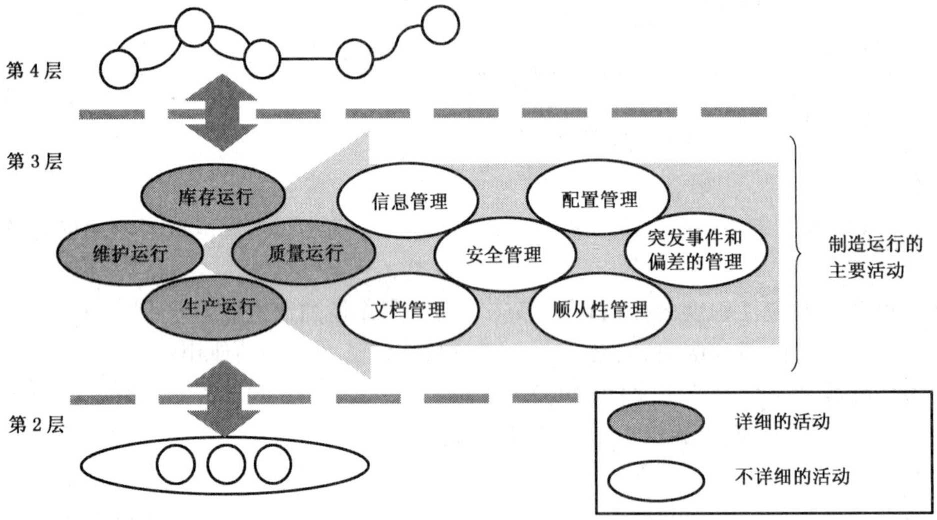

图 A.1 其他影响制造运行的企业活动

A.2 安全管理

安全管理是一种企业功能，而本部分没有定义，但是确实影响了制造运行管理。安全管理的功能包括物理（工场和区域）安全、信息安全和计算机安全。制造运行中安全性的基本角色是确保只有授权的人员才能通过允许途径来改变或影响制造。典型地，包括设备限制访问的物理安全、设备信息流的控制以保护智力资产，以及通信的控制以保证未经授权的远程访问不会影响运行。

注：安全管理通常与网络管理绑定在一起。当前推荐的措施是保证生产运行中使用的网络（特别是包含在物理控制流程中的）与非实时网络是隔离的。这种隔离可以是物理的（通过不同的网络或者网络协议），或者是虚拟的（通过协议、防火墙和路由器）。

当广义的企业要素不包含安全管理的方针和程序时，为了制造安全，安全控制可以认为是一种制造运行活动。

与通信和计算机系统有关的安全性标准在附录D中列出。

A.3 信息管理

信息管理是一种企业功能,而本部分没有定义,但是确实影响了制造运行管理。事实上,大多数制造运行活动把信息的销毁和生成作为它们的一部分功能。许多功能必须与其他在本部分条款6、7、8和9中没有列出的功能交换信息。

当广义的企业要素不包含信息管理的方针和程序时,为了制造的信息,信息管理可以认为是一种制造运行活动。

信息管理包括信息储存、传递、备份、恢复以及冗余的管理。这些功能通常与协会、行业、国家或者国际标准的功能互补。

A.4 配置管理

配置管理通常是一种企业功能,而本部分没有定义,但是确实影响了制造运行管理。配置管理包括制造运行中必须考虑的配置管理和控制程序的改变。这种功能可能在任何有半永久数据存储和基于存储数据开展行动的地方是必需的。通常需要审计跟踪和修订管理程序。

例1:可能包括产品定义、工作说明、标准运行程序、产品和流程定义、资源类定义。

例2:可能包括第2层信息的管理,比如PLC程序和DCS结构。

当广义的企业要素不包含配置管理的方针和程序时,为了制造的构造,配置管理可以认为是一种制造运行活动。

配置管理的一个方面包括生产运行中包含的改变构造元素所必需的流程和程序。这里包括这些构造元素改变的鉴定、监督以及控制。包括但不局限于:

a) 设备硬件的鉴定和程序的改变;
b) 第2层和第3层软件的鉴定和程序的改变;
c) 第2层和第3层记录的数据和记录管理;
d) 基础配置的翻译控制。

改变控制的一个方面涵盖了用于启动和改变管理的流程或程序。这些程序通常包含以下几点:

a) 改变请求;
b) 改变请求的分析;
c) 影响改变分析;
d) 改变的承认;
e) 改变的执行;
f) 改变执行的回应和证实;
g) 改变的监测。

配置管理涉及的相关标准在附录D中列出。

A.5 文档管理

文档管理通常是一种企业功能,而本部分没有定义,但是确实影响了制造运行管理。制造运行需要管理广泛的文档,包括许多条款,比如SOPs(标准运行程序)、工作说明、诀窍、控制系统程序、图表、批次记录、工程改变通知、警报日志以及例外报告。这些信息的管理通常是调整、环境、健康和安全或者证明所必需的。一般地,公司准备了一套程序、方针以及软件工具来管理所有的集体文档。

当广义的企业要素不包含文档管理的方针和程序时,为了制造的文档,文档管理可以认为是一种制造运行活动。

文档管理还包含了灾难恢复。许多制造系统依赖于传输系统。然而,自然或人为灾难可以延迟物料的传输、成品的传输，并使得制造工具临时或者永久难以使用。典型地，良好运行的公司会建立一个灾难恢复计划，包含了有关生产的信息。还应该包含有关核心制造流程的文档。除了恢复数据，可能要根据机器、自动系统、物理设计、生产顺序以及局部库存系统重新创立完整的流程。灾难后，信息必须是可以利用的，从而操作员可以在无法预料的灾难后在物理上重建生产线。

文档管理的其他标准在附录D中定义。

A.6 调整顺从性的管理

调整顺从性的最大功能是说明企业的许多领域是可以被显著影响的。调整顺从性的失败可能导致生产停止，促使产品召回，同时导致安全隐患。当调整顺从性的管理活动涵盖了生产质量和安全时，这些活动就处于生产运行的范围之内。

当广义的企业要素不包含调整顺从性管理的方针和程序时，为了制造的顺从性，顺从性管理可以认为是一种制造运行活动。

图A.2列举了调整顺从性和主要活动某些方面的联系。

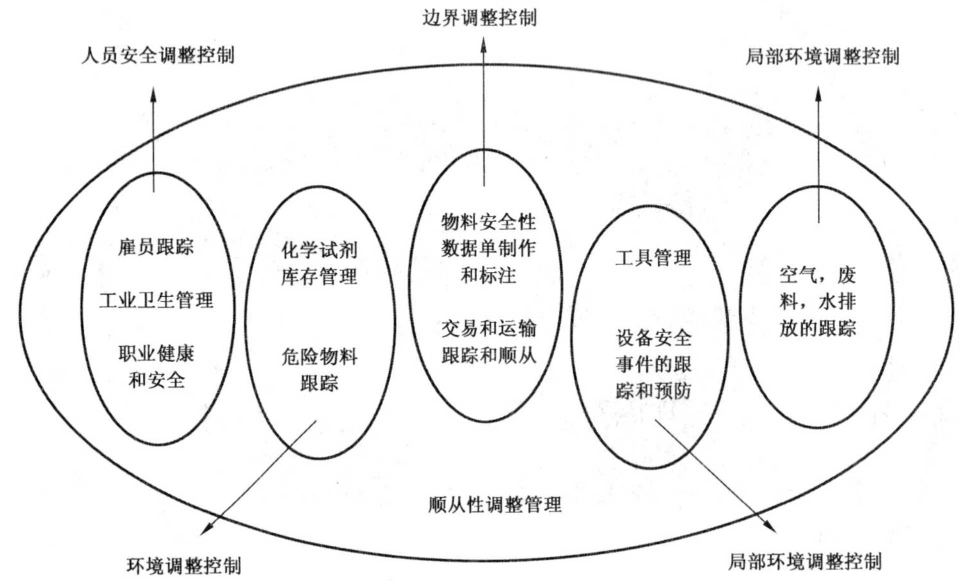

图 A.2 调整顺从性管理的功能

典型的环境活动包括：

a) 允许与计划/构造以及运行有关的要求；

b) 空气污染控制，包括排放的限制/控制和准许；

c) 水污染控制，包括废水和污水排放以及雨水径流；

d) 固体危险物料，以及包装的废物管理；

e) 通知、分类、包装和标注危险的物料。还包括这类物料的存储；

例：石棉、PCBs(多氯联苯)以及杀虫剂的特殊处理。

f) 实践的责任和管理，包括公民和罪犯的责任以及土地污染的责任。

典型的健康和安全活动包括：

a) 处理、分类、包装以及标注危险物质，包括安全数据单；

b) 灾难计划，包括突发事件的计划和响应，以及火灾安全；

c) 以警告符号、训练，以及建议形式的危险信息；

d) 以职业性暴露控制形式(包括化学、物理、生物体以及干扰)的职业健康监视；

e) 人员的医学检查；

f) 以机器安全、起重设备、压力系统、空间入口/工作允许/访问的约束控制形式的流程安全；

g) 功能安全的管理；

h) 电力安全；

i) 人类工程学，包括办公室工作、装载的人工处理，以及类似的其他措施；

j) 首次援助。

调整顺从性相关的标准在附录C定义。

A.7 突发事件和偏差的管理

突发事件、偏差、纠正行动，以及预防性行动的管理通常是一种企业功能，而本部分没有定义，但是确实影响了制造运行管理。突发事件、偏差、纠正行动以及预防性行动的管理通常与调整顺从性的维护或者连续改进流程联系在一起。这些活动也经常与其他制造运行管理活动联合实行。

突发事件管理：车间运行维护通常碰到意想不到的事件(称为突发事件)，需要记录下这些事件和事件的响应。突发事件是一种与维护车间运行、安全性、调整顺从性或者保密性有关的典型的意外事件。典型地，突发事件管理涵盖了用于确定突发事件根源的调查，并且可能导致预防性活动以防止未来的突发事件。

例1：意外的化学制品的环境释放可能产生突发事件，并且不得不把突发事件报告递交给合适的调整机构，比如US EPA。

例2：新安装泵发生的意外泵故障可能产生突发事件，并且突发事件的响应需要调查并潜在改变供应。

偏差管理：车间运行维护通常要求记录经查明与平常情形不同的偏差现象和偏差响应。典型地，偏差是测量值和期望或正常值之间的测量差别，或者是来自文档标准或流程的异常。典型地，偏差管理涵盖了偏差现象根源的调查，并且可能导致纠正行动以移除偏差的来源。纠正行动和预防性行动的管理：车间运行维护通常需要记录和管理纠正行动，特别是针对突发事件、偏差或者故障的响应，并且记录下纠正行动的结果。清晰的、适当的和可实施的纠正行动应该在任何调查结论里标明。应该管理跟踪和追踪以保证实施和检验行动的正确性。

例3：纠正行动包括改进程序，添加设备的维护程序，或者实施再检验或重新生效程序。

典型地，为了防止未来可能性的突发事件或偏差，预防性的行动以类似的方式管理。

例4：流程单元的批周期时间可能不满足额定值，而这明显是一种偏差；那么，就会生成预防性行动来减少批周期时间。

推荐行动也以相似的方式管理，推荐行动是一套发生在突发事件或偏差情形下的预先设定行动。

附　录　B
（资料性附录）
技术和职能的边界

B.1　引言

图14、图29、图30和图31显示的模型定义了一个巨大的活动集合，其中只有少数由传统的运行管理定义。一个原因是因为第3层运行（生产、维护、质量以及库存）人员所做的工作和第4层人员所做的工作之间的边界是变化的。有三个不同的边界：一个定义了必需职责的范围，一个定义了实际组织职责的范围，而一个与技术综合的区域联系在一起。

B.2　职能范围

有几个问题必须回答以决定生产运行（第3、2、1层功能）的职能范围。由条款4.4定义，并包括：

a）功能和活动对于产品质量是否是关键的？如果是，那么这应该是制造运行的一部分；

b）功能和活动对于维护调整的顺从性，比如FDA、EPA、USDA、OSHA、TUV、EC、EU、EMEA，以及其他代理规则，是否是关键的？如果是，那么这应该是制造运行的一部分；

c）功能和活动对于车间安全性是否是关键的？如果是，那么这应该是制造运行的一部分；

d）功能和活动对于车间可靠性是否是关键的？如果是，那么这应该是制造运行的一部分；

e）功能和活动对于车间效率是否是关键的？如果是，那么这应该是制造运行的一部分。

不同的环境会给出关于活动的不同回答。例如，如果仅在最底层活动中决定质量、安全性、顺从性、可靠性和效率，并且不依赖于调度或分派，那么制造运行的边界可以由图B.1中的点线“A”定义。如果在上面的例子里生产数据的收集也是调整顺从性所必需的，那么边界由线“B”定义。线“C”和“D”提供了职能的其他可能边界。线“E”定义了标准第三部分假定的制造运行管理职能的水平。

注：这里定义了活动边界，而不是组织边界。例如，在某些校准行业，质量组织遵守法律的要求并独立于制造运行组织。

这些相同的职能划分可以发生在维护运行管理、质量运行管理以及库存运行管理中。职能的决策是基于工业类型、调整控制以及物理生产工具的。

这种复杂性是第3层功能无法拥有一个简单而清晰的定义的一个原因。没有简单和清晰的定义，是因为存在太多可能的解决方案。例如，假设在一个管制药品的制造企业：

——详细生产调度生成中间物料生产的调度并且对于产品质量是关键性的；

——调整顺从性的批记录对于调整顺从性是关键性的；

——物料和人员资源管理对于调整顺从性是关键性的；

——设备维护和质量度量设备的维护对于产品质量、车间安全以及调整顺从性是关键性的。

在这个假设的情形里，所有的生产、维护以及质量活动可以处于生产控制的范围里，如图B.1中的线E所示。在这种情形下，制造运行管理层是明显的并且涵盖生产定义的所有方面。

在解决方案范围的另一方面，假设熟练地装配一块虚拟的电子板。在这种情形下：

——质量仅由生产执行管理决定。生产路径是固定的并且生产调度不影响质量、安全以及顺从性；

——生产安全性在第2层功能通过安全联动装置、PC以及PLC程序进行管理；

——维护、质量以及库存对于产品安全性或产品质量不是关键性的，尽管对于有效和高效的生产是非常重要的。

在这种情形下可能只有生产执行管理处于生产运行管理的控制的范围之内。图 B.1 中的线 A 显示。

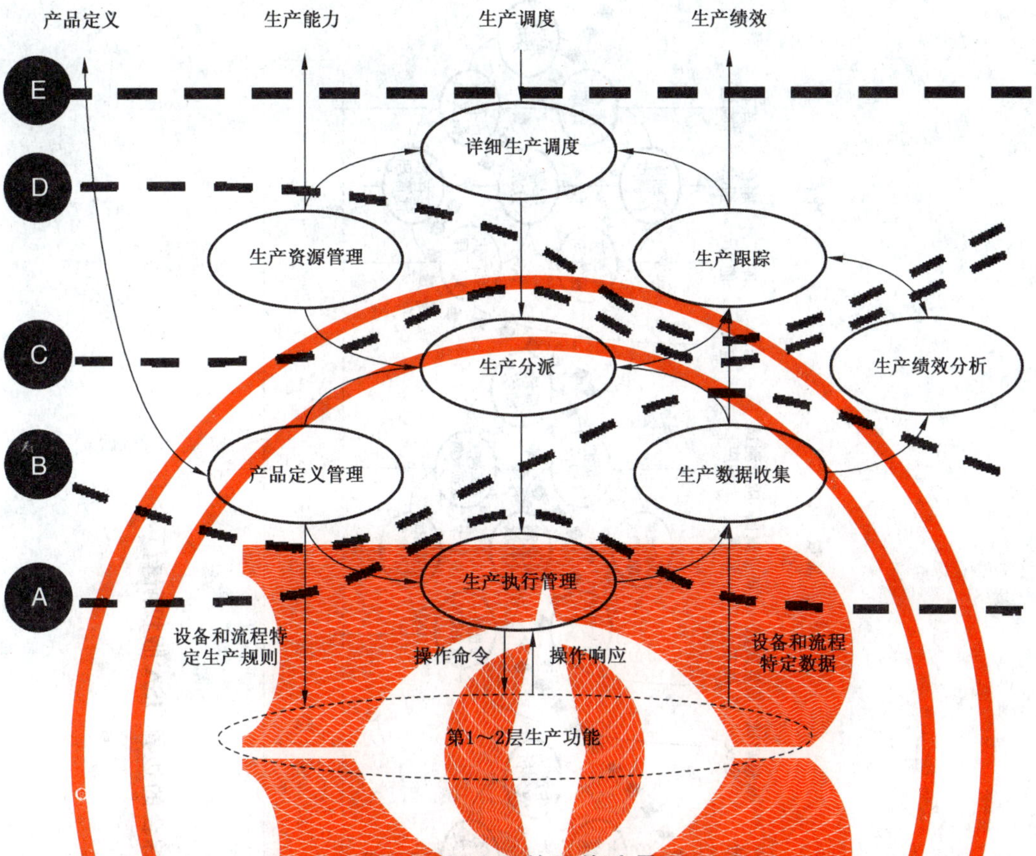

图 B.1 不同的职能边界

B.3 实际职能

条款 4.4 的五个问题定义了必需的职能边界，但可能有一条实际的职能边界与必需的职能有所不同。通常这是由于业务原因，比如当地的活动管理以及当地的责任。在这种情形下，实际职能的边界应该与必需的职能一样或高于后者。

例如，一个公司可能判定，即使详细生产调度和生产资源管理对于安全性、质量、可靠性或者调整顺从性等问题不是必需的，但它们仍然在制造运行控制之下。当决定把活动包含在制造运行管理之内时，应该明确制定决策的依据。

B.4 技术综合

图 14、图 29、图 30 和图 31 中列举的许多功能可能在第 3 层或第 4 层系统中实现。

例：这些功能可能由诸如 ERP（企业资源计划）系统、MES（制造执行系统）系统、LIMS（实验信息管理系统）系统、AMS（资产管理系统）、WMS（仓库管理系统）或者 DCS（分布式控制系统）系统来实现。

技术综合的边界可能不由与职能边界相同的规则所确定的。技术综合的边界是基于技术决定的，包括安装系统的可用性、新系统的成本以及原有系统的综合。技术综合的边界可以包括维护、质量、生产以及库存区域中的几个系统，还有业务后勤领域的几个系统。图 B.2 列举了一个虚拟公司的一条可能的综合边界（“X”），包含了 ERP 系统支持的部分维护活动、部分质量活动以及大部分库存活动。

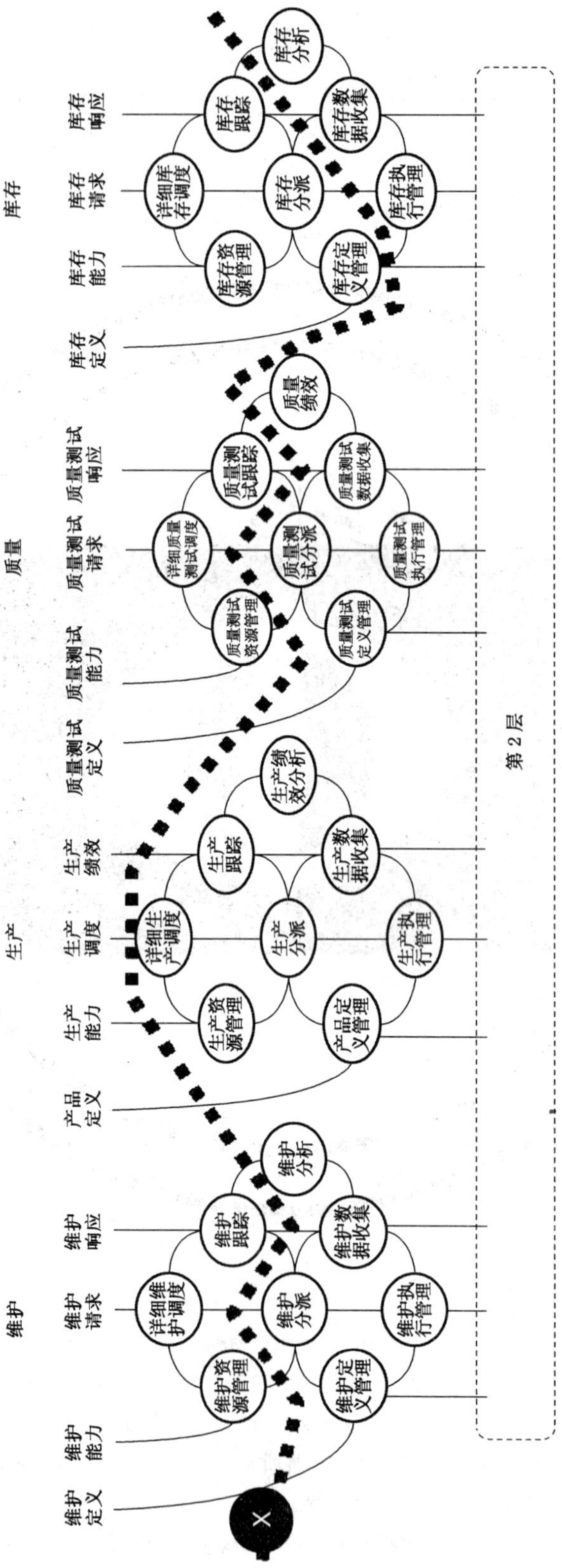

图 B.2 技术综合的边界(ISA 版权所有)

B.5 定义解决方案

管理职能边界与技术综合边界的合并排除了任何制造运行管理层的简单定义。即使是处于同一个行业的公司也拥有不同的解决方案。然而，本部分定义的模型定义了一种通过系统的途径来处理问题、分解问题以及定义解决方案。这允许简练的和正式的职能边界和技术综合边界的文件。两者并不需要完全相同。这可能包括使用ERP系统来实现流程和活动自动化的制造人员。例如，制造运行可能使用ERP调度系统来进行详细生产调度、详细维护调度以及详细质量调度。重点是：

——制造运行管理中需要考虑四个主要种类：维护、生产、质量和库存；

——要考虑三条综合边界：必需职能的边界、实际组织职能的边界以及技术综合的边界；

——如果一个活动应该处于制造运行控制的范围之内，需要由四个标准决定(见条款4.4)；

——制造运行管理层中没有独立的定义；涵盖什么活动以及系统在哪里与业务后勤结合在一起的确定对于每个公司是不同的。

附　录　C
（资料性附录）
调 度 层 次

许多公司有一个调度的层次。许多公司由一个公司层面的计划开始，这个计划通过比如利用制造产能、分配产能以及资产产能的约束来平衡市场需求和公司能力。

在多工场的公司，这个计划通常在设备之间分割开，并且导致了每个设备有一个主导生产调度(MPS)。依赖于机构如何来定义需求，MPS可能用于产生物料资源计划(MRP)活动或企业生产调度(ERP)活动流程中的生产调度。二者选一，公司可能会使用MPS来满足顾客订单，并预先驱动ERP/MRP计划功能以生成生产调度。

公司也会在一个"拉拽"系统上运作，此系统中的直接需求(比如来自销售通道的直接输入)用于生成生产请求。在所有这些情形中，生产调度(以及生产请求)传递给制造运行，并且穿越企业控制系统的边界。

大多数企业，即使那些拥有先进计划和调度工具的企业，至少有两层而通常有三层的计划活动。最底层是当地工场或区域的调度活动，这些活动产生一个详细生产调度。这个调度定义了与生产执行无关的资源和人员的安置。流程段、生产线或者生产单元里还可能有更低的调度层来处理生产执行管理功能的活动，比如批处理系统。

图C.1列举了调度的层次，综合了APICS[6][1)]和本部分的术语。这个层次只是公司可能的调度和计划层次的一个例子。它列举了APICS定义的元素是怎样与本部分的元素协调在一起。层次始于业务计划，而终于生产分派列表。在基于特定控制策略选择的生产分派列表下可能还有附加的调度和计划层。层次的高层比低层有更长的时间度量，通常比低层次有更广的范围，并且通常有更少的细节。

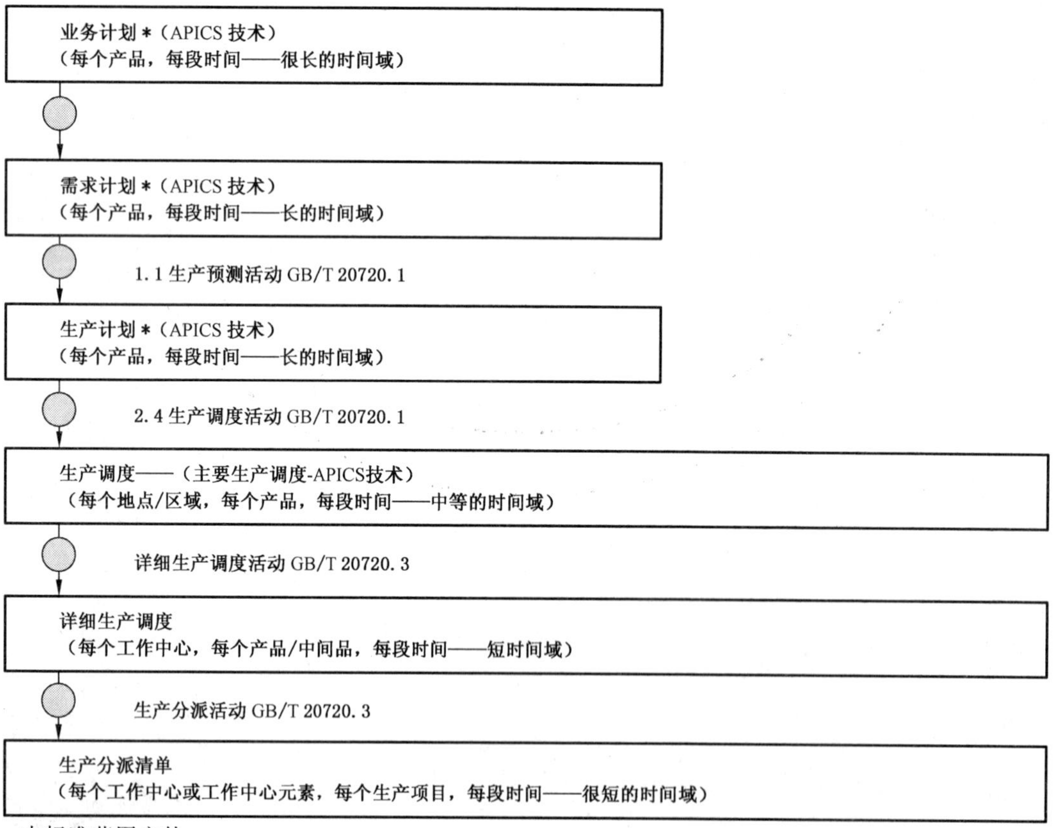

*　本标准范围之外。

图C.1　调度层次和调度活动的实例

---

1)　方括弧中的数字参考相关资料。

业务流程定义并使用最顶层。业务计划(在APICS(运行管理协会)词典(第11版[6]1))中定义)是长期策略和税收、成本和利润目标的一个综合。业务计划通常以资金的形式开始,并且按产品族聚合成群。业务活动(本部分未定义)利用业务计划的信息加上其他信息产生需求计划。

需求计划是用于预测生产计划需求和结果的一组输入之一。需求可以是直接的,比如来自销售通道,或者从销售计划和营销计划进行的预测。生产计划涵盖制造输出的全部层次,有时以每个产品族月产率的形式开始。经核实的生产计划是管理授权生成生产调度(在APICS术语中是主导生产调度)。

生产调度定义生产什么产品,并且定义生产段(如业务所关注的)。详细生产调度源于此,并且定义产品和中间产品的生产,如物理生产段所定义的。

样本调度的最底层是生产分派列表,即活动执行的直接序列;然而,甚至在底层,也会进行分类和排列优先级次序。

附 录 D
（资料性附录）
相 关 标 准

D.1 安全管理

以下标准适用于常规企业的安全管理活动。

GB/T 15843.1 信息技术 安全技术 实体鉴别 第1部分:概述(ISO/IEC 9798-1)

GB/T 17143.7—1997 信息技术 开放系统互连 系统管理 第7部分:安全告警报告功能(idt ISO/IEC 10164-7:1992)

GB/T 17143.8—1997 信息技术 开放系统互连 系统管理 第8部分:安全审计跟踪功能(idt ISO/IEC 10164-8:1993)

ISO/IEC 10164-9 信息技术 开放系统互联 系统管理:控制访问的对象和属性

GB/T 18794.1—2002 信息技术 开放系统互连 开放系统安全框架 第1部分:概述(ISO/IEC 10181-1:1996,IDT)

GB/T 18794.2—2002 信息技术 开放系统互连 开放系统安全框架 第2部分:鉴别框架(ISO/IEC 10181-2:1996,IDT)

GB/T 18794.3—2003 信息技术 开放系统互连 开放系统安全框架 第3部分:访问控制框架(ISO/IEC 10181-3:1996,IDT)

GB/T 18794.4—2003 信息技术 开放系统互连 开放系统安全框架 第4部分:抗抵赖框架(ISO/IEC 10181-4:1996,IDT)

GB/T 18794.5—2003 信息技术 开放系统互连 开放系统安全框架 第5部分:机密性框架(ISO/IEC 10181-5:1996,IDT)

GB/T 18794.6—2003 信息技术 开放系统互连 开放系统安全框架 第6部分:完整性框架(ISO/IEC 10181-6:1996,IDT)

GB/T 18794.7—2003 信息技术 开放系统互连 开放系统安全框架 第7部分:安全审计和报警框架(ISO/IEC 10181-7:1996,IDT)

GB/T 17965—2000 信息技术 开放系统互连 高层安全模型(idt ISO/IEC 10745:1995)

GB/T 18237.1—2000 信息技术 开放系统互连 通用高层安全 第1部分:概述、模型和记法(idt ISO/IEC 11586-1:1996)

GB/T 18237.2—2000 信息技术 开放系统互连 通用高层安全 第2部分:安全交换服务元素(SESE)服务定义(idt ISO/IEC 11586-2:1996)

GB/T 18237.3—2000 信息技术 开放系统互连 通用高层安全 第2部分:安全交换服务元素(SESE)服务定义(idt ISO/IEC 11586-3:1996)

GB/T 18237.4—2003 信息技术 开放系统互连 通用高层安全 第4部分:保护传送语法规范(ISO/IEC 11586-4:1996,IDT)

ISO/IEC 13335-1:2004 信息技术 安全技术 信息管理和通信技术安全性 第1部分:信息和通信技术安全性管理的概念和模型

ISO/IEC 13335-3:1998 信息技术 IT安全管理的指导方针 第3部分:IT安全管理的技术

GB/T 9387.2—1995 信息处理系统 开放系统互联 基本参考模型 第2部分:安全体系结构(idt ISO 7498-2:1989)

ANSI/ISA-TR99.00.01 制造和控制系统的安全技术

ANSI/ISA-TR99.00.02　制造和控制系统环境的电子安全整合

D.2　构造管理

以下标准适用于常规企业的管理和构造活动。

ANSI/EIA-649-A,构造管理国家统一标准

OSHA 29 CFR 1910.119,高危险化学试剂的流程安全性管理

FDA 21 CFR　第11部分,电子档案;电子签名

D.3　文档管理

以下标准适用于常规企业的文档管理活动。文档管理的潜在相关标准包括以下:

GB/T 5465.2　电气设备用图形符号(IEC 60417DB)

IEC 60617　图表绘图符号

GB/T 21654—2008　顺序功能表图用GRAFCET规范语言(IEC 60848:2002,IDT)

GB/T 6988.1—2008　电气技术用文件的编制　第1部分:规则(IEC 61082-1:2006,IDT)

IEC 61175:2005　工业系统,装置和设备以及工业产品　信号和接口设计

GB/T 19679—2005　信息技术——用于电工技术文件起草和信息交换的编码图形字符集(IEC 61286:2001,IDT)

GB/T 5094.1—2002　工业系统、装置与设备以及工业产品结构原则与参照代号　第1部分:基本规则(IEC 61346-1:1996,IDT)

GB/T 5094.4—2005　工业系统、装置与设备以及工业产品　结构原则与参照代号　第4部分:概念的说明(IEC 61346-4:1998,IDT)

IEC 61355:1997　车间,系统和设备的文档分类和设计

IEC 61360-1:2002　电气组成相关分类配置的标准数据元素类型　第1部分:定义　原理和方法

IEC 61360-2:2002　电气组成相关分类配置的标准数据元素类型　第2部分:表述字典计划

GB/T 17564.4　电气元器件的标准数据元素类型和相关分类模式　第4部分:IEC标准数据元素类型和元器件类别基准集(IEC 61360-4)

GB/T 19898—2005　工业过程测量和控制　应用软件文档集(IEC 61506:1997,IDT)

GB/T 18656—2002　工业系统、装置与设备以及工业产品　系统内端子的标识(IEC 61666:1997,IDT)

IEC 61734:2006　二元逻辑和类似元素的符号应用

GB/T 19529—2004　技术信息与文件的构成(IEC 62023:2000,IDT)

IEC 81714-2:2006　产品技术文档使用的绘图符号设计　第2部分:计算机敏感形式的绘图符号规范,包括参考图书馆的绘图符号,以及相互转换的要求

IEC 81714-3:2006　产品技术文档使用的绘图符号设计　第3部分:连接接点,网络和编码的分类

IEC 82045-1:2001　文档管理　第1部分:原理和方法

GB/T 16901.1—2008　技术文件用图形符号表示规则　第1部分:基本规则(ISO 81714-1:1999,MOD)

D.4　调整顺应性管理

以下标准适用于常规企业的调整顺应性管理活动。

GB/T 24001—2004　环境管理体系要求及使用指南(ISO 14001:2004,IDT)

GB/T 24004—2004　环境管理体系原则、体系和支持技术通用指南(ISO 14004:2004,IDT)

GB/T 24015—2003　环境管理　现场和组织的环境评价(EASO)(ISO 14015:2001,IDT)

ISO 14020:2000 环境标志和声明 通用原理

GB/T 24021—2001 环境管理 环境标志和声明 自我环境声明(Ⅱ型环境标志)(ISO 14021:1999,IDT)

GB/T 24024—2001 环境管理 环境标志和声明 Ⅰ型环境标志 原则和程序(ISO 14024:1999,IDT)

ISO 14025:2006 环境标志和声明 环境声明的形式3 原理和程序

GB/T 24031—2001 环境管理 环境表现评价 指南(idt ISO 14031:1999)

ISO 14032:1999 环境管理 环境性能评估(EPE)的实例

GB/T 24040—2008 环境管理 生命周期评价 原则与框架(ISO 14040:2006,IDT)

ISO 14041:1998 环境管理 评估生命周期 目标和范围定义以及库存分析

ISO 14042:2000 环境管理 评估生命周期 影响评估的生命周期

ISO 14043:2000 环境管理 评估生命周期 生命周期解释

ISO 14047:2003 环境管理 评估生命周期 ISO 14042 应用实例

ISO 14048:2002 环境管理 评估生命周期 数据文档格式

ISO 14049:2000 环境管理 评估生命周期 ISO 14041 应用于目标范围定义和库存分析的实例

ISO 14050:2002 环境管理 词汇

ISO 14061:1998 应用环境管理系统标准 ISO 14001 和 ISO 14004 帮助森林组织的信息

ISO 14062:2002 环境管理 产品设计和发展的环境整合

GB/T 19011—2003 质量和(或)环境管理体系审核指南(ISO 19011:2002,IDT)

29 CFR 1910 职业安全和健康标准

D.5 质量相关标准

GB/T 19000—2008 质量管理体系 基础和术语(ISO 9000:2005,IDT)

ISO 9001:2000 质量管理系统 要求

ISO 9004:2000 质量管理系统 性能改进指导方针

GB/T 19015—2008 质量管理体系 质量计划指南(ISO 10005:2005,IDT)

GB/T 19016—2005 质量管理体系 项目质量管理指南(ISO 10006:2003,IDT)

GB/T 19017—2008 质量管理体系 技术状态管理指南(ISO 10007:2003,IDT)

GB/T 19022—2003 测量管理体系 测量过程和测量设备的要求(ISO 10012:2003,IDT)

GB/T 19023—2003 质量管理体系文件指南(ISO 10013:2001,IDT)

GB/T 19024—2008 质量管理 实现财务和经济效益的指南(ISO 10014:2006,IDT)

GB/T 19025—2001 质量管理 培训指南(ISO 10015:1999,IDT)

GB/Z 19027—2005 GB/T 19001—2000 的统计技术指南(ISO/TR 10017:2003,IDT)

GB/T 19011—2003 质量和(或)环境管理体系审核指南(ISO 19011:2002,IDT)

附 录 E
（资料性附录）
常见问题回答

E.1 是否仅仅适用于制造业的应用？

如引言所述，本部分的目的并不是局限于制造业的应用。在其他行业已经应用了定义的模型，比如能源分派、油气生产、管道传输、进仓/运输管理以及其他未定义为制造业的行业。

E.2 为什么生产运行管理的模型比其他范畴的详细？

标准主要关注的是制造企业，在这类企业中生产运行管理和其他支持生产的活动通常是主要关注的业务。其他运行管理范畴的详细资料可以由生产运行管理显示的例子引出。

E.3 本部分的主要预期应用是什么？

本部分主要应用于制造运行管理和相关系统需求的发展。标准定义的术语和模型已经作为需求规范使用。

本部分还在公司内部用于评估和比较不同设备的运转。用于指出什么地方的功能没有分配或没有实现。

E.4 本部分如何与企业控制系统集成联系在一起？

控制系统是第 2 层的系统，而企业业务系统是第 4 层的系统。本部分的范围定义了第 3 层的活动和功能，并且把两者紧密联系在一起。本部分定义的第 3 层活动涉及了 GB/T 20720.1 中定义的数据集成。定义的第 3 层功能把业务需求转变为第 2 层的实际需求，并且把第 2 层信息转为业务信息。本部分还描述了在第 3 层活动和活动范畴之间传递的部分信息。

E.5 如何兼容 ERP 系统？

GB/T 20720.1 和 GB/T 20720.2 列举了企业（第 4 层）和控制域（所有第 4 层以下的部分）之间的接口。本部分比 ERP 系统在易实现性上作了更多的工作。提供了一种与特定 ERP/制造管理系统配置独立的接口定义的常规方法。还定义了制造管理系统的组成（活动）和接口。

E.6 为何没有讨论系谱？

术语跟踪和追踪是作为系谱（可追溯性）功能需求的正式定义使用的。这些术语可以适用于生产，维护，质量测试和库存运行中的物料，人员和设备。系谱（可追溯性）的确定方法还可以是工业特有的，而跟踪和追踪的概念在工业构成中显得是一致的。

E.7 为什么只显示了部分信息流？

任何活动都可能向其他任意活动提供信息，基于业务和生产流程。委员会决定例举一些最普遍的信息流。这些信息流代表了大量案例中的常规信息流。在任一特定境况，其他信息流可能关系更加密切。

E.8 本部分适用于什么行业？

本部分适用于任何使用批，连续和离散制造流程的一种或几种把物料从一种形式转换为另一种形式的行业。那些需要提高制造效率来响应特定行业供应链的行业可以通过本部分的应用获得收益。

E.9 本部分和 MES 之间有什么联系?

本部分使用了 MESA 的基本定义——制造执行系统(MES),并且通过增加活动细节和任务的方式扩展这些定义,还把它们扩展到额外运行领域,包括维护、质量和库存。

E.10 本部分如何与 PRM 的第 2 层联系在一起?

本部分定义了协调和指导 PRM 第 2 层活动的活动。图 E.1 中显示的层次由 Purdue 参考模型的 CIM 定义,见 4.2。本部分的关注点在图 E.1 中说明。GB/T 20720.1 和 GB/T 20720.2 关注的是第 4 层企业和第 3 层制造控制系统之间的接口。本部分关注的是制造流程中的活动。

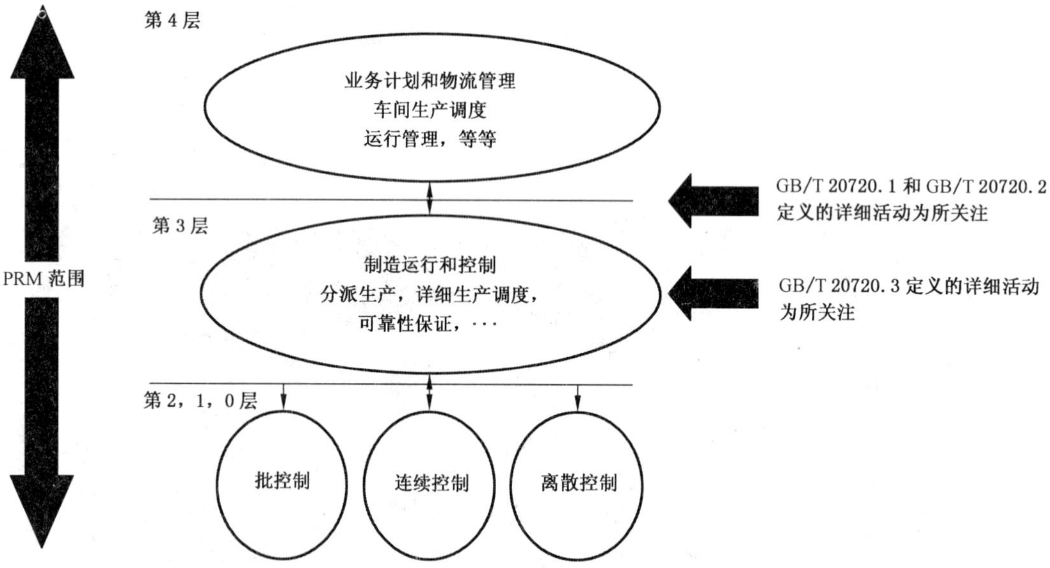

图 E.1 PRM 范围和本部分关注点

E.11 GB/T 20720.1 中的 QA(质量保证)元素如何与本部分联系在一起?

术语“质量保证”或者简称为 QA,在 GB/T 20720.1 和参考文档中使用。QA 有着广泛的定义,如:

a) 质量系统和示范中贯彻的计划和系统活动,这些活动提供了足够的信心,一个实体可以满足质量需求(来源:ANSI/ISO/ASQ A8402:1994,质量管理和质量保证——词汇);

b) 一种意图保证行动符合标准质量水平的程序;

c) 计划和系统的活动,这些活动提供充分的信心,实验室产品或服务可以满足给定的质量要求;

d) 计划和系统的活动,这些活动提供足够的信心,产品或服务可以满足给定的质量要求;

e) 向最终使用者提供安全性的质量控制流程的结果,产品是健康的,符合高质量标准,并且是安全的;

f) 制造或印刷流程的不同阶段检查和/或测试的创立系统,保证最终产品符合预定标准。

术语“质量运行管理”已经在本部分中定义,作为包含所有上述定义的活动。作为活动的补充,术语 QA 通常用于指示质量程序或者质量部门,并且导致 GB/T 20720.1 中使用的混乱。本部分使用术语“质量运行管理”作为第 3 层的功能之一,代替 QA 或质量保证,使得与其他运行管理范畴的名称一致。见条款 D.5,可适用质量标准清单。

附 录 F
(资料性附录)
制造运行管理的决策层次模型应用

F.1 引言

本附录提供了关于制造运行管理如何应用决策层次模型的补充信息。本附录介绍了决策层次模型和活动模型之间更加详细的联系,一种建立决策层次模型的方法以及检定矛盾的规则。

决策层次模型的目标是通过提供一个一致性模型来描述和定义综合决策以推进制造运行管理。综合决策的制定是指在执行企业不同功能时制定的决策是一致的、连贯的、补充的和及时的,为公司全局目标的实现做出贡献。在生产管理和控制领域,这表示与多时间域流程中不同的详细活动相关的决策会导致在恰当的时间、恰当的设备,由恰当的人员处理而获取恰当的原料/产品。作为推论,不同决策制定的时间域必须是等同的。

决策层次模型定义了一种综合决策制定的结构,通过这种结构决策会始终在企业范围的基础上制定。模型并没有描述决策流程本身,或者单独的决策是如何制定的。关于与决策模型相联系的概念、定义、规则和原理的更加详细的内容可参见 GB/T 18757—2008,附录 C 和 CEN/TS 14818[4]。

F.2 运行管理中决策模型的应用实例

决策层次,GB/T 20720.1 的 5.4 和本部分的 5.4 所定义,可以有效应用于 5.1 定义的通用活动模型和条款 6、7、8、9 定义的特定活动模型。详细调度,分派和执行管理的活动可以认为是活动层次的一种描述,在多时间范围和周期(待修订)里需要制定多样的决策。与分派相比,详细调度通常在更长时间范围(H),更长的周期(P),或者更加不频繁的事件中运行。例如,详细调度决策可以是每周或者每天制定的,而分派决策是每天或者每小时制定的,依赖于公司的类型和规模。

同样的,分派比执行管理在更长的时间范围和周期内运行。例如,分派决策可以是每天或者每小时制定,而执行管理决策是每小时、每分钟或每秒钟制定的。

这些层次还向上延伸至第 4 层,向下至第 2 层。例如,与详细生产调度相比,生产调度在更长的时间范围和更长的周期内运行。与生产执行管理相比,第 2 层的控制一般在更短的时间范围和更短的周期内运行。

决策层次模型提供了一种记录活动和活动内制定的决策之间关系的架构和方法。可以由图 F.1 表示,该图把单个运行管理范畴的活动模型描绘成决策层次。

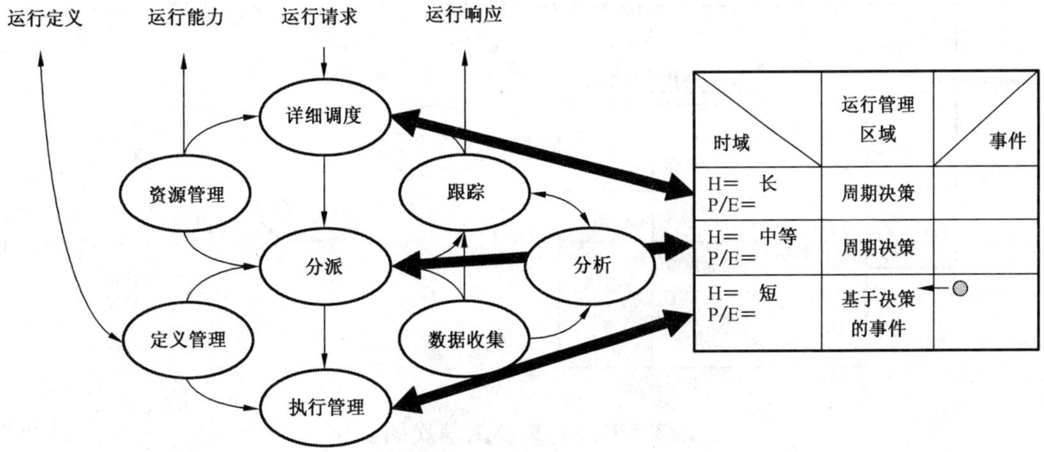

图 F.1 运行管理范畴的决策层次

决策层次还可以用于记录活动决策的制定,例如资源管理和定义管理的活动。在这些活动集合中,通常存在资源分配和信息释放决策制定的层次。例如,资源管理活动中可能存在为未来使用而保留设备的决策制定的层次。可能存在与区域和工场为了主要维护和修理而停工有关的长时间范围决策周期,与工作中心为了较小维护和修理而停工有关的中等时间范围决策周期,以及与工作单元为了预防性和计划维护而停工有关的短时间范围决策周期。如图 F.2 表示:

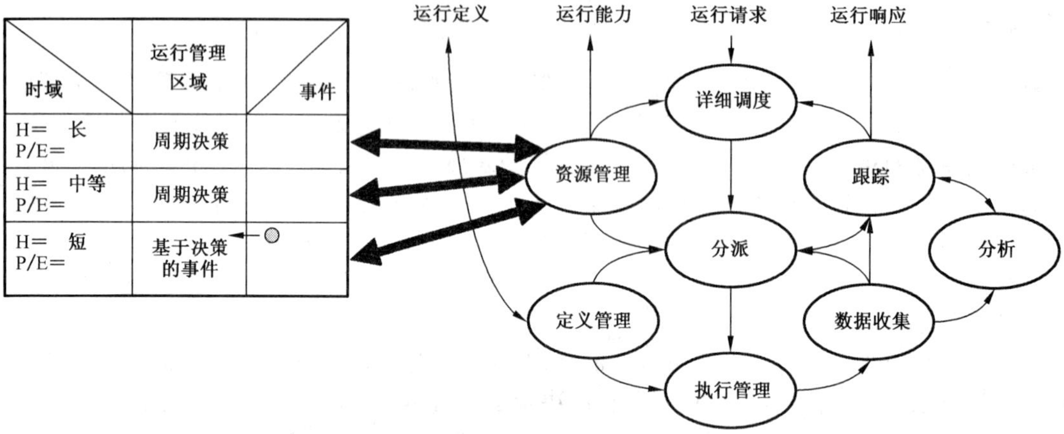

图 F.2　活动的决策层次

决策层次模型还可以应用于运行管理活动所管理的不同类型的资源。由于时间尺度的不同,每项不同的资源可能拥有不同的决策层次模型,如图 F.3 所示。

a) 设备管理的时间尺度可以是:增加新的工作中心的长时间决策,升级工作中心和工作单元的中等时间决策,以及替换工作单元的短时间决策;

b) 人员管理的时间尺度可以是:在当地学院或大学启动学徒计划的长时间决策,关于内部培训计划的中等时间决策,以及关于及时培训的短时间决策;

c) 物料管理的时间尺度可以是:与供应商战略联合的长时间决策,与供应商签订长期合同的中等时间决策,以及处理供应中断的短时间决策。

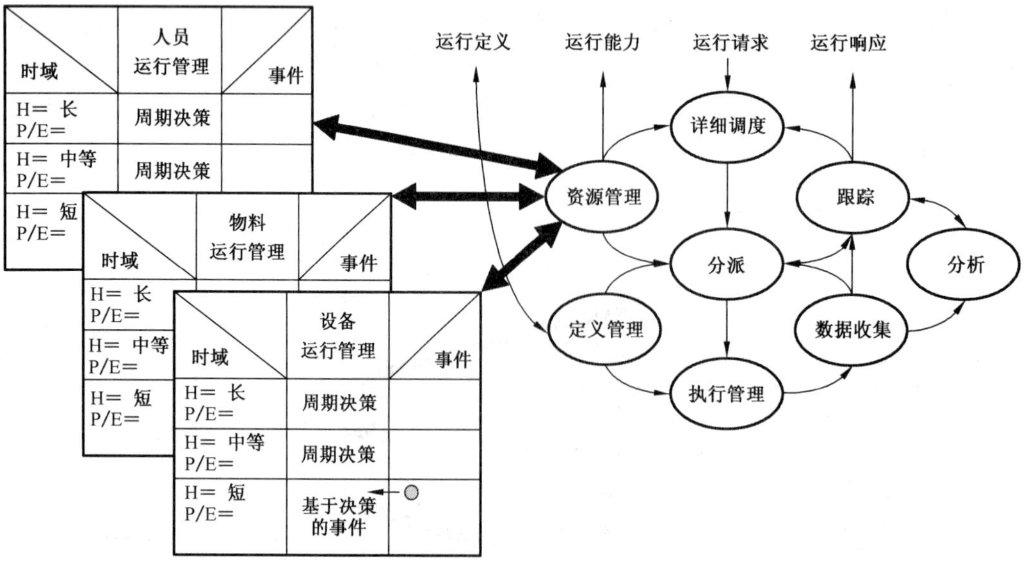

图 F.3　资源管理决策层次的实例

决策层次模型可以用于:

——识别需要制定的主要重大决策(周期性的或者事件驱动);

——识别决策的流程以允许更好的制造活动计划和控制；

——按功能和时间范畴分类和识别决策，从而可以描绘全局和依赖技术的决策制定结构；

——定义决策空间，在此空间里通过决策构造的外在表现(目标、变量、约束和标准)来制定决策；

——通过决策模型的诊断执行来探测决策制定系统中可能的矛盾；

——通过消除任何发现的矛盾来重构决策制定系统，从而可以达到一个更好的企业范围约束的决策制定的综合。

F.3 建立决策层次模型的指导方针

F.3.1 时间驱动和事件驱动活动

决策层次模型可以同时应用于时间驱动的预测决策制定活动和事件驱动的活动。以下的次级条款描述了一种简单的方法来建立一个特殊的决策层次模型，使用了5.4中描述的概念。详细内容可以参考[5]。

F.3.2 识别时间驱动决策

这些决策是周期性制定的，例如，在范围的末端触发，而在每个周期的末端修改(如果必须的话)。以下步骤可以用于时间驱动决策的识别。

——识别以模型专栏形式描绘的功能。感兴趣的功能有，例如，"生产调度"、"资源管理"、"库存管理"等等；

——识别决策(只有重要的和有意义的决策是模型化的)。通常活动的开始带有最长时间范围的决策，而可以提出这样的问题："你制定决策的最大时间范围是什么？"；

——一旦识别了范围，可以识别该决策的修改频率(周期的概念)。例如，"详细生产调度"的时间范围是一周，而修改周期是一天；

——同层和其他层(不同的范围和周期)其他有意义的决策可以按相同的方法识别，直到所有重要的时间驱动决策都被识别，并且决策中心完成定义；

——识别决策中心之间的决策链和信息链。

F.3.3 识别事件驱动决策

识别了时间驱动的决策以后，描绘由事件驱动的重大决策制定是必需的。只会保留并模型化感兴趣的决策和其结果。以下步骤可以用于事件驱动决策的识别。

a) 识别制造运行管理域中发生的重大/重要事件，并且描绘成专栏"事件"；

b) 对于每个识别的事件，确定必须反应该事件的决策，并把这些决策与该事件联系在一起；

c) 对于事件和决策的周期性识别，确定有最重要影响的决策层；

d) 重复相同的流程直到所有重要的事件和相关的决策都被识别，并且在模型中描述出来。

F.4 决策层次模型中的矛盾探测

探测决策层次模型中潜在矛盾的规则已经有所发展。关于如何应用的规则和详细内容参见GB/T 18757—2008和[4]。更多关于方法论和决策模型矛盾探测规则的详细内容参见[5]。基于决策层次应用的实践经验，以下清单总结了有效的实践。

a) 决策模型应该至少包含三个决策层次(长期、中期和短期)；

b) 在给定的决策层，时间范围应该长于本层决策管理的活动的周期；例如，如果决策与购物计划有关，那么时间范围应该比商店遵循的制造周期更长；

c) 在给定的决策层，时间范围应该比周期更长(由有效时间可知，时间范围应该是周期的3到5倍)；

d) 层次按时间范围的减少分类，对于相同的范围按周期的减少分类；

e) 第N-1层的时间范围至少应该是第N层周期的2倍。

F.5 与附录H的关系

决策层关注的是重大决策和它们关系的表现，并且针对附录H定义的资源，功能或计划层提出了一个补充观点。附录H展示了一个建立决策制定层的例子，但是没有明确关注先进计划和调度(APS)的功能。在附录H中，决策按照不同的标准(集中与分散；功能性；或者决策制定的目标尺度)分成几个层次。这些分类可以在决策层次模型的时间驱动(范围和周期)和事件驱动中描述。附录H标准也是补充性的，并且可以与时间驱动和事件驱动标准结合在一起。

附　录　G
（资料性附录）
绘制制造运行管理的 PSLX 实体论

注：本部分为熟悉 PSLX 的人员制定，并且把 PSLX 的概念与 GB/T 20720.3 联系在一起。

G.1　引言

在相互协作的制造业中，于不同模型之间建立联系是一个大问题。这需要对数据模型隐含的语义进行讨论，来作为本部分标准定义的常规术语和活动模型的补充。以此为目的，GB/T 20719 流程规范语言提供了一种基于流程的实体论。为了对本部分有一个清晰的认识，本附录介绍了另一种 PSLX 协会制定的途经来建立对象的语义表现形式，并实现所有制造工业类型的调度[2)]。

注：实体论是一类有约束的词汇，通过正式途经描述了对象以及对象之间的关系，并且拥有使用词汇术语来表述感兴趣的特定领域中一些含义深刻的概念的语法。这些词汇用于提出质询和声明。

为了在不同组织的不同系统之间建立协作关系，可以使用一种抽象的数据模型来描绘它们之间的常规信息。比如 GB/T 20720.2 定义的通用对象模型就是其中的一个例子。然而，为了恰当地使用这些对象，就应该理解它们每个详细内容的含义。更进一步，两个不同的标准应该有相同的语义协定，从而把一个标准的术语翻译成另一个标准的术语。

当各自拥有模型和术语的不同企业或不同技术标准需要相互交流时，如果在这些模型和术语定义的背后存在实体的话会更好。实体论是所有语义定义的基础。为了阐明与制造计划和调度问题有关对象的含义，PSLX 实体论由原始元素和它们的关系组成。

PSLX 实体论提出了一种基础的语义结构，通过在不同的行业诠释对象或术语不同的特征，从而把实际对象或术语映射到语义空间。为了阐明术语含义的特定内容，描述者指出了术语的定义包含了哪些元素和关系。

PSLX 实体论由制造管理问题下的独特和基本结构正式定义。实体的语义含蓄地描述成遵循真实性的结构。实体的名称是一种用于区别语义结构实体的标志，并且不需要与每个行业的确切使用相匹配。把实体描述成原文的附加直观解释对于语义结构也是十分有用的。

表 G.1 定义了 GB/T 20720 对象和 PSLX 实体组成之间的关系。

表 G.1　GB/T 20720 与 PSLX 的关系

此 GB/T 20720 对象的例子	此 PSLX 实体的组成
人员类	＃能力
人员	＃资源
资格测试	＃能力
设备类	＃能力
设备	＃资源
设备能力测试规范	＃能力
维护工作命令	＃运行或者＃工作命令
维护响应	＃运行或者＃工作命令
维护请求	＃工作命令或者＃运行

2）　PSLX 白皮书-2005 年，ASP 概念定义和实施规范，http://www.pslx.org/en/

表 G.1（续）

此 GB/T 20720 对象的例子	此 PSLX 实体的组成
物料类	#项目
物料定义	#项目
物料批量	#库存或者#批量
物料分批量	#库存或者#批量
QA 测试规范	#项目
流程段	#功能
产品段	#功能
生产能力	#功能
产品定义	#项目
生产调度	#工作命令
生产绩效	#工作命令
生产请求	#工作命令
人员要求	#任务命令
设备要求	#任务命令
物料生产要求	#批命令
物料消耗要求	#批命令
详细生产调度	#运行
生产工作[a]	#运行
生产工作命令[a]	#运行
人员能力	#任务或者#产能
设备能力	#任务或者#产能
[a] 在 GB/T 20720.4 中定义	

G.2 PSLX 实体论

为了描述工程知识或者明确如何通过领域内长期试验获得，实体由四个组成部分：#功能、#能力、#项目和#事件。这些组成部分的信息是先于使用而设计的。那么，它们可以反复从问题中获得和应用。

调度处理行动和时间空间的关系，这些在物理世界对于了解行动和运行都是必不可少的。在这方面以下有四个实体组成部分：#运行、#任务、#批量和#行动。换句话说，这些实体组成下的对象是那些遵循特定时间和空间的实体组成设计的一个实例。

从时间范围内活动特征改变的角度来看，可以定义三种实体组成部分：#产能、#库存和#改变。对象的活动现象可以基于这三种组成部分进行描述。这些现象物理对象和调度活动对象之间交互的结果。

从物理角度来看，实体组成可以定义为现实世界存在的所有对象的#资源。这也可以应用于概念性的对象，比如现金和文档。通常情况下，此实体下定义的对象在现实世界里占据了某段时间范围内的特定位置。

实际车间的每个行动和运行遵循命令进行创造和执行。以命令的形式，有三种实体组成：#工作命令、#批量命令和#任务命令。这些实体成分定义了所有情形下的命令。一个命令可以创造另一个命令。业务流程的信息流可以定义为命令传递流,顺着流的方向执行行动。

典型地,计划在某个特定时间范围内处理整合的参数、对象和目标。约束、参数选择和功能联系可以应用于这些对象以获得优化的解决方案。这个方面的实体成分可以定义为#生产计划、#产能计划和#库存计划。在 GB/T 20720.3 没有等价的#生产计划、#产能计划和#库存计划。

可以按照自身决策和参数选择自动运行的政党对象基于#制造商、#供应商和#消费者定义。通过使用这些成分模型化的对象的尺度依赖于一个事实,最终目标必须与这个组织对象分享。这些实体成分也可以描述一种制造运行管理流程的资源所有权。GB/T 20720.3 中没有等价的#制造商、#供应商和#消费者。

既然"时间"的完整定义是一个哲学难题,与时间方面相关的实体成分可以在一般意义上简单地提供与时间有关的概念的有效分类方法。与这个方面有关的实体成分包括#时间点,#时间周期和#时间域。GB/T 20720 所有的时间特性可以符合#时间点,#时间周期和#时间域其中之一。

空间的完整定义也是一个哲学难题,但它是调度问题相当重要的一个部分。与这个方面有关的实体定义为#位置、#区域和#距离。从空间和地理的角度来看,这些实体成分在确定对象清晰度方面是十分有用的。GB/T 20720 所有的空间特性可以符合#位置,#区域和#距离其中之一。

G.3 实体成分之间的示意性关系

实体成分各自之间都有联系,通过它们的关系描述了它们的语义。每个联系都有一个动词来帮助理解两个成分之间联系关系的语义。有关联系的详细说明也对结构有所帮助。

本附录使用了 UML 类图来描述实体。然而,并不意味着实体是一种基于对象建模技术(OOMT)所定义的类。更恰当的是,实体显示了 OOMT 中每个类具体的语义。PSLX 实体论并不存在任何属性和方法。

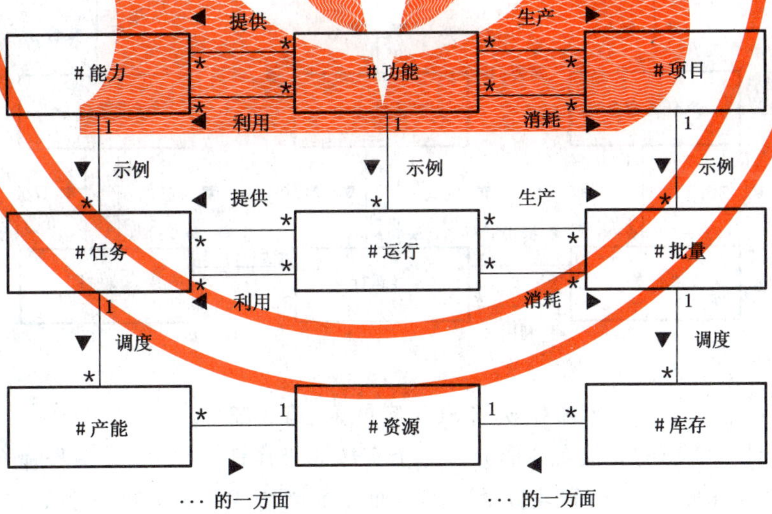

图 G.1 PSLX 实体论,第 1 部分

首先,图 G.1 显示了 PSLX 实体论的几个基本联系。从图中可以看出第 2 行的实体成分由第 1 行的实例化。例如,#项目下定义的产品 A-1 可以作为#批量下定义的包含 100 个 A-1 单元的批量 Z12-345 的实例。相似的,第 3 行的实体成分(#库存和#产能)可以依赖于第 2 行的实体成分进行调度。

图 G.1 右栏的实体#项目,#批量和#库存描述了生产消耗或生产的东西。这些实体成分描述了与现实世界的特定空间紧密相连的空间对象。另一方面,图 G.1 的左栏描述了生产利用的东西。为了生产,实体#能力、#任务和#产能讨论了能源的一种时间资源。当这些实体成分下的对象被提供或利用时,特定的时间或对象持续时间就被确定了。例如,星期五,工作命令 G012(#运行)使用了线 Z45(#资源)的 2 个机器小时(#产能),作为生产线的工作(#任务)被提及。

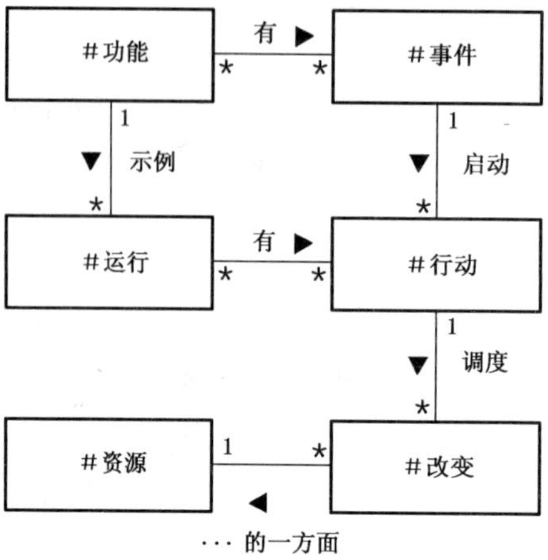

图 G.2 PSLX 实体论,第 2 部分

图 G.2 是图 G.1 的补充图,此图在右栏添加了三个实体成分#事件、#行动和#改变。附加栏描述了比左栏(图 G.1 的中心栏)实体成分更加原始的观点。当#功能和#运行可以与实体#时间域联系在一起时,本栏的实体就与#时间点联系在一起。例如,#运行下定义的对象可以在执行流程中拥有实体#行动下定义的任何行动,比如"从设备开始分派"。

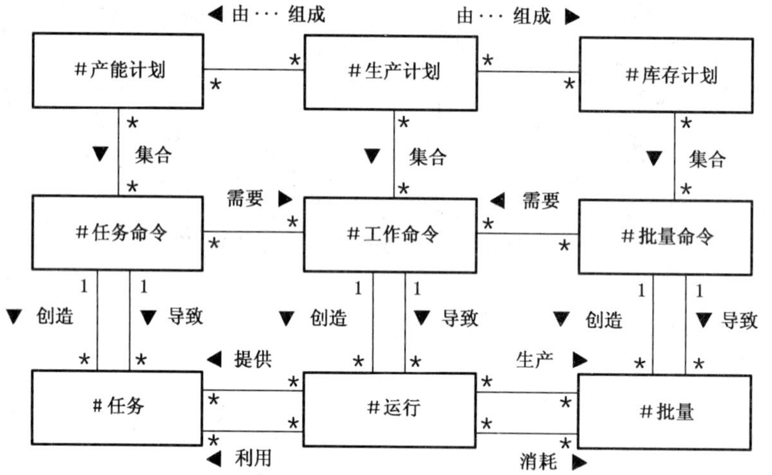

图 G.3 PSLX 实体论,第 3 部分

图 G.3 显示了计划活动的其他实体成分。三个实体成分#任务命令、#工作命令和#批量命令与第 3 行的实体成分(#任务、#运行和#批量)有关,而命令创造或导致调度。例如,星期四的第 2 次轮换,制造产品 A-1(#工作命令)的生产工作创造了执行 P-56(#运行),使用资源 R-56。

另一方面,#产能计划,#生产计划和#库存计划分别由#任务命令,#工作命令和#批量命令组成。计划方面的三种实体成分在一些管理理念下,通过使用第 2 行实体成分描述下的信息整合成特定周期(#时间周期)。例如,一个计划,比如"下周生产 2 000 个产品 A-1 的瓶子"是基于#生产计划的,并且可以分解成#工作命令下的一个命令,"下周四上午 8:20 开始,批量-234,在设备 V-789 上生产 500 个A-1 的瓶子"。

注:PSLX 白皮书:2005 年,APS 概念和实施,http://www.pslx.org/en/

附 录 H
（资料性附录）
制造运行管理的先进计划和调度概念

H.1 引言

先进计划和调度(APS)定义为一种系统和方法论。在先进计划和调度中，决策制定(比如工业的计划和调度)在企业内部或企业间不同的决策之间是联合和同步的，从而达到目标和自动优化。APS的概念最初于二十世纪九十年代末在美国发起，介绍了带有详细调度和运算最优化的生产计划或供应链计划的先进技术。从此以后此技术发展成某些ERP和供应链计划(SCP)软件包计划系统工程的一部分。

本附录解释了最新的APS概念，这个概念与制造运行管理紧密相连使第3层活动有效地协作，并协调第3层和第4层之间的关系。例如，PSLX协会提出的APS概念和结构具有改进常规概念以先进制造企业关注点的特性。这些新的APS概念并不是ERP计划系统的一部分，而是制造管理中所有计划和调度的决策制定的基本原理。

H.2 APS的基本技术

有些制造业已经实施了APS和相关技术。本条款介绍了部分APS实施的这些技术。

a) 物料清单(BOM)的运行中心

常规BOM描述了产品或成分与物料之间的关系，直观的是双亲和孩子的联系。这对于计算每种物料的数量来生要求数量的最终产品是十分有用的。另一方面，通过使用独立描述的数据来管理生产和产品信息和配方的安排，这是计算每种资源的负荷所必需的。APS整合了常规BOM，通过新的数据结构安排数据从而成为BOM的运行中心，关注可以同时连接旧BOM项目和安排表中的资源的运行；

b) 实际车间约束的详细模型化

分派清单的详细调度需要高层次的正确性。为了达到这个目的，调度者必须意识到实际车间存在许多不同的约束，并且使它们适合调度。常规调度可以处理很简单的约束，比如资源产能约束和优先级约束。作为补充，APS的调度可以描述更加详细的约束，比如物料约束、转变(清洗)和安排(管道连通性)约束，下级资源(人工和工具)安置约束，储存空间(罐储能)约束，等等；

c) 有限产能和库存调度(FCIS)法则

有限产能调度(FCS)处理资源产能约束，并且计算不超出产能最大值的调度。APS调度逻辑的最大优势是有限产能和库存调度(FCIS)能力，在FCIS里，如果不存在生产产品的物料，就不会在甘特表中进行运行调度。FCIS明确处理储存域或罐内的库存，试图平衡下游流程的消耗和上游流程的生产或获得；

d) 瓶颈优化和同步调度

如果瓶颈流程的性能显著影响了整个系统的性能，APS可以为流程提供调度并使得其他流程与瓶颈同步。例如，APS首先关注瓶颈流程的优化，然后分别把向后和向前的调度法则应用于上游和下游流程。依照约束理论(TOC)，调度的时间缓存抵抗任何瓶颈扰动；

e) 主要生产调度(MPS)的“如果…怎么办?”模拟

主要生产调度(MPS)包含销售和制造分界之间重要的协作信息。在APS，关于产品运输给顾客的数据通常向上详细描述，从实际车间记录详细生产信息。调度的可行性由详细调度评估，

这种功能称为“如果…怎么办?”模拟。模拟结果可能与 MPS 联合进行证实;

f) 分派命令和制造批量的动态完全固定技术

当特定分派命令和制造批量发生延时或问题时,MRP 系统一般不能发现直接影响最终消费者命令的因素。这就要依靠单层的固定能力。另一方面,静态完全固定系统的生产允许车间操作工来决定每个运行的最终消费者。这是十分灵活的,并且允许消费者的请求可以轻易改变,但是由于不经济的批量尺度而使效率十分低下。APS 的动态完全固定是一种为车间批量,甚至是经济的批量生产显示最终消费者命令和实际工作命令之间的联系的技术。同时,当紧急的,高优先级的命令传达时还可以修改这些联系;

g) 使用后启发式法则优化方式

为了给制造业者创造一个优化的计划解决方案,APS 有数个优化法则,比如遗传法则(GA)和禁止搜寻技术。计划和调度问题有着许多不同的约束和许多决策变量,这些可以导致联合性的崩溃。然而,这些优化法则,称为后启发式,允许计划者或调度者在实际估计时间内寻找次优的可行解决方案。

H.3 APS 的决策制定功能

APS 覆盖的决策制定功能的区域可以分成两个考虑方面。图 H.1 左侧显示的三个层次代表了决策制定参数目标的不同尺度。顶层处理整个生产的决策制定,这里不同产品项目的信息总结成同一组或者范畴。鉴于产品在第 2 层混合,每个产品项目相互区分,而且决定了与产品有关的参数。第 3 层,或者说详细层,不仅讨论了关于最终产品的信息,还讨论了有关组分的信息,比如次集合、零件和原料。

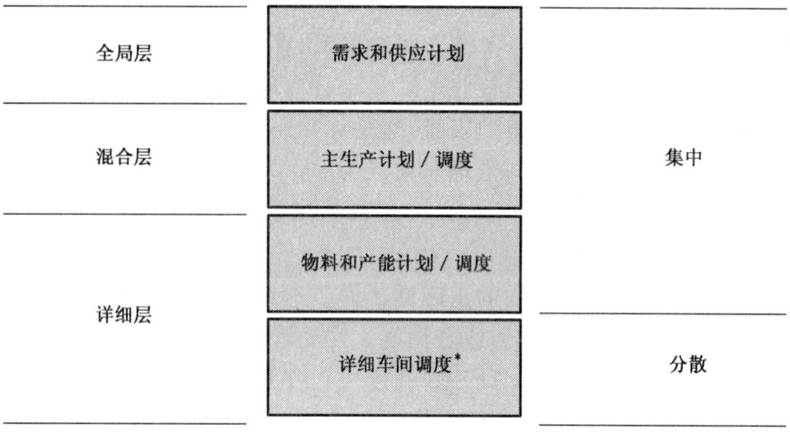

* 本标准第 3 部分范围。

图 H.1 生产决策制定的层次

图 H.1 的右侧指出决策制定是集中还是分布的。一般来说,制造业务公司的大多数决策制定者倾向于集中式途径。另一方面,详细制造管理的决策通过分布式的途径制定得更好。如图 H.1 所示,两者之间的边界在左侧的详细层,因为从产品到物料的所有项目至少有一次被认为是企业范围的,为了在所有流程达到同步。

依照以上描述的两个方面,APS 中的决策制定可以有 4 个详细层次,每个都相应于决策制定的一个功能模块。在层次里,企业单独地点的同层活动应该由一个一致的决策制定模块管理。更进一步,邻近层次或者分散地点的不同决策制定模块需要在先进软件的支持下整合和联合。图 F.1 显示的 4 个决策制定模块如下进行解释。本部分仅关注最终结论。

a) 需求和供应计划

在需求和供应计划中,生产被认为是在一个综合层次上,比如“产品家族”。以资源的形式,需求和供应计划在车间层次或者在特定区域层次上整合产能和车间。这种决策制定周期相关的具有长期或中期计划时间范围。生产资源产能的上限可以随着额外投资发生改变。财政决策包含在这个决策制定之内,因此可以优化企业范围的收益。需求和供应计划可以归结为销售和运行计划(S&OP);

b) 主要生产计划和调度

主要生产计划和调度依照消费者的需求决定特定最终产品的生产总量和时间。这是一个短期到中期的决策制定时间范围。每种产品的数量由标准消费者命令和需求预测计算出的设计命令联合决定的。本层的目标资源与需求和供应计划类似;然而,全厂或特定区域的产能限制是基于约束参数而不是决策参数。本层生成的调度用于形成销售和制造分界之间的一种"契约"。同时,所有的业务活动依照能力信息确定调度的可行性,从而进行同步。MPS 是此功能的子项目;

c) 物料和产能的计划和调度

在物料和产能的计划和调度,由上层提供的主要生产调度中的最终产品数量和完成日期扩展为生产和产品必需的制造运行。那么,这些运行在计划时间范围的某个时间会被分派给特定的资源。这个决策制定流程首先处理运行;然后,资源产能和中间物料库存关于相关运行进行讨论。本层包含了 MRP 和 CRP 的概念;

d) 详细车间调度

最后,详细车间调度被用于实际制造运行管理。和物料和产能的计划和调度一样,详细车间调度还关注运行。详细车间调度的特点是处理每个分散区域的详细约束和要求。更进一步,本决策制定流程输出的调度尺度比物料和产能的计划和调度的更加精确。一般来说,详细车间调度元素的尺度与作为日程序一部分的区域管理安排的适当活动的单元相符。如本部分定义,详细车间调度的输出作为当调度活动的时间追近并进入行动周期时分派的信息的来源而使用。分派清单的工作命令优先于相应的车间操作工。

从系统执行的观点来看,详细调度处理不止一种活动模型。既然调度者可以管理库存和质量测试的工作命令作为详细调度的一种生产命令,生产序列可以包含储存运行,维护运行和质量测试运行,并且产生综合的详细调度。

参 考 文 献

[1] GB/T 15969.3 可编程序控制器 第3部分:编程语言(GB/T 15969.3—2005,IEC 61131-3:2002)

[2] GB/T 22281.1 机器的状态监测和诊断 数据处理、通信和表达 第1部分:总则(GB/T 22281.1—2008,ISO 13374-1:2003,IDT)

[3] GB/T 20719(所有部分),工业自动化系统与集成 过程规范语言(ISO 18629,IDT)

[4] 企业集成 决策参考模型[CEN/TS 14818:2004(E)] CEN/T 310

[5] 施普林格出版社,柏林(1998),“体系结构信息系统手册”中的“GRAI决策模型网格”(ISBN 3-540-64453-9) Doumeingts G.,Vallespir B.,Chen D.,Beruns P.,Mertins K.,Schmidt G.(eds)

[6] APICS词典11版,(运行管理协会)(ISBN 1558221956)

[7] 批控制 第1部分:模型和术语(ANSI/ISA 88.01:1995)

[8] 批控制 第2部分:数据结构和语言指导(ANSI/ISA 88.00.02:2001)

[9] 企业控制系统集成 第1部分:模型和术语(ANSI/ISA 95.00.01:2000)

[10] 企业控制系统集成 第2部分:对象模型属性(ANSI/ISA 95.00.02:2001)